国家重点研发计划项目（2017YFC1600200）基金资助

基于毒作用模式的典型环境污染物风险评估

MODE OF ACTION-BASED RISK ASSESSMENT ON TYPICAL ENVIRONMENTAL POLLUTANTS

主　审　吴永宁
主　编　陈　雯
副主编　郑玉新　屈卫东　于典科

·广州·

版权所有　翻印必究

图书在版编目（CIP）数据

基于毒作用模式的典型环境污染物风险评估/陈雯主编. —广州：中山大学出版社，2021.11

ISBN 978-7-306-07260-3

Ⅰ. ①基… Ⅱ. ①陈… Ⅲ. ①食品污染—污染物—风险评估 Ⅳ. ①X836

中国版本图书馆 CIP 数据核字（2021）第 234945 号

JIYU DUZUOYONG MOSHI DE DIANXING HUANJING WURANWU FENGXIAN PINGGU

| 出 版 人：王天琪
| 策划编辑：鲁佳慧
| 责任编辑：鲁佳慧
| 封面设计：曾　婷
| 责任校对：吴茜雅
| 责任技编：靳晓虹
| 出版发行：中山大学出版社
| 电　　话：020-84110283，84113349，84111997，84110779，84110776
|　　　　　发行部 020-84111998，84111981，84111160
| 地　　址：广州市新港西路135号
| 邮　　编：510275　　传　真：020-84036565
| 网　　址：http://www.zsup.com.cn　　E-mail：zdcbs@mail.sysu.edu.cn
| 印 刷 者：广州市友盛彩印有限公司
| 规　　格：787mm×1092mm　1/16　25.25 印张　600 千字
| 版次印次：2021 年 11 月第 1 版　2021 年 11 月第 1 次印刷
| 定　　价：139.80元

如发现本书因印装质量影响阅读，请与出版社发行部联系调换

本书编委会

主　　审　吴永宁

主　　编　陈　雯

副 主 编　郑玉新　屈卫东　于典科

参编人员　肖勇梅　张立实　王　庆　刘晋祎　陈锦瑶
　　　　　　靳　远　李道传　陈丽萍　王紫微　张　睿
　　　　　　叶丽珠　陈　燊　黄河海　张阳春　李晓蒙
　　　　　　姜　晓　戚光帅　陈传影　刘子祺　倪梦梅
　　　　　　柴子力　关贺元　汪雨晴　闫九明　刘玉真
　　　　　　蒋　悦　李　淼　蒋欣航

前　言

　　环境化学物污染问题是中国乃至全球面临的共同重大公共安全和卫生问题,世界卫生组织报告指出,全球伤残调整寿命年约有24%归因于环境化学物污染。每年新合成的化学物数量呈飞速增长趋势,准确、高效地甄别典型和新型环境污染物的有害效应,建立新型的风险评估方法对健康危害进行预警、预测,成为目前环境化学物安全领域亟待解决的关键问题。

　　现行化学物风险评估体系以整体动物实验数据为主要依据,但这种由动物实验外推至人群、由高剂量外推至低剂量,以中毒和死亡为终点的传统毒性测试,难以准确评价低剂量、长期暴露的健康风险,不能满足日益增加的众多新化学物、纳米材料和化学污染物评价的需求。由欧美发达国家提出并极力倡导的毒理学替代方法体系已逐渐成为全球健康风险评估的重要策略,相应的毒理学测试方法由欧美发达国家制定,成为健康相关产品风险评估和市场准入政策制定的技术手段之一。在此背景下,整合分子、细胞、遗传和表观遗传学新技术,借助生物信息数据挖掘和计算机模拟预测的系统毒理学方法,可精准描述从特定毒物与细胞分子相互作用到组织、器官层面发生变化的关键分子事件,建立毒物的毒作用模式（mode of action,MOA）。基于 MOA 框架指导毒性测试和风险评估,并结合人群暴露监测表征人群健康损害的评价策略,已逐渐被接受并广泛应用,如欧盟自2007年开始实施关于化学品注册、评估、许可和限值的法案,为有害化学物暴露危害识别和风险评估提供了新的方法和手段。目前,我国尚未建立基于体外替代实验的风险评估体系,许多技术瓶颈仍未被突破。在国家重点研发计划项目"食品典型污染物低剂量暴露的毒作用模式研究"的资助下,项目组应用生物信息学、高通量组学和计算毒理学方法,对典型化学污染物的分子和生物学特征进行描述,建立基于体外替代实验的毒性测试和基于生物学活性的剂量－反应关系模型,识别早期关键分子事件,建立典型污染物的低剂量长期暴露的 MOA 人类关联性框架和风险评估模型,为我国新型环境化学物暴露风险评估体系的建立提供初步的解决方案。

　　近年来,随着基于人源性细胞系及类器官、高通量组学数据和体外计算机模拟技术的发展和整合应用,经典有害化学污染物引起人群不良健康结局的 MOA 已陆续被报道,其中涉及的关键毒性通路和早期关键分子事件被逐步识别。本项目组选择6种经典化学污染物,包括2种有机化学物苯并(a)芘、双酚 A,以及4种金属或类金属污染物铅、镉、砷、六价铬,在以往研究基础上进行充分的数据挖掘,将 MOA 和化学污染物的理化特性和人群实际暴露进行有机整合,充分利用公共数据库资源及大量体内、体外实验数据,借助计算机模型算法的优化和对比毒物基因组学数据库等多个数据库对暴露数据、生物标志物和不良健康效应进行系统整合,并定量分析污染物暴露的毒性效应,提高毒性测试应用于风险评估的准确性。基于上述信息，最后形成了6种环境污染物的系统综述，并编写了本书。

本书围绕这6种环境化学污染物的已有体外实验、动物实验及人群研究，应用MOA风险评估框架进行阐述。全书按照化学物分为6章，每章包含6节。第一章主要概述化学物主要的污染存在形式和引起的主要不良健康结局，以及现存的风险评估体系的不足；第二章描述了化学物在环境及食品中污染的主要存在形式和引起的不良健康效应（包括化学物经口毒作用靶器官和人群流行病学研究）；第三章总结了目前国内、国外对该化学物经口暴露的人群暴露评估、常见监测指标和检测技术；第四章从毒代动力学和毒性效应两个方面，进行人群体内低剂量外推及MOA中各关键分子事件的证据可信度与强度评价分析；第五章和第六章概括了目前国内外关于该化学物基于MOA框架的风险评估进展，展望基于MOA框架经口暴露风险评估的现实意义和应用前景。

我们相信，本书将为我国环境化学物暴露安全风险评估方法的建立和逐步完善提供参考和借鉴，更好地服务于我国经济建设主战场和推动健康产业发展。本书可供从事环境毒理、化学物风险监测评估、食品毒理学等领域科技人员查阅。由于相关领域发展迅速，书中难免存在不妥和疏漏之处，恳请广大读者不吝赐教。

陈 雯

2021年6月

目　录

第一章　苯并(a)芘 ·· 1
1　引言 ·· 1
2　苯并(a)芘的理化特性 ·· 2
3　经口暴露苯并(a)芘人群暴露评估及检测技术 ······································· 9
4　应用 MOA/AOP 框架揭示苯并(a)芘毒作用机制 ································ 18
5　应用 MOA/AOP 框架进行苯并(a)芘经口暴露风险评估 ······················ 32
6　总结 ·· 34
参考文献 ·· 34

第二章　双酚 A ·· 47
1　引言 ·· 47
2　双酚 A 的理化特性 ··· 48
3　经口暴露双酚 A 人群暴露评估及检测技术 ··· 65
4　应用 MOA/AOP 框架揭示经口暴露双酚 A 毒作用机制 ······················ 81
5　应用 MOA/AOP 框架进行经口暴露双酚 A 风险评估 ························· 94
6　总结 ·· 96
参考文献 ·· 97

第三章　铅 ·· 115
1　引言 ··· 115
2　铅的理化特性 ·· 116
3　经口暴露人群铅负荷评估及检测技术 ·· 129
4　应用 MOA/AOP 框架揭示经口暴露铅毒作用机制 ···························· 140
5　应用 MOA/AOP 框架进行铅经口暴露风险评估 ································ 151
6　总结 ··· 155
参考文献 ··· 156

第四章 砷 183

1 引言 183
2 砷的理化特性 184
3 经口暴露砷人群暴露评估及检测技术 197
4 应用 MOA/AOP 框架揭示砷毒作用机制 209
5 应用 MOA/AOP 框架进行经口暴露砷风险评估 229
6 总结 230
参考文献 230

第五章 镉 264

1 引言 264
2 镉的理化特性 264
3 经口暴露镉人群暴露评估及检测技术 282
4 应用 MOA/AOP 框架揭示经口暴露镉毒作用机制 294
5 当前镉经口暴露的安全限值及相关网站 305
6 结论与展望 306
参考文献 314

第六章 铬及六价铬 339

1 引言 339
2 铬的理化特性 340
3 经口暴露 Cr（Ⅵ）人群暴露评估及检测技术 348
4 应用 MOA/AOP 框架揭示经口暴露 Cr（Ⅵ）毒作用机制 354
5 应用 MOA/AOP 框架进行经口暴露 Cr（Ⅵ）风险评估 384
6 总结 385
参考文献 386

第一章 苯并(a)芘

1 引言

苯并(a)芘［Benzo(a)pyrene］是一种环境中普遍存在的多环芳烃类污染物，是含有碳、氢的有机物质不完全燃烧或热解的产物。苯并(a)芘最初由煤焦油中分离得到，随后被发现于各类炭黑、烟气、香烟烟雾、焦化、炼油、沥青等工业污水及炭烤食品中。在接近一个世纪的时间里，科学家们对苯并(a)芘影响人体健康的毒作用机制进行了深入研究。苯并(a)芘可通过皮肤、呼吸道、消化道等多种途径被人体吸收，分布于脂肪、血液、肝脏、肾脏等多个器官和组织。肝脏是苯并(a)芘的主要代谢器官，苯并(a)芘可以结合芳基烃受体（aryl hydrocarbon receptor，AHR），激活Ⅰ相和Ⅱ相毒物代谢酶的表达，完成自身的代谢过程。苯并(a)芘的多个代谢产物可以危害人体健康，如反式二氢二醇环氧苯并(a)芘［benzo(a)pyrene-7,8-diol-9,10-epoxide, anti-BPDE］具有强致癌性。目前，苯并(a)芘的致癌性和生殖发育毒性的毒作用模式已初步构建完成，而其对肝脏、肾脏、心血管系统和神经系统的非癌毒性的研究证据尚不充分。美国国家研究委员会（National Research Council，NRC）于2007年发表了《21世纪毒性测试：愿景与策略》（*Toxicity Testing in the 21st Century：A Vision and A Strategy*），提出了新的风险评价体系框架，其核心理论是基于毒作用机制、毒性通路紊乱为观察指标，主张以细胞体外实验、计算生物学和系统毒理学的方法进行危害确定。这种整合多种通路的研究策略逐渐被人们认可并迅速成为毒理学新的研究热点，而越来越多的组学数据也为该策略提供了坚实的数据支撑。毒作用模式（mode of action，MOA）指证据权重支持的可能导致毒性有关终点的一组关键事件（key event，KE），有害结局路径（adverse outcome pathway，AOP）则是在个人或群体的水平，关于分子起始事件（molecular initiating event，MIE）和不良结局（adverse outcome，AO）之间的联系。MOA/AOP可简化对化学物毒作用机制的阐述，有助于将基于毒效应前期的通路改变进行外推，可将毒性通路和风险评估有机联系起来。本章对苯并(a)芘的理化特性、经口暴露人群评估及检测和应用MOA框架揭示其毒作用机制的研究成果进行综述，并简要介绍利用比较毒理基因组数据库（Comparative Toxicogenomics Database，CTD）进行数据挖掘和生物信息学解析的方法，以及构建苯并(a)芘在各靶器官扰动毒性通路的工作进展。

2 苯并(a)芘的理化特性

苯并芘(Benzopyrene)是一种含苯环的稠环芳烃。根据苯环的稠合位置不同,苯并芘可分为苯并(a)芘[3,4-苯并(a)芘]和苯并(e)芘[4,5-苯并(a)芘]两种。最常见的是苯并(a)芘[Benzo(a)pyrene],英文缩写为B[a]P,化学式为$C_{20}H_{12}$,相对分子质量为252.31,CAS号为50-32-8。作为一种环境中普遍存在的污染物,苯并(a)芘与其他多环芳烃(polycyclic aromatic hydrocarbon, PAHs)一样,是含有碳、氢的有机物质不完全燃烧或热解的产物[1]。

苯并(a)芘是一种五环多环芳香烃类,常温下状态为黄色粉末,通常在含碳有机物质于300~600 ℃的不完全燃烧状态下产生。苯并(a)芘熔点为179 ℃,难溶于水,微溶于甲醇、乙醇,易溶于苯、甲苯、二甲苯、丙酮、乙醚、氯仿、二甲基亚砜等有机溶剂。在碱性环境下较为稳定,遇酸则易起化学变化[2]。

2.1 在环境及食品中的存在形式

苯并(a)芘主要由含碳有机物质的高温分解和不完全燃烧产生,在人们的生产生活环境如大气、水体、土壤和沉积物中广泛存在。苯并(a)芘最初由煤焦油中分离得到,随后被发现于各类炭黑、煤、石油等燃烧产生的烟气、香烟烟雾、汽车汽油和柴油废气(尤其是柴油引擎)中,以及焦化、炼油、沥青、塑料等工业污水和炭烤食品中。工业排污及空气污染区的雨水可以造成地面水的苯并(a)芘污染[3]。

苯并(a)芘普遍存在于食品和环境中,其暴露途径广泛,可以经消化道、呼吸道和皮肤等进入人体。普通人群可以通过食品、药品,以及周围环境中的空气、水、土壤、香烟烟雾等接触到苯并(a)芘。

2.1.1 经口暴露途径

由食品污染引起的疾病已成为一类被广泛关注的安全卫生问题,食品源头类疾病发病率已上升至各种疾病总发病率的第二位,其中由苯并(a)芘污染所引起的疾病越来越常见。现有研究表明,食品在加工过程中产生的苯并(a)芘是构成食品污染的主要因素[4]。

苯并(a)芘在人群中的经口暴露的来源包括:①在工业生产和生活过程中产生的苯并(a)芘通过对水源、大气和土壤的污染,可以进入粮食作物、蔬菜、水果、水产品和肉类等人类赖以生存的食物中。例如,贻贝和龙虾等海洋生物,可以从污染的水中吸附和积累苯并(a)芘[5-6]。②熏烤食品污染、高温油炸食品污染、食品包装蜡纸及包装纸的油墨污染、粮食晾晒在马路上时受到的沥青污染、不洁空气如厨房油烟可被一些食品吸附而受到污染[7]。

食品在制作过程中造成苯并(a)芘污染可能的原因包括:①熏烤所用的燃料木炭含

有少量的苯并(a)芘,在高温下可能伴随着烟雾侵入食品中。②食物在熏制、烘烤过程中,滴于火上的食物脂肪焦化产物发生热聚合反应,形成苯并(a)芘附着于食物表面。③熏烤、煎炸的食物本身如鱼或肉等,因其自身的化学成分中碳水化合物和脂肪的不完全燃烧会不同程度地产生苯并(a)芘及其他多环芳烃[8]。例如,熏鱼在制作过程中其脂肪燃烧不完全,加上烟雾污染,成品中的苯并(a)芘含量可高达67 μg/kg[9]。④食物碳化时脂肪、胆固醇、蛋白质和碳水化合物等在高温条件下会发生热裂解反应,产生自由基,再经过环化和聚合反应形成包括苯并(a)芘在内的多环芳烃类物质,尤其是当食品在烟熏和烘烤过程中发生焦煳现象时,苯并(a)芘的生成量将会比普通食物增加10～20倍[10]。例如,烧焦的咖啡豆、熏红肠等,经检测,烤焦的鱼皮其苯并(a)芘含量高达53.6～70.0 μg/kg[11]。

此外,多次使用的高温植物油及反复油炸的食品中都会有苯并(a)芘产生,煎炸时的油温越高,产生的苯并(a)芘越多。食用油加热到270 ℃时,产生的油烟中含有苯并(a)芘等化合物,进入人体内可导致细胞染色体的损害;当油温不超过240 ℃时,造成的损害作用较小[12-13]。

2.1.2 食品摄入比例及污染物在该类食品中的含量

研究资料显示,各类食物中苯并(a)芘的含量不同。而由于日常饮食中各类食物摄入量的差异性,导致它们对人体中苯并(a)芘含量的贡献值也随之变化。我们以"ng/g"为单位表示各类食物中苯并(a)芘的含量,以"ng/适量某食物"为单位表示当我们摄入一份该类食物时,进入体内的苯并(a)芘含量。每日苯并(a)芘摄入量与食材种类、肉的种类及烹调方式密切相关。Kazerouni等[14]于2001年研究发现,苯并(a)芘含量排名前10的烹饪食物依次为:烤焦的牛排、烤鸡皮(全熟)、烤焦的汉堡、羽衣绿色甘蓝、南瓜派、椒盐脆饼(pretzel)、麸皮和格兰诺拉麦片、煮熟的谷类食物、人造奶油、炸薯条。其中,烤焦的牛排中苯并(a)芘含量最高,为4.86 ng/g;而烤焦的汉堡中苯并(a)芘含量为1.52 ng/g。烤熟的带皮鸡肉与无皮鸡肉中苯并(a)芘的含量也不同,分别为4.57 ng/g和0.39 ng/g。多数非肉类食物中苯并(a)芘含量较低,如乳制品中发酵/冻酸奶中苯并(a)芘含量为0.18 ng/g,而谷类食物爆米花中苯并(a)芘含量为0.56 ng/g。

针对中国不同城市人群膳食中多环芳烃日摄入量的多项研究显示,一般人群多环芳烃日摄入量在13.72～60.75 μg,苯并(a)芘日摄入量为0.69～4.18 μg。这一日摄入量水平远远高于其他发达国家,如西班牙[多环芳烃12 μg、苯并(a)芘0.089 μg]、荷兰[多环芳烃14.25 μg、苯并(a)芘0.42 μg]、英国[多环芳烃5.47 μg、苯并(a)芘0.19 μg]、澳大利亚[苯并(a)芘0.05 μg]等。与国外研究相似,2014年一项针对山西太原人群膳食中苯并(a)芘水平评价的研究显示,烹饪过程贡献了食物中主要的苯并(a)芘,未烹饪食材的苯并(a)芘含量(0.12 ng/g)不到烹饪食物(1.3 ng/g)的10%。在中国人的膳食模式下,苯并(a)芘主要来自煎炸烹炒的蔬菜(35%)、面食(30%)、水果(10%)和食用油脂(8%)等,这与中式烹饪方式和中国目前的环境状况密切相关。

2.1.3 其他常见暴露途径

空气中苯并(a)芘的主要来源包括住宅及商业供暖的燃煤烧炭、室外机动车尾气

(尤其是柴油引擎)、工业废气和森林大火等,以及室内来源的烹饪及香烟烟雾。据相关文献报道,每支香烟形成的侧流烟雾(支流烟)中的苯并(a)芘含量是主流烟雾(主流烟)的3倍以上,每支达52~95 ng。城市地区环境空气中多环芳烃的平均浓度一般为1~30 ng/m³。然而,在靠燃煤供暖的大城市中,苯并(a)芘的浓度可高达每立方米几十纳克[15]。苯并(a)芘在大气中的化学半衰期在有日光照射时少于1天,没有日光照射时则需要数天时间。

苯并(a)芘释放到大气中后,可与大气颗粒物结合形成气溶胶,人体可能通过呼吸道将其吸收至肺部,并由肺进入血液循环,最终引发一系列呼吸系统疾病甚至肺癌。有研究表明,肺癌的高发病率与居住环境内空气中的苯并(a)芘的污染密切相关,并且苯并(a)芘的浓度与肺癌死亡率之间呈现显著的正相关关系[16]。

水中的苯并(a)芘主要是由于工业"三废"排放造成的,另外,吸附在大气颗粒上的苯并(a)芘随颗粒沉降作用和降水冲洗作用也会污染地面水。据研究表明,在人口密集、工业发达的长三角和珠三角地区,苯并(a)芘对水体的污染程度要显著高于其他地区,如太湖的苯并(a)芘污染程度要稍重于长江和辽河;而苯并(a)芘在海洋中的含量明显高于淡水湖中的含量[17]。水体表层中的苯并(a)芘在强烈照射下其半衰期为几小时至十几小时。苯并(a)芘较难发生生物降解。随着水体中苯并(a)芘的积累不断增多,同时因生物积累作用使苯并(a)芘的积蓄随水生生物的生长发育而不断增多,随后通过生物性迁移作用和生物放大作用逐渐扩大污染范围,最终危害水生生态系统和人类健康。在0.1 μg/L浓度水中暴露35天后,鱼对苯并(a)芘的富集系数为水体含量的61倍,达到75%清除率的时间为5天[18-21]。

许多国家都进行过土壤中苯并(a)芘含量的调查,发现苯并(a)芘在土壤中的残留浓度取决于污染源的性质与距离。例如,在繁忙的公路两旁的土壤中苯并(a)芘含量为2.0 mg/kg,在炼油厂附近的土壤中是200 mg/kg;被煤焦油、沥青污染的土壤中可以高达650 mg/kg。土壤中苯并(a)芘降解53%~82%需要8天左右。

2.2 健康效应相关信息

2.2.1 苯并(a)芘经口ADME过程

苯并(a)芘可通过皮肤、呼吸道、消化道等多种途径被人体吸收,其在体内的吸收(absorption, A)、分布(distribution, D)、代谢(metabolism, M)和排泄(excretion, E)四个过程简称APME过程。苯并(a)芘在体内的吸收速率和吸收程度取决于暴露途径。苯并(a)芘经肠道被人体吸收后很快分布于全身如脂肪、血液、肝脏、肾脏等。不同器官对苯并芘的代谢活性不同,其中,肝脏的代谢能力更强,因此肝脏是苯并(a)芘代谢的主要器官。苯并(a)芘进入生物体内后,可被P450等代谢酶转化为多种性质稳定的代谢产物,包括酚类、醌类和二氢二醇类。这些代谢产物通常在排泄物中分解为葡萄糖醛酸盐或硫酸盐酯偶联物,也可由醌类或中间环氧化合物形成谷胱甘肽偶联物。苯并(a)芘在哺乳动物体内的代谢和降解产物主要是:1,2-二羟基-1,2-二氢苯并(a)芘、9,10-二羟基-9,10-二氢苯并(a)芘、6-羟基苯并(a)芘、3羟基苯并(a)芘、1,6-二羟基苯并(a)芘、3,6-二羟基苯并(a)芘、苯并(a)芘二酮、苯并(a)

芘-3,6-二酮（IRPTC）、苯并(a)芘-1,6-二酮、11-羟基苯并(a)芘、苯并(a)芘-7,8-二氢二醇。苯并(a)芘代谢产物主要经胆汁排泄由粪便排出体外，部分代谢产物经尿液排出[22-23]。

2.2.1.1 吸收

口腔、呼吸道、消化道和皮肤是苯并(a)芘主要的吸收途径。给药剂量为 3 μg/kg 体重或 100 mg/kg 体重时，苯并(a)芘在大鼠中的口服生物利用度分别为 10% 或 40%，高剂量的苯并(a)芘可能会损害胃肠液对苯并(a)芘的提取作用[24-25]。胃肠道油脂含量也会影响口服给药后的苯并(a)芘吸收。实验表明，同时含有亲水和疏水成分的溶剂可增强苯并(a)芘在胃肠道中的吸收作用。苯并(a)芘属于非极性外源化学物，主要通过扩散的方式转运，不利于肠道的吸收，但在Ⅰ相代谢酶的代谢消化下其亲脂性降低，更利于在肠道上皮细胞的转运[26]。此外，苯并(a)芘进入小肠后则会被胆盐溶解而进一步吸收[26]。总之，苯并(a)芘给药剂量和生物利用度之间的非线性关系及溶剂的差异，会影响口服苯并(a)芘的吸收过程[27-28]。

2.2.1.2 分布

现有动物研究表明，各种途径暴露的苯并(a)芘均可广泛分布于肝脏、食管、小肠、血液乃至全身，并被迅速转运到肺脏、肾脏、肝脏等代谢器官[29]。经口暴露后器官分布的相关研究非常有限，一项给海鱼灌胃放射性标记的苯并(a)芘的实验显示，体内分布主要集中在肝脏、胆囊、肠道和肾脏，放射活性半衰期分别为 8.2 d、3.5 d、3.3 d 和 0.8 d。小鼠气管内灌注的放射性标记的苯并(a)芘可导致其肺相关淋巴结的放射性显著增加，证实苯并(a)芘及其代谢物可通过淋巴进行分布。经苯并(a)芘处理过的小鼠血清可与脾细胞或鲑鱼精子 DNA 孵育产生加合物，提示除了代谢器官，苯并(a)芘的活性代谢物也可经血液运输而分布于其他组织或器官内[30]。苯并(a)芘暴露后，可在肠内检测出苯并(a)芘硫醚和葡萄糖醛酸结合代谢物，表明苯并(a)芘和苯并(a)芘代谢物在肠、肝内循环[31]。妊娠期的大鼠和小鼠吸入和摄入苯并(a)芘后，其代谢物可通过胎盘屏障从而影响胎鼠。

完成分布后，苯并(a)芘在代谢器官迅速进入代谢进程。研究证实，大鼠单次静脉注射苯并(a)芘后，血液、肝脏中的苯并(a)芘含量迅速降低，血液中苯并(a)芘的半衰期小于 5 min，而肝脏中苯并(a)芘半衰期为 10 min，此后是持续 6 h 或更长时间的较慢的消除阶段[32]。

苯并(a)芘在人体中的分布数据不足，但 Oban 等在尸检样本的肝脏和脂肪组织中检测到苯并(a)芘代谢物和 DNA 加合物，提示苯并(a)芘在人体中分布广泛[33]。

2.2.1.3 代谢

苯并(a)芘体内代谢概况见图 1-1。

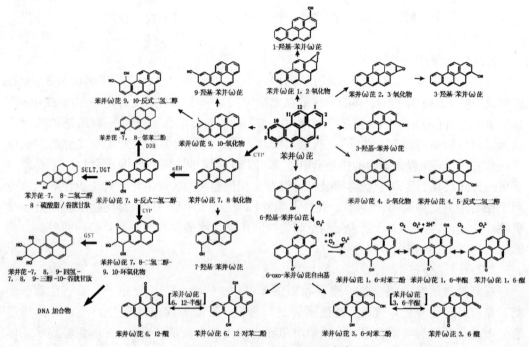

图1-1 苯并(a)芘代谢概况[34]
粗箭头代表主要代谢具体步骤

苯并(a)芘进入体内经代谢活化后可产生多种致癌产物,其中 anti-BPDE 的致癌毒性最强。现有证据表明,苯并(a)芘可以结合Ⅰ相酶和Ⅱ相酶的关键转录因子——芳基烃受体 AHR,形成苯并(a)芘-AHR 复合体,转移入核后启动相关毒物代谢酶的表达,开启苯并(a)芘的体内代谢过程。因此,苯并(a)芘既是其毒物代谢酶的诱导物又是底物。

在Ⅰ相代谢反应中,苯并(a)芘主要由细胞色素 P450 酶(cytochrome P450,CYP450)CYP1A1 和 CYP1B1 转化为环氧化物,前列腺素合酶等其他酶类也有类似功能[35]。苯并(a)芘环氧化物随后经环氧化物水解酶水化形成二元醇,而苯并(a)芘二醇经醛酮还原酶转化为儿茶酚类物质,或由 CYP 酶类的二次环氧化反应生成二醇环氧化合物。BPDE 是最具诱变性的苯并(a)芘二醇环氧化物,可在脱氧鸟苷的 N^2 位与 DNA 形成共价加合物[36]。另外,CYPs 还可以氧化苯并(a)芘的单电子形成苯并(a)芘自由基阳离子,与嘌呤基形成不稳定的加合物;而 CYPs 的催化反应也可产生超氧化物($\cdot O_2^-$)、过氧化氢和羟基自由基等活性氧物质[37]。

Ⅱ期代谢酶主要包括谷胱甘肽 s-转移酶、尿苷二磷酸葡萄糖醛基转移酶和硫代转移酶等。在Ⅱ相代谢反应中,苯并(a)芘代谢物可与亲水性基团(谷胱甘肽、葡萄糖醛酸或硫酸盐)结合,结合产物再通过尿和粪便排出体外[38-40]。

苯并(a)芘的主要初级和次级代谢产物是由细胞色素 P450 酶氧化母体化合物而形成的。环氧化合物和羟基代谢物是主要代谢物,进一步氧化生成醌、二醇和二醇环氧化合物。形成的三种主要醌类化合物也可在其对苯二酚和半醌类中间体之间进行氧化还原循环，产生活性氧。

2.2.1.4 排泄

苯并(a)芘暴露后，部分代谢产物可在动物的尿液或粪便中被检测到。大量证据表明，粪便是苯并(a)芘在多种实验动物（包括大鼠、小鼠、仓鼠、豚鼠、猴子和狗）中的优先排泄途径。相关研究采用的苯并(a)芘的溶剂的差异可能导致苯并(a)芘代谢产物检出量不同。例如，用三甘醇给 SD 大鼠注射三苯并芘，70.5% 的代谢物在 6 h 内排泄入胆汁。而采用月桂酸乙酯和三辛酸甘油酯作为载体时，则仅有 58.4% 和 56.2% 的剂量被排出。除了苯并(a)芘及其代谢物外，含有核苷酸的苯并(a)芘－核苷酸加合物也可在动物粪便和尿液中被检测到[41]。一些动物对苯并(a)芘的代谢及排出存在性别差异。3－羟基苯并(a)芘是在大鼠粪便和尿液中可检测到的主要代谢物，占口服苯并(a)芘总量的 6%～12%[42]。研究表明，经口染毒的雌性动物的粪便和尿液中苯并(a)芘代谢物的含量明显低于雄性，尚不清楚其他物种是否也存在这种性别差异。

苯并(a)芘相关代谢物已经在暴露人群的尿液中被检出，如使用煤焦油药物治疗的患者的尿液中的代谢物苯并(a)芘－7,8,9,10－呋喃［benzo（a）pyrene-7,8,9,10-tetrole］的含量显著升高，但其在粪便中的检出情况尚无定论。在吸烟人群中，苯并芘及相关代谢物也在母乳中被检测到，提示乳汁也是苯并(a)芘代谢物的排出途径之一。

总的来说，人类和实验动物的数据足以定性地描述苯并(a)芘及代谢物的排出过程，但其在消除率方面的研究仍有待加强。

2.2.2 人群经口暴露易感性影响因素

对苯并(a)芘等多环芳烃的暴露人群而言，不同的暴露条件如生活方式（饮食和吸烟习惯）、职业和居住条件（城市或农村、取暖渠道、烹调方式等）下，苯并(a)芘等多环芳烃的毒性不同。但是在相同的暴露条件下，苯并(a)芘等多环芳烃对于个体的毒性作用也不尽相同，提示个体易感性的重要作用。例如，90% 的肺癌患者可能有吸烟经历，但是在所有吸烟者中，仅有 10% 会罹患肺癌。苯并(a)芘等多环芳烃代谢途径中关键毒物代谢酶的功能性遗传变异如单核苷酸多态（single nucleotide polymorphisms，SNPs）可能在其中起关键作用。单核苷酸多态是基因组中最丰富的遗传变异，其定义是单个碱基的变异在人群中出现的频率大于 1%。SNPs 在人类罹患疾病的易感性及对药物等化学毒物的敏感性的个体差异中作用已被证实。

此外，健康状况也会影响个体代谢苯并(a)芘的能力。例如，有研究分析了溃疡性结肠炎患者和正常人结肠的活检标本对苯并（a）芘的代谢能力。在 7 例溃疡性结肠炎患者的 30 份结肠活检标本中，约 73% 的标本可将苯并(a)芘代谢为氧化产物，平均产生 11.6 nmol/mg 的活检蛋白。相比之下，来自 5 名正常人的 23 份活检标本中，仅 39% 发生氧化反应，平均活检蛋白为 2.79 nmol/mg。这提示与正常受试者相比，溃疡性结肠炎患者的结肠黏膜对苯并(a)芘具有更强的氧化能力[43]。

2.2.3 经口化学物靶器官及毒性效应

苯并(a)芘的毒性具有长期和隐匿的特性，当人体接触或摄入苯并(a)芘后即便当时没有不适反应，但也会在体内蓄积，在表现出症状前有较长的潜伏期，同时也会使子孙后代受到影响。

动物实验证明，苯并(a)芘对局部或全身都有致癌作用。流行病学研究也表明，苯并(a)芘可以通过皮肤、呼吸道、消化道等多种途径被人体吸收，作用于肝、肺、胃肠道、生殖发育系统、神经系统、免疫系统等多个靶器官和系统，从而诱发皮肤癌、肺癌、直肠癌，造成发育毒性、生殖损害、免疫毒性等。苯并(a)芘的致癌性报道最早始于1775年，英国医生Pott报道患阴囊癌的患者均曾在孩童时代被雇为烟囱清扫工，从而推断接触煤烟是阴囊癌的致病因素。1915年，Yamigawa与Ichikawa[44]用煤焦油涂抹兔子的耳朵诱发出皮肤癌，证实了苯并(a)芘等多环芳烃类物质的致癌性。之后，研究人员对动物采用口服、静脉注射、吸入、气管滴注等方式给药，证明苯并(a)芘还可引发肺癌、胃癌、膀胱癌及消化道癌等多种癌症。苯并(a)芘本身并无致癌性，必须在体内活化代谢后生成终致癌物如anti-BPDE等才具有致癌效果，这些物质会引发DNA损伤、改变蛋白产物及靶细胞结构。

除致癌性外，苯并(a)芘还具有确定的致畸、致突变作用。在Ames实验及其他细菌突变、细菌DNA修复、姐妹染色单体交换、染色体畸变、哺乳类细胞培养及哺乳类动物精子畸变等实验中，苯并(a)芘均呈阳性反应。苯并(a)芘能通过母体经胎盘影响子代，从而引起胚胎畸形或死亡及幼仔免疫功能下降等[5-7]。早期胚胎发育期间DNA合成率高，DNA甲基化模式正在形成。有研究表明，多环芳烃能通过胎盘使发育中的胎儿产生DNA损伤，并且其损伤程度是其母亲的10倍。此外，苯并(a)芘还能因DNA损伤导致精子生成能力减弱，进一步增加了致畸性和致突变的风险[1]。

2.2.4 经口暴露化学物国际公共卫生、中国公共卫生影响人群流行病学研究与疾病负担

2.2.4.1 急性毒性

目前，尚无人类苯并(a)芘急性毒性相关数据，而动物实验的急性毒性数据因在外推过程中具有极大的不确定性，因此参考价值较低。

2.2.4.2 亚慢性、慢性毒性

普通人群的苯并(a)芘经口暴露主要是通过食用烤焦的肉类等，而苯并(a)芘吸入暴露人群则主要是焦炉、铝和钢铁工人等职业暴露及吸烟暴露。因苯并(a)芘是多环芳烃的成分之一，目前尚无单独的苯并(a)芘的慢性毒性及致癌性的流行病学数据。但基于上述人群的流行病学研究提示摄入和吸入苯并(a)芘与人类癌症之间存在正相关，且实验证据确凿。

2.2.4.3 肿瘤发生和致癌作用

饮食相关研究发现，苯并(a)芘暴露与结直肠癌、腺瘤、胰腺癌及肺癌发病率升高显著相关。有流行病调查研究膳食中的苯并(a)芘摄入与前列腺癌、非霍奇金淋巴瘤、乳腺癌和食道癌之间的关系，结果均为阴性或未有明确结论[45-56]。值得一提的是，这些研究中对苯并(a)芘暴露浓度的评估是基于参与者对之前肉类消费的回忆，可能出现结果偏差。

苯并(a)芘吸入暴露与癌症的关联关系已被确认。据报道，吸烟者和职业暴露工人的血清中苯并(a)芘代谢物BPDE-DNA加合物水平显著增加[1]。苯并(a)芘职业暴露和环境暴露主要致癌效应为肺癌和膀胱癌等。研究显示，我国宣威肺癌的高发与室内空气

中的苯并(a)芘污染相关,长期暴露在燃烧烟煤室内的居民患肺癌的风险显著增加,居室空气中苯并(a)芘浓度与肺癌死亡率之间呈现明显暴露(剂量)反应关系。苯并(a)芘等多环芳烃物质是烟草中的主要致癌物,每天吸烟20支可摄入0.6~0.8 μg的苯并(a)芘,罹患肺癌风险显著增加。

2.2.4.4 生殖毒性和发育毒性

目前,基于实验动物和人类的研究为苯并(a)芘诱导的发育毒性(包括发育神经毒性)提供了充足的证据。人群研究证据表明,妊娠期间暴露于多环芳烃混合物后的胚胎/胎儿存活、出生后生长、神经行为功能和发育受到影响。动物研究表明,苯并(a)芘处理妊娠期和/或产后早期动物,相关胚胎/胎儿存活率、幼仔体重、血压、生育能力、生殖器官重量及神经系统功能均有不良影响。

流行病学资料表明,接触多环芳烃会对生殖发育作用造成不利的影响。一项研究检测了孕妇在怀孕期间从饮食中摄入苯并(a)芘和其他多环芳烃的情况,发现苯并(a)芘及多环芳烃暴露与新生儿体重和长度的降低显著相关[57]。对燃煤发电厂附近孕妇及美国世贸中心火灾附近孕妇吸入暴露的研究发现,脐带血中苯并(a)芘 DNA 加合物含量与胎儿体重下降显著相关。暴露于多环芳烃混合物也会影响男性生育能力,职业性多环芳烃暴露可导致精子 PAH-DNA 加合物含量升高,增加男性不育的发病风险。另外,精子端粒长度(sperm telomere length,STL)较短可能是导致男性不育的因素之一。中国人民解放军陆军军医大学评估了从2014年参与重庆市大学生男性生殖健康状况调查的666名志愿者中收集来的问卷,并检测其生物样本来探究多环芳烃暴露与 STL 之间的潜在联系。线性回归分析显示,尿 1 - 羟基芘(1-hydroxypyrene,1-OHP)和 1 - 羟基萘(1-hydroxynaphthalene,1-OHNap)水平升高与 STL 长度显著负相关。

3 经口暴露苯并(a)芘人群暴露评估及检测技术

3.1 国际和中国环境、食品化学物中苯并(a)芘监测数据

如前所述,以苯并(a)芘为首的多环芳烃的人群暴露水平取决于多个因素,包括生活习惯(如饮食和吸烟习惯)、职业暴露和居住条件(如城市或农村、取暖渠道及烹调方式等)。其中,经口暴露是世界各国人群多环芳烃的最主要的暴露途径。食品来源的多环芳烃占多环芳烃暴露的90%以上[58-61],而加工和烹调过程是食源性苯并(a)芘及其他多环芳烃的最主要产生源头。例如,对肉制品和奶制品的各种热加工过程(包括炭烤、烧烤及烟熏等)可产生大量苯并(a)芘,经传统柴火熏制或烤制的猪肉和鱼肉制品中苯并(a)芘含量为2.4~31.2 μg/kg,而炭火熏制或烤制的猪鱼肉制品中苯并(a)芘含量较低,为0.7~2.8 μg/kg[62]。食用油中的苯并(a)芘及多环芳烃污染可能产生于食品原料的不当贮存和热处理过程[63]。国内外常见的各类工业加工食品和烹饪食品中苯并(a)芘含量见表1-1[64]和表1-2[14]。

表1-1　国内常见的食品种类中苯并(a)芘含量[64]

食物	含量中位数/（ng/g）
鸭（新鲜）	0.045
鸭（烧烤）	0.820
鸡（新鲜）	<0.010
鸡（熏烤）	2.500
鹅（烧烤）	0.390
海鱼（新鲜）	0.270
海鱼（熏、烤、烘）	1.480
淡水鱼（新鲜）	0.200
淡水鱼（熏、炸）	4.330
猪肉（新鲜）	0.401
猪肉（熏、烤、腊）	1.841
牛肉（风干、烤）	2.910
羊肉串	10.210
面包	0.180
蛋糕	0.210
饼干、麻烘糕	0.400
酥饼	1.930
稻谷	1.930
大米	0.130
小麦	1.140
大麦	1.050
面粉	0.720
油菜籽	2.750
黄豆	0.630
花生米	0.740
豆油	3.890
花生油	0.800
菜油	1.540
胡麻油	1.110
菜籽油	2.440
棉籽油	4.250

表1-2 国外常见的食品种类中苯并(a)芘含量[14]

食物		含量/(ng/g)
牛肉	煎	0.010~0.020
	烘烤	0.010
	烧烤	0.090~4.900
	炖	0.02
鸡肉	煎	0.100
	烘烤	0.080~0.480
	烧烤	0.100~4.570
	炖	0.010
鱼肉	生鱼	0.010~0.240
	烟熏制品	0.100
猪肉	煎	0.020~0.030
	烘烤	0.010
	培根	0.010~0.200
	火腿	0.010
	香肠	0.010~0.030
奶制品	牛奶	0.020
	奶酪	<0.005
	婴儿奶粉	0.050
	酸奶	0.180
油脂	玉米油	<0.005
	菜籽油	0.020
	黄油	<0.005
加工食品	饼干、曲奇	0.130
	爆米花	0.510~0.560
	薯片	0.040
	白面包	0.100
	巧克力	0.180
	白糖	0.150
	蛋糕	0.020~0.110
	甜甜圈	0.030
	糖果（非巧克力类）	0.230

续表 1-2

食物		含量/（ng/g）
果蔬类	苹果	0.100
	香蕉	0.160
	胡萝卜	0.150
	菠菜	0.100
	西红柿	0.190
	橙子	0.160

除了食品工业加工和家庭烹调之外，食品中的苯并(a)芘及多环芳烃还可能源自环境污染。作为环境中食品和饮用水污染的最主要来源之一，土壤中苯并(a)芘含量在不同国家地区差别巨大（表1-3和表1-4）[65-73]。空气污染可能是食品原料中苯并(a)芘及多环芳烃污染的源头之一。此外，食品外包装含有的苯并(a)芘及多环芳烃也可能污染相关食品。

表 1-3　中国各地区土壤中苯并(a)芘含量[73]

地区	土壤中多环芳烃含量/（μg/kg）	土壤中苯并(a)芘含量/（μg/kg）*
西北地区	1 778.50	77.36
华北地区	839.00	36.50
东北地区	729.42	31.73
华东地区	448.23	19.50
华中地区	280.00	12.18
华南地区	212.38	9.24
西南地区	82.45	3.59

注：* 表示土壤中苯并(a)芘含量 = 土壤中多环芳烃含量 × 4.35%［土壤中苯并(a)芘的相对含量］。

表 1-4　不同国家地区土壤中苯并(a)芘含量[65-72]

国家或地区	地区描述	土壤中苯并(a)芘含量/（μg/kg）
英国	城市	1 165.0
	乡村	46.0
挪威	工业地区	321.0
	乡村	5.0～14.0
澳大利亚	居民区	363.0

续表 1-4

国家或地区	地区描述	土壤中苯并(a)芘含量/($\mu g/kg$)
波兰	农村	22.0~30.0
爱沙尼亚	城市	106.0~1 224.0
	乡村	6.8~31.0
美国新奥尔良	城市	276.0
西班牙	化工区	100.0
	石油化工区	18.0
	居民区	56.0
	乡村	22.0
泰国曼谷	城市	5.5

欧盟在 2005 年对食品中常见的 33 种多环芳烃污染物进行评估，标记出有致癌性和遗传毒性的 15 种多环芳烃，并建议将致癌性最强的苯并(a)芘定为多环芳烃监测标志物[74]。鉴于苯并(a)芘仅占有害多环芳烃总含量的 1%~20%，欧洲食品安全局（European Food Safety Authority，EFSA）于 2008 年重新建议将包含苯并(a)芘在内的四种多环芳烃作为更合理的食品中多环芳烃污染物的监测标志物[74]。

对于吸烟人群而言，烟草带来的苯并(a)芘及多环芳烃危害甚至大于食品。综合美国 30 多个香烟品牌的研究显示，每根香烟燃烧后约产生 10 ng 苯并(a)芘[75]。英国 1 项调查[76]显示，暴露于香烟烟雾环境中的人群，遭受苯并(a)芘的平均暴露量为 0.13 ng/m^3，显著高于无香烟烟雾暴露的环境（0.08 ng/m^3）。

值得关注的是，非吸烟人群特别是儿童，很可能因不同程度地暴露于香烟烟雾的生活环境中而受到苯并(a)芘及多环芳烃的毒害。德国联邦环境署在 2000 年完成的一项针对 1 790 名 3~14 岁儿童生活环境的研究结果[77]显示，超过 50% 的儿童生活在拥有至少 1 个烟民的家庭，16% 的儿童每天暴露于二手香烟烟雾中，这种情况在 1985 年后的 15 年内未得到任何减缓。

对于非职业接触和非吸烟人群，室外空气污染也是苯并(a)芘及多环芳烃的重要来源（表 1-5）[78]。在寒冷季节，多环芳烃暴露总量可比其他时间高出 15 倍，其中苯并(a)芘可能超过 20 倍[58]。欧盟委员会要求的空气中苯并(a)芘年平均目标值为 1 ng/m^3，而我国环境空气质量标准中苯并(a)芘的二级浓度限值为 24 h 平均值 0.002 5 $\mu g/m^3$，年平均值 0.001 $\mu g/m^3$。

表1-5 近年来中国各地空气中苯并(a)芘浓度[78]

地区	监测年份	浓度/ (ng/m³)
北京	2009	4.000
	2007	5.900
	2006	6.600
天津	2007	18.400
	2006	14.500
	2005	12.400
	2004	12.900
重庆	2003	2.400
	2008	3.000
西安	2008—2009	8.310
哈尔滨	2008	0.350
广州	2004—2005	3.350
深圳	2004—2005	3.670
安徽淮南	2008	3.010
香港	1998—2005	4.000（中西部）
		0.377（荃湾）
西宁	2007	3.055（日均值）
吉林图们	2006	30.000（日均值）
青海瓦里关	2007	0.042（日均值）

3.2 国际上和中国人群经口内暴露水平检测生物标志物和监测数据

尿液中的羟基多环芳烃（hydroxide radical-polycyclic aromatic hydrocarbon, OH-PAHs）通常被认为是监测多环芳烃内暴露水平的生物标志物，而1-羟基芘（1-hydroxypyrene, 1-OHP）是最被广泛采用的检测指标。以往的许多研究已经揭示了尿液中OH-PAHs水平与职业多环芳烃暴露的关联关系，还有一些研究关注了孕妇、大麻使用者[79-80]，以及居住在工厂、电子垃圾回收处、焚烧炉等污染区域附近的特殊人群尿液中OH-PAHs水平[80-82]，证实了OH-PAHs作为多环芳烃内暴露生物标志物的准确性。

如今，各国的研究主要关注于环境中低剂量多环芳烃暴露对普通人群的影响。美国2000年1项涵盖2400多人的采样调查[83]显示，人群尿液中1-羟基芘水平为64.1～85.9 ng/g（肌酐矫正值，下同），而6～11岁儿童的1-羟基芘平均值为94.1 ng/g，显著高于其在12岁以上青少年及成人尿液中的含量（71.5~72.3 ng/g）。同时期，美国疾控中心（CDC）开展的另1项包含2 700多人的研究[84]也支持这一结论，指出一般人群尿液中1-羟基芘均值为49.6 ng/L尿液（或46.4 ng/g肌酐矫正值），而11岁以下儿童的相关均值为87 ng/L，明显高于12岁以上青少年和20岁以上成人（均值分别为53 ng/L和43 ng/L）。2019年，美国CDC最新环境化学物暴露报告对2003—2014年不同年龄段、性别、种族人群尿液中1-羟基芘含量水平进行了广泛详细的调查[85]（表1-6），发现期间美国一般人群1-羟基芘的均值为89.2~132.0 ng/L（83.4~153.0 ng/g肌酐校正值）。加拿大的研究[86]发现，吸烟者与非吸烟者尿液中1-羟基芘含量分别是0.12 μg/mol和0.07 μg/mol，而多环芳烃职业暴露人群的1-羟基芘均值为1.63 μg/mol，是普通暴露人群均值的20倍。德国的1项研究[87]显示，吸烟者24 h内随尿液排出0.346 μg 1-羟基芘，而非吸烟者可排出0.157 μg。该研究还监测了受试者血液中血红蛋白和白蛋白的苯并(a)芘加合物的含量，结果显示，吸烟者相关加合物分别为0.105 fmol/mg和0.042 fmol/mg，而非吸烟者为0.068 fmol/mg和0.020 fmol/mg。来自英国的研究[76]发现，普通暴露人群尿液1-羟基芘均值为0.14 ng/mL，并发现香烟烟雾暴露环境人群的尿液1-羟基芘均值显著高于无香烟暴露人群。乌克兰针对3岁儿童的研究[88]显示，生活在马里乌波尔工业区的48名儿童尿液中1-羟基芘值显著高于生活在首都基辅的42名儿童，且生活在二手烟环境暴露家庭的儿童也明显高于无烟家庭。此外，来自韩国的研究显示，普通人群尿液1-羟基芘均值为150 ng/L，这一结果与德国的持平[77]，高于美国水平[85,89]。

表1-6 美国2003—2014年间不同年龄段、性别、种族人群尿液中1-羟基芘含量[85]

人群分类	调查年份	尿液中1-羟基芘含量/（ng/L）		肌酐矫正值/（ng/g）	
		几何均数	样本量	几何均数	样本量
总体人群	2003—2004	89.2	2 515	83.4	2 515
	2005—2006	98.3	2 415	95.1	2 415
	2007—2008	118.0	2 581	119.0	2 581
	2009—2010	119.0	27 846	125.0	2 746
	2011—2012	111.0	2 487	127.0	2 485
	2013—2014	132.0	1 650	153.0	2 649
6~11岁	2003—2004	112.0	333	119.0	333
	2013—2014	132.0	2 650	197.0	399
12~19岁	2003—2004	119.0	705	89.4	705
	2013—2014	160.0	449	145.0	449
>20岁	2003—2004	82.8	1 477	79.1	1 477
	2013—2014	128.0	1 802	150.0	1 801
男性	2003—2004	108.0	1 214	84.8	1 214
	2013—2014	134.0	1 315	135.0	1 314

续表 1-6

人群分类	调查年份	尿液中1-羟基芘含量/（ng/L）		肌酐矫正值/（ng/g）	
		几何均数	样本量	几何均数	样本量
女性	2003—2004	74.0	1 301	82.1	1 301
	2013—2014	129.0	1 335	173.0	1 335
墨西哥裔美国人	2003—2004	89.4	623	81.2	623
	2013—2014	125.0	450	143.0	450
非拉丁裔黑人	2003—2004	128.0	663	90.7	663
	2013—2014	182.0	578	139.0	578
非拉丁裔白人	2003—2004	84.6	1 040	83.1	1 040
	2013—2014	128.0	979.0	158.0	978

数据来源：美国 CDC。[85]

3.3　不同环境介质中存在的苯并(a)芘检测技术

食品样品中有机污染物的检测分析通常会受阻于食物中多种混合成分的干扰，因此最大程度恢复被分析物在食物中的组分，并通过适当提取和净化程序尽可能缩小干扰，是相关分析检测工作人员面临的挑战。

国际上食品中多环芳烃检测标准的数量并不多。首个检测食品中苯并(a)芘的官方方法出现在 20 世纪 70 年代，采用的技术是将待检食物提取物经薄层层析纯化后接收紫外吸收法检测[90]。1998 年，国际标准化组织（International Standardization Organization, ISO）公布了一项高效液相色谱与荧光检测联用技术（high-performance liquid chromatography-florescence detection，HPLC-FLD），用于检测油脂中的苯并(a)芘及其他有害多环芳烃，其检测灵敏度能达到 0.1~1.0 μg/kg 油脂[91]。我国在 2008 年制定的国家标准中规定，采用反相高效液相色谱法对动植物油脂中苯并(a)芘进行测定，采用高效液色谱法对水产品和肉制品中苯并(a)芘进行测定。2016 年，我国的新标准统一了多种食品中苯并(a)芘的测定方法，适用范围定于谷物及其制品、肉及肉制品（熏、烧、烤肉类）、水产动物及其制品和油脂及其制品，其主要原理为检测样品（研磨的谷物、绞碎的鱼肉水产类、油脂）经正己烷等有机溶剂提取、中性氧化铝或分子印迹小柱净化并浓缩至干后，由乙腈溶解并经反相色谱分离，最后由荧光检测器进行检测，依据色谱峰的保留时间进行定性，也可采用外标法进行定量[92]。此外，酶联免疫吸附法和液相色谱-串联质谱法也是我国目前常见的苯并(a)芘检测方法。

2005 年之前，欧盟各国对多项食品中苯并(a)芘等多环芳烃的检出限要求各异。2005 年，欧委会法规（Commission Regulation）开始实施，该法规对各项食品中苯并(a)芘的最大检出限做出了详细统一的规定（表 1-7）[47]。同时，EFSA 与欧盟各专家和欧委会（European Commission）合作，共同建立了在线数据库（EFSA, http://www.efsa.eu.int/），旨在调查食品添加剂中苯并(a)芘和其他 15 种主要致癌性多环芳烃的含量和占比、食品生产加工技术对多环芳烃水平的影响及多环芳烃污染的环境与技术源头。我国目前对苯并(a)芘的限量标准：生活饮用水水质标准为 0.01 μg/L 以下；肉制品、粮食的食品卫生标准为 5 μg/kg 下，植物油为 10 μg/kg 以下，熏烤动物性食品为 5 μg/kg 以下；空气质量（室内外）日平均浓度 0.01 μg/m³ 以下。

表 1-7　欧委会法规规定的各项食品中苯并(a)芘最大检出限[47]

产品	最大检出限/ (μg/kg 湿重)
食品级油脂（可直接食用或作为食品原料）	2.0
婴儿食品和婴幼儿谷物食品	1.0
婴儿奶粉/牛奶和二段奶粉/牛奶	1.0
具有医疗目的的婴儿特护食品	1.0
熏制肉和肉类制品	5.0
熏制鱼类和熏制非双壳类渔产品	5.0
非熏制鱼类	2.0
非熏制的甲壳类（虾、蟹等）和头足类（章鱼、鱿鱼、螺等）	5.0
双壳类渔产品（蛤、蚬、蚌、扇贝、牡蛎等）	10.0

针对环境固态介质中存在的苯并(a)芘，美国环境保护署（Environmental Protection Agency，EPA）于 1986—1996 年间建立了一系列方法，包括运用索氏萃取法、自动索氏提取法、超临界流体萃取法及加压溶剂萃取法等方法，检测来自土壤、污泥、垃圾样本中的苯并(a)芘[93]。相对于食品中化合物检测的复杂情况，从环境固态物质中提取苯并(a)芘较为简单，不同提取方法差异较小；即使采用极简提取技术，如借助摇床设备在室温下进行普通溶剂提取，仍具有可行性[94]。目前，针对苯并(a)芘的色谱分离技术一般采用有离子检测器的气相色谱-质谱联用法，或是高效液相色谱与荧光检测联用法。中国生态环境部在 2016 年发布了土壤和沉积物中多环芳烃类化合物的高效液相色谱法标准，该标准中苯并(a)芘荧光检测器检出限为 0.4 μg/kg，紫外检测器检出限为 5 μg/kg[95]。

针对大气和水体样本中苯并(a)芘的分析方法经历了 10 多年的发展历程。美国 EPA 于 1989 年建立了针对环境空气中包含苯并(a)芘在内的有毒有机化合物的气相色谱和高效液相色谱法，并于 1996 年进行修订[93]。水体中苯并(a)芘的色谱分析方法与土壤并无迥异，然而水体样本中苯并(a)芘的富集是分析检测的首要条件，目前采取的技术方法包括液液萃取、固相萃取、固相微萃取和搅拌吸附萃取等[96]，此外，利用膜萃取系统从水相样品中进行非极性污染物的分离研究方法仍在探索中[97]。我国于 1995 年首次发布国家标准，规定了测定环境空气中苯并(a)芘的高效液相色谱法，并于 2018 年进行了修订[98]。该方法的主要原理是利用超细玻璃（或石英）纤维滤膜采集空气中的苯并(a)芘，用二氯甲烷或乙腈提取，并经过浓缩、净化后，采用高效液相色谱分离、荧光检测器检测，根据保留时间定性，并可用外标法定量。中国生态环境部针对水源中苯并

(a)芘含量的检测法制定的相应标准,主要包括液液萃取和固相萃取高效液相色谱法,其检出限分别为 0.004 μg/L 和 0.000 4 μg/L[99]。

针对生物样品中苯并(a)芘的检测方法也在不断地发展当中。由于石油泄漏及污水排放等原因,导致海洋环境受到多环芳烃的污染,并且会在鱼、虾等海洋生物中蓄积,最终进入人体[100]。中国农业部在 2008 年发布了使用气相色谱 – 质谱法测定水产品中多环芳烃的相关标准,该方法的最低定量限为 2 μg/kg[101]。对于血浆中苯并(a)芘的测定,有研究建立了超高效液相色谱串联质谱法检测生物样本中的多环芳烃,该方法的苯并(a)芘检出限为 0.33 μg/L[102]。

4 应用 MOA/AOP 框架揭示苯并(a)芘毒作用机制

4.1 毒代动力学研究

4.1.1 经口暴露苯并(a)芘的 PBPK 模型建立发展历程

现有的基于实验动物的药代动力学模型发展有限,不足以完全阐述苯并(a)芘的毒代动力学。然而,基于人类的模型仅仅是通过对实验动物结果对比外推发展起来的,且尚未依据体外毒代数据和体内实验数据将各模型基于人的代谢参数进行校准[22]。

美国罗格斯大学的 Bevan 和 Weyand[103]曾在 1988 年进行了 1 项毒代动力学分室实验,通过给胆道插管的雄性大鼠和对照组雄性大鼠的气管滴注放射性苯并(a)芘,来检测苯并(a)芘的分布情况。虽然该实验采取的刺激措施有违基于生理的实验规则,但该模型推算出各室间的线性速率常数,并假定苯并(a)芘和其代谢产物有相同的动力学机制。1990 年,Roth 和 Vinegar[104]探讨了肺功能对机体应答外源化合物的影响,并将苯并(a)芘作为典型案例进行研究。该模型的多室分别代表动脉血、静脉血、肺、肝、脂肪及快速和缓慢灌注的组织,由于组织水平的数据有限,不足以对该模型进行充分验证和校准。肝和肺中的代谢研究基于一组 3 – 甲基胆蒽诱导苯并(a)芘代谢的大鼠和对照组大鼠的动力学数据。通过对比微粒体酶发现,普通大鼠肺的苯并(a)芘清除力是肝脏的 1/6,而 3 – 甲基胆蒽处理的大鼠肺与肝对苯并(a)芘的清除力相当。该研究证明,对于注射苯并(a)芘的大鼠,苯并(a)芘的代谢主要发生在肝脏;除非是诱导酶表达的大鼠或者吸入暴露的实验,否则肺中苯并(a)芘的代谢并非主要途径。

为获取支持建模的相关数据,Moir 等[105]在 1998 年进行了 1 项苯并(a)芘毒代动力学的动物研究,将苯并(a)芘多剂量注射的大鼠在不同时间点进行血、肝、脂肪和其他充分灌注组织的采样。随后,该团队针对肺、肝、脂肪、充分灌注组织和缓慢灌注组织、静脉血液及饱和代谢的肝脏建立相关模型。脂肪和充分灌注组织数据构建的模型为扩散限制型,而其他组织为流量限制型。该模型只包含一个可饱和代谢通路,且建模时只用了一种母体化合物的浓度作为参数,未包含任何代谢产物。该模型能很好地预测血液中苯并(a)芘浓度，但和肝脏数据匹配不佳。笔者也将该模型和1970年Schlede的数据进行比较[106]，发现该模型能够很好预测血液和脂肪中的苯并(a)芘浓度，但对于肝脏的预测还是不能令人满意。Crowell等[107]在2011年对该模型进行了校准，对啮齿动物的数据进行了优化并改变了分配系数的推导，但仍然不能填补代谢产物的空白，且一些组织的数据仍然和模型匹配不良[22]。

1999年，Zeilmaker等[108-109]试图将Moir的啮齿动物基于生理的药代动力学（physiologically based pharmacokinetic，PBPK）模型外推到人类经口暴露的风险评估中。他们先将模型应用于大鼠2,3,7,8-四氯二苯并二噁英（2,3,7,8-tetrachlorodibenzo-p-dioxin，TCDD）染毒中[110]，大部分的室包括血液、脂肪（有扩散限制）、充分灌注组织、缓慢灌注组织、肝脏是灌注限制型，但是没有代表肺的独立室。肝脏室描述了依赖于AHR的P450酶系激活机制，以及标志着苯并(a)芘代谢物遗传毒性的DNA加合物的形成过程。该研究推测DNA加合物的形成和苯并(a)芘的主要代谢过程由不同的代谢通路介导。

Zeilmaker等人假定大鼠和人类的某些室有着完全相同的数值，如苯并(a)芘在组织中的分配系数、AHR的肝脏浓度、苯并(a)芘-P450酶复合物的衰减速率常数、P450酶系的半衰期、苯并(a)芘被消化道吸收的占比和速率及在肝脏中形成和修复DNA加合物的速率。人类中P450酶系活性的最低限值被认为低于大鼠肝脏，AHR-依赖型P450酶系激活机制主导了苯并(a)芘-DNA加合物在肝脏中的形成。PBPK模型模拟结果表明，暴露于同样的苯并(a)芘剂量，人类肝脏中DNA加合物蓄积量可比大鼠高一个数量级。

该模型的建立标志着苯并(a)芘毒代动力学预测建模发展的重大飞跃，但其跨越物种的外推仍然有极大的不确定性。Zeilmaker等也强调，因为没有合适的试验数据可供使用，从苯并(a)芘到其致突变与致癌代谢产物的转化无法明确地建立人类肝脏模型。想要提高模型的准确性，需要对人类肝脏中CYP1A1和CYP1A2酶最低活性和苯并(a)芘-DNA加合物进行直接测量。此外，肺中苯并(a)芘的代谢清除问题也没有涉及。该毒代动力学模型仅关注了一个苯并(a)芘代谢激活通路、一个靶器官即肝脏，且只考虑经口这一种暴露途径。而Susan Ritger Crowell等开发的苯并(a)芘PBPK模型虽有一定的不足，但为多环芳烃的模型发展提供了一定的基础。该模型分室包括动静脉血、血流受限的肺和肝、充分灌注和未充分灌注组织，以及扩散受限脂肪和两室理论肠道。模型所用参数见表1-8和表1-9[107]。为模拟苯并(a)芘暴露的健康效应，PBPK模型需要模拟苯并(a)芘-DNA加合物的累积率和分布，以及苯并(a)芘代谢产物（如BPDE等）结合DNA及其他大分子的途径，或使用苯并(a)芘稳定的毒代产物作为内暴露剂量的代替选择。总之，尽管苯并(a)芘在动物中的代谢模式已被相对较好地定性表征，但其在潜在靶器官里更为复杂的代谢反应间的定量动力学关系还未阐明。

表1-8 苯并(a)芘 PBPK 模型的生理生化参数[107]

参数	大鼠	小鼠
体重/kg	0.250 0	0.025
心输出量/(mL/min)	1.756 0	1.253
组织容积百分比（占体重百分比）		
动脉血	0.025 0	0.017
静脉血	0.050 0	0.033
脂肪	0.065 0	0.070
全血中脂肪（占脂肪含量百分比）	0.020 0	0.020
肝脏	0.037 0	0.055
肺	0.005 0	0.005
充分灌注组织	0.098 0	0.100
未充分灌注组织	0.600 0	0.600
血流百分比		
脂肪	0.070 0	0.059
肝脏	0.183 0	0.161
充分灌注组织	0.400 0	0.480
未充分灌注组织	0.347 0	0.300
血液结合百分比	0.900 0	—
脂肪渗透系数	0.250 0	—
理论胃吸收率/(L/min)	0.000 5	0.001
理论肠吸收率/(L/min)	0.040 0	0.013
胃排空率/(L/min)	0.006 0	0.020
粪便清除率/(L/min)	0.004 5	—
肝脏最大代谢率/[nmol/(min·mL)]	44.700 0	—
肺最大代谢率/[nmol/(min·mL)]	18.130 0	—
肝脏 Michaelis 常数/[nmol/(min·mL)]	5.500 0	—
肺 Michaelis 常数/[nmol/(min·mL)]	0.220 0	—

表1-9 苯并(a)芘分配系数*[107]

参数	大鼠	小鼠
脂肪：血液	496.38	496.38
肝脏：血液	13.31	13.31
肺：血液	14.54	7.49
充分灌注组织：血液	13.31	13.31
未充分灌注组织：血液	6.99	6.99

注：*分配系数即化学成分在两种介质中的浓度比。

4.1.2 应用 PBPK 模型进行模拟、外推的研究

苯并(a)芘 PBPK 模型曾被评估由大鼠至人的外推或经口与吸入暴露间外推的可行性。由于大鼠和人类各代谢参数在进行比对时巨大的不确定性，这些模型均不能被用于跨物种的外推。此外，苯并(a)芘呼吸途径暴露的完整 PBPK 机制模型尚未建立，也没有可模拟人苯并(a)芘经典呼吸暴露的非可溶性碳颗粒物进行实验，极大地阻碍了模型跨路径外推至吸入途径等相关研究的应用[22]。

4.2 毒效学研究

4.2.1 经口暴露苯并(a)芘引起不良健康结局 MOA

4.2.1.1 发育毒性的 MOA 概述

关于苯并(a)芘暴露致发育毒性多种表现的作用模式的相关研究数据有限，发育毒性的 MOA 目前暂不清晰。通常针对观察到的发育毒效应所提出的假定作用模式包括且不限于：遗传毒性和致突变性、细胞信号传导变化（如通过芳基烃受体 AHR）、细胞毒性及氧化应激等。

苯并(a)芘是公认的诱变剂，因此不难理解，苯并(a)芘暴露可导致男性和女性生殖细胞突变、胚胎组织突变，继而导致其存活力降低、先天畸形、子代发育异常等。细胞传导通过芳基烃受体 AHR 调控苯并(a)芘影响发育也是合理的，苯并(a)芘是 AHR 的配体，而该受体的激活将调控包括如在苯并(a)芘代谢激活中扮演重要角色的 CYP 酶系等一系列下游基因的表达。AHR 敲降小鼠研究[111-112]证明，胚胎发育阶段 AHR 信号通路对正常肝脏、肾脏、血管、造血系统和免疫系统发育有至关重要的作用。而灌胃苯并(a)芘的 AHR 应答减弱小鼠没有表现出 AHR 应答小鼠所表现的尿白蛋白上升、肾小球数量下降等肾脏损伤指标[113]。另 1 项更高剂量腹腔注射苯并(a)芘的研究[114]证明，AHR 应答小鼠比非应答小鼠表现出更强的发育毒性效应。此外，AHR 应答小鼠有多发器官吸收、畸变、先天异常和胎儿体重下降等现象。

多项人群研究也观察到出生体重下降与产前多环芳烃暴露相关，而新生儿的出生体重过轻与成年后的高血压和肾功能不足的发生也呈负相关[113,115-116]，可能是由于与子宫内生长受限相关的先天肾单位缺陷所致。苯并(a)芘活性代谢产物造成的 DNA 氧化和蛋白损伤从而引起的机体氧化应激反应，也是发育毒性的重要机制。谷胱甘肽缺乏型小鼠在发育阶段暴露于苯并(a)芘会导致雄性生殖毒性[117]。妊娠期小鼠腹腔注射苯并(a)芘则提高了子代小鼠肺氧化损伤的易感性[118]。针对发育神经毒性的研究也证实苯并(a)芘暴露后大脑氧化应激是行为异常的重要原因。苯并(a)芘经口暴露与发育毒性相关效应的矩阵关系见图 1-2。

目前没有明确可证的作用模式可以阐述苯并(a)芘神经发育毒性。普遍的假定机制研究证据有限，且仅关注了中枢神经系统的神经传递异常，如神经递质基因表达、神经递质水平，以及与空间学习、焦虑、攻击等行为相对应的大脑区域的神经递质受体信号传导等[119-121]。苯并(a)芘经口暴露与神经发育毒性相关效应的矩阵关系见图 1-3。

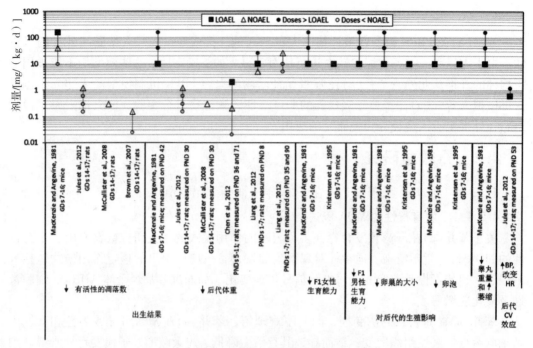

图1-2 苯并(a)芘经口暴露与发育毒性相关效应矩阵关系[22]

GD：妊娠日期；BP：血压；HR：心率；CV：心血管。

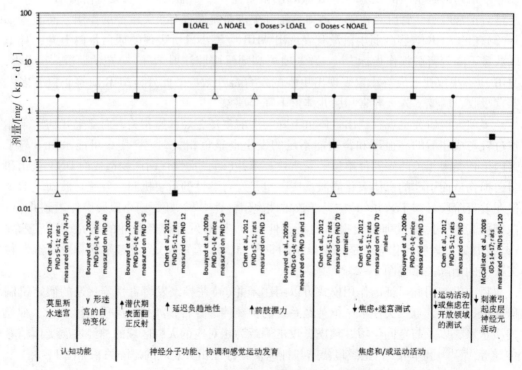

图1-3 苯并(a)芘经口暴露与神经发育毒性相关效应矩阵关系[22]

4.2.1.2 雄性生殖毒性的 MOA 概述

动物实验苯并(a)芘暴露导致的雄性生殖效应包括精子质量下降、睾酮水平下降、促黄体激素上升及睾丸组织学改变等。假定的作用模式包括苯并(a)芘介导雄性生殖细胞 DNA 损伤而引发细胞毒性、凋亡，受精后生存力下降，睾丸间质细胞和支持细胞功能受损，氧化应激，以及类固醇急性调节蛋白启动子的调控变化[122-124]。苯并(a)芘经口暴露与雄性生殖毒性相关效应的矩阵关系见图 1-4。

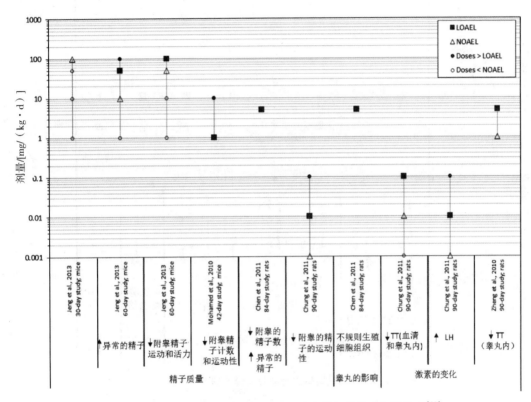

图 1-4 苯并(a)芘经口暴露与雄性生殖毒性相关效应矩阵关系[22]
LH：促黄体激素；TT：睾酮。

4.2.1.3 雌性生殖毒性的 MOA 分析

尽管苯并(a)芘暴露的雌性生殖效应相关机制还没有完全建立，但其与凋亡刺激、类固醇生成受损、激素平衡改变、遗传毒性、细胞毒性等方面的相关性已被报道。苯并(a)芘是公认的遗传毒物，其苯并(a)芘 - DNA 加合物被发现于卵巢组织中[125]。因此，雌性生殖细胞的苯并(a)芘暴露可导致细胞受损、卵母细胞和胚胎生存力下降，以及对幸存后代潜在的遗传突变效应。例如，对雌性大鼠进行单次经口暴露实验发现，卵巢中苯并(a)芘 - DNA 加合物甚至可能高于肝脏，且苯并(a)芘的代谢产物 BPDE-DNA 加合物水平和 DNA 链断裂情况也在卵母细胞与卵丘细胞中显著提高[125-126]。苯并(a)芘经口暴露与雌性生殖毒性相关效应的矩阵关系见图 1-5。

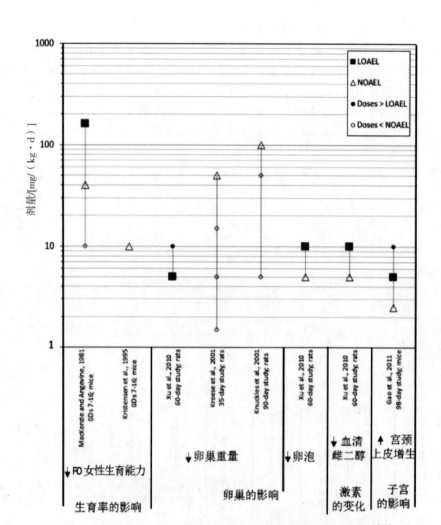

图 1-5　苯并(a)芘经口暴露与雌性生殖毒性相关效应矩阵关系[22]

4.2.1.4　免疫毒性的作用模式概述

苯并(a)芘暴露引发的免疫抑制效应主要体现在经口、腹腔注射、皮下注射和气管滴注动物暴露实验中，如脾脏 B 细胞数量的减少、胸腺质量与细胞性的减弱等。尽管苯并(a)芘引发免疫效应的关键事件还没有完全确定，但很大可能与 AHR 激活和代谢、遗传毒性、致突变性、细胞毒性和凋亡等相关。在针对多环芳烃职业暴露的研究[127]中，白细胞中苯并(a)芘-DNA 加合物的检出是常见现象，外周血单核细胞的凋亡显著增加。同时，苯并(a)芘是 AHR 配体中一员，而 AHR 配体被证明参与调控骨髓造血干细胞，可能影响 B 细胞增殖和抗体的生成[128]。此外，T 细胞对苯并(a)芘同样具有应答效应，低剂量的苯并(a)芘即可抑制其有丝分裂，这可能涉及与 AHR 和 P450 酶相关的一系列调控过程[129]。苯并(a)芘经口暴露与免疫毒性相关效应的矩阵关系见图 1-6。

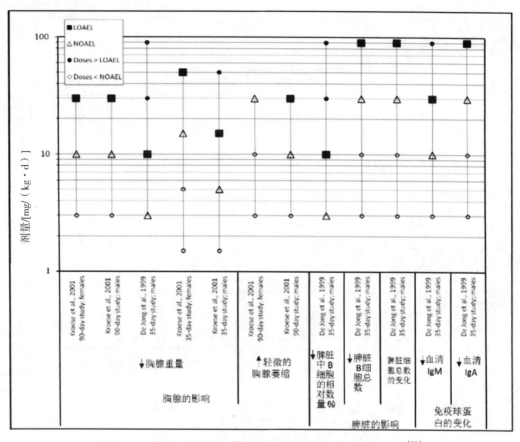

图1-6 苯并(a)芘经口暴露与免疫毒性相关效应矩阵关系[22]

4.2.1.5 其他毒性

一些动物实验证明，苯并(a)芘在肝脏、肾脏、心血管系统和神经系统也表现出非癌毒性，但证据尚不充分且一致性较差。

4.2.2 经口暴露苯并(a)芘后利用已有MOA/AOP动物向人的外推方法

苯并(a)芘致癌作用的首要作用模式是引发了致突变作用，这一作用模式被认为适用于所有的肿瘤类型，且与所有暴露途径均相关。EPA的"关于致癌物风险评估指南"描述了评估癌症数据作用模式的程序性方法，根据该框架提出的苯并(a)芘致癌作用模式一系列关键事件见图1-7，包括：①通过三个可能的代谢激活途径：二醇环氧化途径、自由基阳离子途径、邻醌和活性氧途径，完成从苯并(a)芘到有DNA活性的代谢产物的生物激活；②活性代谢产物造成直接DNA损伤，包括DNA加合物的形成和活性氧介导的损伤；③DNA突变的形成与修复，特别是与肿瘤引发相关的癌基因和抑癌基因；④在肿瘤促进和发展阶段突变细胞的克隆扩增。大量体内体外实验证据可以给苯并(a)芘代谢激活后的致突变作用模式提供支持，举例见表1-10。

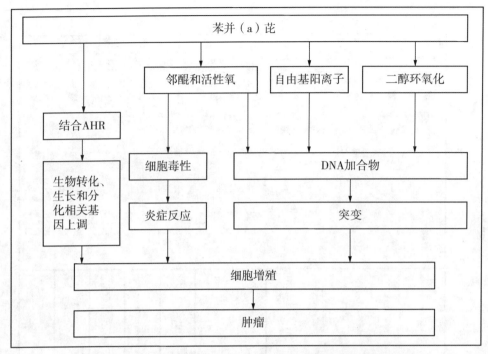

图 1-7　苯并(a)芘致癌作用模式中的代谢激活途径和关键事件[22]

表 1-10　苯并(a)芘代谢激活后的致突变作用模式中关键事件及实验证据列举

1. 苯并(a)芘通过三个可能的代谢激活途径：二醇环氧化途径、自由基阳离子途径、邻醌和活性氧途径；苯并(a)芘激活为 DNA 活性代谢产物[130-132]

(1) 苯并(a)芘代谢产物诱导关键事件的证据：
   ·苯并(a)芘通过这三种途径的代谢已在多项体外研究中得到证实，二醇环氧化和自由基阳离子代谢激活途径已在人和动物体内研究中得到证实；
   ·在人体和动物体内的多项研究表明，活性代谢产物分布到靶器官/组织。

(2) 人类证据表明，关键事件是致癌的必要条件：
   ·具有 CYP 多态性或缺乏功能性 GSTM1 基因的人会形成更高水平的苯并(a)芘二醇环氧化合物，导致 BPDE-DNA 加合物的形成和癌症风险的增加

2. 活性代谢产物造成直接 DNA 损伤[133-135]

(1) 苯并(a)芘代谢物诱导关键事件的证据：
   ·反应性苯并(a)芘代谢物在大多数体内和体外系统的测试中展示基因毒性，包括细菌突变检测、转基因小鼠试验、显性致死突变小鼠、在人类和动物中的 BPDE-DNA 加合物检测及在动物中造成 DNA 损伤、微核形成和姐妹染色单体互换；
   ·多项体内苯并(a)芘暴露动物研究表明，靶组织中 DNA 加合物的形成先于肿瘤的形成，并随着剂量的增加而增加；
   ·异硫氰酸酯处理可抑制苯并(a)芘向 7,8-二醇和苯并二脱氧核糖核酸加合物的生物转化，也可抑制苯并(a)芘暴露小鼠的肺癌发生；

续表 1-10

- 苯并(a)芘二醇环氧化物代谢物在 DNA 中优先与脱氧鸟嘌呤和脱氧腺嘌呤的外环氨基相互作用；
- 苯并(a)芘邻醌代谢物能够激活氧化还原循环，产生活性氧（ROS），引起氧化性碱损伤。

（2）人类证据表明，关键事件是致癌的必要条件：
- 苯并(a)芘二醇环氧化物特异性 DNA 加合物的检测与职业暴露人群的癌症风险增加有关；
- 这些苯并(a)芘二醇环氧化合物优先在鸟嘌呤残基上形成 BPDE-DNA 加合物，这些鸟嘌呤残基已在暴露于多环芳烃的癌症患者的组织中检出

---

3. DNA 突变的形成与修复[136-138]

（1）苯并(a)芘代谢物诱导关键事件的证据：
- 一些体内暴露研究已经观察到苯并(a)芘二醇环氧化物在前胃或肺肿瘤中的 K-ras、H-ras 和 p53 等关键基因的特异性突变谱（如 G→T 颠换突变）；
- 多项体内和体外研究已经在肿瘤形成前的靶组织中发现了苯并(a)芘特异性的 H-ras、K-ras 和 p53 突变。

（2）人类证据表明，关键事件是致癌的必要条件：
- DNA 加合物形成的苯并(a)芘二醇环氧化物反应与鸟嘌呤碱基导致主要 G→T 颠换突变；这些特定的突变谱已在突变热点的人类 PAH 暴露相关肿瘤中广泛存在，包括致癌基因（K-ras）和肿瘤抑制基因（p53）

4. 在肿瘤促进和发展阶段突变细胞的克隆扩增[139-141]

（1）苯并(a)芘代谢物诱导关键事件的证据：
- 苯并(a)芘已被证明是一种完全致癌物，在没有外源性启动子的情况下，其对皮肤的反复暴露可诱发小鼠、大鼠、兔子和豚鼠的皮肤肿瘤；
- 多环芳烃［包括苯并(a)芘］激活 AHR 可上调促进肿瘤生长的基因，并增加小鼠肿瘤的发生率

4.3 运用证据权重法评价经口暴露苯并(a)芘导致不良健康结局 MOA

4.3.1 针对非癌效应的证据权重法

针对人和动物研究总结的证据权重表明，人类苯并(a)芘暴露危害证据最多的是发育毒性（包括神经发育毒性）、生殖毒性和免疫毒性。现有的人暴露多环芳烃的相关研究，使用的是来源于苯并(a)芘的大气监控数据或血液与组织中苯并(a)芘－DNA 加合物浓度及特定健康结局间关系的研究报告，观测的毒性效应（特别是发育毒性和生殖毒性效应）与动物毒性试验中观察到的效应相近。其他毒性效应如肝脏、肾脏、心血管和神经等在现有的慢性或亚慢性经口和吸入暴露的研究证据不足。

4.3.2 针对癌效应的证据权重法

在 EPA "关于致癌物风险评估指南"中，苯并(a)芘被明确归于人类致癌物。该指南强调当满足下列条件时，"人类致癌物"这一描述才可被使用：①有强烈证据表明人类暴露与任意癌症或其作用模式的关键先兆事件具有相关性，但不足以证实因果关系；

②有大量动物实验证明其致癌性;③致癌的作用模式和相关关键先兆事件已在动物中被识别;④有充足证据表明动物实验中的发生在癌症前的关键先兆事件也会发生在人类身上并进展为肿瘤。以上四个条件的支撑研究材料见表1-11。

表1-11 苯并(a)芘暴露引发人类癌症的相关描述及实验证据列举

1. 癌症或其前兆的强有力人类证据[142-143,15]

(1) 暴露于含有苯并(a)芘的复杂多环芳烃混合物中的人患肺癌、膀胱癌和皮肤癌的风险增加。

(2) 在人类中检测到的苯并(a)芘特异性生物标志物与癌症风险增加相关:

·焦炉工人和烟囱清洁工体内的 BPDE-DNA 加合物;

·在吸烟者中的 BPDE-DNA 加合物。

(3) 在暴露于多环芳烃混合物的人体靶器官中检测到苯并(a)芘特异性 DNA 加合物:

·在肺癌吸烟者的非肿瘤肺组织和煤焦油治疗的湿疹患者的皮肤中检测到 BPDE-DNA 加合物;

·人细胞中 p53 基因 BPDE-DNA 加合物的形成与人肺肿瘤中鸟嘌呤残基的突变热点相对应。

(4) 在人类多环芳烃相关肿瘤中发现的苯并(a)芘特异性突变谱:

·肺癌患者 T 淋巴细胞中 HPRT 位点的 GC→TA 颠换和 GC→AT 变换;

·在暴露的人 p53 敲入小鼠成纤维细胞中产生的 G→T 的颠换位点与人类吸烟相关肺肿瘤中 p53 的突变热点相同;

·在与烟熏煤暴露相关的人类肺肿瘤中,p53 和 K-ras 基因在相同的突变热点处发生 G→T 颠换;

·在吸烟者和非吸烟者 p53 基因中 G→T 颠换的百分比增加

2. 大量动物证据[144-146]

(1) 经口暴露:

·雄性和雌性大鼠以及雌性小鼠终身暴露后的前胃肿瘤;

·小鼠非终身暴露后的前胃肿瘤;

·雄性和雌性大鼠终身暴露后的消化道和肝脏肿瘤;

·雄性大鼠终身暴露后的肾脏肿瘤;

·成年雄性和雌性大鼠终身暴露后的耳道肿瘤;

·雌性小鼠终身暴露后的食道、舌头和喉部肿瘤

3. 在动物中已鉴定出来的关键前兆事件的鉴定

(1) 苯并(a)芘对 DNA 反应代谢物的生物活性已通过各种途径在多种物种和组织中被证实。

(2) 直接的 DNA 损伤代谢物,包括 DNA 加合物的形成和 ROS 介导的损伤。

(3) DNA 突变的形成和固定,特别是在肿瘤抑制基因或癌基因中

4. 预计发生在人类身上的关键的前兆事件的强有力证据[147-149]

(1) 暴露于苯并(a)芘的小鼠的前胃或肺肿瘤中出现 p53 或 K-ras 基因突变:

·在接触煤烟的人类肺癌患者的肺肿瘤中发现了 K-ras 癌基因或 p53 基因 G→T 颠换;

·吸烟者肺肿瘤中 G→T 颠换的发生率高于不吸烟者

4.4 识别苯并(a)芘在肝脏和肺脏中关键毒性通路，构建AHR为MIE的AOP

目前很多研究表明，苯并(a)芘暴露在肝脏、肾脏等器官中也呈现非癌毒性，但由于实验动物、暴露途径、暴露剂量的差异导致其结果一致性较差。此外，现有的MOA方法不能明确毒物的关键毒性通路，而AOP构建范例对分子层面的KE也关注不足。

针对这些问题，笔者项目团队基于权威毒理学数据库CTD，利用生物信息学手段整合组学研究，寻找苯并(a)芘暴露的关键应答基因，重构苯并(a)芘作用的毒性作用网络，挖掘相关毒性通路与关键分子事件。目前，CTD数据库共录入苯并(a)芘相关文献818篇，其中肝脏毒性相关241篇，肺脏毒性相关140篇，两者共占所有证据的46.6%，提示苯并(a)芘暴露的肝脏与肺脏毒作用机制是目前研究的热点问题。肝脏毒性相关研究文献共纳入3 085个苯并(a)芘应答基因，而肺毒性相关文献提供了422个苯并(a)芘应答基因。基于上述基因，我们采用Ingenuity Pathway Analysis（IPA）软件重构其毒性作用通路，发现苯并(a)芘在肝损伤中可能扰动的关键毒性通路包括AHR信号通路（图1-8）、NRF2介导的氧化应激通路和p53信号通路等；而在肺损伤中可能扰动的关键毒性通路包括AHR信号通路和凋亡通路等。值得注意的是，相同的信号通路在不同器官的应答程度与应答分子并不一致，提示苯并(a)芘对不同靶器官的毒性机制可能存在显著差异。

我们运用调控力分析（upstream regulator analysis）探讨了肝脏中各毒性通路的启动顺序，结果发现AHR信号通路是最早启动的信号通路，而NRF2介导的氧化应激通路等应答最为缓慢。依据毒性通路启动顺序及各毒性通路的核心分子，我们构建了AHR激活作为MIE直至肝脏疾病的AOP路径，详细描述了肝细胞中的关键应答基因的变化。随后，我们重新收集了可以激活AHR的二噁英（TCDD）、丙戊酸和槲皮素，对该AOP进行了验证，发现这些化合物可全部或部分扰动关键基因的表达（图1-9）。我们也完成了AHR激活作为MIE直至肺脏疾病的AOP路径的构建和验证工作（图1-10），为解析苯并(a)芘在肝脏和肺脏中的毒性机制，筛选关键分子用于新化合物的毒性测试提供了基础数据和新的思路。

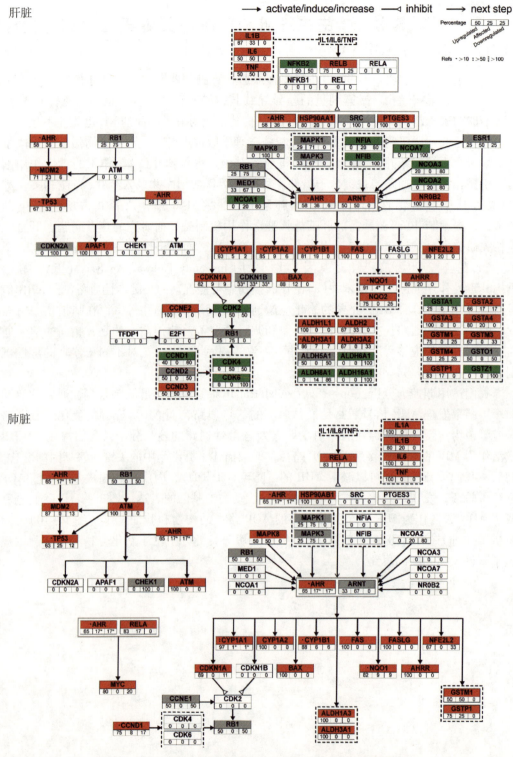

图1-8 苯并(a)芘在肝脏和肺脏中扰动的 AHR 信号通路

显著上调的分子标记为红色,显著下调的分子标记为绿色,不能判定失调方向的分子标记为灰色,通路中无应答的分子标记为白色。

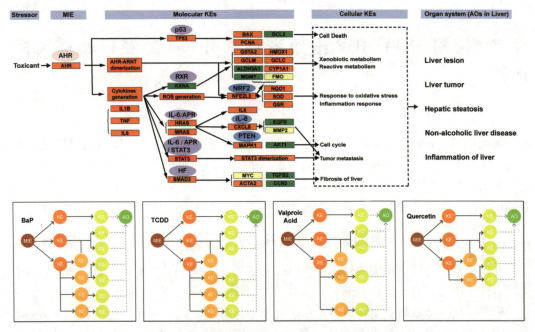

图1-9　AHR激活致肝脏疾病的AOP构建及验证

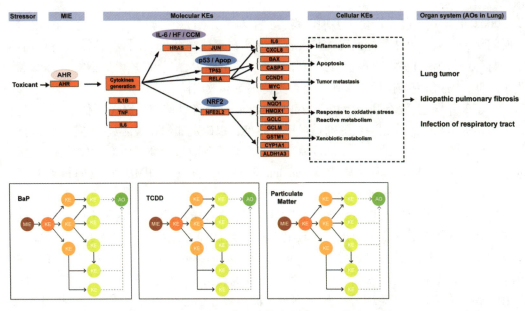

图1-10　AHR激活致肺脏疾病的AOP构建及验证

5 应用 MOA/AOP 框架进行苯并(a)芘经口暴露风险评估

参考剂量（reference dose，RfD）是用于评估除癌症和基因突变以外的慢性化学暴露对健康影响风险的一个概念，具体定义是人群（包括敏感亚群）很可能在一生中没有明显有害影响所承受的化学物的每日暴露量（不确定情况可跨越一个数量级）[150]。化合物的 RfD 是基于健康风险估算出的最大可接受值，但不是一个可强制执行的标准。

5.1 国际及中国最新关于苯并(a)芘经口暴露限值与法律规范

在定量测量与效应相关的暴露水平时，人群研究要优于动物实验。对于苯并(a)芘来说，环境中多环芳烃混合物暴露的人群在很多队列中都观察到各种非癌毒性，如不育、流产、出生体重降低及对神经发育系统和心血管的影响。然而，目前利用苯并(a)芘-DNA 加合物作为暴露衡量标准进行的人群研究并不提供苯并(a)芘的外暴露水平，无法推导出参考限值，且暴露也可能是多途径一起发生从而难以分离出单个值的参考水平。

2002 年，美国 EPA 评价了多项动物实验中与苯并(a)芘暴露最相关的途径和相应暴露时间，关注重点仍然是神经毒性与发育毒性。在表述苯并(a)芘暴露的效应终点描述中，与神经行为变化[151]、卵巢重量下降与卵泡数量减少[152]、宫颈增生增加[153]和胸腺重量降低[154]的研究数据被用来评判是否支持剂量-效应模型的建立。

由于苯并(a)芘没有基于生物学的剂量-反应模型可供使用，EPA 评估了一系列被认为与相关生物学过程相一致的剂量-反应模型，以确定如何在观测数据范围内对每种剂量-反应关系尽可能地建立实证性模型。基本上，各数据种类（如连续数据或二分数据）都会应用 EPA 基准剂量软件（Benchmark Dose Software，BMDS）里的相关模型，其他可行的模型也会被采纳[155]。

当"何种变化具有真正生物学意义"这类信息缺失的时候，为确保不同效应终点、不同研究和不同评估方法之间进行比较时具有一致性和可比性，基准剂量（benchmark does，BMD）和基准剂量下限值（benchmark does lower confidence limit，BMDL）的估算方式为，针对连续数据采用距对照组均数一个标准方差基准反应的剂量，针对二分数据采用比基准反应多出 10% 额外风险的剂量。而当该类信息可用时，需要为选择基准反应提供参考。

对于已有足够多数据可建模或已经成功建模的效应结局，BMDL 可以被用来当作毒性起始点（point of departure，POD），即化学物诱发动物产生关键毒性效应的临界剂量或阈值，因为神经行为效应的 POD 和神经行为实验的 BMD 值非常近似。

对于没有足够效应结局数据可建模的情况，可考虑通过确定未观察到有害作用水平

(noobserved adverse effect level, NOAEL) 或能观察到有害作用的最低水平 (lowest observed adverse effect level, LOAEL) 来作为 POD。具体来说,如 Mohamed 等[156]的研究中将实验组附睾的精子的数目记录为对照组的百分比,而没有给出原始值。再如 Jules 等[157]研究中血压的变化缺乏一致性。类似的数据集由于不足以支持剂量–反应模型的建立,因此需要用 NOAEL 或 LOAEL 来定义 POD。

在推导人类经口暴露限值时,目前采用人类等效剂量 (human equivalent doses, HEDs) 这一概念。HED 的推导方法是由实验动物数据通过一定方法经由 PBPK 建模而来的。而由实验动物向 HED 转化还需要一个标准值,称为剂量测定调整系数 (dosimetric adjustment factor, DAF)。具体计算方法如下:

$$DAF = (实验动物体重^{1/4} / 人类体重^{1/4})$$

$$POD_{HED} = POD_{ADJ} \times DAF$$

其中,POD_{ADJ} 表示当实验动物以经口以外方式染毒时,将 POD 通过 BMD 模型计算出的矫正值。EPA 基于所有神经、生殖和发育毒性的数据,针对人群及亚人群给出了整体参考限值,相关描述与置信区间见表 1–12。

表 1–12 苯并(a)芘暴露器官/系统特异参考限值和整体参考限值

效应	评价基础	经口暴露限值/[mg/(kg·d)]	暴露研究描述	可信度
发育功能	神经性行为改变	3×10^{-4}	发育的关键时期(出生后)	中等
生殖功能	卵毒性(原始卵泡和卵巢重量下降)	4×10^{-4}	亚慢性	中等
免疫功能	胸腺重量和血清中 IgM 水平降低	2×10^{-3}	亚慢性	低
整体参考限值	发育毒性(包括发育神经毒性)	3×10^{-4}	发育的关键时期(出生后)	中等

5.2 国际及中国最新苯并(a)芘经口暴露相关数据库与网站

EPA 经口暴露限值描述及在健康风险评估中的应用:https://www.epa.gov/iris/reference-dose-rfd-description-and-use-health-risk-assessments。

美国环保署基准剂量分析官方软件 EPA Benchmark Dose Software:http://www.epa.gov/bmds/。

6 总结

综上所述,苯并(a)芘作为一种最早发现和研究的污染物之一,自人类开始学会用火时便开始危害公众健康。目前,科学家们已对苯并(a)芘的毒性作用开展了数以千计的研究,明确了该毒物的暴露途径、分布、影响和排出过程,发现其活性代谢产物具有致癌性和生殖发育毒性、免疫毒性等多种非癌毒性。但是迄今为止,其对肝脏、肾脏、心血管系统和神经系统的非癌毒性的作用机制一直未被阐明,即使是研究最透彻的致癌性,其癌变进程的细节和调控机制也不清楚。现在如火如荼的系统毒理学研究为解决上述问题提供了新的研究思路,但相关研究策略和计算毒理学分析方法仍在探索中。本章基于大数据分析,以毒性通路紊乱和毒性关键分子为研究对象,研究不同靶器官的毒性作用机制,探讨苯并(a)芘影响毒性通路和结局的剂效关系,以期为应用 MOA 框架进行经口暴露人群评估及检测提供基础数据和新的评估模型。

参考文献

[1] NATIONAL CENTER FOR BIOTECHNOLOGY INFORMATION. PubChem Compounel Summary for CID 2336, benzo (a) pyrene [R]. 2021.

[2] HAYNES W M E. CRC Handbook of Chemistry and Physics. 95th Edition [M]. CRC Press LLC, Boca Raton:FL 2014 – 2015.

[3] KIM K H, JAHAN S A, KABIR E, et al. A review of airborne polycyclic aromatic hydrocarbons (PAHs) and their human health effects [J]. Environment international, 2013, 60 – 71, 80.

[4] 吴金松,张荷丽,陈光静,等. 食品生产过程中常见致癌物质的成因及对策探究 [J]. 现代牧业, 2018, 2 (3):39 – 43.

[5] KIRA S, KATSUSE T, NOGAMI Y, et al. Measurement of benzo (a) pyrene in sea water and in mussels in the Seto Inland Sea, Japan [J]. Bulletin of environmental contamination and toxicology, 2000, 65 (5):631 – 637.

[6] LIU Y, LIU L, LIN J M, et al. Distribution and characterization of polycyclic aromatic hydrocarbon compounds in airborne particulates of east asia [J]. China particuology, 2006, 4 (6):283 – 292.

[7] 吴丹. 食品中苯并芘污染的危害性及其预防措施 [J]. 食品工业科技, 2008 (5):309 – 311.

[8] SIMKO P. Determination of polycyclic aromatic hydrocarbons in smoked meat products and smoke flavouring food additives [J]. Journal of chromatography B, Analytical technologies in the biomedical and life sciences, 2002, 770 (1 – 2):3 – 18.

[9] STUMPE V I, MOROZOVS A. Levels of benzo (a) pyrene (BaP) in fish, smoked according to different procedures [J]. Latvijas lauksaimniecibas universitates raksti, 2008, 21 (315): 24-29.

[10] 朱小玲. 烹饪过程中多环芳烃的产生及控制 [J]. 四川烹饪高等专科学校学报, 2012 (5): 22-25.

[11] OLATUNJI O S, FATOKI O S, OPEOLU B O, et al. Benzo (a) pyrene and Benzo [k] fluoranthene in some processed fish and fish products [J]. International journal of environmental research and public health, 2015, 12 (1): 940-951.

[12] 齐颖. 油炸肉制品加工过程中多环芳烃的形成及控制研究 [D]. 天津科技大学, 2015.

[13] 叶韬, 王昆, 陈志娜. 油炸调理肉串过程煎炸条件对大豆油苯并芘含量及理化指标的影响 [J]. 中国粮油学报, 2018, 33 (5): 49-54.

[14] KAZEROUNI N, SINHA R, HSU C H, et al. Analysis of 200 food items for benzo (a) pyrene and estimation of its intake in an epidemiologic study [J]. Food and chemical toxicology, 2001, 39 (5): 423-436.

[15] 庞朋沙, 过倩萍, 伍会健. 细胞内 AhR 信号转导通路的机制研究 [J]. 现代生物医学进展, 2010, 10 (13): 2567-2570.

[16] BARONE-ADESI F, CHAPMAN R S, SILVERMAN D T, et al. Risk of lung cancer associated with domestic use of coal in Xuanwei, China: retrospective cohort study [J]. BMJ (Clinical research ed), 2012, 345: e5414.

[17] 周芳, 孙成, 钟明. 我国水体中苯并(a)芘污染的生态风险评价 [J]. 环境与健康杂志, 2005 (3): 163-165.

[18] EDWARDS N T. Polycyclic Aromatic Hydrocarbons (PAH's) in the Terrestrial Environment-A Review [J]. J Environ Qual, 1983: 12 (4): 427-441.

[19] 郝蔚霞. 植物油中苯并(a)芘安全风险分析及有效防控措施的探讨 [J]. 食品安全质量检测学报, 2015, 6 (7): 2558-2562.

[20] 金征宇, 彭池方. 食品安全 [M]. 北京: 中国轻工业出版社, 2008.

[21] 王连生. 有机污染物化学 [M]. 北京: 科技出版社, 1991.

[22] STIBOROVA M, INDRA R, MOSEROVA M, et al. NADPH-and NADH-dependent metabolism of and DNA adduct formation by benzo (a) pyrene catalyzed with rat hepatic microsomes and cytochrome P450 1A1 [J]. Monatshefte fur chemie, 2016, 147 (8): 47-55.

[23] HART A J, SKINNER J A, HENCKEL J, et al. Insufficient acetabular version increases blood metal ion levels after metal-on-metal hip resurfacing [J]. Clinical orthopaedics and related research, 2011, 469 (9): 2590-2597.

[24] FOTH H, KAHL R, KAHL G F. Pharmacokinetics of low doses of benzo (a) pyrene in the rat [J]. Food and chemical toxicology: an international journal published for the British Industrial Biological Research Association, 1988, 26 (1): 45-51.

[25] RAMESH A, INYANG F, HOOD D B, et al. Metabolism, bioavailability, and toxicokinetics of benzo (alpha) pyrene in F-344 rats following oral administration [J]. Experimental and toxicologic pathology: official journal of the Gesellschaft fur Toxikologische Pathologie, 2001, 53 (4): 275 – 290.

[26] CAVRET S, FEIDT C. Intestinal metabolism of PAH: in vitro demonstration and study of its impact on PAH transfer through the intestinal epithelium [J]. Environmental research, 2005, 98 (1): 22 – 32.

[27] EKWALL P, ERMALA P, SETALA K. Gastric absorption of 3, 4-benzpyrene. II. The significance of the solvent for the penetration of 3, 4-benzpyrene into the stomach wall [J]. Cancer research, 1951, 11 (10): 758 – 763.

[28] AGENCY FOR TOXIC SUBSTANCES AND DISEASE REGISTRY. Toxicological profile for polycyclic aromatic hydrocarbons [R]. 1995.

[29] WEYAND E H, BEVAN D R. Species differences in disposition of benzo (a) pyrene [J]. Drug metabolism and disposition: the biological fate of chemicals, 1987, 15 (4): 442 – 448.

[30] GINSBERG G L, ATHERHOLT T B. Transport of DNA-adducting metabolites in mouse serum following benzo (a) pyrene administration [J]. Carcinogenesis, 1989, 10 (4): 673 – 679.

[31] WEYAND E H, BEVAN D R. Benzo (a) pyrene disposition and metabolism in rats following intratracheal instillation [J]. Cancer research, 1986, 46 (11): 5655 – 5661.

[32] NATIONAL RESEARCH COUNCIL (US) SAFE DRINKING WATER COMMITTEE. Drinking water and health: Volume 4 [M]. Washington (DC): National Academies Press (US), 1982.

[33] OBANA H, HORI S, KASHIMOTO T, et al. Polycyclic aromatic hydrocarbons in human fat and liver [J]. Bulletin of environmental contamination and toxicology, 1981, 27 (1): 23 – 27.

[34] MILLER K P, RAMOS K S. Impact of cellular metabolism on the biological effects of benzo (a) pyrene and related hydrocarbons [J]. Drug metabolism reviews, 2001, 33 (1): 1 – 35.

[35] TRUSH M A, MIMNAUGH E G, GRAM T E. Activation of pharmacologic agents to radical intermediates. Implications for the role of free radicals in drug action and toxicity [J]. Biochemical pharmacology, 1982, 31 (21): 3335 – 3346.

[36] FANG A H, SMITH W A, VOUROS P, et al. Identification and characterization of a novel benzo (a) pyrene-derived DNA adduct [J]. Biochemical and biophysical research communications, 2001, 281 (2): 383 – 389.

[37] CAVALIERI E L, ROGAN E G. The approach to understanding aromatic hydrocarbon carcinogenesis. The central role of radical cations in metabolic activation [J]. Pharmacology & therapeutics, 1992, 55 (2): 183 – 199.

[38] GARG R, GUPTA S, MARU G B. Dietary curcumin modulates transcriptional regulators of phase Ⅰ and phase Ⅱ enzymes in benzo (a) pyrene-treated mice: mechanism of its anti-initiating action [J]. Carcinogenesis, 2008, 29 (5): 1022 – 1032.

[39] MEINL W, EBERT B, GLATT H, et al. Sulfotransferase forms expressed in human intestinal Caco-2 and TC7 cells at varying stages of differentiation and role in benzo (a) pyrene metabolism [J]. Drug metabolism and disposition: the biological fate of chemicals, 2008, 36 (2): 276 – 283.

[40] BOCK K W, BOCK-HENNIG B S. UDP-glucuronosyltransferases (UGTs): from purification of Ah-receptor-inducible UGT1A6 to coordinate regulation of subsets of CYPs, UGTs, and ABC transporters by nuclear receptors [J]. Drug metabolism reviews, 2010, 42 (1): 6 – 13.

[41] BEVAN D R, ULMAN M R. Examination of factors that may influence disposition of benzo (a) pyrene in vivo: vehicles and asbestos [J]. Cancer letters, 1991, 57 (2): 173 – 179.

[42] VAN DE WIEL J A, FIJNEMAN P H, DUIJF C M, et al. Excretion of benzo (a) pyrene and metabolites in urine and feces of rats: influence of route of administration, sex and long-term ethanol treatment [J]. Toxicology, 1993, 80 (2 – 3): 103 – 115.

[43] MAYHEW J W, LOMBARDI P E, FAWAZ K, et al. Increased oxidation of a chemical carcinogen, benzo (a) pyrene, by colon tissue biopsy specimens from patients with ulcerative colitis [J]. Gastroenterology, 1983, 85 (2): 328 – 334.

[44] SUGIURA K, KATSUSABURO Y [J]. The Journal of Cancer Research, 1930, 14 (4): 568 – 569.

[45] BUTLER L M, SINHA R, MILLIKAN R C, et al. Heterocyclic amines, meat intake, and association with colon cancer in a population-based study [J]. American journal of epidemiology, 2003, 157 (5): 434 – 445.

[46] ANDERSON K E, KADLUBAR F F, KULLDORFF M, et al. Dietary intake of heterocyclic amines and benzo (a) pyrene: associations with pancreatic cancer [J]. Cancer epidemiology, biomarkers & prevention: a publication of the American Association for Cancer Research, cosponsored by the American Society of Preventive Oncology, 2005, 14 (9): 2261 – 2265.

[47] CROSS A J, PETERS U, KIRSH V A, et al. A prospective study of meat and meat mutagens and prostate cancer risk [J]. Cancer research, 2005, 65 (24): 11779 – 11784.

[48] GUNTER M J, PROBST-HENSCH N M, CORTESSIS V K, et al. Meat intake, cooking-related mutagens and risk of colorectal adenoma in a sigmoidoscopy-based case-control study [J]. Carcinogenesis, 2005, 26 (3): 637 – 642.

[49] SINHA R, KULLDORFF M, GUNTER M J, et al. Dietary benzo (a) pyrene intake and risk of colorectal adenoma [J]. Cancer epidemiology, biomarkers & prevention: a publication of the American Association for Cancer Research, cosponsored by the American

Society of Preventive Oncology, 2005, 14 (8): 2030 – 2034.

[50] SINHA R, PETERS U, CROSS A J, et al. Meat, meat cooking methods and preservation, and risk for colorectal adenoma [J]. Cancer research, 2005, 65 (17): 8034 – 8041.

[51] CROSS A J, WARD M H, SCHENK M, et al. Meat and meat-mutagen intake and risk of non-Hodgkin lymphoma: results from a NCI-SEER case-control study [J]. Carcinogenesis, 2006, 27 (2): 293 – 297.

[52] LI D, DAY R S, BONDY M L, et al. Dietary mutagen exposure and risk of pancreatic cancer [J]. Cancer epidemiology, biomarkers & prevention: a publication of the American Association for Cancer Research, cosponsored by the American Society of Preventive Oncology, 2007, 16 (4): 655 – 661.

[53] HAKAMI R, MOHTADINIA J, ETEMADI A, et al. Dietary intake of benzo (a) pyrene and risk of esophageal cancer in north of Iran [J]. Nutrition and cancer, 2008, 60 (2): 216 – 221.

[54] LAM T K, CROSS A J, CONSONNI D, et al. Intakes of red meat, processed meat, and meat mutagens increase lung cancer risk [J]. Cancer research, 2009, 69 (3): 932 – 939.

[55] FU Z, DEMING S L, FAIR A M, et al. Well-done meat intake and meat-derived mutagen exposures in relation to breast cancer risk: the Nashville Breast Health Study [J]. Breast cancer research and treatment, 2011, 129 (3): 919 – 928.

[56] FERRUCCI L M, SINHA R, HUANG W Y, et al. Meat consumption and the risk of incident distal colon and rectal adenoma [J]. British journal of cancer, 2012, 106 (3): 608 – 616.

[57] DUARTE-SALLES T, MENDEZ M A, MORALES E, et al. Dietary benzo (a) pyrene and fetal growth: effect modification by vitamin C intake and glutathione S-transferase P1 polymorphism [J]. Environment international, 2012 (45): 1 – 8.

[58] POLACHOVA A, GRAMBLICKA T, PARIZEK O, et al. Estimation of human exposure to polycyclic aromatic hydrocarbons (PAHs) based on the dietary and outdoor atmospheric monitoring in the Czech Republic [J]. Environmental research, 2019 (182): 108977.

[59] SINGH L, AGARWAL T. PAHs in Indian diet: Assessing the cancer risk [J]. Chemosphere, 2018 (202): 366 – 376.

[60] DING C, NI H G, ZENG H. Human exposure to parent and halogenated polycyclic aromatic hydrocarbons via food consumption in Shenzhen, China [J]. The Science of the total environment, 2013 (443): 857 – 863.

[61] MARTORELL I, NIETO A, NADAL M, et al. Human exposure to polycyclic aromatic hydrocarbons (PAHs) using data from a duplicate diet study in Catalonia, Spain [J]. Food and chemical toxicology: an international journal published for the British Industrial

Biological Research Association, 2012, 50 (11): 4103 – 4108.

[62] AKPAMBANG V O, PURCARO G, LAJIDE L, et al. Determination of polycyclic aromatic hydrocarbons (PAHs) in commonly consumed Nigerian smoked/grilled fish and meat [J]. Food additives & contaminants Part A, Chemistry, analysis, control, exposure & risk assessment, 2009, 26 (7): 1096 – 1103.

[63] WENZL T, SIMON R, ANKLAM E, et al. Analytical methods for polycyclic aromatic hydrocarbons (PAHs) in food and the environment needed for new food legislation in the European Union [J]. TrAC Trends in Analytical Chemistry, 2006, 25 (7): 716 – 725.

[64] 池凤全. 我国部分地区食品中苯并(a)芘含量调查 [J]. 中国食品卫生杂志, 1989 (1): 30 – 3 1004 – 8456 L 11 – 3156.

[65] BUTLER J, BUTTERWORTH V, KELLOW S, et al. Some observations on the polycyclic aromatic hydrocarbon (PAH) content of surface soils in urban areas [J]. The Science of the total environment, 1984, 33 (1 – 4): 75 – 85.

[66] VOGT N, BRAKSTAD F, THRANE K, et al. Polycyclic aromatic hydrocarbons in soil and air: statistical analysis and classification by the SIMCA methods [J]. Environ Sci Tech, 1987, 21 (1): 35 – 44.

[67] YANG S, CONNELL D, HAWKER D, et al. Polycyclic aromatic hydrocarbons in air, soil and vegetation in the vicinity of an urban roadway [J]. Sci total environ, 1991 (102): 229 – 240.

[68] TRAPIDO. Polycyclic aromatic hydrocarbons in Estonian soil: contamination and profiles [J]. Environ Pollut, 1999, 105 (1): 67 – 74.

[69] WILCKE W. Polycyclic aromatic hydrocarbons (PAHs) in soil A review [J]. J Plant Nutr Soil Sci, 2000, 163 (3): 229 – 248.

[70] MIELKE H W, WANG G, GONZALES C R, et al. PAH and metal mixtures in New Orleans soils and sediments [J]. The Science of the total environment, 2001, 281 (1 – 3): 217 – 227.

[71] NADAL M, SCHUHMACHER M, DOMINGO J L. Levels of PAHs in soil and vegetation samples from Tarragona County, Spain [J]. Environmental pollution (Barking, Essex: 1987), 2004, 132 (1): 1 – 11.

[72] NAM J J, THOMAS G O, JAWARD F M, et al. PAHs in background soils from Western Europe: influence of atmospheric deposition and soil organic matter [J]. Chemosphere, 2008, 70 (9): 1596 – 1602.

[73] 张俊叶, 俞菲, 俞元春, et al. 中国主要地区表层土壤多环芳烃含量及来源解析 [J]. 生态环境学报, 2017, 26 (6): 1059 – 1067.

[74] EUROPEAN FOOD SAFETY AUTHORITY. Scientific opinion of the panel on contaminants in the food chain on a request from the European Commission on polycyclic aromatic hydrocarbons in food: question N EFSA – Q – 2007 – 136 [R]. 2008.

[75] DING Y S, TROMMEL J S, YAN X J, et al. Determination of 14 polycyclic aromatic hy-

[75] drocarbons in mainstream smoke from domestic cigarettes [J]. Environmental science & technology, 2005, 39 (2): 471-478.

[76] AQUILINA N J, DELGADO-SABORIT J M, MEDDINGS C, et al. Environmental and biological monitoring of exposures to PAHs and ETS in the general population [J]. Environment international, 2010, 36 (7): 763-771.

[77] CONRAD A, SCHULZ C, SEIWERT M, et al. German environmental survey IV: children's exposure to environmental tobacco smoke [J]. Toxicology letters, 2010, 192 (1): 79-83.

[78] 公众环境研究中心. 中国城市空气质量信息发布亟待完善 [R]. 2011.

[79] WEI B, ALWIS K U, LI Z, et al. Urinary concentrations of PAH and VOC metabolites in marijuana users [J]. Environment international, 2016 (88): 1-8.

[80] ADETONA O, LI Z, SJODIN A, et al. Biomonitoring of polycyclic aromatic hydrocarbon exposure in pregnant women in Trujillo, Peru-comparison of different fuel types used for cooking [J]. Environment international, 2013 (53): 1-8.

[81] RANZI A, FUSTINONI S, ERSPAMER L, et al. Biomonitoring of the general population living near a modern solid waste incinerator: a pilot study in Modena, Italy [J]. Environment international, 2013 (61): 88-97.

[82] LU S Y, LI Y X, ZHANG J Q, et al. Associations between polycyclic aromatic hydrocarbon (PAH) exposure and oxidative stress in people living near e-waste recycling facilities in China [J]. Environment international, 2016 (94): 161-169.

[83] GRAINGER J, HUANG W, PATTERSON D G, Jr., et al. Reference range levels of polycyclic aromatic hydrocarbons in the US population by measurement of urinary monohydroxy metabolites [J]. Environmental research, 2006, 100 (3): 394-423.

[84] LI Z, SANDAU C D, ROMANOFF L C, et al. Concentration and profile of 22 urinary polycyclic aromatic hydrocarbon metabolites in the US population [J]. Environmental research, 2008, 107 (3): 320-331.

[85] USCDC. Fouth national report on human exposure to environment chemials [R]. 2019.

[86] VIAU C, VYSKOCIL A, MARTEL L. Background urinary 1-hydroxypyrene levels in non-occupationally exposed individuals in the Province of Quebec, Canada, and comparison with its excretion in workers exposed to PAH mixtures [J]. The Science of the total environment, 1995, 163 (1-3): 191-194.

[87] SCHERER G, FRANK S, RIEDEL K, et al. Biomonitoring of exposure to polycyclic aromatic hydrocarbons of non-occupationally exposed persons [J]. Cancer epidemiology, biomarkers & prevention: a publication of the American Association for Cancer Research, cosponsored by the American Society of Preventive Oncology, 2000, 9 (4): 373-380.

[88] MUCHA A P, HRYHORCZUK D, SERDYUK A, et al. Urinary 1-hydroxypyrene as a biomarker of PAH exposure in 3-year-old Ukrainian children [J]. Environmental health perspectives, 2006, 114 (4): 603-609.

[89] SUL D, AHN R, IM H, et al. Korea National Survey for Environmental Pollutants in the human body 2008: 1-hydroxypyrene, 2-naphthol, and cotinine in urine of the Korean population [J]. Environmental research, 2012 (118): 25-30.

[90] FAZIO T, WHITE R H, HOWARD J W. Collaborative study of the multicomponent method for polycyclic aromatic hydrocarbons in foods [J]. Journal-Association of Official Analytical Chemists, 1973, 56 (1): 68-70.

[91] Animal and vegetable fats and oils-determination of benzo (a) pyrene content-reverse phase high performance liquid chromatography method [M] //ORGANIZATION I S. ISO 15302. 1998.

[92] 国家卫生和计划生育委员会. 中华人民共和国食品安全国家标准：食品中苯并(a)芘的测定 [S]. 2016.

[93] US Environmental Protection Agency, 1986.

[94] HARTONEN K, BOWADT S, DYBDAHL H P, et al. Nordic laboratory intercomparison of supercritical fluid extraction for the determination of total petroleum hydrocarbon, polychlorinated biphenyls and polycyclic aromatic hydrocarbons in soil [J]. Journal of chromatography A, 2002, 958 (1-2): 239-248.

[95] 环境保护部. 土壤和沉积物 多环芳烃的测定 高效液相色谱法 [S]. 2016.

[96] VRANA B, MILLS G A, ALLAN I J, et al. Performance optimisation of a passive sampler for monitoring hydrophobic organic pollutants in water [J]. Journal of environmental monitoring, 2005, 7 (6): 612-620.

[97] KUOSMANEN K, HYOTYLAINEN T, HARTONEN K, et al. Analysis of PAH compounds in soil with on-line coupled pressurised hot water extraction-microporous membrane liquid-liquid extraction-gas chromatography [J]. Analytical and bioanalytical chemistry, 2003, 375 (3): 389-399.

[98] 中华人民共和国国家环境保护标准：环境空气中苯并(a)芘的测定：高效液相色谱法 [M]. 2018.

[99] 环境保护部. 水质多环芳烃的测定 液液萃取和固相萃取高效液相色谱法 [S]. 2009.

[100] 孙闰霞, 柯常亮, 林钦, 等. 超声提取/气相色谱-质谱法测定海洋生物中的多环芳烃 [J]. 分析测试学报, 2013, 32 (1): 57-63, 1004-4957.

[101] 宁波市海洋与渔业研究院. 水产品中16种多环芳烃的测定 气相色谱-质谱法 [S]. 2008.

[102] 李欣欣, 崔师伟, 何民富, 等. 超高效液相色谱串联质谱检测生物样本中多环芳烃 [J]. 中国预防医学杂志, 2012, 13 (4): 246-250, 246-250.

[103] BEVAN D R, WEYAND E H. Compartmental analysis of the disposition of benzo (a) pyrene in rats [J]. Carcinogenesis, 1988, 9 (11): 2027-2032.

[104] ROTH R A, VINEGAR A. Action by the lungs on circulating xenobiotic agents, with a case study of physiologically based pharmacokinetic modeling of benzo (a) pyrene dis-

position [J]. Pharmacology & therapeutics, 1990, 48 (2): 143-155.

[105] MOIR D, VIAU A, CHU I, et al. Pharmacokinetics of benzo (a) pyrene in the rat [J]. Journal of toxicology and environmental health Part A, 1998, 53 (7): 507-530.

[106] SCHLEDE E, KUNTZMAN R, HABER S, et al. Effect of enzyme induction on the metabolism and tissue distribution of benzo (alpha) pyrene [J]. Cancer research, 1970, 30 (12): 2893-2897.

[107] CROWELL S R, AMIN S G, ANDERSON K A, et al. Preliminary physiologically based pharmacokinetic models for benzo (a) pyrene and dibenzo [def, p] chrysene in rodents [J]. Toxicol Appl Pharmacol, 2011, 257 (3): 365-376.

[108] US RIVM. PBPK simulated DNA adduct formation: Relevance for the risk assessment of benzo (a) pyrene [R]. 1999.

[109] US RIVM. A PBPK-model for B (a) P in the rat relating dose and liver DNA-adduct level [R]. 1999.

[110] US RIVM. Modeling of Ah-receptor dependent P450 induction I. Cellular model definition and its incorporation in a PBPK model of 2, 3, 7, 8-TCDD [R]. 1997.

[111] FERNANDEZ-SALGUERO P, PINEAU T, HILBERT D M, et al. Immune system impairment and hepatic fibrosis in mice lacking the dioxin-binding Ah receptor [J]. Science (New York, NY), 1995, 268 (5211): 722-726.

[112] SCHMIDT J V, SU G H, REDDY J K, et al. Characterization of a murine Ahr null allele: involvement of the Ah receptor in hepatic growth and development [J]. Proceedings of the National Academy of Sciences of the United States of America, 1996, 93 (13): 6731-6736.

[113] NANEZ A, RAMOS I N, RAMOS K S. A mutant Ahr allele protects the embryonic kidney from hydrocarbon-induced deficits in fetal programming [J]. Environmental health perspectives, 2011, 119 (12): 1745-1753.

[114] SHUM S, JENSEN N M, NEBERT D W. The murine Ah locus: in utero toxicity and teratogenesis associated with genetic differences in benzo (a) pyrene metabolism [J]. Teratology, 1979, 20 (3): 365-376.

[115] PERERA F P, TANG D, RAUH V, et al. Relationships among polycyclic aromatic hydrocarbon-DNA adducts, proximity to the World Trade Center, and effects on fetal growth [J]. Environmental health perspectives, 2005, 113 (8): 1062-1067.

[116] ZANDI-NEJAD K, LUYCKX V A, BRENNER B M. Adult hypertension and kidney disease: the role of fetal programming [J]. Hypertension (Dallas, Tex: 1979), 2006, 47 (3): 502-508.

[117] NAKAMURA B N, MOHAR I, LAWSON G W, et al. Increased sensitivity to testicular toxicity of transplacental benzo (a) pyrene exposure in male glutamate cysteine ligase modifier subunit knockout (Gclm -/-) mice [J]. Toxicological sciences: an official

journal of the Society of Toxicology, 2012, 126 (1): 227-241.

[118] THAKUR V S, LIANG Y W, LINGAPPAN K, et al. Increased susceptibility to hyperoxic lung injury and alveolar simplification in newborn rats by prenatal administration of benzo(a)pyrene [J]. Toxicology letters, 2014, 230 (2): 322-332.

[119] QIU C, CHENG S, XIA Y, et al. Effects of subchronic benzo(a)pyrene exposure on neurotransmitter receptor gene expression in the rat hippocampus related with spatial learning and memory change [J]. Toxicology, 2011, 289 (2-3): 83-90.

[120] TANG Q, XIA Y, CHENG S, et al. Modulation of behavior and glutamate receptor mRNA expression in rats after sub-chronic administration of benzo(a)pyrene [J]. Biomedical and environmental sciences: BES, 2011, 24 (4): 408-414.

[121] XIA Y, CHENG S, HE J, et al. Effects of subchronic exposure to benzo(a)pyrene [B(a)P] on learning and memory, and neurotransmitters in male Sprague-Dawley rat [J]. Neurotoxicology, 2011, 32 (2): 188-198.

[122] HALES D B. Testicular macrophage modulation of Leydig cell steroidogenesis [J]. Journal of reproductive immunology, 2002, 57 (1-2): 3-18.

[123] SOARES S R, MELO M A. Cigarette smoking and reproductive function [J]. Current opinion in obstetrics & gynecology, 2008, 20 (3): 281-291.

[124] CHUNG J Y, KIM Y J, KIM J Y, et al. Benzo(a)pyrene reduces testosterone production in rat Leydig cells via a direct disturbance of testicular steroidogenic machinery [J]. Environmental health perspectives, 2011, 119 (11): 1569-1574.

[125] RAMESH A, ARCHIBONG A E, NIAZ M S. Ovarian susceptibility to benzo(a)pyrene: tissue burden of metabolites and DNA adducts in F-344 rats [J]. Journal of toxicology and environmental health Part A, 2010, 73 (23): 1611-1625.

[126] EINAUDI L, COURBIERE B, TASSISTRO V, et al. In vivo exposure to benzo(a)pyrene induces significant DNA damage in mouse oocytes and cumulus cells [J]. Human reproduction (Oxford, England), 2014, 29 (3): 548-554.

[127] ZHANG H M, NIE J S, LI X, et al. Characteristic analysis of peripheral blood mononuclear cell apoptosis in coke oven workers [J]. Journal of occupational health, 2012, 54 (1): 44-50.

[128] ESSER C. The immune phenotype of AhR null mouse mutants: not a simple mirror of xenobiotic receptor over-activation [J]. Biochemical pharmacology, 2009, 77 (4): 597-607.

[129] DAVILA D R, ROMERO D L, BURCHIEL S W. Human T cells are highly sensitive to suppression of mitogenesis by polycyclic aromatic hydrocarbons and this effect is differentially reversed by alpha-naphthoflavone [J]. Toxicology and applied pharmacology, 1996, 139 (2): 333-341.

[130] ALEXANDROV K, CASCORBI I, ROJAS M, et al. CYP1A1 and GSTM1 genotypes affect benzo(a)pyrene DNA adducts in smokers' lung: comparison with aromatic/hydro-

phobic adduct formation [J]. Carcinogenesis, 2002, 23 (12): 1969-1977.

[131] VINEIS P, ANTTILA S, BENHAMOU S, et al. Evidence of gene gene interactions in lung carcinogenesis in a large pooled analysis [J]. Carcinogenesis, 2007, 28 (9): 1902-1905.

[132] PAVANELLO S, PULLIERO A, SIWINSKA E, et al. Reduced nucleotide excision repair and GSTM1-null genotypes influence anti-B (a) PDE-DNA adduct levels in mononuclear white blood cells of highly PAH-exposed coke oven workers [J]. Carcinogenesis, 2005, 26 (1): 169-175.

[133] CULP S J, BELAND F A. Comparison of DNA adduct formation in mice fed coal tar or benzo (a) pyrene [J]. Carcinogenesis, 1994, 15 (2): 247-252.

[134] GEACINTOV N E, COSMAN M, HINGERTY B E, et al. NMR solution structures of stereoisometric covalent polycyclic aromatic carcinogen-DNA adduct: principles, patterns, and diversity [J]. Chemical research in toxicology, 1997, 10 (2): 111-146.

[135] VINEIS P, PERERA F. Molecular epidemiology and biomarkers in etiologic cancer research: the new in light of the old [J]. Cancer epidemiology, biomarkers & prevention: a publication of the American Association for Cancer Research, cosponsored by the American Society of Preventive Oncology, 2007, 16 (10): 1954-1965.

[136] NESNOW S, ROSS J A, MASS M J, et al. Mechanistic relationships between DNA adducts, oncogene mutations, and lung tumorigenesis in strain A mice [J]. Experimental lung research, 1998, 24 (4): 395-405.

[137] LIU Z, MUEHLBAUER K R, SCHMEISER H H, et al. p53 mutations in benzo (a) pyrene-exposed human p53 knock-in murine fibroblasts correlate with p53 mutations in human lung tumors [J]. Cancer research, 2005, 65 (7): 2583-2587.

[138] CULP S J, GAYLOR D W, SHELDON W G, et al. DNA adduct measurements in relation to small intestine and forestomach tumor incidence during the chronic feeding of coal tar or benzo (a) pyrene to mice [J]. Polycycl Aromat Compd, 1996, 11 (1-4): 161-168.

[139] Ipcs, CIS/00/00657 [R]. Geneva, Switzerland: World Health Organization, 1998.

[140] SIVAK A, NIEMEIER R, LYNCH D, et al. Skin carcinogenicity of condensed asphalt roofing fumes and their fractions following dermal application to mice [J]. Cancer letters, 1997, 117 (1): 113-123.

[141] MA Q, LU A Y. CYP1A induction and human risk assessment: an evolving tale of in vitro and in vivo studies [J]. Drug metabolism and disposition: the biological fate of chemicals, 2007, 35 (7): 1009-1016.

[142] BARTSCH H, ROJAS M, ALEXANDROV K, et al. Impact of adduct determination on the assessment of cancer susceptibility [J]. Recent results in cancer research Fortschritte der Krebsforschung Progres dans les recherches sur le cancer, 1998 (154): 86-96.

[143] ROJAS M, CASCORBI I, ALEXANDROV K, et al. Modulation of benzo (a)pyrene diolepoxide-DNA adduct levels in human white blood cells by CYP1A1, GSTM1 and GSTT1 polymorphism [J]. Carcinogenesis, 2000, 21 (1): 35-41.

[144] BRUNE H, DEUTSCH-WENZEL R P, HABS M, et al. Investigation of the tumorigenic response to benzo (a)pyrene in aqueous caffeine solution applied orally to Sprague-Dawley rats [J]. Journal of cancer research and clinical oncology, 1981, 102 (2): 153-157.

[145] US NCTR. Chronic bioassay of two composite samples from selected manufactured gas plant waste sites [R]. 1998.

[146] US RIVM. Tumorigenic effects in wistar rats orally administered benzo (a)pyrene for two years (gavage studies): implications for human cancer risks associated with oral exposure to polycyclic aromatic hydrocarbons [R]. 2001.

[147] CULP S J, WARBRITTON A R, SMITH B A, et al. DNA adduct measurements, cell proliferation and tumor mutation induction in relation to tumor formation in B6C3F1 mice fed coal tar or benzo (a)pyrene [J]. Carcinogenesis, 2000, 21 (7): 1433-1440.

[148] PFEIFER G P, HAINAUT P. On the origin of G→T transversions in lung cancer [J]. Mutat Res, 2003, 526 (1-2): 39-43.

[149] KEOHAVONG P, LAN Q, GAO W M, et al. K-ras mutations in lung carcinomas from nonsmoking women exposed to unvented coal smoke in China [J]. Lung Cancer, 2003, 41 (1): 21-27.

[150] Reference Dose (RfD): Description and Use in Health Risk In., 1993.

[151] CHEN C, TANG Y, JIANG X, et al. Early postnatal benzo (a)pyrene exposure in Sprague-Dawley rats causes persistent neurobehavioral impairments that emerge postnatally and continue into adolescence and adulthood [J]. Toxicological sciences: an official journal of the Society of Toxicology, 2012, 125 (1): 248-261.

[152] XU C, CHEN J A, QIU Z, et al. Ovotoxicity and PPAR-mediated aromatase downregulation in female Sprague-Dawley rats following combined oral exposure to benzo (a)pyrene and di- (2-ethylhexyl) phthalate [J]. Toxicology letters, 2010, 199 (3): 323-332.

[153] GAO M, LI Y, SUN Y, et al. Benzo (a)pyrene exposure increases toxic biomarkers and morphological disorders in mouse cervix [J]. Basic & clinical pharmacology & toxicology, 2011, 109 (5): 398-406.

[154] US EPA. Tumorigenic effects in Wistar rats orally administered benzo (a)pyrene for two years (gavage studies): implications for human cancer risks associated with oral exposure to polycyclic aromatic hydrocarbons [R]. 2001.

[155] US EPA. Benchmark dose technical guidance [S]. 2012.

[156] MOHAMED EL S A, SONG W H, OH S A, et al. The transgenerational impact of benzo (a)pyrene on murine male fertility [J]. Human reproduction (Oxford, Eng-

land), 2010, 25 (10): 2427-2433.

[157] JULES G E, PRATAP S, RAMESH A, et al. In utero exposure to benzo (a) pyrene predisposes offspring to cardiovascular dysfunction in later-life [J]. Toxicology, 2012, 295 (1-3): 56-67.

第二章 双酚 A

1 引言

双酚 A（bisphenol A，BPA）是典型的食品污染物之一。一般人群可通过食物或使用非食物消费品如热敏纸、玩具等接触 BPA，也可能暴露于环境来源的 BPA，如地表水（游泳时）和室外空气（吸入气溶胶）。因此，人体会通过经口、吸入和皮肤三种途径暴露于 BPA，其中经口暴露为主要暴露途径。作为一种内分泌干扰物，BPA 主要对机体产生生殖发育毒性和神经内分泌毒性，甚至增加某些癌症的患病风险。但传统的毒性测试技术和风险评估多基于传统的动物实验和"顶端终点"（apical endpoint）进行外推，忽视了早期的通路改变，且存在较大不确定性。美国 NRC 于 2007 年提出了《21 世纪毒性测试：愿景与策略》研究报告，提出要基于中、高通量人源细胞系体外试验，以及计算毒理学和系统生物学模型，构建基于毒性通路的毒性测试方法，以解决传统毒性测试方法的弊端，这也促进了将毒性通路应用于食品中化学污染物风险评估的研究。毒作用模式（MOA）指证据权重支持的可能导致毒性有关终点的一组关键事件（KE），有害结局路径（AOP）则是在个人或群体的水平，关于分子起始事件（MIE）和不良结局（AO）之间的联系。MOA/AOP 可简化对化学物毒作用机制的阐述，有助于基于毒效应前期的通路改变进行外推，可将毒性通路和风险评估有机联系起来[1]。因此，对 BPA 的 MOA/AOP 进行研究，开展基于毒性通路的健康风险评估，将为修订、完善食品安全限量标准提供科学依据。同时，也将为建立规范的食品安全监管防控提供科学手段。本章介绍了 BPA 的暴露来源、经口毒代动力学、毒效应及毒作用机制，并总结了基于现有证据的 MOA 框架，为进一步开展基于 MOA 框架的新一代风险评估提出研究方向。

2 双酚 A 的理化特性

BPA 化学式为 $C_{15}H_{16}O_2$，CAS 号 80-05-7，欧盟化学品编号 201-245-8，是一种有机化学物，在酸性催化剂作用下，由 2 mol 苯酚和 1 mol 丙酮进行缩合反应生成的白色球状或片状晶体[2]。BPA 略带苯酚气味[3]，在稀醋酸和水中分别为棱形和针状结晶。在 101.33 kPa 压力条件下，熔点为 150~158 ℃，沸点为 360~398 ℃[4]，在 5 ℃条件下，密度为 1.195 kg/dm³[5]。在 25 ℃条件下，蒸汽压为 5.3×10^{-6} Pa[4]。尽管固态 BPA 非常稳定，却不长期存留于环境中。有氧生物降解是导致 BPA 从江河水和土壤中消解的主要原因，降解半衰期约为 4.5 d。BPA 在大气中的降解过程主要是与羟基自由基迅速发生反应，在空气中的光氧化半衰期约为 4 h[4]。

BPA 在工业上可作为单体或添加剂被广泛用于生产聚碳酸酯（polycarbonates，PC）塑料、环氧树脂和其他聚合材料，此外也存在于某些纸制品（如热敏纸）中。BPA 使 PC 具有较好的硬度、透明度和抗性，因此 PC 常被用于制造餐具（盘子和马克杯）、微波器皿和饮水机水箱等食品和液体容器；BPA 合成的环氧酚醛树脂可用作食品和饮料罐头的防护内衬及住宅饮用水水箱涂层。此外，BPA 还被广泛用于非食品领域，如环氧树脂涂料、聚氯乙烯医疗器械、牙齿填充材料、表面涂料、印刷油墨、热敏纸、阻燃剂以及 CD、DVD 类电子产品部件[6-7]。

2.1 双酚 A 暴露来源

2.1.1 经口暴露

一般人群经口暴露 BPA 的来源主要是通过食品接触材料迁移进入食物中，含有 BPA 的包装材料种类主要包括以下六种。

2.1.1.1 PC 塑料

PC 的生产是 BPA 的主要用途。PC 是一组通过 BPA 和碳酰氯的缩聚反应或通过 BPA 和碳酸二苯酯之间的熔融酯交换反应生产的热塑性聚合物。在 2011 年欧盟及我国发布禁止令之前，PC 塑料一直用于婴儿奶瓶的制造。其他 PC 的食品接触产品包括带有可重复使用 PC 储水器的水冷却器（PC 冷却器）、餐具、巧克力模具、水壶和厨房用具。由于不完全聚合或聚合物从这些 PC 材料中水解而释放出 BPA，进而迁移到与之接触的食品和饮料中。儿童用口含 PC 塑料的玩具可能会导致 BPA 从这些物品中渗入唾液，成为经口摄入 BPA 的来源。

2.1.1.2 环氧树脂

环氧树脂是 BPA 的第二大用途，是由 BPA 与 BPA 二缩水甘油醚反应制得的，烷氧基化的 BPA 也可以用于制备环氧树脂。环氧树脂可与酚醛树脂、氨基树脂、丙烯酸树脂或生产环氧酚醛、环氧氨基、环氧丙烯酸和环氧酸酐涂料的酸酐树脂交联，均可用于罐头涂料。除罐头食品和饮料之外，环氧涂料也可用于与其他食品接触的产品，包括可重复使用的饮料瓶和酒桶。环氧树脂也可用作聚氯乙烯（polyvinyl chloride，PVC）有机溶胶涂料的稳定剂（盐酸清除剂）和增塑剂，用于罐子的金属盖。固化涂层中残留的BPA可能会迁移到与其接触的食品或饮料中，从而成为潜在的膳食暴露来源。

2.1.1.3 再生纸

如果回收原料中存在含有BPA的纸产品（如热敏纸），并且在回收净化过程中未将其去除，则再生纸和纸板可能会含有BPA。食品接触纸和纸箱，包括快餐和小吃包装纸及盒子、纸杯、纸碟和食品纸箱，可能含有再循环成分，因此其提供了BPA的暴露源。从再生纸或纸板到食品的任何迁移都会导致BPA的膳食暴露。

2.1.1.4 PVC

PVC是仅次于聚乙烯和聚丙烯的第三大广泛生产的塑料，由单体氯乙烯聚合而成。BPA历来被用作稳定氯乙烯单体的生产助剂、聚氯乙烯塑胶的聚合和PVC增塑剂中的抗氧化剂。PVC不可直接用于食品包装，但BPA仍可用于PVC的生产（如用于玩具）。

2.1.1.5 含BPA的树脂

含BPA的树脂可用于牙科密封胶中。牙科材料不能直接使用BPA，但可以使用BPA甲基丙烯酸缩水甘油酯和其他基于BPA的丙烯酸酯衍生物。在使用的甲基丙烯酸酯衍生物中作为杂质存在的BPA，或通过聚合物降解从牙科密封胶中释放出来的BPA都有可能导致经口的BPA暴露。

2.1.1.6 聚醚酰亚胺

BPA可用于合成聚醚酰亚胺（polyetherimide，PEI）。由于具有很高的热稳定性，PEI可用于食品接触产品，如与PC混合的微波炊具。聚醚酰亚胺的醚键具有良好的热稳定性和水解稳定性，因此，BPA的迁移仅限于二酐起始物质中未反应的BPA。

2.1.2 其他暴露途径

BPA还可通过皮肤接触暴露或进一步通过手—口途径暴露，如含有BPA的热敏纸可用于多种产品，如公交车票、飞机票、现金收据和实验室用纸。BPA可以从纸张表面转移到皮肤上。BPA可能会从包装材料迁移到化妆品中，或者作为化妆品成分中的杂质存在。因此，化妆品可能通过皮肤接触成为BPA的暴露源。

BPA还可通过呼吸道暴露。环氧树脂及其与苯酚交联形成的酚醛塑料，常被用作建筑业的材料，因此可能成为室内空气和灰尘的暴露源。BPA可用于生产阻燃剂四溴双酚A（tetrabromobisphenol A，TBBPA）。TBBPA用于向印刷电路板中的环氧树脂、PC、不饱和聚酯树脂和其他工程热塑性塑料提供阻燃性，也被用作生产其他阻燃剂的中间体。因此，任何这种来源的BPA暴露都将通过皮肤接触、空气或灰尘而发生。

综上所述，一般人群可通过食物或通过使用非食物消费品如热敏纸、玩具等接触BPA，也可能暴露于环境来源的BPA，如地表水（游泳时）和室外空气（吸入气溶胶）。此外，据报道[8]，环氧树脂基地板、黏合剂、涂料、电子设备和印刷电路板中BPA的释放是室内空气（包括空气中的灰尘）和灰尘的污染源。因此，人体会通过经口、吸入和皮肤三种途径暴露于BPA，其中经口暴露为主要暴露途径[2]。

2.2 健康效应相关信息

2015年，EFSA进行的风险评估系统检索了2014年之前发表的英文文献，在此仅对2014年至2019年9月9日发表的英文文献和所有中文文献进行系统检索。检索数据库包括Pubmed、Web of science、Embase、Toxline、CNKI和维普。通过标题、摘要和全文阅读进行筛选，排除标准为：①流行病学研究。设计缺陷、非正常人群暴露、样本数少、检测方法缺陷、无质量控制。②动物实验。剂量组低于3，染毒情境不明，如剂量、时间不清、无溶剂对照，动物性别物种不清样本数少，非经口暴露，检测方法缺陷，其他设计缺陷。③体外研究（仅限遗传毒性）。染毒情境不明：剂量、时间不清、无溶剂对照；其他设计缺陷。最终得到文献数量如下：毒代动力学22篇，一般毒性1篇，生殖发育毒性72篇，（发育）神经毒性42篇，免疫毒性10篇，心血管毒性11篇，代谢效应57篇，遗传毒性6篇，致癌作用11篇。

2.2.1 BPA经口ADME过程

BPA经口进入机体后，可迅速被胃肠道吸收，并分布到所有组织中，在肠壁和肝脏内代谢转化为无生物活性形态的BPA-葡萄糖醛酸结合物，而后大部分进入肠肝循环，最终随尿液和粪便排出。

2.2.1.1 吸收

BPA经口进入机体后，可迅速被胃肠道吸收。通过对经口和静脉给药后总BPA（结合态和非结合态）的血浆浓度-时间曲线分析发现，BPA的胃肠道吸收率很高，大鼠和猴可达85%～86%。通过测定尿液中同位素标记的BPA-葡萄糖醛酸结合物显示，人体可完全吸收经口给予的小剂量BPA[9-10]。

2.2.1.2 分布

BPA可迅速分布到所有组织中，对某一特定器官无特定亲和力。胎体房室分析表明，BPA主要以结合态存在，仅有一小部分为非结合态[11]。与啮齿动物类相似，在人体内还观察到由磺基转移酶介导生成的硫酸结合物[12-13]。体内和体外研究表明，BPA除进行结合反应外，BPA在大鼠体内可少量被细胞色素P450氧化为双酚A-邻醌和5-OH-BPA[9-10]，同样，小鼠体内也存在BPA氧化代谢产物[11]。结合态BPA对雌激素受体（estrogen receptor，ER）无亲和力[11,13]。

对妊娠大鼠的研究显示，非结合态BPA可穿过胎盘，在胎体中形成结合态BPA。基于孕第20天（gestational day 20，GD20）时的血清浓度分析，妊娠早期胎体暴露大于妊娠晚期，推测是大鼠整个妊娠期内胎儿Ⅱ期代谢能力增加的结果[14]。母体GD20时胎体大脑中BPA浓度为母体血清中的4倍，成年大鼠大脑中的浓度为血清中的3倍，这反映脑组织的高脂肪含量有助于BPA分布。在大鼠和恒河猴的羊水中均可检出非结合态和结合态BPA，其浓度均低于母体血清浓度，且大鼠和猴羊水中结合态BPA浓度始终高于非结合态BPA浓度[14-15]。每天经口给予大鼠母鼠BPA（100 μg/kg体重），在乳汁中检测出非结合态和结合态BPA[16]，但经乳汁传递给仔鼠的BPA量很少，故仔鼠通过乳汁的BPA暴露剂量极低（为母鼠剂量的1/300）。

2.2.1.3 代谢

在啮齿类动物中，经口吸收后的 BPA 在进入循环系统前，在肠壁和肝脏内多态性葡萄糖醛酸转移酶（UDP-glucuronyltransferases，UGTs）催化下，迅速转化为无生物活性形态的 BPA-葡萄糖醛酸结合物（首过效应），大部分 BPA-葡萄糖醛酸结合物通过胆汁分泌进入肠道，释放 BPA 进入肝肠循环，其余随尿液排出。研究表明，人类在出生时 2B15 及 1A1 型 UGT 代谢能力尚未成熟[17-20]，但磺基转移酶在出生时已达到成人水平[13,21]。

啮齿类动物经口暴露与经皮下注射暴露对比的数据显示，新生啮齿类动物首过代谢低，且代谢能力随着年龄增长而日益成熟。在对猴的研究中，成年、青年和新生猴的代谢能力接近。对猴和小鼠的研究[22]证实了小鼠代谢能力与年龄的线性动力学特征。动物研究数据表明，不同物种之间的非结合态 BPA 经口给药的生物利用度不同，其中小鼠为剂量的 0.45%，猴为 0.9%，大鼠为 2.8%[14,16,23-25]。

2.2.1.4 排泄

对尿液中非结合态 BPA 检测发现，大鼠经尿液排泄的 BPA 仅占经口给予剂量的 1%~4%，肝肠循环减缓了 BPA 的排泄，并延长了非结合态 BPA 的低水平暴露时间。由于胆汁分泌和肝肠循环的原因，啮齿类动物主要通过粪便排泄非结合态的 BPA，而人类和猴主要通过尿液排泄结合态 BPA。

2.2.1.5 经口暴露 BPA 人体等效剂量

风险评估的一个关键因素是将 BPA 动物毒理学研究结果外推至人，可通过推导经口暴露 BPA 人体等效剂量（human-equivalent dose，HED）的方法，根据动物研究中观察到的具有剂量-反应关系的临界效应（如未观察到不良作用水平），预测对人类无损害作用的剂量水平，以了解对人类的潜在影响[26]。

通过 HED 法进行 BPA 剂量外推时，须将动物研究中观察到临界效应的剂量乘以一个系数，该系数用以说明实验动物和人类之间毒代动力学的差异，并取代一般物种间差异系数中的毒代动力学部分（进行物种间外推时，物种间差异系数默认为 10，其中 2.5 和 4 分别用以解释毒效动力学和毒代动力学上的差异）。由于化学物的毒理学效应取决于其在组织中的浓度，因此，体内暴露剂量指标［如曲线下面积（area under the curve，AUC）、最大浓度（maximum concentration，C_{max}）和高于临界浓度的时间等］通常用以描述物种间差异。在缺乏可将特定剂量参数与化学物毒效应进行联系的作用机理资料时，最常用的是组织中该化学物的血清 AUC（易测量，同时包括暴露时间和浓度），也可与组织中 AUC 相结合。当未具备化学物特异性信息时，依据经验推导不同物种的动力学与代谢参数之间的异速生长关系，也可为体内剂量指标的物种间外推提供依据，但该过程中通常涉及体重的 1/4 次幂，如美国 EPA 和欧洲化学品管理局（European Chemicals Agency，ECHA）将体重 1/4 比率［=（体重$_{动物}$/体重$_{人类}$）$^{1/4}$］作为默认的（非）致癌终点物种间毒代动力学剂量调整系数（dosimetric adjustment factor，DAF)[26-27]。

在毒代动力学过程未达到饱和状态的情况下，剂量调整后的曲线下面积（即 AUC/D，D 代表剂量）是物种间剂量外推的常用方法。实验动物在某体外剂量和该剂量下的 AUC 同人类的体外剂量及其 AUC 之间的关系通过人体等效剂量换算因子（human equivalent dose factor, HEDF) 表示。HED 为人类出现与实验动物在特定年龄段、给药途径下相同 AUC 所需经口暴露剂量（$HED = D_{动物} \times HEDF$）。通过实验的方法测定 AUC 时通常给予人和实验动物同一剂量，若人类的 AUC 为实验动物的 5 倍，则给予人类 1/5 的动物剂量即可产生相同的体内暴露剂量，HEDF 为 0.2。

Doerge 等[16,23,25]的研究通过统一的方法获得了成年和新生 CD-1 小鼠、SD 大鼠和恒河猴的 BPA 毒代动力学数据，100 μg/kg 体重的体外剂量下经口和静脉注射给药后的 AUC 详见表 2-1 和表 2-2，表 2-1 和表 2-2 中成人和新生儿 AUC 是 Yang 等[28]通过 PBPK 模型（Fisher 等[29]基于猴的研究结果建立）模拟所得。对于成年小鼠经口给药条件下的 AUC（0.1 nM×h）[14]，EFSA 专家组通过对其数据中高比例未检出所产生的不确定性进行了分析并重新计算出新的 AUC（0.244 nM×h）[2]。

表 2-1 成人 BPA 暴露的 HEDF 和 DAF[2]

物种—暴露途径	$AUC_{成人}$/（nM×h）	$HEDF_{成人}$	$DAF_{成人体重1/4}$
小鼠—经口	0.244	0.068（=0.244/3.600）	$0.140 = (0.025/70.000)^{1/4}$
小鼠—静脉注射	54.000	15.000（=54.000/3.600）	
大鼠—经口	2.600	0.720（=2.600/3.600）	$0.240 = (0.250/70.000)^{1/4}$
大鼠—静脉注射	95.000	26.000（=95.000/3.600）	
猴—经口	1.500	0.420（=1.500/3.600）	$0.550 = (6.600/70.000)^{1/4}$
猴—静脉注射	180.000	50.000（=180.000/3.600）	
人类—经口 PBPK—模拟[28]	3.600	—	

表 2-2 新生儿 BPA 暴露的 HEDF[2]

物种—暴露途径	$AUC_{新生儿}$/（nM×h）	$HEDF_{新生儿}$
小鼠—经口	26.0	8.7（=26.0/3.0）
小鼠—静脉注射	26.0	8.7（=26.0/3.0）
大鼠—经口	56.0	19.0（=56.0/3.0）
大鼠—静脉注射	930.0	310.0（=930.0/3.0）
猴—经口	5.7	1.9（=5.7/3.0）
猴—静脉注射	190.0	63.0（=190.0/3.0）
人类—经口 PBPK—模拟[41]	3.0	—

表 2-1 和表 2-2 中 $HEDF$（$= AUC_{动物}/AUC_{人类}$）由新生动物和成年动物的血清非结合态 BPA 浓度曲线下面积和采用人类 PBPK 模型模拟相同的口服剂量得出的人类新生儿和成人的血清 BPA 浓度曲线下面积计算而来。实验中动物给药方式：灌胃或静脉注

射,剂量为 100 μg/kg 体重。*HED* 代表人类经口暴露的曲线下面积等效于指定生命期和指定暴露途径下动物曲线下面积时,二者之间 BPA 剂量(D)倍数($D \times HEDF = HED$),为便于对比,表 2-1 中还列出了 *DAF*,该系数是采用美国 EPA 默认的动物体重与人类体重比率的 1/4 次幂推导的。

将 *HEDF* 和 *DAF* 对比发现:①小鼠的 *HEDF*(0.068)低于 *DAF*(0.140),表明小鼠的代谢能力较强,有助于减小 *AUC*;②大鼠的 *HEDF*(0.720)大于 *DAF*(0.240),表明大鼠的肠肝循环延长 BPA 体内暴露时间;③猴子的 *HEDF*(0.420)近似于 *DAF*(0.550),表明体重差异占主导地位。

2.2.2　人群经口暴露 BPA 易感性影响因素

由于 BPA 广泛存在于环境中,人群可普遍长期暴露。其中,孕期哺乳期妇女及婴幼儿可能为敏感群体。多哈学说(developmental origins of health and disease,DOHaD)认为,人类在早期发育过程中(包括胎儿、婴儿和儿童时期)经历的环境不良因素(营养不良、营养过剩、环境化学物暴露等)会导致子代组织器官在结构和功能上发生永久性或程序性改变,影响成年人多种疾病的发生发展[30]。作为一种内分泌干扰物,BPA 的毒作用结局也与暴露的生命阶段密切相关。动物研究[31]提示,胎儿期和婴幼儿期对 BPA 的毒作用表现比成年期更为敏感,更易受到损害。可能是由于胎儿期和婴幼儿期是机体组织和器官生长发育最为迅速的时期,也是对各种不良影响(尤其是内分泌效应和生殖发育毒性)反应最为敏感的关键时期。因此,此期发生的不良刺激易诱导胎儿和婴幼儿早期某些基因与表观遗传学的改变,从而导致代谢及内分泌的变化,进而对特定器官的组织结构和生理功能产生终身的作用[32]。

2.2.3　经口暴露 BPA 靶器官及毒性效应

2.2.3.1　一般毒性

BPA 急性毒性较低,对于大鼠和小鼠,其经口暴露半数致死剂量(median lethal dose,LD_{50})分别为 3.25 g/kg 和 2.4 g/kg[33]。BPA 亚慢性毒性和慢性毒性的靶器官主要为肾脏和肝脏。目前认为,BPA 对成年大鼠和小鼠的一般毒性 NOAEL 为每日 5 mg/kg 体重。

Tyl 等在 2002 年[34]和 2008 年[35]的大鼠、小鼠多代研究中观察到 BPA 对肾脏和肝脏质量的影响。BPA 最高剂量组中雄性小鼠肾脏重量增加与肾脏病变有关,而肾脏重量变化在雌性小鼠中不明显且与肾脏病变无关;肾小管轻度变性还见于最高剂量组的雌性大鼠。Tyl 等的研究结果及美国食品药品监督管理局/国家毒理学研究中心(the US Food and Drug Administration/National Center for Toxicological Research,FDA/NCTR)的亚慢性研究[36-37]均显示,暴露于 BPA 后 SD 大鼠肾脏重量减小、肝脏脏器系数增加,小鼠肝脏绝对重量和脏器系数增加,同时在小鼠中还观察到肝细胞肥大。

基于上述可信的一般毒性研究,EFSA 将 BPA 的肾脏和肝脏效应使用 BMD 法进行危害特征描述。大鼠、小鼠的 NOAEL 均为 5 mg/kg 体重,但是从小鼠推导的 HED 远小于在同样 BPA 剂量下由大鼠推导的 HED,因此将 BMD 分析的重点放到小鼠研究[35]上。将肾脏和肝脏效应的基准反应(benchmark response,BMR)定为 10%,而肾脏、肝脏质量及肝细胞肥大的变化程度均未达到 10%,故未视作损害作用。在自然条件下,肝脏变化（肝细胞肥大）本质上可能是一种自我适应，而肾脏病理变化仅见于最高剂量组，雌雄小鼠均无明显的剂量-反应关系，因此肾脏病变可能是一种临界效应。表2-3列出了F_0代和F_1代小鼠的肝脏和肾脏效应的基准剂量上限值（benchmark dose upper confidence limit，BMDU）和基准剂量下限值（benchmark dose lower confidence limit，BMDL）。

表2-3 小鼠中BPA一般毒性剂量-反应关系[2]

物种（代）	给药途径	毒效应	外剂量（μg/kg体重）	
			$BMDU_{10}$	$BMDL_{10}$
小鼠（F_0）雄性，以性别、F_0/F_1为协变量	经口拌饲	肝脏绝对重量增加	456 800	213 100
小鼠（F_1）雄性，以性别、F_0/F_1为协变量	经口拌饲	肝脏脏器系数增加	328 700	229 000
小鼠（F_0）雄性，以性别、F_0/F_1为协变量	经口拌饲	小叶中心性肝细胞肥大	67 200	3 460
小鼠（F_0）雄性，以性别、F_0/F_1为协变量	经口拌饲	肾脏绝对重量增加	91 690	3 420
小鼠（F_0）雄性，以性别、F_0/F_1为协变量	经口拌饲	肾脏脏器系数增加	108 900	8 960

注：原始数据来源于Tyl等的研究[35]。

美国NCTR近来开展的为期2年的涵盖低剂量暴露条件的CLARITY-BPA（Consortium Linking Academic and Regulatory Insights on Bisphenol A Toxicity）研究，分为核心研究（core study）和委托研究（grantee study）两部分。核心研究为遵循良好实验室规范（Good Laboratory Practice，GLP）进行的BPA慢性毒性研究[38]，以0.3%羧甲基纤维素钠为溶剂和溶剂对照，灌胃给予SD母鼠（从GD6至分娩）和仔鼠（PND1至1年或2年）每天2.5 μg/kg、25 μg/kg、250 μg/kg、2 500 μg/kg和25 000 μg/kg体重的BPA，并设阳性对照组［每天0.05和0.5 μg/kg体重的炔雌醇（ethinylestradiol，EE_2）］。BPA组分为停药组（PND21停止给药，1或2年处死）和连续给药组（持续给药到1或2年处死时），EE_2组无停药组，处死后测量体重、临床病理（仅1年处死组）、器官重量（仅1年处死组）和组织病理学（1年和2年处死组均进行）等指标。在所收集的数据中，几乎没有发现BPA的显著影响。在研究的后期阶段（第96~第104周），连续给药组每日250 μg/kg体重的雌性平均体重显著高于溶剂对照组。对于临床病理终点和器官质量，一些连续给药或停止给药组具有统计学意义的结果，但这些作用仅在单剂量组中出现，在某些情况下与溶剂对照组相差不到10%，NCTR认为可能和BPA给药无关。但每日25 000 μg/kg体重剂量组的一些观察结果可能与给药有关，包括雌性大鼠卵巢滤泡囊肿、囊性子宫内膜增生和阴道上皮增生，以及雄性垂体远侧部增生。

2.2.3.2 生殖和发育毒性

2015 年，EFSA 运用证据权重法评估后认为，BPA 对人体生殖发育潜在影响为"不确定"（as likely as not）。宫内暴露于 BPA ［3.6 mg/kg 体重及以下（HED）］对生殖发育的一致性研究结果较少，各个研究的证据不一致且差异较大。有一些证据证明了 3.6 mg/kg 体重及以下（HED）的 BPA 暴露对成年雄性动物生殖参数变化的影响。EFSA 专家组认为低剂量 BPA ［3.6 mg/kg 体重及以下（HED）］对生殖和发育的毒作用的可能性等级为"不确定"。但对动物成年期和发育期生殖能力的影响可能出现在高剂量水平中［3.6 mg/kg 体重以上（HED）］。现将近 5 年来的研究总结如下。

1）人群研究。

(1) BPA 对成人生殖功能的影响。共有 13 项关于 BPA 对成人生殖功能影响的研究，其中的 2 项研究表明 BPA 暴露与成年女性生育能力下降有关［包括怀孕时间推迟和增加多囊卵巢综合征（polycystic ovarian syndrome，PCOS）发生风险］，其中的 1 项为前瞻性研究；有 6 项研究表明 BPA 暴露与成年男性生育能力下降有关（包括精子质量下降和性功能下降），其中的 2 项为前瞻性研究。在 5 项关于 BPA 对性早熟影响的研究中，其中的 3 项横断面研究表明 BPA 暴露与青春期提前有关。另有 3 项关于体外受精结局的研究，均为阴性结果。

Hu 等[39]对关于 BPA 暴露与 PCOS 关系的观察性研究进行 Meta 分析发现，血清 BPA 可能与女性 PCOS 发生风险呈正相关。

(2) BPA 对妊娠/分娩结局的影响。11 项研究报告了妊娠期暴露于较高剂量的 BPA 可减缓胎儿生长（如低出生体重、头围减小等）或引起胎儿畸形，其中 6 项为前瞻性研究。2 项研究报告了母体 BPA 暴露与流产相关，其中的 1 项为前瞻性研究。另有 1 项研究报告了母体 BPA 暴露与早产有关。

而 Hu 等[40]进行的关于产前 BPA 暴露与新生儿出生体重关系的 Meta 分析发现，产前 BPA 暴露与低出生体重无关。

2）动物研究。EFSA 专家组[2]指出，因为动物研究中所使用动物物种范围较大，给药途径各不相同，所以决定使用表 2-1 中所示的 HEDF，计算特定研究中所使用的每一种剂量的 HED，也便于将不同研究的信息整合后进行对比。由于大鼠经口一般毒性 NOAEL（5 mg/kg 体重）的 HED 为 3.6 mg/kg 体重（HEDF 为 0.72），因此，在评价 BPA 生殖发育毒性的动物研究时，重点关注所含剂量为 3.6 mg/kg 体重及以下（HED）的研究。

(1) 发育期 BPA 暴露。

(a)对雄性生殖系统的影响。16 项研究对 BPA 对睾丸发育和/或功能（如精子数和精子运动能力）及雄性雌性化［如肛殖距（anogenital distance，AGD）和雄激素水平］进行了评估。在 10 项包含低剂量［3.6 mg/kg 体重及以下（HED）］暴露水平的研究中，其中的 3 项研究认为 BPA 未对雄性生殖系统造成影响，4 项研究认为影响有限，3 项研究报告了一项或多项一致性的不良作用。高于 3.6 mg/kg 体重（HED）剂量水平的 BPA 暴露可能会对睾丸系数、精子质量、睾丸组织结构和激素水平产生不良影响。

美国 NCTR 对 SD 大鼠的亚慢性毒性研究[36]发现，300 000 μg/kg 体重 BPA 剂量组的子代雄鼠 PND90 时的 AGD 指数较溶剂对照组高约 6.5%，但对这一结果难以解释，因为与溶剂对照组相比，空白对照组的子代雄鼠也有相似的变化。260 μg/kg 体重剂量组的睾丸下降时间显著延迟 5%；2.5 μg/kg 体重剂量组的生精小管巨细胞发生率较溶剂对照组高（分别为 5/23 和 0/20）；未观察到与 BPA 相关的雄性生殖器官质量、AGD、生殖相关内分泌激素或精子生成的改变。

CLARITY-BPA 的一项委托研究[41]发现，250 000 μg/kg 体重的宫内 BPA 经口暴露使 PND90 的 SD 大鼠睾丸、附睾质量降低，但所有 BPA 剂量对睾丸功能无明显影响。250 μg/kg 体重的 BPA 剂量组可引起基因数量失调，但是使用其他模型分析无此现象，缺乏重复性，认为非 BPA 引起。

(b) 对雌性生殖系统的影响。13 项研究涉及发育期 BPA 暴露对雌性生殖系统的影响。在 6 项包含低剂量［3.6 mg/kg 体重及以下（HED）］暴露水平的研究中，其中的 2 项研究认为 BPA 对雌性生殖系统的影响有限，而 4 项研究显示一种或多种一致性影响，但由于研究的质量相差较大，结果各不相同，同时也存在方法上的问题。高于 3.6 mg/kg 体重（HED）剂量水平的 BPA 暴露可能会对雌性生殖系统造成影响，如生殖能力下降和青春期提前。

美国 NCTR[36]对 SD 大鼠的亚慢性毒性研究发现，BPA 对雌性 SD 大鼠的体重指标、阴道张开时间和首次发情时间均无影响；300 000 μg/kg 体重剂量组中，发情周期异常的动物所占比例显著增多（与 EE_2 类似）、卵巢质量（绝对质量和与脑相对质量）降低，形态上伴有黄体和囊状卵泡耗尽。EFSA 专家组指出，与空白对照组相比，溶剂对雌性后代发情周期有轻微影响。然而，BPA 暴露于 3.6 mg/kg 体重及以下（HED）的剂量组动物在出生第 90 d 时，均未观察到 AGD、卵巢和子宫形态、发情周期或性激素类改变等显著的生殖影响。

美国 CLARITY-BPA 的一项委托研究[42]发现，SD 大鼠从 GD6 – PND1、21、90、180 或 1 年经口暴露于 BPA，一些时间点的卵泡数量受到影响，但与 EE_2 的效应和之前的研究结果不一致。25 μg/kg、2 500 μg/kg、25 000 μg/kg 体重的 BPA 暴露会影响 PND1 年的 SD 大鼠雌激素水平。

美国 CLARITY-BPA 的核心研究[38]认为，在每日 25 000 μg/kg 体重 BPA 剂量组出现的雌性大鼠卵巢滤泡囊肿、囊性子宫内膜增生和阴道上皮增生可能与给药有关。

(2) 成年期 BPA 暴露。

(a) 对雄性生殖系统的影响。在 2 项低剂量［3.6 mg/kg 体重及以下（HED）］和 3 项高剂量［高于 3.6 mg/kg 体重（HED）］暴露的研究中，均发现成年期暴露于 BPA 会对雄性生殖功能造成影响。

美国 NCTR 进行的大鼠的亚慢性毒性研究[36]较具有说服力，该研究涉及胎儿期暴露和成年期暴露，所有剂量下均无 BPA 对雄性生殖器官质量和精子生成影响的报告，但 260 μg/kg 和 300 000 μg/kg 体重两个剂量组中睾丸下降时间分别明显延迟了约 1 d 和 2 d。

(b) 对雌性生殖系统的影响。在 1 项低剂量［3.6 mg/kg 体重及以下（HED）］和 2 项高剂量［高于 3.6 mg/kg 体重（HED）］暴露的研究中，均发现成年暴露于 BPA 后会对雌性生殖功能造成影响，包括抑制胚胎植入和影响卵泡发育，但研究数量较少。

综上所述，关于 BPA 对人体生殖发育影响的流行病学研究结果不一，且高水平研究数量较少，仍不能明确 BPA 对人体生殖发育的潜在影响。动物研究中，低剂量 BPA ［3.6 mg/kg 体重及以下（HED）］对生殖和发育的毒作用研究数量较多，但结果不同，其中较有说服力的为美国 NCTR 进行的亚慢性和慢性研究，均表明发育期和成年期的低剂量 BPA 暴露未对动物生殖能力产生明显影响，而此种影响可能出现在高剂量［高于 3.6 mg/kg 体重（HED）］暴露水平下。

2.2.3.3 **神经和神经发育影响**

EFSA 2015 年风险评估报告认为，前瞻性流行病学研究提示胎儿期 BPA 暴露可能与儿童行为之间存在具有性别依赖性的关联。但是，所有研究关联性不一致，也不能排除结果中混杂着饮食暴露或其他并发暴露因素的可能性。故目前从流行病学研究中所报告的关联性不能提供充足的证据进行出生前或出生后童年 BPA 暴露与人类神经发育之间的因果关系推断。

动物研究观察了 BPA 暴露后的动物焦虑样行为、学习记忆、群体行为和感官运动系统功能。有些研究报告了 BPA 暴露后焦虑样行为的变化，有些研究有但非全部报告了 BPA 暴露后其学习和/或记忆力严重受损，有些研究还报告了 BPA 对群体行为和感官运动系统功能的影响。但这些研究存在样本量不足、缺乏对窝别效应的考虑、未通过饲料对暴露进行适当控制及统计数据不充分等方法缺陷。使用证据权重法，EFSA 专家组认为 BPA 对神经系统、神经发育和神经内分泌影响这一终点的可能性等级为"不确定"。现将近 5 年发表的研究总结如下。

1）人群研究。

（1）胎儿期 BPA 暴露。10 项前瞻性研究认为，胎儿期 BPA 暴露（孕期 BPA 暴露）与儿童或婴幼儿的行为与认知有关，1 项前瞻性研究认为其与语言发展有关，而未发现与行为之间的关联。

Ejaredar 等[43]对 BPA 暴露与儿童行为的相关性进行了系统综述，通过描述性分析发现，母体产前暴露于 BPA 与儿童较高的焦虑、压迫、攻击性和活动过度有关。

（2）儿童期 BPA 暴露。3 项前瞻性研究和 4 项横断面研究报告了儿童期 BPA 暴露与儿童行为问题的关系，另 1 项前瞻性研究则未发现儿童期 BPA 暴露与儿童行为问题的关系。

Ejaredar 等[43]对 BPA 暴露与儿童行为的相关性进行了系统综述，通过描述性分析发现，儿童时期 BPA 暴露与较高水平的焦虑、抑郁、多动、注意力不集中和行为问题相关。

总而言之，前瞻性研究的证据表明，胎儿期 BPA 暴露（孕期 BPA 暴露）可能与儿童行为存在关联，而且这种关联具有性别依赖性。但所有研究得出的暴露与结局的关联性不一致，不能排除结果受到饮食或其他并发暴露因素的干扰。

2）动物研究。

（1）对焦虑样行为的影响。有 3 项研究分别使用不同的方法研究 BPA 能否导致焦虑样行为，1 项研究发现 BPA 暴露后焦虑样行为增多，而 2 项研究未发现 BPA 对此类行为有影响。

Xu 等[44]连续 12 周通过灌胃给予成年 ICR 小鼠 BPA（每日 0.4 mg/kg、4.0 mg/kg、40.0 mg/kg 体重）或花生油后，在旷场试验中发现，与对照组相比，每日 40 mg/kg 体重剂量组雄性小鼠在开阔区停留的时间显著增多；在雌鼠中未观察到 BPA 对焦虑样行为的影响。

美国 CLARITY-BPA 的一项委托研究[45]在 GD6 - PND21 灌胃给予 SD 大鼠每日 2.5 μg/kg、25 μg/kg 或 2 500 μg/kg 体重的 BPA，2.5 μg/kg、25 μg/kg 体重剂量组仅对幼鼠几个活动试验终点产生影响，而未发现对成年大鼠的影响。研究认为，发育期暴露于 BPA 对大鼠焦虑和探索性行为无影响。

（2）对学习记忆的影响。9 项关于 BPA 对学习记忆影响的研究中大多采用 Morris 水迷宫试验和被动回避（跳台法）试验。8 项研究发现学习和/或学习记忆能力显著受损（在空间和非空间学习任务中），而 1 项研究未发现。

在美国 CLARITY-BPA 的一项委托研究[46]中，SD 大鼠 GD6 - PND21 持续经口暴露于 BPA，2.5 μg/kg、2 500 μg/kg 体重剂量组会影响雌性子代大鼠空间的定位学习和记忆力，但对雄性子代神经系统未产生相同影响。

（3）对运动系统功能的影响。1 项研究[47]评估了小鼠的运动活动，包括新生小鼠的爬行、枢转、扶正和震颤。在产后第 1 天进行评估时发现，GD5 - 18 ICR 小鼠经口暴露于 2 μg/kg、20 μg/kg 或 200 μg/kg 体重的 BPA，均会使新生小鼠的震颤明显增加，但未对爬行、枢转和扶正活动产生明显影响。

（4）对大脑发育的影响。10 项研究阐述了 BPA 对大脑发育（神经形成、相关基因表达、神经内分泌及对特定大脑区域）的效应，其中有些研究发现 BPA 暴露后大脑生化和形态结构发生变化。

美国 CLARITY-BPA 的 1 项委托研究[48]在 GD6 - PND21 灌胃给予 SD 大鼠 2.5 μg/kg、25 μg/kg 或 2 500 μg/kg 体重 BPA。通过体视学研究发现，所有剂量下大鼠大脑性二态核和蓝斑无明显改变，但前房室周围核体积增加，且存在性别差异，表明发育中的大脑会受 BPA 干扰。另有 2 项美国 CLARITY-BPA 的委托研究[49-50]表明，母鼠孕期暴露于低剂量的 BPA 会使子代大鼠 ER 等基因表达改变。

现有暴露与结局的关联性不能提供充足的证据证明人类胎儿期 BPA 暴露或儿童期 BPA 暴露与神经发育影响之间的因果关系。动物研究结果不一，大多研究为高剂量暴露，研究结果表明 BPA 可能会对子代学习记忆能力造成影响。美国 CLARITY-BPA 研究为低剂量暴露，表明可能会对子代大脑发育（相关基因表达水平等）造成影响。

2.2.3.4 免疫毒性

2015 年 EFSA 风险评估认为，人群研究显示 BPA 可能与人体免疫结局之间存在关联，但这些研究具有局限性，且可能存在混杂因素，因此，不能用于推断出生前或儿童期 BPA 暴露与人体免疫毒效应之间的因果关系。动物研究支持 BPA 免疫效应存在的可能性。这些研究大多数带有实验设计和报告方面的缺陷。尽管大多数研究中不能建立剂量 - 反应关系，但在过敏性肺部炎症中观察到剂量相关影响。通过证据权重法，EFSA 专家组在 2015 年的相关意见中将 BPA 免疫毒性定为"不确定 - 可能"（from-as likely as not-to likely）这一可能性等级。现将近 5 年发表的研究总结如下。

1）人群研究。2 项前瞻性研究和 1 项横断面研究表明，妊娠期 BPA 暴露可能与婴幼儿或儿童哮喘和过敏的发生有关联，但考虑到这些研究的局限性，且不能排除混杂饮食暴露或其他并发暴露的可能性，尚不足以推断妊娠期 BPA 暴露与人体免疫毒效应之间的因果关系。

2）动物研究。7 项研究中有 5 项研究发现 BPA 引起了细胞因子、T 细胞群体和免疫调节其他方面的变化，但这些研究多存在实验设计和报告上的缺陷。其中，美国 CLARITY-BPA 的 1 项委托研究[51]通过灌胃在 GD6－PND21、90、180 和 1 年给予 SD 大鼠 2.5 μg/kg、25 μg/kg、250 μg/kg、2 500 μg/kg 或 25 000 μg/kg 体重 BPA，结果发现，一些时间点的巨噬细胞和树突状细胞群出现改变，但无剂量依赖性，认为 BPA 暴露不太可能影响子代免疫能力。

综上，关于免疫毒性的人群研究和动物研究数量较少，且结论不一，尚不能得出 BPA 免疫效应存在的可能性结论。

2.2.3.5 心血管毒效应

2015 年，EFSA 风险评估报告认为，尽管有数项关于 BPA 的心血管效应的人群研究，但是多为横向研究，因此不适用于研究暴露与疾病的关联性。一项前瞻性研究表明，BPA 可能与心血管效应存在关联性，但仍不能推断 BPA 暴露与心血管影响之间的因果关系。不能排除流行病学研究中所观察到的 BPA 暴露与心血管影响之间的关联混杂有饮食或其他暴露因素。动物研究数据亦不足以表明 BPA 可影响心血管系统功能。故使用证据权重法，认为 BPA 对心血管影响的可能性等级为"不确定"。现将近 5 年来发表的研究总结如下。

1）人群研究。1 项横断面研究[52]招募了 886 名受试者（12～30 岁），研究了血清 BPA 水平与颈动脉内膜中层厚度（CIMT）之间的关系。结果发现，在控制混杂因素后，线性回归分析显示 BPA 的自然对数升高 1 个单位与平均 CIMT（mm）和其他 CIMT 参数（包括颈总动脉的右侧和左侧、颈总动脉和颈内动脉）升高相关（$\beta = 0.005$；95% $CI = 0.003 \sim 0.007$，$P < 0.001$）。3 项横断面研究报告了 BPA 暴露与高血压之间的显著关联性。2 项断面研究报告了尿液 BPA 浓度与代谢综合征之间的显著相关性。Ranciere 等[53]进行了关于 BPA 暴露与心脏代谢疾病风险的流行病学研究的 Meta 分析，发现尿液中高浓度 BPA 与低浓度 BPA 相比，高血压的合并 OR 值为 1.41（95% $CI = 1.12 \sim 1.79$）。

2）动物研究。BPA 暴露的心血管效应的动物研究较少。4 项研究报告了出生前或成年期 BPA 暴露与心脏功能损害之间的关联性，1 项报告了其与高血压之间的关系。其中，1 项美国 CLARITY-BPA 的委托研究[54]通过灌胃在 GD6－PND21、90 和 180 给予 SD 大鼠 2.5 μg/kg、25 μg/kg、250 μg/kg、2 500 μg/kg 或 25 000 μg/kg 体重 BPA，结果发现，在 PND21 时 BPA 暴露会增加雌性进行性心肌病的发生率和严重程度，在 PND90 时 BPA 暴露使两种性别的心肌病的严重程度都增加。

目前，无足够证据可用于推断人体 BPA 暴露与心血管效应之间的关联性，且关于这一终点的动物研究有限。

2.2.3.6 代谢影响

EFSA 2015 年评述的代谢效应研究中，仅 2 项研究为前瞻性研究，22 项为横向对比研究，因此不适合凭借这些研究本身来推断暴露与疾病的关联性。与横断面研究的结果不同，1项前瞻性研究发现，母亲妊娠期较高的尿液BPA浓度与其女儿肥胖发生率的关联较低。总体无法推断人类BPA暴露与代谢效应之间的因果关系。

几项对出生前和出生后暴露于BPA的大鼠和小鼠研究表明，BPA暴露可能影响代谢功能，即对葡萄糖或胰岛素调节或脂肪生成和体重增加的影响（短期暴露研究）。根据其他暴露期较长的研究的结果（如90天），子宫内暴露后或长期暴露后不存在令人信服的证据证明BPA具有致胖作用。

通过证据权重法，EFSA专家组将BPA对代谢影响这一可能性等级认定为"不确定"。现将近5年发表的研究总结如下。

1）人群研究。

（1）BPA对肥胖的影响。有16项研究检查了BPA暴露与肥胖的关联性，其中6项研究的是成人，10项研究的是儿童和青少年。所有研究中，除6项为前瞻性研究，其余均为横断面研究。2019年，Kim等[55]发表的关于BPA暴露与儿童肥胖的观察性研究的Meta分析发现，高BPA暴露组儿童发生肥胖风险明显高于低暴露组（$OR = 1.566$；$95\% CI = 1.097 \sim 2.234$，$P = 0.014$）。然而，与正常组相比，肥胖组的BPA浓度无明显差异。该研究认为，BPA暴露本身会增加儿童肥胖的风险。

总的来看，现有的人群研究证据对BPA暴露与肥胖的相关性结论是不一致的。有研究表明BPA暴露的增加会增加超重/肥胖的风险，也有研究得出相反的结论。尿液BPA浓度和肥胖之间的横断面研究所得出的相关性可部分归因于与BPA暴露和肥胖均有关的饮食因素带来的混杂偏倚。另外，如果肥胖个体不同的饮食习惯增加了BPA暴露，那么所观察到的相关性可归因于反向因果关系。

（2）BPA对内分泌/激素结局的影响。有12项关于BPA对内分泌/激素结局影响（包括甲状腺功能及相关激素、性激素等）的研究，其中的8项横断面研究和4项前瞻性研究，8项研究使用尿液BPA浓度衡量暴露，4项研究使用血液BPA衡量暴露。

Rönn等[56]在瑞丹乌普萨拉老年人（$n = 890$，70岁）中开展了一项前瞻性研究，测定了体脂含量和脂肪分布，并测定了血清中BPA和性激素浓度。结果显示，血清BPA浓度与脂肪分布及含量不相关；在对性别、身高、体脂含量、瘦体重、吸烟、饮酒、体育锻炼、能量摄入和教育程度等调整后发现，血清中BPA与脂肪连接蛋白（$P < 0.001$）、瘦素（$P = 0.0091$）正相关，与生长素负相关（$P < 0.001$）。

（3）BPA对糖尿病结局/糖代谢的影响。4项横断面研究、2项人体试验研究和1项前瞻性研究报告了BPA暴露与糖尿病结局/糖代谢之间的相关性，另有1项前瞻性巢式病例对照研究和横断面研究未发现BPA暴露与糖尿病结局之间存在关联。除2项研究为血清BPA外，其余研究依赖于点尿样的BPA暴露评估。

Stahlhut等[57]让16名男性和绝经后女性（无糖尿病）口服溶剂对照或剂量为50 μg/kg体重的BPA，分别进行口服葡萄糖耐量试验［oral glucose tolerance test，OGTT（试验1）］和高血糖（hyperglycemia，HG）钳夹测量（试验2）评估胰岛素反应。结果发现，试验性暴露后的血清BPA生物活性与人体生物监测研究中检测到的水平相当。在OGTT中，血红蛋白A1c（HbA1c）与胰岛素生成指数的变化百分比，以及早期胰岛素反应的指标和等效的 C 肽指数之间存在很强的正相关性（$Spearman = 0.92$，$Pearson = 0.97$）。在 HG 钳夹测量中，胰岛素和 C 肽相关参数被抑制，胰岛素最大浓度（C_{max}）的变化与 HbA1c 和血清 BPA 的 C_{max} 呈负相关。

在另一项人体试验[58]中，将 11 名大学生 [（21.0 ±0.8）岁，（24.2 ±3.9）kg/m²] 随机分组，给予安慰剂（placebo, PL）、4 μg/kg 体重（BPA-4）和 50 μg/kg 体重（BPA-50）的氘代 BPA。测量基线、第 15、30、45、60 min 和此后 2 h 每 30 min 的总 BPA、葡萄糖、胰岛素和 C 肽水平。结果发现，总 BPA 的增长速度为：BPA-50 > BPA-4 > PL。BPA-50 葡萄糖水平明显低于 PL（$P = 0.036$）。BPA-50 中的胰岛素水平低于 BPA-4（$P = 0.021$），BPA-50 中的 C 肽水平低于 BPA-4（$t_{18} = 3.95$，Tukey 调整后的 $P = 0.003$）。BPA-50 的 3 h 曲线下的葡萄糖、胰岛素和 C 肽面积明显低于 PL 组（$P < 0.05$）。

关于 BPA 暴露和 2 型糖尿病发生风险的 Meta 分析[59]显示，人类生物样本中的 BPA 浓度与 2 型糖尿病发生风险呈正相关（$OR = 1.28$；$95\% CI = 1.14 \sim 1.44$）。敏感性分析表明，尿液 BPA 浓度与 2 型糖尿病发生风险呈正相关（$OR = 1.20$；$95\% CI = 1.09 \sim 1.31$）。

（4）BPA 对其他代谢结局的影响。2 项横断面研究报告了 BPA 暴露与非酒精性脂肪肝的相关性，2 项前瞻性研究报告了其与肝功能之间的关联，另有 3 项研究报告 BPA 暴露与代谢综合征及高尿酸之间的相关性，但研究数量较少，且多测量某一时间点尿 BPA 浓度，无法排除混杂因素的影响。

2015 年，EFSA 风险评估报告关于 BPA 对人体代谢影响的结论如下：①BPA 暴露相关的代谢紊乱与不良饮食（摄入过多的糖、脂肪和加工食品）存在相关性。由于饮食是 BPA 暴露的主要来源，所以不良饮食是一个不可忽视的混杂因素。②由于 BPA 暴露情况多以尿 BPA 浓度代表、存在饮食相关暴露问题、大多数研究为横断面设计及横断面研究结果与前瞻性研究结果不一致等，较难得出代谢效应与 BPA 暴露之间关系的结论。③未发现除肥胖和糖尿病的其他值得注意的激素或代谢效应的终点。④有关 BPA 与肥胖、葡萄糖代谢标记物和糖尿病关系的流行病学文献系统综述[60]认为，尚无法得出 BPA 暴露与肥胖或糖尿病之间相关性的结论。

综上所述，近年来虽有人体试验及数项前瞻性研究报告 BPA 暴露对人体代谢影响，但存在样本量较小、研究数量较少、无法排除混杂因素等不足，尚不能得出 BPA 暴露对人体代谢影响的因果关系。

2）动物研究。

（1）对体重的影响。美国 FDA/NCTR 开展的亚慢性研究[37]中，F1 代大鼠胎儿期通过母体暴露（GD6 至分娩，分娩后母体停止暴露），出生后从 PND1 -（90 ±5）通过灌胃给予 BPA（2.5 μg/kg、8.0 μg/kg、25.0 μg/kg、80.0 μg/kg、260.0 μg/kg、840.0 μg/kg、2 700.0 μg/kg、100 000.0 μg/kg 和 300 000.0 μg/kg 体重），此外还设置溶剂对照组（0.3% 羧甲基纤维素）和阳性对照组（EE_2，0.5 μg/kg、5.0 μg/kg 体重）。在 300 000 μg/kg 体重剂量组观察到与 EE_2 阳性对照类似的影响，如断奶前体重下降（雌鼠和雄鼠分别为 12% ~ 16% 和 9% ~ 12%），PND90 腹后壁脂肪垫减小（仅雌鼠）及 PND90 体重下降。

Wassenaar 等[61]进行了啮齿类动物生命早期 BPA 暴露和肥胖相关结局关系的 Meta 分

析，纳入了62项研究，认为早期接触BPA可能会增加啮齿类动物的肥胖和循环脂质水平，但所有研究结果之间存在很大的异质性，且大多数研究无足够的信息来评估偏倚风险。

（2）对激素水平的影响。在美国FDA/NCTR开展的亚慢性研究[37]中，除在最高剂量组（300 000 μg/kg 体重）中观察到血清瘦素浓度降低外，均未观察到BPA对胰岛素和葡萄糖的影响。在1项美国NCTR开展的CLARITY-BPA委托研究[62]中，也未发现BPA暴露对甲状腺功能和相关激素（甲状腺素、卵泡刺激素等）水平的影响。1项研究[63]发现，高剂量的BPA暴露会对腓肠肌中胰岛素信号分子和GLUT4易位产生有害作用，从而损害了葡萄糖的体内稳态。另有1项研究[64]发现，BPA会引起氧化应激和胰腺β细胞功能的破坏。

（3）其他代谢影响。1项研究[65]认为，低剂量下的BPA暴露使雌性和雄性后代的股骨形态发生了改变。5项研究发现BPA暴露会引起肝功能损害，包括影响肝脏脂质代谢和引起肝脏氧化损伤。

对代谢相关影响的小结：①一些大鼠和小鼠出生前/后暴露的研究，以葡萄糖/胰岛素调节/脂肪生成以及体重为观察终点，分析BPA暴露对代谢功能的影响，其中有些研究仅在一种剂量水平下观察到BPA相关代谢影响，学者们将此解释为非单调剂量-反应曲线。但在两种低剂量水平下出现大小不同的效应，在高于两个低剂量的较高剂量下出现较小的效应的特点并未在剂量-反应曲线中观察到，因此，这些数据并不支持非单调性剂量-反应关系假设。②有部分证据提示妊娠期和出生后长期暴露表明BPA可能在生命后期中有致胖作用。③没有长期研究能证实动物中糖尿病与BPA暴露相关。近几年的动物研究虽然提示BPA暴露会导致骨代谢和肝脏功能受损，但未提供令人信服的证据。无足够证据表明BPA暴露会对代谢产生影响。

2.2.3.7 遗传毒性

EFSA 2015年评估认为，BPA既不是致突变剂（细菌或哺乳动物细胞内），也无致染色体断裂作用（微核和染色体畸变），同时在活体外产生致非整倍体的潜能也未在活体中表现，通过证据权重法，将BPA遗传毒性的可能性等级定为"不太可能"（unlikely）。

1）体外研究。2015年，EFSA对体外研究结果总结如下：在细菌、酵母和哺乳类细胞内BPA未导致基因突变或染色体畸变；一些可靠的研究发现BPA具有影响纺锤体进而形成非整倍体的潜能；研究表明，BPA在非细胞体系、仓鼠和人类细胞系中诱导产生DNA加合物，并在非等位基因人类细胞系（MCF-7和MDA-MB-231）中造成DNA损伤。

近几年有研究提示，BPA虽无致畸作用[66]，但会导致MCF-7细胞系和人羊膜细胞染色体畸变[67]，引起大鼠胰岛素瘤INS-1细胞氧化损伤相关的DNA损伤[68]，有微核试验提示高浓度BPA引起牛外周血淋巴细胞微核数增加[69]。

2）体内研究。2015年，EFSA对体内研究结果总结如下：根据含微核细胞率和染色体畸变的终点的评估结果，BPA不诱发啮齿类动物染色体损伤；单次或多次给予BPA后，雄性小鼠骨髓中秋水仙碱样中期细胞数增加，雌性小鼠染色单体过早分离的中期卵母细胞数量增加，均表明BPA有影响纺锤体的潜在可能性；但未观察到BPA在体细胞和生殖细胞中诱导形成超倍体或多倍体；BPA在雌性小鼠肝脏和乳腺中诱导产生DNA加合物。

近几年，有2项体内研究评估了BPA致DNA/RNA损伤的能力，1项研究[70]为阴性结果，另1项研究则表明BPA可引起大鼠氧化性RNA损伤。

2.2.3.8 致癌作用

2015年EFSA风险评估报告认为，到目前为止，所发表的BPA暴露与某些癌症，特别是乳腺癌和脑膜瘤关联性的流行病学研究为数极少，无法从这些研究中得出有关BPA在人体内致癌性的结论。

在对暴露于BPA 2年时间（从6~8周起）的大鼠和小鼠进行的两项标准经口致癌实验中，BPA不具致癌性。新研究没有提供令人信服的证据来证明BPA在出生后暴露或出生前暴露的动物中具有致癌性。使用证据权重法，EFSA专家组认为BPA对致癌作用的可能性等级为"不可能－不确定"（from unlikely to-as likely as not-）。

近期研究证据支持BPA影响乳腺和其他组织细胞增殖和分化的结论，如大鼠胎儿期BPA慢性暴露研究。新研究中包括一项非人类的灵长类动物的研究，但这些研究报告的乳腺增生等变化均不足以得出生命后期的癌症发展与BPA暴露有关的结论。但BPA可能具有增加乳腺癌易感性的作用。动物研究中发现，BPA具有促进乳腺增生反应性并且可能增强动物对乳腺致癌物的敏感性，这一结果可能与人体健康相关，故包含在风险评估内。使用证据权重法，EFSA专家组认为BPA诱发的乳腺增生性变化的可能性等级为"可能"（likely）。因此，这一终点被提出来进行风险表征和不确定性分析。BPA诱发其他器官（如前列腺或睾丸）增生性变化的证据十分有限，无法得出结论。现将近5年发表的研究总结如下。

1) 人群研究。3项病例对照研究报告了BPA暴露与癌症的关系。在1项于波兰开展的病例－对照研究[71]中，未发现尿液中BPA代谢产物（BPA-G）升高与绝经后乳腺癌有关。Rashidi等[72]以单次尿液样本代表BPA暴露进行的病例对照研究发现，尿液中BPA浓度与子宫内膜瘤呈正相关。Tarapore等[73]在60名泌尿科患者中进行的病例对照研究表明，尿BPA水平是前列腺癌的独立预后生物标志物，但该研究存在样本量较小等不足。

总的来说，关于BPA暴露与癌症关系的流行病学研究较少，尚无法得出有关BPA在人体内是否致癌的结论。

2) 动物研究。

(1) BPA暴露对乳腺的影响。EFSA 2015年风险评估认为，目前所有研究除FDA/NCTR对大鼠的亚慢性毒性研究（严格执行了GLP规范）外均存在方法上的缺点，但结合起来仍提供了BPA可能促进动物模型乳腺上皮增生的证据。

美国FDA/NCTR开展的亚慢性研究[37]中，F1代大鼠胎儿期通过母体暴露（GD6至分娩，分娩后母体停止暴露），出生后从PND1-(90±5)通过灌胃给予BPA（2.5 μg/kg、8.0 μg/kg、25.0 μg/kg、80.0 μg/kg、260.0 μg/kg、840.0 μg/kg、27 000.0 μg/kg、100 000.0 μg/kg和300 000.0 μg/kg体重），此外还设置溶剂对照组（0.3%羧甲基纤维素）和阳性对照组（EE_2，0.5 μg/kg和5.0 μg/kg体重）。结果显示，最早于PND21的雌性组观察到轻度的乳腺导管增生，与溶剂对照组相比，2700 μg/kg和100 000 μg/kg体重剂量组增生性病变的发生率升高（采用3种不同统计方法分析，至少其中1种方法表明有统计学意义），但300 000 μg/kg体重剂量组未出现以上有统计学差异的改变；

PND90 时，BPA 高剂量组（100 000 μg/kg 和 300 000 μg/kg 体重）雌鼠出现乳腺导管增生，与溶剂对照组相比，通过聚 k 检验（Poly-k test）分析，300 000 μg/kg 体重轻度的乳腺导管增生发生率的增加有统计学意义；通过 JT/SW 或 RTE 分析，2 700 μg/kg、100 000 μg/kg、300 000 μg/kg 体重剂量组乳腺导管增生发生率增加有统计学意义（这两种统计分析方法分析时均考虑了病变严重性，但 RTE 法分析时未观察到单调性剂量－反应关系）。BPA 未造成雄性大鼠乳腺导管增生，而 EE_2 引起雄性大鼠（非雌性）大鼠乳腺导管增生。PND90 时，仅在 2.5 μg/kg 体重剂量组观察到 1 例乳腺导管腺癌（整个研究中共有 260 只雌鼠）。

此后在 2018 年发布的美国 NCTR 进行的 CLARITY-BPA 核心研究（core study）[38]中，以 0.3% 羧甲基纤维素钠为溶剂和溶剂对照，灌胃给予 SD 母鼠（从 GD6 至分娩）和仔鼠（PND1 至 1 年或 2 年）每日 2.5 μg/kg、25.0 μg/kg、250.0 μg/kg、2 500.0 μg/kg、25 000.0 μg/kg 体重的 BPA，并设阳性对照组（0.05 μg/kg 和 0.5 μg/kg 体重的 EE_2）。BPA 组分为停药组（PND21 停止给药，1 或 2 年处死）和连续给药组（持续给药到 1 或 2 年处死时），EE_2 组无停药组，处死后测量体重、阴道开口时间、阴道细胞学、临床病理（仅 1 年处死组）、精子参数（仅 1 年处死组）、器官重量（仅 1 年处死组）和组织病理学（1 年和 2 年处死组均进行）。在每日 2.5 μg/kg 体重的 2 年处死的停药组中，发现雌性乳腺腺癌的发生率及腺瘤和腺癌的组合发生率的增加有统计学意义。但在 2 年处死的连续给药组中，未观察到雌性乳腺肿瘤发生率的增加。腺瘤/腺癌的发生率增加缺乏剂量反应，并且在与该大鼠品系的有限历史对照数据进行比较后，NCTR 认为该病变可能与 BPA 无关。

Mandrup 等[74]进行了一项关于 Wistar 大鼠围生期暴露于 BPA（每日 0 mg/kg、0.025 mg/kg、0.250 mg/kg、5.000 mg/kg 和 50.000 mg/kg 体重）的研究（$n=22$），在 PND22、100、400 测量了子代的乳腺效应。每日 0.025 mg/kg 体重剂量组的雄性后代在 PND22 出现乳腺生长增快。在 PND400 时，每月 0.25 mg/kg 体重剂量组的雌性后代导管内增生的发生率增加，但在更高或更低的剂量组未出现。

（2）BPA 暴露对前列腺的影响。在一项美国 CLARITY-BPA 委托研究中，Prins 等[75]将 SD 大鼠分为 3 组：第一组在 GD6 - PND1 年灌胃给予大鼠每日 2.5 μg/kg、25.0 μg/kg、250.0 μg/kg、2 500.0 μg/kg、25 000.0 μg/kg 体重的 BPA、溶剂和 EE_2；第二组在 GD6 - PND21 给予大鼠 BPA、溶剂和 EE_2；第三组则在同第二组同样给药方式的基础上，通过皮下植入法于 PND90 给予大鼠睾丸激素＋雌二醇（T＋E）。所有大鼠均于 PND1 年时处死。另外，从连续暴露于每日 2.5 μg/kg、25.0 μg/kg、250.0 μg/kg 体重 BPA 6 个月的大鼠的背外侧前列腺（dorsolateral prostates，DLP）中分离上皮干细胞和祖细胞进行培养。结果发现，任何剂量的单独 BPA 暴露都不会导致前列腺病变。但是，给予 EE_2、每日 2.5 μg/kg、250.0 μg/kg、25 000.0 μg/kg 体重 BPA 和 T＋E 的大鼠前列腺外侧上皮内瘤变（prostate intraepithelial neoplasia，PIN）更严重，并且在暴露于每日 2.5 μg/kg 体重 BPA 的荷瘤大鼠中，DLP 导管腺癌的多重性明显升高。DLP 干细胞数量在慢性暴露于 EE_2 和每日 2.5 μg/kg 体重 BPA 后增加了 1 倍。每日 25 μg/kg 和 250 μg/kg 体重 BPA 剂量组的祖细胞增殖加快。研究认为，低剂量 BPA 暴露增强了发生前列腺癌的敏感性，并改变了成年前列腺干细胞的体内平衡。因此，随着年龄增长，BPA 暴露可能会引起前列腺癌患病风险增加。

Wong 等[76]的研究在 PND1、3、5 经口给予 SD 大鼠每日 2 μg/kg、10 μg/kg、50 μg/kg 体重 BPA，并在 PND70 皮下植入给予大鼠 T + E，在 PND1 年处死时发现每日 50 μg/kg 体重 BPA 组 PIN 发生率明显升高。另有 1 项研究[77]发现，连续 3 个月经口给予 SD 大鼠每日 10 μg/kg、30 μg/kg 和 90 μg/kg 体重 BPA 后，所有 BPA 剂量组的 PCNA 表达量增加，DLP 重量和 DLP 上皮高度也增加。每日 90 μg/kg 体重 BPA 会使雌激素与雄激素的比例明显增加。

（3）BPA 暴露对肝脏的影响。Weinhouse 等[78]自妊娠至 PND22 通过饲料给予小鼠母鼠 BPA（0 μg/kg、0.05 μg/kg、50.00 μg/kg、50 000.00 μg/kg 饲料，相当于 0 μg/kg、0.01 μg/kg、10.00 μg/kg 和 10 000.00 μg/kg 体重），其后每个剂量组选取雌雄仔鼠各 10 只，连续 10 月给予不含植物激素的基础饲料喂养。结果显示，最高剂量组雌性后代中伴有/不伴有癌前病变的腺瘤和癌变发生率显著增加，但雄性中未观察到影响；雄性对照组小鼠中也发现肝脏肿瘤。但该研究未报告同基因型雌鼠肝脏腺瘤和癌的历史发生率。

（4）BPA 暴露对其他器官的影响。除上述研究以外，另各有 1 项研究报告 BPA 暴露与甲状腺癌[79]和胆管增生[80]的关系。

综上所述，有一些研究表明，出生前、围生期和成年期持续暴露于 BPA 可对乳腺组织产生影响（诱发乳腺肿瘤、促进乳腺肿瘤生长和/或乳腺增生性变化），但与美国 NCTR 进行的亚慢性研究和慢性研究结果不完全一致，尚未提供令人信服的证据表明在出生后/成年期暴露 BPA 对动物具有致癌作用。不过综合来看，BPA 暴露可能会导致动物乳腺上皮增生。关于 BPA 暴露与前列腺（癌）关系的研究发现，随着年龄增长，BPA 暴露可能会引起前列腺癌患病风险增加。而对 BPA 暴露致肝脏和其他器官癌变的研究尚少，无法得出结论。

2.2.3.9 小结

总的来看，目前关于 BPA 暴露的高质量人群研究尚较少。基于传统动物毒性终点，出生前、围生期的持续 BPA 经口暴露可能对动物成年期和发育期生殖能力、神经系统发育产生影响，并可能会引起动物乳腺增生和前列腺增生或增加乳腺癌和前列腺癌敏感性。在低剂量暴露条件下的非单调剂量－效应关系证据尚缺乏[81]，须进一步研究。但有较多研究提示，低剂量 BPA 暴露会引起基因、蛋白等分子水平的变化[82]，因此须进一步明确这些分子变化的意义。

3 经口暴露双酚 A 人群暴露评估及检测技术

3.1 国际上和中国 BPA 监测数据

人群经口暴露 BPA 的来源主要是通过食品接触材料迁移进入食物中，迁移主要受温度、时间和重复使用情况等因素影响。因此，监测食品和食品接触材料中 BPA 暴露数据，对制定食品安全标准、保障人类健康十分重要。

3.1.1 食物接触材料中的含量

文献中发表的大多数研究都涉及 PC 塑料（特别是婴儿奶瓶）中 BPA 单体残留量的检测。文献中报告的 PC 容器、带 PC 储水箱的水冷却器、奶瓶、婴儿奶瓶、托盘等的 BPA 残留量为 400～70 000 μg/kg。而 PC 婴儿奶瓶的 BPA 残留量平均值和最大值分别为 9 422 μg/kg 和 35 300 μg/kg。其他 PC 瓶和带 PC 储水箱的水冷却器的平均值分别为 10 224 μg/kg、18 763 μg/kg。26 个炊具涂料样品中仅 7 个检测到 BPA，含量范围为 0.5～18 μg/dm^2，平均值为 3.2 μg/dm^2（涂料中浓度为 10 224 μg/kg，涂层平均重量为 313 mg/dm^2）[83]。

有少数研究报告了关于再生纸和纸板食品接触样品中 BPA 的含量[84-85]，其平均值如下：纸布 25 400 μg/kg、纸板盒 7 390 μg/kg、纸袋 500 μg/kg、厨房纸 330 μg/kg。Lopez-Espinosa 等[86]调查了 40 个用于外用食品的纸和纸板容器的 BPA 含量发现，可在 47% 的样品中检测到 BPA，其中纸板产品和纸制品的 BPA 浓度分别为 0.05～1 817 μg/kg 和 0.08～188 μg/kg。

金属封闭涂层（环氧酚基涂层加有机醇面漆）的 BPA 残留量为 2～16 μg/dm^2，金属封口的表面积与食物质量之比为 0.2～2.2 dm^2/kg[87]。若假定剩余 BPA 完全迁移，则迁移平均值为 12.5 μg/kg。

3.1.2 食物接触材料的迁移

（1）PC 和其他应用于婴儿奶瓶的塑料。自 PC 转移到食物中的 BPA 来源于制造过程中残留在聚合物中的 BPA 及聚合物与含水的食物和模拟物接触时，在氢氧化物催化下发生聚合物酯键水解释放出的 BPA[88-89]。一些研究[90-92]表明，PC 中残余单体扩散量极少，PC 水介质界面处的水解是 BPA 主要的释放方式。但 BPA 从 PC 塑料向水介质迁移与残留量并不相关[92]，这也表明存在单纯扩散以外的迁移发生机制。

许多研究[92-94]表明，PC 中 BPA 迁移主要受温度、时间和重复使用情况等因素影响。大量 BPA 迁移研究是关于 PC 塑料，特别是婴儿奶瓶。Simoneau 等[95]采集欧洲市场上的 40 个 PC 婴儿奶瓶，将其煮沸 5 min 再经 70 ℃用 50% 乙醇 2 h 检测发现，其中 32 个奶瓶的 BPA 含量低于检测限（limit of detection，LOD）（0.1 μg/kg），最高迁移值为 1.83 μg/kg，同时大多数奶瓶在同种模拟物的第二次或第三次迁移实验中未检测到释放 BPA。对西班牙市场上采集的 12 个不同品牌的 72 个 PC 婴儿奶瓶样本，分别使用 3% 醋酸、50% 乙醇、婴儿配方奶粉先后于 40 ℃浸泡 24 h、70 ℃浸泡 2 h，检测迁移液中 BPA 发现，在大多数情况下，迁移量低于 LOD（5 μg/kg）；迁移最高值（18 μg/kg，3% 醋酸）出现于第三次迁移实验中的一个奶瓶[96]。田泉等[97]对中国市售某品牌 PC 奶瓶进行 BPA 检测，其总残留量为 10.7 mg/kg，对 PC 奶瓶中残留 BPA 向水样中迁移的检测表明在 1～6 h 内 BPA 迁移率为最大，6 h 后迁移量变化不明显，10 h 后基本到达饱和，整个过程中 BPA 的特定迁移量为 0.36 mg/kg，在水中的终质量浓度为 0.025 mg/L。进一步的研究表明，受婴儿奶瓶表面残留碱性洗涤剂的影响，BPA 迁移量有所增加[90-91]，因此仅使用清水清洗 PC 婴儿奶瓶并进行及时干燥是值得推荐的方式。

Kubwabo 等[94]对 PC 和其他塑料婴儿奶瓶及可重复使用的 PC 饮水瓶、婴儿奶瓶衬垫中 BPA 的迁移情况进行研究发现,聚醚砜(polyethersulphone,PES)、聚丙烯(polypropylene,PP)和 PC 材质的 24 个婴儿奶瓶,高密度聚乙烯(high-density polyethylene,HDPE)、低密度聚乙烯(low-density polyethylene,LDPE)、醋酸乙烯、无 BPA 材质的 10 个婴儿奶瓶内衬、5 个新的可重复使用的 PC 瓶以及 5 个旧瓶(6 个月至 10 年)均存在 BPA 迁移。Simoneau 等[98]对非 PC 婴儿奶瓶的 BPA 迁移进行研究,在 PP、PES 或硅胶材质的婴儿奶瓶中均未检测到 BPA,但在瑞士和荷兰收集的两种同一品牌聚酰胺婴儿奶瓶的一些样本中检测到 BPA。

此外,对不同条件下的迁移情况进行一系列的研究发现,BPA 的迁移与奶瓶的使用期限、温度、清洗方式等相关。40 ℃放置 10 天后,BPA 从 PC 婴儿奶瓶迁移到水和 50% 乙醇的浓度分别可达到 1.88 μg/kg 和 2.39 μg/kg。新旧 PC 饮水瓶的 BPA 迁移存在明显差异,分别为 0.01 μg/kg 和 0.2 μg/kg[94]。但 Le 等[99]却发现室温下 BPA 迁移与 PC 瓶是否使用过无关。室温放置 7 天后,新瓶(1.0 μg/kg)和使用 1~9 年 PC 瓶(0.7 μg/kg)的迁移量无明显差异。基于真实的重复使用情景(洗碗机或使用刷子清洗,加入沸水并在沸水消毒 10 min)研究 BPA 从 PC 婴儿奶瓶(31 个)向水性食物模拟物迁移发现,刷子似乎并无影响,但温度为关键因素。所有奶瓶在加注开水并在室温下保持 45min 后,BPA 释放量为 2.4~14.3 μg/kg。经 12 次重复使用后,BPA 在灭菌水和食物模拟物中的释放量减少[100]。

(2)涂料、瓶盖等。在 175 ℃使用橄榄油 30 min 3 次后,烹饪用具涂料的 BPA 迁移值低于 6 μg/kg,并随着使用次数的增加呈下降趋势[83]。Fasano 等[101]对 BPA 从 11 种常见食品包装材料至食品模拟物的迁移情况进行了评估。包装包括涂有环氧树脂的金枪鱼罐头(都装在盐水或油中)和果酱罐盖、一些塑料包装/材料,如 HDPE 酸奶包装、聚苯乙烯(polystyrene,PS)盘、奶嘴、面包袋、LDPE 薄膜、PC 婴儿奶瓶、无菌塑料层压纸板盒及两个塑料酒塞。刘忠瑞等[102]对中国的塑料包装袋进行液体食品模拟物中的 BPA 迁移量检测发现,随着储存时间延长、温度升高、酸度和乙醇浓度增加、微波加热时间延长、油脂增加,BPA 从塑料食品包装材料转移到饮用品中的迁移率增加。

(3)水冷却器。有文献[103]提供了西班牙 10 个带 PC 储水箱的水冷却器水样中 BPA 浓度数据,其范围为 1.60~4.44 μg/kg,平均浓度为 2.64 μg/kg。EFSA 2015 年风险评估中包含了欧洲塑料公司 41 个带有 PC 储水箱(新的和已用的)的水冷却器样品的 BPA 迁移数据,这些数据是在 5~36 ℃下使用及不同时间采集到的,结果显示,BPA 浓度范围为 0.001~4.050 μg/kg,平均浓度为 0.500 μg/kg;并对关于带有 PC 储水箱的水冷却器的数据(文献和征集)汇总后得出,BPA 平均浓度为 0.810 μg/L。ANSES 报告中带有 PC 储水箱的水冷却器中水的 BPA 平均浓度和第 95 百分位数分别为 1 μg/L 和 4 μg/L[104]。中国关于 PC 储水箱中 BPA 浓度数据与欧洲基本一致,范围为 $1.0 \times 10^{-8} \sim 5.0 \times 10^{-5}$ g/L[105]。

(4)水壶、餐具、水过滤器。PC 水壶通常用于加热或煮沸水以制作热饮料(如茶和咖啡)、汤等食物和其他脱水产品(如婴儿配方奶粉)。2015 年,EFSA 风险评估报告对文献中得出的 24 h 接触后的平均迁移量(2.55 μg/L)除以 24 以反映在 1 h 接触周期内发生的迁移，最终得到的迁移量平均值为 0.11 μg/L。然而以上假设可能并不适用于在水壶中反复加热相同水的情况。关于 PC 餐具，纳入测试条件为 70 ℃ 2h，且迁移到水、3% 醋酸和 50% 乙醇中的文献数据，并将其同 EFSA 征集到在相同的测试条件下的数据结合，得到的迁移量范围为 0.18 [下限（lower bound，LB）] ～1.31 μg/L [上限（upper bound，UB）]。将 2 h 接触下的平均值除以 8，以反映在约 15 min 的 1 个使用周期（微波炉加热 5 min 及食用时 10 min 的额外接触时间）的迁移情况，得出基于所有模拟物的平均迁移量分别为 0.02 μg/L（LB）、0.09 μg/L [中值（middle bound，MB）] 和 0.16 μg/L（UB）。与带 PC 储水箱的水冷却器相比，PC 过滤器接触时间更短，考虑采用与具有 PC 储水箱的水冷却器相同的迁移估计数据，但接触时间最多为 24 h。同样可以合理地假定室温 1 h 涵盖了冰箱温度下更长时间接触的迁移量。假定 BPA 迁移速率不变，从数据中得出的平均值 0.96 μg/L 除以 24，即 0.04 μg/L，可作为应用 1 h 的 PC 过滤器最大迁移量[83]。

3.1.3 食品中的含量

EFSA 2015 年风险评估报告的数据显示，在 17 类罐装食品类别中，有 7 类食品（谷类和谷类制品，豆类、坚果和油籽，肉和肉制品，鱼类和其他海鲜，香草、香料和调味品，复合食品，零食、甜点和其他食品）的 BPA 平均浓度超过 30 μg/kg。4 类罐装食品类别（蔬菜和蔬菜产品、水果和水果产品、水果和蔬菜汁、牛奶和奶制品）的 BPA 平均浓度为 2.7～23.5 μg/kg，其余 6 类的 BPA 平均浓度低于 1.2 μg/kg。这些差异可能与包装后的加热有关（迁移主要发生在加热过程中）。在 19 种非罐装食品类别中，BPA 含量最高的是肉和肉制品、鱼类和其他海鲜两类，其 BPA 平均浓度分别为 9.4 μg/kg 和 7.4 μg/kg。对于其余 17 类非罐装食品类别，除"复合食品"（包括鱼类和肉类复合包装产品）的 BPA 平均浓度为 2.4 μg/kg 外，其余类别的 BPA 平均浓度均不超过 1.2 μg/kg。日本罐装食品的浓度值在 10 μg/kg 以内[106]。

2007 年，中国进行的总膳食研究将来自 12 个省份的食物分为 12 组：谷类和谷类制品，豆类、坚果及其制品，土豆及其制品，肉和肉制品，鸡蛋和蛋制品，动物来源的水产品及其制品，奶和奶制品，蔬菜和蔬菜产品，水果和水果产品，糖、非酒精饮料和水，酒精饮料。数据显示[107]，在 144 个样品中有 72 个检测到 BPA，其浓度为 20 ng/kg～267 μg/kg，在牛奶和水果中未检测到 BPA，具体见表 2-4。

表 2-4 中国总膳食研究各类食物 BPA 含量

单位：μg/kg

食物类别	黑龙江	辽宁	河北	陕西	河南	宁夏	上海	福建	江西	湖北	四川	广西
谷类	ND	ND	187	ND	2	ND	1	ND	2	2	ND	ND
大豆坚果类	ND	ND	101.0	ND	1	5	ND	9	5	2	2	2
土豆类	1.0	1.0	101.0	ND	0.8	2.0	ND	ND	0.7	ND	ND	ND
肉类	ND	0.5	57.0	1.7	0.9	0.7	0.8	1.0	ND	ND	ND	3.0
蛋类	ND	ND	0.4	ND	ND	ND	ND	0.7	1.0	2.0	ND	ND

续表2-4

食物类别	黑龙江	辽宁	河北	陕西	河南	宁夏	上海	福建	江西	湖北	四川	广西
水产类	ND	1.0	11.0	0.9	0.7	0.8	1.0	ND	ND	ND	0.5	1.0
奶类	ND	ND	ND	ND	ND	ND	ND	ND	ND	ND	ND	ND
蔬菜类	ND	1.00	33.00	ND	2.00	3.00	2.00	4.00	2.00	1.30	ND	ND
水果类	ND	ND	ND	ND	ND	ND	ND	ND	ND	ND	ND	ND
糖	ND	ND	ND	ND	ND	ND	ND	ND	ND	ND	0.7	ND
饮料和水	0.02	0.60	267.00	0.02	0.08	0.03	0.01	0.01	6.00	0.04	0.02	0.03
酒类	0.10	0.22	0.09	0.29	0.10	0.10	0.07	0.05	0.35	0.52	0.46	0.22

注：ND 表示未检出。

由表2-4可见，我国各省不同食物所含 BPA 差异也较大，河北省的许多食物类别的 BPA 含量均远高于其他省份。饮料和水中 BPA 的污染水平最高（267 μg/kg），被污染的水可能导致膳食中其他部分的 BPA 水平升高。但除了河北省（267 μg/kg）和江西（6 μg/kg）省外，其他省的饮料和水中 BPA 水平较低。且仅在四川省的糖中检测到 BPA 污染（700 ng/kg）。

3.1.4 非膳食来源的数据

除了膳食来源外，另外有空气、地表水、灰尘、纸制品、玩具、化妆品和牙科填充剂来源的 BPA，表2-5展示了部分国家非膳食来源的 BPA 含量。

表2-5 部分国家非膳食来源的 BPA 含量

项目	国家/地区	采样地	单位	最小值	最大值	平均值	中位数	作者及发表时间
室外空气	希腊	城市交通点	ng/m³	0.06	18.60	6.78	—	Salapasidou 等，2011[108]
		工厂	ng/m³	LOD	47.3	13.2	—	
	美国	加利福尼亚北部	ng/m³	1.0	1.5	—	—	Wilson 等，2007[109]
		俄亥俄	ng/m³	0.7	0.9	—	—	
	日本	城市	ng/m³	0.02	1.92	0.51	—	Matsumoto 等，2005[110]
	全球范围	—	pg/m³	1	17 400	—	—	Fu, Kawamura, 2010[111]
室内空气	法国	30 个家庭	ng/m³	—	5.3	1.0	0.6	ANSES, 2013[104]
	美国	257 个美国家庭	ng/m³	0.9	193.0	1.82	11.1	Wilson 等，2007[109]
地表水	北美	—	ng/L				80	Klecka 等，2007[112]
	欧洲	—	ng/L				10	
	中国	长江	ng/L	120	554	253	222	Zheng 等，2019[113]

续表 2-5

项目	国家/地区	采样地	单位	最小值	最大值	平均值	中位数	作者及发表时间
灰尘	德国	德国家庭	μg/kg	117	1 486	—	553	Völkel 等，2008[114]
	比利时	比利时家庭	ng/g	535	9 729	—	146	Geens 等，2009[115]
		比利时办公室	ng/g	4 685	8 380	—	—	
	法国	法国家庭	mg/kg	—	20.0	5.8	4.7	ANSES，2013[104]
	中国	广州市幼儿园室内	μg/g	0.98	9.73	2.86	—	Lv 等，2016[116]
		广州市幼儿园室外	μg/g	1.23	19.40	3.23	—	
		上海市住宅	μg/g	0.20	4.38	0.79	0.51	刘文龙，2017[117]
		上海市超市	μg/g	0.48	2.77	1.18	1.11	
		上海市办公室	μg/g	0.35	2.67	1.26	1.11	
		上海市宿舍	μg/g	0.20	4.70	0.79	0.59	
纸制品	瑞士	热敏纸	g/kg	8.0	17.0	13.3	—	Biedermann 等，2010[118]
	多个国家	热敏纸收据	g/kg	<LOQ	13.900	0.211	0.299	Liao 和 Kannan，2011a[119]
		纸钞	mg/kg	0.001	82.700	4.940	1.020	Liao 和 Kannan，2011b[120]
	中国	热敏纸收据	μg/g	160	26 750	13 940	16 600	Fan 等，2015[121]
		货币	μg/g	0.09	288.55	3.17	2.34	
玩具	西班牙	玩具和奶嘴	μg/L	0.2	5.9	—	—	Viñas 等，2012[122]
化妆品	西班牙	多种化妆品	μg/kg	<LOQ	88	—	—	Cacho 等，2013[123]
	美国	多种化妆品	mg/kg	1	100	—	—	Dodson 等，2012[124]
牙科填充剂	韩国	唾液	μg/L	—	21	5	—	Kang 等，2011[125]

注：LOD，limit of detection，检测限；LOQ，limit of quantitation，定量限。

3.2 国际和中国人群经口内暴露水平检测生物标志物和监测数据

对人群的 BPA 检测包括尿液、血清和母乳中的 BPA 含量，其中尿液 BPA 含量可较好反映机体 BPA 暴露水平，血清和母乳样本则易在样品收集、样品存储及样品处理和分析中被污染。

3.2.1 尿液 BPA 水平的生物监测研究

尿液中 BPA 浓度检测指标包括基于肌酐的浓度（μg BPA/g 肌酐）和基于体积的浓度（μg BPA/L 尿液），基于肌酐的浓度可校正尿液稀释度，而大多研究仅报告了基于体积的尿液 BPA 浓度。

GerES Ⅳ 是一项着重于儿童暴露的代表性研究[126-127]，于 2003—2006 年，从 3～14 岁的儿童中收集了晨尿样本，使用气相色谱 – 串联质谱法（gas chromatography-tandem mass spectrometry，GC-MS/MS）法测定总 BPA 浓度，定量限（limit of quantitation，LOQ）为 0.15 μg/L。在 599 份样品中，有 98.7% 的样品检出了 BPA，几何均值（geometric mean，GM）为 2.7 μg/L，第 95 百分位数为 14.0 μg/L[126]。按年龄分组进行的分析表明，与 6～8 岁、9～11 岁和 12～14 岁年龄段（GM 2.22～2.72 μg/L）相比，3～5 岁年龄段的 BPA 浓度（GM 3.55 μg/L）明显更高。

通过使用德国环境样本库（Environmental Specimen Bank，ESB）的历史样本，Koch 等[128]基于 600 个 24 h 尿液样本，回顾性分析了 1995—2009 年德国人群中 BPA 身体负荷程度，每年样本取自约 60 位男生和 60 位女生（20～30 岁）。使用高效液相色谱 – 串联质谱法（high performance liquid chromatography-tandem mass spectrometry，HPLC-MS/MS）测定总 BPA 和未结合的 BPA 含量，LOQ 为 0.1 μg/L。在储存的尿液样本中，99.8% 的检出总 BPA，GM 为 1.6 μg/L，第 95 百分位数为 7.4 μg/L。随着时间的流逝，总 BPA 浓度（GM）从 1995 年的 1.9 μg/L 下降到 2009 年的 1.3 μg/L，但 24 h 尿液量（平均）从 1995 年的 1.6 L 增加到 2009 年的 2.1 L。

2006—2009 年，在杜伊斯堡收集了 104 对母婴（29～49 岁母亲和 6～8 岁婴儿）的 208 份晨尿样[129]。通过液相色谱 – 串联质谱法（liquid chromato-graphy-tandem mass spectrometry，LC-MS/MS）测定总 BPA，LOQ 为 0.1 μg/L。母亲的 GM 浓度为 2.1 μg/L（95% CI = 1.8～2.5 μg/L），儿童的 GM 浓度为 2.4 μg/L（95% CI = 2.0～2.8 μg/L）。母亲尿液总 BPA 的第 95 百分位数为 8.4 μg/L，儿童为 9.7 μg/L。儿童和母亲之间的 BPA 浓度显示出较低但显著的相关性（r = 0.22，$P \leqslant 0.05$）。

INMA（Infanciay Medio Ambiente）项目是西班牙一项基于人群的出生队列研究。从 4 个不同地区随机选择了 120 名孕妇（17～43 岁），从第五个地区随机选择了 30 个儿童（4 岁男孩），收集 2004—2008 年妊娠晚期妇女和 2005—2006 年儿童的现场尿液样本[130]。使用 HPLC-MS/MS 法检测尿液中的 BPA，LOD 为 0.4 μg/L。在孕妇中，90.8% 的样本中可检测到总 BPA，中位数浓度为 2.2 μg/L，儿童的中位数浓度为 4.2 μg/L；检出率为 96.7%。

美国国家健康和营养检查调查（National Health and Nutrition Examination Survey，NHANES）涵盖了 2003—2004 年和 2009—2010 年的时间段，在 6～80 岁以上的参与者中，88%～98% 的人在不同年龄组中检测到了总 BPA（n = 2 517～2 749），GM 为 1.5～3.7 μg/L，第 95 百分位数为 8.2～19.4 μg/L[131]。Lehmler 等[132]分析了 2013—2014 年 NHANES 中成人（n = 1 808）和儿童（n = 868）的尿液 BPA 水平。作为 NHANES 2013—2014 的一部分，在 95.7% 随机分析的尿液样本中检出 BPA。美国成人的 BPA 中位数水平为 1.24 μg/L，儿童的 BPA 中位数水平为 1.25 μg/L，LOD 为 0.2 μg/L。

中国广州调查了 287 名 3～24 岁儿童与学生，尿中 BPA 检出率为 100%，LOD 为 0.5 ng/L，经肌酐校正的尿 BPA 的 GM 浓度为 2.75 μg/g[133]。在上海市调查了 505 名 6～11 岁小学生，尿中 BPA 检出率为 77.2%，尿 BPA 浓度范围为 ND（未检出）至

79.52 ng/mL，中位数为 1.32 ng/mL[134]。兰州市出生队列[135]中，对 506 名孕妇进行了尿液 BPA 水平的测量，检出率为 86.6%，中位浓度为 0.48 μg/L（1.05 μg/g 肌酐）。在 2014 年、2015 年武汉市产前队列研究[136]中，从 850 名孕妇的第 1、第 2 和第 3 个孕期收集尿液样本进行 BPA 检测，BPA 检出率大于 73%，3 个孕期比重校正后的 BPA 水平（GM）分别为 0.81 ng/mL、0.96 ng/mL、2.91 ng/mL。

综上所述，不同国家尿液中 BPA 水平存在较大差异。总的来看，尿液中 BPA 浓度有随着时间推移而降低的趋势。

3.2.2 血清水平的生物监测研究

目前，对于人体血清中 BPA 生物活性及未结合 BPA 的测量范围仍存在争议，EFSA 专家组认为在当前人群暴露情况下，血清中未结合 BPA 的检出率较低，且很难超过 1 μg/L，评估未结合 BPA 在总 BPA 中的比例有利于判断血清样本是否受污染[2]。

只有少数研究分析了多个血清 BPA 参数（即未结合、结合和总 BPA），可用于确定未结合 BPA 在总 BPA 中的比例，即在同一样品中未结合的 BPA 和总 BPA 均被检测和定量。Gyllenhammar 等[137]报道称，未结合 BPA 和总 BPA 的检出率分别为 25% 和 21%（LOD 分别为 0.5 μg/L 和 0.8 μg/L），在 15% 的样本中可以检测到未结合 BPA，占总 BPA 的一半。Ye 等[138]报道称，15 个血库样品中只有 1 个样本的未结合 BPA 和总 BPA 浓度均为 1.5 μg/L（即所有 BPA 都以未结合形式存在）。Koch 等[128]在 60 个血浆样本中仅检出 7 个样本的未结合 BPA 和总 BPA，未结合 BPA 占总 BPA 的 90%~100%。同样的，Ye 等[139]在 24 个合并血清样本中仅检测到 3 个样本的总 BPA，且仅在 2 个合并样本中检测未结合的 BPA，在可检测总 BPA 的样品中，未结合 BPA 的平均百分比为 67%。Kosarac 等[140]报道未结合的和结合的 BPA 的检出率分别为 67% 和 17%，再次提示血清 BPA 基本上是未结合的。Bloom 等[141]研究了 27 对接受试管婴儿的夫妇的未结合 BPA 的血清浓度。在取卵的当天，分别从女性患者和男性伴侣中采集空腹和非空腹血液样本。在 85% 女性和 52% 男性的样品中（LOD 0.3 μg/L）检测到未结合 BPA，中位浓度为 3.3 μg/L（女性）和 0.48 μg/L（男性）。

综上所述，关于血清 BPA 水平监测的研究可能涉及在样品收集和处理样品过程中引起的 BPA 污染，不适宜用于常规监测和暴露评估。

3.2.3 母乳中的生物监测研究

母乳喂养可能会导致母乳喂养的婴儿通过人乳接触 BPA。BPA 可能通过从母体血浆室向母乳室的泌乳转移而以未结合和结合形式存在于人乳中。BPA 在血浆室和母乳室之间的分布形式可能会根据母乳成分的不同而有所变化，在分娩的前 3~5 天，蛋白质和脂肪含量会发生变化[142]。产后 48 h 内，牛奶中钠和氯化物的浓度也会发生较大变化。由于初乳是从怀孕中期到分娩期间产生并积聚在乳腺中直到分娩后释放，因此初乳中的 BPA 含量可能反映了孕妇在中晚孕期的暴露情况[143]，而成熟乳中的 BPA 含量反映了母亲最近的暴露情况。

3.2.3.1 初乳

在 Cariot 等[144]的法国研究中，通过同位素稀释超高效液相色谱串联质谱法（ultra

performance liquid chromatography-tandem mass spectrometry，UPLC-MS/MS）对初乳中未结合的 BPA 进行测量，其 LOD 为 0.09 μg/L，LOQ 为 0.40 μg/L。为避免环境 BPA 的交叉污染，使用了高分析质量的溶剂和试剂及经过预处理的玻璃器皿，且未使用任何设备、材料、抹布或手套，即将母乳手动直接吸到经过预处理的玻璃管中。溶剂空白中未检测到未结合 BPA，仅在一些用于标准品和质量控制的混合（成熟）人乳中检测到，其浓度（≤0.12 μg/L）明显低于 LOQ。为了测试其分析方法的适用性，作者分析了 3 个分娩后几天内的供体样品。未结合 BPA 浓度分别为 0.80 μg/L、3.07 μg/L、3.29 μg/L，GM 为 2.0 μg/L。目前，尚无关于这 3 名捐赠者是否留在医院并接受治疗的信息，而这可能导致与治疗有关的其他非口腔暴露，导致血浆和母乳中的 BPA 含量高于正常水平。在 Migeot 等[143]的后续研究中，使用与 Cariot 等[144]相同的方法对初乳中未结合 BPA 进行了测量。在医院中收集了来自分娩后 3 天内的健康女性的 21 个样品，90.5%（21 个样品中的 19 个）的样品检出未结合的 BPA，浓度在小于 0.09 μg/L（即低于 LOD）至 6.3 μg/L，中位数为 1.5 μg/L。

Kuruto-Niwa 等[145]也分析了初始人乳（初乳），使用 LOD 为 0.3 μg/L 的酶联免疫吸附测定（enzyme linked immunosorbent assay，ELISA）法检测总 BPA 含量，于 2000—2001 年收集了来自日本当地的分娩的 3 天内 101 名健康母亲的母乳样品，样品存储于玻璃瓶以避免污染。在所有 101 个样品中，总 BPA 浓度范围为 1.4~7.1 μg/L，中位数为 3.0 μg/L。但没有关于捐献者住院治疗和药物治疗的可用信息，无法排除与治疗相关的母体非口腔接触。另一个不确定性来自分析方法本身。ELISA 最初是用于测定尿液中的 BPA，并被证明对检测未结合的和葡萄糖醛酸化的 BPA 都较灵敏[146]。方法的比较显示，用 ELISA 和 HPLC 法测量葡萄糖醛酸糖苷酶处理过的尿液样品中的 BPA 具有良好的相关性[146]。但是，仅检查了有限数量的 BPA 相关化学物的交叉反应性，不能排除因与其他结构相关化合物的交叉反应性而高估了 BPA 浓度[147]。

3.2.3.2 成熟乳

Ye 等[148]分析了一组没有已知职业暴露的哺乳期妇女的 20 份人乳样品。在 60% 的样品中检测到未结合 BPA，中位数为 0.4 μg/L，最大值为 6.3 μg/L。在 90% 的样品中检测到总 BPA，中位数为 1.1 μg/L，最大值为 7.3 μg/L。比较未结合的 BPA 和总 BPA 的中值浓度，得出未结合的 BPA 的比例为 36%。在另一项研究中，Ye 等[138]仅分析了 4 个捐赠者的母乳样品，其未结合 BPA 和总 BPA 浓度分别在 0.41~1.54 μg/L 和 0.73~1.62 μg/L 的范围内，单个样品中未结合的 BPA 比例很高（50%~99%），但因为收集和储存样本的信息不可用，不能排除污染的可能性。

Duty 等[149]分析了 2009—2010 年从新生儿重症监护病房中获得的 30 名早产母乳样本。该研究对样品收集装置进行 BPA 预筛选，并通过机械泵抽出母乳将其冷冻在无 BPA 的储存容器中，母亲可以使用无 BPA 的一次性吸乳器。但是，不能排除某些母亲使用不同系统的情况。分析测量由 CDC 实验室进行，排除了总 BPA 浓度分别为 222 μg/L 和 296 μg/L 及未结合的 BPA 分别为 189 μg/L 和 252 μg/L 的 2 个人乳样品，作为统计异常值。在剩余的 28 个样本中，有 2 个样本是在分娩后 3~5 天内从母亲那里收集的。这 2 个初乳样品中未结合 BPA 和总 BPA 的浓度分别为 <0.3 μg/L（即低于

LOD)和 0.67 μg/L(GM)。其余 26 个成熟乳样品的中位浓度分别为<0.3 μg/L(未结合的 BPA)和 1.3 μg/L(总 BPA),未结合的 BPA 不到总 BPA 的 30%(中值)。

综上所述,尽管在样品处理和分析过程中已经采取了防污染措施,但是在人乳样品的收集和储存过程中潜在的污染问题并未得到完全解决。即使收集程序受到严格控制,母亲仍可能因住院和医疗相关的非口腔暴露而导致母乳中的 BPA 含量测定结果存在不确定性。

3.3 BPA 膳食暴露量

3.3.1 欧盟

2015 年,EFSA 将食物中 BPA 含量与相应的消费水平信息相结合,对不同人群的 BPA 膳食暴露情况进行了评估。根据平均浓度和平均消耗量数据评估平均暴露量,而高暴露量是基于平均浓度和高消费来评估,得到婴儿(6～12 月龄)、幼儿(12～36 月龄)和其他儿童(3～10 岁)的平均暴露量和高暴露量分别为每日 290～375 ng/kg 体重和 813～857 ng/kg 体重。青少年、成年人(包括育龄期妇女)和老年人(包括极年长者)的平均暴露量和高暴露量分别为每日 116～159 ng/kg 体重和 335～388 ng/kg 体重。对于母乳喂养的婴儿,出生后前 5 天、6 天至 3 月龄和 4～6 月龄婴儿的膳食平均暴露量分别为每日 225 ng/kg 体重、165 ng/kg 体重和 145 ng/kg 体重,膳食高暴露的估计值分别为每日 435 ng/kg 体重、600 ng/kg 体重和 528 ng/kg 体重。

3.3.2 美国

美国 FDA 估计成年人与食物接触的 BPA 暴露量为每日 185 ng/kg 体重,对 1～2 月龄婴儿的最高估计为每日 2420 ng/kg 体重[150]。

3.3.3 中国

中国 2007 年总膳食研究[107]收集了来自 12 个省份的 144 份样品,用食物消费量乘以平均 BPA 浓度,估算出中国成年人平均暴露量为每日 43 ng/kg 体重。温州市对各类食品环境中雌激素污染状况进行调查,结合当地人群的膳食结构,计算出温州市人群 BPA 人均膳食暴露量为 551.60 ng/标准人日,认为健康风险处于安全范围之内[151]。贺栋梁[152]采用蒙特卡洛方法,对广州、武汉、济南三地多种环境内分泌干扰物进行了健康风险评估。广州 95% 居民膳食暴露 BPA 水平为每日 0.27 μg/kg 体重,武汉为每日 0.28 μg/kg 体重,济南为每日 0.26 μg/kg 体重。肖文等[153]采用积聚暴露评估法对我国 0～6 月龄婴儿 3 种喂养模式(母乳喂养、配方粉喂养+使用 PC 奶瓶、配方粉喂养+使用不含 BPA 奶瓶)的 BPA 积聚暴露水平及其潜在的健康风险进行评估。发现 0～6 月龄婴儿的 3 种喂养模式中 BPA 的高端积聚暴露量范围为 129.82～4 093.40 ng/kg 体重,配方粉+使用 PC 奶瓶喂养模式的 BPA 高端积聚暴露量超过 EFSA 制定的 BPA 的暂定每日可耐受摄入量(temporary-tolerable daily intake,t-TDI)为 4 μg/kg 体重,其他喂养模式均低于 t-TDI。对不同暴露来源的总 BPA 暴露量分析发现,膳食来源摄入的 BPA 贡献率最高。

3.4 不同环境介质中的含量检测技术

3.4.1 含 BPA 样品前处理技术

环境和食品及生物样品的组成复杂，其中 BPA 浓度较低，直接采用常规的仪器分析很难将其检出，恰当的前处理过程能对目标物进行净化、富集、浓缩，显著提高分析效率和分析结果的精准度。目前，关于含 BPA 的样品前处理技术如表 2-6 所示。

表 2-6 含 BPA 样品的前处理技术[154,155]

样品前处理技术	原理	适用样品类型	特点
液-液萃取（liquid-liquid extraction, LLE）	利用目标物在不同萃取剂中溶解度的差异实现其与基质的分离，是一种传统的样品前处理方法	一般应用于固体和液体样品	操作简单、无须复杂前处理设备，是从固体和液体样品中分离双酚类物质广泛应用的技术；但有机溶剂使用量较大，易造成环境污染，且需对提取液进行浓缩，而此过程往往会伴随待测物的损失，导致检测误差
分散液-液微萃取（dispersive liquid-liquid microextraction, DLLME）	在分散剂作用下，萃取剂在样品液中形成分散的细小液滴，增大了萃取剂和目标物的接触面积，使目标物在样品液及萃取剂之间迅速达到分配平衡，实现目标物的快速富集	适用于食品及环境样品（河水、自来水）中的污染物提取	DLLME 具有有机溶剂用量少和样品富集倍数高等突出优点，是近年发展的一种新型样品预处理技术
微波辅助萃取（microwave-assisted extraction, MAE）	通过微波处理样品利用不同组分吸收微波能力的差异，实现目标物与基质的分离，缩短提取时间（从 20 h 到 25 min）和试剂用量（从 200 mL 到 20 mL），从而提高萃取效率	广泛应用于食品及环境中有机污染物的检测	MAE 所需优化的实验参数较为简单，溶剂用量少，萃取时间快，且可同时测定多个样品
加速溶剂萃取（accelerated solvent extraction, ASE）	指在较高的温度和压力下，氢键、范德华力、目标物分子和样品基质活性位置的偶极吸引所引起的相互作用减弱，使目标物从基质中分离	广泛应用于食品和饲料产品中有机污染物的提取	有机溶剂用量少、快速、基质影响小、回收率高、重现性好
固相萃取（solid phase extraction, SPE）	集目标物的分离、净化、富集为一体的液-固分离萃取的试样预处理技术	应用于水样及牛奶等，是目前应用最为广泛的样品前处理技术	SPE 具有萃取效率和回收率高、稳定性好、试剂消耗少、操作简便、使用范围广、大容量进样等优点，符合现代化检测要求

续表2-6

样品前处理技术	原理	适用样品类型	特点
固相微萃取（solid phase microextraction, SPME）	以SPE为基础，通过在石英玻璃纤维表面均匀涂布固定相（高分子材料）作为吸附层，对样品中的有机分子进行萃取和富集，是20世纪90年代发展的一种集采样、萃取、浓缩和基质去除于一体的样品前处理技术	目前已用于工业废水、罐装食品等环境及食品中BPA的前处理	利用SPME技术预处理后的样品可直接在分析仪器上进行解析和操作，克服了传统固相萃取先解吸后进样的缺点，简化了样品预处理过程，提高了分析速度及灵敏度，操作时间短，无须萃取溶剂，选择性高
基质分散固相萃取（matrix solid-phase dispersion, MSPD）	将样品与吸附剂混合，然后用少量溶剂清洗，或在洗脱前将分散剂、吸附剂材料装填在固相萃取小柱中，从而完成目标物的提取	主要用于处理固态、半固态或高黏性食品和生物基质样品	MSPD可以一步完成萃取和净化，简化了样品处理过程，溶剂消耗少、处理时间短、回收率高、用途广，大大缩短了分析时间和溶剂消耗
磁性固相萃取（magnetic solid-phase extraction, MSPE）	利用少量磁性或可磁化的材料作为吸附基质进行萃取	已用于环境水样及奶制品	MSPE是21世纪新型分散固相萃取技术，在短时间内就能达到很好的分离效果，提高了样品前处理效率
分子印迹固相萃取（molecularly imprinted solid phase extraction, MISPE）	将制备的高选择性分子印迹聚合物用作固相萃取吸附剂，从而在复杂基质样品中实现目标物的高选择性萃取	已用于水样、食品及人体代谢物等不同样品基质中BPA的萃取	分子印迹聚合物制备方法简单、成本较低、易于保存，可在高温、酸碱及有机溶剂等条件下使用，且可重复使用
QuEChERS	因具有快速（quick）、简单（easy）、经济（cheap）、有效（effective）、稳定（rugged）、安全（safe）的特点而得名，2003年由美国农业部首次开发并应用于农药多残留前处理。该技术是由乙腈萃取分配和分散固液萃取过程组成的一种前处理方法	目前已广泛应用于农产品及食品中农药、兽药、真菌毒素、持久性有机污染物的分析检测	QuEChERS方法操作步骤简单，有效避免了复杂基质处理中目标物的损失，回收率高、可分析样品种类广、样品制备过程简单、溶剂用量小、提取时间短。

3.4.2 BPA 检测方法

目前,常见的 BPA 检测方法主要有物理法(如高效液相色谱法、气相色谱法、紫外分光光度法和荧光法)、化学分析法、免疫分析法(如酶联免疫吸附测定法、免疫荧光检测法和生物传感器)。

3.4.2.1 物理法

1)HPLC。HPLC 是检测 BPA 最常用的方法。HPLC 通过流动相和固定相在色谱仪中的相向运动,使试剂中的各组分依次流出固定相,从而达到定量分析试剂成分的目的。Szymanski 等[156]利用 HPLC,分别检测矿泉水和牛奶中的 BPA 含量,检测范围为 0.5~100.0 g/mL,最低检测限为 0.3 g/mL,定量检测限为 1.0 g/mL。HPLC 也应用于生物用品的测量,如乔丽丽等[157]运用 HPLC 色谱法测定了女童血清中 BPA 含量。HPLC 法具有高分辨力和灵敏度、用时短、重现性好等优点,但 HPLC 法需要的仪器设备较昂贵,维护费用高,操作要求较高,所需的前处理较复杂。

2)紫外分光光度法。操作简单便捷的紫外分光光度法也可用于 BPA 的残留测定,但准确度不高。任霁晴等[158]在波长 278 nm 处测定 pH = 7 的水溶液中 BPA 紫外吸收光谱,建立 BPA 的紫外检测法,检测范围为 $4.5 \times 10^{-7} \sim 3.5 \times 10^{-4}$ mol/L,检出限为 4.5×10^{-9} mol/L。

3)荧光法。原子荧光光谱法(atomic fluorescence spectrometry,AFS)是以原子在辐射能激发下发射的荧光强度进行定量分析的发射光谱分析法。大多数双酚有荧光吸收,而荧光检测器(fluorescence detector,FLD)仅对有荧光吸收的物质有响应。唐舒雅等[159]建立荧光测定法的线性范围为 0.4~300.0 g/L,检出限为 0.02 g/L。

由于以上方法均存在一定局限性,将以上方法进行优化或结合用于 BPA 的检测更为可靠。

4)液相色谱 - 紫外分析法(liquid chromatography-ultraviolet,LC-UV)。LC-UV 具有分析速度快、线性范围宽的特点,常用于分析极性强、挥发性低、稳定性差的化合物。双酚类化合物含有酚羟基,属于中等极性,沸点较高,因此适用于 HPLC 分析。吴淑燕等[160]采用纳米纤维材料的固相萃取法和高效液相色谱 - 紫外线检测器,检测了塑料瓶装水中的 BPA 含量,检测范围为 0.20~20.00 g/L,最低检测限为 0.15 g/L。

5)LC-FLD。LC-FLD 选择性好,灵敏度高,常用于分析多环芳烃等痕量物质。宣栋樑等[161]建立了 SPE-LC-FLD 测定婴幼儿奶瓶迁移出的 BPA 的方法,线性范围为 0.05~5.00 mg/L,检出限为 0.000 2 mg/L,平均回收率为 104%。肖晶等[162]建立了尿液中 BPA 的 HPLC-荧光测定方法,BPA 的检出限为 3.7 ng/mL。

6)LC-MS/MS。在 LC-MS 分析法中,质谱检测器利用化合物的质荷比实现分离、丰度比实现定量,集高灵敏度和高选择性能于一体,串联质谱相比于单四极杆质谱可以提供更多的结构信息,定性和定量能力更准确,因此,在复杂基质检测中用途更为广泛。

杨成对等[163]建立了 HPLC-MS 测定 BPA 残留的方法,检出限为 1.8 ng/mL,线性范围为 20.0~2 000.0 ng/mL。Song 等[164]建立了 LC-MS 法测定食品基质中 BPA 的检测方法,以甲醇—水从食品基质中提取待测物,方法定量限为 0.08~2.05 g/L,回收率为

66%~127%。

LC-MS 法与相应的前处理方法结合,可用来测定生物样品中 BPA 浓度。如胡小键等[165]通过优化固相萃取前处理技术,利用 LC-MS 同时测定尿中 4 种双酚类和卤代双酚类物质,其中 BPA 线性范围为 0.5~100.0 g/L,检出限为 0.25 μg/L。朱传新等[166]利用超高效液相色谱串联三重四极杆质谱法测定了人血清中 BPA 浓度,其检出限为 0.05 ng/mL。王彬等[167]将母乳样品经乙腈超声萃取,冷冻去脂,丹磺酰氯衍生后采用超高效液相色谱串联质谱测定,母乳浓度范围为 0.13~2.25 μg/L。

7) GC-MS。GC 具有选择性好、灵敏度高、分离能力强等优点,适用于分析弱极性、低沸点化合物。克选[168]建立了加速溶剂萃取后利用 GC-MS 测定土壤中 BPA 的检测方法,检出限为 0.01 mg/kg,平均回收率为 82.5%~101.7%,简便快速,灵敏度及准确度高。黄会等[169]建立了测定水产品中辛基酚、壬基酚和 BPA 的 GPC-SPE-GC-MS 法,检出限为 0.1 μg/kg,回收率 BPA 不低于 81.3%,适用于水产品中 BPA 的检测。吴鸳鸯等[170]建立了检测人尿样中 BPA 含量的 GC-MS 分析方法,BPA 的最低检测限为 0.19 ng/mL。

3.4.2.2 生物/化学分析法

1) 免疫荧光检测法。免疫荧光技术是先将已知的抗原或抗体标记上荧光素制成荧光标记物,再用这种荧光标记物作为分子探针对特异性抗原或抗体进行定性或定量检测的一门技术,具有特异性强、定位准确等优点,但对检测设备要求较高。Rodriguez-Mozaz 等[171]利用免疫荧光技术,直接检测水中 BPA 含量,检测限为 0.014 g/mL。Wang 等[172]利用 β-环糊精和 BPA 间的反式识别效应,建立了可逆荧光法检测水中 BPA 含量,检测范围为 $7.90 \times 10^{-8} \sim 1.66 \times 10^{-5}$ mol/L,最低检测限为 7.00×10^{-8} mol/L。

2) 毛细管电泳法(capillary electrophoresis, CE)。

离子的电泳迁移率不同,在电场中移动的速度也不一样。CE 以高压电场为驱动力,以毛细管为分离通道,依据样品中各组分之间淌度和分配行为上的差异而实现分离。CE 的优点是操作简便、分离效率高、试样量少、成本较低,但在迁移时间的重现性、进样准确性和检测灵敏度方面,不如 LC 法。高芳芳等[173]在毛细管电泳的胶束电动色谱模式下测定水样中 4 种酚类雌激素。结果表明,在优化条件下,4 种酚类物质在 7 min 内基线分离,检出限为 0.007 1~0.0170 mg/L,回收率为 75.6%~110.1%。

3) ELISA。BPA 的 ELISA 包括基于多克隆抗体和单克隆抗体建立的两种 ELISA 法。Kaddara 等[174]将 BPA 衍生化得到的 BPA-CME,与 BSA 共价结合形成完全抗原,免疫新西兰大白兔得到多克隆抗体,在检测中加入乙酸乙酯,主要用于血浆和生物样品的检测,回收率为 96%±4%,检测限为 0.08 g/L。Kim 等[175]制备了 BPA 单克隆抗体,改良了直接竞争 ELISA 法,检测范围为 2~1 000 ng/mL,回收率为 96.3%~107.2%。ELISA 具有检测范围宽、灵敏度高、特异性好、成本低、易于操作、无须昂贵的设备等优点,但制备生物抗体较复杂、稳定性差、对检测环境要求较高。

4) 生物传感器法。生物传感器是一种对生物物质敏感并将其浓度转换为电信号进行检测的仪器,可分为电化学传感器、磁性纳米粒子传感器、免疫传感器及其他类型传感器等。该方法专一性强、分析速度快、准确度高、易实现自动化,缺点是酶标物质容易失活,费时且重现性较差。

(1) 电化学传感器。电化学传感器是将电化学分析方法与免疫学技术相结合发展起来的一种生物传感器,具有快速、灵敏、选择性高、操作简便等优点。Rahman 等[176]利用双酚酸制备了多克隆抗体,通过免疫传感器表面抗原抗体结合反应引起的阻抗和质量改变来检测 BPA 含量,检测线性范围为 1~100 ng/mL,最低检测限为 (0.3 ± 0.07) ng/mL,可应用于人血液中 BPA 含量的测定。

(2) 磁性纳米粒子传感器。Xu 等[177]利用磁性纳米粒子设计了具有磁性弛豫开关的生物传感器,该方法线性检测范围为 1~45 ng/mL,检测限为 0.3 ng/mL。Mita 等[178]研究表明,将 10% 酪氨酸酶、45% 单壁碳纳米管和 45% 的矿物油联合使用的碳修饰电极能够很好地识别 BPA,研制的生物传感器检出限为 0.02 μmol/L,检测的线性范围为 0.1~12.0 μmol/L,响应时间为 6 min。

(3) 免疫传感器。Rahman 等[176]基于阻抗测定原理研制了 BPA 的无标记免疫传感器,采用 BPA 的结构类似物双酚酸偶联 BSA 作为抗原制备了抗 BPA 多克隆抗体,并固定化于传感器表面,当血浆中 BPA 与抗体在传感器表面相互作用时,可引起微小的质量和阻抗变化,从而实现对 BPA 的灵敏检测。该方法对 BPA 的检出限为 0.3 ng/mL,线性范围为 1~100 ng/mL。

(4) 其他类型传感器。Guo 等[179]用一种新型的蛋白石光子晶体传感器将光结晶技术和分子印迹技术相结合,这种方法对 BPA 具有特异性的高度吸附力,检测范围为 1~1 000 ng/mL。该方法对目标分子的天然结构具有高度选择性,使用简便、成本低廉,为环境类干扰化学物质的检测提供了新策略。

由于 BPA 具有特殊的化学官能团,目前其检测以色谱法为主,HPLC 是分析食品样品中较普遍的方法,其常与质谱法相结合,如 LC-MS/MS 法,是国内外检测 BPA 的常用推荐方法 (表 2-7)。但色谱法对样品的前处理要求高,对实验操作及仪器设备要求较高,不适于大批量检测。免疫分析法无需对 BPA 进行预处理、操作简单、准确度高、成本较低,应用前景广泛。生物传感器法具有快速、高效、成本低、自动化程度高的特点,可实现连续动态监测。快速、灵敏、特异性强的 ELISA 法可实现样品的快速检测,可应用于大量样本现场检测的初筛。

表2-7 国内外有关BPA检测方法的标准

国家/组织	标准号	样品类型	前处理方法	检测方法	检测限	发布日期
中国	GB/T 23296.16—2009	食品模拟物	水基食品模拟物直接进样，橄榄油模拟物通过甲醇溶液萃取后进样	高效液相色谱法	水、3%（质量浓度）乙酸溶液、10%（体积分数）乙醇溶液三种水基食品模拟物0.03 mg/L，橄榄油0.3 mg/kg	2009
	GB/T 29609—2013	橡胶	甲醇提取	高效液相色谱法	—	2013
	GB/T 30939—2014	化妆品	样品经碱性乙腈溶液或正己烷和二氯甲烷混合溶液超声提取，氨基固相小柱净化富集	高效液相色谱-质谱法	0.025 mg/kg	2014
	GB 31604.10—2016	食品接触材料及制品	水基、酸性产品、酒精类食品模拟物直接进样，油基食品模拟物通过甲醇溶液萃取后进样	液相色谱-质谱/质谱法	水基、酸性产品、酒精类食品模拟物0.001 mg/L，油基食品模拟物0.01 mg/kg	2016
	GB 31660.2—2019	水产品	样品经乙酸乙酯提取，凝胶渗透色谱及固相萃取净化，七氟丁酸酐衍生	气相色谱-质谱法	0.1 mg/kg	2019
	SN/T 2407—2009	玩具	超声提取	液相色谱法	0.1 mg/L	2009
	SN/T 2379—2009	聚碳酸酯树脂及其成型品	试样采用丙酮为提取溶剂，经超声波提取后，用五氟丙酸酐做衍生化处理	气相色谱-质谱法	测定低限0.05 mg/kg	2009
	SN/T 3822—2014	出口化妆品	样品经乙腈萃取，经氨基固相萃取柱净化	液相色谱荧光检测法	测定低限0.1 mg/kg	2014
	SN/T 4322—2015	食品接触材料-高分子材料	超声提取	酶联免疫法	测定低限1 ng/mL	2015
	SN/T 3949—2014	塑料包装	超声提取	抗原抗体结合法	0.002~0.400 mg/g	2015

续表 2-7

国家/组织	标准号	样品类型	前处理方法	检测方法	检测限	发布日期
国际标准化组织	ISO 18857-2：2009	—	—	—	—	2009
英国	BS EN ISO 18857-2：2011	—	—	—	—	2011
奥地利	ONORM EN ISO 18857-2：2011	饮用水、地表水和废水	固相萃取法	气相色谱-质谱法	0.05~0.20 mg/L	2011
瑞典	SS-EN ISO 18857-2：2011	—	—	—	—	2011
丹麦	DS/EN ISO 18857-2：2012	—	—	—	—	2012
德国	DIN EN ISO 18857-2：2012					2012
美国材料实验协会	ASTM D7574-16	水环境	固相萃取法	液相色谱/串联质谱法	5 ng/L	2016
	ASTM D7065-17	水环境	液-液萃取法	气相色谱-质谱法	0.3 ng/L	2017
	ASTM D7858-13（2018）	土壤、污泥和生物质	加压流体萃取	液相色谱/串联质谱法	2.8 μg/L	2018
	ASTM D8310-20	土壤	丙酮提取	液相色谱/串联质谱	15.5 mg/kg	2020

4 应用 MOA/AOP 框架揭示经口暴露双酚 A 毒作用机制

4.1 毒代动力学研究

4.1.1 已有经口暴露 BPA 的 PBPK 模型

现已开发出多个关于 BPA 的 PBPK 模型，见表 2-8。

表2-8 关于BPA的PBPK模型汇总

适用对象	子模型	可模拟暴露途径	作者及发表时间
大鼠（扩展至人体）	胃肠道、肝、血液、子宫和身体其余组织	经口和静脉内	Teeguarden等，2005[180]
4.5岁以下儿童、成年男性	心肺、肌肉和皮肤、脂肪组织、骨骼、大脑、肾、肝、其他器官	经口	Mielke和Gundert-Remy，2009[181]
2岁以下儿童、成人	15个器官室和3个血液室	经口	Edgington和Ritter，2009[182]
恒河猴（扩展到人体）	血清、性腺、脂肪、肝、大脑、血液富流区、血液慢流区	经口	Fisher等，2011[183]
新生鼠和成年大鼠	血清、性腺、脂肪、肝、大脑、血液富流区、血液慢流区	经口和静脉内	Yang等，2013[28]
成人	血清、性腺、脂肪、肝、大脑、血液富流区、血液慢流区、皮肤	经口	Yang等，2015[184]
各年龄组人群	血清、性腺、脂肪、肝、大脑、血液富流区、血液慢流区、皮肤	经口、经皮	Karrer等，2018[185]
孕妇、胎儿	孕妇：血液、肝、肾、脂肪、大脑、皮肤、胎盘、其他器官；胎儿：血液、肝、大脑、其他器官	经口、经皮	Sharma等，2018[186]

目前常用于风险评估的PBPK模型由Yang等[28,184]开发。该模型对先前由Fisher等[183]开发的猴子BPA PBPK模型进行了修改，以描述经口摄入BPA及其Ⅱ期结合物在人体内的药代动力学行为，并用于评估人体的BPA暴露，模式图见图2-1。具体包括血清、性腺、脂肪、肝、大脑、血液富流区、血液慢流区和皮肤8个房室，结合对肝脏和小肠中BPA代谢的体外研究[187]，以及在过夜禁食后将含有氘代BPA（d6-BPA）的饼干发放给成年人的经口药代动力学数据[188]，对PBPK模型进行了参数化。未结合的d6-BPA的血清浓度时间过程的数据为BPA模型参数的校正提供了直接的证据。使用已发表的BPA人体药代动力学研究评估了重新校正的BPA PBPK成人模型。将d6-BPA放入汤中，并对在摄入BPA之前先提供食物的人体研究[189]发现，经口摄入量减少后观察到人体峰值水平降低，这表明给药媒介物和/或禁食对BPA的分布有潜在的影响。通过蒙特卡洛分析，将重新校正的成人模型用于模拟美国普通人群BPA内部剂量指标的个体差异。模型预测的血清BPA峰值在pM范围内，其中95%的人体变异性处于一个数量级内。重新校正的BPA PBPK成人模型为评估BPA的人群暴露提供了科学依据，可以最大限度地减少跨剂量和物种外推过程中引起的不确定性。

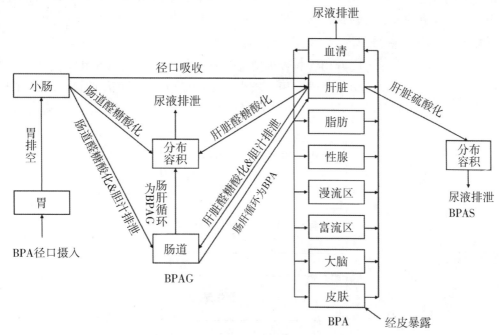

图2-1　Yang 等[184] PBPK 模型模式

如 Yang 等的研究，2015 年 EFSA 基于 Fisher 等[183]的 PBPK 模型推导了经口暴露 BPA 的内部剂量学，以用于 HED（详见本章 2.2 部分内容）。但是，由于在不同模型中使用的假设存在不确定性，因此 PBPK 模型的结果将存在不确定性。

此后，Karrer 等[185]在 Yang 等[184]建立的 BPA 经口暴露 PBPK 成人模型基础上将其扩展到包含经皮暴露的模型。使用 Teeguarden 等[189]进行的生物监测研究进行模型评估发现，预测的 C_{max} 和 AUC 比测量值高 1.3～3.0 倍。另外，使用该 PBPK 模型比较了不同年龄组和不同性别人群内暴露的结果，在二维蒙特卡洛不确定性分析中着重于育龄女性。Sharma 等[186]首先开发了成人 PBPK 模型，并用人 BPA 的毒代动力学数据进行了验证，后将该成人 PBPK 模型扩展为包括怀孕期间的生理变化和胎儿子模型的孕期 PBPK（P-PBPK）模型。该模型可预测母亲和胎儿的 BPA 药代动力学，其中胎盘 BPA 动力学参数取自先前的妊娠小鼠研究。为模拟总 BPA 的内部暴露，该模型包括经口和经皮暴露途径，并研究了 BPA 及其代谢物的结合和解离对胎儿 PKs 的影响。考虑到母体血药浓度为暴露源，用脐血、胎儿肝和羊水中观察到的 BPA 浓度对建立的 P-PBPK 模型进行了评估，还使用该模型估计了经口和经皮暴露途径的母体暴露剂量范围，发现模拟浓度与不同队列研究中观察到的最高和最低母体血浆浓度相匹配。

4.2　毒效学研究

根据目前体内外毒理学研究结果，通常认为 BPA 可通过雌激素受体相关机制、下丘脑-垂体-性腺轴调节机制及影响类固醇激素合成与代谢和表观遗传学机制对机体产生毒性作用。这里分别对 BPA 经口暴露的生殖发育毒性、神经发育毒性和致细胞增生作用（增加患乳腺癌和前列腺癌敏感性）的 MOA/AOP 进行综述。

4.2.1 经口暴露 BPA 致雄性生殖毒性 MOA

基于目前的证据，可认为 BPA 雄性生殖毒性的 MOA 可能包括 ER 相关途径和表观遗传学途径，但表观遗传学途径研究相对较少，无法形成完整 MOA 假设，故仅对 ER 相关途径的 MOA 进行描述，形成的 MOA 假设见图 2-2。

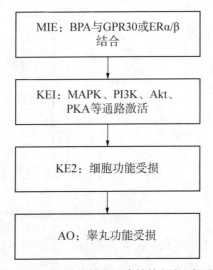

图 2-2　BPA 雄性生殖毒性的 MOA 假设

4.2.1.1　MIE：BPA 与 GPR30 或 ERα/β 结合

文献研究表明，BPA 作为 ER 调节剂[190]，可刺激雌激素相关受体 γ（estrogen-related receptor gamma，ERRγ）[191]和生长因子受体[192]，并具有抗雄激素[193]作用。Naz 和 Sellamuthu[194]报道称，成熟的哺乳动物精子表达 ERα、ERβ、生长因子受体和雄激素受体，这意味着 BPA 对精子的作用也可以通过受体依赖性信号来调节。BPA 可以与位于睾丸的雌激素结合，并在成年期对生殖细胞的分化、精子的产生以及雄性生殖激素的含量产生有害影响[195]。早期睾丸发育时对雌激素和雌激素样化合物（如 BPA）高度敏感。Delbes 等[196]报道称，小鼠生殖细胞在 GD14-26 表达 ERβ，而 ERβ 的失活可使生殖细胞数量增加 50%。在另一项研究中，Jefferson 等[197]发现 PND26 时 ERα 和 ERβ 的 mRNA 在睾丸中表达。作为 ER 调节剂，BPA 通过基因组和非基因组途径起作用。在基因组途径中，它与位于细胞质中的 ER（cER）结合或直接与位于细胞核中的 ER（nER）结合。这种结合改变了整体的受体信号传导，影响了核染色质的功能，并可通过调节蛋白质/基因的转录/翻译，从而影响细胞的增殖、分化和存活[190,198]。在非基因组信号传导中，BPA 与 G 蛋白偶联受体（GPR30）和膜结合 ER（mER）相互作用。Sheng 和 Zhu[199]、Ge 等[200]发现在暴露于 BPA 的同时给予 GPR30 和 ERα/β 抑制剂，小鼠精原细胞或睾丸间质细胞的增殖被抑制。

4.2.1.2　KE1：MAPK、PI3K、Akt、PKA 等通路激活

GPR30 和/或 ERα/β 受体的激活可通过激活细胞激酶系统［如蛋白激酶 A（protein kinase A，PKA）、促分裂原激活的蛋白激酶（mitogen-activated protein kinase，MAPK）、磷脂酰肌醇 3-激酶（phosphatidylinositol 3-kinase，PI3K）］及环状单磷酸腺苷、蛋白激酶 C 和细胞内钙等蛋白质水平的变化触发快速的雌激素信号传导。BPA 主要通过与 GPR30 和 mERs 相互作用等非基因组途径影响精子[190]。有研究报道称，小鼠精子暴露于 >1 μmol/L BPA 可导致 p38、p85、PKA 和酪氨酸的快速磷酸化[201]。其中，p38 和 p85 的磷酸化分别代表细胞中 MAPK 和 PI3K 激酶系统的激活。Wan 等[202]还报道了在体外暴露于 BPA 后精子中 PKA 和酪氨酸磷酸化的增加。Ge 等[200]发现在暴露于 BPA 的同时给予 GPR30 和 ERα/β 抑制剂，小鼠睾丸间质细胞的细胞外调节蛋白激酶（extracellular regulated protein kinase，ERK）磷酸化水平降低。Qi 等[203]、Qian 等[204]、Wang 等[205]和 Li 等[206]均发现暴露于 BPA 后大鼠和小鼠的睾丸支持细胞或精细胞的 PI3K、丝氨酸/苏氨酸激酶（Serine/threonine kinase，Akt）、MAPK、PKA 等通路被激活。

4.2.1.3　KE2：细胞功能损伤

Ge 等[200]发现在暴露于 BPA 的同时给予 GPR30 和 ERα/β 抑制剂，小鼠睾丸间质细胞的 ERK 磷酸化水平降低，同时其增殖被抑制。Qi 等[203]、Qian 等[204]、Wang 等[205]、Rahman 等[201]和 Li 等[206]均发现暴露于 BPA 后大鼠和小鼠的睾丸支持细胞或精细胞上述通路的表达水平改变且引起细胞损伤或凋亡。

4.2.1.4　AO：睾丸功能受损

有几项流行病学研究[207-210]表明，BPA 暴露与成年男性生育能力下降有关（包括精子质量下降和性功能下降）。同时也有研究表明 BPA 暴露与成年男性生育能力下降无关[211-213]。因此，睾丸功能受损这一 AO 是否适用于人群长期低剂量经口暴露仍存在不确定性。

4.2.2　经口暴露 BPA 导致雌性生殖毒性 MOA

BPA 雌性生殖毒性涉及的靶器官主要包括卵巢、子宫和胎盘。一些体内外研究提示，成年期或围生期 BPA 暴露会改变卵巢和子宫 ER、PI3K、Akt、MAPK 等信号通路和类固醇激素相关酶的 mRNA 表达水平，以及表观遗传学改变，但缺乏直接证据，无法形成 MOA 假设。Li 等[214]使用人蜕膜基质细胞进行的体外研究发现，BPA 可通过 GPR30 和/或 ERα/β 介导的 ERK 磷酸化而减弱滋养层的迁移和侵袭，可能为 BPA 导致不良出生结局的 MOA，但缺乏相应体内及其他体外研究，未对其进行 MOA 描述。

4.2.3　经口暴露 BPA 发育导致神经毒性的 MOA

目前的研究表明，BPA 发育神经毒性的 MOA 可能为 ER-ERK-NMDAR 途径，另有研究提示，ERRγ、Wnt/β-Catenin 等通路也参与 BPA 导致的发育神经毒性作用，但无法形成完整 MOA 假设，故仅对 ER-ERK-NMDAR 途径的 MOA 进行描述，形成的 MOA 假设见图 2-3。

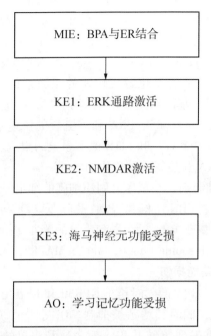

图2-3 BPA发育神经毒性的MOA假设

4.2.3.1 MIE：BPA 与 ER 结合

Xu 等[215,216]的研究首次提出了 BPA 通过破坏雌激素依赖性途径改变学习和记忆过程中涉及的细胞和分子途径的可能性。在另1项研究[217]中，由于 ER 抑制剂 ICI 182780 逆转了 BPA 诱导的对 ERα 调节和记忆的作用，因此明确建立了 BPA 对学习和记忆过程的作用与雌激素受体途径破坏之间的联系。使用新生大鼠海马神经元进行的体外研究[218-219]也支持此现象。另有几项体内与体外研究[49,215-216]也发现，BPA 产前暴露导致新生大鼠海马或海马神经元的 ER 激活。Hasegawa 等[220]进行的体外研究认为是 ERRγ 而非 ERα/β 参与 BPA 导致的发育神经毒性作用。

4.2.3.2 KE1：ERK 通路激活

2 项体外研究[219-221]发现，给予 ERK 抑制剂可抑制 BPA 造成的海马神经元功能损伤。但 Wang[222]发现母体 BPA 暴露可导致子代大鼠海马 ERK 表达水平改变降低。

4.2.3.3 KE2：NMDAR 激活

Xu 等[218-219]进行的体外研究发现，BPA 可激活 NMDAR 的表达，给予 NMDAR 抑制剂可抑制 BPA 对新生大鼠海马神经元的损伤。同时有大鼠体内研究[215-216,223]表明出生前暴露于 BPA 可导致子代大鼠海马 NMDAR 表达水平降低。

4.2.3.4 KE3：海马神经元功能受损

Xu 等[219]进行的体外研究发现 ER、ERK、NMDAR 抑制剂均可抑制 BPA 对新生大鼠海马神经元的损伤。

4.2.3.5 AO：学习记忆功能受损

一些动物研究发现，出生前暴露于 BPA 可导致子代大鼠行为和记忆异常[46,222,224]；

前瞻性流行病学研究提示，胎儿期BPA暴露可能与儿童行为之间存在具有性别依赖性的关联。但是，所有研究关联性不一致，也不能排除结果中混杂着饮食暴露或其他并发暴露因素的可能性。因此，学习记忆功能受损这一AO是否适用于人群长期低剂量经口暴露也存在不确定性。

4.2.4 经口暴露BPA致细胞增生MOA

Hindman等学者[224]提出了关于早期生命暴露于BPA增加乳腺癌发生风险的AOP，目前正在开发中，尚未正式发布。该AOP框架认为BPA可通过ER激活（MIE）引发细胞水平（包括mRNA、表观遗传学、增殖、分化、凋亡等变化）和组织水平（包括炎症、迁移、侵袭等变化）的一系列变化（KEs），从而导致乳腺上皮增生，增加乳腺癌患病风险。

一些研究提示，早期或成年期暴露于BPA可通过ER或表观遗传学途径致前列腺增生或增加前列腺癌敏感性，但直接性证据缺乏，间接性证据也较少，需进一步研究。

4.3 运用证据权重法评价经口暴露双酚A导致不良健康结局MOA

4.3.1 经口暴露BPA导致雄性生殖毒性MOA证据权重法评估

依据改良Bradford Hill原则，使用证据权重法对BPA雄性生殖毒性的MOA/AOP进行评估，结果见表2-9。

表2-9 BPA雄性生殖毒性的MOA评估

改良Bradford Hill原则		支持数据	不支持数据	缺失数据	评价
1. 生物学一致性（生物学合理性）		GPER30和ERα/β介导的MAPK、PI3K等通路引起睾丸细胞功能损伤为较常见的MOA	—	—	高
2. 经验学证据支持	（1）KEs重要性	暴露于BPA的同时给予GPR30和ERα/β抑制剂，小鼠睾丸间质细胞ERK磷酸化水平降低，其增殖被抑制；暴露于BPA后大鼠和小鼠的睾丸支持细胞或精细胞PI3K、Akt、MAPK、PKA等通路被激活，且引起细胞损伤或凋亡	有研究发现产前或成年期的BPA暴露可使大鼠PI3K、Akt、ERK等通路被抑制	缺乏体内直接证据	中
	（2）KEs剂量-反应关系	有研究发现，小鼠精子暴露于>1 μmol/L BPA 6 h可导致p38、p85、PKA和酪氨酸的快速磷酸化	—	缺乏具有一致的剂量-关系的体内外证据	低

续表 2-9

改良 Bradford Hill 原则		支持数据	不支持数据	缺失数据	评价
2. 经验学证据支持	(3) KEs 之间的时效关系	暴露于 BPA 的同时给予 GPR30 和 ERα/β 抑制剂，小鼠睾丸间质细胞 ERK 磷酸化水平降低，其增殖被抑制	—	缺乏体内直接证据	中
	(4) KEs 发生率一致性	在同一染毒时间和剂量下，GPER30、MAPK 等通路激活和大小鼠睾丸间质细胞凋亡均发生，且睾丸间质细胞凋亡发生的 BPA 浓度低于通路激活的发生浓度	—	缺乏体内直接证据	中
3. 物种一致性		在大鼠和小鼠中均证实	—	缺乏人体相关证据	低
4. 可类比性		—	—	与 BPA 类似具有雌激素效应的内分泌干扰物导致的 GPER30 和 ERα/β 介导的 MAPK、PI3K 等通路引起睾丸细胞功能损伤	中

总的来看，目前关于 BPA 雄性生殖毒性 ER 相关途径的 MOA 假设的体内直接性证据和基于人群或人源细胞系的研究较缺乏，且存在不一致的研究结果，此 MOA 等级为中等。

4.3.2 经口暴露 BPA 导致发育神经毒性 MOA 证据权重法评估

依据改良 Bradford Hill 原则，使用证据权重法对其进行的评估见表 2-10。

表 2-10 BPA 发育神经毒性的 MOA 评估

改良 Bradford Hill 原则	支持数据	不支持数据	缺失数据	评价
1. 生物学一致性（生物学合理性）	ER-ERK-NMDAR 通路为较常见的引起神经毒性 MOA	—	—	高

续表 2-10

改良 Bradford Hill 原则		支持数据	不支持数据	缺失数据	评价
2. 经验学证据支持	（1）KEs 重要性	体内研究发现出生前暴露于 BPA 可导致子代大鼠行为和记忆异常，而给予 ER 抑制剂可逆转此效应；体外研究发现 ER、ERK、NMDAR 抑制剂均可抑制 BPA 对新生大鼠海马神经元的损伤	有体外研究认为是 ERRγ 而非 ERα/β 参与 BPA 导致的发育神经毒性作用	—	中
	（2）KEs 剂量-反应关系	>10 nmol/L 的 BPA 染毒 24 h 可促进新生大鼠海马神经元树突的总长度及树突状丝状伪足的运动性和密度	—	缺乏具有一致剂量-关系的体内研究	低
	（3）KEs 之间的时效关系	ER、ERK、NMDAR 抑制剂均可抑制 BPA 对新生大鼠海马神经元的损伤	—	缺乏体内直接证据	中
	（4）KEs 发生率一致性	在同一染毒时间和剂量下，ER、ERK、NMDAR 通路激活和大鼠海马神经元的损伤均发生，且大鼠海马神经元的损伤发生的 BPA 浓度低于通路激活的发生浓度	—	缺乏体内直接证据	中
3. 物种一致性		—	—	缺乏人体相关证据	低
4. 可类比性		—	—	与 BPA 类似具有雌激素效应的内分泌干扰物导致的 ERα/β 介导的 ERK、NMDAR 通路引起学习记忆功能受损	中

总的来看，目前关于 BPA 发育神经毒性 ER-ERK-NMDAR 途径的 MOA 假设的体内直接性证据和基于人群或人源细胞系的研究较缺乏，且存在不一致的研究结果，此 MOA 等级为中等。

4.4 经口暴露双酚 A 导致不良健康结局生物信息学分析

4.4.1 研究方法与过程

在比较毒理学基因组数据库（Comparative Toxicogenomics Database，CTD）选择"Chemicals"，输入"bisphenol A"，进行 BPA 相关文献检索，点击"References"，下载所有文献（截至 2020 年 5 月 13 日共有 1 661 篇）。通过阅读题目和摘要，根据靶器官、毒性作用和毒性试验方法，对文献进行信息收集、分类、整理及归纳，排除无关文献，筛选汇总主要靶器官的 BPA 应答基因（文献数≥3）。根据不同靶器官，进一步结合整合性通路分析（Ingenuity Pathway Analysis，IPA）和注释、可视化和集成发现数据库（Database for Annotation，Visualization and Integrated Discovery，DAVID）两个在线分析工具对不同靶器官的纳入基因进行通路富集分析，得到可能的毒性通路。

纳入标准为：① 明确靶细胞（对象）、染毒剂量、染毒周期；② 明确效应终点（基因表达改变、转录调节、蛋白质结构活性等）。排除标准为：①非英文；②非来自哺乳动物或人；③非 BPA 单独暴露；④染毒情境不明；⑤非经口暴露；⑥检测方法及其他设计缺陷。

4.4.2 研究结果

通过生物信息挖掘分析发现，BPA 主要作用于性腺、胚胎和神经系统，相关基因数分别为 84、173 和 32，通路富集结果具体如表 2-11 至表 2-13 和图 2-4 至图 2-6 所示。生物信息挖掘分析结果提示 BPA 生殖发育毒性及神经与发育神经毒性的 MOA 均可能与 ER、MAPK 及一些癌症通路有关，但无法明确各有害结局相应的特定 MIE 和 KE，尚存在一些数据缺口，也缺乏明确的剂量-反应关系。

表 2-11 IPA 软件分析 BPA 致性腺损伤可能毒性通路

主要经典通路	P	重叠率
前列腺癌信号通路	$3.45E-19$	14/103
芳香烃受体信号通路	$8.52E-19$	15/142
内源性大麻素癌症抑制通路	$4.40E-18$	15/158
癌症的分子机制	$3.55E-17$	19/394
雌激素受体依赖的乳腺癌信号通路	$1.18E-16$	12/87

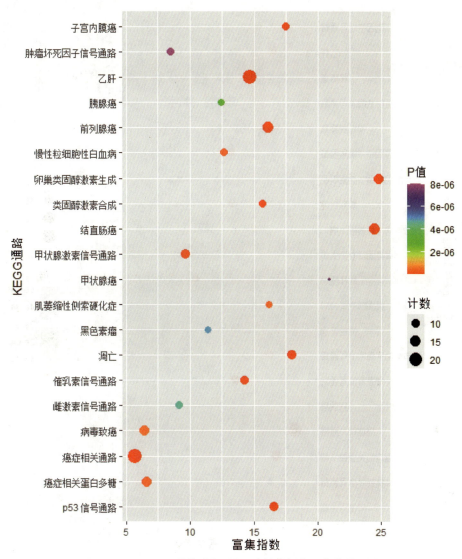

图2-4　DAVID 软件分析 BPA 致性腺损伤可能毒性通路

表2-12　IPA 软件分析 BPA 致胚胎损伤可能毒性通路

主要经典通路	P	重叠率
芳香烃受体信号通路	6.81E-19	11/142
NRF2 介导的氧化应激反应	3.46E-15	10/202
乙酰化酶信号通路	3.57E-10	8/292
巨噬细胞移动抑制因子调节的先天免疫	6.46E-10	5/42
紫外线导致的 MAPK 信号通路	1.44E-09	5/49

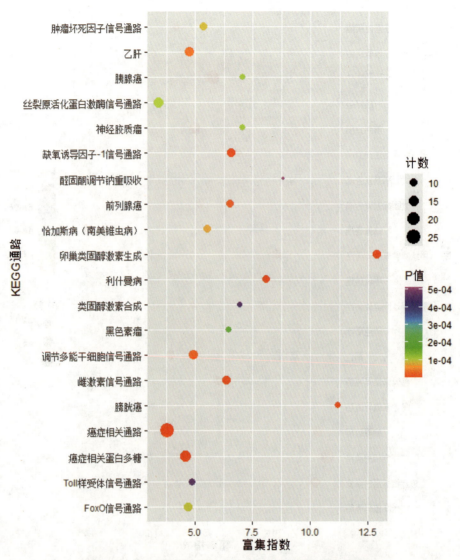

图2-5 DAVID软件分析BPA致胚胎损伤可能毒性通路

表2-13 IPA软件分析BPA致神经损伤可能毒性通路

主要经典通路	P	重叠率
神经炎症信号通路	3.95E-13	11/313
雌激素受体依赖的乳腺癌信号通路	3.64E-11	7/87
糖皮质激素受体信号通路	3.92E-11	10/347
阿片类信号通路	5.23E-11	9/246
前列腺癌信号通路	1.21E-10	7/103

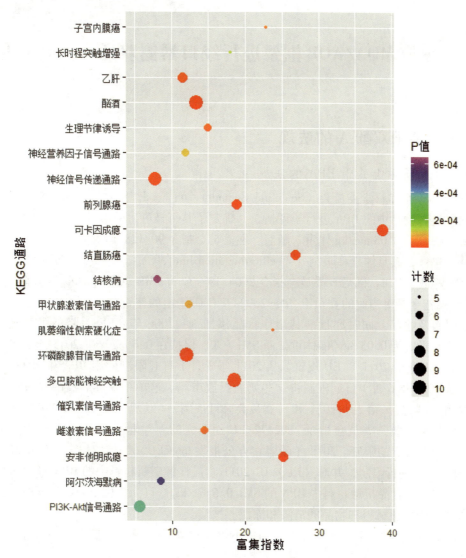

图 2-6 DAVID 软件分析 BPA 致神经损伤可能毒性通路

综合基于文献的 BPA MOA 评估结果和生物信息学毒性通路的挖掘结果认为，BPA 可能主要通过 ER 通路产生毒性作用，但体内外直接证据不足，基于人源细胞系开展的研究也较少，因此，要完全阐明 BPA 毒效应的 MOA，须进一步开展相关研究。

5 应用 MOA/AOP 框架进行经口暴露双酚 A 风险评估

5.1 关于双酚 A 的法规

5.1.1 国际上关于 BPA 的法规

1984 年，食品科学委员会（Scientific Committee on Food，SCF）首次对与食品接触的塑料材料和物品中的 BPA 进行了评估，并确定了其每日可耐受摄入量（tolerable daily intake，TDI）为 0.05 mg/kg 体重。随后，在委员会指令 90/128/EEC 的附件Ⅱ中将其列为允许的单体，其具体迁移限制（specific migration limit，SML）为 3 mg/kg 食品。2002 年，SCF 降低了 TDI，随后，委员会指令 2004/19/EC 将 SML 总量（total，T）降至 0.6 mg/kg。该指令是对当时的委员会指令 2002/72/EC 作出的修订，涉及拟与食物接触的塑胶材料料及物品，同时亦批准其用作食品添加剂。2006 年，EFSA 降低了不确定因素，将 TDI 设定为 0.05 mg/kg 体重，而 SML（T）保持在 0.6 mg/kg。2011 年，基于预防原则，SCF 指令 2011/8/EU 规定，从 2011 年 3 月 1 日起限制使用 BPA 生产 PC 婴儿奶瓶，从 2011 年 6 月 1 日起限制将这些奶瓶投放市场。这项指令其后反映在《委员会实施规例》（欧盟）第 321/2011 和《委员会修订规例》（欧盟）第 10/2011/EU 中。后一项规例是取代前一委员会指令 2002/72/EC 而引入的，并继续授权 BPA 作为单体使用，但要遵守特定的限制。2018 年欧盟官方公报发布（EU）2018/213，对清漆和涂层材料中的 BPA 进行限制，并对（EU）10/2011 食品接触塑料材料中的 BPA 迁移限值进行修订，将塑料食品接触材料中 BPA 的 SML 0.6 mg/kg 修订为 0.05 mg/kg。同时规定该 SML 也适用于一般材料和物品的清漆和涂层。

美国 FDA 规定，BPA 最大可接受剂量不得超过 0.05 mg/kg；日本《食品卫生法》规定 PC 食品容器中，BPA 溶出剂量不得超过 2.5 mg/kg。

5.1.2 中国关于 BPA 的法规

我国自 2011 年 6 月 1 日禁止生产 PC 婴幼儿奶瓶和其他含 BPA 的婴幼儿奶瓶。GB 4806.6—2016《食品安全国家标准 食品接触用塑料树脂》中规定，由 BPA 与其他单体（如碳酸二苯酯、间苯二酚等）聚合所得的塑料制品中，BPA 的 SML 限制为 0.6 mg/kg，且不得用于生产婴幼儿专用食品接触材料及制品。

5.2 健康指导值

5.2.1 EFSA

由 EFSA 于 2006 年设立的、2008 年和 2010 年重新确认的 BPA TDI 是以 2 项啮齿类动物多代生殖毒性研究中的一般毒效应为依据的。研究中的关键效应分别为成年大鼠及其子代的体重和器官重量变化，以及成年小鼠肝脏和肾脏的异常表现[35]。2个研究中，NOAEL均为5 mg/kg体重、将不确定系数设为100推导出50 μg/kg体重的TDI。在2015年评估中，将大鼠和小鼠一般毒性的"可能"（likely）效应继续作为BPA风险评估的关键终点。此外，在出生前或围生期，BPA暴露对大鼠、小鼠或猴子的乳腺效应为"可能"（likely）。

因此，EFSA专家组进行了一般毒性[35]和乳腺增生性变化（乳腺导管增生）[36]数据的剂量-反应关系模型计算，拟合计算按照2011年发表的《欧洲食品安全局科学委员会关于风险评估中使用基准剂量法的指导意见》进行。

Tyl等[35]2008年的原始数据可供使用，关于器官重量变化的新BMD的计算以个体数据为基础，分析结果如表2-3所示。BPA相关肝脏重量的增加及最高剂量组肾损伤[35]均为不良效应。模型计算得出的小鼠肾脏重量变化[35]BMDL低于大鼠肝脏影响[34]的BMDL。体重波动对器官质量影响及性别、代别之间在肾脏脏器系数上存在良好的剂量-反应关系，因此采用肾脏脏器系数而非绝对肾脏重量推导出基准点：基于F_0代雄性小鼠中相对肾脏重量增加10%，所得$BMDL_{10}$为8 960 μg/kg体重。

对涉及出生前和出生后给予SD大鼠BPA暴露的亚慢性（90天）毒性研究中报告的乳腺增生性变化结果[36]也进行了详细分析。分析显示，使用各种不同模型所获得的BMD估算值存在较大差异，有些模型所获得的基准剂量置信区间很宽。因此，EFSA专家组认为，FDA/NCTR对大鼠的亚慢性毒性研究和Delclos等[36]研究中的剂量-反应关系不适合用于推导这一终点的基准点。

基于毒代动力学数据，EFSA专家组采用了HED法进行更精确的从动物到人的外推，所得成年小鼠的HEDF为0.068。故由小鼠的$BMDL_{10}$（8 960 μg/kg体重）推导出的HED为609 μg/kg体重，以用作推导BPA健康指导值的基准点（表2-14）。不确定系数包括一个种间差异不确定性因子2.5（1用于毒代动力学，2.5用于毒效学，毒代动力学差异已通过使用HED法解决）和一个种内差异不确定因子10（默认值），考虑到如乳腺、生殖、神经行为、免疫和代谢系统等数据的不确定性，纳入了一个额外的不确定性因子6。因此，基于小鼠中肾脏脏器系数的影响，对609 μg/kg体重的HED（具体见表2-14）使用的总不确定系数为150，建立的BPA人体经口暴露的$t\text{-}TDI$为4 μg/kg体重。

表2-14 BPA对肾脏相对重量的影响的BMD分析结果及$BMDL_{10}$到HED的转换结果[2]

研究	动物种类（代）	给药途径	毒性作用	体外剂量水平/（μg/kg体重）			HED*/（μg/kg体重）
				BMD_{10}	$BMDL_{10}$	$BMDU_{10}$	
Tyl等[35]	小鼠（F_0代），雄性，性别和代别（F_0/F_1）为协变量	拌饲	肾脏脏器系数增加	35 100～36 000	8 960	108 900	609

注：*表示小鼠经口给药的$BMDL_{10}$乘以HEDF（0.068）。

5.2.2 日本工业科学技术研究所

2011 年,日本工业科学技术研究所基于 Tyl 等[35]研究中发现的小叶中心性肝细胞肥大,BPA 经口一般毒性的 NOAEL 为每日 3 mg/kg 体重,采用的总体不确定因子为 25 [种间差异为 2.5(其中毒代动力学 1,毒效动力学 2.5)、种内差异 10],将 BPA 的 t-TDI 设为 0.12 mg/kg 体重。

5.2.3 加拿大

加拿大卫生部食品理事会在其 2008 年的风险评估中,未修改 t-TDI,数值仍为 0.05 mg/kg 体重,该数值是根据 90 天大鼠研究[225]中一般毒性最大无明显不良作用水平(每日 25 mg/kg 体重)推导出的(不确定系数 500)。

5.2.4 澳新食品标准局

2010 年,澳新食品标准局经过充分考虑 BPA 的毒理学数据库后,该局认同 EFSA、美国 FDA 和加拿大卫生部以前进行的危害评估以及既定的 TDI(50 μg/kg 体重)。

5.3 关于双酚 A 风险评估最新研究进展

美国 NCTR 开展了涵盖低剂量水平下 BPA 慢性暴露的 CLARITY-BPA 研究(见 https://ntp.niehs.nih.gov/whatwestudy/topics/bpa/index.html),分为核心研究和委托研究两部分。核心研究遵循 GLP,聚焦于传统毒性终点,其研究报告已于 2018 年秋季发布。委托研究所用动物与核心研究相同,委托各大学进行涵盖分子生物学终点的研究,研究结果正在陆续发表中。整合核心研究与委托研究的最终研究报告尚未发布。EFSA 也于 2017 年重启了 BPA 的危害评估项目,此次评估将涵盖 MOA 研究。

6 总结

综上所述,BPA 的主要不良健康效应包括生殖发育毒性、神经毒性与神经发育毒性及可能增加乳腺增生性变化和前列腺癌敏感性,其毒效应主要通过 ER 介导的信号传导途径和表观遗传学途径实现,而目前除增加乳腺癌敏感性的 MOA/AOP 正在开发中,其余毒性的 MOA/AOP 均需进一步明确,且其是否具有低剂量效应证据也尚不充分。此外,目前关于 BPA 的 MOA 研究多为间接性证据,且使用人源细胞系进行的研究缺乏,需进一步进行验证,亟须在 TT21C 框架下,从挖掘确定毒性通路着手,通过生物信息学和网络资源,运用信息挖掘-实验研究相结合的研究策略发现确定 MOA 和关键毒性通路,并以毒作用模式为框架,结合最新的系统毒理学技术和成果,提出基于关键毒性通路的健康指导值。

参考文献

[1] Europen Food Safety Authority. Scientific Opinion on the risks to public health related to the presence of bisphenol A (BPA) in foodstuffs [J]. EFSA journal, 2015, 13 (1): 3595.

[2] O'NEIL M J. The Merck index: an encyclopedia of chemicals, drugs, and biologicals [M]. NJ, USA: Merck and Co., Inc., Whitehouse Station, 2006.

[3] COUSINS I T, STAPLES C A, KLEêKA G M, et al. A multimedia assessment of the environmental fate of bisphenol A [J]. Human and ecological risk assessment, 2002, 8 (5): 1107-1135.

[4] HAWLEY G G, LEWIS R J. Condensed chemical dictionary [J]. Soil science, 2001, 14 (1): 592-593.

[5] GIMENO P, SPINAU C, LASSU N, et al. Identification and quantification of bisphenol A and bisphenol B in polyvinylchloride and polycarbonate medical devices by gas chromatography with mass spectrometry [J]. Journal of separation science, 2015, 38 (21): 3727-3734.

[6] DURSUN E, FRON-CHABOUIS H, ATTAL J P, et al. Bisphenol A Release: Survey of the Composition of Dental Composite Resins [J]. Open dentistry journal, 2016, 10 (1): 446-453.

[7] LOGANATHAN S N, KANNAN K. Occurrence of bisphenol A in indoor dust from two locations in the eastern United States and implications for human exposures [J]. Archives of environmental contamination and toxicology, 2011, 61 (1): 68-73.

[8] EUROPEAN UNION. European Union Risk Assessment Report. 4, 4'-Isopropylidenediphenol (bisphenol-A) [R]. 2003.

[9] EUROPEAN UNION. Risk assessment report: 4, 4'-isopropylidenediphenol (bisphenol-A), part 2, human health [R]. 2008.

[10] EUROPEN FOOD SAFETY AUTHORITY. Opinion of the scientific panel on food additives, flavourings, processing aids and materials in contact with food on a request from the commission related to 2, 2-bis (4-hydroxyphenyl) propane (Bisphenol A) [J]. The EFSA journal, 2006 (428): 1-75.

[11] EUROPEN FOOD SAFETY AUTHORITY. Scientific opinion of the panel on food additives, flavourings, processing aids and materials in contact with food (AFC) on a request from the commission on the toxicokinetics of bisphenol A [J]. The EFSA journal, 2008 (759): 1-10.

[12] EUROPEN FOOD SAFETY AUTHORITY. Scientific opinion on bisphenol A: evaluation of a study investigating its neurodevelopmental toxicity, review of recent scientific literature on its toxicity and advice on the danish risk assessment of bisphenol A [J]. The EFSA journal, 2010, 8 (9): 1829, 110.

[13] DOERGE D R, TWADDLE N C, VANLANDINGHAM M, et al. Distribution of bisphenol A into tissues of adult, neonatal, and fetal Sprague-Dawley rats [J]. Toxicology and applied pharmacology, 2011, 255 (3): 261-270.

[14] PATTERSON T A, TWADDLE N C, ROEGGE C S, et al. Concurrent determination of bisphenol A pharmacokinetics in maternal and fetal rhesus monkeys [J]. Toxicology and applied pharmacology, 2013, 267 (1): 41-48.

[15] DOERGE D R, TWADDLE N C, VANLANDINGHAM M, et al. Pharmacokinetics of bisphenol A in neonatal and adult Sprague-Dawley rats [J]. Toxicology and applied pharmacology, 2010, 247 (2): 158-165.

[16] ZAYA M J, HINES R N, STEVENS J C. Epirubicin glucuronidation and UGT2B7 developmental expression [J]. Drug metabolism and disposition the biological fate of chemicals, 2006, 34 (12): 2097.

[17] GOW P J, GHABRIAL H, SMALLWOOD R A, et al. Neonatal hepatic drug elimination [J]. Basic & clinical pharmacology & toxicology, 2001, 88 (1): 3-15.

[18] MIYAGI S J, COLLIER A C. The development of UDP-glucuronosyltransferases 1A1 and 1A6 in the pediatric liver [J]. Drug metabolism and disposition the biological fate of chemicals, 2011, 39 (5): 912-919.

[19] ALLEGAERT K, VANHOLE C, VERMEERSCH S, et al. Both postnatal and postmenstrual age contribute to the interindividual variability in tramadol glucuronidation in neonates [J]. Early human development, 2008, 84 (5): 325-330.

[20] PACIFICI G M, KUBRICH M, GIULIANI L, et al. Sulphation and glucuronidation of ritodrine in human foetal and adult tissues [J]. European journal of clinical pharmacology, 1993, 44 (3): 259.

[21] TAYLOR J A, SAAL F S V, WELSHONS W V, et al. Similarity of bisphenol a pharmacokinetics in rhesus monkeys and mice: relevance for human exposure [J]. Environmental health perspectives, 2011, 119 (4): 422-430.

[22] DOERGE D R, TWADDLE N C, VANLANDINGHAM M, et al. Pharmacokinetics of bisphenol A in neonatal and adult CDê1 mice: inter-species comparisons with Sprague-Dawley rats and rhesus monkeys [J]. Toxicology letters, 2011, 207 (3): 298-305.

[23] DOERGE D R, TWADDLE N C, VANLANDINGHAM M, et al. Pharmacokinetics of bisphenol A in serum and adipose tissue following intravenous administration to adult female CDê1 mice [J]. Toxicology letters, 2012, 211 (2): 114-119.

[24] DOERGE D R, TWADDLE N C, WOODLING K A, et al. Pharmacokinetics of bisphenol A in neonatal and adult rhesus monkeys [J]. Toxicology and applied pharmacology, 2010, 248 (1): 1-11.

[25] US ENVIRONMENTAL PROTECTION AGENCY. Recommended use of body weight 3/4 as the default method in derivation of the oral reference dose, F, 2011 [C]. US Environmental Protection Agency, Risk Assessment Forum Washington, DC.

[26] EUROPEAN CHEMICALS AGENCY. Guidance on Information Requirements and Chemical Safety Assessment Part B: Hazard Assessment [R]. 2012.

[27] YANG X, DOERGE D R, FISHER J W. Prediction and evaluation of route dependent dosimetry of BPA in rats at different life stages using a physiologically based pharmacokinetic model [J]. Toxicology and applied pharmacology, 2013, 270 (1): 45 – 59.

[28] FISHER J W, TWADDLE N C, VANLANDINGHAM M, et al. Pharmacokinetic modeling: prediction and evaluation of route dependent dosimetry of bisphenol A in monkeys with extrapolation to humans [J]. Toxicology and applied pharmacology, 2011, 257 (1): 122 – 136.

[29] HEINDEL J J, BALBUS J, BIRNBAUM L, et al. Developmental origins of health and disease: integrating environmental influences [J]. Endocrinology, 2015, 156 (10): 3416 – 3421.

[30] WATKINS D J, SANCHEZ B N, TELLEZ-ROJO M M, et al. Impact of phthalate and BPA exposure during in utero windows of susceptibility on reproductive hormones and sexual maturation in peripubertal males [J]. Environmental health, 2017, 16 (1): 69.

[31] SCHUG T T, JANESICK A, BLUMBERG B, et al. Endocrine disrupting chemicals and disease susceptibility [J]. The journal of steroid biochemistry and molecular biology, 2011, 127 (3 – 5): 204 – 215.

[32] MICHAŁOWICZ J. Bisphenol A-sources, toxicity and biotransformation [J]. Environmental toxicology and pharmacology, 2014, 37 (2): 738 – 758.

[33] TYL R W, MYERS C B, MARR M C, et al. Three-generation reproductive toxicity study of dietary bisphenol A in CD Sprague-Dawley rats [J]. Toxicological sciences, 2002, 68 (1): 121 – 146.

[34] TYL R W, MYERS C B, MARR M C, et al. Two-generation reproductive toxicity study of dietary bisphenol A in CD-1 (Swiss) mice [J]. Toxicological sciences, 2008, 104 (2): 362 – 384.

[35] DELCLOS K B, CAMACHO L, LEWIS S M, et al. Toxicity evaluation of bisphenol A administered by gavage to Sprague Dawley rats from gestation day 6 through postnatal day 90 [J]. Toxicological sciences, 2014, 139 (1): 174 – 197.

[36] US FOOD AND DRUG ADMINISTRATION/NATIONAL CENTER FOR TOXICOLOGICAL RESEARCH. Evaluation of the toxicity of bisphenol A (BPA) in male and female Sprague-Dawley rats exposed orally from gestation day 6 through postnatal day 90 [R]. 2013.

[37] NATIONAL TOXICOLOG PROGRAM. NTP research report on the CLARITY-BPA core study: a perinatal and chronic extended-dose-range study of bisphenol a in rats [R]. 2018.

[38] HU Y, WEN S, YUAN D Z, et al. The association between the environmental endocrine disruptor bisphenol A and polycystic ovary syndrome: a systematic review and meta-anal-

ysis [J]. Gynecological endocrinology, 2018, 34 (5): 370 – 377.

[39] HU C Y, LI F L, HUA X G, et al. The association between prenatal bisphenol A exposure and birth weight: a meta-analysis [J]. Reproductive toxicology, 2018 (79): 21 – 31.

[40] DERE E, ANDERSON L M, HUSE S M, et al. Effects of continuous bisphenol A exposure from early gestation on 90 day old rat testes function and sperm molecular profiles: A CLARITY-BPA consortium study [J]. Toxicology and applied pharmacology, 2018 (347): 1 – 9.

[41] PATEL S, BREHM E, GAO L, et al. Bisphenol A exposure, ovarian follicle numbers, and female sex steroid hormone levels: results from a CLARITY-BPA study [J]. Endocrinology, 2017, 158 (6): 1727 – 1738.

[42] EJAREDAR M, LEE Y, ROBERTS D J, et al. Bisphenol A exposure and children's behavior: A systematic review [J]. Journal of exposure science and environmental epidemiology, 2017, 27 (2): 175 – 183.

[43] XU X, DONG F, YANG Y, et al. Sex-specific effects of long-term exposure to bisphenolA on anxiety-and depression-like behaviors in adult mice [J]. Chemosphere, 2015 (120): 258 – 266.

[44] REBULI M E, CAMACHO L, ADONAY M E, et al. Impact of low-dose oral exposure to bisphenol A (BPA) on juvenile and adult rat exploratory and anxiety behavior: A CLARITY-BPA consortium study [J]. Toxicological sciences, 2015, 148 (2): 341 – 154.

[45] JOHNSON S A, JAVUREK A B, PAINTER M S, et al. Effects of developmental exposure to bisphenol A on spatial navigational learning and memory in rats: A CLARITY-BPA study [J]. Hormones and behavior, 2016 (80): 139 – 148.

[46] NAGAO T, KAWACHI K, KAGAWA N, et al. Neurobehavioral evaluation of mouse newborns exposed prenatally to low-dose bisphenol A [J]. Journal of toxicological sciences, 2014, 39 (2): 231 – 235.

[47] ARAMBULA S E, FUCHS J, CAO J, et al. Effects of perinatal bisphenol A exposure on the volume of sexually-dimorphic nuclei of juvenile rats: A CLARITY-BPA consortium study [J]. Neurotoxicology, 2017 (63): 33 – 42.

[48] ARAMBULA SE, BELCHER SM, PLANCHART A, et al. Impact of low dose oral exposure to bisphenol A (BPA) on the neonatal rat hypothalamic and hippocampal transcriptome: a CLARITY-BPA consortium study [J]. Endocrinology, 2016, 157 (10): 3856 – 3872.

[49] WITCHEY S K, FUCHS J, PATISAUL H B. Perinatal bisphenol A (BPA) exposure alters brain oxytocin receptor (OTR) expression in a sex-and region-specific manner: A CLARITY-BPA consortium follow-up study [J]. Neurotoxicology, 2019 (74): 139 – 148.

[50] LI J, BACH A, CRAWFORD R B, et al. CLARITY-BPA: effects of chronic bisphenol A

exposure on the immune system: part 1 ê quantification of the relative number and proportion of leukocyte populations in the spleen and thymus [J]. Toxicology, 2018 (396 – 397): 46 – 53.

[51] LIN C Y, SHEN F Y, LIAN G W, et al. Association between levels of serum bisphenol A, a potentially harmful chemical in plastic containers, and carotid artery intima-media thickness in adolescents and young adults [J]. Atherosclerosis, 2015, 241 (2): 657 – 663.

[52] RANCIERE F, LYONS J G, LOH V H, et al. Bisphenol A and the risk of cardiometabolic disorders: a systematic review with meta-analysis of the epidemiological evidence [J]. Environmental health, 2015 (14): 46.

[53] GEAR R, KENDZIORSKI J A, BELCHER S M. Effects of bisphenol A on incidence and severity of cardiac lesions in the NCTR-Sprague-Dawley rat: A CLARITY-BPA study [J]. Toxicology letters, 2017 (275): 123 – 135.

[54] KIM K Y, LEE E, KIM Y. The Association between bisphenol a exposure and obesity in children-A systematic review with meta-analysis [J]. International journal of environmental research and public health, 2019, 16 (14): 2521.

[55] RONN M, LIND L, ORBERG J, et al. Bisphenol A is related to circulating levels of adiponectin, leptin and ghrelin, but not to fat mass or fat distribution in humans [J]. Chemosphere, 2014 (112): 42 – 48.

[56] STAHLHUT R W, MYERS J P, TAYLOR J A, et al. Experimental BPA exposure and glucose-stimulated insulin response in adult men and women [J]. Journal of the endocrine society, 2018, 2 (10): 1173 – 1187.

[57] HAGOBIAN T A, BIRD A, STANELLE S, et al. Pilot study on the effect of orally administered bisphenol A on glucose and insulin response in nonobese adults [J]. Journal of the endocrine society, 2019, 3 (3): 643 – 654.

[58] HWANG S, LIM J E, CHOI Y, et al. Bisphenol A exposure and type 2 diabetes mellitus risk: a meta-analysis [J]. BMC endocrine disorders, 2018, 18 (1): 81.

[59] LAKIND J S, GOODMAN M, MATTISON D R. Bisphenol A and indicators of obesity, glucose metabolism/type 2 diabetes and cardiovascular disease: a systematic review of epidemiologic research [J]. Critical reviews in toxicology, 2014, 44 (2): 121 – 150.

[60] WASSENAAR P N H, TRASANDE L, LEGLER J. Systematic review and meta-analysis of early-life exposure to bisphenol A and obesity-related outcomes in rodents [J]. Environmental health perspectives, 2017, 125 (10): 106001.

[61] BANSAL R, ZOELLER RT. CLARITY-BPA: bisphenol a or propylthiouracil on thyroid function and effects in the developing male and female rat brain [J]. Endocrinology, 2019, 160 (8): 1771 – 1785.

[62] MULLAINADHAN V, VISWANATHAN M P, KARUNDEVI B. Effect of bisphenol-A (BPA) on insulin signal transduction and GLUT4 translocation in gastrocnemius muscle

of adult male albino rat [J]. The international journal of biochemistry and cell biology, 2017 (90): 38 – 47.

[63] OZAYDIN T, OZNURLU Y, SUR E, et al. Effects of bisphenol A on antioxidant system and lipid profile in rats [J]. Biotechnic and histochemistry, 2018, 93 (4): 231 – 238.

[64] LEJONKLOU M H, CHRISTIANSEN S, ORBERG J, et al. Low-dose developmental exposure to bisphenol A alters the femoral bone geometry in wistar rats [J]. Chemosphere, 2016 (164): 339 – 346.

[65] XIN L, LIN Y, WANG A, et al. Cytogenetic evaluation for the genotoxicity of bisphenol-A in Chinese hamster ovary cells [J]. Environmental toxicology and pharmacology, 2015, 40 (2): 524 – 529.

[66] AGHAJANPOUR-MIR S M, ZABIHI E, AKHAVAN-NIAKI H, et al. The genotoxic and cytotoxic effects of bisphenol-A (BPA) in MCF-7 cell line and amniocytes [J]. International journal of molecular and cellular medicine, 2016, 5 (1): 19 – 29.

[67] XIN F, JIANG L, LIU X, et al. Bisphenol A induces oxidative stress-associated DNA damage in INS-1 cells [J]. Mutation research-genetic toxicology and environmental mutagenesis, 2014 (769): 29 – 33.

[68] SUTIAKOVA I, KOVALKOVICOVA N, SUTIAK V. Micronucleus assay in bovine lymphocytes after exposure to bisphenol A in vitro [J]. In vitro cellular and developmental biology-animall, 2014, 50 (6): 502 – 506.

[69] LI S, JIN Y, ZHAO H, et al. Evaluation of bisphenol A exposure induced oxidative RNA damage by liquid chromatography-mass spectrometry [J]. Chemosphere, 2019 (222): 235 – 242.

[70] TRABERT B, FALK R, FIGUEROA J, et al. Urinary bisphenol A-glucuronide and postmenopausal breast cancer in Poland [J]. Cancer Causes and Control, 2014, 25 (12): 1587 – 1593.

[71] RASHIDI B H, AMANLOU M, LAK T B, et al. A case-control study of bisphenol A and endometrioma among subgroup of Iranian women [J]. Journal of research in medical sciences, 2017 (22): 7.

[72] TARAPORE P, YING J, OUYANG B, et al. Exposure to bisphenol A correlates with early-onset prostate cancer and promotes centrosome amplification and anchorage-independent growth in vitro [J]. PLoS One, 2014, 9 (3): e90332.

[73] MANDRUP K, BOBERG J, ISLING L K, et al. Low-dose effects of bisphenol A on mammary gland development in rats [J]. Andrology, 2016, 4 (4): 673 – 683.

[74] PRINS G S, HU W Y, XIE L, et al. Evaluation of bisphenol A (BPA) exposures on prostate stem cell homeostasis and prostate cancer risk in the NCTR-Sprague-Dawley rat: an NIEHS/FDA CLARITY-BPA consortium study [J]. Environmental health perspectives, 2018, 126 (11): 117001.

[75] WONG R L, WANG Q, TREVINO L S, et al. Identification of secretaglobin Scgb2a1 as

a target for developmental reprogramming by BPA in the rat prostate [J]. Epigenetics, 2015, 10 (2): 127-134.

[76] HUANG D Y, ZHENG C C, PAN Q, et al. Oral exposure of low-dose bisphenol A promotes proliferation of dorsolateral prostate and induces epithelial-mesenchymal transition in aged rats [J]. Scientific reports, 2018, 8 (1): 490.

[77] WEINHOUSE C, ANDERSON O S, BERGIN I L, et al. Dose-dependent incidence of hepatic tumors in adult mice following perinatal exposure to bisphenol A [J]. Environmental health perspectives, 2014, 122 (5): 485-491.

[78] LEE H S, KANG Y, TAE K, et al. Proteomic biomarkers for bisphenol A-Early exposure and women's thyroid cancer [J]. Cancer Research and Treatment, 2018, 50 (1): 111-117.

[79] JEONG J S, NAM K T, LEE B, et al. Low-dose bisphenol a increases bile duct proliferation in juvenile rats: a possible evidence for risk of liver cancer in the exposed population? [J]. Biomolecules and therapeutics, 2017, 25 (5): 545-552.

[80] BADDING M A, BARRAJ L, WILLIAMS A L, et al. CLARITY-BPA core study: analysis for non-monotonic dose-responses and biological relevance [J]. Food and chemical toxicology, 2019 (131): 110554.

[81] VANDENBERG L N. Non-monotonic dose responses in studies of endocrine disrupting chemicals: bisphenol a as a case study [J]. Dose-response, 2014, 12 (2): 259-276.

[82] BRADLEY E, READ W, CASTLE L. Investigation into the migration potential of coating materials from cookware products [J]. Food additives and contaminants, 2007, 24 (3): 326-335.

[83] BRADLEY E, HONKALAMPI-HäMäLäINEN U, WEBER A, et al. The BIOSAFEPAPER project for in vitro toxicity assessments: preparation, detailed chemical characterisation and testing of extracts from paper and board samples [J]. Food and chemical toxicology, 2008, 46 (7): 2498-2509.

[84] PÉREZ-PALACIOS D, FERNÁNDEZ-RECIO M Á, MORETA C, et al. Determination of bisphenol-type endocrine disrupting compounds in food-contact recycled-paper materials by focused ultrasonic solid-liquid extraction and ultra performance liquid chromatography-high resolution mass spectrometry [J]. Talanta, 2012 (99): 167-174.

[85] LOPEZ-ESPINOSA M J, GRANADA A, ARAQUE P, et al. Oestrogenicity of paper and cardboard extracts used as food containers [J]. Food additives and contaminants, 2007, 24 (1): 95-102.

[86] OLDRING P, CASTLE L, O'MAHONY C, et al. Estimates of dietary exposure to bisphenol A (BPA) from light metal packaging using food consumption and packaging usage data: a refined deterministic approach and a fully probabilistic (FACET) approach [J]. Food additives and contaminants: Part A, 2014, 31 (3): 466-489.

[87] MOUNTFORT K A, KELLY J, JICKELLS S M, et al. Investigations into the potential

degradation of polycarbonate baby bottles during sterilization with consequent release of bisphenol A [J]. Food additives and contaminants, 1997, 14 (6-7): 737-740.

[88] HOEKSTRA E J, SIMONEAU C. Release of bisphenol A from polycarbonate - a review [J]. Critical reviews in food science and nutrition, 2013, 53 (4): 386-402.

[89] BIEDERMANN-BREM S, GROB K, FJELDAL P. Release of bisphenol A from polycarbonate baby bottles: mechanisms of formation and investigation of worst case scenarios [J]. European food research and technology, 2008, 227 (4): 1053-1060.

[90] BIEDERMANN-BREM S, GROB K. Release of bisphenol A from polycarbonate baby bottles: water hardness as the most relevant factor [J]. European food research and technology, 2009, 228 (5): 679-684.

[91] MERCEA P. Physicochemical processes involved in migration of bisphenol A from polycarbonate [J]. Journal of applied polymer science, 2009, 112 (2): 579-593.

[92] DE COENSEL N, DAVID F, SANDRA P. Study on the migration of bisphenol A from baby bottles by stir bar sorptive extraction-thermal desorption-capillary GC-MS [J]. Journal of separation science, 2009, 32 (21): 3829-3836.

[93] KUBWABO C, KOSARAC I, STEWART B, et al. Migration of bisphenol A from plastic baby bottles, baby bottle liners and reusable polycarbonate drinking bottles [J]. Food additives and contaminants, 2009, 26 (6): 928-937.

[94] SIMONEAU C, VALZACCHI S, MORKUNAS V, et al. Comparison of migration from polyethersulphone and polycarbonate baby bottles [J]. Food additives and contaminants: Part A, 2011, 28 (12): 1763-1768.

[95] SANTILLANA M I, RUIZ E, NIETO M, et al. Migration of bisphenol A from polycarbonate baby bottles purchased in the Spanish market by liquid chromatography and fluorescence detection [J]. Food additives and contaminants: Part A, 2011, 28 (11): 1610-1618.

[96] 田泉, 刘英丽, 王静, 等. 高效液相色谱法测定 PC 奶瓶中双酚 A 的含量及其迁移量 [J]. 食品科学, 2012, 33 (22): 255-258.

[97] SIMONEAU C, VAN DEN EEDE L, VALZACCHI S. Identification and quantification of the migration of chemicals from plastic baby bottles used as substitutes for polycarbonate [J]. Food additives and contaminants: Part A, 2012, 29 (3): 469-480.

[98] LE H H, CARLSON E M, CHUA J P, et al. Bisphenol A is released from polycarbonate drinking bottles and mimics the neurotoxic actions of estrogen in developing cerebellar neurons [J]. TOXICOLOGY LETTERS, 2008, 176 (2): 149-156.

[99] MARAGOU N C, MAKRI A, LAMPI E N, et al. Migration of bisphenol A from polycarbonate baby bottles under real use conditions [J]. Food additives and contaminants, 2008, 25 (3): 373-383.

[100] FASANO E, BONO-BLAY F, CIRILLO T, et al. Migration of phthalates, alkylphenols, bisphenol A and di (2-ethylhexyl) adipate from food packaging [J]. Food con-

trol, 2012, 27 (1): 132-138.

[101] 刘忠瑞, 孙立文, 李洋洋, 等. 塑料食品包装材料中双酚 A 的迁移量检测 [J]. 食品安全质量检测学报, 2018, 9 (10): 2350-2355.

[102] GUART A, BONO-BLAY F, BORRELL A, et al. Migration of plasticizersphthalates, bisphenol A and alkylphenols from plastic containers and evaluation of risk [J]. Food additives and contaminants, 2011, 28 (5): 676-685.

[103] FRENCH AGENCY FOR FOOD, ENVIRONMENTAL AND OCCUPATIONAL HEALTH AND SAFETY. Opinion of the French Agency for Food, Environmental and Occupational Health and Safety on the assessment of the risks associated with bisphenol A for human health, and on toxicological data and data on the use of bisphenols S, F, M, B, AP, AF and BADGE [R]. 2013.

[104] CHEN X, WANG C, TAN X, et al. Determination of bisphenol A in water via inhibition of silver nanoparticles-enhanced chemiluminescence [J]. Analytica Chimica Acta, 2011, 689 (1): 92-96.

[105] KAWAMURA Y, ETOH M, HIRAKAWA Y, et al. Bisphenol A in domestic and imported canned foods in Japan [J]. Food additives and contaminants part a-chemistry analysis control exposure and risk assessment, 2014, 31 (2): 330-340.

[106] NIU Y, ZHANG J, DUAN H, et al. Bisphenol A and nonylphenol in foodstuffs: Chinese dietary exposure from the 2007 total diet study and infant health risk from formulas [J]. Food chemistry, 2015, 167: 320-325.

[107] SALAPASIDOU M, SAMARA C, VOUTSA D. Endocrine disrupting compounds in the atmosphere of the urban area of Thessaloniki, Greece [J]. Atmospheric environment, 2011, 45 (22): 3720-3729.

[108] WILSON N K, CHUANG J C, MORGAN M K, et al. An observational study of the potential exposures of preschool children to pentachlorophenol, bisphenol-A, and nonylphenol at home and daycare [J]. Environmental research, 2007, 103 (1): 9-20.

[109] MATSUMOTO H, ADACHI S, SUZUKI Y. Bisphenol A in ambient air particulates responsible for the proliferation of MCF-7 human breast cancer cells and its concentration changes over 6 months [J]. Archives of environmental contamination and toxicology, 2005, 48 (4): 459-466.

[110] FU P, KAWAMURA K. Ubiquity of bisphenol A in the atmosphere [J]. Environmental pollution, 2010, 158 (10): 3138-3143.

[111] KLECKA G, ZABIK J, WOODBURN K, et al. Exposure analysis of C8-and C9-alkylphenols, alkylphenol ethoxylates, and their metabolites in surface water systems within the United States [J]. Human and ecological risk assessment, 2007, 13 (4): 792.

[112] ZHENG C, LIU J, REN J, et al. Occurrence, distribution and ecological risk of bisphenol analogues in the surface water from a water diversion project in nanjing, China [J]. International journal of environmental research and public health, 2019, 16

(18): 3296.

[113] VÖLKEL W, KIRANOGLU M, FROMME H. Determination of free and total bisphenol A in human urine to assess daily uptake as a basis for a valid risk assessment [J]. Toxicology letters, 2008, 179 (3): 155-162.

[114] GEENS T, ROOSENS L, NEELS H, et al. Assessment of human exposure to bisphenol-A, triclosan and tetrabromobisphenol-a through indoor dust intake in Belgium [J]. Chemosphere, 2009, 76 (6): 755-760.

[115] LV Y, RUI C, DAI Y, et al. Exposure of children to BPA through dust and the association of urinary BPA and triclosan with oxidative stress in Guangzhou, China [J]. Environmental science processes and impacts, 2016, 18 (12): 1492-1499.

[116] 刘文龙. 上海城区室内灰尘中双酚A和邻苯二甲酸酯的研究 [D]; 上海大学, 2017.

[117] BIEDERMANN S, TSCHUDIN P, GROB K. Transfer of bisphenol A from thermal printer paper to the skin [J]. Analytical and bioanalytical chemistry, 2010, 398 (1): 571-576.

[118] LIAO C, KANNAN K. Widespread occurrence of bisphenol A in paper and paper products: implications for human exposure [J]. Environmental science and technology, 2011, 45 (21): 9372-9379.

[119] LIAO C, KANNAN K. High levels of bisphenol A in paper currencies from several countries, and implications for dermal exposure [J]. Environmental science and technology, 2011, 45 (16): 6761-6768.

[120] FAN R, ZENG B, LIU X, et al. Levels of bisphenol-A in different paper products in Guangzhou, China, and assessment of human exposure via dermal contact [J]. Environmental science processes and impacts, 2015, 17 (3): 667-673.

[121] VIÑAS P, LÓPEZ-GARCÍA I, CAMPILLO N, et al. Ultrasound-assisted emulsification microextraction coupled with gas chromatography-mass spectrometry using the Taguchi design method for bisphenol migration studies from thermal printer paper, toys and baby utensils [J]. Analytical and bioanalytical chemistry, 2012, 404 (3): 671-678.

[122] CACHO J I, CAMPILLO N, VIÑAS P, et al. Stir bar sorptive extraction with EG-Silicone coating for bisphenols determination in personal care products by GC-MS [J]. 2013, 78-79 (9): 255-260.

[123] DODSON R E, NISHIOKA M, STANDLEY L J, et al. Endocrine disruptors and asthma-associated chemicals in consumer products [J]. Environmental health perspectives, 2012, 120 (7): 935-943.

[124] KANG Y G, KIM J Y, KIM J, et al. Release of bisphenol A from resin composite used to bond orthodontic lingual retainers [J]. American journal of orthodontics and dentofacial orthopedics, 2011, 140 (6): 779-789.

[125] BECKER K, GÜEN T, SEIWERT M, et al. GerES Ⅳ: phthalate metabolites and bis-

phenol A in urine of German children [J]. International journal of hygiene and environmental health, 2009, 212 (6): 685 – 692.

[126] KOLOSSA-GEHRING M, BECKER K, CONRAD A, et al. Environmental surveys, specimen bank and health related environmental monitoring in Germany [J]. International journal of hygiene and environmental health, 2012, 215 (2): 120 – 126.

[127] KOCH H M, KOLOSSA-GEHRING M, SCHRÖTER-KERMANI C, et al. Bisphenol A in 24 h urine and plasma samples of the German Environmental Specimen Bank from 1995 to 2009: a retrospective exposure evaluation [J]. Journal of exposure science and environmental epidemiology, 2012, 22 (6): 610.

[128] KASPER-SONNENBERG M, WITTSIEPE J, KOCH H M, et al. Determination of bisphenol A in urine from mother-child pairs – results from the Duisburg birth cohort study, Germany [J]. Journal of toxicology and environmental health, Part A, 2012, 75 (8 – 10): 429 – 437.

[129] CASAS L, FERNÁNDEZ M F, LLOP S, et al. Urinary concentrations of phthalates and phenols in a population of Spanish pregnant women and children [J]. Environment international, 2011, 37 (5): 858 – 866.

[130] US CENTERS FOR DISEASE CONTROL AND PREVENTION. Fourth national report on human exposure to environmental chemicals, updated tables [R]. Atlanta, GA: Department of Health and Human Services, 2012.

[131] 李旭. 广州市饮用水、奶瓶与学生尿样中壬基酚、双酚 A 和三氯生的调查及人体健康初步评估 [D]. 中国科学院研究生院, 2010.

[132] LEHMLER H J, LIU B, GADOGBE M, et al. Exposure to bisphenol A, bisphenol F, and bisphenol S in U. S. adwlts and children: The National Health and Nutrition Examination Suruey 2013—2014 [J]. ACS omega, 2018, 3 (6): 6523 – 6532.

[133] 王盈灿. 学龄儿童双酚 A 暴露现状及其与肥胖关系的研究 [D]. 上海交通大学, 2015.

[134] ZHAO S, WANG C, PAN R, et al. Urinary bisphenol A (BPA) concentrations and exposure predictors among pregnant women in the Laizhou Wan Birth Cohort (LWBC), China [J]. Environmental science and pollution research, 2019, 26 (19): 19403 – 19410.

[135] HUANG S, LI J, XU S, et al. Bisphenol A and bisphenol S exposures during pregnancy and gestational age-A longitudinal study in China [J]. Chemosphere, 2019, 237: 124426.

[136] GYLLENHAMMAR I, GLYNN A, DARNERUD P O, et al. 4-Nonylphenol and bisphenol A in Swedish food and exposure in Swedish nursing women [J]. Environment international, 2012 (43): 21 – 28.

[137] YE X, TAO L J, NEEDHAM L L, et al. Automated on-line column-switching HPLC-MS/MS method for measuring environmental phenols and parabens in serum [J]. Talan-

ta, 2008, 76 (4): 865 - 871.

[138] YE X, ZHOU X, WONG L Y, et al. Concentrations of bisphenol A and seven other phenols in pooled sera from 3 - 11 year old children: 2001 - 2002 National Health and Nutrition Examination Survey [J]. Environmental science and technology, 2012, 46 (22): 12664 - 12671.

[139] KOSARAC I, KUBWABO C, LALONDE K, et al. A novel method for the quantitative determination of free and conjugated bisphenol A in human maternal and umbilical cord blood serum using a two-step solid phase extraction and gas chromatography/tandem mass spectrometry [J]. Journal of chromatography B, 2012 (898): 90 - 94.

[140] BLOOM M S, KIM D, VOM SAAL F S, et al. Bisphenol A exposure reduces the estradiol response to gonadotropin stimulation during in vitro fertilization [J]. Fertility and sterility, 2011, 96 (3): 672 - 677.

[141] SAINT L, SMITH M, HARTMANN P E. The yield and nutrient content of colostrum and milk of women from giving birth to 1 month post-partum [J]. British journal of nutrition, 1984, 52 (1): 87 - 95.

[142] MIGEOT V, DUPUIS A, CARIOT A, et al. Bisphenol A and its chlorinated derivatives in human colostrum [J]. Environmental science and technology, 2013, 47 (23): 13791 - 13797.

[143] CARIOT A, DUPUIS A, ALBOUY-LLATY M, et al. Reliable quantification of bisphenol A and its chlorinated derivatives in human breast milk using UPLC-MS/MS method [J]. Talanta, 2012, 100: 175 - 182.

[144] KURUTO-NIWA R, TATEOKA Y, USUKI Y, et al. Measurement of bisphenol A concentrations in human colostrum [J]. Chemosphere, 2007, 66 (6): 1160 - 1164.

[145] KODAIRA T, KATO I, LI J, et al. Novel ELISA for the measurement of immunoreactive bisphenol A [J]. Biomedical Research, 2000, 21 (2): 117 - 121.

[146] ASIMAKOPOULOS A G, THOMAIDIS N S, KOUPPARIS M A. Recent trends in biomonitoring of bisphenol A, 4-t-octylphenol, and 4-nonylphenol [J]. Toxicology letters, 2012, 210 (2): 141 - 154.

[147] YE X, KUKLENYIK Z, NEEDHAM L L, et al. Measuring environmental phenols and chlorinated organic chemicals in breast milk using automated on-line column-switching-high performance liquid chromatography - isotope dilution tandem mass spectrometry [J]. Journal of chromatography B, 2006, 831 (1 - 2): 110 - 115.

[148] DUTY S M, MENDONCA K, HAUSER R, et al. Potential sources of bisphenol A in the neonatal intensive care unit [J]. Pediatrics, 2013, 131 (3): 483 - 489.

[149] US FOOD AND DRUG ADMINISTRATION. Draft assessment of bisphenol A for use in food contact applications [R]. Washington, DC: Department of Health and Human Services, 2008.

[150] 赵娜娜, 应力, 孙方云, 等. 温州市食品环境雌激素污染状况及风险评估 [J]. 温

州医科大学学报, 2013, 44 (3): 173-176.

[151] 贺栋梁. 中国居民EDCs膳食暴露概率评估及低剂量BPA致雄性大鼠生殖毒性的研究 [D]. 华中科技大学, 2015.

[152] 肖文, 刘兆平, 隋海霞, 等. 积聚暴露评估方法的建立及其在我国0～6月龄婴儿双酚A风险评估中的应用 [J]. 中国食品卫生杂志, 2018, 30 (4): 429-435.

[153] 魏婷婷, 徐志祥, 徐龙华. 食品和环境介质中双酚A前处理技术研究进展 [J]. 食品研究与开发, 2018, 39 (22): 193-199.

[154] 张雨佳, 凌云, 张元, 等. 食品及环境样品中双酚类物质的前处理及检测方法研究进展 [J]. 色谱, 2019, 37 (12): 1268-74.

[155] SZYMAŃSKI A, RYKOWSKA I, WASIAK W. Determination of bisphenol A in water and milk by micellar liquid chromatography [J]. Acta chromatographica, 2006 (17): 161-172.

[156] 乔丽丽, 郑力行, 蔡德培. 性早熟女童血清中双酚A、辛基酚、4-壬基酚测定和分析 [J]. 卫生研究, 2010, 39 (1): 9-12.

[157] 任霁晴, 贾大兵, 壮亚峰. 紫外分光光度法测定塑料制品中双酚A [J]. 吉林化工学院学报, 2007 (4): 40-42.

[158] 唐舒雅, 庄惠生. 荧光法测定水中双酚A残留的研究 [J]. 工业水处理, 2006 (3): 74-76.

[159] 吴淑燕, 许茜, 陈天舒, 等. 尼龙6纳米纤维膜固相膜萃取-高效液相色谱法测定塑料瓶装矿泉水中双酚A [J]. 分析化学, 2010, 38 (4): 503-507.

[160] 宣栋樑, 陈静. 固相萃取-高效液相色谱法测定婴幼儿奶瓶中溶出的双酚A [J]. 现代预防医学, 2008, 35 (23): 4663-4665.

[161] 肖晶, 邵兵, 吴永宁, 等. HPLC-FL法检测尿液中类雌激素双酚A和烷基酚 [J]. 中国食品卫生杂志, 2008 (2): 111-114.

[162] 杨成对, 宋莉晖. 双酚A残留的检测方法研究 [J]. 食品科学, 2008 (7): 316-317.

[163] SONG W, LI C, MOEZZI B. Simultaneous determination of bisphenol A, aflatoxin B1, ochratoxin A, and patulin in food matrices by liquid chromatography/mass spectrometry [J]. Rapid communications in mass spectrometry, 2013, 27 (6): 671-680.

[164] 胡小键, 张海婧, 王肖红, 等. 固相萃取液相色谱串联质谱法检测尿中双酚类和卤代双酚类物质 [J]. 分析化学, 2014, 42 (7): 1053-1056.

[165] 朱传新, 郑艳容. 超高效液相色谱串联三重四极杆质谱法快速测定人血清中双酚A和4-叔丁基苯酚 [J]. 中国卫生检验杂志, 2016, 26 (12): 1689-1692.

[166] 王彬, 牛宇敏, 张晶, 等. 丹磺酰氯衍生-超高效液相色谱串联质谱法测定母乳中8种双酚类物质 [J]. 卫生研究, 2017, 46 (06): 965-970.

[167] 克选. 加速溶剂萃取气相色谱-质谱法检测土壤中双酚A [J]. 中国测试, 2016, 42 (3): 45-7+63.

[168] 黄会, 邓旭修, 张华威, 等. 凝胶渗透色谱-固相萃取-气相色谱-质谱法测定水

产品中辛基酚、壬基酚和双酚 A［J］. 食品科学, 2013, 34（24）: 116 – 120.

［169］ 吴鸳鸯, 施卫星, 陈枢青. GC/MS 同时检测人体尿液中 β – 雌二醇、双酚 A、己烯雌酚和沙丁胺醇的含量［J］. 浙江大学学报（医学版）, 2009, 38（3）: 235 – 241.

［170］ RODRIGUEZ-MOZAZ S, DE ALDA M L, BARCELÓ D. Analysis of bisphenol A in natural waters by means of an optical immunosensor［J］. Water research, 2005, 39 (20): 5071 – 5079.

［171］ WANG X, ZENG H, ZHAO L, et al. Selective determination of bisphenol A (BPA) in water by a reversible fluorescence sensor using pyrene/dimethyl β-cyclodextrin complex［J］. Analytica Chimica Acta, 2006, 556 (2): 313 – 318.

［172］ 高芳芳, 刘军英, 鹿文慧, 等. 毛细管电泳结合压力辅助电动进样测定水样中 4 种酚类雌激素［J］. 色谱, 2018, 36（6）: 573 – 577.

［173］ KADDAR N, BENDRIDI N, HARTHÉ C, et al. Development of a radioimmunoassay for the measurement of Bisphenol A in biological samples［J］. Analytica Chimica Acta, 2009, 645 (1 – 2): 1 – 4.

［174］ KIM A, LI C R, JIN C F, et al. A sensitive and reliable quantification method for bisphenol A based on modified competitive ELISA method［J］. Chemosphere, 2007, 68 (7): 1204 – 1209.

［175］ RAHMAN M A, SHIDDIKY M J, PARK J S, et al. An impedimetric immunosensor for the label-free detection of bisphenol A［J］. Biosensors and bioelectronics, 2007, 22 (11): 2464 – 2470.

［176］ XU Z, KUANG H, YAN W, et al. Facile and rapid magnetic relaxation switch immunosensor for endocrine-disrupting chemicals［J］. Biosensors and bioelectronics, 2012, 32 (1): 183 – 187.

［177］ MITA D, ATTANASIO A, ARDUINI F, et al. Enzymatic determination of BPA by means of tyrosinase immobilized on different carbon carriers［J］. Biosensors and bioelectronics, 2007, 23 (1): 60 – 65.

［178］ GUO C, ZHOU C, SAI N, et al. Detection of bisphenol A using an opal photonic crystal sensor［J］. Sensors and actuators B: chemical, 2012 (166): 17 – 23.

［179］ TEEGUARDEN J G, WAECHTER J M, CLEWELL H J, et al. Evaluation of oral and intravenous route pharmacokinetics, plasma protein binding, and uterine tissue dose metrics of bisphenol A: a physiologically based pharmacokinetic approach［J］. Toxicological sciences, 2005, 85 (2): 823 – 838.

［180］ MIELKE H, GUNDERT-REMY U. Bisphenol A levels in blood depend on age and exposure［J］. Toxicology letters, 2009, 190 (1): 32 – 40.

［181］ EDGINTON AN, RITTER L. Predicting plasma concentrations of bisphenol A in children younger than 2 years of age after typical feeding schedules, using a physiologically based toxicokinetic model［J］. Environmental health perspectives, 2009, 117 (4):

645-652.

[182] FISHER J W, TWADDLE N C, VANLANDINGHAM M, et al. Pharmacokinetic modeling: prediction and evaluation of route dependent dosimetry of bisphenol A in monkeys with extrapolation to humans [J]. Toxicology and applied pharmacology, 2011, 257 (1): 122-136.

[183] YANG X, DOERGE D R, TEEGUARDEN J G, et al. Development of a physiologically based pharmacokinetic model for assessment of human exposure to bisphenol A [J]. Toxicology and applied pharmacology, 2015, 289 (3): 442-456.

[184] KARRER C, ROISS T, VON GOETZ N, et al. Physiologically based pharmacokinetic (PBPK) modeling of the bisphenols BPA, BPS, BPF, and BPAF with new experimental metabolic parameters: comparing the pharmacokinetic behavior of BPA with its substitutes [J]. Environmental health perspectives, 2018, 126 (7): 077002.

[185] SHARMA R P, SCHUHMACHER M, KUMAR V. The development of a pregnancy PB-PK model for bisphenol A and its evaluation with the available biomonitoring data [J]. The science of the total environment, 2018 (624): 55-68.

[186] TRDAN LUšIN T, ROšKAR R, Mrhar A. Evaluation of bisphenol A glucuronidation according to UGT1A1 * 28 polymorphism by a new LC-MS/MS assay [J]. Toxicology, 2012, 292 (1): 33-41.

[187] THAYER K A, DOERGE D R, HUNT D, et al. Pharmacokinetics of bisphenol A in humans following a single oral administration [J]. Environment international, 2015 (83): 107-115.

[188] TEEGUARDEN J G, TWADDLE N C, CHURCHWELL M I, et al. 24-hour human urine and serum profiles of bisphenol A: evidence against sublingual absorption following ingestion in soup [J]. Toxicology and applied pharmacology, 2015, 288 (2): 131-142.

[189] RAHMAN M S, KWON W S, YOON S J, et al. A novel approach to assessing bisphenol-A hazards using an in vitro model system [J]. BMC genomics, 2016 (17): 577.

[190] TAKAYANAGI S, TOKUNAGA T, LIU X, et al. Endocrine disruptor bisphenol A strongly binds to human estrogen-related receptor gamma (ERRgamma) with high constitutive activity [J]. Toxicology letters, 2006, 167 (2): 95-105.

[191] NADAL A, ROPERO A B, LARIBI O, et al. Nongenomic actions of estrogens and xenoestrogens by binding at a plasma membrane receptor unrelated to estrogen receptor alpha and estrogen receptor beta [J]. Proceedings of the National Academy of Sciences of the United States of America, 2000, 97 (21): 11603-11608.

[192] BONEFELD-JORGENSEN E C, LONG M, HOFMEISTER M V, et al. Endocrine-disrupting potential of bisphenol A, bisphenol A dimethacrylate, 4-n-nonylphenol, and 4-n-octylphenol in vitro: new data and a brief review [J]. Environmental Health Perspectives, 2007, 115 (Suppl 1): 69-76.

[193] NAZ R K, SELLAMUTHU R. Receptors in spermatozoa: are they real? [J]. Journal of Andrology, 2006, 27 (5): 627-636.

[194] WILLIAMS C, BONDESSON M, KREMENTSOV D N, et al. Gestational bisphenol A exposure and testis development [J]. Endocrine Disruptors (Austin, Tex), 2014, 2 (1): e29088.

[195] DELBES G, LEVACHER C, HABERT R. Estrogen effects on fetal and neonatal testicular development [J]. Reproduction, 2006, 132 (4): 527-538.

[196] JEFFERSON W N, COUSE J F, BANKS E P, et al. Expression of estrogen receptor beta is developmentally regulated in reproductive tissues of male and female mice [J]. Biology of reproduction, 2000, 62 (2): 310-317.

[197] HELDRING N, PIKE A, ANDERSSON S, et al. Estrogen receptors: how do they signal and what are their targets [J]. Physiological reviews, 2007, 87 (3): 905-931.

[198] SHENG Z G, ZHU B Z. Low concentrations of bisphenol a induce mouse spermatogonial cell proliferation by g protein-coupled receptor 30 and estrogen receptor-α [J]. Environmental health perspectives, 2011, 119 (12): 1775-1780.

[199] GE L C, CHEN Z J, LIU H Y, et al. Involvement of activating ERK1/2 through G protein coupled receptor 30 and estrogen receptor alpha/beta in low doses of bisphenol A promoting growth of Sertoli TM4 cells [J]. Toxicology letters, 2014, 226 (1): 81-89.

[200] RAHMAN M S, KWON W S, LEE J S, et al. Bisphenol-A affects male fertility via fertility-related proteins in spermatozoa [J]. Scientific reports, 2015 (5): 9169.

[201] WAN X, RU Y, CHU C, et al. Bisphenol A accelerates capacitation-associated protein tyrosine phosphorylation of rat sperm by activating protein kinase A [J]. Acta Biochimica et Biophysica Sinica, 2016, 48 (6): 573-580.

[202] QI S, FU W, WANG C, et al. BPA-induced apoptosis of rat sertoli cells through Fas/FasL and JNKs/p38 MAPK pathways [J]. Reproductive toxicology, 2014 (50): 108-116.

[203] QIAN W, ZHU J, MAO C, et al. Involvement of CaM-CaMK II-ERK in bisphenol A-induced Sertoli cell apoptosis [J]. Toxicology, 2014 (324): 27-34.

[204] WANG C, FU W, QUAN C, et al. The role of Pten/Akt signaling pathway involved in BPA-induced apoptosis of rat Sertoli cells [J]. Environmental toxicology, 2015, 30 (7): 793-802.

[205] LI Y, DUAN F, ZHOU X, et al. Differential responses of GC1 spermatogonia cells to high and low doses of bisphenol A [J]. Molecular medicine reports, 2018, 18 (3): 3034-3040.

[206] ADOAMNEI E, MENDIOLA J, VELA-SORIA F, et al. Urinary bisphenol A concentrations are associated with reproductive parameters in young men [J]. Environmental research, 2018, 161: 122-128.

［207］RADWAN M, WIELGOMAS B, DZIEWIRSKA E, et al. Urinary bisphenol a levels and male fertility［J］. American journal of men's health, 2018, 12（6）: 2144 – 2151.

［208］MANTZOUKI C, BLIATKA D, ILIADOU P K, et al. Serum bisphenol A concentrations in men with idiopathic infertility［J］. Food and chemical toxicology, 2019（125）: 562 – 565.

［209］POLLARD S H, COX K J, BLACKBURN B E, et al. Male exposure to bisphenol A （BPA） and semen quality in the Home Observation of Periconceptional Exposures （HOPE） cohort［J］. Reproductive toxicology, 2019（90）: 82 – 87.

［210］LASSEN T H, FREDERIKSEN H, JENSEN T K, et al. Urinary bisphenol A levels in young men: association with reproductive hormones and semen quality［J］. Environmental health perspectives, 2014, 122（5）: 478 – 484.

［211］GOLDSTONE A E, CHEN Z, PERRY M J, et al. Urinary bisphenol A and semen quality, the LIFE study［J］. Reproductive toxicology, 2015, 51: 7 – 13.

［212］HART R J, DOHERTY D A, KEELAN J A, et al. The impact of antenatal bisphenol A exposure on male reproductive function at 20 – 22 years of age［J］. Reproductive bio-Medicine online, 2018, 36（3）: 340 – 347.

［213］LI X, WANG Y, WEI P, et al. Bisphenol A affects trophoblast invasion by inhibiting CXCL8 expression in decidual stromal cells［J］. Molecular and cellular endocrinology, 2018（470）: 38 – 47.

［214］XU X H, WANG Y M, ZHANG J, et al. Perinatal exposure to bisphenol A changes N-methyl-D-aspartate receptor expression in the hippocampus of male rat offspring［J］. Environmental toxicology and chemistry, 2010, 29（1）: 176 – 181.

［215］XU X H, ZHANG J, WANG Y M, et al. Perinatal exposure to bisphenol A impairs learning-memory by concomitant down-regulation of N-methyl-d-aspartate receptors of hippocampus in male offspring mice［J］. Hormones and behavior, 2010, 58（2）: 326 – 333.

［216］XU X B, HE Y, SONG C, et al. Bisphenol a regulates the estrogen receptor alpha signaling in developing hippocampus of male rats through estrogen receptor［J］. Hippocampus, 2014, 24（12）: 1570 – 1580.

［217］XU X, YE Y, LI T, et al. Bisphenol A rapidly promotes dynamic changes in hippocampal dendritic morphology through estrogen receptor-mediated pathway by concomitant phosphorylation of NMDA receptor subunit NR2B［J］. Toxicology and applied pharmacology, 2010, 249（2）: 188 – 196.

［218］XU X, LU Y, ZHANG G, et al. Bisphenol A promotes dendritic morphogenesis of hippocampal neurons through estrogen receptor-mediated ERK1/2 signal pathway［J］. Chemosphere, 2014（96）: 129 – 137.

［219］HASEGAWA Y, OGIUE-IKEDA M, TANABE N, et al. Bisphenol A significantly modulates long-term depression in the hippocampus as observed by multi-electrode system

[J]. Neuroendocrinology letters, 2013, 34 (2): 129-134.

[220] CHEN X, WANG Y, XU F, et al. The rapid effect of bisphenol-a on long-term potentiation in hippocampus involves estrogen receptors and ERK activation [J]. Neural plasticity, 2017 (2017): 5196958.

[221] WANG C, LI Z, HAN H, et al. Impairment of object recognition memory by maternal bisphenol A exposure is associated with inhibition of Akt and ERK/CREB/BDNF pathway in the male offspring hippocampus [J]. Toxicology, 2016 (341-343): 56-64.

[222] WANG C, NIU R, ZHU Y, et al. Changes in memory and synaptic plasticity induced in male rats after maternal exposure to bisphenol A [J]. Toxicology, 2014 (322): 51-60.

[223] ZHOU Y, WANG Z, XIA M, et al. Neurotoxicity of low bisphenol A (BPA) exposure for young male mice: Implications for children exposed to environmental levels of BPA [J]. Environmental pollution, 2017 (229): 40-48.

[224] HINDMAN A R, LINK A P, RUDEL R A. Early-life stromal estrogen receptor activation by endocrine disrupting chemicals in the mammary gland leading to enhanced cancer risk [EB/OL]. (2020-01-09) [2021-06-02]. http://www.https://aopwiki.org/aops/295.

[225] NATIONAL TOXICOLOGY PROGRAM. Carcinogenesis Bioassay of Bisphenol A (CAS No. 80-05-7) in F344 Rats and B6C3F1 Mice (Feed Study) [R]. 1982.

第三章 铅

1 引言

铅是工农业生产中常使用的一种有毒金属，广泛分布于自然界。铅有 +2 价和 +4 价两种价态，可分为无机铅和有机铅两种。铅的无机化合物以 +2 价常见，而有机铅化合物则以 +4 价为主。根据环境介质（空气、土壤、水和食物）中铅分离的方法，又可将铅的形态分为：水溶性与可交换态（F1），碳酸盐结合态、可氧化态和可还原态（F2），有机结合态、氧化物与硫化物结合态（F3），以及残渣态（F4）。不同价态和形态的铅，均可经呼吸道、消化道和皮肤进入机体，但吸收率及生物利用度不同，在体内的 ADME 过程也不尽相同，因而其毒效应也有差异。经食物、水及饮料等由消化道摄入铅，被认为是人群铅暴露最重要的途径，可引起神经系统、造血系统、生殖发育系统等全身多器官或系统损伤，严重影响人类健康。通过长期的铅毒性研究和风险评估，人类在防控铅危害中取得了长足进步，并制定了更加严格的铅暴露接触限值。

铅毒性测试以往主要是依靠动物实验，存在周期长、耗费大、结果外推的不确定性等不足。同时，也不符合国际毒理学界所倡导的动物实验 "3R" 原则。因此，美国 NRC 于 2007 年提出了《21 世纪毒性测试：愿景与策略》，强调基于人的生物学，优先采用人源性细胞系开展毒性通路研究的策略，将毒性通路与机体和暴露途径联系起来。这也促进了铅毒性通路和铅暴露风险评价的研究，但在进一步开展铅污染风险评价时，由于铅对多系统、多器官的作用，我们仍需要考虑：①合适的体外细胞模型选择和构建；②毒性通路扰动与效应/反应之间的关系；③体外细胞模型结果外推至整体的剂量-反应关系；④发展毒性通路检测及计算毒理学等方法技术。

本章回顾了环境介质中，尤其是食物中铅的存在形态，铅经口 ADME 及铅毒作用机制，并介绍了目前基于毒作用模式（MOA）的一系列关键事件（KE）的确认及铅 MOA 框架提出，为进一步开展基于 MOA 框架的铅暴露风险评估提出研究方向。

2 铅的理化特性

铅（lead，Pb），CAS 号 7439-92-1，位于第六周期ⅣA族，原子序数为82，相对原子质量为207.2，是一种灰白色重金属，暴露于空气中会失去光泽，变成暗灰色。铅密度为 11.35 g/cm^3，熔点为 327 ℃，沸点为 1 749 ℃。

自然界中的铅有4种稳定同位素，即 ^{204}Pb、^{206}Pb、^{207}Pb 和 ^{208}Pb，还有 20 多种放射性同位素。+2价和+4价是铅常见的两种价态，可形成无机和有机铅化合物。铅的无机化合物以+2价常见，如氟化铅（PbF_2）、氯化铅（$PbCl_2$）、硫化铅（PbS）、氧化铅（PbO）等。+4价无机铅化合物稳定性较差，主要见于PbO在进一步氧化时生成的混合氧化物 Pb_3O_4 中。Pb_3O_4 实际是 PbO（Pb^{2+}）和 PbO_2（Pb^{4+}）的混合价铅化合物。有机铅化合物则以+4价为主，如四甲基铅（$C_4H_{12}Pb$）和四乙基铅（$C_8H_{20}Pb$）是相对稳定的有机铅化合物。随着含铅汽油的禁止使用，该类铅化合物已很少被接触，因此，以往对铅毒性的研究以无机铅为主，对有机铅毒性缺乏系统性评估。

2.1 铅在环境及食品中的存在形式

2.1.1 常见铅污染物的形态

铅在自然界分布广泛，地壳中的铅丰度约为 15 mg/kg。环境中的铅很少以天然的单金属形式出现，赋存分子状态以硫化物结合态为主，而方铅矿（主要含 PbS）是最主要的含铅矿石。另外，硼锌矿（$Pb_5Sb_4S_{11}$）、角铁（$PbSO_4$）、陶粒或白铅矿（$PbCO_3$），均与方铅矿有联系。在常见的岩石类型中，包括花岗岩、流纹岩、蒸发沉积物、黑色页岩和火成岩，铅含量范围为 1~30 mg/kg[1]。

根据溶解性，铅化合物可分为可溶性和不溶性两大类。主要的可溶性铅化合物有乙酸铅（$C_4H_6O_4Pb$）、氯化铅（$PbCl_2$）、硝酸铅（N_2O_6Pb）、次乙酸铅（$C_4H_{10}O_8Pb_3$）。不溶性的铅化合物包括砷酸铅（$As_2O_8Pb_3$）、叠氮化铅（N_6Pb）、溴化铅（$PbBr_2$）、氟化铅（PbF_2）、磷酸铅（$Pb_3P_2O_8$）、硬脂酸铅（$C_{36}H_{70}O_4Pb$）、硫酸铅（$PbSO_4$）、硫氰酸铅（$C_2N_2PbS_2$）、碳酸铅（$PbCO_3$）、氟硼酸铅（B_2F_8Pb）、铬酸铅（$PbCrO_4$）、碘化铅（PbI_2）、环烷酸铅（$C_{22}H_{14}O_4Pb$）、氧化铅（PbO）、苯甲酸铅（$C_7H_6O_2Pb$）、硫化铅（PbS）和四氧化铅（Pb_3O_4），还有两种不溶性有机铅，四乙基铅（$C_8H_{20}Pb$）和四甲基铅（$C_4H_{12}Pb$）。国际上对环境中铅形态还有其他划分方式，但均以所用提取试剂的顺序来划分，有 Tessier、Gambrell、Shuman 及 BCR（The Community Bureau of Reference）[2-5]等方法。Fernández 综合上述四种划分方法后，将铅化合物分为四种：水溶性与可交换态（F1），碳酸盐结合态、可氧化态和可还原态（F2），有机结合态、氧化物与硫化物结合态（F3）及残渣态（F4）[6]。F1 溶解性强，易于被生物体吸收。如乙酸铅（$C_4H_6O_4Pb$）溶解性强，15 ℃时，溶解度为 0.456 g/mL，100 ℃时可达 2.0 g/mL。

溶于水中的铅离子极易透过细胞膜被生物体吸收。F2 在酸性条件或氧化还原条件发生改变时易转化为 F1。如 pH≤2 时，难溶性碳酸铅（$PbCO_3$）中的铅溶解出来，转化为溶解态铅，其生物利用度甚至可达 90% 以上[7]。因此，F1 和 F2 被视为生物有效态铅，易于被生物体吸收，F3、F4 则能稳定存在。这种划分方法可以更好地描述铅在环境中的迁移特征。不同来源的铅污染物形态不同，决定了铅在环境中的迁移转化能力和生物可利用性。

环境中无处不在的铅污染物，使得铅暴露介质多种多样，其中包括食物。食物铅经口摄入是极常见的人体内铅负荷来源。但由于食物中的铅往往通过环境铅污染物的迁移和转化而来，其含量相对较低，因此容易被忽视，可能给人体健康带来极大的伤害。根据公开发表的文献，我国居民膳食中受到铅污染的食品主要有粮食、蔬菜、水产品、肉类和蛋类。多地调查发现，在抽查的这些食品样本中有 50% 以上检出了铅，有些甚至高达 100%[8]，而超标率最高的可达 7.84%[9]。虽然我国监测结果显示，食品中铅含量有逐年下降的趋势[10-11]，但某些地方的食物中仍有较高水平的铅，如铅在大米、叶菜类蔬菜和水产品中的含量分别为 6.66 mg/kg、10.00 mg/kg 和 7.42 mg/kg[12]。目前在各类食物中开展的铅污染研究，由于食物中成分复杂及分析技术的限制，均以总铅测定为主，开展铅形态分析的少见。已有的分析表明，食物中的铅均是 +2 价，在植物性食物中可检测出硬脂酸铅（$C_{36}H_{70}O_4Pb$）、乙酸铅（$C_4H_6O_4Pb$）、磷氯铅矿（$ClO_{12}P_3Pb_5$）[13]及与蛋白结合的铅；而对动物性食物中铅形态的分析少见，有报道在海产品中检测到三甲基氯化铅（C_3H_9ClPb）[14]。

2.1.2 常见铅污染来源及经口暴露途径

环境铅污染物的来源主要有两个方面：一是自然原因，二是人为排放。铅的自然来源包括矿物、风化、森林火灾和从植被排放的碎颗粒[15]。铅的人为排放是指工业生产和交通运输等人类活动造成的铅排放，是当今环境铅污染的主要原因。引起铅排放的人类活动主要包括：①铅矿石的开采与冶炼；②铅蓄电池、油漆、塑料、橡胶、铅玻璃等含铅产品的制造、生产过程中释放的铅；③含铅农药的使用，最常见的含铅农药是砷酸铅（$As_2O_8Pb_3$）；④煤炭燃烧、垃圾焚烧和电子垃圾的处理。各种生活垃圾，尤其是电子废弃物的处置带来的重金属铅污染已引发人们的关注。

含铅汽油曾是 20 世纪大气铅污染的主要来源，但发达国家从 20 世纪 80 年代开始逐步禁用，我国也于 2000 年开始全面禁止销售。这一措施使大气铅污染得到有效改善，但仍处于较高水平[16]。据调查[17]显示，中国东部环境（底泥、淤泥沉积物）铅污染来源中，燃煤排放占据了主导，达到 13%～43%；其次是化学肥料和有机肥料，分别为 1%～13% 和 5%～14%，而含铅汽油的贡献率低于 8%。人类活动排放的铅，随着废水、废气、废渣等进入环境，造成水、大气和土壤的铅污染，并在环境中发生迁移，随食物链而富集。人体长年累月摄入铅富集的食物使得机体铅负荷增加，将对健康造成严重危害。

2.1.2.1 大气中的铅

大气中的铅主要附着于颗粒物。美国 2014 年监测点空气中铅平均浓度和中位数浓度分别为 0.012 μg/m³ 和 0.010 μg/m³[18]。欧洲国家非工业区空气铅浓度为 0.003～

0.010 μg/m³,工业区附近为 0.030～0.100 μg/m³,高污染区则 >10.000 μg/m³[19]。人类活动使大量含铅废气释放,导致大气中的铅污染物浓度升高,主要以 $PbSO_4$、$PbCO_3$、$PbCl_2$、PbO、PbS 和其他不溶性矿物颗粒为主。我国大气铅污染物主要以碳酸盐结合态及可氧化还原态(F2)存在[20-22]。例如,南京市 $PM_{2.5}$ 中,铅污染物主要为弱酸提取态,且冬季的时候浓度最高,夏季最低。大气中的铅,除了经呼吸道吸入人体外,更重要的是通过沉降作用直接被植物叶面吸收或进入水体与土壤。如玉米叶吸收大气颗粒物中的铅,并转移至籽粒[23]。多项调查分析发现,大气颗粒物中铅对农作物中铅含量有重要贡献。如小麦籽粒中大气颗粒物中铅的平均贡献率达到 80.82%,远高于土壤源的贡献[24]。蔬菜中大气颗粒物中铅贡献率在茎部为 43%～71%,叶片为 72%～85%,其中油菜叶大气颗粒物中铅贡献率达 85%,辣椒可食部达 90%[25]。所以,经根系吸收土壤铅,并非植物铅污染的唯一途径。大气中可溶性铅也可直接进入水体和土壤,并被植物根茎吸收,富集于各种植物。而碳酸盐结合态及可氧化还原态(F2)的铅在弱碱性条件下转化为溶解性强的可交换态(F1)后,也将对生态环境和人类健康安全产生严重危害。

2.1.2.2 水和沉积物中的铅

铅通常以硫酸铅($PbSO_4$)、氯化铅($PbCl_2$)、Pb^{2+} 和氢氧化铅[$Pb(OH)_2$]形式存在于酸性水环境中。在 pH < 7.5 的淡水中,铅以 Pb^{2+} 形式存在;但在碱性条件下,Pb^{2+} 与溶解的碳酸盐络合成碳酸铅($PbCO_3$)。氯化铅($PbCl_2$)和碳酸铅($PbCO_3$)是海水中形成的主要络合物。海水中铅浓度中位数为 0.03 μg/L,河水中平均铅浓度为 0.08 μg/L[19]。重金属在水体中的迁移转化过程几乎包括水体中各种已知的物理、化学及生物学过程。根据运动形式的不同,铅的迁移转化可以分为机械迁移转化、物理化学迁移转化和生物迁移转化[26-29]。水体悬浮物颗粒和底部沉积物的有机螯合配位体及铁、锰的氢氧化物等对铅有强烈的吸附作用,使铅很容易被沉淀下来。在较高 pH 时,铅以 $Pb(OH)^+$ 和 $PbHCO_3^+$ 的形式吸附于底泥中,致使铅的移动性变小;在较低 pH 时,铅则从底泥中释放出来,移动性增加。此外,铅离子带正电,可被水中带负电的胶体吸附,发生聚沉现象,如同沉淀作用。最后,大量的铅沉积在底泥中,实现了铅从水体转化迁移到表层沉积物中。水体中的铅被水生生物吸收后,通过生物体新陈代谢迁移,从食物链的较低营养级迁移至较高营养级,达到铅在生态中的富集,造成水产品中铅浓度升高。含铅水体灌溉农田,可引起农作物对铅的吸收,进而使农作物中铅含量也升高。

2.1.2.3 土壤中的铅

众多研究发现,铅进入土壤后,其交换态转化为碳酸盐结合态,并逐渐通过吸附、络合和化学反应转化为氧化物结合态、有机质结合态(F3)和残渣态(F4)。据估算,表层土壤中铅含量中位数为 23 mg/kg,未受污染的表层土壤中铅浓度为 10～30 mg/kg[19]。自然条件下,土壤中铅的移动非常缓慢,其转移速度受到土壤 pH、腐殖质酸和有机质含量的影响。土壤铅的迁移转化可以归纳为沉淀-溶解、离子交换与吸附、络合作用和氧化还原作用等[30-31]。生物体能否吸收土壤中的铅,主要取决于铅形态和生物利用度。

值得注意的是,与其他重金属元素一样,铅不能在环境中降解,只能以不同形态分散、转化迁移。这些不同形式的铅化合物,性质不同,不仅影响其在农产品的转化迁移,而且毒效应也不尽相同。大鼠毒性实验表明,经腹腔注射不同形态铅化合物,其 LD_{50} 值差异很大,氧化铅(PbO)为 400 mg/kg 体重,硫化铅(PbS)为 1 600 mg/kg 体重,砷酸铅($As_2O_8Pb_3$)为 800 mg/kg 体重,乙酸铅($C_4H_6O_4Pb$)为 150 mg/kg 体重。四乙基铅的口服致死剂量为 15 mg/kg 体重。因此,开展铅形态分析,才能科学评估环境介质中铅的危害。

2.1.2.4 食物中铅污染来源

经口摄入铅污染的食物,是人体暴露于铅的主要途径之一。上述不同介质来源的铅,均可因不能被生物降解而以不同的形式结合于动植物体内,并经食物链的生物放大作用被富集。食物中的铅可来自多方面:①大气颗粒物中的铅直接沉降于植物叶面被吸收,或沉降于水体、土壤后被转化迁移至蔬菜、水果和谷物中。②水体和土壤中的铅被水生生物吸收和植物根系吸收、迁移,造成水产品和农作物中铅富集。③食品加工过程中添加的氧化铅(PbO)残留在成品中或制作过程中而出现铅污染,如制作爆米花时,铁罐制作会产生铅污染,使爆米花含铅量高达 20 mg/kg,超过我国食品卫生标准的 40 倍;另外,传统工艺腌制的松花蛋的含铅量达 2 mg/kg。④使用含铅食品包装材料、器皿、容器贮存食品造成污染,如用铝合金、陶瓷、搪瓷等材料制备的容器和用具均含有铅,在接触食品时可能会造成食品铅污染;罐装食品或饮料也可能含铅,特别是酸性食品,更容易使铅逸出。⑤降尘和水污染食品。⑥含铅化肥的使用使土壤及饮用水受到铅污染。采用铅同位素比率分析技术发现[32],土壤污染是我国蔬菜、茶叶中铅的主要来源之一,但是大气降尘的污染不容忽视;粮谷类中铅的最初来源可能大部分来自大气降尘和加工储藏中的表层污染,由土壤转移而来的量有限。

食物中的铅为 Pb^{2+},大多是无机和有机的结合体,且多与生物成分相结合,呈现多种形态,增加了其生物学的吸收、利用及体内分布的多样性,可引起不同的生物效应[33]。迄今,食品中铅形态及其毒性的关系尚未完全阐明。研究发现,在植物性食品如玉米、芹菜中的铅主要为硬脂酸铅($C_{36}H_{70}O_4Pb$)、乙酸铅($C_4H_6O_4Pb$)、磷氯铅矿 $ClO_{12}P_3Pb_5$)[13,34],且以与蛋白质结合的形态为主[35]。此外,在火锅料和朝天椒、小米椒、萝卜和青菜头等食品中同时检测出无机铅和有机铅[36-37]。对动物性食物中铅形态的分析集中在海产品。Chen 等研究发现,海洋生物蛤和牡蛎组织中的铅主要为无机铅(Pb^{2+}),但在牡蛎中也检测到有机铅——三甲基氯化铅[14]。而在其他海产品和植物,如鳕鱼、鱿鱼和虾仁及大麦、小麦中主要检测出无机铅(Pb^{2+}),未发现有机铅[38]。关于食品中铅形态分析尚不充分,不同结合形式铅的代谢动力学和毒效学评价不充分,亟须开展系统研究以助于健康风险评估和相关标准的制定。

综上所述,铅污染物来源途径多种多样,不同环境介质中的铅污染物彼此发生迁移交互,形成铅暴露网络。食品铅暴露是经口摄入最主要的来源,是开展铅暴露健康风险评估最重要的一环。铅在环境中的迁移、生物蓄积及人体摄入的概括如图 3-1 所示。

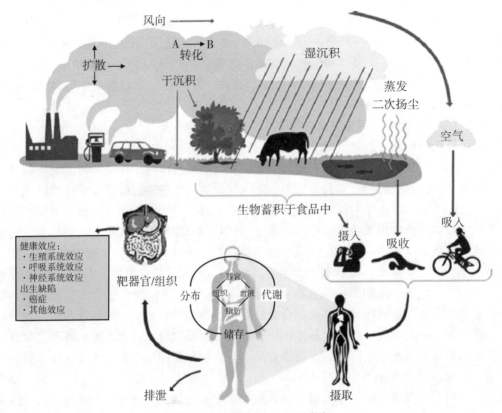

图 3-1 铅的迁移和蓄积[39]

2.1.3 我国居民膳食铅摄入量及其在各类食物中的比重

根据联合国粮农组织/世界卫生组织食品添加剂联合专家委员会（the Joint FAO/WHO Expert Committee on Food Additives，JECFA）估算，1~4 岁儿童膳食铅摄入量为每日 0.03~9.00 μg/kg 体重，成人为每日 0.02~3.00 μg/kg 体重。同时基于铅对 1~4 岁儿童神经行为损害的敏感性及对成人收缩压作用的敏感性，委员会认为儿童膳食铅摄入量低于每日 0.03 μg/kg 体重时，健康危害可以忽略不计；成人摄入量低于每日 1.2 μg/kg 体重时，健康危害可以忽略不计[40]。我国在 1990、1992、2000、2007 及 2009—2013 年分别进行了 5 次总膳食研究（total diet study，TDS），结果显示，我国每人每日铅膳食摄入量分别是 86.3 μg、81.5 μg、81.1 μg、50.5 μg[11] 和 35.1 μg[41]。虽然铅摄入量在逐渐下降，但第四和第五次 TDS 显示，我国人群的膳食铅每人每日的平均摄入量分别为 0.87 μg/kg 体重[40] 和 0.56 μg/kg 体重（体重按 63 kg 计），仍高于同期澳大利亚（每日 0.02~0.40 μg/kg 体重）、加拿大（每日 0.11 μg/kg 体重）、新西兰（每日 0.13 μg/kg 体重）、法国（每日 0.26 μg/kg 体重）、美国（每日 0.03 μg/kg 体重）[40] 等国家，而且在 2~7 岁和 8~12 岁孩子中，无论是平均膳食铅暴露量还是中位数暴露量计算的暴露边界值（margins of exposure，MOE）均低于 1，可见铅暴露状况堪忧[42-43]。

我国不同地区居民膳食铅来源也不尽相同，且膳食铅来源也随着时间而发生变化。

这与我国居民长期以来形成的膳食结构和食物消费量有关。粮谷类和蔬菜等植物性食物仍然是我国居民主要的食物来源，但肉类及水产类等动物性食物消费量逐年增加。在第四次 TDS 中，膳食铅来源的前 5 类食物是蔬菜类（35.39%）、谷类（21.98%）、薯类（11.33%）、豆类（7.87%）和肉类（7.06%）[42]；而第五次 TDS 膳食铅来源的前 5 类食品是谷类（32.3%）、肉类（15.9%）、蔬菜类（15.6%）、水产类（9.2%）和饮料与水（8.1%）（表 3-1）[43]。各地区膳食铅的主要食物来源，黑龙江是蔬菜类（83.0%）；辽宁是谷类（86.8%）；河北是谷类（32.6%）和饮料与水（18.1%）；北京是肉类（31.0%）和谷类（25.9%）；吉林是谷类（42.8%）和饮料与水（29.2%）；陕西是薯类（57.7%）和谷类（11.1%）；宁夏是蔬菜类（49.6%）和豆类（22.2%）；河南是谷类（47.3%）和饮料与水（27.8%）；内蒙古是饮料及水（52.0%）和谷类（27.6%）；青海是谷类（41.2%）和肉类（33.1%）；上海是肉类（27.5%）和蛋类（20.9%）；江西是豆类（25.9%）和谷类（24.6%）；福建是水产类（43.1%）和谷类（20.5%）；江苏是谷类（22.7%）和饮料与水（20.6%）；浙江是水产类（39.9%）和肉类（20.8%）；湖北是肉类（27.1%）和蔬菜类（25.2%）；四川是肉类（51.2%）和水果类（16.5%）；广西是蔬菜类（36.4%）和蛋类（17.8%）；湖南是肉类（42.6%）和蔬菜类（25.2%）；广东是蔬菜类（34.8%）和肉类（27.7%）（表 3-1）[43]。综上所述，我国膳食铅的主要食物来源仍以植物性的食物，如谷类、蔬菜、薯类和豆类为主，但肉类和水产类食物来源的铅比重加大。在第五次 TDS 中，饮料和水来源的膳食铅占比首次排入前 5 位，有些地区甚至排在第二位，这是需要高度重视的来源。

表 3-1 第四和第五次 TDS 中成年男子膳食铅的食物来源[42,43]

单位：%

膳食种类	第四次TDS 全国平均	第五次TDS																		
		全国平均	黑龙江	辽宁	河北	北京	吉林	陕西	河南	宁夏	内蒙古	青海	上海	福建	江西	江苏	浙江	湖北	四川	广西	湖南	广东
谷类	21.98	32.3	8.6	86.8	32.6	25.9	42.8	11.1	47.3	7.9	27.6	41.2	9.4	20.5	24.6	22.7	15.4	14.1	8.2	11.8	0.3	8.9
豆类	7.87	5.5	1.0	5.5	8.8	2.0	3.8	3.0	0.6	22.2	1.6	0.2	18.0	0.4	25.9	5.2	1.7	7.3	0.9	0.4	1.4	0.6
薯类	11.33	4.0	0.9	0.2	1.5	0.8	4.7	57.7	2.1	1.0	5.3	2.9	0.3	0.2	0.9	1.4	0.4	0.5	11.5	0.0	0.3	0.5
肉类	7.06	15.9	3.9	0.3	8.4	31.0	2.6	10.1	8.4	11.5	2.8	33.1	27.5	15.5	13.1	16.8	20.8	27.1	51.2	14.2	42.6	27.7
蛋类	3.48	3.6	0.4	0.1	8.6	14.6	1.7	7.4	1.1	0.2	1.4	3.1	20.9	0.1	0.6	1.0	3.8	7.7	3.5	17.8	0.2	0.5
水产类	6.18	9.2	1.1	0.1	2.4	2.2	0.6	2.2	2.1	3.4	0.1	0.9	5.2	43.1	4.4	13.7	39.9	6.8	0.1	3.6	9.6	1.1
乳类	0.29	0.6	0.1	1.1	0.4	0.2	0.1	0.5	0.0	1.1	0.2	1.3	0.2	0.5	3.8	0.6	0.0	0.4	0.0	0.1	0.7
蔬菜类	35.39	15.6	83.0	0.6	8.3	6.3	12.6	3.6	8.0	49.6	4.8	3.2	5.8	1.4	5.2	8.9	5.1	25.2	4.4	36.4	25.2	34.8
水果类	5.16	4.1	0.5	3.1	5.1	2.2	1.4	1.3	0.2	0.2	0.3	0.0	1.2	13.5	2.9	1.8	0.3	16.5	2.0	0.3	0.6
糖类	0.02	0.3	0.2	1.0	0.5	0.2	0.0	0.1	0.0	0.0	2.3	0.0	0.6	0.0	0.0	0.0	0.0	0.0	0.0	0.1
饮料与水	1.20	8.1	0.0	1.0	18.1	11.7	29.2	3.2	27.8	2.9	52.0	13.0	9.6	2.9	21.9	20.6	9.0	10.8	3.6	15.0	9.6	24.5
酒类	0.04	0.8	0.4	1.3	4.8	2.1	0.1	0.0	0.7	0.1	0.3	2.2	1.4	0.2	1.4	0.2	0.1	0.0	0.0	0.0
合计	100	100	100	100	100	100	100	100	100	100	100	100	100	100	100	100	100	100	100	100	100	100

2.2 健康效应相关信息

2.2.1 铅经口 ADME 过程

经口摄入是人体接触铅的主要途径之一,铅在体内经生物转运和转化后排出体外。一般认为,血液中铅的半衰期为 27~36 天,软组织中铅的半衰期为 30~40 天,骨骼中铅的半衰期约为 104 天。各种途径摄入的铅,均经过 ADME 处置过程。需要特别指出的是,目前铅 ADME 研究绝大部分采用的是 +2 价的水溶性无机铅,如乙酸铅($C_4H_6O_4Pb$),氯化铅($PbCl_2$)以及硝酸铅[$Pb(NO_3)_2$]等,而有机铅的研究资料相对缺乏,主要集中于作为汽油添加剂的烷基铅[主要是四甲基铅($C_4H_{12}Pb$)和四乙基铅($C_8H_{20}Pb$),且其吸收的方式主要为经皮肤吸收和经呼吸道吸收(烷基铅易挥发)。此处主要对铅经口 ADME 过程做一归纳。

2.2.1.1 吸收

食物中的铅经口摄入后,在低 pH 胃液中,铅化合物进一步溶解,形成酸性糜食,然后在胃排空作用下进入十二指肠[44]。胃肠道对铅的吸收主要发生在十二指肠,尤其是摄入的有机铅,几乎全部被吸收。胃肠道吸收铅的方式包含肠上皮细胞的主动转运和/或被动扩散[45]。其中,主动转运为主要的吸收方式,占吸收总量的 80% 以上。这主要与肠上皮细胞中主动转运铁和钙的受体有关,以该转运蛋白作为载体,铅竞争性吸收入血;而被动扩散则通过浓度梯度差由肠腔向血液自然扩散,肠腔中铅浓度越高,被动扩散的量就越大[44]。在禁食大鼠中,单次口服不同剂量乙酸铅(1 mg Pb/kg 和 100 mg Pb/kg),结果发现,低剂量组大鼠的铅吸收率为 42%,而高剂量组只有 2%[46],这可能与主动转运中二价金属转运蛋白 1(divalent metal transporter 1,DMT1)的饱和限制有关[47],但是否有其他转运机制及何种剂量条件下肠道对铅吸收出现抑制,尚不清楚。

颗粒大小是影响胃肠道铅吸收的另一个重要因素。在大鼠的饮食中添加金属铅,发现铅的吸收和金属粒径大小呈反比关系;当大鼠摄入的铅粒径小于 38 μm 时,组织中的铅浓度是摄入铅粒径 150~250 μm 时的 2.3 倍[48]。溶解动力学实验证明,粒径小于 90 μm 时,表面积效应控制粒子溶解率;而直径位于 90~250 μm 的粒子似乎更多受粒子表面形态的影响[49]。

除了铅剂量和铅颗粒大小外,胃肠道铅的吸收还受到其他多种因素影响:①低龄吸收率高。2 周至 8 岁的婴儿和儿童可吸收摄入铅的 40%~50%[50-51];而成年人的吸收率为 3%~10%[52-54]。对恒河猴的实验也发现,幼年恒河猴对铅的吸收显著高于成年恒河猴(剂量的 38% vs 26%)[55]。此外,幼鼠从食物中吸收的铅是成年大鼠的 40~50 倍[46,56]。②空腹状态促进铅吸收。研究发现,禁食后(空腹)的成年受试者铅[57]吸收可达 63%,而进食后的受试者仅为 3%[52];在 1 项针对 3~5 岁儿童开展的研究中也发现,与不吃早餐的儿童相比,吃早餐儿童的血铅水平较低。上述研究表明,空腹状态有利于胃肠道对铅的吸收,而食物的存在则抑制铅的吸收。③充足的矿物质和维生素摄入可有效减少铅吸收。充足的膳食铁、钙、镁、锌、硒和维生素供给,可减少铅的吸收[58-59]。多项研究[60-61]发现,由于膳食缺铁或出血引起机体铁营养不良能增加铅吸收，补铁则降低铅吸收。在成年人和儿童中，膳食钙摄入可减少胃肠道对铅的吸收[60,62-64]，而给予大鼠缺钙饲料，不仅增加铅吸收，同时降低机体对铅的清除率，提高了铅的体积分布[65]；饮食中锌摄入不足与儿童血液中铅含量增加有关[60]；维生素 B_1、维生素 B_6、维生素 C 和维生素 E 均可抑制铅吸收并降低其毒性[58]。

经口摄入是人体暴露于铅的主要途径之一，其影响因素之多，机制之复杂，使得进一步的研究显得尤为重要。了解人体经口暴露吸收铅的具体作用模式，可为铅在体内的生理/药理动力学研究奠定坚实的基础。

2.2.1.2 分布

研究显示，无论铅以何种方式被吸收，其在体内的分布方式基本相同[66]。铅在体内的分布主要是通过一个以软组织为主的快速"周转池"和一个以骨骼组织为主的慢"周转池"来实现平衡[67]。铅经胃肠道吸收入血，然后在 4～6 周时间内随血流分布于机体各个器官组织，并保持动态平衡。

（1）铅在血液中的分布。血铅大约占机体铅负荷的 1%，包含红细胞中的铅和血浆中的铅。血铅中大多（>99%）通过与三种配体蛋白，即 δ-氨基乙酰丙酸脱水酶（delta-aminolevulinic acid dehydratase，ALAD）、45 kDa 蛋白质和一个分子量小于 10 kDa 的蛋白结合，分布于红细胞中[68-69]。血浆中铅含量不足血铅的 1%。红细胞的三种配体蛋白中，铅与 ALAD 的亲和力最强[70]。由于铅竞争性取代锌与 ALAD 的结合位点，可使 ALAD 失活，导致低色素性贫血发生[71]。铅与红细胞配体蛋白的结合是可饱和的，因此，随着机体铅吸收的增加，血浆铅/全血铅的值增加，两者呈曲线关系[72-74]。即随着全血铅的增加和红细胞中铅结合配体蛋白的位点饱和，血浆中的铅增加，导致随血流分布到大脑和其他组织中的铅增加。同时，铅与红细胞蛋白的饱和结合，也使血铅与尿铅呈曲线关系，而血浆铅与尿铅呈线性关系[74]。因此，血浆铅可能是更不稳定、具有生物和毒理有效性的循环铅。

（2）铅在骨中的分布。骨骼是铅在人体中的重要贮存库之一。骨骼的铅量占机体铅总量的比例随着年龄增长而增加，婴儿骨骼中的铅不足总量的 60%，较大儿童约是 70%，成年人则为 90% 以上[75]。铅在骨骼储存的时间可超过 30 年[76]。

铅从血浆到骨表面的交换是一个快速的过程，成人小梁骨和皮质骨所需时间分别为 $t_{1/2}=0.19$ h 和 $t_{1/2}=0.23$ h；骨表面中的一些铅再扩散到较深的骨区，成为骨骼不可交换"铅池"的一部分[77]。铅在骨中的分布包括被细胞摄取入骨（如成骨细胞、破骨细胞、骨细胞）并与细胞外基质中的蛋白质和矿物质交换[78]。研究显示，铅与磷酸盐形成的高度稳定复合物，可以取代磷酸钙盐和羟基磷灰石中的钙，构成骨的初级晶体基质[79]；随后，铅会在骨骼生长和重塑期间正常矿化的生理过程中，沉积在骨骼中，在骨吸收过程中被释放到血液中。在婴儿期和儿童期，骨钙化最活跃发生于骨小梁，而在成年期，钙化发生在皮质骨和骨小梁的重塑部位，这表明铅的沉积主要发生在儿童时期的骨小梁，以及成年时期的皮质骨和骨小梁。铅沉积于皮质骨和骨小梁中的生理间隔中，基本是惰性的，有几十年的半衰期，所以，骨骼铅在暴露后呈现持续的蓄积。但机体骨骼和软组织或血液之间的铅可以通过交换，维持两者间的平衡[80]。值得注意的是，皮质骨和骨小梁有不同的铅周转率和铅释放速率。例如，胫骨中铅的年周转率约为

2%，而骨小梁中铅的年周转率在成年人中超过8%[81]。一般而言，骨骼铅的周转率随年龄的增加而下降，因此，表现为成人的骨骼铅水平缓慢升高[75]，铅可不断累积于骨骼。但成人骨骼铅也可在一定条件下，通过扩散（异离子交换）和再吸收缓慢排出[82]。某些生理状态（如妊娠、更年期、高龄）或疾病相关状态（如骨质疏松、长时间固定），往往会促进骨中铅的释放，导致血液中铅浓度的增加，进而可能出现铅的重新分布[83-90]。

（3）铅在软组织中的分布。肝脏和肾脏是储存铅最主要的软组织器官[91]。铅可通过与高亲和力胞质铅结合蛋白结合，贮存在这些软组织中[92]。与镉和锌相比，虽然铅不是金属硫蛋白的重要诱导剂，但与金属硫蛋白结合是铅在软组织中贮存的方式之一[93]。

铅静脉注射后，10%～15%和15%～20%的铅可分别迅速地分布到肝脏和肾脏（$t_{1/2}$分别为0.21 h和0.41 h）[77]，肝脏和肾脏的铅浓度与铅暴露剂量呈线性关系[94-96]。铅在软组织中的周转率较骨骼更快，铅浓度相对更加恒定[75,97]。大脑是人体软组织之一，同时也是铅最重要的靶器官之一。铅主要通过损伤血脑屏障（blood-brain barrier，BBB），破坏BBB的紧密连接，使其发生渗漏[98]。进入脑部的铅主要分布于海马和额叶皮质等脑区，在各类神经细胞中的分布以在细胞核内为主，其次为胞质。

值得注意的是，目前对铅如何进入软组织的机制尚未完全阐明。可能涉及的机制有：通过电压门控钙离子通道[99]、钙库操作性钙离子通道[100]和阴离子交换器等，其明确的作用机制还需更深入的研究。

（4）铅在妊娠过程中母婴间的分布。有研究显示，在匹配了年龄、体质指数（BMI）、铁含量和吸烟情况后，与非孕妇相比，孕妇的血铅含量往往较低[101]。这种差异可能反映了母体系统中铅的消除增加。孕期的血铅含量呈现"U"型曲线变化，即在妊娠中期血铅含量下降，而在妊娠后期和产后血铅含量呈上升趋势[102]。这是因为在妊娠中期，母体内的血浆容量增加，使得血铅浓度被稀释，出现血铅含量下降；而在妊娠后期，胎儿骨骼生长加速，导致母体骨骼中钙和铅的动员增加，母体血铅含量增加[103]；此外，哺乳期和产后，对钙的需求进一步增加，这促进了骨骼中钙和铅的进一步动员，维持或增加了产妇的血铅浓度[104]。

妊娠期血浆铅/血铅浓度比的升高可促进铅经胎盘转移[105]。孕妇体内铅可在妊娠期间转移至胎盘和胎儿[106-107]。这可能与母体骨骼中铅的动员有关。通过对孕妇和脐带血中稳定的铅同位素比值的测量发现，胎儿脐带血中的铅，约80%来自母体的骨骼铅储备[103,106]。稳定同位素研究也表明，在非人灵长类动物中，铅可以从母体骨骼转移到胎儿[67]。而且，胎儿和母体的血铅浓度与胎盘的铅浓度相关[108-109]。孕期母体铅的转移、分布，是婴儿铅暴露的一个主要原因。

关于人体摄入有机铅后的体内分布情况资料较为缺乏。在一起事故研究中的结果显示，四乙基铅在体内的分布，浓度最高的为肝脏，其次为肾脏、胰腺、大脑和心脏[110]。

2.2.1.3 代谢

无机铅不在肝脏代谢，主要是与多种蛋白和非蛋白配体形成复合物，如细胞外配体包括蛋白和非蛋白巯基、红细胞内配体ALAD。无机铅还可与细胞核和胞质中的蛋白质形成复合物。有机铅不仅可全部被机体吸收,而且在肝脏中转化。如四烷基铅在肝脏经细胞色素 P450 酶催化,快速脱烷基分解成毒性三烷基铅,再转化为二烷基铅及无机铅,最后从尿液排出。

2.2.1.4 排泄

被吸收的铅主要通过尿液和粪便排出,而汗水、唾液、头发、指甲和母乳是次要的排出途径[80,111]。人体实验研究发现,通过静脉注射的铅大约有 30% 在给药后的前 20 天通过尿液和粪便排出[77]。粪便排泄的铅,包括胆汁、胃液和唾液的分泌其中,铅从血浆经肝内胆汁分泌转移至小肠的速度较快。而尿液排泄的铅主要来源于血浆中的铅。研究证据表明,尿铅排泄与铅的肾小球滤过率[112]和血浆铅浓度[73]密切相关,且与两者的关系均为线性关系。铅在人体的肾脏清除率为 13～22 L/d,平均为 18 L/d[113],这相当于一个体重为 70 kg、血浆容量为 3 L 的成年人,将血浆中的铅转移到尿液的时间为 0.10～0.16 天。另外,研究显示,尿铅排泄率低于肾小球滤过率[112],因此,尿铅是肾小管对肾脏超滤液铅再吸收不完全的结果。尿铅不仅反映了血浆中铅的浓度,也说明铅从血浆转移到尿液中受到许多因素的影响(如肾小球滤过和肾脏中的其他代谢物的转移过程)。

综上所述,铅经口暴露被摄入体内,在十二指肠处通过主动转运和/或被动扩散的方式吸收入血,随后分布于机体多种组织器官中,其中,骨骼是铅最主要的储备场所;最后,铅主要是经尿液和粪便排出体外。随着肠道微生物研究的展开,人们发现人体肠道微生物可调整结构并改变多种重金属代谢,产生了在生物系统中未观察到的新代谢物[114]。也有研究报道了肠道菌群可与铅结合,减少铅的吸收,促进铅随粪便排出体外[115]。但是,关于肠道菌群与铅的相互作用及由此产生的毒理学意义,研究尚不充分,补充相关的数据参数不仅可为铅在体内的 ADME 建模和毒性预测提供依据,而且有助于开发更加有效的驱铅和铅中毒治疗方法。

2.2.2 经口暴露铅敏感人群

由于铅污染范围广泛,整个人群都可受到影响,其中,儿童与老年人对铅毒作用的敏感性较高,更容易出现多种不良结局。

2.2.2.1 儿童

儿童是铅毒作用的敏感人群,这与儿童的活动特点和发育状况有关。一方面是铅暴露和铅吸收多,另一方面是铅危害更为敏感。由于儿童的好奇心强,接触的地方多且有较多的手—口动作,使得环境中的铅经手—口途径进入消化道。而且,儿童消化道铅吸收率远比成年人要高,但儿童铅的排泄率仅有 65%,较成年人(90%)低,大大增加了儿童铅毒作用的风险。另外,儿童的胃肠道排空速度较成人快,这种空腹状态也会增加铅在胃肠道的吸收。再者,由于喂养方式,部分儿童容易出现钙、铁、锌等的缺乏,也可加剧铅对儿童的危害。由于血脑屏障成熟较晚,中枢神经系统相对脆弱,加之排泄功能不够完善,儿童神经系统更易受到铅危害[116-119],也使得儿童成为铅毒害的敏感人群。

2.2.2.2 老年人

随着年龄的增长,人体生理功能(如肾脏、神经系统、心血管系统)会逐渐下降。

因此，老年人群比年轻人群更容易受到铅的影响。此外，由于老年人更容易出现骨质流失，因此，铅更容易被动员到血液中，导致血铅增多，表现对铅毒作用的敏感性增加。

如前所述，在铅毒作用易感性研究中，年龄、性别、胃肠道状态（空腹与否）、膳食结构的营养素（铁离子、钙离子、锌离子及维生素的摄入情况）等，都是人群铅中毒易感性的影响因素。另外，潜在疾病包括肾脏疾病（如肾小球肾炎）、神经系统疾病（如自闭症）、血液系统疾病（如贫血、地中海贫血）和心血管系统疾病（如高血压、心脏传导障碍）；使用酒精、烟草或其他任何物质等，对铅毒作用的敏感性也会增加。除此之外，携带铅代谢/铅中毒易感基因的人群也可能是敏感人群。许多遗传多态性可能通过改变毒物动力学或毒效动力学，而表现出对铅危害的易感。目前，研究最多的是 ALAD 和维生素 D 受体（vitamin D receptor，VDR）。

ALAD 是血液中铅的主要结合蛋白。分析发现，ALAD 是一种具有两个等位基因（ALAD-1 和 ALAD-2）的多态酶[120]。这两种基因型在不同种族人群中的分布不同，如白种人中 ALAD-2 等位基因频率最高，约 10%，黄种人次之，占 3%～6%，而黑人为 0[121-124]。在我国，汉族人群中 ALAD-2 等位基因分布频率低于维吾尔族和哈萨克斯坦族人群（高加索人种），研究结果符合亚洲人群分布结果[124-125]。不同基因型可影响体内铅水平和分布等代谢动力学参数[126-127]，同样的铅暴露水平下，携带 ALAD-2 基因型个体的血铅高于携带 ALAD-1 基因型个体，而且，铅的毒效应也不同[128-129]。以上结果提示，ALAD 基因多态性与铅中毒易感性关系表现为种族及地域差异。

人体骨密度是反映骨骼强度的一个重要指标，不仅可诊断骨质疏松症，而且可以预测骨质疏松性骨折的发生。骨密度受到机体遗传因素的影响。其中，VDR 与维生素 D_3（维生素 D 的活性形式）结合，激活钙结合蛋白合成，促使肠道钙吸收和骨骼钙积累这一调节通路，占总遗传效应的 75%[130]。由于铅可以替代和模拟钙，VDR 对体内铅蓄积起重要作用[131]。VDR 有 FokI 的三种基因型（FF、Ff 和 ff）和 BsmI 的三种基因型（BB、Bb 和 bb）[132]。FF 和 BB 基因型与血铅浓度、骨密度和钙摄取增加有关[132-135]。同样的，我国汉族人群中 BB 型等位基因频率低于维吾尔族、哈萨克族和蒙古族，表明其多态性与铅中毒易感性同样存在种族及地域差异[136]。其他的易感性基因，如血色沉着病基因（hemochromatosis gene，HFE），其多态性已被证明可增强铅诱导的认知障碍[137]。遗传易感性基因的筛查可为铅中毒易感人群的筛查和个体防控提供依据。

2.2.3 经口暴露铅靶器官及毒性效应

铅是一种对人体危害极大的有毒重金属。铅及其化合物进入机体后，可对神经、血液、消化、肾脏、心血管、呼吸和内分泌等多器官/系统造成危害。

2.2.3.1 神经系统

铅暴露对机体神经系统功能产生影响，得到了大量流行病学调查结果的证实，这在儿童中尤为显著。采用最严格的认知功能测量指标——全量表智商（Full Scale Intelligence Quotient，FSIQ），评价产前高水平铅暴露或婴幼儿期高水平铅暴露儿童的认知功能，发现了铅对儿童神经功能的损伤[118,138-140]。这种损伤即使在血铅浓度（PbB）< 5 μg/dL 的情况下也会发生[141,142]。Lanphear[143]通过对 7 个队列研究的数据进行合并分

析（pooled analysis），进一步证明血铅升高导致智力缺陷。且血铅浓度较高（5～10 μg/d 和 >10 μg/d）的儿童，发生注意缺陷/多动障碍综合征（attention deficit hyperactivity disorder，ADHD）的相对危险度 OR 值，分别是血铅浓度小于 5 μg/dL 儿童的 4.9 和 6.0[144]，儿童神经行为的发育也受到铅阻碍[145-147]。

长期铅暴露也可影响成年人的情绪和精神行为，出现焦虑抑郁，甚至精神分裂症[148]。铅对成年人神经系统影响最显著的是对周围神经系统的损伤，以运动神经受累显著，表现为肌无力，严重者为肌肉麻痹，也称"铅麻痹"，可出现"垂腕"或"垂足"。许多研究[149-153]提示，铅可显著降低成年人的认知功能。也有动物试验和体外细胞实验[154,155]提示，铅暴露与帕金森及肌萎缩性脊髓侧索硬化症等的发病风险相关，但尚需更多的人群流行病研究证据。

2.2.3.2 血液系统

长期以来，人们已经证实了铅对血液系统的毒性，特别是对血红素合成的抑制，从而导致贫血和血红蛋白下降。研究报道[156-159]显示，血铅浓度与 ALAD 酶的活性及血红蛋白浓度呈负相关；也就是说，铅暴露增加会抑制 ALAD 酶的活性，进而抑制血红素的合成，导致小细胞低色素性贫血的发生。铅暴露还会降低血清促红细胞生成素（erythropoietin，EPO）的水平[160]。EPO 是肾近端小管产生的一种可以调节稳定血液状态和加速红细胞生成的糖蛋白激素。除此之外，与对照组相比，铅暴露组工人的血小板计数减少[161]；铅暴露增加使得红细胞功能发生改变，如嘧啶 5'-核苷酸酶和细胞膜 Ca^{2+}/Mg^{2+} ATP 酶活性降低[162]。

2.2.3.3 生殖发育系统

多项研究显示，铅暴露后，男性精子数量、浓度、活力和生存能力降低，未成熟精子浓度和形态异常精子的百分比增加，精液体积减小，成分改变[163-164]。铅暴露工人的睾丸管周纤维化，支持细胞空泡化。在对铅的生殖毒性评价时，采用精液中铅的水平可能是更恰当的生物标志物，因为血铅水平难以反映精液或精子中铅的水平[165]，以避免生殖损害风险评价中暴露水平的不确定性。

铅暴露可增加女性血清雌二醇、促卵泡激素和促黄体激素水平[166-167]，降低生育率（血铅 < 10 μg/dL）[167]，增加自然流产率（血铅 < 10～30 μg/dL）[168]，早产（血铅 < 10～50 μg/dL）[169]。但也有研究并未观察到血铅浓度与女性生殖功能之间的联系[170-171]。因此，还需更深入的流行病学研究阐明铅暴露对女性生殖的影响。

铅暴露阻滞机体发育，体现在婴幼儿出生体重和头围降低[172-173]、儿童身高和体重降低[174-176]，以及延迟性发育的成熟[177-181]。

2.2.3.4 心血管系统

铅暴露对心血管系统影响研究最多的是血压。铅暴露可导致血压升高[182-183]，促使高血压病发生，而且即使血铅浓度在 1.41～1.75 μg/dL，也可观察到血铅与收缩压和舒张压呈正相关[184-185]。铅暴露对不同种族人群血压的影响是不同的。基于 NHANES 数据的大规模横断面研究[186-188]提示，铅暴露对非西班牙裔黑人和墨西哥裔美国人的血压影响比白人更大。

动脉粥样硬化也是心血管疾病的一种，目前关于铅暴露与动脉粥样硬化关系的研究不多。1项最新研究[189]发现,血铅浓度与颈动脉粥样硬化斑块的发生有关。在低水平铅暴露条件下,Ari等[190]报道,非糖尿病血液透析患者血铅浓度与颈动脉内膜内侧增厚呈正相关。另外,动脉粥样硬化已被认为是铅心血管损伤的潜在机制之一[191]。铅暴露还与心脏病(如房室传导障碍和缺血性心脏病等)的发生发展有关[192-194],铅暴露可增加心血管疾病的死亡率,是心血管疾病死亡的重要危险因素[191,195]。

2.2.3.5 呼吸系统

无论是在儿童还是成年人中开展的流行病学调查,均发现铅暴露与呼吸系统功能有密切关系,主要表现为铅暴露人群中,肺功能降低、支气管高反应性增加及患哮喘和阻塞性肺病的风险增加[196-200]。

2.2.3.6 肾脏系统

肾脏是体内铅排泄的主要器官之一。铅暴露对肾脏系统的主要影响为对近曲小管损伤引起的范科尼(Fanconi)综合征,可出现氨基酸尿、糖尿和磷酸盐尿,还可出现蛋白尿、尿中红细胞、管型及肾功能下降[201-203]。肾功能下降的表现之一为肾小球滤过率(glomerular filtration rate, GFR)下降[204-206]。除此之外,在铅暴露增加的情况下,与肾小管相关的酶分泌增加(肾小管酶分泌)是肾小管细胞损伤的迹象,可导致膜或细胞内酶释放到肾小管液中,使得尿液中 N-乙酰-β-D-氨基葡萄糖苷酶(NAG)、白蛋白(ALB)升高[207]。

2.2.3.7 消化系统

铅暴露对消化系统的危害,主要表现为腹部绞痛(脐周)、恶心、呕吐及便秘等[208],这可能与铅所致的肠道痉挛有关。铅暴露可促进机体肝脏增大、胆囊壁增厚[209],并诱导谷丙转氨酶(glutamic-pyruvic transaminase, GPT)[即丙氨酸转氨酶(alanine-aminotransferase, ALT)]、谷草转氨酶(glutamic-oxaloacetic transaminase, GOT)[即天冬氨酸转氨酶(aspartate aminotransferase, AST)]改变[210-211]。最近有研究发现,长期低浓度铅暴露(0.1 mg/L,15 周)后,引起小鼠肠道菌群失调,使小鼠肝脂质代谢紊乱[212]。另一项研究给予 C57BL/6 小鼠铅暴露[2 mg/(kg·d)]13 周后,分析小鼠粪便发现,铅暴露改变了肠道微生物组的群落结构/多样性。进一步的代谢组学分析揭示,铅暴露后小鼠的多条代谢通路受到干扰,包括维生素 E、胆汁酸、氮代谢、能量代谢、氧化应激及防御/解毒机制[213]。这些扰动的分子和途径可能对机体的铅毒性具有重要意义,在开展铅污染健康风险评价中需要进一步深入研究。

2.2.3.8 免疫系统

铅暴露对免疫系统的影响是多方面的,包括体液免疫、细胞免疫、致敏作用等。流行病学研究调查显示,铅暴露与体内循环的 IgE 水平升高有关[214-217]。IgE 是超敏反应和炎症的重要介质,而铅诱导 IgE 的扰动可能与铅暴露和致敏及炎症有关。Hsiao 等研究发现,高浓度血铅可降低体内循环的干扰素 γ 水平(IFN-γ,一类 T 辅助细胞的细胞因子),而这些细胞因子与迟发型超敏反应(delayed type hypersensitivity, DTH)息息相关[218]。铅暴露不仅可以增加体内循环中与炎症发生发展有关的细胞因子水平,如肿瘤坏死因子(TNF-α)[219-221]和 C 反应蛋白(C-reactive protein, CRP)[222],还可以改变体内 T 细胞[223]、中性粒细胞[210]和 NK 细胞[224]的计数,影响免疫系统功能。但对于铅暴露与免疫细胞计数改变的关系尚需更多人群研究进行验证。

2.2.3.9 其他器官或系统

关于铅暴露损害内分泌系统的研究，多集中在甲状腺功能。铅污染区域孕妇发生甲状腺功能低下的风险显著高于非污染的对照区域[225]。铅暴露也可损害普通人群的甲状腺功能，而且铅对甲状腺轴的影响作用可能因性别而异[226-229]。铅暴露对眼睛的影响，现有流行病学研究较少，仅有的研究认为铅暴露使眼睛黄斑变性加重[230]；另一项研究结果显示，胫骨铅水平，而非血铅水平，与白内障发病风险相关[231]。

2.2.4 总铅暴露的疾病负担

铅的广泛使用，使得铅污染成为全球性公共卫生问题。铅暴露的疾病负担受到各界的关注。伤残调整寿命年（disability adjusted life year，DALY）是计算疾病负担的公认指标。据WHO发布的消息，2017年由于铅暴露带来的长期健康影响而使全球106万人死亡，并失去2 440万DALY，低收入和中等收入国家面临的负担更重。同时，铅暴露因素占特发性智力残疾全球负担的63.2%，高血压性心脏病全球负担的10.3%，缺血性心脏病全球负担的5.6%，中风全球负担的6.2%。根据健康指标与评估研究所（Institute for Health Metrics and Evaluation，IHME）数据模型评估，我国2017年每10万人中就有25.3（18.07～33.22）人因铅暴露而死亡，失去502.79 DALY（360.85～651.54），两项数据均位居世界前列（http：//vizhub.healthdata.org/gbd-compare/）。

3 经口暴露人群铅负荷评估及检测技术

3.1 国内外环境铅暴露监测数据

铅是环境中一种持久性污染物，其浓度与人类健康息息相关。一直以来，不少国家和地区都开展了环境铅污染物的浓度水平监测。据已有资料报道，铅在大气、土壤、淡水和海水中的本底值，分别不超过 0.1 $\mu g/m^3$、100 mg/kg 及 5 $\mu g/L$。但是，人类的一些生产活动，如开采矿山等，可使含铅污染物排放进入环境，造成环境铅污染物水平升高。以下将综述不同国家和地区环境介质铅的监测结果。

3.1.1 空气中铅浓度监测数据

表3-2所示为部分国家的空气铅含量。

表3-2 部分国家空气环境中的铅含量[241]

单位：ng/m³

国家	城市	采样点位位置	Pb含量	转化后的Pb含量#	采样时间
波兰	克拉科夫	城区	157.0	157.0	2005[232]
日本	东京	市区	125.0	68.1	2000[233]
英国	伦敦	地铁站	300.0	462.0	2001[234]
芬兰	赫尔辛基	市区主干道	10.0	—	2003[235]
南非	夸祖鲁	市区学校操场	1 350.0	1 350.0	1996[236]
印度尼西亚	三堡垄港市	商业区	990.0	654.9	1999[237]
印度	孟买	住宅区	1 000.0	661.5	2001[238]
西班牙	卡斯特利翁	陶瓷工业区	100.0	100.0	2005[239]
德国	埃尔福特	市中心	26.7	26.7	2002[240]
新西兰	南地	住宅区	0.4	0.4	2007[241]
美国	米拉洛玛	市区	39.0	21.6	2001[242]
韩国	首尔	市区	124.0	124.0	2003[233]
中国	香港	市区	80.0	52.9	2000[243]
中国	澳门	市区	59.5	59.5	2001[244]
全球范围	—	—	500.0	272.5	2005*

注：*表示文章发表的年份；#表示将采集于不同颗粒物的铅，全部转换为以PM_{10}计算的铅含量。

根据我国《环境空气质量标准》（GB 3095—2012）的规定，空气中的铅是指存在于总悬浮颗粒物中的铅及其化合物，年平均浓度限值为 0.5 μg/m³，季平均为 1 μg/m³。目前，国际上环境空气质量标准的铅浓度限值为 0.15～1.50 μg/m³，但多采用 WHO 的年均浓度限值 0.5 μg/m³[245]。我国天津市 2001—2010 年空气铅浓度为 0.27～0.63 μg/m³[246]；洛阳市 2003 年冬季至 2004 年秋季环境空气铅浓度为 0.616 9～1.701 7 μg/m³[247]；南京市 2017 年、2018 年某监测点环境空气铅的年均值为 0.038 0～0.050 3 μg/m³，季均值为 0.022 7～0.066 0 μg/m³，均低于国家标准限值[248]；北京市空气铅浓度为 80～170 ng/mg[249]。另外，邹天森等通过数据库检索和搜集 2000—2012 年间发表的关于空气颗粒物中重金属含量的文献，发现我国空气环境铅含量较高，但总体呈现下降趋势[241]。我国部分地区空气铅含量整理见表 3-3。

表3-3 我国部分地区空气环境中的铅含量

单位：μg/m³

省、市	采样点位置	Pb 含量	采样时间
甘肃	农场	759.000*	2011[250]
成都	市区	1.000～12.000	1993[251]
杭州	市区、风景区	0.064	2015[252]
淄博	市区	990.000	2005[253]
山东	某垃圾厂	16.200	2014[254]
沈阳	市区	1.877	2001[255]
苏州、无锡、常州	—	382.000*	2015[256]

注：*表示空气颗粒物中铅含量，单位 μg/g。

3.1.2 土壤中铅暴露监测数据

国家标准《土壤环境质量农用地土壤污染风险管控标准（试行）》（GB 15618—2018）规定，土壤 pH 在 6.5～7.5 时，铅的限值为 140 mg/kg。2014 年的《全国土壤污染状况调查公报》数据显示，我国土壤质量状况不如人意，铅的点超标率为 1.5%。有学者[257]对北京 71 个游乐场积尘和表层土壤监测发现，积尘铅浓度为 80.5 mg/kg，土壤铅浓度为 36.2 mg/kg。此外，不同地区不同土壤环境，铅含量也不同，燃煤电厂周边土壤中铅的世界平均浓度水平为 275 mg/kg。塞尔维亚一燃煤电厂附近土壤铅浓度范围及均值为 6.9～70.2 mg/kg（24.1 mg/kg）。Ranft 等研究发现，1983—2000 年，德国杜伊斯堡土壤中铅含量中位数及 95% 百分位数分别为 206 mg/kg、877 mg/kg[258]。

3.1.3 水中铅暴露监测数据

我国《地表水环境质量标准》（GB 3838—2002）规定，水体中铅浓度限值为 0.01 mg/L。邢台市 1991—1997 年地表水铅含量均值范围 0.001 50～0.077 79 mg/L，1990—1996 年地下水铅含量均值范围为 0.001 60～0.011 28 mg/L[259]。丁枫华等于 2005 年对丽水市地表水的 45 个采样点铅质量进行监测，结果显示，铅浓度范围为 0.005～0.032 mg/L，平均为 0.010 mg/L[260]。在加拿大，Deshommes 等[261]研究显示，2016 年加拿大 4 个省的小学、托儿所和其他大型建筑的 78 971 个水样，长时间运行下最大铅浓度为 13.2 mg/L，短暂停止运行后最大铅浓度为 3.89 mg/L。

3.2 食品铅暴露监测数据

食品是铅污染物的一大载体，人类通过摄入食物而暴露于铅污染物，使得铅暴露影响人群十分广泛。因此，通过监测食品铅暴露数据，可以有效制定食品安全准则，更好地保障人类健康。

我国开展的第五次 TDS 中，对 20 个省（自治区、直辖市）的 12 类食物样品进行了铅含量检测，膳食铅含量如下：谷类 0.011 mg/kg、豆类 0.022 mg/kg、薯类 0.015

mg/kg、肉类 0.056 mg/kg、蛋类 0.044 mg/kg、水产类 0.049 mg/kg、乳类 0.005 mg/kg、蔬菜类 0.014 mg/kg、水果类 0.023 mg/kg、糖类 0.053 mg/kg、饮料和水 0.004 mg/kg、酒类 0.011 mg/kg[43]。有学者[262]对我国 2006—2012 年全国各地食品铅监测数据综述后显示，各类食物中铅浓度为 0.003～10.870 mg/kg。其中，谷物和豆类为 0.014～1.310 mg/kg，鱼类为 0.010～0.525 mg/kg，蛋类为 0.013～0.100 mg/kg，蔬菜类为 0.003～1.230 mg/kg，肉类为 0.003～0.349 mg/kg，食用菌类为 0.006～1.030 mg/kg，牛奶和乳制品类为 0.004～0.099 mg/kg，水果类为 0.006～0.089 mg/kg，内脏类为 0.025～0.719 mg/kg，茶叶类为 0.024～5.580 mg/kg，皮蛋为 0.008～10.870 mg/kg。根据各项研究的样本量和各类食物铅的平均浓度，计算获得各类食物的加权平均浓度（weighted mean concentration），最高为茶叶 1.937 mg/kg，其次为皮蛋 1.212 mg/kg。

在我国历次 TDS 调查中均发现，不同地区同类食品中的铅含量可能存在显著差异。在第五次 TDS 中，蔬菜类食品中铅含量在黑龙江是未检出至 0.021 0 mg/kg，辽宁是 0.000 4～0.085 0 mg/kg，河北是未检出至 0.173 0 mg/kg，陕西是 0.002 0～0.128 0 mg/kg，河南是未检出至 0.089 0 mg/kg，宁夏是未检出至 0.146 0 mg/kg，上海是未检出至 0.557 mg/kg，福建是未检出至 0.018 0 mg/kg，江西是 0.006 0～1.609 0 mg/kg，湖北是 0.003 0～0.188 0 mg/kg，四川是 0.006 0～0.247 0 mg/kg，广西是 0.001 0～1.149 0 mg/kg[43]。各类食品中的铅含量是动态变化的，深圳 2004—2006 年监测结果显示，粮食中铅污染呈下降趋势，但蔬菜、蛋类呈上升态势[263]。

1961 年，美国启动了第一次 TDS 调查，并作为常规的食品安全监测持续至今。其通过官方网站（https：//www.fda.gov/food/total-diet-study/）公布了 1991 年以来的 TDS 结果。该 TDS 在 1967 年 FAO/WHO 农药残留会议上获得认可，随后 WHO 鼓励各国采取可靠和统一的 TDS，因此各国启动的 TDS 并不完全同步。欧盟 14 个成员国的监测结果显示，15 类食品中铅平均含量在 0.005～0.365 mg/kg。澳大利亚的烘焙面包中铅含量最高为 0.248 mg/kg。巴西的畜肉、禽肉和肾脏中，铅平均含量分别为 0.345 mg/kg、0.270 mg/kg 和 0.140 mg/kg。新加坡铅平均含量最高的 3 种食物是可可产品（除可可脂外）、蘑菇与菌类、蔬菜（含果汁），铅含量分别为 0.692 mg/kg、0.616 mg/kg、0.402 mg/kg[40]。美国 TDS 报告的铅水平最高的是 2006 年采集的虾样品，含量为 0.180 mg/kg。但美国另一项非 TDS 的调查中，测得铅含量最高的样品是 2000 年采集的水果汁，高达 74.000 mg/kg，各类食品的平均铅浓度低于 0.352 mg/kg[40]。除上述各政府主导的 TDS 外，国外也有大量学者进行了食品铅含量监测的研究。Tahvonen 研究显示，1994 年芬兰各类酒水饮料铅含量如下：碳酸饮料为 0.002 mg/kg，矿泉水小于 0.001 mg/kg，芬兰本国啤酒为 0.003 mg/kg，进口啤酒为 0.004 mg/kg，芬兰国内各式葡萄酒为 0.016 mg/L，进口白葡萄酒为 0.033 mg/L，芬兰国内红葡萄酒为 0.009 mg/L，进口红葡萄酒为 0.034 mg/L[264]。Antoine 等研究显示，2017 年牙买加的 13 种粮食作物，包括西非荔枝果、香蕉、卷心菜、胡萝卜、木薯、可可、芋头、爱尔兰马铃薯、南瓜、甜辣椒、甘薯、番茄和萝卜，其铅含量为 0.003～0.100 mg/kg[265]。Hoffen 等在 2014 年随机选择德国柏林市内的 172 个地点进行铅含量监测，发现城市园艺中坚果类、浆果类和核果类的铅含量中位数分别为 0.0（0.0～5.7）mg/kg DW（dry weight，干重)、59.5 (4.5～1 438.1) mg/kg DW、29.3 (0.0～170.3) mg/kg DW[266]。Vasconcelos Neto 等综述了巴西食品中的铅含量,结果显示肉类及肉制品铅含量为 0.124 8 mg/kg,蔬菜及蔬菜制品为 0.167 1 mg/kg,所有纳入分析的 12 种食品(婴儿食品,糖,饮料,肉类及肉类制品,坚果、可可及其制品,水果及水果制品,粮食、谷类和产品,牛奶及奶类制品,鸡蛋,油和脂肪扩散,蔬菜及蔬菜制品,其他食品)的平均铅浓度为 0.054 1 mg/kg[267]。在尼日利亚扎姆法拉,收获后和加工后的谷物平均铅含量分别为 0.32 mg/kg 和 0.85 mg/kg DW,不同年龄组食品铅摄入量为 0.007～0.078 mg/d[268]。

综上所述,每个地区食品铅含量的监测数值不尽相同,食品的多样性使得食品铅含量呈现较广的范围。通过对食品铅含量的监测,能够实时掌握我国居民通过食品暴露于铅污染物的风险,也能为后续的食品安全风险评估及安全限值的制定提供科学依据。但是,由于我国各地饮食习惯差异巨大,因此,制订合理评价各类食物摄入比值的科学方法,结合不同种类食品中铅水平的监测结果和摄入量,才能更加准确地估算出铅经口摄入的量,进而准确推导食品铅暴露的健康风险大小。

3.3 人群铅负荷监测数据

机体内血铅值(blood lead level,BLL)是一个反应机体铅暴露水平的良好指标。通过监测人群的 BLL,能够获知人群的铅暴露水平,并制定相应标准及干预措施。世界上(包括我国)很多国家都进行了多次的人群血铅监测,尤其是儿童。

有调查[269]显示,我国 1995—2003 年儿童血铅均值为 92.5 μg/L,铅中毒率为 33.8%。2002 年,中国疾病预防控制中心(中国 CDC)在 9 省 19 个城市进行的 3～5 岁儿童血铅水平调查[270]发现,城市儿童血铅总体均值为 88.3 μg/L,铅中毒率为 29.91%。2004—2007 年的监测数值[271]显示,儿童血铅均值为 80.7 μg/L,铅中毒率为 23.9%。2008—2012 年我国儿童血铅均值为 63.15 μg/L,铅中毒率为 12.31%[272]。刘爱华等[273]于 2015 年 5—8 月在全国 18 个中心城市进行 21 463 名 0～6 岁儿童血铅水平调查发现,中国城市儿童血铅总体均值为 35.35 μg/L,血铅水平大于 100 μg/L 的占 1.07%。颜崇淮等[274]的最新调查研究结果显示,我国 0～6 儿童的血铅均值为 26.7 μg/L,血铅水平大于 50 μg/L 的占 8.6%。通过以上的调查结果,我们发现,我国儿童铅水平随着时间的推移呈下降趋势,表明我国在控制儿童血铅上做出了很大的努力。但与部分发达国家相比,我国儿童血铅值仍较高,因此,还需要更好的防控措施。

此外,其他国家也对儿童血铅值进行了监测。在过去 30 多年,美国儿童 BLL 大幅度下降,BLL 从 1976—1980 的 15.1 μg/dL 降为 1.3 μg/dL,铅中毒率从 88.2% 降为 0.8%。1991 年,美国 CDC 将儿童铅中毒的标准定为血铅水平高于 100 μg/L。经过一系列的措施,美国儿童 BLL 大幅度下降,美国 CDC 于 2012 年接受了美国儿童铅中毒预防咨询委员会中心(Advisory Committee on Childhood Lead Poisoning Prevention,ACCLPP)的建议,取消 1991 年的"血铅关注水平"——100 μg/L,进而采用美国 NHANES 中 1～5 岁儿童 BLL 分布的 97.5 百分位数——5 μg/dL 为参考值[275-277]。基于第一轮加拿大卫生措施调查(2007—2009 年)显示,加拿大 6～79 岁人群中整体血铅浓度为 13.4 μg/L,其中 6～11 岁、12～19 岁、20～39 岁、40～59 岁和 60～79 年组的平均血铅水平分别为 9.0、8.0、11.2、16.0、20.8 μg/L，而 BLL≥100 μg/L 的比例不到 1%[278]。

1993 年，法国制定了全国预防铅中毒政策，行动重点是初级预防和筛查。1996 年，法国对 1~6 岁儿童进行的血铅检测发现有 2.1%（84 000 名）的 BLL≥100 μg/L；法国公共卫生监测研究所（The French Institute for Public Health Surveillance，InVS）于 2008 年 9 月至 2009 年 4 月开展了一项全国性儿童 BLL 调查，包括 3 831 名 6 个月至 6 岁儿童，测定的血铅均值为 14.9 μg/L，0.09% 的儿童 BLL≥100 μg/L，1.5% 的儿童 BLL≥50 μg/L[279]。

日本未进行过大范围儿童血铅水平的监测，其儿童血铅水平相关调查数据较为稀缺。但在 1993 年，日本静冈市对 188 例儿童进行了血铅测定，平均血铅浓度为 31.6 μg/L[280]。2005—2006 年（仅静冈县）和 2008—2010 年（静冈市、东京和大阪）对 352 名儿童（年龄 1~14 岁）进行血铅检测，结果显示儿童平均 BLL 是 10.7 μg/L，超过 100 μg/L 的儿童比例可以忽略不计，表明日本儿童的血铅值较之前的血铅水平有所下降[281]。韩国于 2008 年在首尔（城市）、城南市（郊区）、蔚山和仁川（工业区）、涟川郡（农村）5 个城市的 667 名儿童（年龄 8~11 岁）展开调查，测得血铅平均值为 19.1 μg/L[282]。

综上所述，不同国家和地区的儿童血铅值存在较大差异，发达国家儿童血铅值明显低于发展中国家儿童。但无论是在发达国家还是发展中国家中，儿童血铅值均随时间的推移而逐渐下降。这些动态监测数据，可以帮助我们制修订合理的铅接触限值。

3.4 不同环境介质中铅含量的检测技术

越来越多的研究认为，并不存在所谓的铅暴露"安全限值"，即使暴露在极低水平的铅污染物下，也会对人体健康造成一定的损伤。因此，近 20 年来，人们致力于开发可以检测极低浓度铅的分析系统，使得检测技术不断得到提升，结合不同的前处理方法，甚至可将食品铅的检测限（LOD）和定量限（LOQ）分别降低至 0.02 ng/g（或 ng/mL）和 0.07 ng/mL[40]。常用的检测方法有电感耦合等离子体发射质谱法（inductively coupled plasma-mass spectrometry，ICP-MS）、火焰原子吸收光谱法（flame atomic absorption spectrometry，FAAS）、石墨炉原子吸收光谱法（graphite furnace atomic absorption spectrometry，GF-AAS）等。而采用不同的前处理方法也可影响方法的 LOD，一般可采用干烧灰化、湿法消解、微波消解和压力罐消解等方法消解待检样品。FAAS 检测还可采用氢氧化锆共沉淀和湿法消解+固相萃取的前处理方法；GF-AAS 检测也可采用酶促水解、低温研磨、干烧灰化等方法进行样品处理。

为了准确测量样品中的铅含量，应实行优良实验室管理，并采取认证参考物质（certified reference materials，CRMs）对检测实验室进行质量控制。样品采集时不仅要有正确的采集方法，还应尽可能保证整个采集过程的有效性。如对蔬菜等样品采集时，尽可能采集刚上市的；测定前充分了解待测样品的纯度和污染情况。测定过程中对每个样品和空白都设立标准平行样，并测定检测样品的回收率，提高检测结果的准确度。

3.4.1 环境和食品样品铅含量的检测方法

考虑到我国的实际情况和检测方法的高效、灵敏，我国分别制定了环境铅含量（空气、土壤和水）及食品（含饮料和饮用水）铅含量的标准检测方法。具体方法整理如表 3-4 所示。

表3-4 我国现行环境和食品铅含量检测标准中的方法

介质	检测方法	前处理方法	检测限	定量限	参考标准
空气	GF-AAS	电热板消解、微波消解	0.009 μg/m³	0.036 μg/m³	HJ 539—2015
	FAAS	硝酸-过氧化氢溶液浸出法	0.5 μg/m³ 或 500 μg/L	—	GB/T 15264—94
水	ICP-MS	电热板消解、微波消解	0.09 μg/L	0.36 μg/L	HJ 700—2014
	ICP-OES	微波消解	0.1 mg/L	0.39 mg/L	HJ 776—2015
	AAS	直接测定或加入硝酸、电热板消解	0.01 mg/L	0.2 mg/L	GB 7475—87
	dithizone	加酸后电热板消解	0.01 mg/L		GB 7475—87
土壤和沉积物	GF-AAS	加酸后电热板消解	0.1 mg/kg	—	GB/T 17141—1997
	FAAS	湿消解	0.006 mg/kg	—	GB/T 17141—1997
	HG-AFS	湿消解	0.0002 mg/kg	—	GB/T 17141—1997
	WDXFS	样品烘干、研磨后过200目筛，105℃烘干	2.0 mg/kg	6.0 mg/kg	HJ 780—2015
	FAAS	电热板消解、石墨电热消解、微波消解	10 mg/kg	40 mg/kg	HJ 491—2019
食品	GF-AAS	湿法消解、微波消解、压力罐消解	0.02 mg/kg 或 0.02 mg/L	0.04 mg/kg 或 0.04 mg/L	GB 5009.12—2017
	FAAS	湿法消解、微波消解、压力罐消解	0.4 mg/kg 或 0.4 mg/L	1.2 mg/kg 或 1.2 mg/L	GB 5009.12—2017
	ICP-MS	微波消解、压力罐消解	0.02 mg/kg 或 0.005 mg/L	0.05 mg/kg 或 0.02 mg/L	GB 5009.268—2016
	dithizone	压力罐消解	1 mg/kg 或 1 mg/L	3 mg/kg 或 3 mg/L	GB 5009.12—2017

注：GF-AAS, graphite furnace atomic absorption spectrometry, 石墨炉原子吸收光谱法；FAAS, flame atomic absorption spectrometry, 火焰原子吸收光谱法；ICP-MS, inductively coupled plasma-mass spectrometry, 电感耦合等离子体发射质谱法；ICP-OES, inductively coupled plasma-optical emission spectrometry, 电感耦合等离子发射光谱法；AAS, atomic absorption spectrometry, 原子吸收光谱法；dithizone, 即 colorimetry, 二硫腙比色法；HG-AFS, hydride-atomic fluorescence spectrometry, 氢化物-原子荧光光谱法；WDXFS, wavelength dispersive X-ray fluorescence spectrometry, 波长色散X射线荧光光谱法。

除了表格中的检测方法（目前主流采用的检测技术）之外，也出现了越来越多的新型检测技术，大大提高了铅含量检测的效率。生物传感器法就是近年来兴起的一种主要以生物活性单元为本质的检测方法，其优势在于其检测方法简单、检测效率高及灵敏度高；劣势在于此方法的成本非常高，进而在一定程度上限制了实际的使用范围。一定条件下，该方法 LOD 可达 1.0×10^{-9} mol/L[283]。另外，酶抑制法也是一种新兴的检测方法，被用于检测多种重金属[284]。刘京萍等[285]利用葡萄糖氧化酶抑制法检测食品中镉、锡、铅的残留，铅的 LOD 为 1.4 μg/mL。其他方法，如电化学分析方法（溶出伏安法和极谱法，其中极谱法 LOD 可达 5.0×10^{-8} mol/L）[286]、生物化学检测方法（核酸检测技术、免疫检测技术和超分子铅离子生物化学传感检测技术）[287]也可用于铅含量检测。

国际上开展环境铅检测的主要技术是 FAAS、GF-AAS、ICP-MS、电感耦合等离子发射光谱法（inductively coupled plasma-optical emission spectrometry，ICP-OES）、电感耦合等离子体原子发射光谱法（inductively coupled plasma-atomic emission spectrometry，ICP-AES）等。如美国国家职业安全与健康研究所（National Institute for Occupational Safety and Health，NIOSH）、EPA 和美国材料与实验学会（American Society for Testing and Materials，ASTM）分别颁布了空气/颗粒物、水环境和土壤/沉积物中铅含量检测，可根据情况选用 FAAS、GF-AAS、ICP-AES 和 ICP-MS。美国 EPA 还提出对饮用水先进行预浓缩，然后采用轴向观测电感耦合等离子体原子发射光谱法（axially viewed inductively coupled plasma-atomic emission spectrometry，AVICP-AES）进行铅含量检测，此种轴向观测的灵敏度是径向位观测位测定灵敏度的 5~10 倍[40]，LOD 为 1.1 ng/mL。

对于食品中铅含量检测，WHO 的国际食品法典委员会（Codex Alimentarius Commission，CAC）颁布的食品中铅检测方法有原子吸收光谱法（atomic absorption spectrometry，AAS）和阳极溶出伏安法（anodic stripping voltametry，ASV），除脂肪和油脂外，均可以微波消解或者干烧灰化消解后，采用 GF-AAS 检测；或以酸消解后，用 ASV 检测。此外，对于可可相关产品和肉、禽类产品（含肉汤）中铅含量检测，也可采用二硫腙比色法。ICP-MS 可同时检测多种元素，且检测限低（ng/g），已广泛用于食品安全检测。因此，欧盟颁布的食品中铅含量检测方法，在 CAC 的方法基础上增加了 ICP-MS。而美国 FDA 在 2014 年之前提出，以干法消解、湿法消解和微波辅助消解后，采用 GF-AAS 进行食品和饮料及水的铅测定，目前此法已不再使用，但仍可接受。2014 年后，FDA 改用了 LOD 和 LOQ 更低、且可以减少食品基质干扰的微波辅助消解 ICP-MS 和 ICP-AES 方法，此两种方法的 LOD 分别为 1.20 μg/kg 和 3.0 mg/kg，LOQ 分别为 10.9 μg/kg 和 6.0 mg/kg。

除上述国际组织和国家政府部门颁布的检测方法外，研究者们也开发出其他方法。在采用 FAAS 进行食品中铅含量测定时，有时雾化效率低下会影响检测结果的准确性。为克服此不足，提高进样过程，可以热喷雾火焰炉原子吸收光谱法（thermospray flame furnace atomic absorption spectrometry，TS-FF-AAS）作为替代。此外，酸消解联合固相萃取处理卷心菜后，ICP-OES 检测的 LOD 为 0.54 ng/mL。西红柿、辣椒和洋葱等经微波消解后，采用电热原子吸收光谱法（electrothermal atomic absorption spectrometry，ET-AAS）检测的 LOD 为 0.81 ng/g。采用 ICP 方法检测时需要注意的是，基质离子与氩气结合产生的多原子可能干扰检测，为确保获得准确结果，必须通过高温下的微波消解以消除或控制干扰。动态反应池技术与 ICP-MS 结合使用（dynamic reaction cell technology combined with ICP-MS，DRC-ICP-MS），也可消除上述方法中的干扰，被认为是一种有效的替代方法。表3-5概括了目前国际上使用的食品铅含量检测方法。

表3-5 目前国际上对食品中铅含量检测常见方法[40]

检测方法	检测样品	前处理方法	检测限
ICP-MS	海藻（紫菜和海带）、粮谷类、豆类、肉类、蛋类、蔬菜、奶、水果等	微波辅助消解（$HNO_3 + H_2O_2$）	1.74~4.00 ng/g
	粗粮	微波辅助消解（$HNO_3 + H_2O_2$）	16.0 ng/L
DRC-ICP-MS	牛奶、婴儿配方奶	微波辅助消解（$HNO_3 + H_2O_2$）	0.5 ng/g
ET-AAS	牛奶、蔬菜、葡萄干	酸消解（$HNO_3 + HClO_4 + H_2SO_4$）	0.4~6.2 ng/mL
	牛奶	过滤、离心和微波辅助消解	0.62 ng/mL
	西红柿、辣椒和洋葱	微波辅助消解（$HNO_3 + H_2O_2$）	0.81 ng/g
	卷心菜、小麦、西红柿、蛋、婴儿配方食品、即溶奶粉、海产品	微波辅助消解（$HNO_3 + HF$）	200 ng/g
	蔬菜及鸡肉	2-巯基苯并噻唑共沉淀	1.38 ng/g
	魔芋粉	酶促水解和浆料准备	27.8 ng/g
	菠菜、棕榈、螃蟹、虾、贻贝、沙丁鱼、鱿鱼	低温研磨和浆料准备	75 ng/g
	婴儿配方奶粉	干烧灰化	6.4 ng/g
FAAS	面粉、玉米粉、西红柿、苹果、芥末、可可粉和茶	湿法消解	1.0~3.5 ng/mL
	咖啡和茶	与氢氧化锆共沉淀	2.5 ng/mL
ICP-OES	卷心菜	酸消解和SPE柱	0.54 ng/mL
SWASV	粮谷类	湿法消解	15~103 ng/g[288]
DPASV	婴儿配方食品	酸消解	5 ng/g

注：SWASV，square wave anodic stripping voltammetry，方波阳极溶出伏安法；DPASV，differential pulse anodic stripping voltammetry，差分脉冲阳极溶出伏安法。

3.4.2 生物样品铅含量的检测方法

目前，监测人体铅含量的生物样本主要为血和尿样。我国针对血样和尿样的铅含量检测方法制定了一定的执行标准。相应的检测方法如表 3-6 所示。

表 3-6　我国现行血样和尿样中铅含量检测方法

样品	检测方法	前处理方法	检测限	定量限	参考标准
血	GF-AAS	加硝酸脱蛋白/Triton X-100 稀释溶液	7.0 μg/L	20 μg/L	GBZ/T316.1—2018
	ICP-MS	0.5% 硝酸 – 0.01% Triton 稀释剂直接稀释	0.17 μg/L	7.0 μg/L	GBZ/T316.2—2018
	AFS	硝酸脱蛋白	6.7 μg/L	20 μg/L	GBZ/T316.3—2018
尿	GF-ASS	加硝酸及氯化钯基体改进剂处理	1.0 μg/L	3.0 μg/L	GBZ/T 303—2018

注：AFS, atomic fluorescence spectrometry, 原子荧光光谱法。

目前，国际上最常用的检测生物样品铅含量的方法是 AAS[289]。此外，还开发了其他的检测方法。例如，美国 ESA 公司推出的基于溶出伏安法原理设计的便携式血铅测定仪（Lead Care），可以现场快速测定血铅，测定标本为末梢血或静脉血[290]。Lead Care 法测定血铅含量更简便、快捷，样本量较少时（50 μL），血铅测定范围为 33～650 μg/L。自 Ahlgren 等[291]于 1976 年采用 X-射线荧光法（X-ray fluorescence，XRF）检测人体骨骼铅以来，这种无创性方法受到了广泛关注，随着检测技术的进一步改进，K 壳 XRF（K-shell XRF，KXRF）方法将 LOD 从 20 世纪 80 年代的 16～20 μg/g 降至 2 μg/g。最近，采用 L-壳 XRF（L-shell XRF，LXRF）检测 2mm 厚度的软组织模型中的铅量，$LOD < 5$ μg/g[292]，这种无创 XRF 检测法有可能应用于机体组织铅含量的检测，并为体内铅的代谢动力学研究提供可靠和敏感的技术手段。

3.4.3　铅同位素示踪分析环境、食品和生物样本中铅污染来源

在环境介质、食品与生物样品的铅检测分析中，形成了多种广为应用的成熟方法，新方法和新技术也朝着简便、快速、灵敏的方向发展。除了明确食品和体内铅含量外，人们通常也极为关注铅的污染来源。铅有四种稳定的同位素，即 ^{204}Pb、^{206}Pb、^{207}Pb 和 ^{208}Pb，且铅同位素有较强的抗地质干扰能力和稳定性，环境和食品铅污染与其来源的铅同位素组成一致、铅同位素的这种"指纹"特征可被用于环境污染源和食品污染源示踪研究[32,293-296]。因此，除了前述各种介质中铅含量检测方法外，常结合铅同位素示踪技术，追踪环境和食品污染源并评价污染程度，这已成为污染物解析研究中广泛采用的研究策略。铅的同位素示踪方法也开始用于分析人体内铅的来源[106,297]。

由于 ^{204}Pb 在自然界中的丰度很低，测定精度较差，一般都选择 ^{206}Pb、^{207}Pb 和 ^{208}Pb 三者中任意二者的含量比来研究铅的来源。食品在生产、加工、贮藏、运输和销售过程的每一个环节，均有可能受到铅污染。通过对比分析污染源与食品的同位素比率特征，二者相似度越高，提示该污染源对食品铅污染的贡献可能越大。铅同位素示踪方法也可计算各污染源的相对贡献率[32]。

铅同位素比值的分析常用 ICP-MS 进行测定。检测步骤首先是样品采集后的清洗干燥或浓缩（液体）；然后采用硝酸或王水（硝酸：盐酸＝3∶1）进行消解，必要的话进行基质纯化，即从样品基质中分离铅，可采用离子交换树脂从消解的溶液中提取铅；最后，利用 ICP-MS 进行检测。对检测数据从定性解析和定量解析两个方面进行铅污染源的解析。

铅同位素示踪技术是食品铅污染源解析的一种有效方法，近年来在国内外食品安全方面得到广泛应用。但在实际应用中，如果污染源较多、背景复杂、污染源解析的难度大，则需要建立和完善相应的解析模型，提高分析的准确性，减少不确定性[32]。

3.4.4 环境与食品中铅形态分析

在各种介质中，铅可能以不同价态和形态存在。而不同价态和形态铅的理化特性不同，毒性也会不同。为了评估铅的生物利用度及其潜在毒性，不仅需要确定总含量，而且还需要确定痕量铅与样品固相之间结合的不同化学形态或结合方式。因此，1970 年以来，建立了许多连续提取方案，分离被测样本中各种铅形态并进行检测。根据 Fernández 改进的方法，样品前处理连续提取方案见表 3-7。

表 3-7 被测样品不同铅形态的提取方法[6]

金属种类	提取试剂	实验条件
F1. 可溶性和可交换：生物利用度高	15 mL H_2O（pH＝7.4）	在室温下，振荡 3 h，离心，取上清液待测
F2. 碳酸盐和氧化物：可生物利用	10 mL 0.25 mol/L NH_2OHClH（pH＝2.0）	在室温下，振荡 5 h，离心，取上清液待测
F3. 结合有机物：可生物利用	7.5 mL 30% H_2O_2 + 7.5 mL 30% H_2O_2 + 15 mL 2.5 mol/L NH_4AcO（pH＝3.0）	95 ℃，振荡、干燥 + 95 ℃，振荡、干燥 + 室温下，振荡 90 min，离心，取上清液待测
F4. 残留：不可生物利用	HNO_3 : HCl : $HClO_4$ ＝ 6∶2∶5，10 mL	95 ℃，振荡 5 h，离心，取上清液待测

采用 ICP-MS 对上述获得的提取液进行测定。这种连续提取法进行铅形态分析，可以预测铅在环境中的迁移率和可能的生物利用度，已得到广泛认可。其不足之处是：提取过程中，各相之间存在重吸附，试剂选择性差，操作条件对提取结果影响大，难以比较不同方法的结果，过程较烦琐和耗时。因此，有学者提出单步骤提取方法，即用连续提取方法相同的试剂和操作条件，以单次提取代替连续提取，即将被测样分成等分试样，同时用各种提取试剂分别提取。虽然单次提取节约时间，但是需要更多的被测样品，分析较难获得的样品如人体生物样品时受到限制。近 10 多年来，建立的 CE、HPLC 分离方法与 ICP-MS 联用技术，在食品安全领域得到广泛应用，这些分离方法准确、可靠，可以有效分离不同铅形态化合物，而且消耗样品少，分析速度快[298-299]。对食品中铅化学形态的分析还可采用 XRF、能量分散 X 射线荧光（energy dispersive X-ray fluorescence，EDXRF）、微 X 射线荧光（micro X-ray fluorescence，μXRF）、X 射线吸收近缘结构（X-ray absorption near edge structure，XANES）等技术。

4 应用 MOA/AOP 框架揭示经口暴露铅毒作用机制

4.1 毒代动力学研究

生理药代动力学模型（physiologically based pharmacokinetic model，PBPK model）是指利用对化学物质处置的数学模型来定量描述关键生物过程，是研究药物、化合物或新化学实体（new chemical entity，NCE）给药后吸收、分布、代谢和排泄（ADME）的时间过程[300]。它是对化学物如何进入机体、进入的量及在机体各组织间移动和机体如何变化的数学描述。PBPK 模型也被称为基于生物的组织剂量学模型，已被越来越多地用于风险评估，主要用于预测一种化学物质的潜在毒性分子浓度，这种化学物质将通过各种途径、不同剂量和多种试验物种的组合被传递到任何给定的目标组织[301]。PBPK 模型可简单也可复杂，取决于需要回答的健康问题和可用于建模的信息。

4.1.1 经口暴露铅的 PBPK 模型发展历程

自 20 世纪 70 年代，就有学者进行铅 PBPK 模型的研究。1973 年，Rabinowitz[302]等采用同位素示踪法对铅在人体内的代谢及分布进行研究，建立了最早、最简单的 PBPK 模型。该模型采用饮食摄入铅，然后基于生理隔室划分，提出了只包含血、软组织和骨骼三个主要隔室的模型。在这之后，以多种哺乳动物及不同年龄人群的生理学参数测量中获得了大量数据，如骨骼结构和构成特征、骨骼发育及其组成成分变化和血流参数等，涌现了更广泛的生物物理模型。新发展的铅 PBPK 模型不局限于早期的三个隔室，隔室的丰富更准确地描绘出铅在体内的 ADME 过程。这些模型因使用了仔细记录的生理和生物间室率及其他模型参数的经验估计，使得铅的 PBPK 模型不断完善[303-305]。

铅 PBPK 模型的构建，早期主要基于饮食铅的摄入，也就是经口暴露途径。通过采用同位素铅测定方法，对志愿者经食物摄入的同位素铅进行了追踪检测，详细了解铅在体内各脏器的动态分布和排泄，绘制出铅 PBPK 模型。这给后期铅毒性的评价和卫生标准制定提供了依据。现阶段，使用比较广泛的铅 PBPK 模型主要有 O'Flaherty 模型、Leggett 模型、IEUBK 模型和 AALM 模型。在这些模型中，铅暴露途径不仅仅是经口暴露，还综合了经呼吸道暴露途径。下面就四种铅 PBPK 模型进行介绍。

4.1.2 现有的经口暴露铅 PBPK 模型

O'Flaherty 模型是由美国辛辛那提大学医学院环境卫生学院的 O'Flaherty 教授于 20 世纪 90 年代建立的 PBPK 模型，该模型模拟了人类从出生到成年的铅暴露、吸收和分布过程[82]。同时，该模型使用基于生理学的参数来描述血液、软组织和骨骼的体积、组成和代谢活动，这些参数决定了人体中铅的分布，由此可见，机体的生理学参数为该模型的关键参数。运用该模型不仅可以预测血铅值，还可以预测骨骼铅含量。空气、水、食物、土壤等被视为该模型的铅暴露来源，而吸收、组织分布和排泄则组成模型的体内生物动力学模块。运用该模型进行铅经口暴露 PBPK 评估的生物模式如图 3-2 所示。O'Flaherty 模型基本原理是：通过年龄与体重的函数关系及体重与身体各器官的重量和容量的函数关系，模拟铅在不同年龄段人体内的吸收、分布、代谢和排泄过程，反映人的终生铅暴露情况，可应用于预测个人从出生到成年任何年龄段的铅暴露情况。加拿大学者 MacMillan 等[306]通过选取 263 名低浓度铅暴露个体作为样本，在原有模型的基础上，通过修正确定铅在红细胞中的结合参数，改善了模型预测群体血铅浓度和皮质骨中铅浓度总体趋势的性能。目前，该模型在我国尚无具体运用。

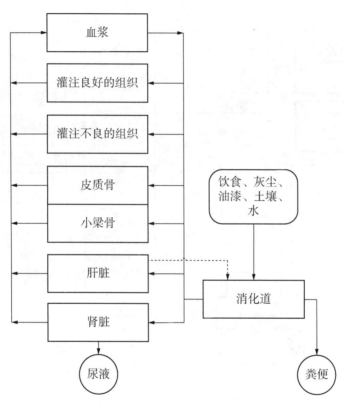

图 3-2　调整后 O'Flaherty 模型模式（铅经口暴露）

Leggett 模型是由美国橡树岭国家实验室的 Leggett 教授于 1993 年建立的 PBPK 模型，该模型同样模拟人类从出生到成年的铅摄入、吸收和分布过程[77]，也可以用于预测血铅和骨铅值。机体生理学参数同样为模型的关键参数。运用该模型进行铅经口暴露 PBPK 评估的生物模式如图 3-3 所示。目前，国际放射防护委员会（International Commission on Radiological Protection，ICRP）用该模型来预测生物动力学与钙相似的放射性核素的内部辐射剂量。在生物动力学模块上，Leggett 模型与 O'Flaherty 模型类似，但增加了脑组织部分的代谢。同时，Leggett 模型较 O'Flaherty 模型不同的是，它还可以用于铅暴露职业人群的血铅预测。Leggett 模型中假定从不可交换的骨室到血液室的速率与骨的吸收速率相同。但 Nie 等[307]运用 Leggett 模型预测铅作业工人的骨铅浓度，结果发现较实际观察到的皮质骨铅浓度低 3~4 倍，较骨小梁铅浓度低 12~18 倍。这表明随着年龄的增长，骨室到血液室的转运率会发生显著变化，尤其是皮质骨，因此，转移率和吸收率并不相同。此模型在职业人群不同年龄阶段的预测仍需收集更多的工人检测数据来进一步调整和优化。

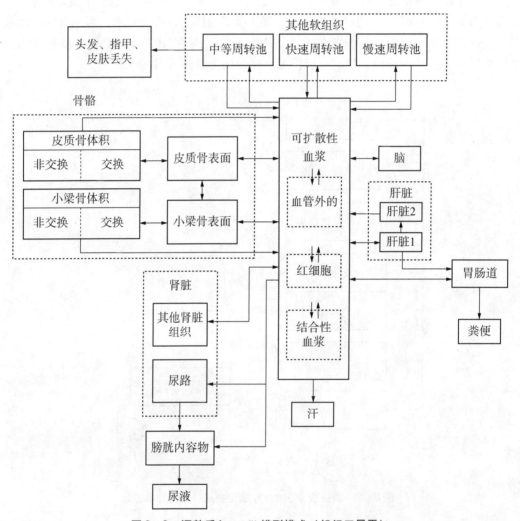

图 3-3　调整后 Leggett 模型模式（铅经口暴露）

IEUBK（integrated exposure uptake biokinetic）模型是由美国 EPA 开发的，专门用于预测暴露于铅污染环境中的 0~7 岁儿童的血铅值及分布概率[308]。IEUBK 模型主要分为四个模块：暴露模块、吸收模块、生物动力学模块和血铅概率分布模块。其中，铅经口暴露 PBPK 评估模式如图 3-4 所示。儿童暴露参数是该模型重要的参数，如饮食、水的摄入量、户外活动时间等，是评价儿童暴露外界物质剂量的重要因子。暴露与吸收模块与前两个模型类似，模拟多种环境介质经呼吸道和胃肠道铅吸收过程，模型不仅考虑了铅的吸收率随年龄增长的变化，也注意到不同环境介质中铅吸收率的差异。血铅概率分布模块是 IEUBK 模型独特之处，模型默认人群血铅值呈对数正态分布（使用几何平均值和几何标准偏差),通过给定的血铅浓度标准,预测在相似暴露儿童群体中发生血铅超标的概率及环境临界值[309-313]。但值得注意的是,在运用模型过程中,很多参数需要进行本土化的修改,从而使得预测结果更符合本国的实际情况[314-315]。

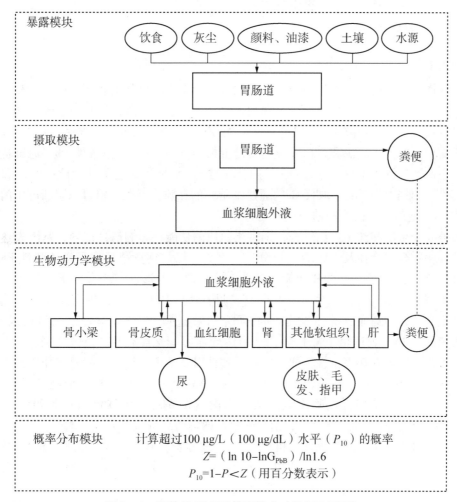

图3-4 调整后IEUBK模型模式(铅经口暴露)

AALM(all ages lead model)模型也是由EPA开发建立的用于铅暴露评价的模型,模拟了从不同暴露途径吸收铅后血液和组织的铅含量水平。该模型的系统生物动力学是基于O'Flaherty模型(AALM-OF)和Leggett模型(AALM-LG),但通过观察儿童和成人血液、骨骼和软组织中的铅浓度,对这两个系统模型中的参数进行了重新校准[316]。该模型可用于不同年龄段的血铅预测。

每个模型都综合考虑了人体的关键生理学参数,如不同组织间的交换系数及多种动力学模块,如暴露、吸收以及排泄等。经口摄入食物中的铅,是非职业性铅暴露的主要途径,许多报道的铅PBPK模型描述了食物中的铅在胃肠道吸收入血,然后在体内不同隔室中的分布,最后由粪便排出。有学者还建立了铅吸收与钙竞争动力学的PBPK模型,进一步模拟了铅在体内的动态变化过程[317]。值得注意的是,模型建立所使用的参数是基于西方人群的参数资料,而东西方人群在生理、生化参数(如代谢酶)等方面存在较大差异,且中国人群摄入食品铅的相关暴露参数及生理学参数仍严重不足,使得铅 PBPK 模型在我国的运用还不广泛。因此,在使用模型进行我国铅暴露与人群健康风险评估过程中,需要对模型参数进行本土化处理。

4.2 毒效学研究

4.2.1 铅毒效应机制

铅毒性的发现已有几百年的历史,人们对铅毒作用的机制也展开了广泛研究,涉及干扰钙离子稳态、与关键蛋白结合、抑制蛋白功能、氧化应激、细胞凋亡等。Pb^{2+} 在体内可以取代多种金属阳离子,如 Fe^{2+}、Ca^{2+}、Zn^{2+}、Mg^{2+}、Se^{2+} 和 Mn^{2+} 等,干扰离子本身或需要这些离子的酶和蛋白介导的关键生物学过程[318,319],这表明 Pb^{2+} 通过扰乱离子的稳态而产生许多不良影响。Pb^{2+} 与电压门控 Ca^{2+} 离子通道 EEEE 位点的亲和力比 Ca^{2+} 高[320],使得 Pb^{2+} 能够取代 Ca^{2+} 通过细胞膜的孔隙,因此,铅可以阻断电压门控上的 Ca^{2+} 离子通道,从而抑制神经递质的释放[321]。

另外,铅可以和许多蛋白结合,损害蛋白质的功能,影响信号传导、基因表达、能量代谢和生物合成途径及细胞的生长分化。例如,铅与钙竞争后占据钙依赖性 PKC 的钙结合位点,引起 PKC 结构和功能的紊乱,增加内皮通透性。综合分析动物实验和儿童神经生理及行为改变后,发现铅可模拟或调节钙与 PKC 结合,进而改变未成熟大脑内皮细胞功能,破坏血脑屏障[322]。动物研究结果显示,慢性铅暴露幼鼠海马区 PKC、钙调蛋白的 mRNA 表达呈下降趋势,是铅诱导学习记忆障碍的分子机制之一[323]。此外,铅可以有效阻断在兴奋性传递、突触可塑性以及学习记忆中发挥重要作用的 N-甲基-D-天冬氨酸(N-methyl-D-aspartic acid,NMDA)受体,进一步破坏钙信号传导[324-326]。在红细胞中,氨基乙酰丙酸脱水酶(ALAD)、血红蛋白也是铅结合的蛋白[92],继而影响血红素生物合成,引起卟啉代谢障碍和贫血等血液学改变。

氧化应激也是重要的铅毒作用机制[327]。铅暴露会导致人类和大鼠的多种组织细胞,包括大脑、肾脏、生殖器官、心脏和红细胞出现氧化损伤[328]。铅可使体内的氧自由基增多,产生脂质过氧化损伤,包括心肌细胞膜和心肌微粒体膜,并能影响心肌微粒体膜的阳离子转运酶,使主动脉等血管细胞内 Ca^{2+} 离子超负荷,心肌细胞内 Ca^{2+} 聚积,引起膜离子转运失常,导致心肌细胞功能紊乱。大鼠铅暴露后,神经系统氧化标志物如肿瘤坏死因子(TNF-α)、丙二醛(MDA)、过氧化氢(H_2O_2)、环氧化酶(COX-2)升高,抗氧化标志物如谷胱甘肽(GSH)、超氧化物歧化酶(SOD)和过氧化氢酶(CAT)降低[329-330],出现明显的氧化应激和神经系统损伤。这种现象在铅暴露工人中也观察到[331]。因此,铅暴露后产生了大量的自由基,消耗了抗氧化物质的储备,引发炎症反应,并阻碍生物系统清除过量自由基和修复损伤[332-333]。

凋亡是指细胞受到外界信号或刺激后主动呈现的一种程序性死亡[334],也是近年来受到广泛关注的铅毒作用机制。大量研究发现,铅暴露可以通过 BcL 蛋白家族途径(降低 BcL-2 蛋白的表达,增加 Bax 蛋白的表达)引起神经元细胞凋亡[332,335-336]。这是一种"内源性"的凋亡途径,线粒体在调节此种凋亡过程中起着核心的作用。当 BcL-2

和 Bax 的表达模式发生变化,使得线粒体膜电位下降,膜通透性增加,线粒体内的促凋亡因子被释放到细胞质中,进而引发凋亡级联反应,导致细胞发生凋亡[337-338]。实验也证实,过表达 BcL 蛋白阻断了这种凋亡途径[338]。Fas/FasL 信号通路被证实是铅诱导细胞凋亡的另一条通路[339-340]。此外,铅暴露通过降低 GSH 等抗氧化因子和增加 MDA 等氧化因子的表达,使机体氧化还原失衡,产生炎症,进而诱发细胞凋亡[76]。然而,细胞的异常凋亡,会影响器官/系统的正常发育和分化,损伤器官/系统正常的功能[341-342],最终导致一系列不良结局出现。在体外暴露于硝酸铅的大鼠肺泡巨噬细胞中同样观察到细胞凋亡[343]。

表观遗传调控机制包括 DNA 甲基化、组蛋白乙酰化和非编码 RNA,也参与了铅毒作用的调控。孕妇产前铅暴露可抑制脐带血中 LINE-1 和 Alu1 的甲基化水平[344]。动物实验表明,铅可引起 S421 位点 MeCP2 磷酸化水平、总 MeCP2 和 S421MeCP2 与总 MeCP2 比值的下降,从而维持 MeCP2 的阻遏因子功能,阻止大鼠胚胎海马神经元 BDNF 的转录[345],DNA 甲基化状态可能在铅所致阿尔茨海默病中发挥调控作用[346]。另外,有趣的是,非编码 RNA 中 LncRpa、CircRar1 和 MiR671 组成的调节网络,在铅暴露诱导的神经元细胞凋亡中起着重要作用[347]。LncRNAL20992 通过调节凋亡蛋白 AIFM1、HSP7C、GRP78 和 LMNA,促进铅暴露诱导的神经元细胞凋亡[348]。这为阐明铅毒作用机制提供了新的视野。

综上所述,铅诱导机体出现各器官/系统损伤的毒作用机制非常复杂,涉及的作用分子众多,铅毒作用的表观遗传调控机制仍需进一步研究。

4.2.2 铅毒效应 MOA/AOP

化学物的毒作用模式(MOA)是指一系列的在生物学上有意义的、可导致不良结局的关键事件[349]。MOA 包括从毒物进入机体与细胞相互作用开始,到组织、器官发生变化,最终导致疾病发生或死亡的一系列因果联系的生化或生物学关键事件。这些事件在经验上是可观察到、可测量、可再现的,并且是导致效应的必要步骤。1996 年,美国 EPA 正式提出将癌症 MOA 信息作为癌症风险评价的关键,标志着化学物癌症风险评价中,由传统的、仅关注"暴露—结局"到对"暴露——系列关键事件—结局"完整链条信息的关注,评价时信息更加完善,减少了毒作用机制不清造成的不确定性,对结局预测更加准确。Lassiter 等[350]学者通过比较跨物种间的铅毒理学研究结果,确定了铅暴露与人体健康损害和生态系统破坏的因果关系,并总结了铅对神经系统、血液系统和生殖发育系统的 MOA。而有害结局路径(AOP)则描绘了分子起始事件(MIE)与风险评估相关的生物层面的有害结局之间的联系[351-352],其范围更广,包含了 MIE、一系列的中间步骤(包括关键事件)及最后出现的不良结局。AOP 的首要任务是确立化学物与机体的 MIE,将分子、细胞、组织、器官乃至最终个体与群体水平的一系列毒性发生事件规范化和模块化。虽然,经济合作与发展组织(organisation for economic co-operation and development,OECD)发布了关于铅神经毒性效应的 AOP 框架[353],但对此的研究仍不充分。表 3-8 总结了已发布的铅毒效应 AOP。

表3-8 铅神经毒效应 AOP 框架

AOP 模块	具体内容
MIE	铅与 NMDA 受体结合
KE	NMDA 受体被抑制
KE	细胞内钙流减少
KE	脑源性神经营养因子（BDNF）释放减少
KE	细胞损伤/死亡增加
KE	神经炎症
AO（脏器水平）	神经退行性病变
AO（生物体水平）	学习、记忆功能损伤

由上述 AOP 可知，当通过食品摄入铅后，铅在诱导神经毒效应发生过程中，铅与 NMDA 受体（NMDAR）结合是整个 AOP 过程的 MIE，有研究报道，NMDAR 激活与海马突触强度和记忆形成的增加有关，铅暴露抑制了 NMDAR 的激活（KE1）[354]。钙离子稳态与生命进程息息相关，钙离子稳态一旦发生紊乱，如钙调蛋白激酶 II 突变的小鼠，则表现出空间学习障碍（KE2）。同样的，有研究[355]显示，BDNF 对大脑突触可塑性和学习记忆功能至关重要，阿尔茨海默病人脑内 BDNF 释放减少（KE3）。另外，NMDAR 受到抑制，最终导致细胞死亡增加，影响动物学习能力（KE4）。学习和记忆功能受损是铅暴露最常见的不良结局之一。已有大量研究[356]显示，早期接触铅与成年早期的认知和行为后果之间存在关联，大脑发育期间长期暴露于铅毒物中，或生活后期暴露于铅毒物中，可被认为是衰老过程中神经退行性疾病发生的危险因素。每个事件出现都由关键事件关系（KERs）链接，形成最终铅神经毒效应 AOP。

铅暴露导致神经系统损伤机制非常复杂，至今尚未完全阐明。上述只是其中一个例子。铅神经毒性 AOP 尚需进一步发展完善。

在铅对人体和其他生物体潜在的毒效应中，最主要的关键事件是细胞离子状态的改变（包括二价阳离子的破坏、离子运输机制的改变，以及通过金属辅因子的置换，干扰蛋白质功能）[357]。例如，Pb^{2+} 会扰乱机体内 Ca^{2+} 离子稳态。在不同的细胞类型，如脑、骨骼及红细胞、白细胞等，已经观察到 Pb^{2+} 对 Ca^{2+} 离子稳态的破坏[358-359]，这是在细胞水平上表现出的铅诱导毒性的主要 MOA。铅可通过与天然金属辅因子的直接竞争（导致蛋白结构构象异常变化）或通过干扰 Ca^{2+} 依赖性细胞信号通路中重要的蛋白，如 PKC 或钙调蛋白，来干扰这些蛋白功能[360-361]。Pb^{2+} 还可以取代其他二价金属，如 Zn^{2+} 和 Mg^{2+}，从而扰乱神经递质功能，抑制血红素合成，并通过扰乱线粒体功能降低细胞能量生产[362]。

氧化应激是铅毒作用的另一个重要的关键事件。体内氧化损伤可以攻击和改变分子功能/结构，促进组织损伤、细胞毒性和功能障碍。铅暴露对心脏、肝脏、肾脏、生殖器官、大脑和红细胞造成的氧化损伤，可能是铅诱发多器官、多系统损害的原因[363-367]。铅诱导氧化应激，原因之一是铅与 ALAD 结合并抑制其功能[368]。另外，细胞膜和脂质过氧化、NAD(P)H 氧化和抗氧化酶耗竭也是引起氧化应激的重要原因[369-370]。氧化应激既可以是铅毒效应的早期关键分子事件，也可以是下游的关键事件。

炎症反应、内分泌失调、蛋白结合及细胞死亡（凋亡）都是铅毒作用的关键事件。离子状态的改变和氧化应激可以引起下游关键事件发生，并形成一系列事件的网络，最终导致机体损害的发生。铅的 MOA 概括如表 3-9 和图 3-5。

表 3-9 铅暴露 MOA 及其对应的毒效应

关键事件	相关毒效应
离子状态的改变	所有的毒效应（神经系统、血液系统、心血管系统等）
氧化应激	所有的毒效应（神经系统、血液系统、心血管系统等）
炎症	神经系统、心血管系统、肾脏、肝脏、免疫系统
蛋白结合	血液系统、肾脏
内分泌失调	生殖发育系统、内分泌系统
细胞死亡（凋亡）	生殖发育系统、癌症

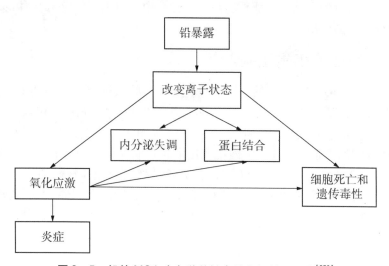

图 3-5 铅的 MOA 中各种关键事件之间关系示意[350]

其中，对报道最多的铅暴露致神经系统、血液系统及生殖发育系统毒效应的 MOA 总结如下[357]。

神经系统毒效应 MOA：铅暴露改变了脑组织细胞的离子状态，使得血脑屏障发生渗漏，铅进入大脑，引起氧化应激，导致神经功能损伤（结构异常和神经递质释放减少），最终出现认知、行为等异常。

血液系统毒效应 MOA：铅暴露影响机体血红素的合成，关键是铅与 ALAD 结合，降低 ALAD 活性，进而使血红素生成减少，导致血红蛋白水平下降，最终出现贫血等不良结局。

生殖发育系统毒效应 MOA：铅暴露通过氧化应激和与金属阳离子结合，破坏下丘脑–垂体–性腺轴（HPG），使机体内分泌失调，导致性成熟相关的激素水平表达减少；同时氧化应激使精子数量、功能等受到影响，最终导致性成熟延迟及生殖障碍等。

综上所述，铅损害不同系统的 MOA/AOP 既有共同的关键事件，也有不同的。铅对各系统的影响可通过共享关键事件形成一个网络（图 3–7）。其中，整理铅 MOA 示意图如下：

(1) 铅暴露──→改变离子状态──→氧化应激和炎症──→细胞死亡；
(2) 铅暴露──→改变离子状态──→氧化应激──→内分泌紊乱；
(3) 铅暴露──→改变离子状态──→氧化应激──→蛋白结合；
(4) 铅暴露──→改变离子状态──→内分泌紊乱和蛋白结合；
(5) 铅暴露──→改变离子状态──→细胞死亡。

现阶段，虽然对铅 AOP 的研究还不够成熟，但是现有铅神经毒效应 AOP 资料将目前关于铅神经毒效应的研究资料有机结合在一起，极大缩短了铅神经毒效应风险评估，为我们展示了一个强有力的风险评估框架的功能，这将在最大程度上促进铅的其他毒效应 AOP 框架研究。另外，对于跨物种间的毒效应研究，需要结合流行病学、毒理学及生态学等知识，对不同物种间的因果关系进行判定[357]。当可比较的效应数据可用于不同物种时，这种跨物种方法在表征环境污染物毒性中将得到充分应用。因此，铅在人和动物毒理学模型中的作用可适用于生态系统，反之亦然。

4.3 运用证据权重法判断铅毒效应 MOA

组成铅毒效应 MOA 和 AOP 的关键事件，是由实验或调查而得。其中，对于 MOA/AOP 的强度判定及其可信度，一般以 Bradford Hill 准则[371]来判断。也就是说，通过证据权重法衡量证据是否充足，以此进行铅毒效应 MOA/AOP 的评估，可以发现目前 MOA/AOP 中存在的不足。目前，多使用演化中的 Bradford Hill 准则[372]。该准则包含条目有：生物学合理性、关键事件的重要性、关键事件之间经验观察的一致性（包括剂量–反应关系、时间性和发生率）、不同物种间的一致性及类比性[372]。运用演化中的 Bradford Hill 准则评估现有铅毒效应 MOA，如表 3–10 至表 3–12。评估铅神经毒效应 AOP 见表 3–13。

表3-10 证据权重法分析铅致神经系统损害的MOA

演化的 Bradford Hill 准则	支持的数据	不一致的数据	缺失的数据
生物学合理性	血脑屏障渗漏	—	—
关键事件的重要性	改变离子状态（钙离子）导致血脑屏障渗漏	—	—
关键事件之间经验观察的一致性	动物实验中观察到的血脑屏障渗漏率与铅剂量有关，渗漏发生后导致神经功能受损	—	—
不同物种间的一致性	人、动物均观察到铅暴露对行为功能的影响	一项研究发现，成年人血铅浓度和认知功能之间没有显著相关性	—
类比性	其他重金属，如铝也是一种神经毒物	—	—

表3-11 证据权重法分析铅致血液系统毒效应的MOA

演化的 Bradford Hill 准则	支持的数据	不一致的数据	缺失的数据
生物学合理性	血红素合成酶下降	—	—
关键事件的重要性	改变离子状态，与AL-AD和亚铁螯合酶结合	—	—
关键事件之间经验观察的一致性	铅诱导的血液毒效应发生在铅改变血液离子状态后	—	血铅浓度≤10 μg/dL 的数据不足以建立血铅与血红蛋白的暴露-反应关系
不同物种间的一致性	人、动物均观察到铅暴露对血液系统功能的影响	一项研究发现，低铅暴露的新生儿，血铅浓度与血红蛋白之间没有关系	—
类比性	其他致血液毒性物质，如砷	—	—

表3-12 证据权重法分析铅致生殖发育系统毒效应的MOA

演化的 Bradford Hill 准则	支持的数据	不一致的数据	缺失的数据
生物学合理性	内分泌失调	—	—
关键事件的重要性	改变离子状态使机体内分泌失调，氧化应激使精子质量受损	—	—

续表3-12

演化的 Bradford Hill 准则	支持的数据	不一致的数据	缺失的数据
关键事件之间经验观察的一致性	机体发生内分泌失调,使得性成熟相关激素分泌减少,导致性成熟延迟;精子质量受损,引起男性生殖障碍	—	模棱两可的研究结果,缺乏相应的暴露-反应关系
不同物种间的一致性	人、动物均观察到铅暴露对血液系统功能的影响	部分研究发现,血铅浓度与女性生殖功能之间没有联系;与新生儿头围等生长无关	—
类比性	导致生殖发育毒性的化学物也可改变激素水平及影响精子质量	—	—

表3-13 证据权重法分析铅神经毒效应 AOP

铅神经毒效应 AOP 框架	证据权重		
	强	适中	弱
MIE:铅与NMDA受体结合	铅结合并抑制 NMDA 受体,是公认的铅的分子作用机制	—	—
KE1:NMDA 受体被抑制	NMDAR 的激活导致长时程增强(LTP),LTP 与海马突触强度的增加和记忆的形成有关	—	—
KE2:细胞内钙流减少	在中枢神经系统中,Ca^{2+}/钙调蛋白复合物激活钙调蛋白激酶 II[373],小鼠海马体中出现钙调蛋白激酶 II 突变可表现出空间学习障碍[374]	—	—
KE3:BDNF 释放减少	BDNF 对学习和记忆过程至关重要	—	—
KE4:细胞损伤/死亡	使用 NMDAR 拮抗剂(如 MK 801、氯胺酮或乙醇)的研究表明,动物模型的脑区出现破坏性细胞凋亡变性,导致学习障碍[375]	—	—

续表 3-13

铅神经毒效应 AOP 框架	证据权重		
	强	适中	弱
KE5：神经炎症	—	部分研究认为表观遗传调控机制可导致淀粉样斑块和 tau 蛋白过磷酸化相关性神经炎症的积累	—
AO（脏器水平）：神经退行性病变	大范围的神经退行性变导致海马和皮层细胞损伤/死亡或海马体积减小与学习和记忆障碍密切相关	—	—
AO（生物体水平）：学习、记忆功能损伤	大量研究发现，铅暴露会损伤机体学习、记忆功能	—	—

除此之外，其他的铅暴露毒效应，如心血管毒性，其 MOA 中主要是缺乏物种间及关键事件的一致性；免疫系统毒性 MOA 研究尚缺乏不同物种间（尤其是生态物种）的共性数据以及剂量-反应关系；肾脏毒性 MOA，其人群研究缺乏一致性。因此，亟待利用高通量和多组学联合技术，开发合适的毒性通路检测技术，将人工智能、计算毒理学等与传统毒性评估多学科交叉融合，进一步完善和构建证据充分的铅毒性 MOA 和 AOP 框架，为铅所致健康损害防制提供依据。

铅摄入可诱发机体多器官/系统损伤，而其 MOA/AOP 不尽相同。现有的铅暴露毒效应 MOA/AOP 框架，还存在一些数据缺口，尤其是尚缺乏明确的剂量-反应关系及 MIE，还需要更多深入的研究。

5 应用 MOA/AOP 框架进行铅经口暴露风险评估

5.1 铅经口暴露限值

铅经口暴露主要是通过摄入食物和水。根据我国食品铅污染监测和总膳食调查及风险评估结果，充分检索相关标准、标准制定资料、标准化的研究成果、技术和法律等文献，参考了国际食品法典委员会（CAC）、欧盟、美国、澳大利亚和新西兰等国际组织、国家（地区）的食品安全标准，我国在 1994 年首次制定了《食品中铅限量卫生标准》

（GB 14935），对粮食、豆类、薯类、蔬菜、水果、肉类、鱼虾类、蛋类、乳类（鲜）和奶粉分别做了限量；2005 年我国对食品中铅限量做了第一次修订，并整合到食品安全国家标准《食品中污染物限量》（GB 2762）中。此次修订在原来 10 大类基础上，更加细化并有增加，调整至 17 类。如除了水果总类外，增加了小水果、浆果、葡萄类；蔬菜也细分出了球茎蔬菜和叶菜类两小类；增加了婴儿配方粉、果酒、果汁和茶叶。2012 年做了第二次修订，对 39 类食品制定了限量指标，不仅对初级农产品或初级加工品制订了铅限量指标，而且还规定了相应的深加工制品中的铅限量值[376]。现行的食品安全国家标准于 2017 年再次修订，在广泛调研并征求行业协会、监管单位、企业代表意见的基础上，对螺旋藻及其制品提出了铅限量规定。

由于铅对机体健康损害被认为是没有阈值的，FAO/WHO 联合食品添加剂专家委员会（JECFA）于 2010 年取消了铅的暂定每周耐受摄入量（provisional tolerable weekly intake，PTWI，原值为 0.025 mg/kg 体重）。因此，目前没有制订铅的健康指导值，而是建议成员国努力降低食物中铅的含量，保障本国居民健康。据此，我国在 2017 年 3 月 17 日最新修订的《食品中污染物限量》（GB 2762—2017）中，规定了 22 类食物中铅的含量限值。其中，谷物及其制品中铅的含量限值为 0.2 mg/kg，新鲜蔬菜、水果的为 0.1 mg/kg，肉类（内脏除外）的为 0.2 mg/kg，鱼类、甲壳类的为 0.5 mg/kg，包装饮用水为 0.01 mg/L，生乳、巴氏杀菌乳、发酵乳等为 0.05 mg/kg，螺旋藻及其制品（不含保健食品）的为 2.0 mg/kg（干重计）。

FAO/WHO 的食品法典委员会（CAC）于 1995 年颁布了《食品和饲料中污染物与毒素通用标准》（General Standard for Contaminants and Toxins in Food and Feed）（CXS 193—1995），至 2019 年共修订过 13 次，其间食品铅限值也被多次修订，最近 1 次对铅限值修订是在 2017 年。每次的铅限值修订都依据消费者监测数据和毒理学资料，不仅将同类食品归类以减少条目数（项），同时对食品中铅的最高水平（maximum level，ML）提出了更严格限制。目前发布的 2019 年版《食品和饲料中污染物与毒素通用标准》共有 41 项食品铅 MLs，涵盖蔬菜、水果、肉类、谷米、牛奶初级产品及其加工产品、婴儿食品和矿泉水；规定蔬菜、水果、肉类中铅 ML 为 0.1 mg/kg，鱼类为 0.3 mg/kg，牛奶为 0.02 mg/kg，婴幼儿配方食品、特殊医学用途的配方食品和后续配方食品为 0.01 mg/kg，果酱、果冻和橘子果酱为 0.4 mg/kg，腌制西红柿为 0.05 mg/kg[377]。

综上所述，我国 2017 年修订的《食品中污染物限量》（GB 2762）与 CAC 2019 年新发布的通用标准（CXS 193—1995），在涵盖的食物种类和限值上仍有较大差异，尤其是 CAC 发布的肉类、鱼类和牛奶的铅 ML，均低于我国现行标准。因此，我国需要继续推进居民膳食模式改变和铅摄入量的系统监测，同时积极开展膳食铅暴露的健康风险评估，为进一步修订食品中污染物限值积累可靠数据。

5.2　铅经口暴露限值的设立方法

我国从 1994 年开始制定食品中铅限量，到 2017 年经过 3 次修订。制修订的原则是结合我国居民的膳食铅暴露评估数据，参考 CAC 及相关国家的指标原则和标准，对我国分类食品及其加工产品中的铅进行限量规定,重点针对谷类、蔬菜和畜禽肉类食品中铅的限量制定,并考虑其他类食品铅限量指标的必要性,提出谷类、蔬菜、水果、食用菌、豆类、薯类、藻类、坚果及籽类、肉类、水产品、乳及乳制品、蛋及蛋制品、脂肪、油、乳化脂肪制品、调味品、甜味料、焙烤食品、饮料、酒类、可可脂及其制品、冷冻饮品、婴幼儿配方/辅助食品和其他类(包括膨化食品、咖啡、茶叶、果冻)等食品中的铅限量要求。

CAC 制/修订食品中铅限量主要依据毒理学资料、各类食物的摄入量、资料评估分析、风险评估和风险管理需要考虑的其他问题。FAO/WHO 食品添加剂联合专家委员会曾在第 16、22、30、41、53 和 73 次会议上对铅的健康风险进行了评估。在第 16 次会议上,委员会建立了铅的 PTWI(不适用于婴儿和儿童)为每人 3 mg,相当于 50 μg/kg 体重。第 22 次会议上,基于婴儿和儿童膳食铅摄入每日 3~4 μg/kg 体重与血铅水平的增加无关,制定了婴儿和儿童的 PTWI 为 25 μg/kg 体重。上述 PTWI 适用于所有来源的铅。在第 53 次会议上,委员会对婴儿和儿童铅暴露的膳食风险评估结论后认为,目前食物中铅浓度对婴儿和儿童神经行为发育影响很小,但强调对铅的风险评估应考虑其他暴露源。在第 73 次会议上[378],委员会重新审查了新的研究成果,更详细地评估了人群流行病学研究的剂量-反应关系,尤其是更低剂量铅暴露(<10 μg/dL)对儿童和成人的健康影响。在儿童中,低水平血铅与神经发育障碍有关,尤其是儿童智商(intelligence quotient,IQ)。血铅在 2.4~30.0 μg/dL 可使 IQ 降低 6.9。据测算,这可能使 IQ<70 的人数增加 57%;而 IQ>130 的人数减少 40%。在成人中,大量研究结果一致证实了铅暴露与血压升高的关系,尤其是收缩压。

食品添加剂联合专家委员会在第 73 次会议上还审查了来自不同国家和地区关于不同食品中铅含量的监测数据,结合食物消耗情况,选择每个国家具有代表性的膳食暴露值,对成人和儿童膳食铅暴露进行了评估。成人平均铅暴露为每日 0.02~3.00 μg/kg 体重,儿童的平均铅暴露为每日 0.03~9.00 μg/kg 体重。EFSA 的评估结果说明,在欧洲人群总铅暴露来源中,蔬菜、坚果和豆类贡献最大,在上、下限值的贡献中分别占 14% 和 19%;谷类在上、下限值中的贡献分别为 14% 和 13%。而中国 2007 年的调查结果显示,总膳食铅的来源中谷类占 34%,蔬菜占 21%。可见,不同食品类别对总膳食铅暴露的贡献不同。以蒙特卡洛模型、双线性模型和 Hill 模型进行儿童铅暴露与 IQ 关系的剂量-反应关系估算,各有优缺点。蒙特卡洛模型对风险评价中的不确定性做了较好的估算,但对非食物来源铅暴露无法评估,估算结果见表 3-14。而双线性模型虽然在不确定性评价上不如蒙特卡洛模型,但允许独立分析非膳食来源的铅暴露,且在低剂量时评估结果更为保守(估算结果见表 3-15),因此委员会最后确定采用双线性模型。

表 3-14 蒙特卡洛模型估算儿童膳食铅暴露与 IQ 降低关系[378]

儿童 IQ 降低	日暴露量/(μg/d)*	体重 20 kg 儿童日暴露量/(μg/kg 体重)*
0.5	17 (2~194)	0.6 (0.1~9.7)
1.0	30 (4~208)	1.5 (0.2~10.4)

续表 3-14

儿童 IQ 降低	日暴露量/（μg/d）*	体重 20 kg 儿童日暴露量/（μg/kg 体重）*
1.5	40（5～224）	2.0（0.3～11.2）
2.0	48（7～241）	2.4（0.4～12.0）
2.5	55（9～261）	2.8（0.4～13.1）
3.0	63（11～296）	3.1（0.5～14.8）

注：* 表示括号内为 $P_5 \sim P_{95}$。

表 3-15 双线性模型估算儿童膳食铅暴露与 IQ 降低关系[378]

儿童 IQ 降低	日暴露量/（μg/d）*	体重 20 kg 儿童日暴露量/（μg/kg 体重）*
0.5	6（2～124）	0.3（0.1～6.2）
1.0	12（4～145）	0.6（0.2～7.2）
1.5	10（6～170）	0.9（0.3～8.5）
2.0	25（8～199）	1.3（0.4～9.7）
2.5	31（9～217）	1.6（0.5～10.9）
3.0	38（11～237）	1.9（0.6～11.8）

注：* 表示括号内为 $P_5 \sim P_{95}$。

铅对成人健康的影响最敏感的指标是收缩压升高，据估算 1 μg/dL 血铅可升高收缩压 0.28 mmHg（$P_5 \sim P_{95}$ 为 0.03～0.53 mmHg），相当于 0.037 kPa（$P_5 \sim P_{95}$ 为 0.004～0.071 kPa）。之前委员会将估算得到 1 μg/d 膳食铅暴露，血铅水平为 0.023～0.070 μg/dL。则如果膳食铅暴露为 80（$P_5 \sim P_{95}$ 为 34～1 700）μg/d，即每日 1.3（$P_5 \sim P_{95}$ 为 0.6～2.8）μg/kg 体重，收缩压可相应升高 1mmHg。

基于上述分析，委员会认为原来设立的 PTWI 不能被认为对人群具有保护作用，且不可能建立一个新的有保护作用的 PTWI。因此，在长期膳食铅暴露人群中，应识别铅的主要食物来源，并确定减少膳食铅暴露的方法。

5.3 可能提供信息的网站

（1）中华人民共和国国家卫生健康委员会：http：//www.nhc.gov.cn/sps/s7891/201704/b83ad058ff544ee39dea811264878981.shtml。

（2）世界卫生组织（WHO）：https：//www.who.int/news-room/fact-sheets/detail/lead-poisoning-and-health。

（3）卫生指标和评估研究所（IHME）．Global Burden of Disease Compare．https：//vizhub.healthdata.org/gbd-compare/。

（4）联合国粮食及农业组织：http：//www.fao.org/home/en/。

（5）欧洲食品安全管理局：https：//www.efsa.europa.eu/。

（6）美国环境保护署（EPA）：https：//www.epa.gov/newsreleases/statement-epaadministrator-andrew-wheeler-water-infrastructure-funding-transfer-act-0。

（7）美国食品及药物管理局（FDA）：https：//www.fda.gov/food/metals/lead-food-foodwares-and-dietary-supplements。

（8）法国食品、环境和职业健康安全局：http：//www.anses.fr/。

（9）香港食品安全中心：https：//www.cfs.gov.hk/。

（10）加拿大卫生部：http：//www.hc-sc.gc.ca/。

（11）英国食品标准局：https：//www.food.gov.uk/。

（12）加拿大政府官方网站：https：//www.canada.ca/en/health-canada/services/food-nutrition/food-safety/chemical-contaminants/environmental-contaminants/lead.html。

6 总结

铅是食品中的主要污染物，严重威胁人类健康。人类对铅的毒效应、毒作用机制、环境介质铅含量及人群铅含量等均有大量的研究，这些成果帮助人类对铅危害采取有效的控制措施，并取得了巨大的成就。特别是近年来，在准确评估铅毒作用方面，利用先进的分析技术，建立了环境介质中不同铅形态水平的分析方法，为准确识别造成危害的铅形态奠定了基础。TT21C的提出进一步确定了MOA/AOP风险评估方法，为克服传统毒性测试存在的周期长、成本高、结果外推不确定等不足，提出了非常有前景的解决办法。同时，采用跨物种方法确定环境有害物与毒效应因果关系，不仅确定MOA/AOP中的关键事件，也为分子机制深入研究提供方向。

综合关于铅毒作用的研究，需要进一步探究的方面有：①目前大多对环境和人体的铅检测仍主要是检测铅含量，关于铅形态的分析尚不充分，也缺乏针对不同铅形态的限值标准。②肠道菌群被认为是人体的又一个器官，其本身可受到消化道中铅的影响，但也可能参与消化道铅的吸收和代谢，因而影响摄入铅的生物利用，最后影响铅的ADME和毒效应，但缺乏此方面的详细数据，不利于铅ADME和毒性的评估。③虽然目前针对铅的毒作用分子机制开展了大量研究，但表观遗传的调控机制需要更进一步阐明，特别是铅在不同组织和器官的毒作用机制，既有共同之处，也存在器官、组织特异性。系统开展铅毒作用的分子机制研究，有助于确定铅不同组织器官MOA中的起始分子事件和关键事件。④进一步推进跨物种间铅暴露与毒效应（如心血管、内分泌、呼吸系统等功能损害）因果关系的比较和研究，构建铅的MOA，开展风险评估。⑤基于TT21C框架的MOA/AOP风险评估方法，可优化风险评估流程，极大地提高风险评估的效率。同时，通过采用人源细胞替代动物实验，以毒性通路扰动表征整体的毒性效应。但目前由于技术发展的限制，采用MOA/AOP进行风险评估仍然面临不少问题，如何确定分子起始事件和具体的剂量－反应/效应关系，暂时未见运用于铅暴露限值的制/修订。此外，仍应发展更快速、高通量、高内涵的检测技术及用于由细胞结果外推至整体毒效应的模型计算。

本章基于 MOA/AOP 的风险评估方法，结合中国人群食品铅暴露的限值，可更加贴近实际地反映我国人群食品铅暴露的风险；通过 MOA/AOP 评估方法，能够提出新的食品铅暴露对机体健康产生影响的毒性通路，并且寻找出关键事件和对疾病行之有效的防控标志物；为我国食品安全铅暴露限值的修订提供科学依据。

参考文献

[1] KUSHWAHA A, HANS N, KUMAR S, et al. A critical review on speciation, mobilization and toxicity of lead in soil-microbe-plant system and bioremediation strategies [J]. Ecotoxicology and environmental safety, 2018 (147): 1035-1045.

[2] TESSIER A, CAMPBELL P G C, BISSON M. Sequential extraction procedure for the speciation of particulate trace metals [J]. Analytical chemistry, 1979, 51 (7): 844-851.

[3] GAMBRELL R P. Trace and toxic metals in wetland: a review [J]. Journal of environmental quality, 1994, 23 (5): 883-891.

[4] SHUMAN L. Fraction method for soil microlements [J]. Soil science, 1985, 140 (1): 11-22.

[5] ALBORÉS A F, CID B P, GÓMEZ E F, et al. Comparison between sequential extraction procedures and single extractions for metal partitioning in sewage sludge samples [J]. The analyst, 2000, 125 (7): 1353-1357.

[6] FERNANDEZ-ESPINOSA A J, TERNERO-RODRIGUEZ M. Study of traffic pollution by metals in Seville (Spain) by physical and chemical speciation methods [J]. Analytical and bioanalytical chemistry, 2004, 379 (4): 684-699.

[7] 司马菁珂. 污染土壤铅在模拟人体消化系统内的形态转化与生物可利用性研究 [D]. 上海交通大学, 2018.

[8] 白光大, 翁熹君, 付尧, 等. 2010 年吉林省食品中有害金属监测结果分析 [J]. 应用预防医学, 2012, 18 (03): 166-168.

[9] 赵云霞, 林超, 叶逵, 等. 2013-2016 年芜湖市 5 类食品重金属污染监测 [J]. 江苏预防医学, 2019, 30 (3): 328-330.

[10] 蒋玉艳, 刘展华, 程恒怡, 等. 动物性食品铅污染连续监测与评价 [J]. 中国卫生检验杂志, 2014, 24 (24): 3581-3583.

[11] 李筱薇, 刘卿, 刘丽萍, 等. 应用中国总膳食研究评估中国人膳食铅暴露分布状况 [J]. 卫生研究, 2012, 41 (03): 379-384.

[12] 蔡文华, 苏祖俭, 胡曙光, 等. 广东省居民重点食品中铅、镉的含量及暴露情况的评估 [J]. 中国卫生检验杂志, 2015, 25 (14): 2388-2392.

[13] SUN J, LUO L. A study on distribution and chemical speciation of lead in corn seed germination by synchrotron radiation X-ray fluorescence and absorption near edge structure spectrometry [J]. Chinese journal of analytical chemistry, 2014, 42 (10): 1447-1452.

[14] CHEN Y, HUANG L, WU W, et al. Speciation analysis of lead in marine animals by u-

sing capillary electrophoresis couple online with inductively coupled plasma mass spectrometry [J]. Electrophoresis, 2014, 35 (9): 1346-1352.

[15] 刘明, 范德江, 郑世雯, 等. 渤海中部沉积物铅来源的同位素示踪 [J]. 海洋学报, 2016, 38 (2): 36-47.

[16] 范佳明. 大气颗粒物中铅的污染特征及其在植物叶片中的迁移累积 [D]. 浙江大学, 2019.

[17] ZHANG R, GUAN M, SHU Y, et al. Reconstruction of historical lead contamination and sources in Lake Hailing, Eastern China: a Pb isotope study [J]. Environmental science and pollution research international, 2016, 23 (9): 9183-9191.

[18] ATSDR. Toxicological Profile for Lead [EB/OL]. [2020-01-16]. https://www.atsdr.cdc.gov/ToxProfiles/tp13.pdf.

[19] EFSA. Scientific Opinion on Lead in Food [J]. EFSA journal, 2010, 8 (4): 1570.

[20] 陆喜红, 任兰, 吴丽娟. 南京市大气 $PM_{2.5}$ 中重金属分布特征及化学形态分析 [J]. 环境监控与预警, 2019, 11 (1): 40-44.

[21] FANG J, FAN JM, LIN Q, et al. Characteristics of airborne lead in Hangzhou, southeast China: concentrations, species, and source contributions based on Pb isotope ratios and synchrotron X-ray fluorescence based factor analysis [J]. Atmospheric pollution research, 2018, 9 (4): 607-616.

[22] LI H, WU H, WANG Q G, et al. Chemical partitioning of fine particle-bound metals on haze-fog and non-haze-fog days in Nanjing, China and its contribution to human health risks [J]. Atmospheric research, 2017, 183 (1): 142-150.

[23] BI X, FENG X, YANG Y, et al. Allocation and source attribution of lead and cadmium in maize (Zea mays L.) impacted by smelting emissions [J]. Environmental Pollution, 2009, 157 (3): 834-839.

[24] 谷超. 燃煤电厂周边环境中汞、铅分布特征及其迁移转化规律研究 [D]. 浙江大学, 2017.

[25] LI F L, LIU C Q, YANG Y G, et al. Natural and anthropogenic lead in soils and vegetables around Guiyang city, southwest China: a Pb isotopic approach [J]. Science of the total environment, 2012, 431: 339-347.

[26] AGAH H, LEERMAKERS M, ELSKENS M, et al. Accumulation of trace metals in the muscle and liver tissues of five fish species from the Persian Gulf [J]. Environmental monitoring and assessment, 2008, 157 (1-4): 499-514.

[27] 汪飞. 河流-近海污染物对浮游生物的生态影响研究 [D]. 上海交通大学, 2007.

[28] WANG Z, LIU C. Distribution and partition behavior of heavy metals between dissolved and acid-soluble fractions along a salinity gradient in the Changjiang Estuary, eastern China [J]. Chemical geology, 2003, 202 (3): 383-396.

[29] AMMANN A. Speciation of heavy metals in environmental water by ion chromatography coupled to ICP-MS [J]. Analytical and bioanalytical chemistry, 2002, 372

(3): 448-452.

[30] 程新伟. 土壤铅污染研究进展 [J]. 地下水, 2011, 33 (1): 65-68.

[31] 杜兵兵. 土壤-苦丁茶树系统中铅的分布特征及迁移转化规律 [D]. 海南大学, 2010.

[32] 赵多勇, 魏益民, 郭波莉, 等. 铅同位素比率分析技术在食品污染源解析中的应用 [J]. 核农学报, 2011, 25 (03): 534-539.

[33] 方勇, 杨文建, 陈悦, 等. 重金属铅的化学形态及其食品安全 [J]. 中国粮油学报, 2013, 28 (6): 123-128.

[34] 柳检, 罗立强. 芹菜根细胞的超微结构与铅形态特征分析 [J]. 分析化学, 2018, 46 (9): 1479-1485.

[35] 查燕, 杨居荣, 刘虹, 等. 污染稻麦籽实中镉和铅的分布及其存在形态 [J]. 北京师范大学学报 (自然科学版), 2000 (2): 268-273.

[36] 夏玲. 火锅底料熬煮过程中镉、铅、铬、砷形态分布研究 [D]. 西南大学, 2009.

[37] 何健. 三种蔬菜加工过程中铅、砷、镉、铬形态动态变化 [D]. 西南大学, 2009.

[38] 赵朦迪. 食品中汞和铅形态的 HPLc-ICP-MS 分析方法研究 [D]. 天津科技大学, 2015.

[39] WANI A L, ARA A, USMANI J A. Lead toxicity: a review [J]. Interdisciplinary toxicology, 2015, 8 (2): 55-64.

[40] FAO/WHO. Safety evaluation of certain food additives and contaminants, prepared by the seventy-third meeting of the Joint FAO/WHO Expert Committee on Food Additives (JECFA), WHO food additives series: 64. 2011—2020 [EB/OL]. [2020-01-16]. https://apps.who.int/iris/bitstream/handle/10665/44521/9789241660648_eng.pdf;sequence=1.

[41] WEI J, GAO J, CEN K. Levels of eight heavy metals and health risk assessment considering food consumption by China's residents based on the 5th China total diet study [J]. Science of the total environment, 2019 (689): 1141-1148.

[42] 吴永宁, 李筱薇. 第四次中国总膳食研究 [M]. 北京: 化学工业出版社, 2015.

[43] 吴永宁, 赵云峰, 李敬光. 第五次中国总膳食研究 [M]. 北京: 科学出版社, 2018.

[44] HEATH L, SOOLE K, MCLAUGHLIN M, et al. Toxicity of environmental lead and the influence of intestinal absorption in children [J]. Reviews on environmental health, 2003, 18 (4): 231.

[45] MUSHAK P. Gastro-intestinal absorption of lead in children and adults: overview of biological and biophysico-chemical aspects [J]. Chemical speciation & bioavailability, 1991, 3 (3-4): 87-104.

[46] AUNGST B J, DOLCE J A, FUNG H L. The effect of dose on the disposition of lead in rats after intravenous and oral administration [J]. Toxicology and applied pharmacology, 1981, 61 (1): 48-57.

[47] elsenhans b, janser h, windisch W, et al. Does lead use the intestinal absorptive pathways of iron? Impact of iron status on murine ^{210}Pb and ^{59}Fe absorption in duodenum and ileum in vivo [J]. Toxicology, 2011, 284 (1-3): 7-11.

[48] BARLTROP D, MEEK F. Effect of particle size on lead absorption from the gut [J]. Archives of environmental health, 1979, 34 (4): 280-285.

[49] DAVIS A, RUBY M V, BERGSTROM P D. Factors controlling lead bioavailability in the butte mining district, Montana, USA [J]. Environmental geochemistry and health, 1994, 16 (3-4): 147-157.

[50] ZIEGLER E E, EDWARDS B B, JENSEN R L, et al. Absorption and retention of lead by infants [J]. Pediatric research, 1978, 12 (1): 29-34.

[51] ALEXANDER F W, CLAYTON B E, DELVES H T. Mineral and trace-metal balances in children receiving normal and synthetic diets [J]. The quarterly journal of medicine, 1974, 43 (169): 89-111.

[52] JAMES H M, HILBURN M E, BLAIR J A. Effects of meals and meal times on uptake of lead from the gastrointestinal tract in humans [J]. Human toxicology, 1985, 4 (4): 401-407.

[53] WATSON W S, MORRISON J, BETHEL M I, et al. Food iron and lead absorption in humans [J]. The American journal of clinical nutrition, 1986, 44 (2): 248.

[54] RABINOWITZ M B, KOPPLE J D, WETHERILL G W. Effect of food intake and fasting on gastrointestinal lead absorption in humans [J]. The American journal of clinical nutrition, 1980, 33 (8): 1784.

[55] POUNDS J G, MARLAR R J, ALLEN J R. Metabolism of lead-210 in juvenile and adult rhesus monkeys (Macaca mulatta) [J]. Bulletin of environmental contamination and toxicology, 1978, 19 (6): 684-691.

[56] KOSTIAL K, KELLO D, JUGO S, et al. Influence of age on metal metabolism and toxicity [J]. Environmental health perspectives, 1978, 25: 81-86.

[57] LIU J, MCCAULEY L, COMPHER C, et al. Regular breakfast and blood lead levels among preschool children [J]. Environmental health, 2011, 10 (1): 28.

[58] ZHAI Q, NARBAD A, CHEN W. Dietary strategies for the treatment of cadmium and lead toxicity [J]. Nutrients, 2015, 7 (1): 552-571.

[59] LEVANDER O A. Lead toxicity and nutritional deficiencies [J]. Environmental health perspectives, 1979 (29): 115-125.

[60] SCHELL L, DENHAM M, STARK A, et al. Relationship between blood lead concentration and dietary intakes of infants from 3 to 12 months of age [J]. Environmental research, 2004, 96 (3): 264-273.

[61] MARCUS A, SCHWARTZ J. Dose-response curves for erythrocyte protoporphyrin vs blood lead: Effects of iron status [J]. Environmental research, 1987, 44 (2): 221-227.

[62] BLAKE K C H, MANN M. Effect of calcium and phosphorus on the gastrointestinal ab-

sorption of ^{203}Pb in man [J]. Environmental research, 1983, 30 (1): 188 – 194.

[63] HEARD M, CHAMBERLAIN A. Effect of minerals and food on uptake of lead from the gastrointestinal tract in humans [J]. Human toxicology, 1982, 1 (4): 411 – 415.

[64] ELIAS SM, HASHIM Z, MARJAN Z M, et al. Relationship between blood lead concentration and nutritional status among Malay primary school children in Kuala Lumpur, Malaysia [J]. Asia pacific journal of public health, 2007, 19 (3): 29 – 37.

[65] AUNGST B, FUNG H. The effects of dietary calcium on lead absorption, distribution, and elimination kinetics in rats [J]. Journal of toxicology and environmental health, 1985, 16 (1): 147 – 159.

[66] KEHOE R. Studies of lead administration and elimination in adult volunteers under natural and experimentally induced conditions over extended periods of time [J]. Food and chemical toxicology, 1987, 25 (6): 425 – 453.

[67] O'FLAHERTY E J. A physiologically based kinetic model for lead in children and adults [J]. Environmental health perspectives, 1998, 106 (Suppl 6): 1495 – 1503.

[68] BERGDAHL I, SCHUTZ A, GRUBB A. Application of liquid chromatography-inductively coupled plasma mass spectrometry to the study of protein-bond lead in human erythrocytes [J]. Journal of analytical atomic spectrometry, 1996 (11): 735 – 738.

[69] BERGDAHL I, SHEVELEVA M, SCHUTZ A, et al. Plasma and blood lead in humans: capacity-limited binding to delta-aminolevulinic acid dehydratase and other lead-binding components [J]. Toxicological sciences, 1998 (46): 247 – 253.

[70] BERGDAHL I, GRUBB A, SCHÜTZ A, et al. Lead binding to delta-aminolevulinic acid dehydratase (ALAD) in human erythrocytes [J]. Pharmacology and toxicology, 1997, 81 (4): 153 – 158.

[71] JAFFE E, VOLIN M, BRONSON-MULLINS C, et al. An artificial gene for human porphobilinogen synthase allows comparison of an allelic variation implicated in susceptibility to lead poisoning [J]. The Journal of biological chemistry, 2000, 275 (4): 2619 – 2626.

[72] TIAN L, ZHENG G, SOMMAR J, et al. Lead concentration in plasma as a biomarker of exposure and risk, and modification of toxicity by δ-aminolevulinic acid dehydratase gene polymorphism [J]. Toxicology letters, 2013, 221 (2): 102 – 109.

[73] RENTSCHLER G, BROBERG K, LUNDH T, et al. Long-term lead elimination from plasma and whole blood after poisoning [J]. International Archives of Occupational and environmental health, 2012, 85 (3): 311 – 316.

[74] BERGDAHL I, GERHARDSSON L, SCHÜTZ A, et al. Delta-aminolevulinic acid dehydratase polymorphism: influence on lead levels and kidney function in humans [J]. Archives of environmental health, 1997, 52 (2): 91 – 96.

[75] BARRY P. A comparison of concentrations of lead in human tissues [J]. British journal of industrial medicine, 1975, 32 (2): 119 – 139.

[76] BOSKABADY M, MAREFATI N, FARKHONDEH T, et al. The effect of environmental

lead exposure on human health and the contribution of inflammatory mechanisms, a review [J]. Environment international, 2018 (120): 404 – 420.

[77] LEGGETT RW. An age-specific kinetic model of lead metabolism in humans [J]. Environmental health perspectives, 1993, 101 (7): 598 – 616.

[78] POUNDS J, LONG G, ROSEN J. Cellular and molecular toxicity of lead in bone [J]. Environmental health perspectives, 1991 (91): 17 – 32.

[79] MEIRER F, PEMMER B, PEPPONI G, et al. Assessment of chemical species of lead accumulated in tidemarks of human articular cartilage by X-ray absorption near-edge structure analysis [J]. Journal of synchrotron radiation, 2011, 18 (2): 238 – 244.

[80] RABINOWITZ M B, WETHERILL G W, KOPPLE J D. Kinetic analysis of lead metabolism in healthy humans [J]. The Journal of clinical investigation, 1976, 58 (2): 260 – 270.

[81] RABINOWITZ M B. Toxicokinetics of bone lead [J]. Environmental health perspectives, 1991 (91): 33 – 37.

[82] OFLAHERTY E J. PBK modeling for metals. Examples with lead, uranium, and chromium [J]. Toxicology letters, 1995 (82 – 83): 367 – 372.

[83] MENDOLA P, BRETT K, DIBARI J, et al. Menopause and lead body burden among US women aged 45～55, NHANES 1999—2010 [J]. Environmental research, 2013 (121): 110 – 113.

[84] JACKSON L, CROMER B, PANNEERSELVAMM A. Association between bone turnover, micronutrient intake, and blood lead levels in pre-and postmenopausal women, NHANES 1999—2002 [J]. Environmental health perspectives, 2010, 118 (11): 1590 – 1596.

[85] NIE H, SÁNCHEZ B, WILKER E, et al. Bone lead and endogenous exposure in an environmentally exposed elderly population: the normative aging study [J]. American college of occupational and environmental medicine, 2009, 51 (7): 848 – 857.

[86] POPOVIC M, MCNEILL F, CHETTLE D, et al. Impact of occupational exposure on lead levels in women [J]. Environmental health perspectives, 2005, 113 (4): 478 – 484.

[87] NASH D. Bone density-related predictors of blood lead level among peri-and postmenopausal women in the United States: the third national health and nutrition examination survey, 1988 – 1994 [J]. American journal of epidemiology, 2004, 160 (9): 901 – 911.

[88] BERKOWITZ G, WOLFF M, LAPINSKI R, et al. Prospective study of blood and tibia lead in women undergoing surgical menopause [J]. Environmental health perspectives, 2004, 112 (17): 1673 – 1678.

[89] HERNANDEZ-AVILA M, VILLALPANDO C G, Palazuelos E, et al. Determinants of blood lead levels across the menopausal transition [J]. Archives of environmental health, 2000, 55 (5): 355 – 360.

[90] SILBERGELD EK, SCHWARTZ J, MAHAFFEY K. Lead and osteoporosis: mobilization of lead from bone in postmenopausal women [J]. Environmental research, 1988, 47 (1): 79 – 94.

[91] GERHARDSSON L, ENGLYST V, LUNDSTRöM N G, et al. Lead in tissues of deseased lead smelter workers [J]. Journal of trace elements in medicine and biology, 1995, 9 (3): 136-143.

[92] GONICK H C. Lead-binding proteins: a review [J]. Journal of toxicology, 2011 (2011): 1-10.

[93] FU Z, XI S. The effects of heavy metals on human metabolism [J]. Toxicology mechanisms and methods, 2019 (17): 1-10.

[94] SMITH D, MIELKE H, HENEGHAN J. Subchronic lead feeding study in male rats [J]. Archives of environmental contamination and toxicology, 2008, 55 (3): 518-528.

[95] CASTEEL S W, WEIS C P, HENNINGSEN G M, et al. Estimation of relative bioavailability of lead in soil and soil-like materials using young swine [J]. Environmental health perspectives, 2006, 114 (8): 1162-1171.

[96] CASTEEL S W, COWART R P, WEIS C P, et al. Bioavailability of lead to juvenile swine dosed with soil from the Smuggler Mountain NPL Site of Aspen, Colorado [J]. Fundamental and applied toxicology, 1997, 36 (2): 177-187.

[97] TREBLE R G, TREBLE R G, THOMPSON T S, et al. Preliminary results of a survey of lead levels in human liver tissue [J]. Bulletin of environmental contamination and toxicology, 1997, 59 (5): 688-695.

[98] WU S, LIU H, ZHAO H, et al. Environmental lead exposure aggravates the progression of Alzheimer's disease in mice by targeting on blood brain barrier [J]. Toxicology letters, 2020, 319: 138-147.

[99] LEGARE ME, BARHOUMI R, HEBERT E, et al. Analysis of Pb^{2+} entry into cultured astroglia [J]. Toxicological sciences, 1998, 46 (1): 90-100.

[100] KERPER L, HINKLE P. Cellular uptake of lead is activated by depletion of intracellular calcium stores [J]. The journal of biological chemistry, 1997, 272 (13): 8346-8352.

[101] JAIN R. Effect of pregnancy on the levels of blood cadmium, lead, and mercury for females aged 17~39 years old: data from National Health and Nutrition Examination Survey 2003—2010 [J]. Journal of toxicology and environmental health: part A, 2013, 76 (1): 58-69.

[102] Gulson B, Mizon K, Palmer J, et al. Blood lead changes during pregnancy and postpartum with calcium supplementation [J]. Environmental health perspectives, 2004, 112 (15): 1499-1507.

[103] GULSON B, MIZON K, KORSCH M, et al. Mobilization of lead from human bone tissue during pregnancy and lactation-a summary of long-term research [J]. Science of the total environment, 2003, 303 (1): 79-104.

[104] HANSEN S, NIEBOER E, SANDANGER T M, et al. Changes in maternal blood concentrations of selected essential and toxic elements during and after pregnancy [J]. Journal of environmental monitoring, 2011, 13 (8): 2143.

[105] LAMADRID-FIGUEROA H, MARÍA TÉLLEZ-ROJO M, HERNÁNDEZ-CADENA L, et al. Biological markers of fetal lead exposure at each stage of pregnancy [J]. Journal of toxicology and environmental health: part A, 2006, 69 (19): 1781-1796.

[106] GULSON B, MIZON K, KORSCH M, et al. Revisiting mobilisation of skeletal lead during pregnancy based on monthly sampling and cord/maternal blood lead relationships confirm placental transfer of lead [J]. Archives of toxicology, 2016, 90 (4): 805-816.

[107] ESTEBAN-VASALLO M, ARAGONÉS N, POLLAN M, et al. Mercury, cadmium, and lead levels in human placenta: a systematic review [J]. Environmental health perspectives, 2012, 120 (10): 1369-1377.

[108] BARANOWSKA-BOSIACKA I, KOSIŃSKA I, JAMIOŁ D, et al. Environmental lead (Pb) exposure versus fatty acid content in blood and milk of the mother and in the blood of newborn children [J]. Biological Trace element research, 2016, 170 (2): 279-287.

[109] CHEN Z, MYERS R, WEI T, et al. Placental transfer and concentrations of cadmium, mercury, lead, and selenium in mothers, newborns, and young children [J]. Journal of exposure science & environmental epidemiology, 2014, 24 (5): 537-544.

[110] BOLANOWSKA W, PIOTROWSKI J, GARCZYNSKI H. Triethyllead in the biological material in cases of acute tetraethyllead poisoning [J]. Archives of toxicology, 1967, 22 (4): 278-282.

[111] SEARS M, KERR K, BRAY R. Arsenic, cadmium, lead, and mercury in sweat: a systematic review [J]. Journal of environmental and public health, 2012, 2012: 184745.

[112] ARAKI S, AONO H, YOKOYAMA K, et al. Filterable plasma concentration, glomerular filtration, tubular balance, and renal clearance of heavy metals and organic substances in metal workers [J]. Archives of environmental health, 1986, 41 (4): 216-221.

[113] MANTON W I, COOK J D. High accuracy (stable isotope dilution) measurements of lead in serum and cerebrospinal fluid [J]. British journal of industrial medicine, 1984, 41 (3): 313-319.

[114] KOPPEL N, MAINI R V, BALSKUS E P. Chemical transformation of xenobiotics by the human gut microbiota [J]. Science, 2017 (356): 6344.

[115] ZHAI Q, WANG J, CEN S, et al. Modulation of the gut microbiota by a galactooligosaccharide protects against heavy metal lead accumulation in mice [J]. Food & function, 2019, 10 (6): 3768-3781.

[116] HUANG S, HU H, SÁNCHEZ B, et al. Childhood blood lead levels and symptoms of attention deficit hyperactivity disorder (ADHD): a cross-sectional study of Mexican children [J]. Environmental health perspectives, 2016, 124 (6): 868-874.

[117] GOODLAD J, MARCUS D, FULTON J. Lead and attention-deficit/hyperactivity disor-

der (ADHD) symptoms: a meta-analysis [J]. Clinical psychology review, 2013, 33 (3): 417-425.

[118] CANFIELD R, HENDERSON C, CORY-SLECHTA D, et al. Intellectual impairment in children with blood lead concentrations below 10 μg per deciliter [J]. The new england journal of Medicine, 2003, 348 (16): 1517-1526.

[119] HERNBERG S. Lead poisoning in a historical perspective [J]. American journal of industrial medicine, 2000, 38 (3): 244-254.

[120] WETMUR J G, KAYA A H, PLEWINSKA M, et al. Molecular characterization of the human delta-aminolevulinate dehydratase 2 (ALAD2) allele: implications for molecular screening of individuals for genetic susceptibility to lead poisoning [J]. American journal of human genetics, 1991, 49 (4): 757-763.

[121] BATTISTUZZI G, PETRUCCI R, SILVAGNI L, et al. Delta-aminolevulinate dehydrase: a new genetic polymorphism in man [J]. Annals of human genetics, 1981, 45 (3): 223-229.

[122] WETMUR J, KAYA A, PLEWINSKA M, et al. Molecular characterization of the human delta-aminolevulinate dehydratase 2 (ALAD2) allele: implications for molecular screening of individuals for genetic susceptibility to lead poisoning [J]. American journal of human genetics, 1991, 49 (4): 757-763.

[123] BENKMANN H, BOGDANSKI P, GOEDDE H. Polymorphism of delta-aminolevulinic acid dehydratase in various populations [J]. Human heredity, 1983, 33 (1): 62-64.

[124] 郑玉新, 宋文佳, 王雅文, 等. 530例中国汉族人口δ-氨基乙酰丙酸脱水酶基因多态性分析 [J]. 中华预防医学杂志, 2001 (1): 17-19.

[125] 陈艳, 刘继文, 赵江霞, 等. δ-氨基-γ-酮戊酸脱水酶和Vit. D受体基因多态性与不同民族儿童铅中毒的遗传易感性研究 [J]. 癌变·畸变·突变, 2009, 21 (4): 280-285.

[126] WARRINGTON N, ZHU G, DY V, et al. Genome-wide association study of blood lead shows multiple associations near ALAD [J]. Human molecular genetics, 2015, 24 (13): 3871-3879.

[127] HUO X, PENG L, QIU B, et al. ALAD genotypes and blood lead levels of neonates and children from e-waste exposure in Guiyu, China [J]. Environmental science and pollution research international, 2014, 21 (10): 6744-6750.

[128] HU H, WU M, CHENG Y, et al. The δ-aminolevulinic acid dehydratase (ALAD) polymorphism and bone and blood lead levels in community-exposed men: the normative aging study [J]. Environmental health perspectives, 2001, 109 (8): 827-832.

[129] PAWLAS N, BROBERG K, OLEWIŃSKA E, et al. Modification by the genes ALAD and VDR of lead-induced cognitive effects in children [J]. Neurotoxicology, 2012, 33 (1): 37-43.

[130] ONALAJA A, CLAUDIO L. Genetic susceptibility to lead poisoning [J]. Environmental health perspectives, 2000, 108 (1): 23 -28.

[131] SHAIK A, ALSAEED A, FAIYAZ-UL-HAQUE M, et al. Vitamin D receptor FokⅠ, ApaⅠ, and TaqⅠpolymorphisms in lead exposed subjects from Saudi Arabia [J]. Frontiers in genetics, 2019, 10: 388.

[132] AMES S, ELLIS K, GUNN S, et al. Vitamin D receptor gene FokⅠpolymorphism predicts calcium absorption and bone mineral density in children [J]. Journal of bone and mineral research, 1999, 14 (5): 740 -746.

[133] REZENDE V, BARBOSA F, MONTENEGRO M F, et al. Haplotypes of vitamin D receptor modulate the circulating levels of lead in exposed subjects [J]. Archives of toxicology, 2008, 82 (1): 29 -36.

[134] HAYNES E, KALKWARF H, HORNUNG R, et al. Vitamin D receptor FokⅠpolymorphism and blood lead concentration in children [J]. Environmental health perspectives, 2003, 111 (13): 1665 -1669.

[135] WEAVER V M, SCHWARTZ B S, AHN K D, et al. Associations of renal function with polymorphisms in the δ-aminolevulinic acid dehydratase, vitamin D receptor, and nitric oxide synthase genes in Korean lead workers [J]. Environmental health perspectives, 2003, 111 (13): 1613 -1619.

[136] 张红红, 陶国枢, 高宇红, 等. 我国四种民族维生素D受体基因多态性分布的研究 [J]. 中国骨质疏松杂志, 2006 (01): 1 -3.

[137] WANG F, HU H, SCHWARTZ J, et al. Modifying effects of the HFE polymorphisms on the association between lead burden and cognitive decline [J]. Environmental health perspectives, 2007, 115 (8): 1210 -1215.

[138] SCHNAAS L, ROTHENBERG S, FLORES M, et al. Reduced intellectual development in children with prenatal lead exposure [J]. Environmental health perspectives, 2006, 114 (5): 791 -797.

[139] RIS M, DIETRICH K, SUCCOP P, et al. Early exposure to lead and neuropsychological outcome in adolescence [J]. Journal of the international neuropsychological society, 2004, 10 (2): 261 -270.

[140] SCHNAAS L, ROTHENBERG S, PERRONI E, et al. Temporal pattern in the effect of postnatal blood lead level on intellectual development of young children [J]. Neurotoxicology and teratology, 2000, 22 (6): 805 -810.

[141] DESROCHERS-COUTURE M, OULHOTE Y, ARBUCKLE T, et al. Prenatal, concurrent, and sex-specific associations between blood lead concentrations and IQ in preschool Canadian children [J]. Environment international, 2018, 121 (Pt 2): 1235 -1242.

[142] BUDTZ-JØRGENSEN E, BELLINGER D, LANPHEAR B, et al. An international pooled analysis for obtaining a benchmark dose for environmental lead exposure in chil-

dren [J]. Risk analysis, 2013, 33 (3): 450 – 461.

[143] LANPHEAR B, HORNUNG R, KHOURY J, et al. Low-level environmental lead exposure and children's intellectual function: an international pooled analysis [J]. Environmental health perspectives, 2005, 113 (7): 894 – 899.

[144] WANG H, CHEN X, YANG B, et al. Case-control study of blood lead levels and attention deficit hyperactivity disorder in chinese children [J]. Environmental health perspectives, 2008, 116 (10): 1401 – 1406.

[145] KIM Y, HA E, PARK H, et al. Prenatal lead and cadmium co-exposure and infant neurodevelopment at 6 months of age: The Mothers and Children's Environmental Health (MOCEH) study [J]. Neurotoxicology, 2013, 35: 15 – 22.

[146] TÉLLEZ-ROJO M, BELLINGER D, ARROYO-QUIROZ C, et al. Longitudinal associations between blood lead concentrations lower than 10 μg/dL and neurobehavioral development in environmentally exposed children in Mexico City [J]. Pediatrics, 2006, 118 (2): e323 – e330.

[147] FRASER S, MUCKLE G, DESPRÉS C. The relationship between lead exposure, motor function and behaviour in Inuit preschool children [J]. Neurotoxicology and teratology, 2006, 28 (1): 18 – 27.

[148] OPLER M G, BUKA S L, GROEGER J, et al. Prenatal exposure to lead, delta-aminolevulinic acid, and schizophrenia: further evidence [J]. Environmental health perspectives, 2008, 116 (11): 1586 – 1590.

[149] REUBEN A, CASPI A, BELSKY D, et al. Association of childhood blood lead levels with cognitive function and socioeconomic status at age 38 years and with IQ change and socioeconomic mobility between childhood and adulthood [J]. JAMA, 2017, 317 (12): 1244 – 1251.

[150] SEO J, LEE B, JIN S, et al. Lead-induced impairments in the neural processes related to working memory function [J]. PLoS one, 2014, 9 (8): e105308.

[151] SEEGAL R, FITZGERALD E, MCCAFFREY R, et al. Tibial bone lead, but not serum polychlorinated biphenyl, concentrations are associated with neurocognitive deficits in former capacitor workers [J]. American college of occupational and environmental medicine, 2013, 55 (5): 552 – 562.

[152] WEISSKOPF M G, PROCTOR S P, WRIGHT R O, et al. Cumulative lead exposure and cognitive performance among elderly men [J]. Epidemiology, 2007, 18 (1): 59 – 66.

[153] SHIH R A, GLASS T A, BANDEEN-ROCHE K, et al. Environmental lead exposure and cognitive function in community-dwelling older adults [J]. Neurology, 2006, 67 (9): 1556 – 1562.

[154] WEUVE J, PRESS D, GRODSTEIN F, et al. Cumulative exposure to lead and cognition in persons with Parkinson's disease [J]. Movement disorders, 2013, 28 (2):

176-182.

[155] FANG F, KWEE L, ALLEN K, et al. Association between blood lead and the risk of amyotrophic lateral sclerosis [J]. American journal of epidemiology, 2010, 171 (10): 1126-1133.

[156] LIU C, HUO X, LIN P, et al. Association between blood erythrocyte lead concentrations and hemoglobin levels in preschool children [J]. Environmental science and pollution research international, 2015, 22 (12): 9233-9240.

[157] QUEIROLO E, ETTINGER A, STOLTZFUS R, et al. Association of anemia, child and family characteristics with elevated blood lead concentrations in preschool children from Montevideo, Uruguay [J]. Archives of environmental & occupational health, 2010, 65 (2): 94-100.

[158] WANG Q, ZHAO H, CHEN J, et al. δ-Aminolevulinic acid dehydratase activity, urinary δ-aminolevulinic acid concentration and zinc protoporphyrin level among people with low level of lead exposure [J]. International journal of hygiene and environmental health, 2010, 213 (1): 52-58.

[159] AHAMED M, VERMA S, KUMAR A, et al. Delta-aminolevulinic acid dehydratase inhibition and oxidative stress in relation to blood lead among urban adolescents [J]. Human and experimental toxicology, 2006, 25 (9): 547-553.

[160] SAKATA S, SHIMIZU S, OGOSHI K, et al. Inverse relationship between serum erythropoietin and blood lead concentrations in Kathmandu tricycle taxi drivers [J]. International archives of occupational and environmental health, 2007, 80 (4): 342-345.

[161] BARMAN T, KALAHASTHI R, RAJMOHAN H. Effects of lead exposure on the status of platelet indices in workers involved in a lead-acid battery manufacturing plant [J]. Journal of exposure science & environmental epidemiology, 2014, 24 (6): 629-633.

[162] ABAM E, OKEDIRAN B S, ODUKOYA O O, et al. Reversal of ionoregulatory disruptions in occupational lead exposure by vitamin C [J]. Environmental toxicology and pharmacology, 2008, 26 (3): 297-304.

[163] FAMUREWA A, UGWUJA E. Association of blood and seminal plasma cadmium and lead levels with semen quality in non-occupationally exposed infertile men in Abakaliki, South East Nigeria [J]. Journal of family & reproductive health, 2017, 11 (2): 97-103.

[164] MORÁN-MARTÍNEZ J, CARRANZA-ROSALES P, MORALES-VALLARTA M, et al. Chronic environmental exposure to lead affects semen quality in a Mexican men population [J]. Iranian journal of reproductive medicine, 2013, 11 (4): 267-274.

[165] MENDIOLA J, MORENO J M, ROCA M, et al. Relationships between heavy metal concentrations in three different body fluids and male reproductive parameters: a pilot study [J]. Environmental health, 2011, 10 (1): 6.

[166] GIDIKOVA P. Blood lead, cadmium and zinc correlations in elderly rural residents

[J]. Folia medica, 2019, 61 (1): 113 – 119.

[167] CHANG S, CHENG B, LEE S, et al. Low blood lead concentration in association with infertility in women [J]. Environmental research, 2006, 101 (3): 380 – 386.

[168] YIN Y, ZHANG T, DAI Y, et al. The effect of plasma lead on anembryonic pregnancy [J]. Annals of the new york academy of sciences, 2008, 1140 (1): 184 – 189.

[169] RABITO F, KOCAK M, WERTHMANN D, et al. Changes in low levels of lead over the course of pregnancy and the association with birth outcomes [J]. Reproductive toxicology, 2014, 50: 138 – 144.

[170] BLOOM M, BUCK LOUIS G, SUNDARAM R, et al. Birth outcomes and background exposures to select elements, the longitudinal investigation of fertility and the environment (LIFE) [J]. Environmental research, 2015, 138: 118 – 129.

[171] PERKINS M, WRIGHT R, AMARASIRIWARDENA C, et al. Very low maternal lead level in pregnancy and birth outcomes in an eastern Massachusetts population [J]. Annals of epidemiology, 2014, 24 (12): 915 – 919.

[172] ZHU M, FITZGERALD E F, GELBERG K H, et al. Maternal low-level lead exposure and fetal growth [J]. Environmental health perspectives, 2010, 118 (10): 1471 – 1475.

[173] TAYLOR CM, HUMPHRISS R, HALL A, et al. Balance ability in 7-and 10-year-old children: associations with prenatal lead and cadmium exposure and with blood lead levels in childhood in a prospective birth cohort study [J]. BMJ open, 2015, 5 (12): e9635.

[174] HONG Y, KULKARNI S, LIM Y, et al. Postnatal growth following prenatal lead exposure and calcium intake [J]. Pediatrics, 2014, 134 (6): 1151 – 1159.

[175] YANG H, HUO X, YEKEEN T, et al. Effects of lead and cadmium exposure from electronic waste on child physical growth [J]. Environmental science and pollution research international, 2013, 20 (7): 4441 – 4447.

[176] IGNASIAK Z, SAWISKA T, ROEkK, et al. Lead and growth status of schoolchildren living in the copper basin of south-western Poland: differential effects on bone growth [J]. Annals of human biology, 2006, 33 (4): 401 – 414.

[177] DEN HOND E, DHOOGE W, BRUCKERS L, et al. Internal exposure to pollutants and sexual maturation in Flemish adolescents [J]. Journal of exposure science & environmental epidemiology, 2011, 21 (3): 224 – 233.

[178] GOLLENBERG A L, HEDIGER M L, LEE P A, et al. Association between lead and cadmium and reproductive hormones in peripubertal U. S. girls [J]. Environmental health perspectives, 2010, 118 (12): 1782 – 1787.

[179] NAICKER N, NORRIS SA, MATHEE A, et al. Lead exposure is associated with a delay in the onset of puberty in South African adolescent females: findings from the birth to twenty cohort [J]. science of the total environment, 2010, 408 (21): 4949 – 4954.

[180] WILLIAMS P L, SERGEYEV O, LEE M M, et al. Blood lead levels and delayed onset

of puberty in a longitudinal study of Russian boys [J]. Pediatrics, 2010, 125 (5): e1088 - e1096.

[181] HAUSER R, SERGEYEV O, KORRICK S, et al. Association of blood lead levels with onset of puberty in Russian boys [J]. Environmental health perspectives, 2008, 116 (7): 976 -980.

[182] JHUN MA, HU H, SCHWARTZ J, et al. Effect modification by vitamin D receptor genetic polymorphisms in the association between cumulative lead exposure and pulse pressure: a longitudinal study [J]. Environmental health, 2015 (14): 5.

[183] ZHANG A, HU H, SÁNCHEZ BN, et al. Association between prenatal lead exposure and blood pressure in children [J]. Environmental health perspectives, 2012, 120 (3): 445 -450.

[184] SCINICARIELLO F, ABADIN H G, EDWARD M H. Association of low-level blood lead and blood pressure in NHANES 1999—2006 [J]. Environmental research, 2011, 111 (8): 1249 -1257.

[185] KIM M G, KIM Y W, AHN Y S. Does low lead exposure affect blood pressure and Hypertension [J]. Journal of occupational health, 2020, 62 (1): e12107.

[186] SCINICARIELLO F, ABADIN H G, EDWARD M H. Association of low-level blood lead and blood pressure in NHANES 1999—2006 [J]. Environmental research, 2011, 111 (8): 1249 -1257.

[187] VUPPUTURI S, HE J, MUNTNER P, et al. Blood lead level is associated with elevated blood pressure in blacks [J]. Hypertension, 2003, 41 (3): 463 -468.

[188] DEN HOND E, NAWROT T, STAESSEN J A. The relationship between blood pressure and blood lead in NHANES Ⅲ [J]. Journal of human hypertension, 2002, 16 (8): 563 -568.

[189] HARARI F, BARREGARD L, ÖSTLING G, et al. Blood lead levels and risk of atherosclerosis in the carotid artery: results from a Swedish cohort [J]. Environmental health perspectives, 2019, 127 (12): 127002.

[190] ARI E, KAYA Y, DEMIR H, et al. The correlation of serum trace elements and heavy metals with carotid artery atherosclerosis in maintenance hemodialysis patients [J]. Biological trace element research, 2011, 144 (1 -3): 351 -359.

[191] LANPHEAR B, RAUCH S, AUINGER P, et al. Low-level lead exposure and mortality in US adults: a population-based cohort study [J]. The lancet public health, 2018, 3 (4): e177 -e184.

[192] EUM K, NIE LH, SCHWARTZ J, et al. Prospective cohort study of lead exposure and electrocardiographic conduction disturbances in the department of veterans affairs normative aging study [J]. Environmental health perspectives, 2011, 119 (7): 940 -944.

[193] PARK S, HU H, WRIGHT R, et al. Iron metabolism genes, low-level lead exposure, and QT interval [J]. Environmental health perspectives, 2009, 117 (1): 80 -85.

[194] JAIN N, POTULA V, SCHWARTZ J, et al. Lead levels and ischemic heart disease in a prospective study of middle-aged and elderly men: the VA normative aging study [J]. Environmental health perspectives, 2007, 115 (6): 871-875.

[195] AOKI Y, BRODY D, FLEGAL K, et al. Blood lead and other metal biomarkers as risk factors for cardiovascular disease mortality [J]. Medicine, 2016, 95 (1): e2223.

[196] BAGCI C, BOZKURT A I, CAKMAK E A, et al. Blood lead levels of the battery and exhaust workers and their pulmonary function tests [J]. International journal of clinical practice, 2004, 58 (6): 568-572.

[197] CHUNG H K, CHANG Y S, AHN C W. Effects of blood lead levels on airflow limitations in Korean adults: findings from the 5th KNHNES 2011 [J]. Environmental research, 2015 (136): 274-279.

[198] MIN J, MIN K, KIM R, et al. Blood lead levels and increased bronchial responsiveness [J]. Biological trace element research, 2008, 123 (1-3): 41-46.

[199] ROKADIA HK, AGARWAL S. Serum heavy metals and obstructive lung disease [J]. Chest, 2013, 143 (2): 388-397.

[200] JOSEPH C L, HAVSTAD S, OWNBY D R, et al. Blood lead level and risk of asthma [J]. Environmental health perspectives, 2005, 113 (7): 900-904.

[201] AZIZ F, ALHAZMI A, ALJAMEIL N, et al. Serum selenium and lead levels: a possible link with diabetes and associated proteinuria [J]. Biological trace element research, 2019.

[202] RANA M, TANGPONG J, RAHMAN M. Toxicodynamics of lead, cadmium, mercury and arsenic-induced kidney toxicity and treatment strategy: a mini review [J]. Toxicology reports, 2018 (5): 704-713.

[203] POLLACK A, MUMFORD S, MENDOLA P, et al. Kidney biomarkers associated with blood lead, mercury, and cadmium in premenopausal women: a prospective cohort study [J]. Journal of toxicology and environmental health: part A, 2014, 78 (2): 119-131.

[204] HARARI F, SALLSTEN G, CHRISTENSSON A, et al. Blood lead levels and decreased kidney function in a population-based cohort [J]. American journal of kidney diseases, 2018, 72 (3): 381-389.

[205] FADROWSKI J, NAVAS-ACIEN A, TELLEZ-PLAZA M, et al. Blood lead level and kidney function in US adolescents [J]. Archives of internal medicine, 2010, 170 (1): 75-82.

[206] LIU Y, YUAN Y, XIAO Y, et al. Associations of plasma metal concentrations with the decline in kidney function: a longitudinal study of Chinese adults [J]. Ecotoxicology and environmental safety, 2019 (189): 110006.

[207] SUN Y, SUN D, ZHOU Z, et al. Estimation of benchmark dose for bone damage and renal dysfunction in a Chinese male population occupationally exposed to lead [J]. The

annals of occupational hygiene, 2008, 52 (6): 527-533.

[208] ROSENMAN K, SIMS A, LUO Z, et al. Occurrence of lead-related symptoms below the current occupational safety and health act allowable blood lead levels [J]. American college of occupational and environmental medicine, 2003, 45 (5): 546-555.

[209] KASPERCZYK S, BŁASZCZYK I, DOBRAKOWSKI M, et al. Exposure to lead affects male biothiols metabolism [J]. Annals of agricultural and environmental medicine, 2013, 20 (4): 721-725.

[210] CONTERATO G, BULCÃO R, SOBIESKI R, et al. Blood thioredoxin reductase activity, oxidative stress and hematological parameters in painters and battery workers: relationship with lead and cadmium levels in blood [J]. Journal of applied toxicology, 2013, 33 (2): 142-150.

[211] PATIL A, BHAGWAT V, PATIL J, et al. Occupational lead exposure in battery manufacturing workers, silver jewelry workers, and spray painters in western Maharashtra (India): effect on liver and kidney function [J]. Journal of basic and clinical physiology and pharmacology, 2007, 18 (2): 87.

[212] XIA J, JIN C, PAN Z, et al. Chronic exposure to low concentrations of lead induces metabolic disorder and dysbiosis of the gut microbiota in mice [J]. Science of the Total Environment, 2018 (631-632): 439-448.

[213] GAO B, CHI L, MAHBUB R, et al. Multi-omics reveals that lead exposure disturbs gut microbiome development, key metabolites, and metabolic pathways [J]. Chemical research in toxicology, 2017, 30 (4): 996-1005.

[214] WU C, SUNG F, CHEN Y. Arsenic, cadmium and lead exposure and immunologic function in workers in Taiwan [J]. International journal of environmental research and public health, 2018, 15 (4): E683.

[215] WELLS E, BONFIELD T, DEARBORN D, et al. The relationship of blood lead with immunoglobulin E, eosinophils, and asthma among children: NHANES 2005—2006 [J]. International journal of hygiene and environmental health, 2014, 217 (2-3): 196-204.

[216] HON K, WANG S, HUNG E, et al. Serum levels of heavy metals in childhood eczema and skin diseases: friends or foes [J]. Pediatric allergy and immunology, 2010, 21 (5): 831-836.

[217] HON K L, CHING G K, HUNG E C, et al. Serum lead levels in childhood eczema [J]. Clinical & experimental dermatology, 2009, 34 (7): e508-e509.

[218] HSIAO C L, WU K H, WAN K S. Effects of environmental lead exposure on T-helper cell-specific cytokines in children [J]. Journal of Immunotoxicology, 2011, 8 (4): 284-287.

[219] HOU R, HUO X, ZHANG S, et al. Elevated levels of lead exposure and impact on the anti-inflammatory ability of oral sialic acids among preschool children in e-waste areas

[J]. Science of the total environment, 2020 (699): 134380.

[220] MACHOŃ-GRECKA A, DOBRAKOWSKI M, BOROŃ M, et al. The influence of occupational chronic lead exposure on the levels of selected pro-inflammatory cytokines and angiogenic factors [J]. Human & experimental toxicology, 2017, 36 (5): 467 – 473.

[221] KIM J, LEE K, YOO D, et al. GSTM1 and TNF-α gene polymorphisms and relations between blood lead and inflammatory markers in a non-occupational population [J]. Mutation research/genetic toxicology and environmental mutagenesis, 2007, 629 (1): 32 – 39.

[222] SIRIVARASAI J, WANANUKUL W, KAOJARERN S, et al. Association between inflammatory marker, environmental lead exposure, and glutathione S-transferase gene [J]. BioMed research international, 2013 (2013): 474963.

[223] KARMAUS W, BROOKS K, NEBE T, et al. Immune function biomarkers in children exposed to lead and organochlorine compounds: a cross-sectional study [J]. Environmental health, 2005, 4 (1): 5.

[224] BOSCOLO P, DI GIOACCHINO M, SABBIONI E, et al. Lymphocyte subpopulations, cytokines and trace elements in asymptomatic atopic women exposed to an urban environment [J]. Life sciences, 2000, 67 (10): 1119 – 1126.

[225] KAHN L G, LIU X, RAJOVIC B, et al. Blood lead concentration and thyroid function during pregnancy: results from the Yugoslavia prospective study of environmental lead exposure [J]. Environmental health perspectives, 2014, 122 (10): 1134 – 1140.

[226] LUO J, HENDRYX M. Relationship between blood cadmium, lead, and serum thyroid measures in US adults-the national health and nutrition examination survey (NHANES) 2007 – 2010 [J]. International journal of environmental health research, 2014, 24 (2): 125 – 136.

[227] YORITA C K. Metals in blood and urine, and thyroid function among adults in the United States 2007—2008 [J]. International journal of hygiene and environmental health, 2013, 216 (6): 624 – 632.

[228] MENDY A, GASANA J, VIEIRA E. Low blood lead concentrations and thyroid function of American adults [J]. International journal of environmental health research, 2013, 23 (6): 461 – 473.

[229] DUNDAR B, ÖKTEM F, ARSLAN M, et al. The effect of long-term low-dose lead exposure on thyroid function in adolescents [J]. Environmental research, 2006, 101 (1): 140 – 145.

[230] PARK S, LEE J, WOO S, et al. Five heavy metallic elements and age-related macular degeneration [J]. Ophthalmology, 2015, 122 (1): 129 – 137.

[231] SCHAUMBERG D A, MENDES F, BALARAM M, et al. Accumulated lead exposure and risk of age-related cataract in men [J]. JAMA, 2004, 292 (22): 2750 – 2754.

[232] BUZICA D, GERBOLES M, BOROWIAK A, et al. Comparison of voltammetry and in-

ductively coupled plasma-mass spectrometry for the determination of heavy metals in PM_{10} airborne particulate matter [J]. Atmospheric environment, 2006, 40 (25): 4703-4710.

[233] FANG G, WU Y, HUANG S, et al. Review of atmospheric metallic elements in Asia during 2000—2004 [J]. Atmospheric environment, 2005, 39 (17): 3003-3013.

[234] NIEUWENHUIJSEN M, GÓMEZ-PERALES J, COLVILE R. Levels of particulate air pollution, its elemental composition, determinants and health effects in metro systems [J]. Atmospheric environment, 2007, 41 (37): 7995-8006.

[235] AARNIO P, YLI-TUOMI T, KOUSA A, et al. The concentrations and composition of and exposure to fine particles ($PM_{2.5}$) in the Helsinki subway system [J]. Atmospheric environment, 2005, 39 (28): 5059-5066.

[236] NRIAGU J, JINABHAI C, NAIDOO R, et al. Atmospheric lead pollution in KwaZulu/Natal, South Africa [J]. Science of the total environment, 1996, 191 (1): 69-76.

[237] BROWNE D, HUSNI A, RISK M. Airborne lead and particulate levels in Semarang, Indonesia and potential health impacts [J]. Science of the total environment, 1999, 227 (2): 145-154.

[238] TRIPATHI R, RAGHUNATH R, VINOD K A, et al. Atmospheric and children's blood lead as indicators of vehicular traffic and other emission sources in Mumbai, India [J]. Science of the total environment, 2001, 267 (1): 101-108.

[239] VICENTE A, SANFELIU T, JORDAN M. Assesment of PM_{10} pollution episodes in a ceramic cluster (NE Spain): proposal of a new quality index for PM_{10}, As, Cd, Ni and Pb [J]. Journal of Environmental Management, 2012 (108): 92-101.

[240] CYRYS J, STöLZEL M, HEINRICH J, et al. Elemental composition and sources of fine and ultrafine ambient particles in Erfurt, Germany [J]. Science of the total environment, 2003, 305 (1): 143-156.

[241] 邹天森,张金良,陈昱,等.中国部分城市空气环境铅含量及分布研究 [J].中国环境科学, 2015, 35 (1): 23-32.

[242] NA K, COCKER D. Characterization and source identification of trace elements in $PM_{2.5}$ from Mira Loma, Southern California [J]. Atmospheric research, 2009, 93 (4): 793-800.

[243] LAU O, LUK S. Leaves of bauhinia blakeana as indicators of atmospheric pollution in Hong Kong [J]. Atmospheric environment, 2001, 35 (18): 3113-3120.

[244] WU Y, HAO J, FU L, et al. Chemical characteristics of airborne particulate matter near major roads and at background locations in Macao, China [J]. Science of the total environment, 2003, 317 (1-3): 159-172.

[245] 王宗爽,徐舒,安广楠,等.铅大气污染物环境保护标准限值研究 [J].环境科学学报, 2019, 39 (9): 3163-3170.

[246] 房玉梅,武丹.天津市环境空气铅污染特征及变化趋势研究 [J].中国环境监测,

2013, 29 (1): 39 – 42.

[247] 张勇慧, 周兵利, 陈红, 等. 洛阳市环境空气中铅污染现状及防治措施 [J]. 环境科学与技术, 2005 (S2): 41 – 42.

[248] 高蓓蕾, 俞美香. 南京市某测点大气中铅、汞污染水平研究 [J]. 江苏科技信息, 2019, 36 (30): 44 – 47.

[249] DONG S, YAO M. Exposure assessment in Beijing, China: biological agents, ultrafine particles, and lead [J]. Environmental monitoring and assessment, 2010, 170 (1 – 4): 331 – 343.

[250] 胡小耕, 高永宏. ICP – MS 测定甘肃某农场大气颗粒物中的铬、铜、砷、镉、铅含量 [J]. 甘肃地质, 2011, 20 (3): 89 – 92.

[251] 小岚, 万小敏. 成都市大气中铅含量与氮氧化物含量的相关性研究 [J]. 成都科技大学学报, 1996 (6): 56 – 60.

[252] 方靖. 大气细颗粒物中铅的污染水平以及其在水稻中的累积 [D]. 浙江大学, 2018.

[253] 周玖萍, 郑丽. 大气中不同粒径颗粒物浓度及 5 种金属元素含量的分析 [J]. 职业与健康, 2006, 22 (13): 988 – 989.

[254] 刘慧, 赵明, 赵艳荣, 等. 山东省某垃圾填埋场周边大气中重金属含量状况分析 [J]. 科技展望, 2016, 26 (33): 293.

[255] 王金达, 刘景双, 于君宝, 等. 沈阳市区环境空气中铅的污染表征 [J]. 城市环境与城市生态, 2003 (S1): 1 – 3.

[256] 徐兰, 周敏, 袁旭音, 等. 苏南区域农田土壤和大气颗粒中镉和铅含量及对水稻的贡献研究 [J]. 生态与农村环境学报, 2018, 34 (3): 201 – 206.

[257] PENG T, O'CONNOR D, ZHAO B, et al. Spatial distribution of lead contamination in soil and equipment dust at children's playgrounds in Beijing, China [J]. Environmental pollution, 2019 (245): 363 – 370.

[258] RANFT U, DELSCHEN T, MACHTOLF M, et al. Lead concentration in the blood of children and its association with lead in soil and ambient air-trends between 1983 and 2000 in Duisburg [J]. Journal of toxicology and environmental health: part A, 2008, 71 (11 – 12): 710 – 715.

[259] 詹金秋, 李彦华, 盛海龙, 等. 城市环境铅污染状况研究 [J]. 广东微量元素科学, 1998 (5): 5 – 9.

[260] 丁枫华, 吕森伟, 倪吾钟. 丽水市地表水体铅污染的控制对策与成效 [J]. 广东微量元素科学, 2005 (7): 22 – 25.

[261] DESHOMMES E, ANDREWS R, GAGNON G, et al. Evaluation of exposure to lead from drinking water in large buildings [J]. Water research, 2016, 99: 46 – 55.

[262] JIN Y, LIU P, WU Y, et al. A systematic review on food lead concentration and dietary lead exposure in China [J]. Chinese medical journal, 2014, 127 (15): 2844 – 2849.

[263] 黄薇, 王舟, 潘柳波, 等. 深圳市食品中铅污染的暴露量评估 [J]. 中国食品卫生

杂志, 2008 (5): 405-408.

[264] TAHVONEN R. Lead and cadmium in beverages consumed in Finland [J]. Food additives and contaminants, 1998, 15 (4): 446-450.

[265] ANTOINE J, FUNG L, GRANT C N. Assessment of the potential health risks associated with the aluminium, arsenic, cadmium and lead content in selected fruits and vegetables grown in Jamaica [J]. Toxicology reports, 2017 (4): 181-187.

[266] VON HOFFEN L, SäUMEL I. Orchards for edible cities: cadmium and lead content in nuts, berries, pome and stone fruits harvested within the inner city neighbourhoods in Berlin, Germany [J]. Ecotoxicology and environmental safety, 2014, 101: 233-239.

[267] VASCONCELOS NETO M, SILVA T, ARAÚJO V, et al. Lead contamination in food consumed and produced in Brazil: systematic review and meta-analysis [J]. Food research international, 2019, 126: 108671.

[268] TIRIMA S, BARTREM C, VON LINDERN I, et al. Food contamination as a pathway for lead exposure in children during the 2010—2013 lead poisoning epidemic in Zamfara, Nigeria [J]. Journal of environmental sciences (China), 2018 (67): 260-272.

[269] 王舜钦, 张金良. 我国儿童血铅水平分析研究 [J]. 环境与健康杂志, 2004 (6): 355-360.

[270] 戚其平, 杨艳伟, 姚孝元, 等. 中国城市儿童血铅水平调查 [J]. 中华流行病学杂志, 2002 (3): 7-11.

[271] 裴翠娥, 李海峰, 王宏. 集体儿童3741例血铅水平调查 [J]. 中国卫生产业, 2012, 9 (7): 116.

[272] 吕玉桦. 我国儿童血铅水平现状及对策研究 [D]. 南华大学, 2014.

[273] 刘爱华, 李涛, 张帅明, 等. 中国18城市儿童血铅水平及影响因素现况调查 [J]. 中国妇幼健康研究, 2018, 29 (5): 539-542.

[274] LI M, GAO Z, DONG C, et al. Contemporary blood lead levels of children aged 0~84 months in China: a national cross-sectional study [J]. Environment international, 2020 (134): 105288.

[275] CDC. Blood lead levels in children Aged 1-5 years-United States, 1999—2010 [J]. Morbidity and mortality weekly report, 2013, 62 (13): 245-248.

[276] JONES R, HOMA D, MEYER P, et al. Trends in blood lead levels and blood lead testing among US children aged 1 to 5 Years, 1988—2004 [J]. Pediatrics, 2009, 123 (3): e376-e385.

[277] PIRKLE J, BRODY D, GUNTER E, et al. The decline in blood lead levels in the United States: the national health and nutrition examination surveys (NHANES) [J]. JAMA, 1994, 272 (4): 284-291.

[278] BUSHNIK T, HAINES D, LEVALLOIS P, et al. Lead and bisphenol A concentrations in the Canadian population [J]. Health reports, 2010, 21 (3): 7-18.

[279] ETCHEVERS A, BRETIN P, LECOFFRE C, et al. Blood lead levels and risk factors in

young children in France, 2008—2009［J］. International journal of hygiene and environmental health, 2014, 217 (4): 528 - 537.

［280］ KAJI M, GOTOH M, TAKAGI Y, et al. Blood lead levels in Japanese children: effects of passive smoking［J］. Environmental health perspectives, 1997, 2 (2): 79 - 81.

［281］ YOSHINAGA J, TAKAGI M, YAMASAKI K, et al. Blood lead levels of contemporary Japanese children［J］. Environmental health and preventive medicine, 2012, 17 (1): 27 - 33.

［282］ CHO S, KIM B, HONG Y, et al. Effect of environmental exposure to lead and tobacco smoke on inattentive and hyperactive symptoms and neurocognitive performance in children［J］. Journal of child psychology and psychiatry, and allied disciplines, 2010, 51 (9): 1050 - 1057.

［283］ 石梦迪. 重金属铅的检测方法及其食品安全［J］. 食品安全导刊, 2017 (12): 96.

［284］ 谢俊平, 卢新. 酶抑制法快速检测食品中重金属研究进展［J］. 食品研究与开发, 2010, 31 (8): 220 - 224.

［285］ 刘京萍, 李金, 葛兴. 葡萄糖氧化酶抑制法检测食品中镉、锡、铅的残留［J］. 北京农学院学报, 2007 (4): 59 - 62.

［286］ 邓建威, 何婉清, 芳幸. 浅析食品中微量铅的检测技术［J］. 广东科技, 2008 (189): 70 - 72.

［287］ 麦君庭. 对铅检测中生物化学技术的探讨［J］. 中国战略新兴产业, 2018 (16): 172.

［288］ MELUCCI D, TORSI G, LOCATELLI C. Analytical procedure for the simultaneous voltammetric determination of trace metals in food and environmental matrices. Critical comparison with atomic absorption spectroscopic measurements［J］. Annali di Chimica, 2007, 97 (3 - 4): 141 - 151.

［289］ 余晓刚, 颜崇准. 血铅检测方法的新进展［J］. 国外医学：临床生物化学与检验学分册, 2004, 25 (2): 191 - 193.

［290］ BOSSARTE R, BROWN M, JONES R. Blood lead misclassification due to defective lead care blood lead testing equipment［J］. Clinical chemistry, 2007, 53 (5): 994 - 995.

［291］ GHERASE MR, AL-HAMDANI S. A microbeam grazing-incidence approach to L-shell X-ray fluorescence measurements of lead concentration in bone and soft tissue phantoms［J］. Physiological measurement, 2018, 39 (3): 35007.

［292］ GHERASE MR, AL-HAMDANI S. Improvements and reproducibility of an optimal grazing-incidence position method to L-shell X-ray fluorescence measurements of lead in bone and soft tissue phantoms［J］. Biomedical physics & engineering express, 2018, 4 (6): 065024.

［293］ CICCHELLA D, HOOGEWERFF J, ALBANESE S, et al. Distribution of toxic elements and transfer from the environment to humans traced by using lead isotopes. a case of study in the Sarno River basin, south Italy [J]. Environmental geochemistry and health, 2016, 38 (2): 619 – 637.

[294] LIU H, LIU G, WANG S, et al. Distribution of heavy metals, stable isotope ratios (δ^{13}C and δ^{15}N) and risk assessment of fish from the Yellow River Estuary, China [J]. Chemosphere, 2018 (208): 731 – 739.

[295] EPOVA E N, BERAIL S, SEBY F, et al. Potential of lead elemental and isotopic sig-Natures for authenticity and geographical origin of Bordeaux wines [J]. Food chemistry, 2020 (303): 125277.

[296] RANKIN C W, NRIAGU J O, AGGARWAL J K, et al. Lead contamination in cocoa and cocoa products: isotopic evidence of global contamination [J]. Environmental health perspectives, 2005, 113 (10): 1344 – 1348.

[297] CAO S, DUAN X, ZHAO X, et al. Isotopic ratio based source apportionment of children's blood lead around coking plant area [J]. Environment international, 2014 (73): 158 – 166.

[298] 李景喜, 孙承君, 郑立, 等. 毛细管电泳 – 电感耦合等离子体质谱联用测定海藻中铅形态化合物 [J]. 分析化学, 2016, 44 (11): 1659 – 1664.

[299] 冷桃花, 郑翌, 陆志芸. 电感耦合等离子体质谱联用技术在食品中 5 种元素形态分析中的应用 [J]. 食品安全质量检测学报, 2019, 10 (18): 6176 – 6183.

[300] FAN J, DE LANNOY I. Pharmacokinetics [J]. Biochemical pharmacology, 2014, 87 (1): 93 – 120.

[301] CLEWELL H, ANDERSEN M. Risk assessment extrapolations and physiological modeling [J]. Toxicology and industrial health, 1985, 1 (4): 111 – 131.

[302] RABINOWITZ M, WETHERILL G, KOPPLE J. Lead metabolism in the normal human: stable isotope studies [J]. Science, 1973, 182 (4113): 725 – 727.

[303] STERN A. Derivation of a target concentration of Pb in soil based on elevation of adult blood pressure [J]. Risk analysis, 1996, 16 (2): 201 – 210.

[304] BERT J, VAN DUSEN L, GRACE J. A generalized model for the prediction of lead body burdens [J]. Environmental research, 1989, 48 (1): 117 – 127.

[305] CARLISLE J, WADE M. Predicting blood lead concentrations from environmental concentrations [J]. Regulatory toxicology and pharmacology, 1992, 16 (3): 280 – 289.

[306] MACMILLAN J, BEHINAEIN S, CHETTLE D, et al. Physiologically based modeling of lead kinetics: a pilot study using data from a Canadian population [J]. Environmental science processes & impacts, 2015, 17 (12): 2122 – 2133.

[307] NIE H, CHETTLE D, WEBBER C, et al. The study of age influence on human bone lead metabolism by using a simplified model and X-ray fluorescence data [J]. Journal of environmental monitoring, 2005, 7 (11): 1069.

[308] WHITE P D, VAN LEEUWEN P, DAVIS B D, et al. The conceptual structure of the integrated exposure uptake biokinetic model for lead in children [J]. Environmental

health perspectives, 1998, 106 (Suppl 6): 1513 - 1530.

[309] VON LINDERN I, SPALINGER S, STIFELMAN M, et al. Estimating children's soil/dust ingestion rates through retrospective analyses of blood lead biomonitoring from the Bunker Hill superfund site in Idaho [J]. Environmental health perspectives, 2016, 124 (9): 1462 - 1470.

[310] LI Y, HU J, WU W, et al. Application of IEUBK model in lead risk assessment of children aged 61 - 84 months old in central China [J]. Science of the total environment, 2016, 541: 673 - 682.

[311] VONLINDERN I, SPALINGER S, PETROYSAN V, et al. Assessing remedial effectiveness through the blood lead: soil/dust lead relationship at the Bunker Hill superfund site in the silver valley of Idaho [J]. Science of the total environment, 2003, 303 (1 - 2): 139 - 170.

[312] 李灿, 曾云, 刘淑运, 等. 基于儿童和成人血铅模型的土壤环境铅基准值研究 [J]. 环境与健康杂志, 2017, 34 (9): 789 - 793.

[313] 张红振, 骆永明, 章海波, 等. 基于人体血铅指标的区域土壤环境铅基准值 [J]. 环境科学, 2009, 30 (10): 3036 - 3042.

[314] 杨珂玲, 张宏志, 张志刚, 等. 铅暴露的环境健康风险评估模型的本土化研究 [J]. 中国人口·资源与环境, 2016, 26 (2): 163 - 169.

[315] 胡佳, 陈建伟, 周宜开. IEUBK 模型的应用概况及其本土化的初步探讨 [J]. 环境与健康杂志, 2013, 30 (7): 655 - 658.

[316] EPA. Development and evaluation of the all ages lead model (AALM) [R]. 2014.

[317] RăDULESCU A, LUNDGREN S. A pharmacokinetic model of lead absorption and calcium competitive dynamics [J]. Scientific reports, 2019, 9 (1): 14225.

[318] FLORA G, GUPTA D, TIWARI A. Toxicity of lead: a review with recent updates [J]. Interdisciplinary toxicology, 2012, 5 (2): 47 - 58.

[319] LIDSKY T I, SCHNEIDER J S. Lead neurotoxicity in children: basic mechanisms and clinical correlates [J]. Brain, 2003, 126 (Pt 1): 5 - 19.

[320] CLOUES R K, CIBULSKY S M, SATHER W A. Ion interactions in the high-affinity binding locus of a voltage-gated Ca^{2+} channel [J]. The journal of general physiology, 2000, 116 (4): 569.

[321] CAITO S, ASCHNER M. Developmental neurotoxicity of lead [J]. Advances in neurobiology, 2017 (18): 3 - 12.

[322] SANDERS T, LIU Y, BUCHNER V, et al. Neurotoxic effects and biomarkers of lead exposure: a review [J]. Reviews on environmental health, 2009, 24 (1): 15.

[323] MORRIS R, ANDERSON E, LYNCH G, et al. Selective impairment of learning and blockade of long-term potentiation by an N-methyl-D-aspartate receptor antagonist, AP5 [J]. Nature, 1986, 319 (6056): 774 - 776.

[324] WANI A, ARA A, USMANI J. Lead toxicity: a review [J]. Interdiscip toxicol, 2015,

8（2）：55-64.

［325］ NEAL A, GUILARTE T. Mechanisms of lead and manganese neurotoxicity ［J］. Toxicology research, 2013, 2（2）：99-114.

［326］ GARZA A, VEGA R, SOTO E. Cellular mechanisms of lead neurotoxicity ［J］. Medical science monitor, 2006, 12（3）：A57.

［327］ CAROCCI A, CATALANO A, LAURIA G, et al. Lead Toxicity, antioxidant defense and environment ［J］. Reviews of environmental contamination and toxicology, 2016（238）：45-67.

［328］ AHAMED M, SIDDIQUI M K J. Low level lead exposure and oxidative stress：current opinions ［J］. Clinica chimica acta, 2007, 383（1-2）：57-64.

［329］ OMOBOWALE T, OYAGBEMI A, AKINRINDE A, et al. Failure of recovery from lead induced hepatoxicity and disruption of erythrocyte antioxidant defence system in Wistar rats ［J］. Environmental toxicology and pharmacology, 2014, 37（3）：1202-1211.

［330］ GHAREEBA D, HUSSIENA H, KHALILB A, et al. Toxic effects of lead exposure on the brain of rats：involvement of oxidative stress, inflammation, acetylcholinesterase, and the beneficial role of flaxseed extract ［J］. Toxicological & environmental chemistry, 2010, 92（1）：187-195.

［331］ ALIOMRANI M, SAHRAIAN M, SHIRKHANLOO H, et al. Correlation between heavy metal exposure and GSTM1 polymorphism in Iranian multiple sclerosis patients ［J］. Neurological sciences, 2017, 38（7）：1271-1278.

［332］ FLORA S, GAUTAM P, KUSHWAHA P. Lead and ethanol co-exposure lead to blood oxidative stress and subsequent neuronal apoptosis in rats ［J］. Alcohol and alcoholism, 2012, 47（2）：92-101.

［333］ GURER H, ERCAL N. Can antioxidants be beneficial in the treatment of lead poisoning ［J］. Free radical biology & medicine, 2000, 29（10）：927-945.

［334］ ELMORE S. Apoptosis：a review of programmed cell death ［J］. Toxicologic pathology, 2007, 35（4）：495-516.

［335］ ZHOU L, WANG S, CAO L, et al. Lead acetate induces apoptosis in leydig cells by activating PPARγ/caspase-3/PARP pathway ［J］. International journal of environmental health research, 2021, 31（1）：34-44.

［336］ DENG Z, FU H, XIAO Y, et al. Effects of selenium on lead-induced alterations in Aβ production and Bcl-2 family proteins ［J］. Environmental toxicology and pharmacology, 2015, 39（1）：221-228.

［337］ PRADELLI L, BENETEAU M, RICCI J. Mitochondrial control of caspase-dependent and independent cell death ［J］. Cellular and molecular life sciences, 2010, 67（10）：1589-1597.

［338］ HE L, PERKINS G, POBLENZ A, et al. Bcl-xL overexpression blocks bax-mediated mitochondrial contact site formation and apoptosis in rod photoreceptors of lead-exposed mice [J]. Proceedings of the national academy of sciences of the united states of america, 2003, 100 (3): 1022-1027.

[339] 王超云, 胡春卉, 郭怀兰. Fas/FasL 信号通路在铅暴露致 PC12 细胞凋亡中的作用 [J]. 中国热带医学, 2017, 17 (2): 114-117.

[340] HE X, WU J, YUAN L, et al. Lead induces apoptosis in mouse TM3 leydig cells through the Fas/FasL death receptor pathway [J]. Environmental toxicology and pharmacology, 2017 (56): 99-105.

[341] WILLIAMS M E, LU X, MCKENNA W L, et al. UNC5A promotes neuronal apoptosis during spinal cord development independent of netrin-1 [J]. Nature neuroscience, 2006, 9 (8): 996-998.

[342] BECKER E, BONNI A. Cell cycle regulation of neuronal apoptosis in development and disease [J]. Progress in neurobiology, 2004, 72 (1): 1-25.

[343] SHABANI A, RABBANI A. Lead nitrate induced apoptosis in alveolar macrophages from rat lung [J]. Toxicology, 2000, 149 (2): 109-114.

[344] PILSNER J, HU H, ETTINGER A, et al. Influence of prenatal lead exposure on genomic methylation of cord blood DNA [J]. Environmental health perspectives, 2009, 117 (9): 1466-1471.

[345] STANSFIELD K, PILSNER J, LU Q, et al. Dysregulation of BDNF-TrkB signaling in developing hippocampal Neurons by Pb^{2+}: implications for an environmental basis of neurodevelopmental disorders [J]. Toxicological sciences, 2012, 127 (1): 277-295.

[346] BAKULSKI K, ROZEK L, DOLINOY D, et al. Alzheimer's disease and environmental exposure to lead: the epidemiologic evidence and potential role of epigenetics [J]. Current alzheimer research, 2012, 9 (5): 563-573.

[347] NAN A, CHEN L, ZHANG N, et al. A novel regulatory network among LncRpa, CircRar1, MiR 671 and apoptotic genes promotes lead induced neuronal cell apoptosis [J]. Archives of toxicology, 2017, 91 (4): 1671-1684.

[348] NAN A, JIA Y, LI X, et al. lncRNAL20992 regulates apoptotic proteins to promote lead-induced neuronal apoptosis [J]. Toxicological sciences, 2018, 161 (1): 115-124.

[349] SONICH-MULLIN C, FIELDER R, WILTSE J, et al. IPCS conceptual framework for evaluating a mode of action for chemical carcinogenesis [J]. Regulatory toxicology and pharmacology, 2001, 34 (2): 146-152.

[350] LASSITER M, OWENS E, PATEL M, et al. Cross-species coherence in effects and modes of action in support of causality determinations in the U. S. Environmental Protection Agency's integrated science assessment for lead [J]. Toxicology, 2015 (330): 19-40.

[351] VINKEN M. The adverse outcome pathway concept: a pragmatic tool in toxicology [J]. Toxicology, 2013 (312): 158-165.

[352] ANKLEY G, BENNETT R, ERICKSON R, et al. Adverse outcome pathways: a con-

ceptual framework to support ecotoxicology research and risk assessment [J]. Environmental toxicology and chemistry, 2010, 29 (3): 730 - 741.

[353] OECD. Adverse outcome pathway on binding of agonists to ionotropic glutamate receptors in adult brain leading to excitotoxicity that mediates neuronal cell death, contributing to learning and memory impairment [R]. OECD Publishing, 2016.

[354] JOHNSTONE A, GROSS G, WEISS D, et al. Microelectrode arrays: a physiologically based neurotoxicity testing platform for the 21st century [J]. Neurotoxicology, 2010, 31 (4): 331 - 350.

[355] PENG S, WUU J, MUFSON E J, et al. Precursor form of brain-derived neurotrophic factor and mature brain-derived neurotrophic factor are decreased in the pre-clinical stages of Alzheimer's disease [J]. Journal of neurochemistry, 2005, 93 (6): 1412 - 1421.

[356] CHIN-CHAN M, NAVARRO-YEPES J, QUINTANILLA-VEGA B. Environmental pollutants as risk factors for neurodegenerative disorders: Alzheimer and Parkinson diseases [J]. Frontiers in cellular neuroscience, 2015 (9): 124.

[357] EPA. Integrated science assessment for lead [R]. 2013.

[358] QUINTANAR-ESCORZA M, GONZÁLEZ-MARTÍNEZ M, DEL PILAR I, et al. Oxidative damage increases intracellular free calcium $[Ca^{2+}]_i$ concentration in human erythrocytes incubated with lead [J]. Toxicology in vitro, 2010, 24 (5): 1338 - 1346.

[359] LI S, ZHAO Z, ZHOU X, et al. The effect of lead on intracellular Ca^{2+} in mouse lymphocytes [J]. Toxicology in vitro, 2008, 22 (8): 1815 - 1819.

[360] HWANG K Y, LEE B K, BRESSLER J P, et al. Protein kinase C activity and the relations between blood lead and neurobehavioral function in lead workers [J]. Environmental health perspectives, 2002, 110 (2): 133 - 138.

[361] LONG G, ROSEN J, SCHANNE F. Lead activation of protein kinase C from rat brain. Determination of free calcium, lead, and zinc by 19F NMR [J]. The journal of biological chemistry, 1994, 269 (2): 834 - 837.

[362] PRINS J, PARK S, LURIE D. Decreased expression of the voltage-dependent anion channel in differentiated Pc-12 and SH-SY5Y cells following low-level Pb exposure [J]. Toxicological Sciences, 2010, 113 (1): 169 - 176.

[363] ORR S, BRIDGES C. Chronic kidney disease and exposure to nephrotoxic metals [J]. International journal of molecular sciences, 2017, 18 (5): E1039.

[364] MITRA P, SHARMA S, PUROHIT P, et al. Clinical and molecular aspects of lead toxicity: an update [J]. Critical reviews in clinical laboratory sciences, 2017, 54 (7 - 8): 506 - 528.

[365] PFISTERER U, KHODOSEVICH K. Neuronal survival in the brain: neuron type-specific mechanisms [J]. Cell death & disease, 2017, 8 (3): e2643.

[366] LOPES A C B, PEIXE T S, MESAS A E, et al. Lead exposure and oxidative stress: a systematic review [J]. Reviews of environmental contamination and toxicology, 2016

(236): 193-238.

[367] ALISSA E, FERNS G. Heavy metal poisoning and cardiovascular disease [J]. Journal of toxicology, 2011 (2011): 1-21.

[368] TASMIN S, FURUSAWA H, AHMAD S, et al. Delta-aminolevulinic acid dehydratase (ALAD) polymorphism in lead exposed Bangladeshi children and its effect on urinary aminolevulinic acid (ALA) [J]. Environmental research, 2015 (136): 318-323.

[369] ABDEL MONEIM A, DKHIL M, AL-QURAISHY S. The protective effect of flaxseed oil on lead acetate-induced renal toxicity in rats [J]. Journal of hazardous materials, 2011 (194): 250-255.

[370] NI Z, HOU S, BARTON C, et al. Lead exposure raises superoxide and hydrogen peroxide in human endothelial and vascular smooth muscle cells [J]. Kidney international, 2004, 66 (6): 2329-2336.

[371] HILL A. The environment and disease association or causation [J]. Proceedings of the royal society of medicine, 1965, 58 (5): 295-300.

[372] MEEK M, PALERMO C, BACHMAN A, et al. Mode of action human relevance (species concordance) framework: evolution of the Bradford Hill considerations and comparative analysis of weight of evidence [J]. Journal of applied toxicology, 2014, 34 (6): 595-606.

[373] WAYMAN G, LEE Y, TOKUMITSU H, et al. Calmodulin-kinases: modulators of neuronal development and plasticity [J]. Neuron, 2008, 59 (6): 914-931.

[374] SILVA A, PAYLOR R, WEHNER J, et al. Impaired spatial learning in alpha-calcium-calmodulin kinase II mutant mice [J]. Science, 1992, 257 (5067): 206-211.

[375] CREELEY C, OLNEY J. Drug-induced apoptosis: mechanism by which alcohol and many other drugs can disrupt brain development [J]. Brain sciences, 2013, 3 (4): 1153-1181.

[376] 邵懿, 王君, 吴永宁. 国内外食品中铅限量标准现状与趋势研究 [J]. 食品安全质量检测学报, 2014 (1): 294-299.

[377] CODEX ALIMENTARIUS COMMISSION. General standard for contaminants and toxins in food and feed-CODEX STAN 193-1995 [S]. 2019.

[378] WORLD HEALTH ORGANIZATION. Evaluation of certain food additive and contaminants [R]. WHO technical report series, 2011, (960): 1-226.

第四章 砷

1 引言

砷是一种广泛分布于自然界的有毒类金属元素。砷有-3价、0价、+3价、+5价四种常见的价态,以及无机盐、有机盐和气态三种常见的形式,其中大多数无机砷化合物的毒性比有机砷化合物的大。砷酸盐(+5价)和亚砷酸盐(+3价)是最常见的有毒无机砷形式,亚砷酸盐(+3价)的毒性较砷酸盐(+5价)更强。砷中毒的主要来源是受污染的水、食品、土壤、空气及职业性接触无机砷,摄入、吸入和皮肤吸收是砷进入人体的重要途径。+5价和+3价砷化合物均能迅速地被胃肠道吸收,并广泛分布于皮肤、肺、肝脏和肾脏等重要器官,对人体健康造成严重影响。低剂量和长期慢性砷暴露可对多个器官系统产生毒性作用,包括神经系统、生殖系统、心血管系统、呼吸系统、消化系统、血液系统、内分泌系统等。砷也是致癌物质,已证明可致皮肤癌、膀胱癌和肺癌等多种肿瘤。

砷中毒作为一个全球性的健康问题,对其毒性效应、作用机制、检测方法及风险评估等研究已经取得了很大进展,但传统毒性测试评定模式多依赖于动物实验,周期长且耗资巨大,已无法满足大量化学物对人类健康危害评估的需求。2007年,美国国家研究委员会(NRC)提出了《21世纪毒性测试:愿景与策略》(TT21C)的研究报告,对毒性测试和风险评估提出了新的总体框架,前瞻性地指出未来化学物的风险评估策略由传统的毒性测试评定模式向基于人源化细胞、高通量、低成本的体外方法测试策略转变。该报告中关于毒性测试策略的转变,给毒理学研究带来了革新性的理念,也使得砷暴露风险评估从传统的整体动物毒性研究转向基于细胞、细胞器的生物学实验和基于计算机、数学等模型的非生物学实验等替代方法,同时利用生物信息学技术来研究砷毒性通路的调控网络。由于砷暴露途径及砷形态的多样性、人群对砷暴露易感性的不同、砷对多系统多器官错综复杂的毒性作用机制,在对砷暴露进行风险评估时仍存在一些有待深入思考和进一步研究解决的问题:①合适的计算毒理学等技术及计算机数学模型的选择和构建;②砷毒性途径网络中各毒性通路对毒性结局的相对贡献;③体外细胞模型结果外推至整体的剂量-反应关系。

本章系统总结和分析了砷在环境尤其是在食品中的存在形式、砷经口ADME过程、不同组织器官的毒性效应和毒作用分子机制；介绍了环境和食品中砷暴露检测技术、人群经口暴露监测数据、毒作用模式/有害结局道路（MOA/AOP）风险评估方法；利用生理药代动力学模型（PBPK）进一步准确评估机体不同组织器官对砷生物转运和转化的差异；应用 MOA/AOP 框架初步开展了砷经口暴露风险评估，为进一步完善我国食品砷暴露风险评估和安全限值标准的制定提供新的资料。

2 砷的理化特性

砷（arsenic，As），CAS 号 7440-38-2，在化学元素周期表中位于第四周期 VA 族，原子序数为 33，相对原子质量为 74.92，电子配置为 $1s^2 2s^2 2p^6 3s^2 3p^6 3d^{10} 4s^2 4p^3$，离子半径为 0.58 Å，范德华半径为 1.85 Å，共价半径为 1.19 Å。As 有 α、β 和 γ 三种同素异形体，分别呈黄、黑和灰色，其中，灰色晶体具有金属性，密度为 5.776 g/cm³（STP），熔点为 817 ℃，沸点为 613 ℃，所有砷同素异形体在加热时都不经熔融而升华。砷很容易与氟、氧发生反应，在加热条件下能与大多数金属、非金属发生反应。砷不溶于水，但溶于硝酸和王水，也能溶解于强碱，生成砷酸盐，在空气中其表面易生成氧化物而失去光泽。砷共有 43 个同位素，其中 ^{75}As 最稳定。砷可区分为有机砷（organic arsenic）和无机砷（inorganic arsenic，iAs），+3 价和 +5 价是砷最常见的价态，单质砷只在很少情况下产生。砷的毒性很大程度上依赖其价态，一般来说，无机砷化合物的毒性比有机砷化合物的大，+3 价砷的毒性比 +5 价砷的大。砷的氧化物和盐类绝大部分属于高毒物质，其中三氧化二砷（As_2O_3，砒霜）是最具商业价值的砷化合物及主要的砷化学物料。砷化氢（AsH_3）属于剧毒物质，是目前已知砷的化合物中毒性最强的一种。常见的有机砷化合物主要包括一甲基砷酸（methylarsonic acid，MMA）、二甲基砷酸（dimethylarsenic acid，DMA）、三甲基砷酸（trimethylarsenic acid，TMAD）、砷糖（arsenosugars，AsS）、砷甜菜碱（arsenobetaine，AsB）、砷胆碱（arsenocholine，AsC）等。

2.1 砷在环境及食品中的存在形式

2.1.1 环境中常见污染主要来源

环境砷污染来源主要包括自然因素和人类应用两个方面。一方面，由于砷是地壳中广泛分布的元素，岩石中矿床中的砷在风化、火山活动等自然因素作用下不断渗出，造成地下水、地表水、大气和土壤不同程度的砷污染。另一方面，人类活动加速了砷向环境中的释放。砷是许多矿石（包括金、铅、钴、镍和锌）冶炼过程中的副产品，采矿活动是环境砷污染的重要来源[1]。砷还可作为半导体材料、药物、杀虫剂、除草剂、木材防腐剂、农药生产的原料，这些工农业生产过程中含砷废物的泄漏、工业污水排放等是环境砷污染的又一重要来源[2-3]。另外，在工业活动地区，空气也是砷暴露的重要来源[4]。

砷广泛分布在自然环境中，在地壳中的含量为 2～5 mg/kg，为构成地壳元素的 20 位。在自然界中，极少见单体砷，大多以硫化物的形式夹杂在镉（Cd）、铅（Pb）、银（Ag）、金（Au）、锑（Sb）、钨（W）和钼（Mo）等矿中，目前已知的含砷矿物达 300 多种[5]。由于砷与硫（S）具有相似的化学性质，这使得砷可以在多种硫化物矿物的晶体结构中取代硫（S），如黄铁矿（FeS_2）、雄黄矿（As_4S_4）、雌黄矿（As_2S_3）、毒砂矿（FeAsS）等[6-8]。此外，砷还可以在多种矿物结构中替代硅（Si^{4+}）、铝（Al^{3+}）、铁（Fe^{3+}）和钛（Ti^{4+}），因此，以相对较低的量（1～10 mg/kg）存在于各种岩石中，包括火成岩、沉积岩、变质岩等[9,10]。砷作为一种氧化还原敏感元素，在自然界中以 +5、+3、0 和 -3 四种氧化状态存在。其中，+5 和 +3 氧化态是天然污染岩石、松散沉积物和土壤及砷污染地表水中最常见的氧化态[11-14]。天然污染地质中砷的迁移在很大程度上取决于周围环境中渗流水等液体的性质（pH、氧化还原电位、化学成分）及固体的性质（表面性质、矿物含量和化学成分）[15]。在自然因素和各种人为因素作用下，各种来源的砷不断从天然污染地质中释放并向环境中迁移和富集，造成周围土壤、大气、水体的砷污染。砷在环境介质中的主要迁移途径见图 4-1[16]。

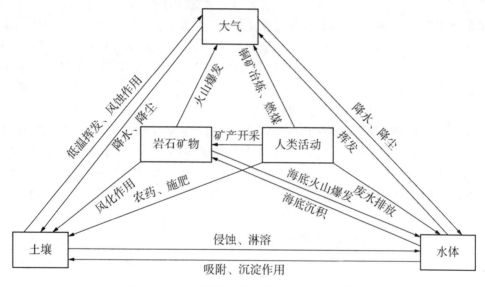

图 4-1　砷在环境介质中的主要迁移途径[16]

2.1.1.1　土壤中的砷

土壤对砷的吸附主要是通过土壤中带正电荷的质子与砷的阴离子相互作用而形成，且与土壤的性质如 pH、氧化还原位（Eh）及铁、铝等氧化物的含量有关[17-18]。进入土壤中的砷大多以 +3 价的亚砷酸盐或者 +5 价的砷酸盐存在，并且一般以 +5 价的砷酸盐为主。相对于亚砷酸来说，砷酸在水中的溶解度更大，更容易被土壤吸附。在氧化状态下，土壤中的砷多变为砷酸而被土壤固定，使得土壤固相中砷的含量增加，而亚砷酸则多存在于土壤溶液中[19]。土壤中的有机砷含量通常比例很低，主要以无机态为主。但是在一些厌氧菌和好氧菌等土壤微生物的作用下，土壤中的无机砷可以发生甲基化，生成二甲基砷和三甲基砷等有机砷。这些有机砷又可以在土壤水溶液中通过氧化反应生成相应的甲胂酸并且在土壤中不容易被化学降解[20-21]。

2.1.1.2 大气中的砷

大气中砷的主要存在价态为+5价，而+3价砷是毒性最强的大气砷存在价态。相对于无机砷，大气颗粒物中有机砷的含量相对较低。由于各个区域大气沉积速率的不同，砷在大气中停留的时间也存在明显差异。据报道[22]，大气砷的全球平均停留时间范围为2.5～9.0天，这使得砷的远距离迁移成为可能。Wai等利用全球大气砷化学传输模型（global atmospheric chemical transport model，GEOS-Chem）进行模拟发现，亚洲大气砷流可沿着西风带向北太平洋和北美洲上空输送。在南半球，低纬度地区大气中砷流可随信风向热带太平洋输送，高纬度地区大气中的砷则随西风向南大西洋输送[23]。大气中的砷通过干湿沉降不断进入土壤和水体，从而增加环境中砷的浓度[24]。

2.1.1.3 水体中的砷

砷在水环境中的迁移转化是一个动态的过程，主要通过氧化-还原作用、吸附-解吸、沉淀-溶解等一系列生物地球化学过程进行。各种途径进入水体中的砷，绝大部分通过与氧化物、碳酸盐、磷酸盐矿物等发生沉淀或共沉淀转入沉积物进入底泥中，或者吸附于水合金属氧化物上悬浮在水中，极少量溶解态砷随水流动。一般情况下，水环境中砷的主要形态为iAs（富氧条件下通常以+5价砷为主，还原条件下+3价砷为主），有机砷所占比例较少，且主要为+5价的DMA和MMA，+3价的DMA和MMA含量极少[25-26]。水环境中砷的形态分布也会随着季节变化、水体营养状态、微生物介导的氧化还原作用等发生改变。此外，水体中砷形态还受环境中pH、溶液的氧化还原电位（Eh）、水合金属氧化物种类等因素的影响[24]。当水体富营养化时会造成藻类等浮游植物爆发，由于砷酸盐与磷酸盐结构类似，浮游植物会大量吸收砷酸盐并在体内还原后又排出，造成水体中+3价砷含量的升高[25-26]。研究表明，当夏天底泥多处于缺氧状态时，沉积物中无机砷从+5价还原成+3价，并重新释放到水体中，影响水环境质量，而冬天沉积物处于相对富氧条件，+5价无机砷被吸附在含水金属氧化物上，进而被固定在沉积物中[27]。

2.1.2 食品砷污染来源及迁移

砷可以通过多种途径进入食物：①农作物在生长过程中通过根系或叶面吸收不断将砷污染土壤、灌溉水及大气颗粒物中的砷向植物体内转移，并累积在可食用部分（如稻谷）[28-29]。②海洋生物对砷有很强的富集能力，可将海水中的无机砷转化为有机砷，并通过食物链逐渐转移到高层次的食物中[30-31]。③含砷农药及杀虫剂的使用导致蔬菜、水果、粮食等农产品中砷残留[32-34]。④食品的烹饪方式，如中国贵州一些地方习惯用高砷煤炭燃烧直接烘烤烹饪食品，使砷残留物在制备过程中渗入到食物中[35-36]；采用被砷污染的饮用水烹饪食物也可能造成食物中砷含量升高。⑤食品加工过程中由于食品添加剂等食品原材料砷含量超标可造成成品中的砷残留[37]。⑥畜牧生产中含砷饲料添加剂的使用及牲畜食用被污染的牧草、稻草、稻壳、饮用水等可造成肉类、牛奶等动物性食品的砷污染[38-40]。⑦当含砷的食品包装材料被用于烹饪、储存时，这些残留的污染物会迁移到食品中[41]。

不同来源食品中的砷的浓度和形态存在明显差异。总体来说，水产品中总砷（total

arsenic，tAs）含量明显高于陆地来源的食物。通常情况下，水产品中砷化合物以有机砷为主，主要包括 AsB、AsS、AsC、As 脂（AsL）、MMA、DMA、三甲基氧化砷（TMAO）、亚砷酸胆碱（AC）等，无机砷种类很少且以非常低的浓度存在。但在一些海藻中无机砷的含量较高，特别是在羊栖菜中无机砷含量高达 30～130 mg/kg，占总砷含量的 50% 以上，使其成为一种高风险食品[42]。陆生食物中的砷以无机砷为主，还存在少量的 DMA、甲基砷酸盐（MA）和四甲基砷化铵离子（TETRA）。通过对粮食作物砷蓄积能力的研究发现，水稻具有很强的蓄积砷的能力，即使在灌溉水中砷含量较低的情况下，其蓄积无机砷的能力是小麦等其他谷物的 10 倍。总体来说，在食品所含不同形式的砷中，对人体健康危害最大的是无机砷，而在未通过饮用水接触无机砷的人群中，大米和基于大米的食品是无机砷通过饮食摄入的重要来源[43-44]。

2.1.3 食品摄入砷比重及其在各类食品中所占比重

水稻是一种非常重要的农作物，它为世界上大约 50% 的人口提供食物[45]。因此，大米消费被认为是饮食暴露的主要潜在途径之一。大米是亚洲人群日常饮食中的主要食物来源，可以达到亚洲人日常饮食占比的 67%；而一般的欧洲饮食中，大米仅占日常饮食的大约 4%[46-47]。通过对我国人口饮食模式的调查发现，大米是除北方人口外其他地区人口膳食中摄入占比最大的成分；尽管不同地区蔬菜的实际品种可能有所不同，但整个人口的蔬菜摄入量几乎相同；农村人口水果、肉类、牛奶和水产品的摄入量要低得多；北部内陆地区的居民对水产品的摄入量较低；南部地区的居民比其他地区的居民对大米的摄入量高，对面粉的摄入量较低。不同类别食物中的无机砷含量差异明显，根据已发表的文献（共汇编了 13 684 个中国食品中无机砷的数据），大米的无机砷含量普遍较高，平均值为 0.103 mg/kg，与水产品的含量（0.112 mg/kg）非常接近。非大米植物性食品中的无机砷含量远低于大米，小麦粉中无机砷的平均含量最低，为 0.015 mg/kg[46]。

鉴于砷暴露可能导致的健康问题，对中国不同人群的食品中的无机砷暴露进行量化是非常必要的。Li 等通过对全国营养与健康调查（China National Nutrition and Health Survey，CNNHS）数据的分析和主要食物组无机砷报告值的收集，建立了中国不同地区平均无机砷日摄入量的计算框架；并在此框架的基础上，对食物中的无机砷引起的癌症风险进行了测定和概率量化。研究结果表明，在总人口中，无机砷的日摄入量约为 42 μg/d，水稻是无机砷总摄入量的主要来源，约占 60%，其次是蔬菜和水产品。对北方人口来说，大米占无机砷总摄入量的 41.7%，其次是蔬菜和面粉。相比之下，大米占南方无机砷总摄入量的 64.1%，其次是蔬菜和水产品。除沿海地区外，水产品在无机砷摄入量中的占有率不到 10%。成年个体因食物摄入无机砷而增加的终生癌症风险为 106/100 000，不同地区的平均人群癌症风险为 177/100 000。南方地区的人口患癌症的风险高于北方地区和总人口。敏感性分析表明，癌症斜率因子、大米摄食率、水产品和水稻中无机砷浓度是模型中最相关的变量，它们对癌症风险增量的方差影响较大。因此，大米和基于大米的食品可能是中国人通过饮食途径摄入无机砷的重要来源。南方的人口比北方和整体人口患癌症的风险更大。长期食用含无机砷大米存在较大的致癌风险和潜在的非致癌风险。以大米为中心的饮食向多谷物饮食的转变有助于减少膳食中暴露于无机砷所造成的健康风险[46]。

2.2 健康效应相关信息

2.2.1 砷经口 ADME 过程

无机砷和有机砷均可通过被污染的食物和饮用水经口进入机体，其 ADME 过程如下。

2.2.1.1 吸收

无机砷进入消化道后，其吸收程度取决于溶解状态和溶解度，吸收方式与磷酸盐相似。研究[48]表明，摄入的溶解性 iAs（Ⅲ）和 iAs（Ⅴ）有 90% 以上的是从胃肠道吸收的。有机砷化合物主要通过肠壁的扩散吸收，不同形态的有机砷及不同物种对有机砷的吸收程度也不同。MMA（Ⅴ）是一种 +5 价氧化态的有机砷酸盐，人类、绵羊、山羊、小鼠可以吸收 75% 或更多剂量的 MMA（Ⅴ），而猪对 MMA（Ⅴ）和 DMA（Ⅴ）的胃肠道吸收率分别约为 20% 和 31%[49]。

有关无机砷和有机砷在体内吸收的分子机制尚不完全清楚。Calatayud 等[50]研究发现磷酸盐转运蛋白可以参与 iAs（Ⅴ）在肠道的吸收。Bellosta 和 Sorribar[51]进一步研究发现，肠上皮细胞的顶膜中共有 3 种钠/磷共转运体蛋白（NaPi-Ⅱa、NaPi-Ⅱb、NaPi-Ⅱc），而 NaPi-Ⅱb 是唯一能够转运 iAs（Ⅴ）的钠/磷共转运体蛋白；另外，无机砷和有机砷的吸收均受酸度系数（pKa 值）的影响。Calatayud 等研究发现，在 pH 为 5.5 时，iAs（Ⅴ）和 DMA（Ⅴ）的吸收率高于 pH 为 7.2 时的吸收率，但 MMA（Ⅴ）的吸收率没有受影响[50]。Suñer 等[52]发现，在生理酸碱度下，+3 价含氧砷化合物不带电，因此可以被细胞有效吸收，砷上的羟基很容易与硫醇化合物反应；而 +5 价氧化砷在生理酸碱度下带负电荷，通常不会被细胞吸收。因此，当砷化物带负电荷时，其细胞吸收率和毒性将明显降低。

2.2.1.2 分布

在肠道吸收之后，血液是砷运输的主要载体，通过血液流动分布于全身各组织器官。砷的分布具有组织特异性，经口摄入后不同物种间的组织分布也有差异。研究[53]发现，砷酸盐反复经口暴露后，小鼠体内膀胱、肾脏和皮肤的蓄积最高。长期接触饮用水中砷酸盐的大鼠会在肾脏和肝脏蓄积砷[54]。喂食亚砷酸盐的狗在肝脏、肾脏和毛发中长期蓄积砷[55]。有机砷化合物经口暴露后的组织分布与无机砷有所不同，不同形态有机砷之间也存在明显差异。MMA（Ⅴ）和 MMA（Ⅲ）是两种常见的有机砷酸盐，MMA（Ⅴ）经口暴露后，小鼠膀胱、肾脏和肺中 MMA（Ⅴ）浓度高于血液，但是肝脏对 MMA（Ⅴ）的摄取有限；MMA（Ⅲ）经口暴露的小鼠肝脏 DMA 水平高于 MMA（Ⅴ）处理的小鼠，与 MMA（Ⅴ）相比，MMA（Ⅲ）更容易被肝脏吸收并甲基化。大鼠肝细胞对 MMA（Ⅲ）的摄取量约为总砷的 50%，而对 MMA（Ⅴ）的摄取量则低得多[56]。

2.2.1.3 代谢

砷化合物在生物体内的代谢过程十分复杂，可经过氧化、还原、络合、甲基化、硫化等一系列生化反应，生成一系列代谢产物和中间产物，其中，甲基化和硫醇化是研究的关键步骤[57]。肝脏是无机砷代谢的主要部位[58-59]。之前的研究认为，无机砷的甲基化代谢是一个解毒的过程。但最近的研究结果表明,无机砷的甲基化不是一个完全的解毒过程,砷甲基化的一些关键代谢产物如 MMA(Ⅲ)和 DMA(Ⅲ)的毒性比 As(Ⅲ)更大。目前,砷在人体内的代谢途径仍存在争议。Fan 等[60]提出新的砷代谢途径,这一新的代谢途径同时考虑了砷的硫化和甲基化,以及大多数细胞内砷与蛋白质和其他生物分子中的硫醇结合。该代谢途径的关键假设是形成与蛋白质结合的 +5 价甲基化硫砷中间体。简要过程如下:与蛋白质结合的 +3 价砷发生氧化甲基化形成相对不稳定的 +5 价中间产物,中间产物经过还原过程或硫代化过程分别形成稳定的蛋白质结合产物甲基化三价砷和五价砷(砷代谢的关键中间体);蛋白质结合的 +3 价砷通过水解产生 MA_S(Ⅲ),然后暴露于氧后进一步氧化为 MA_S(Ⅴ);蛋白质结合的 +5 价砷可以水解成 MMMTAs(Ⅴ)。此外,巯基(HS)或谷胱甘肽(GSH)进一步取代羟基将生成多个硫化砷代谢物,+3 价砷可以经历另一轮氧化甲基化过程,形成多个代谢物(图 4-2)。

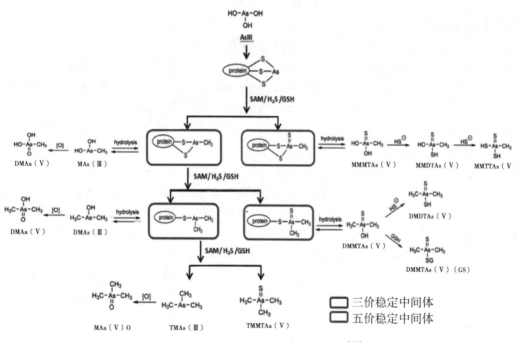

图 4-2 砷主要代谢物形成途径模式[60]

2.2.1.4 排泄

经口摄入的砷经代谢后主要通过尿液和粪便排出,尿砷排泄量大于粪砷排泄量。大多数哺乳动物通过尿液排出的甲基化代谢产物包括 MMA(Ⅴ)和 DMA(Ⅴ)/MMA(Ⅲ)和 DMA(Ⅲ),其中,+3 价形式的有机砷 MMA(Ⅲ)和 DMA(Ⅲ)比其 +5 价对应物或无机砷的毒性更大[56,61]。有机砷中,砷甜菜碱在体内不经过生物转化即从尿排出,而砷胆碱大多数转化为砷甜菜碱后由尿排出。MMA(Ⅴ)的甲基化程度很低,吸收到血液中的 MMA(Ⅴ)大部分被迅速输送到肾脏并从尿液中排出,这也是其在哺乳动物中的毒性相对较低的重要原因。另有报道,iAs(Ⅲ)和 iAs(Ⅴ)经口暴露后,大鼠体内的代谢产物还可以甲基砷二甘醇(methylarsenic-diglutathione, ADG)和/或 DMA(Ⅴ)的形式排泄到胆汁中[62-63]。

2.2.2 人群经口暴露砷易感性影响因素

虽然砷被归类为致癌物质,并与多种疾病相关,但在同一环境中,不同个体对砷相关疾病的易感性是高度可变的,对砷毒性效应的易感性受到与砷代谢相关的基因改变及生活方式、营养状况、肠道微生物群等多种因素的影响[64]。

2.2.2.1 遗传因素

参与砷转运、生物转化、氧化应激反应和 DNA 修复的多个基因的多态性影响个体对砷毒性的易感性,进而影响疾病转归。

(1) 与砷运输和生物转化相关的基因。已证实多个砷代谢相关的基因多态性与人体砷代谢的差异及个体对砷的易感性密切相关,如谷胱甘肽 S-转移酶 1(GSTO1)、和谷胱甘肽 S-转移酶 2(GSTO2)、砷甲基转移酶(AS3MT)、嘌呤核苷磷酸化酶(PNP)、5,10-亚甲基四氢叶酸还原酶(MTHFR)[65-68]。研究[69-70]表明,AS3MT 能通过甲基化氧化所有 +3 价砷化物,如 iAs(Ⅲ)、MMA(Ⅲ)和 DMA(Ⅲ),这对从无机砷转化为相应甲基化物的各种中间产物至关重要。GSTO1 和 GSTO2 能还原 MMA(Ⅴ)成为 MMA(Ⅲ),这种还原反应是人类砷生物转化的限速步骤[71-72]。付松波等[73]对中国 16 个人群 AS3MT 基因 VNTR 位点多态性分布的研究发现,5 种基因型中,V2/V3(AB/A2B)、V3/V3(A2B/A2B)、V2/V2(AB/AB)、V2/V4(AB/A3B)和 V3/V4(A2B/A3B)基因型分别占总样本的 53.5%、29.6%、14.7%、1.1% 和 1.1%。AB(V2)、A2B(V3)、A3B(V4)3 种等位基因在总体人群中的分布频率分别为 41.9%、57.0%、1.1%。北方与南方 AB(V2)和 A2B(V3)2 种等位基因的分布频率具有明显差异,提示中国不同地区人群 AS3MT 基因具有多态性分布,AB(V2)和 A2B(V3)2 种等位基因分布频率差别较大,AS3MT 基因 5′-UTR 区 VNTR 位点可用于评估高砷暴露人群砷中毒易感性研究。付松波等[74]通过对中国甘肃省一处饮用水无机砷高污染地区(砷浓度为 969 μg/L)人群尿砷代谢模式的研究发现,GSTO1 基因的 Ala140Asp 位点呈 Ala/Asp 基因型个体尿液中的 DMA 含量较 Ala/Ala 基因型个体显著降低,说明 Ala/Asp 基因型个体的二级甲基化能力明显低于 Ala/Ala 基因型个体。对于 AS3MT 基因,VNTR 位点 A2B/A2B 基因型个体尿液中的 MMA 百分率较 AB/A2B 基因型个体显著降低。GSTO2 基因的 Asn142Asp 位点和 AS3MT 基因的 G35991A 位点在不同基因型个体中尿砷化物没有显著差异。同时发现,在同一饮用水无机砷暴露环境中,藏族人群尿中无机砷和总砷含量显著高于汉族和回族,而 MMA/iAs 比明显低于汉族和回族。

(2) 与氧化应激有关的基因。谷胱甘肽 S-转移酶(GSTs,包括 GSTM1、GSTT1 和 GSTP1)能将还原的 GSH 结合到异种底物上以达到解毒目的,GSTs 基因的多态性与氧化应激的易感性有关[75]。Yang 等[76]通过对中国江苏饮用水低浓度砷暴露人群的研究发现,GSTT1 和 GSTM1 基因型与尿中 DMA 和 MMA 水平显著相关,提示砷的甲基化能力受到 GSTM1 和 GSTT1 基因多态性的影响。另有人群研究[77]显示,GSTT1 和 GSTM1 基因的多态性可能与新疆饮水型砷中毒有关,但还需要增大样本量进一步证实。血红素加氧酶-1(HO-1)也是一种可被氧化应激诱导的抗氧化酶。多项研究[78-79]表明,HO-1 GT 重复序列多态性与砷相关的颈动脉粥样硬化、心血管死亡率和皮肤癌显著相关。中国台湾1项人群研究[79]发现，在相对较高的砷暴露水平下，HO-1 基因启动子区短（GT）n 等位基因携带者在长期经地下水砷暴露后发生颈动脉粥样硬化的概率低于非携带者。

（3）与 DNA 修复相关的基因。碱基切除修复途径是人类修复活性氧诱导的 DNA 损伤的主要 DNA 修复途径之一[80-81]。研究[82-83]发现，8-氧鸟嘌呤 DNA 糖基化酶（OGG1）、脱嘌呤/脱嘧啶核酸内切酶（APE1）、X 射线修复和交叉互补基因（XRCC1 和 XRCC3）等多个基因的多态性与砷诱导疾病的个体易感性相关。

（4）其他相关基因。除了以上这些基因外，还发现其他几个基因与个体对砷诱导的疾病的易感性有很强的相关性。多项研究[84-85]表明，p53 基因 Arg72Pro 多态性与不同的砷甲基化能力和不同的砷相关性角化病风险相关。另外，1 项病例对照研究[86-87]发现，TNF-α 和 IL-10 的多态性与砷引起的皮肤损伤、眼部和呼吸系统疾病的风险相关。

2.2.2.2 生活方式

营养和吸烟状况也被证明影响砷中毒的敏感性[88-89]。研究[90]表明，营养不良与砷相关疾病的风险增加密切相关。特别是体内研究表明，蛋白质缺乏的饮食会损害砷的新陈代谢。其他营养素如叶酸、蛋氨酸、胆碱及维生素 B_6 和 B_{12} 的摄入量较低，也会增加皮损和癌症的风险[89]。研究[91]发现，叶酸补充剂可通过将无机砷和 MMAs 甲基化为能迅速从尿液种排出的 DMAs 来降低血液中总砷浓度。孟加拉国一项人群研究发现，饮食中蛋氨酸、半胱氨酸和蛋白质摄入量的增加与尿砷的排泄量增加呈正相关[92]。同样的，膳食蛋白质的摄入量低会导致砷暴露个体 DMA 产生减少和 MMA 水平增加[93]。铁可以用来沉淀砷，最近的 1 项研究[94-95]表明，在静态的胃肠道体外消化模型中，Fe^{2+} 和 Fe^{3+} 的硫酸盐可以有效地降低无机砷和 DMA（V）在水溶液中的溶解度。这些研究表明饮食因素可能在砷代谢中起着重要作用。此外，吸烟已被证明可影响砷的甲基化能力、增加砷诱发癌症的风险，强化了砷和其他化学物质具有协同效应的假设[96]。锻炼可能有助于对抗砷暴露的不良影响。1 项动物研究[97]表明，游泳运动可以防止砷引起的小鼠物体识别的长期记忆受损。

2.2.2.3 肠道菌群

肠道微生物群被认为是人体的第二基因组[98-100]。肠道微生物在食物消化、宿主能量平衡和免疫系统发育中起着重要作用，并与神经系统有复杂的相互作用[101]。此外，肠道微生物引导的生物转化可以深刻改变某些外来物质的毒性效应。砷经口暴露是人体砷暴露的主要途径。由于肠道微生物区系在宿主代谢中起着至关重要的作用，砷与肠道细菌之间的相互作用也可能进一步影响宿主的健康状况。一方面，肠道微生物活动会影响哺乳动物体内砷的生物转化，从而影响砷对宿主的损伤效应[102]。另一方面，暴露于砷会扰乱肠道微生物群的正常组成和功能基因图谱，从而可能潜在地影响宿主健康[103]。此外，肠道微生物群具有很强的砷吸收能力，可以通过改变胃肠道的物理和化学环境或通过改变宿主的生理条件来影响砷的吸收[104-105]。多项体外研究[106-110]通过将无机砷与哺乳动物肠道微生物群一起培养，成功检测出砷的氧化、还原、甲基化和硫化化产物。然而，迄今为止，体外构建的培养系统均不能准确模拟哺乳动物胃肠道的复杂环境，也不能完全反映真实肠道中细菌的组成和代谢活性[111-112]。在最新的研究中，Chi 等[105]

通过体内实验比较了常规小鼠和肠道微生物缺失小鼠砷代谢的差异，发现肠道微生物群在降低砷负荷、促进砷甲基化和保护宿主免受砷肝毒性方面具有作用。这些研究中所涉及的肠道微生物包括人类肠道中的硫酸盐还原菌、大鼠肠道大肠杆菌 A3-6、供体小鼠盲肠内容物中的菌群等，具体参与砷生物转化的肠道菌群及相关的机制还有待进一步研究。由于肠道微生物群是一个高度动态的系统，不同人群之间的细菌组成有很大的差异[113]，因此，很多学者认为肠道微生物变异是导致个体对砷诱导的疾病易感性差异的另一个重要因素。

2.2.3 经口暴露砷靶器官及其毒性效应

被污染的饮用水和食物是人类接触砷的重要来源，经口暴露是一般人群砷暴露的主要途径。砷进入机体后可对多个器官系统产生毒性作用，包括神经系统、呼吸系统、生殖系统、心血管系统、血液系统、内分泌系统、消化系统等。此外，砷经口暴露还与皮肤癌、肝癌、膀胱癌和肺癌等多种类型的癌症相关[114-115]。

2.2.3.1 神经系统

由于砷很容易穿越血脑屏障，因此，脑是砷毒性影响学习和注意力的关键靶器官[116]。Sanchez-Pena 等[117]发现砷可分布在大脑的各个部位，但是蓄积量最高的部位是垂体。神经心理学研究[118]证实，砷暴露会严重损害记忆和语言学习技能。动物神经学研究[119-120]表明，暴露于砷后，多巴胺、去甲肾上腺素、乙酰胆碱等神经递质水平均发生变化。砷还可诱发中枢和外周神经病变[121]。砷诱导的神经毒性的典型特征是由于周围神经损伤而发生的周围神经病变[122]。另外，急性砷暴露后，随着时间的推移，大脑功能和活动会逐渐丧失，常见症状包括头痛、幻觉、癫痫发作和昏迷[123]。长期低水平的砷暴露还可导致阿尔茨海默病及其相关疾病[124]。

2.2.3.2 皮肤

皮肤及其附属物，如毛发和指甲，形成了体表系统。皮肤结构与功能异常是砷中毒最初的表现，也是成人慢性砷暴露的标志[125]。砷暴露引起的皮肤损伤的关键特征包括黑变病、角化病和色素沉着等，这些特征在诊断慢性砷暴露时经常使用。印度 1 项研究[126]发现，通过饮用水源（砷浓度为 0.05~3.20 mg/L）接触砷的 156 名患者中，66% 的患者皮肤色素沉着并伴有手掌和脚掌增厚。在我国 1 项人群研究[127]中，大约 22% 的研究人群出现皮肤损伤，并伴有手掌和脚底的过度角化、躯干的色素沉着和脱色。在孟加拉国进行的一项研究也发现，砷暴露与皮肤损伤的发展之间存在很强的关联。此外，在尿砷水平最高的受试者中也观察到皮肤损伤的风险增加了 3 倍[128]。与女性相比，男性更容易患上砷引起的皮肤病[129]。除了皮肤，砷还会沉积在身体其他角蛋白丰富的区域（如指甲），可观察到手指和脚趾指甲有明显的白线形成[130]；尤其是头发，脱发是慢性砷暴露的常见临床表现[131-132]。

2.2.3.3 心血管系统

研究[133-136]证明，高砷暴露与心血管疾病如动脉粥样硬化、高血压、心律失常等之间密切关联，并以剂量依赖的方式相互影响。其中，经口高砷暴露对心血管系统的负面影响也有报道[137]。一些队列研究[135,138-139]表明，饮用水中砷高水平暴露会增加心血管疾病和死亡的风险。Chiou 等[140]发现，长期通过饮用水暴露无机砷会增加脑血管病的患病率。砷暴露与动脉粥样硬化有很强的相关性,可诱导一系列可能导致动脉粥样硬化发展的病理生理事件[141]。在中国台湾地区砷中毒人群中进行的 1 项研究[142]已经在摄入无机砷和颈动脉粥样硬化之间建立了显著的生物学联系。动物研究[143]结果也提示,砷暴露可通过影响炎症介质的基因表达,诱导动脉粥样硬化。

砷暴露也与某些心血管疾病(即高血压、心律失常和缺血性心脏病等)有直接关系[144-145]。多个研究[146-149]报道长期接触砷会导致人类高血压。但在 1 项横断面研究[150]中,砷暴露(>50 μg/L)与高血压风险无关。研究[151]显示,在美国人群中,暴露于低、中等水平的砷与高血压和收缩压/舒张压相关性不大。由于证据有限,砷暴露和高血压之间的联系仍然存在争议和不确定[152]。在中国台湾地区砷中毒高发地区进行的 1 项研究[153]显示,缺血性心脏病的发展与长期砷暴露之间存在关联;心电图上的 QT 间期短或长的改变与恶性室性心律失常导致的心脏性猝死增加有关[154]。许多研究[155-158]表明,通过饮用水接触砷与 QT 延长之间有很强的相关性。

2.2.3.4 造血系统

血管内溶血、白细胞减少和血小板减少是慢性砷暴露引起的主要血液学效应[159-160]。接触砷后,砷立即进入体循环,可与血红蛋白结合并在红细胞中积累,导致溶血[161]。红细胞的形态变化可能影响微循环,并可能发展成循环障碍[162]。砷暴露可引起红细胞形态变化[163]。贫血是砷暴露人群最常见的症状之一。红细胞寿命的缩短会导致健康红细胞的数量减少,并导致贫血的发生。然而,在孕期砷暴露和贫血发生之间观察到显著的负相关[164-165]。与心脏、肝脏和肾脏等其他器官相比,砷在脾脏的积累率最高[166]。此外,骨髓抑制也是砷中毒重要的毒性效应[167]。这些研究结果提示,砷暴露能够影响骨髓、脾脏和红细胞等造血系统。

2.2.3.5 雄性生殖系统

砷具有典型的雄性生殖毒性,且 +3 价亚砷酸盐比 +5 价砷酸盐具有 2～10 倍的毒性和活性。饮用水中不同浓度亚砷酸钠($NaAsO_2$)和砷酸钠($AsNa_3O_4$)染毒雄性小鼠 56 天,染毒浓度为 0.01～10.00 mg/L,$NaAsO_2$ 比 $AsNa_3O_4$ 显示出更强的毒性作用,可以减少生精上皮细胞百分率和间质细胞比例,导致更多的生精上皮空泡化并降低睾丸环境中抗氧化防御的活性[168]。目前体外研究和动物研究中主要以 +3 价砷为研究对象。+3 价砷的暴露可诱导下丘脑-垂体-性腺轴受损、激素水平改变、睾丸组织病理损伤、生精过程受损、睾丸酶活性降低,导致雄性生殖功能受损。研究发现,5 mg/L $NaAsO_2$ 饮水染毒 4 周后,雄性小鼠睾丸重量、附睾精子数、附性器官重量下降,生精周期Ⅶ期大量生殖细胞退化[169]。成年小鼠在饮用水中暴露于 $NaAsO_2$(30 mg/L 或 40 mg/L)30 天、45 天、60 天后,生精小管直径变小,生精细胞减少、间质细胞萎缩程度增加,以剂量依赖的方式干扰小鼠生精过程[170]。As_2O_3(浓度为 0.3～3.0 mg/kg)染毒 5 周后,雄性小鼠精子数量减少,生精上皮变性,生殖细胞管腔脱落,间质细胞核浆比例失调[171]。暴露于 $NaAsO_2$(浓度分别为 4 mg/L、10 mg/L、20 mg/L、40 mg/L)35 天后,雄性小鼠精子数目、精子活力和精子形态异常均发生改变[172]。低剂量的砷暴露同样可致雄性生殖毒性,同时在山羊等物种中也发现同样的作用[173-174]。暴露分析也证实,性成熟雄性小鼠饮用水中 $NaAsO_2$(浓度 53.39 μM/L)暴露 365 d,在睾丸、附睾、前列腺及精囊中还检测到砷的蓄积[175]。此外，砷具有跨代毒性效应，秀丽线虫 F0 亲代暴露于 0 mmol/L、0.10 mmol/L、0.25 mmol/L、0.50 mmol/L、1.00 mmol/L 砷中 24 h，F1～F5 代在无砷条件下培养，线虫在 6 代（F0～F6）的产卵数均明显减少。同时，线虫在 F0 代和 F1 代均有亚砷酸盐的积累[176]。孕期和哺乳期灌胃 0.4 mg/L $NaAsO_2$ 可以通过降低 3β-HSD 和 17β-HSD，使下一代成年雄性小鼠精子发生和类固醇生成减少[177]。

2.2.3.6 糖尿病

糖尿病是一组以高血糖为特征的代谢性疾病。持续性高血糖是胰腺 β 细胞不能产生或分泌胰岛素和/或外周组织不能对胰岛素信号做出反应的结果。虽然砷致糖尿病作用的细胞和分子机制尚不清楚，但体内外实验研究和人类流行病学研究都提示砷有可能诱导糖尿病表型，并破坏参与葡萄糖稳态调节的关键途径。已经证明暴露于无机砷的实验室动物表现出与糖尿病一致的表型，即空腹血糖升高、糖耐量受损和/或胰岛素抵抗[178-181]。此外，实验动物体内研究[182-183]发现，产前暴露于无机砷会使后代易患糖尿病。除无机砷暴露外，不同的砷甲基化代谢产物对糖尿病发病过程的影响程度也不同。研究表明，+3 价砷化合物比 +5 价砷化合物能更有效地抑制胰岛素信号和 β 细胞胰岛素的分泌，提示砷代谢是糖尿病发生的重要因素[184]。

2.2.3.7 肝脏

无机砷的新陈代谢发生在肝脏，然后通过尿液排泄[185]。砷暴露引起的肝脏疾病的一些早期临床症状包括腹水、食管静脉曲张出血、黄疸或肝脏增大[186]。血液分析发现，砷也可能导致肝酶水平升高[186-187]。Vantroyen 等[188]发现，致命剂量的砷能够损害肝功能。血清中胆红素、谷丙转氨酶、谷草转氨酶、碱性磷酸酶水平的升高可以验证慢性砷暴露时的肝功能[189]。Mazumder 等[190]在暴露于砷（0.05～3.20 mg/L）的印度人群中观察到肝脏增大，球蛋白、碱性磷酸酶、丙氨酸氨基转移酶和天冬氨酸氨基转移酶水平升高。在严重毒性的后期阶段，肝脏损伤可能与其他并发症一起出现，如肝纤维化、肝硬化、非肝硬化门脉纤维化，并有可能发生肝功能衰竭[186]。研究显示，在贵州省，暴露于高砷水平的居民出现了肝肿大和肝损伤。此外，肝硬化、腹水和肝癌是随着砷暴露时间的推移而发展起来的一些常见疾病[191]。

2.2.3.8 致癌效应

（1）皮肤癌。皮肤是砷中毒的靶器官，皮肤结构与功能异常是砷暴露的重要表现之一[192-193]。国际癌症研究机构（International Agency for Research on Cancer，IARC）的研究表明，无机砷对人类具有皮肤致癌性。皮肤癌是最早确认的无机砷致癌效应，并且已经被广泛研究[194]。与砷暴露相关的人类皮肤病癌症包括原位鳞状细胞癌（squamous cell carcinoma，SCC）、浸润性 SCC、表皮内癌（Bowen 病）、基底细胞癌（basal cell carcinoma，BCC）等[195-198]。目前，大多数关于皮肤癌的研究都发现，只有在浓度超过 100 μg/L 时，皮肤癌的风险才会增加。印度 1 项研究[199]发现，长期接触砷高度污染的饮用水可以导致皮肤癌。Leonardi 等[200]的 1 项病例对照研究发现，BCC 与接触浓度 < 100 μg/L 的无机砷污染饮用水呈正相关。总体而言，在饮用水中暴露于高浓度（>100 μg/L）无机砷的人群中，患皮肤癌的风险增加，但关于暴露于低浓度砷与皮肤癌发生之间的联系的研究还不够充分。皮肤癌风险与饮用水中无机砷浓度之间的关系需要进一步探讨。

（2）肺癌。肺是砷暴露后肿瘤发生的主要器官之一[201]。IARC 已将饮用水中的砷列为肺癌的已知病因。对不同的采矿工人的研究表明无机砷与肺癌风险相关[202]。各种流行病学研究表明，通过饮用水摄入无机砷与人类肺癌的发展之间存在联系。无机砷还可能与其他相关风险因素，如辐射、石棉、氡、镍、铬酸盐，以及遗传和营养因素等一起起作用[203]。Chen 等[204]报道，吸烟合并砷暴露会增加患肺癌的风险，减少砷暴露也可以降低吸烟者患肺癌的风险，但从现有数据还无法评估无机砷与吸烟的相对贡献。在一项病例对照研究中，Ferreccio 等[205]观察到随着饮用水中砷浓度的增加，肺癌优势比（OR）和 95% 可信区间有明显的升高趋势。智利北部的另 1 项研究[206]表明，成人肺癌和膀胱癌发病率在生命早期暴露于砷后显著增加，即使在停止高暴露 40 年后也是如此。Smith 等[207]的一项研究发现，在水中无机砷浓度为 90 μg/L 至近 1 000 μg/L 的智利地区，肺癌死亡率显著增加。然而，Ferdosi 等[208]的研究并没有发现肺癌风险的增加与饮用水砷含量相关。中国台湾的 1 项研究[209]发现，饮用水中砷含量高于 0.64 mg/L 时男女肺癌死亡率均显著增加，低于 0.64 mg/L 的则无显著影响。Lamm 等[210]研究发现，只有当饮用水中无机砷的浓度相对较高（>150 μg/L）时，患肺癌和膀胱癌的风险才会增加。Efremenko 等[211]通过基因组和细胞信号通路分析表明，当砷浓度低于 0.1 μmol/L 时，生物反应不太可能发生。Lynch 等[212]对在世界不同地区开展的流行病学调查进行了评估，发现无机砷与癌症发病之间的联系较弱，估计无机砷诱发癌症的风险远低于观察到的膀胱癌和肺癌的发病率，提示人类暴露于低无机砷水平不会导致癌症发病率的增加。但是，有研究[213]显示，即使浓度低于 10 μg/L 的无机砷暴露也可以导致癌症风险显著增加。迄今，研究的重点仍是肺癌与高水平砷暴露之间的关系，但这些研究还不足以评估无机砷在低暴露水平下诱发肺癌的潜力。鉴于低浓度砷暴露与健康危害的潜在相关性，需要加强对长期低浓度无机砷暴露人群的流行病学研究及相关的实验研究。

（3）膀胱癌。流行病学调查结果表明，高无机砷摄入量与膀胱癌之间存在因果关系，但暴露在 10 ~ 100 μg/L 范围内的无机砷的相关风险仍然不确定[214-216]。Baris 等[217]通过流行病学调查发现膀胱癌发病率与砷剂量呈正相关。有关高浓度无机砷与泌尿系统癌症也有正相关的报道。中国台湾东北部的 1 项前瞻性队列研究[218]报道显示，对于饮用含砷水平超过 100 μg/L 的井水的居民，患尿道癌的多变量调整后的相对风险在统计上是显著的。Schoen 等[219]的研究结果表明，只有在接触高浓度（通常是数百 μg/L）无机砷的饮用水的人中才能观察到膀胱癌的增加。这些研究仅证实了膀胱癌与高浓度砷之间的相关性，而在低暴露水平下的研究则显示出不一致的结果。Lamm 等[220]报道，在 3 ~ 60 μg/L 的无机砷暴露范围内，没有发现与无机砷相关的膀胱癌死亡率的增加。美国进行的 1 项无机砷低暴露研究[216]显示，在饮用含浓度为 10 ~ 100 μg/L 无机砷的饮用水人群中，也没有发现膀胱癌发病率的增加，这一发现与 Meliker 等[221]的早期的研究结果一致。此外，Gentry 等[222]评估了膀胱癌对无机砷暴露的反应程度，认为暴露于低浓度的无机砷极不可能在膀胱组织中致癌或有全身影响。然而，Mendez 等[223]的研究支持饮用水中低砷浓度（1.5 ~ 15.4 μg/L）与美国膀胱癌发病率之间的关联。综合来看,在浓度为 100 μg/L 或更高时,无机砷暴露与膀胱癌之间存在关联,砷暴露浓度低于 100 μg/L 对膀胱癌风险的影响很小。

(4)肝癌。暴露于砷会引起多种肝毒性效应,其特征是肝脏的结构和功能发生显著改变[224-225]。除了全身效应外,在许多地方性砷中毒病区也发现患肝细胞癌的风险增加,IARC 将肝脏列为砷致癌的潜在器官[226]。中国台湾西南部地区首次报告饮用水中高浓度砷暴露人群肝癌死亡率增加[227]。Wang 等[228]发现通过饮用水长期接触无机砷会增加肝癌死亡率的风险。此外,来自日本、孟加拉国的报道[229]也认为饮用水中砷水平与肝癌死亡率相关。智利的 1 项调查[230]显示,儿童早期接触饮用水中的砷可能导致儿童肝癌死亡率增加。尽管如此,目前关于长期接触无机砷与肝癌死亡率风险之间的关系仍存在争议[228]。有学者[231]指出,观察到的风险可能是通过砷和其他潜在的肝癌环境和遗传风险因素共同介导的。

(5)前列腺癌。前列腺被认为是无机砷致癌的潜在目标[232]。美国的 1 项前瞻性队列研究[233]表明,低至中等程度的无机砷暴露与前列腺癌死亡率的增加具有关联。Roh 等[234]的研究显示低水平(1.08～2.06 μg/L)砷暴露与前列腺癌之间存在显著的剂量-反应关系。此外,1 项研究[235]发现,社区水系统中砷平均水平较高地区人群的前列腺癌发病率显著较高。对人类的多项研究提示环境无机砷暴露与前列腺癌发病率或死亡率之间存在关联,但是还需要对前列腺癌发病率和低水平砷暴露之间的关联进行个体水平的研究。

(6)脑癌。Escudero-Lourdes 报道,氧化应激和由细胞因子及相关因子介导的促炎反应的激活在无机砷诱导的认知功能障碍中起着关键作用[236]。Navas-Acien 等[237]发现砷可能会增加瑞典人群中胶质瘤和脑膜瘤的风险。目前,有关无机砷在脑肿瘤发生中作用的研究非常有限,砷暴露与脑癌之间的关系尚没有达成共识。

2.2.4 经口暴露砷全球、中国公共卫生人群流行病学研究及疾病负担

疾病负担(burden of disease)是疾病和过早死亡对整个社会经济及健康的压力,包括疾病的流行病学负担和经济负担。在研究疾病流行病学的指标中,伤残调整寿命年(disability adjusted life years,DALYs),是一个疾病负担的量化指标,通过对不同年龄组和时间段的加权,可以估计由于过早死亡和发病率而损失的生命,是计算疾病负担的公认指标。2019 年,Shilpi Oberoi 等利用全球食品消费的全球环境监测系统(global environment monitoring system,GEMS)聚类数据(含 17 个国家的食品消费量及不同食品中总砷和无机砷的测量)评估了全球食品中砷的暴露量及由此产生的肺癌、皮肤癌、膀胱癌和由食物中无机砷引起的冠心病的全球疾病负担。研究结果表明,在全球范围内,每年因食品中无机砷引起的所有癌症的综合 DALYs 约为 140 万,根据人口和食品消费模式,全球分布存在差异。由食源性无机砷引起的冠心病的全球负担也因地区而异,DALYs 约达 4 900 万。值得注意的是,对于砷相关性冠心病,食物中砷摄入量的预期下限没有增加心脏病的风险。这些评估结果表明,食源性砷暴露可引起严重的全球人类疾病负担,但可通过食用含砷量较低的食物来减轻(尤其是冠心病患者)[238]。张秋秋等以 DALYs 为评价终点,对中国 35 个主要城市饮用水中砷暴露的健康风险进行了评估。结果表明,中国城市供水的砷浓度(中值:0.53 μg/L)远低于 WHO 及我国饮用水卫

生标准规定的限值。饮用水砷导致的总的终身癌症发病率为 1.75×10^{-5}，人均癌症负担（每年 1.91×10^{-6} 人）约为 WHO 推荐参考水平（每年 1×10^{-6} 人）的 2 倍，不同癌症的风险排序为皮肤癌 > 肺癌 > 肝癌 > 膀胱癌[239]。

砷暴露相关疾病所带来的持续性的医疗费用也给病人、家庭和社会带来了严重的经济负担。目前，有关砷中毒疾病经济负担研究方面的文献较少。国外有关砷中毒疾病经济负担的研究主要集中在孟加拉国、印度等地区。国内文献尚缺乏对于砷中毒所产生的经济负担的报道。

3 经口暴露砷人群暴露评估及检测技术

3.1 国际上和中国环境砷暴露监测数据

3.1.1 土壤中砷含量监测数据

环境中的砷由于其强烈的毒性和对生态系统和人类的高风险而备受关注。农业土壤通过人类食物供给的数量和质量影响公共健康。农业土壤中过量的砷会降低土壤生产力，降低农作物质量，并通过食物消费对人类健康构成威胁[240-241]。中华人民共和国国家标准《土壤环境质量农用地土壤污染风险管控标准（试行）》（GB 15618—2018）规定的农用地土壤中砷的污染风险筛选值和管制值见表 4-1。2005 年 4 月至 2013 年 12 月，我国开展了首次全国土壤污染状况调查。2014 年公布的《全国土壤污染状况调查公报》数据显示，全国土壤环境状况总体不容乐观，部分地区土壤污染较重，耕地土壤环境质量堪忧，工矿业废弃地土壤环境问题突出。其中，土壤砷含量分布呈现从西北到东南，从东北到西南方向逐渐升高的态势。砷的点位超标率（点位超标率是指土壤超标点位的数量占调查点位总数量的比例）为 2.7%，轻度、中度、重度砷污染点位比例分别为 0.4%、0.2% 和 0.1%[242-243]。

表 4-1 农用地土壤砷污染风险筛选值及管制值

单位：mg/kg

pH	风险筛选值		风险管制值
	水田	其他	
pH≤5.5	30	40	200
5.5<pH≤6.5	30	40	150
6.5<pH≤7.5	25	30	120
pH>7.5	20	25	100

注：类金属砷按元素总量计；对于水旱轮作地，采用较严格的风险筛选值。

Zhou 等[244]测定了 2011 年和 2016 年从中国 31 个省（自治区、直辖市）采集到的

242份地表农业土壤样品中的砷浓度,研究发现,中国表层土壤中砷的中位数浓度为9.7 mg/kg。中国农业表层土壤中砷的存量约为 3.7×10^6 t。总体来说,华南地区和东北地区的砷污染水平高于其他地区。其中,华南地区砷含量最高,平均为18.8 mg/kg;东北地区次之,平均为15.8 mg/kg。与其他地区相比,华北地区农业土壤砷含量最低(平均值为8.17 mg/kg)。在垂直方向上,顶层(0~15 cm)土壤中的砷浓度较高(中值为9.8 mg/kg),随土壤深度的降低而降低(15~30 cm处的8.9 mg/kg和30~45 cm处的8.0 mg/kg)降低,在另一项研究[245]中发现了类似的垂直模式。2020年Gong等基于1 677篇已发表的研究(涉及1985—2016年从中国1 648个采样点收集的样本),研究了过去30年来中国农业土壤中砷污染的状况。研究结果表明,中国表层农业土壤中砷的平均浓度为10.40 mg/kg,范围在0.4~175.8 mg/kg。中国农业表层土壤的砷存量估计为 3.71×10^6 t。中国中部、南部和西南部的砷浓度高于其他地区。在过去的30年中,农业土壤中砷污染的趋势逐渐增加。然而,2012—2016年,中国农田农业中砷浓度污染的增长速度有所放缓。生态风险指数(ecological risk index)和地质积累指数(geoaccumulation index)表明,中国农业土壤中的砷对生态系统的风险较低[246]。我国1985—2016年不同地区农业土壤总砷含量的时间趋势见图4-3。Tóth等根据欧盟统计局2015年的土地利用/土地覆盖面积框架调查(land use/land cover area frame survey,LUCAS)采样结果和辅助资料,绘制了欧盟表土中砷等污染物的详细分布图。元素检测结果表明,95%的LUCAS表层土壤样品中砷含量<20 mg/kg,其中大部分样品砷含量低于检出限[247]。

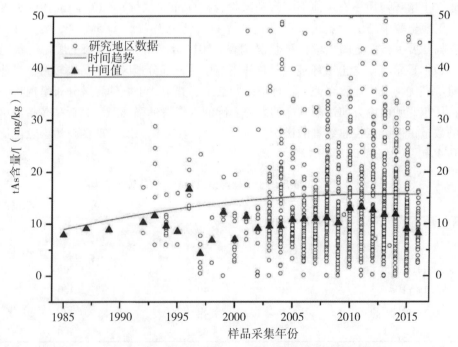

图4-3 1985—2016年中国农业土壤总砷含量的时间趋势[246]

3.1.2 水中砷含量监测数据

根据我国《地表水环境质量标准》（GB 3838—2002）规定，Ⅰ类、Ⅱ类、Ⅲ类、Ⅳ类和Ⅴ类地表水体中砷的浓度限值分别为 0.05 mg/L、0.05 mg/L、0.05 mg/L、0.10 mg/L 和 0.10 mg/L。我国《生活饮用水卫生标准》（GB5749—2006）规定生活饮用水砷含量限值为 0.01 mg/L，农村小型集中式供水和分散式供水水质中砷含量限值为 0.05 mg/L。目前，国家卫生健康委员会正在牵头组织开展饮用水标准制修订工作。三峡水库是世界上最大的水力发电项目，Gao 等对 2008—2013 年的库区水质状况进行了全面的调查，结果表明三峡水库 2008—2013 年水质状况复杂但稳定，其中，2008 年和 2013 年库区地表水砷含量均值分别为 3.062 μg/L 和 1.535 μg/L[248]。Zhao 等于 2015 年分别对旱季和雨季三峡库区水体中溶解态重金属的平均浓度进行了检测，结果发现枯水期砷的平均浓度为 2.566 μg/L；与旱季相比，雨季砷浓度有所降低，为 1.544 μg/L。旱季和雨季重金属含量均未超过国家《地表水环境质量标准》（GB 3838—2002）Ⅲ类地表水的标准、中国《生活饮用水卫生标准》（GB5749—2006）以及 WHO 2006 年制定的《生活饮用水质量指南》（第三版）限量标准[249]。Cao 等[250]于 2017 年对天津市饮用水源地的水环境进行了综合调查，检测结果显示地表水和地下水砷的平均浓度分别为 16.508 μg/L 和 18.542 μg/L，均高于中国环保局、WHO 和 USEPA 推荐的相应饮用水标准值。Adams 等[251]通过长期监测结果显示，美国犹他州地表水中砷浓度的平均值为 112 μg/L。欧洲部分国家/地区地下水中砷的浓度范围见表 4-2[252-260]。

表 4-2 欧洲地区地下水中砷的浓度范围

国家	地区	砷浓度范围/（μg/L）	参考文献
希腊	色萨利东部	1～125	[252]
	希腊北部	10～70	[253]
意大利	意大利北部	<0.4～431.0	[254]
丹麦	—	10～30	[255]
英国	北爱尔兰	14～36	[256]
克罗地亚	克罗地亚东部	<1.0～490.8	[267]
匈牙利	潘诺尼亚盆地	<0.5～240.0	[258]
挪威	—	≤19	[259]
爱尔兰	全国	<0.2～234.0	[260]

3.1.3 空气中砷含量监测数据

电厂的煤炭燃烧是砷等有害微量元素排放的重要来源。Tian 等估算 2007 年中国燃煤电厂砷的大气排放量约为 550 吨，各省燃煤电厂煤炭使用量及砷的大气排放量见表 4-3。中国东部和中部省份砷的排放量远高于西部（参与西部向东部输电的省份除外，如四川、贵州、云南、陕西等）[261]。

根据我国《环境空气质量标准》（GB 3095—2012）的规定，空气中砷的年平均浓度限值为 0.006 μg/m³。蒲朝文等[262]于 2002 年对渝东南地方性环境砷含量进行监测发现，燃煤污染地区各监测点一次性采样室内空气含砷量平均超标 6～13 倍，较对照区室内空气增高 18～39 倍。马利英等[263]于 2011 年对贵州农村地区燃煤和燃柴典型村进行了室内外空气质量的监测，燃煤村和燃柴村厨房内空气中砷平均值分别为 0.020 μg/m³ 和 0.014 μg/m³。何公理等[264]对北京、宣威等 6 城市可吸入颗粒物中砷的含量分布进行了调查，结果表明，在 <3.3 μm 的颗粒物中砷的含量占 60%～70%，说明砷能在细小颗粒物表面高度富集，进一步证明燃煤是空气中砷的主要来源之一。胡颖等[265]对上海市不同季节大气颗粒物（particulate matter，PM）中砷的浓度进行监测发现，上海市春季和夏季砷浓度分别为 18.149 μg/m³ 和 14.153 μg/m³。潘小川等[266]发布的《北京采暖季大气 $PM_{2.5}$ 中致癌重金属组分差异研究报告》中指出，2012—2013 年北京市大气 $PM_{2.5}$ 中砷的质量比为 0.128%，由于北京市出台并实施的系列大气污染防治措施，2015—2016 年这一数据降至 0.018%，较前 3 年下降了 85.9%。Mao 等[267]检测了武汉市 2015—2017 年室外空气 $PM_{2.5}$ 中砷的时间变化趋势及个人吸入 PM 结合砷的含量，结果发现，武汉市 $PM_{2.5}$ 中砷的浓度范围为 0.42～61.60 ng/m³（平均 8.48 ng/m³）；2015 年砷平均浓度（10.7 ng/m³）高于 2016 年（6.81 ng/m³）和 2017 年（8.18 ng/m³）；春、冬两季砷含量均高于夏、秋两季；另外，城市居民吸入的 PM 结合砷含量高于农村居民；吸入砷的每日摄入量与每日砷总摄入量相比基本可以忽略（<1%，以排出的尿砷为基础计算）。García-Aleix 等[268]对西班牙东部地区 PM_{10} 和 $PM_{2.5}$ 气溶胶组分中砷含量的变化趋势进行了分析，研究结果发现，2005 年和 2010 年工业区域和城区内 PM_{10} 颗粒物中砷的含量范围分别为 0.7～6.0 ng/m³ 和 0.7～2.8 ng/m³，在城区内 $PM_{2.5}$ 颗粒物中砷的含量范围为 0.5～1.4 ng/m³。

表 4-3　2007 年中国各省燃煤电厂煤炭使用量及砷的大气排放量[261]

省份	煤炭使用总量/Mt	砷/t
北部地区	329.17	106.96
北京	13.37	2.28
天津	24.20	6.04
河北	89.58	26.02
山西	85.63	23.05
内蒙古	116.39	49.57
东北地区	167.16	97.12
辽宁	78.51	40.41
吉林	39.27	39.13
黑龙江	49.38	17.58
东部地区	511.81	156.81
上海	30.46	10.43
江苏	128.30	24.47

续表 4-3

省份	煤炭使用总量/Mt	砷/t
浙江	92.99	21.48
安徽	42.01	10.71
福建	32.73	12.51
江西	23.62	13.95
山东	161.70	63.26
中部和南部地区	277.19	86.90
河南	102.62	21.45
湖北	37.88	13.76
湖南	29.78	14.21
广东	84.25	21.99
广西	19.27	14.67
海南	3.39	0.82
西南地区	130.06	69.87
重庆	17.6	4.49
四川	34.10	12.13
贵州	45.63	23.85
云南	32.73	29.40
西北地区	112.28	32.42
陕西	35.16	11.35
甘肃	23.59	9.49
青海	4.83	0.72
宁夏	23.88	3.93
新疆	24.82	6.93
总计	1 527.67	550.08

3.1.4 食品砷暴露监测数据

总膳食研究（total diet study，TDS）是利用低水平、平均水平和高水平的食物消费数据，对一个国家或地区所有膳食中的总化学成分、膳食摄入量和接触相关化学物质的情况进行评估，是目前国际公认的评价一个国家或地区大规模人群膳食中化学污染物暴露量和营养素摄入量的最经济、有效、可靠、通用的方法。日本、美国、加拿大、英国、澳大利亚、新西兰和法国等发达国家已成功地开展了 TDS。20 世纪 90 年代以来，中国先后在 1990 年、1992 年、2000 年、2007 年和 2009—2013 年成功实施了 5 次 TDS。2009 年开始的第五次中国 TDS，于 2013 年完成样品采集和制备，2018 年 3 月公布了结果。

2000年，中国TDS对我国4个地区的普通成人膳食中砷的含量进行了检测，并根据国家食品安全标准对膳食的安全性进行了评价。结果表明，不同地区居民膳食砷摄入量是安全的，部分地区只有少数样品超过了国家标准的限值。膳食中砷的主要来源是谷类、蔬菜、饮料和水[269]。2007年的第四次中国TDS结果表明，我国居民膳食总砷摄入量为6.9 μg/d，无机砷摄入量为3.0 μg/d，其中谷类食品是无机砷的主要来源[270]。2010年对从全国12个省采集的近500份稻米、糙米和精米测定其中总砷及无机砷的含量水平，精米中无机砷的平均含量相当于糙米的45.5%（范围12.6%～99.3%），说明大米的精加工可以有效去除其无机砷的含量。第五次中国居民TDS对包括砷、无机砷在内的8种重金属或非金属元素的每日摄入量（estimated daily intake，EDI）、足够的摄入量（adequate intake，AI）、估计膳食暴露（estimated dietary exposure，EDE）与参考剂量（reference dose，RfD）进行了分析比较，其中关于砷的数据结果显示：①谷类和蔬菜是砷和无机砷的主要膳食暴露源。②水产品是砷的重要膳食暴露源，尤其是沿海地区居民。③马铃薯、饮料、水和肉类是无机砷的重要来源。此外，无机砷的平均危险系数（hazard quotients，HQ）为0.21，而综合危害指数（integrated hazard index，HI）平均值为2.18，说明我国居民目前的无机砷膳食摄入不会对人体健康造成损害。福建、广东、广西等沿海地区居民的砷和无机砷的HQs显著高于其他地区的居民，这可能与沿海地区居民日常饮食中海鲜消费比例过大有关。第五次TDS中20个地区居民砷的EDI值较高，砷的全国平均HQ水平（约为6.49）大于1，因此，我国居民砷的EDI值得关注。与第三次全国居民膳食中砷的摄入量相比，第四次和第五次全国居民膳食中砷的摄入量明显下降，但第五次全国居民膳食中砷的摄入量仍高于第四次全国居民膳食中砷的摄入量，这可能是由于第五次全国居民膳食中谷类消费量显著增加所致。这些结果提示，从目前我国居民膳食结构来看，砷的膳食摄入有可能会对居民健康造成损害[271]。由于砷具有致癌性，其EDI与我国癌症发病率的关系有待进一步研究。我国居民砷膳食暴露应引起重视，并应加强相关暴露评价和健康风险评价。

3.2 国际上和中国人群经口内暴露水平检测生物标志物和监测数据

3.2.1 人群尿砷暴露监测数据

砷的排泄主要是在肾脏，90%的砷都是从尿中排出体外，而且砷在人体内代谢较快，摄入后4～6 h即可排泄，但排泄速度缓慢，故尿砷被认为是反映近期砷暴露的敏感指标。尿液样品作为最常用的生物监测样本，具有采样和监测方便的优点，能够准确地反映人群短期砷暴露的负荷水平。为了科学评价现阶段我国地方性砷中毒病区和高砷区的防治措施落实效果，准确评估人群的砷暴露程度，国家卫生健康委员会于2019年7月发布了《人群尿砷安全指导值》（WS/T 665—2019），该标准规定群体尿砷的几何均数应≤0.032 mg/L。当人群尿砷几何均数超过该指标时，提示该人群有较高的砷暴露风险。需要说明的是，该指标为群体指标，不适合应用于个体砷暴露风险的判断。

丁春光等[272]于2009—2010年采用随机抽样方法在我国东部、中部和西部8省24市县6～60岁人群中抽取了18 120名作为研究对象，调查了我国一般人群尿砷水平。

该调查结果显示，我国一般人群尿砷的几何均数为 13.72 μg/L；东部、中部和西部地区人群分别为 14.14 μg/L、16.02 μg/L 和 9.57 μg/L；吸烟人群（16.06 μg/L）高于不吸烟人群（13.70 μg/L）；男性（14.10 μg/L）高于女性（13.33 μg/L）；摄食海鲜人群（14.82 μg/L）高于不摄食海鲜人群（10.99 μg/L），提示我国一般人群尿砷水平存在性别及地区差异，同时与生活方式相关。从已有报道[272-275]可知，北京、江苏、山东、河北、广东、河南、辽宁、湖北、青海等地正常人群尿砷的几何均数均低于 0.032 mg/L。我国是世界上受地方性砷中毒危害最为严重的国家之一，不仅有饮水型地方性砷中毒病区，还有世界上独有的燃煤污染型地方性砷中毒病区。迄今，我国已发现 16 个省（自治区）有地方性砷中毒病区或高砷区的存在[276]。包莹等[277]分析了 2013 年和 2014 年我国地方性砷中毒监测数据资料（来自 11 个省市 4 501 例人群样本），结果显示这些地区人群尿砷浓度范围为 0.001～1.735 mg/L。相关性分析结果显示，尿砷和水砷呈明显的正相关，相关系数为 0.649（$P<0.01$），且随着水砷含量的增加，尿砷和水砷的相关趋势逐渐增强，见表 4-4。2006 年、2007 年法国 18～74 岁人群尿砷几何均数为 0.013 mg/L[278]。2007 年、2008 年美国 6 岁及以上人群尿砷几何均数为 8.1 μg/L[279]。韩国 2008 年 20 岁以上普通人群尿砷几何平均值为 43.5 μg/L[280]。2009—2011 年加拿大 3～79 岁普通人群尿液中 tAs 95% CI 参考值为 27（20～34）μg/L[281]。

表 4-4 我国 11 省水砷和人群尿砷水平[277]

地区	性别		年龄	水砷/（mg/L）		尿砷/（mg/L）	
	男	女	（均数±标准差，岁）	最小值	最大值	最小值	最大值
安徽	136	136	50.50±17.38	0.001	0.250	0.001	0.277
甘肃	46	44	50.08±16.58	0.001	0.092	0.001	0.166
湖北	86	69	52.25±15.85	0.011	0.144	0.002	0.111
吉林	283	312	46.31±14.91	0.002	0.100	0.010	0.170
江苏	110	127	57.13±12.52	0.001	0.076	0.001	0.121
内蒙古	942	787	53.95±14.31	0.001	0.052	0.001	0.330
宁夏	158	153	44.27±21.07	0.002	0.140	0.001	0.104
青海	82	92	41.49±20.91	0.001	0.308	0.003	0.300
山西	244	295	54.28±18.20	0.001	0.298	0.001	0.575
新疆	143	122	42.94±18.06	0.019	0.440	0.002	0.546
云南	59	75	50.98±22.92	0.001	0.051	0.001	1.735
合计	2 289	2 212	50.91±17.03	0.001	0.440	0.001	1.735

3.2.2 人群血砷暴露监测数据

丁春光等在 8 省 24 市县 6～60 岁人群中抽取了 18 120 名进行了血液中砷水平的检测，并分析了区域、年龄、性别及生活方式对血砷水平的影响。其结果显示，我国一般人群全血中砷含量的几何均数为 2.33 μg/L；我国西部、东部和中部地区人群血砷几何均数分别为 0.98 μg/L、2.94 μg/L 和 1.30 μg/L，各地区间差异具有统计学意义（$P<0.05$）；各年龄段人群血砷几何均数差异具有统计学意义（$P<0.05$），其中 46～60 岁年龄组最高，为 3.07 μg/L；男性和女性血砷几何均数分别为 2.35 μg/L 和 2.30 μg/L；摄食海鲜人群血砷几何均数为 2.59 μg/L，是不摄食海鲜人群的 1.47 μg/L 的 1.76 倍（$P<0.05$）；饮酒人群血砷水平几何均数高于非饮酒人群（$P<0.05$），吸烟人群血砷水平几何均数高于非吸烟人群（$P<0.05$），见表 4-5，提示我国一般人群血砷水平与生活方式相关，并且存在性别及地区差异[272]。Li 等[282]检测了 50 名珠江三角洲地区普通人群血砷水平，结果表明，2014 年中国珠江三角洲居民血砷水平为（0.55±2.73）μg/L，低于全国一般人群水平的 2.33 μg/L，其中男性血砷水平为（0.88±3.68）μg/L，女性血砷水平为（0.19±0.94）μg/L；35 岁以下人群血砷水平为（0.34±1.23）μg/L，35 岁及 35 岁以上人群血砷水平为（0.8±3.83）μg/L；居住在珠江三角洲地区 5 年以下人群血砷水平为（1.21±4.29）μg/L，居住年限为 5 年及以上的人群血砷水平为（0.15±0.83）μg/L；吸烟人群血砷水平为（0.77±1.89）μg/L，非吸烟人群血砷水平为（0.52±2.84）μg/L；饮酒人群和非饮酒人群血砷水平分别为（1.64±4.97）μg/L 和（0.13±0.77）μg/L，差异具有统计学意义（$P<0.05$），提示饮酒会影响血液中砷的含量。Zeng 等[283]报道武汉地区普通人群（$n=477$）血液中砷的几何平均值为 2.25 μg/L，其中男性血砷的几何平均值 2.36 μg/L 高于女性的 2.11 μg/L；随着年龄的增大，血砷水平呈增高趋势，0～19 岁人群、20～29 岁人群、30～39 岁人群、40 岁以上人群血砷的几何平均值分别为 1.92 μg/L、1.97 μg/L、2.31 μg/L 和 2.66 μg/L。田昊渊等[284]对辽宁省一般人群血砷水平进行了检测，研究结果表明，辽宁省一般人群血砷几何均数为 3.68 μg/L，高于全国一般人群水平的 2.33 μg/L；辽宁省西部、中部和东部地区人群血砷几何均数分别为 3.15 μg/L、2.67 μg/L 和 5.06 μg/L；男性血砷几何均数为 3.90 μg/L，高于女性的 3.46 μg/L（$P<0.01$）；不同年龄组人群血砷几何均数具有显著性差异（$P<0.01$），其中 17～20 年龄组人群血砷水平最低，为 2.19 μg/L，46～60 岁年龄组血砷水平最高，为 5.07 μg/L[262]。许多国家也开展了一般人群血砷负荷水平的生物监测。一项关于法国北部成年人口（$n=2\,000$，男性 982 名，女性 1 018 名）血液中砷暴露水平的横断面研究结果显示，法国一般人群血砷几何平均值为 1.67 μg/L。Heitland 等[285]报道德国北部普通居民血砷几何平均值为 0.71 μg/L。Nunes 等[286]估算出巴西人群血液中砷的平均背景水平约为 1.10 μg/L。Kim 等[287]检测发现韩国普通健康人群（$n=258$，男性 119 名，女性 139 名，年龄 12～78 岁）血液中砷的几何平均值为 7.19 μg/L，高于法国（1.67 μg/L）、巴西（1.10 μg/L）和中国（2.33 μg/L）人群平均水平。韩国一般人群血砷水平存在显著的性别差异（$P<0.05$），男性血砷水平（10.85 μg/L）高于女性（10.02 μg/L）；不同年龄组的血砷浓度存在显著差异（$P<0.001$），其中 12～49 岁年龄组血砷几何平均值为 6.87 μg/L，50～78 岁年龄组血砷几何平均值为 13.527 μg/L。

表4-5　我国8省不同特征人群血砷水平[272]　　　　　　　　　　　单位：μg/L

特征	人数	几何均数（95% CI）	P_{50}	P_{75}	P_{90}	P_{95}	检验值
性别							$Z=-1.42^*$
男	6 935	2.35（2.29～2.42）	2.31	4.69	10.52	17.30	
女	6 840	2.30（2.24～2.36）	2.20	4.94	10.30	15.92	
年龄/岁							$\chi^2=2\,220.38^*$
6～	2 082	1.99（1.89～2.09）	1.89	4.60	8.92	14.31	
13～	2 443	1.86（1.78～1.94）	1.85	3.63	7.37	11.01	
17～	2 045	1.61（1.53～1.69）	1.62	3.32	6.21	11.38	
21～	2 390	2.75（2.63～2.88）	2.51	5.47	14.46	21.33	
31～	2 383	2.93（2.81～3.06）	2.84	6.16	12.30	18.29	
46～60	2 432	3.07（2.95～3.21）	2.95	6.22	12.95	18.56	
地区							$\chi^2=643.22^*$
东部	10 438	2.94（2.88～3.01）	3.00	6.10	12.71	18.85	
中部	1 537	1.30（1.26～1.34）	1.32	1.86	2.62	3.34	
西部	1 800	0.98（0.94～1.02）	1.02	1.76	3.05	4.39	
吸烟							$Z=-6.28^*$
是	1 432	2.84（2.68～3.01）	2.60	5.50	14.46	22.69	
否	11 720	2.27（2.23～2.32）	2.18	4.66	9.81	15.28	
饮酒							$Z=-4.55^*$
是	1 064	2.68（2.51～2.86）	2.60	5.10	10.84	17.75	
否	12 088	2.30（2.25～2.34）	2.20	4.71	10.18	16.18	
摄食海鲜							$Z=-23.68^*$
是	10 667	2.59（2.54～2.65）	2.54	5.37	11.39	17.49	
否	2 485	1.47（1.41～1.52）	1.49	2.59	4.94	8.03	
合计	13 775	2.33（2.28～2.37）	2.26	4.80	10.41	16.72	

注：P_{50}、P_{75}、P_{90}、P_{95}分别为50、75、90、95百分位数；* $P<0.05$。

3.3　不同环境介质中砷含量的检测技术

3.3.1　环境样品中砷含量的检测方法

为了更高效、灵敏地检测环境中的砷的含量，我国分别制定了空气、水、土壤等环境中砷含量检测方法及检测限值的国家标准，具体方法包括二乙基二硫代氨基甲酸银比色法（silver diethyldithiocarbamate colorimetric method，SDDC）、硼氢化钾-硝酸银分光光度法、原子荧光光谱法（atomic fluorescence spectrometry，AFS），详见表4-6。目前，国际上常用的能够准确检测环境中砷的检测方法包括 SDDC、氢化物发生原子吸收光谱法（hydride generation atomic absorption spectrometry，HG-AAS）、原子吸收石墨炉法（graphite furnace atomic absorption spectrometry，GFAAS）、火焰原子吸收法（flame atomic absorption spectrometry，FAAS）、X 射线荧光光谱法（X-ray fluorescence spectroscopy，XRFS）、电感耦合等离子体光谱法（inductively coupled plasma-atomic emission spectrometry，ICP-AES）、电感耦合等离子体质谱法（inductively coupled plasma mass spectrometry，ICP-MS）、质子诱导 X 射线发射光谱法（proton induced X-ray emission spectrometry，PIXES）、中子活化分析 γ 光谱法（neutron activation analysis gamma spectrometry，NAAGS）等，详见表 4-7。

表 4-6 我国现行环境中砷含量检测标准

介质	前处理方法	检测方法	检测限	参考标准
空气	硝酸、硫酸、过氧化氢消解	SDDC	0.004 mg/m³	HJ 540—2016
水	酸消解	SDDC	0.007 mg/L	GB 7485—87
	酸消解	硼氢化钾-硝酸银分光光度法	0.04 μg/L	GB 11900—89
土壤	加热消解	AFS	0.01 mg/kg	GB/T 22105.2—2008
	微波消解	AFS	0.01 mg/kg	HJ 680—2013

表 4-7 环境砷含量检测方法国际标准

介质	检测方法	检测限	制定机构	标准编号
水	SDDC	5～250 μg/L	ASTM	ASTM D2972-15
	HG-AAS	1～20 μg/L		
	GFAAS	5～100 μg/L		
煤大气颗粒物	HG-AAS	—	ASTM	ASTM D4606-15
	FAAS	<100 μg/L	USEPA	Method 108
	XRFS	0.24 ng/m³ (0.9 m³/min, 采集 24 h)	USEPA	Method IO-3.3
	ICP-AES	5.5 ng/m³ (1.13 m³/min, 采集 24 h)	USEPA	Method IO-3.4
	ICP-MS	0.30 ng/m³ (1.13 m³/min, 采集 24 h)	USEPA	Method IO-3.5
	PIXES	—	USEPA	Method IO-3.6
	NAAGS	0.09 ng/m³ (0.9 m³/min, 采集 24 h)	USEPA	Method IO-3.7

注：ASTM，American Society for Testing and Materials，美国材料与试验协会。

3.3.2 食品样品中砷含量的检测方法

我国现行的食品安全国家标准中食品中总砷和无机砷的测定方法参考由国家卫生和计划生育委员会于2015年9月21日发布、2016年3月2日实施的《食品安全国家标准 食品中总砷和无机砷的测定》(GB 5009.11—2014)。与 GB/T 5009.11—2003 相比，取消了食品中总砷测定的砷斑法及硼氢化物还原比色法，以及食品中无机砷测定的原子荧光法和银盐法，同时增加了食品中总砷测定的 ICP-MS，以及食品中无机砷测定的液相色谱-原子荧光光谱法（liquid chromatography atomic fluorescence spectrometry，LC-AFS）和液相色谱-电感耦合等离子体质谱法（liquid chromatography inductively coupled plasma mass spectrometry，LC-ICP-MS），见表4-8。目前，国际上常用的食品中砷含量的检测方法包括 ICP-MS 法、LC-ICP-MS 法、电热原子吸收光谱法（electrothermal atomic alsorption spectroscopy，ETAAS）、LC-AFS 法、氢化物发生原子荧光光谱法（hydride generation atomic fluorescence spectrometry，HG-AFS）、高效液相色谱-电感耦合等离子体质谱法（high performance liquid chromatography inductively coupled plasma mass spectrometry，HPLC-ICP-MS）、高效液相色谱结合氢化物发生原子荧光法（high performance liquid chromatography combined with hydride generation atomic fluorescence spectrometry，HPLC-HG-AFS）等。

表4-8 我国现行食品中总砷和无机砷含量检测标准

类别	前处理方法	检测方法	检测限	参考标准
tAs	微波消解法和高压密闭消解法	ICP-MS（第一法）	0.003 mg/kg	GB 5009.11—2014
	湿法消解或干灰化法	HG-AFS 法（第二法）	0.01 mg/kg	GB 5009.11—2014
	硝酸-高氯酸-硫酸法、硝酸-硫酸法或灰化法	银盐法（第三法）	0.2 mg/kg	GB 5009.11—2014
iAs	硝酸法	LC-AFS（第一法）	稻米 0.02 mg/kg，水产动物 0.03 mg/kg，婴幼儿辅食 0.02 mg/kg	GB 5009.11—2014
	硝酸法	LC-ICP-MS（第二法）	稻米 0.01 mg/kg，水产动物 0.02 mg/kg，婴幼儿辅食 0.01 mg/kg	GB 5009.11—2014

3.3.3 生物样品砷含量的检测方法

我国现行血样和尿样砷含量检测标准见表4-9。目前，国际上常用的生物样本中砷含量检测方法包括 ICP-MS 法、ICP-AES 法、电感耦合等离子体光发射光谱法（inductively coupled plasma optical emission spectrometry，ICP-OES）、HG-AFS 法、HG-AAS、ETAAS 等。由于不同形态砷化物具有不同的生物毒性，因此，传统的总砷检测技术及毒性评判方法已不能满足鉴别砷化合物与评估其毒性作用的要求。生物样本中不同形态砷化合物的分离、检测技术已逐渐成熟。目前常用的分离技术主要包括溶剂萃取法、毛细管电泳法、离子交换法、色谱法、氢化物发生法等。常规的检测技术包括原子吸收光谱法、ICP-MS、中子活化分析法、原子荧光光谱法等。近年来，联用技术的发展大大推动了砷形态分析的研究。常规的联用技术包括离子色谱－质谱联用技术、光谱分析法联用技术、高效液相色谱－质谱联用技术等。目前，常用于砷形态分析的联用技术为 HPLC-ICP-MS，HPLC-ICP-MS 联用技术已成为是砷化物形态分析中的较为完善、最有发展前景的高灵敏检测手段之一[288]。Nguyen 等[289]采用 HPLC-ICP-MS 技术分析了人血清和尿液样品中 5 种不同类型砷化合物的含量。林琳等[290]建立了血液和尿液中常见 6 种砷形态化合物的 HPLC-ICP-MS 分析方法，并将该方法应用于涉砷中毒案件的司法鉴定及砷剂治疗患者血液和尿液中砷形态化合物的检测。此外，Chajduk 等[291]还将 HPLC-ICP-MS 方法应用于婴儿食品中砷的形态分析。

表 4-9 我国现行血样和尿样砷含量检测标准

介质	前处理方法	检测方法	检测限	参考标准
尿液	混合酸（硝酸、硫酸、高氯酸）加热消化	HG-AFS	0.5 μg/L	WS/T 474—2015
血液	65%浓硝酸消解	ICP-MS	0.000 6 μg/L	SF/Z JD0107012—2011

3.4 创新应用技术

尽管现场检测技术发展迅速，但环境样品中的实验室检测和现场检测能力仍有相当大的差距。Hagiwara 等[292-293]开发出了一种手持式 XRF 光谱技术，该方法测定的井水样品中的砷浓度与原子吸收光谱法获得的结果相似，可用于现场测定饮用水中的砷的定量分析。Mohd 等[294]于 2020 年最新报道了一种基于现场适用的样品制备方法和基于智能手机的光学传感技术来检测受污染土壤中砷的新方法，该方法建立了现场样品预处理和现场土壤样品中砷定量的传感器集成检测系统，采用单次弱酸萃取和固相萃取柱纯化相结合的方法，有效地去除了有机酸和金属离子等干扰物质，建立了一种基于核酸适体和金纳米粒子（AuNPs）的比色分析方法，优化后的智能手机的检测系统在水样中的检出限为 14.44 μg/L，在野外土壤样本中的检出限为 1.97 mg/L，通过对多个地点的现场测试证实该检测方法具有很好的灵敏性和稳定性，检测所需的分析步骤具有便携式的优点，现场检测所需时间预计小于 3 h，可对土壤中的砷污染进行现场测试。

4 应用 MOA/AOP 框架揭示砷毒作用机制

4.1 毒代动力学研究

4.1.1 常用的砷经口暴露 PBPK 模型

毒理学 PBPK 模型是一种通过模拟药物或毒物在人类或其他动物体内的动力学过程和代谢过程,预测其在目标靶点有效浓度的工具,目前被广泛应用于药物开发、有毒有害物质的管理等。PBPK 模型建立以后,可以根据模型特征和目的选择合适的 MATLAB 等数学运算软件者或商业软件对模型进行模拟和灵敏度分析并检验模型是否需要简化,最后进行模型验证和参数优化。常用的软件如 MATLAB、GastroPlus、Simcyp、PK-Sim、Cloe PK、acslXtreme、PKQuest[295]。表 4-10 总结关于砷的主要 PBPK 模型构建情况。

表 4-10 砷的主要 PBPK 模型构建

适用种属	房室类型	可模拟的暴露途径	作者及年份
仓鼠,家兔	肺、血浆、红细胞、肝、消化道、皮肤、肾等	口服,气管滴注,静脉注射	Mann et al, 1996[296]
人	6 个组织单元(血液、肝脏、肾脏、肺、皮肤和其他组织)、4 个吸收单元(胃肠道、鼻咽、气管/支气管、肺)和 3 个排泄单元(角蛋白、尿液、粪便)组成	口服,吸入	Mann et al, 1996[296]
人	肺、皮肤、脂肪组织、肌肉、肾、肝、消化道、胃、胆囊等	口服	Yu et al, 1999[297]
B6C3F1 小鼠;C57Bl/6J 小鼠	肺、血浆、红细胞、肝、消化道、皮肤、肾等	口服	Gentry et al, 2004[298]
人	肺、肝、消化道、肌肉、脑、皮肤、心脏	口服	El-Masri and Kenyon, 2008[299]

关于砷化物的 PBPK 模型最早于 1996 年由 Mann 等建立[296]。该模型模拟了仓鼠和家兔通过口服、气管滴注、静脉注射途径暴露无机砷时的代谢动力学过程,模拟的组织房室有肺、血浆、红细胞、肝、消化道、皮肤、肾等。经口途径暴露下,iAs 从消化道进入肝脏过程模拟为一级反应过程;组织间的转移分布过程为组织限流型,转移速率根据毛细血管厚度和孔径大小估算得到。砷化物的 As(V) 到 As(Ⅲ) 还原过程发生在血

浆，而逆向的氧化过程除血浆外，还被认为可以发生在肾脏。无机砷的一甲基化过程和二甲基化过程模拟只在肝脏发生。该模型通过仓鼠和家兔不同暴露途径下的尿液及粪便的总砷数据逆推了吸收、组织分布、代谢及胆汁代谢等参数。该模型可以较准确地预测砷代谢物在尿液的排泄浓度及在肝脏、肾脏和皮肤等靶器官砷的含量。

在此基础上，Mann等通过调整生理、吸收和代谢等参数将该模型外推至人体[296]。该模型由6个组织单元（血液、肝脏、肾脏、肺、皮肤和其他组织）、4个吸收单元（胃肠道、鼻咽、气管/支气管、肺脏）和3个排泄单元（角蛋白、尿液、粪便）组成，并分别考虑了口服和吸入（水和食物口服摄入及吸入含砷灰尘和烟雾）2种暴露途径，可以模拟iAs的4种主要代谢产物即砷酸盐、亚砷酸盐、砷酸甲酯和砷酸二甲酯在人体的吸收、分布、代谢和排泄过程（图4-4）。该模型还可用于描述不同途径暴露对动力学的影响，并用于模拟各种实际暴露场景[296]。该模型预测在砷暴露人群中，饮水中含量超过 50 μg/L 相较于通过吸入 10 g/m³ 浓度的砷化物，会导致更高的尿砷含量。

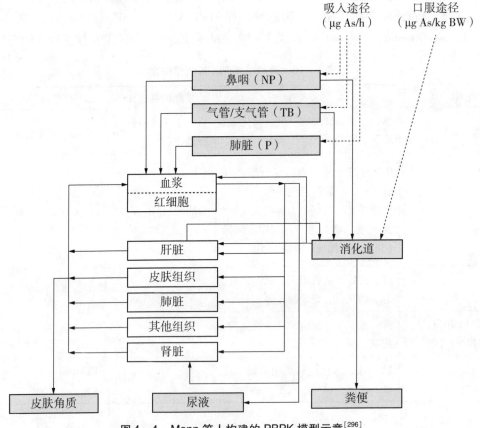

图4-4 Mann等人构建的PBPK模型示意[296]

Yu[297]于1999年开发了一个基于生理学的人体无机砷释放的PBPK模型（图4-5）。模型包括的房室有肺、皮肤、脂肪组织、肌肉、肾、肝、消化道、胃、胆囊等，该模型侧重于通过口服途径进行短期暴露，可以预测体内无机砷及其2种代谢物（MMA、DMA）的动力学行为，包括血液和组织浓度、甲基化砷化合物的代谢及这些化合物的排泄，有助于提高对无机砷在不同剂量和不同暴露情况下（如单次口服或多次口服）相关风险评估问题的理解。Gentry 等[298]根据 Mann 方法，构建出不同种属小鼠的静脉注射和一次经口途径砷暴露的 PBPK 模型，该模型考虑了 MMA 转化到 DMA 过程中，As（Ⅲ）在其中的非竞争作用。该模型在经过不同数据的验证后，显示出较高的稳定性。

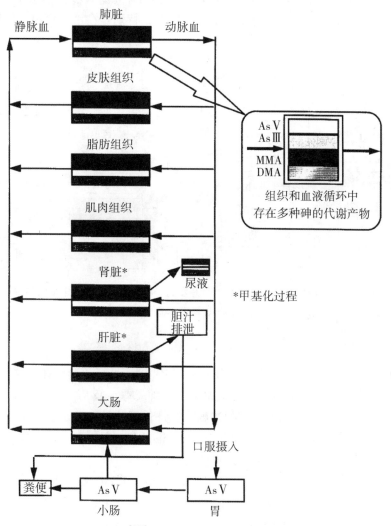

图 4-5 Yu[298]构建的无机砷 PBPK 模型结构示意

El-Masri 和 Kenyon[299]于 2008 年开发了针对人类数据进行评估的以生理学为基础的 PBPK 模型，这也是目前接受度最高的 PBPK 模型。该模型采用 acslX Libero 软件（version 3.0.2.1；The AEgis Technologies Group，Inc.）编码，可用于预测口服砷酸盐、亚砷酸盐或有机砷农药后人体组织和尿液中砷及其代谢物的含量。该模型由 4 个相对独立的子模型连接构成，即 iAs（Ⅴ）和 iAs（Ⅲ）、MMA、DMA，同时模拟在肝、肾及尿液排泄过程中 MMA 与 DMA 的还原发生。每个子模型对消化道、肺、肝、肾、肌肉、皮肤、心脏和脑部的平衡态的描述均采用血流灌注限制房室模型。根据砷化物的溶解度、暴露途径、靶器官及代谢发生场所进行模拟组织器官的选择。砷化物在肝脏的代谢过程模拟为伴随一系列的氧化还原反应的甲基化反应,同时考虑了甲基化产物对甲基化过程的抑制反应。El-Masri 等在参数计算前,首先用细胞、组织模型数据对参数进行了敏感性分析,使得有限的人体排泄数据只用来优化最敏感的一些参数(图 4-6)。2018 年,El-Masri 等[300]利用来自 2 个不同人群(孟加拉国和美国砷暴露人群)的数据对该 PBPK 模型进行了评估,评估结果说明该模型在暴露重建中,特别是在水和食物中的砷经口暴露重建中具有很强的实用性。

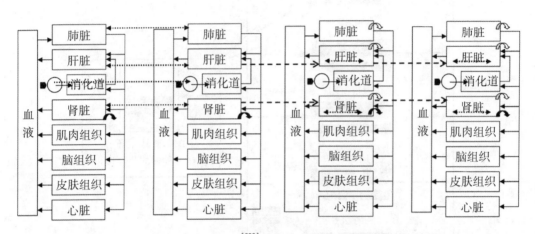

图 4-6　El-Masri 和 Kenyonk[299]开发的无机砷和甲基化代谢物的整体 PBPK 模型示意

4.1.2　应用以上 PBPK 模型进行模拟、外推的研究

Liao 等[296]将 Mann 等和 Yu 等[297]构建的 PBPK 模型进行了调整并与 Weibull 剂量-效应模型相结合,构建了 Weibull-PBPK 模型,将砷暴露-反应关系转化为基于内剂量的反应函数,估算了安全饮用水中砷的浓度,并评估了砷暴露对儿童皮肤病变患病率的影响的相对大小[301]。该调整后的模型将基于 Weibull 模型的砷流行病学与 PBPK 模型联系起来,与传统模型相比具有明显的理论优势,因为它可以潜在地考虑影响砷引起的不良健康反应的生理和环境因素。Dede 等[302]对 Mann、El-Masri 和 Kenyon 开发的 PBPK 模型进行了整合和部分修改,选用 MATLAB® 软件进行 PBPK 模拟,以确定采集生物样品的最佳时间及纵向生物监测研究的参与者是否接触过砷。研究结果发现,改进后的 PBPK 模型能够很好地再现文献数据,证明数学建模在优化纵向研究设计方面具有很好的应用价值。Dong 等[303]对先前的几种 PBPK 模型(El-Masri 和 Kenyon, 2008; Liao 等, 2008; Yu, 1999)进行了整合和修改,并结合 Bayesian 模拟技术及已经公开的美国全膳食研究(TDS, 2006—2011)的数据和 NHANES(2011—2012)数据资料进行改进,并利用优化后的 PBPK 模型估算出了美国普通人群总砷和无机砷的每日膳食摄入量分别为 0.15 μg/kg 和 0.028 μg/kg,尿砷(Ⅲ)水平(几何平均值 0.31 μg/L)在总砷(几何平均值 7.75 μg/L)中的比例约为 4%,并推导出了无机砷暴露的口服参考剂量为 0.8 μg/(kg·d)。该研究为如何利用可公开获得的数据和计算技术来完善人类健康风险评

估和相关法规的制定提供信息。

4.2 毒效学研究

4.2.1 砷毒性作用机制

4.2.1.1 砷致神经毒性作用机制

砷引起神经毒性的机制主要包括：①砷暴露后活性氧（ROS）活性增加，脂质过氧化物增加，超氧化物歧化酶活性降低，导致氧化应激引起的神经毒性。②砷暴露导致p38丝裂原活化蛋白激酶（p38 mitogen-actived protein kinase，p38 MAPK）、c-Jun氨基末端激酶3（c-Jun N-terminal kinase 3，JNK3）信号通路上调，导致脑神经元凋亡，从而导致脑毒性。③细胞骨架结构的不稳定和破坏是砷神经毒性的重要机制。[304]（图4-7）

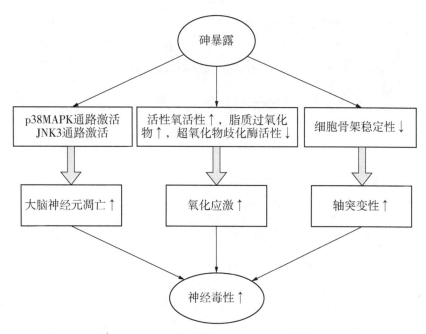

图4-7 砷致神经毒性的三种主要机制[304]

4.2.1.2 砷致糖尿病发病机制

目前，已报道的砷诱导糖尿病机制主要有6个方面（图4-8）：①胰腺β细胞损伤[305-308]。②抑制胰岛素依赖型葡萄糖摄取[309-312]。③胰腺β细胞功能障碍[313-316]。④促进肝脏糖异生[317-318]。⑤与砷毒性和疾病易感性相关的基因多态变异[319-323]。⑥与砷暴露相关的表观遗传修饰的改变，如扰乱DNA（CpG）甲基化、影响与糖尿病相关miRNAs的表达[323-328]。这些机制都得到了体内和体外研究的支持[329-330]。

4.2.1.3 砷致雄性生殖毒性作用机制

砷可以通过多种途径诱导雄性生殖损伤（图4-9）：①砷可以引起下丘脑-垂体-性腺轴功能紊乱、睾酮合成抑制[331-334]。②砷可以直接与精子核染色质中的巯基蛋白结合，抑制精子发生[334-336]。③砷能够通过诱导生精细胞和支持细胞的凋亡或直接作用于

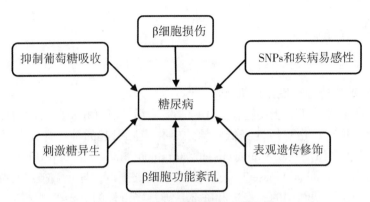

图4-8 砷诱导糖尿病的主要机制

睾丸的支持细胞和间质细胞而发挥毒性作用[337-339]。④砷还可以激活 ERK/AKT/NF-κB 信号通路,导致男性生殖功能障碍[340-341]。⑤砷能够通过抑制精子获能和精子-卵子融合的过程,导致受精缺陷[342-343]。另外,砷可以通过上调组蛋白 H3K4 的二甲基化和下调 SPR-5 产生跨代生殖毒性[176]。

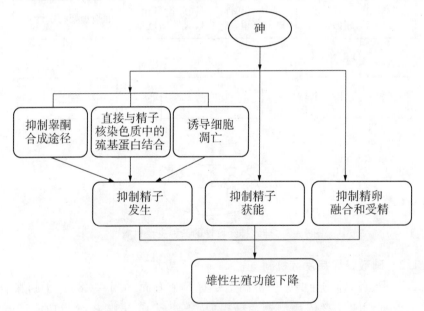

图4-9 砷致雄性生殖毒性的主要作用机制

4.2.1.4 砷致肝脏毒性作用机制

砷暴露诱导的肝脏毒性的主要机制见图4-10。一方面,由于慢性砷暴露后氧化应激和 ROS 活性增加导致关键激酶信号分子如 JNK、p38MAPK 和细胞色素-P450(CYP450)被激活,这些分子可诱导细胞损伤、细胞凋亡和胆汁酸蓄积,从而引起肝毒性[344-345]。另一方面,砷暴露后 ROS 活性增加也可能诱导脂质过氧化,进一步导致肝细胞损伤和肝脏毒性[345-346]。

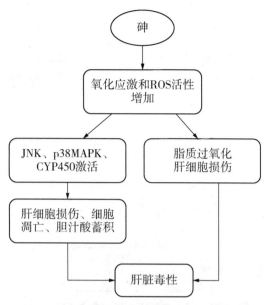

图4-10 砷暴露引起肝脏毒性的主要机制

4.2.1.5 砷影响心血管系统作用机制

一方面，砷暴露通过增加 ROS 和氧化应激，导致一氧化氮的生物利用度降低；另一方面，砷暴露增加了它与疏基的相互作用，阻碍了细胞内的新陈代谢。这两种毒性作用可引起内皮功能不全、细胞因子、炎症介质和动脉粥样硬化基因表达增加，从而导致动脉粥样硬化和其他心血管并发症[141]。图 4-11 描述了砷引起动脉粥样硬化和其他心血管并发症的主要机制。

4.2.1.6 砷致癌机制

砷致癌的分子机制尚不清楚，目前已提出的机制包括：①砷诱导 ROS 和氧化应激[347-349]。②砷具有致突变性和遗传毒性，可导致染色单体和染色体的数量及结构发生显著变化[350-352]，还可诱导 DNA 损伤[353-357]、DNA 修复抑制[358-360]、基因表达异常[361-362]。③砷可导致表观遗传调控机制失调[363]。其中，DNA 甲基化[364-369]、组蛋白修饰[370-373]和 microRNA 表达失调已被确定为无机砷毒性的主要表观遗传机制[374-376]。④砷可以激活或抑制转录因子与 DNA 结合，干扰信号转导[377-380]。⑤砷能够诱导细胞增殖[381-382]。⑥砷对免疫系统的多重影响往往会降低免疫监视系统，增加感染率、自身免疫性疾病及癌症等疾病的发生[383-385]。图 4-12 展示了砷致癌的可能作用机制。

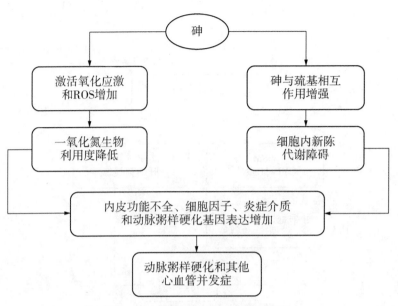

图4-11 砷致心血管疾病主要机制

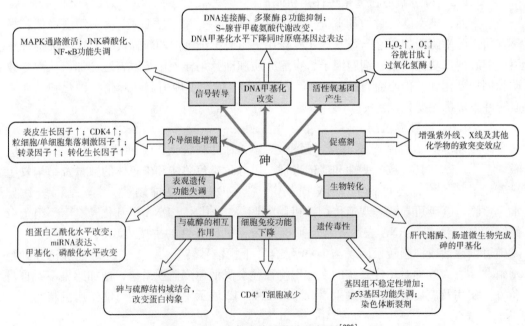

图4-12 砷致癌的可能作用机制[386]

4.2.2 经口暴露砷导致不良健康结局毒效应MOA

4.2.2.1 MOA/AOP概述

毒作用模式（MOA）的概念最早于2005年由USEPA在致癌物风险评估指南中提出，定义为：从化学物与细胞相互作用开始的一系列解剖学生理学上的变化，最终可导致不良结局的发生[387]。化学物 MOA 在非致癌效应评估中同样有巨大应用。对一个化学物 MOA 的理解可以为定量评估非致癌效应风险时采取恰当的方法应用提供重要支撑。有害结局路径（AOP）是描述从一个应激源与生物体内生物大分子相互作用，产生分子起始事件（MIE），随后可能经过一系列独立的中间关键事件（KEs），最终累积产生不良结局（adverse outcome，AO）的生物过程[388]。AOP 与 MOA 相比，前者侧重细胞内各种反应之间的关系，不拘于化学物本身；后者则是根据不同的化学物进行研究，研究还涵盖不良结局发生相关联的不同化学物代谢和剂量反应关系。另一方面，AOP 的研究有助于生物体内广泛存在的机制通路信息，在不同化学物致癌效应及非致癌效应 MOA 中得以应用，同时对某一特定化学物指定风险管理决策提供更多的科学依据[389]。

MOA 和 AOP 之间的一个关键区别是前者注重考虑化合物在体内的代谢过程[389]。人群中对砷化物接触途径主要是饮用水中的可溶性无机砷，无机砷化合物通常以 iAs（Ⅲ）和 iAs（Ⅴ）的形式存在。在血液和组织中，As（Ⅴ）经过还原反应成为毒性更强的 As（Ⅲ）。在肝脏中进入甲基化代谢途径，转化为 MMA 和 DMA。砷化物代谢过程中 3 价的 MMA 和 DMA 被认为是毒性最大的中间产物。因此，砷化物的甲基化也被认为是毒性增强的生物活化过程。然而当长期暴露时，如水源途径，砷的甲基化又是其排出体外的必要代谢过程。无机砷在哺乳动物体内最终主要转化为 DMA，甲基化发生伴随着肝脏的一系列氧化还原步骤，导致组织中同时存在多种中间产物反应[390]。在对砷化物代谢过程中的一些中间产物进行体内体外的毒理学测试时，发现其展现出不同的毒理学特性，因此，不同的砷代谢的中间产物可能通过相似或者相对独立的 MOAs 最终导致不良结局的发生。此外，砷化物中间产物间可能存在的协同作用也对 MOAs 的研究带来了一定的困难。此外，剂量－反应关系也是 MOA 着重研究的范畴。尽管我们已经有几个可用的砷的 PBPK 模型，但在应用到砷 MOA 的开发上还需要更多的工作，需要更完整的中间代谢物动态变化数据，帮助确定 MOA 中一些关键事件的时间及剂量反应信息。

4.2.2.2 砷致癌效应 MOA

动物试验中，早期发育阶段的经口途径的砷暴露通常不会引起致癌效应[391]。相反，大量的人类流行病学研究已经证实，饮水途径高剂量无机砷的暴露（>100 μg/L）在多种组织中存在致癌效应，包括膀胱、肝脏、皮肤[392-393]。在砷致癌效应过程中，3 价砷进入不同靶器官组织细胞内，与生物大分子的巯基和/或硒原子等组织靶点的结合是早期的 MIE，这其中也包括通过与 PARP-1、Keap-1 等分子结合影响超氧化物、过氧化氢和其他 ROS 的形成[394]。在此基础上，导致一系列关键事件并介导肿瘤的发生，主要的关键事件包括氧化应激、细胞增殖/凋亡、癌症促进和/或进展、DNA 损伤修复异常、p53 基因抑制、染色体异常、DNA 甲基化模式改变和基因扩增等[395]。

在砷致癌的不同器官中，MOA 可能有很大不同，如肺暴露在体内最高的氧张力下，ROS 可能优先在肺组织中形成。在无机和甲基化砷的排泄过程中，膀胱通过正常的血液循环和膀胱腔暴露于砷的中间代谢产物，特别是 DMA（Ⅴ）和 DMA（Ⅲ）[394]。氧化应激在砷致癌效应中作用已经被广泛研究。Kitchin 等总结砷致癌效应中氧化应激作为一种可能的作用方式，提出砷通过氧化应激引发致癌效应的 MOA（图 4-13）：增加 ROS 的产生并降低细胞抗氧化能力、氧化应激反应、DNA 损伤、DNA 修复，细胞增殖和突变积累[396]。

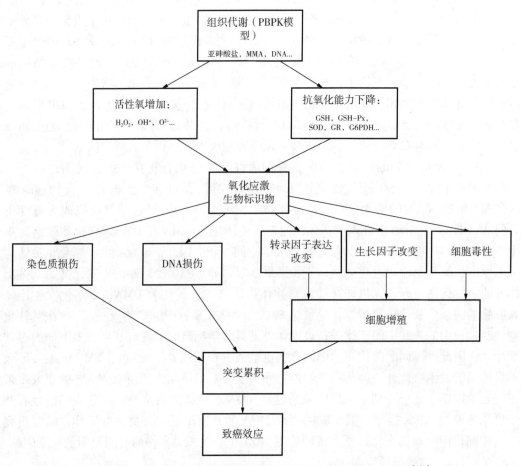

图4-13 氧化应激作为关键事件在砷诱发癌症中的MOA模型[396]

Clewell 等[397]尝试应用化学物非特异的 AOPs 建立化学物特异的 MOA。研究中提出的 AOP 与化学物质破坏细胞信号途径相关，化学物质与细胞蛋白中的邻二硫醇强结合，导致炎症和氧化应激信号中断，同时抑制 DNA 损伤反应，最终引发致癌效应，见图4-14。此外，砷引起细胞某些关键基因甲基化的改变也是可能的砷致癌效应的 MOA 之一，如通过改变肿瘤抑制基因或癌基因的甲基化进行，如 c-myc、rac1、p16。因此，就有必要基于不同的起始事件或者早期关键事件，以及不同的损伤效应结局，建立系统的 MOA 或者 AOP，才能更为清晰认识砷毒性作用过程中的复杂性。本章总结现有的砷致癌效应 MOA 及相关文献报道，选取了其中具有代表性的 KEs 及证据较为充分的关键事件上下游关系 KERs 进行综述（表4-11）。

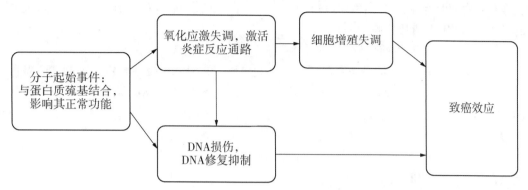

图 4-14 砷与蛋白巯基结合为 MIE 的有害结局路径[379]

表 4-11 砷致癌效应 AOP 框架

AOP 模块	具体内容
MIE（分子水平）	与蛋白质巯基基团结合，Nrf2 通路激活
KE1（细胞功能）	氧化应激失调，激活炎症反应通路
KE2a（细胞功能）	DNA 损伤，DNA 修复抑制
KE2b（细胞功能）	染色质损伤，染色体断裂
KE3（组织器官）	细胞增殖失调
AO（系统层面）	致癌效应

（1）MIE：与蛋白质巯基基团结合。

体外实验中，亚砷酸盐被证实可以与微管蛋白、KEAP-1、硫氧还原蛋白、雌激素受体、砷甲基化酶结合[398]。三价砷与蛋白巯基结构结合是可逆的，并且可以通过提供充足的硫醇基团如谷胱甘肽来降低三价砷的毒性。然而，亚砷酸盐与邻二硫酚的结合很难逆转，如亚砷酸盐与硫辛酸结构结合，可通过产生乙酰辅酶 A、破坏丙酮酸氧化酶系统，导致砷急性毒性作用[399]。

（2）KE1：氧化应激失调，激活炎症反应通路。

当亚砷酸盐在细胞内与 Nrf2-KEAP-1 复合物结合时则会导致 Nrf2 氧化应激信号的激活，当与 IKBα/IKB 激酶结合时会引起 NF-κB 炎症通路的激活[400]。当敲除 Nrf2 时则会显著降低砷导致的抗氧化反应[401]。同时，有文献支持砷可引起氧化应激相关的基因表达上调，包括 HMOX1、TXNRD1、TXN、THBD[402]等。

（3）KE2：DNA 损伤，DNA 修复抑制。

一方面，砷引起的氧化应激造成 DNA 损伤压力增加；另一方面 3 价砷通过与 PARP-1 蛋白邻二硫酚结构结合置换锌指结构中的 Zn，抑制其 DNA 碱基切除修复功能[401]。砷可抑制 DNA 连接酶Ⅰ、Ⅱ和Ⅲ，并在高剂量（1～5 mM）下对 DNA 多聚酶和 O-6-甲基鸟嘌呤-DNA 甲基转移酶存在抑制作用[403]。

(4) KE3：染色体断裂。

砷是明确的染色体诱变剂。因为它们能破坏纺锤体，尤其是在细胞生长分裂阶段。由于染色体的断裂和整个染色体数目的丢失或获得是诱发癌症的重要驱动力，这可能对砷致癌的 MOA 有直接影响。

(5) KE4：细胞增殖失调。

砷暴露引起的 Nrf2 信号通路激活，可通过 AP-1 和 NF-κB 控制凋亡，抑制 p53 基因的表达，并降低细胞周期蛋白激酶表达影响细胞 G2/S 分裂周期的调控[404]；Nrf2 介导的 ERK 和 NF-κB 激活与细胞转化有关。细胞炎症通路基因表达激活，如白介素-1、白介素-6、白介素-8[404]，导致细胞因子稳态破坏、DNA 损伤及损伤修复能力下降、凋亡信号失控、细胞周期检查点失调，均加剧细胞增殖失控；同时，与增殖信号相关的基因蛋白如 VEGF、ERK、Akt[404] 等表达增加。

(6) AO：突变累积，致癌效应。

氧化应激稳态破坏，DNA 损伤及损伤修复能力下降，凋亡信号失控，细胞周期检查点失调，均加剧细胞增殖失控，导致致癌作用的产生[405]。

4.2.2.3 经口暴露砷导致男（雄）性生殖损害效应 MOA

近些年，已有多个人群研究报道了砷与男性生殖损害的关联；在动物模型中，也证实了砷化物可以引起精子数目及质量的下降。但目前对砷致男性生殖的毒作用模式并不明确，可能的机制有激素水平的下降、氧化应激引起生精细胞及性腺组织的凋亡；也有研究报道砷可与成熟精子富含二硫酚基团的结构区域直接结合导致其运动能力的下降。目前，砷化物导致激素水平下降的潜在毒作用模式证据链较为完善，基于此我们构建了其 MOA（表 4-12）。

表 4-12 砷男（雄）性生殖毒效应 AOP 框架

AOP 模块	具体内容
MIE（分子水平）	糖皮质激素受体激活等
KE1a（细胞功能）	睾丸间质细胞凋亡，数目下降
KE1b（细胞功能）	固醇类激素合成酶表达抑制
KE2（细胞功能）	睾丸间质细胞睾酮水平合成能力下降
KE3（组织器官）	循环睾酮水平下降
KE4（组织器官）	精子细胞合成数目减少，精子质量下降
AO（系统个体层面）	男性生殖力下降

(1) MIE：可能的分子起始事件有糖皮质激素受体（glucocortoid receptor，GR）激活、过氧化物酶体增殖物激活受体 α（peroxisome proliferators-actived receptors α，PPARα）受体激活等。

Lopez 等[406] 在体外实验中发现低剂量的亚砷酸盐可与 GR 的二硫酚结构域形成稳定的复合体。亚砷酸盐可作为一种调节 GR 的特异性试剂[407]；在小鼠肝源细胞 H4ⅡE 中，$0.3 \sim 3.3 \mu mol/L$ 的亚砷酸盐尚未表现细胞毒性时，即可与 GR 直接结合成稳定复合物并选择性改变 GR 介导的转录反应[408]。

在一项计算毒理研究中，预测 GR 通路的激活是砷致发育毒性的关键事件[409]；体外鸡胚培养测试表明，抑制 GR 可激活对砷致神经发育毒性产生部分保护作用[410]。综合以上，砷化物可与 GR 结合作用，并在砷化物的多种毒性中扮演重要角色，但目前在生殖系统中，GR 与砷化物的相互作用尚无相关研究，须进一步证实。

（2）KE1a：睾丸间质细胞凋亡，数目下降。

体外实验中，Mu 等[411]发现 $NaAsO_2$ 和 DMA 可通过激活内/外源凋亡途径诱导小鼠源睾丸间质瘤细胞系 MA-10 的凋亡[411]；动物实验中表明，砷可导致睾丸间质细胞萎缩，继而降低睾酮的合成。Pant 等发现 53.39 μmol/L $NaAsO_2$ 通过饮水途经染毒时长 365 天，可导致小鼠睾丸酸性磷酸酶（acid phosphatase, ACP）和 17β-羟基类固醇脱氢酶（17β-HSD）活性显著降低及乳酸脱氢酶（lactate dehydrogenase, LDH）和 γ-谷胱甘肽转移酶（γ-glutamyl transpeptidase, γ-GT）活性明显升高，提高 $NaAsO_2$ 暴露可导致睾丸支持细胞核间质细胞受损[175]。另外，GR 的激活对间质细胞的损害作用明确，如 100 nM 的 GR 激活物皮质酮（corticosterone, CORT）可引起间质细胞的凋亡。CORT（2.5～7.5 mg/kg）可引起大鼠间质细胞标志物 11β-类固醇脱氢酶（11β-HSD）和睾酮水平的显著下降[412]。

（3）KE1b：固醇类激素合成酶表达抑制。

砷可引起固醇合成酶的表达下降。砷暴露可引起固醇合成相关基因转录的下调，包括 Lhr、Star、P450scc、Hsd3b、Cyp17a1、Hsd17b 和 Arom[413]；雄性小鼠暴露 As_2O_3（0 mg/kg、0.15 mg/kg、0.30 mg/kg、1.50 mg/kg、3.00 mg/kg）3 周后表现出生精过程的抑制，并下调了 3β-HSD、CYP17 和 P450SCC 等酶的表达导致睾酮水平的降低[414]。

（4）KE2：睾丸间质细胞睾酮水平合成能力下降。

雄性小鼠暴露 0.5 mg/kg 体重 As_2O_3 30 天后，可引起 3β-HSD 和 17β-HSD 的降低，并造成睾酮合成前体物胆固醇蓄积，睾酮合成降低[415]；Huang 等人通过饮水途径对大鼠分别进行 1 mg/L、5 mg/L、25 mg/L $NaAsO_2$ 暴露，发现血清睾酮及其产物雌二醇水平下降，通过进一步的蛋白组学和代谢组学联合分析发现，与生精过程、精子功能、受精、内生殖器发育、交配行为相关的蛋白和代谢产物均发生了改变[416]。

（5）KE3：睾酮水平下降。

在中国台湾高砷暴露地区进行的一项队列研究[417]发现，暴露组（$n = 177$，年龄 > 50 岁）通过饮水途径暴露砷剂量大于 50 μg/L 的人群中血清睾酮水平降低，同时勃起障碍风险增大。Guo 等[418]在中国人群中（$n = 127$，19 岁 < 年龄 < 43 岁）同样发现砷暴露引起睾酮的降低。动物实验证实了砷致睾酮水平下降，如 Sarkar 等[419]通过对成熟小鼠暴露 $NaAsO_2$（5 mg/kg）26 天后发现血浆中睾酮水平的降低，同时伴随 LH、FSH 的降低。

（6）KE4：精子细胞合成数目减少，精子质量下降。

大鼠暴露 $NaAsO_2$（8 mg/kg）8 周后表现出精子数目、活力形态的损害效应[420]。低剂量 As_2O_3（20 mg/kg）慢性暴露通过对精子超微结构的破坏引起精子活力的降低。同时，在生精过程中，与顶体和鞭毛形成相关的蛋白表达出现了下降，如 DPY19L2、AKAP3、AKAP4、CFAP44 和 SPAG16[421]。

(7) AO：男性生殖力下降。

Shen 等[422]进行的一项中国汉族人群中的病例对照研究发现，尿砷水平与男性不育率相关性显著。Wang[423]在另一项临床病例研究中发现，尿液中 5 价砷水平和 PMI（MMA 与尿总砷比值）与原因不明的男性不育的显著相关，提示环境中的低剂量砷暴露可能会增加男性不育的风险。

4.2.2.4　经口暴露砷导致其他非致癌效应 MOA

在其他非致癌毒性效应中，相关的起始事件和关键事件与致癌效应有很大相似性，如细胞凋亡、增殖失调也是生殖发育毒性关键事件，砷可能通过凋亡和坏死诱导性腺功能障碍，以及引发生殖系统致畸效应。同样在心血管系统毒性、呼吸系统毒性、糖尿病等发生过程中，砷诱发的氧化应激、细胞炎症反应等均是其中的关键事件[424-427]。

流行病学研究[428]发现，无机砷浓度从 0.15 μg/L 至 100 μg/L 以上与神经毒性作用之间存在关联。Ahmed 等[429]注意到，高砷暴露的母亲脐血中氧化应激标记物水平和促凋亡基因（GADD45A、NOD1、CASP2、CASP8 和 TRADD）表达水平随着母体暴露量的增加而升高。在怀孕期暴露于无机砷的母亲胎盘中氧化应激和炎症增加[430]。无机砷暴露与脐血促炎细胞因子 IL-8 和 TNFα 水平呈现"U"形浓度–反应曲线。高无机砷暴露与胎盘和脐血中的促炎细胞因子 IL1β、TNFα、IFNγ 和 IL-8 的升高有关。氧化应激反应基因，如 ANGPTL7、NME5 和 MBL2，随着母体砷浓度的升高而降低。墨西哥儿童饮用水中砷暴露与外周血单个核细胞凋亡率较高相关[429]。亚砷酸盐被证明可自由穿过血/脑屏障[431]。低浓度的亚砷酸盐也可以激活中脑细胞的 Nrf2 氧化应激信号通路和 NF-κB 炎症通路[432]。上述研究也证实，在砷的毒性作用过程中，不管是致癌效应还是非致癌效应，氧化应激、炎症反应等均是其中的关键事件。

综上所述，砷暴露导致的靶器官毒性的 MOA 中，部分关键事件是相同的，这为后续评估砷的风险性提供了依据。同时，在不同的靶器官毒性发生过程中，部分 MOA 关键事件不同，体现了毒性作用的组织特异性，这为相关组织损伤发生认识提供了资料。另外，不同的关键事件之间存在相互调控，不同的关键事件也可能导致下游共同的信号通路或者结局，形成复杂的网络调控。

4.3　运用证据权重法评价经口暴露砷导致不良健康结局 MOA

对于 MOA/AOP 的可信度强度判定，需要通过证据权重法（weight of evidence, WOE）衡量证据是否充足，以发现目前 MOA 中存在的不足。目前，多使用演化中的 Bradford Hill 准则来作为评价标准[400]，该准则包含条目有：生物学合理性、关键事件的重要性、关键事件之间经验观察的一致性（包括剂量–反应关系、时间性和发生率）、不同物种间的一致性及类比性。应用 Bradford Hill 准则评估现有砷致癌效应[433]，砷致男性生殖系统损害与砷致心血管系统损害 MOA 见表 4-13 至表 4-15。

表 4-13 证据权重法分析砷致癌效应的 MOA

演化的 Bradford Hill 准则	支持的数据	不一致的数据	缺失的数据
生物学合理性	可与许多蛋白的巯基结构结合； 明确的染色体断裂剂； 抑制 DNA 修复过程； 氧化应激； 影响调节细胞周期的关键蛋白活性	未构建出致单独砷暴露的动物致癌模型	—
关键事件的重要性	染色体断裂、修复抑制或错误等事件最终可导致增殖失控	—	—
关键事件之间经验观察的一致性	过度氧化应激会加重 DNA 损伤，抑制 DNA 修复	—	砷甲基化代谢过程对于致癌效应的影响
不同物种间的一致性	人、动物均观察到与蛋白质（邻）巯醇位点高结合力，明确的促癌效应，可引起过度氧化应激等关键事件	未构建出致单独砷暴露的动物致癌模型；不同物种代谢过程差异	单独砷暴露的动物致癌模型
类比性	其他重金属，如铅、锌、镍、钴、铬、汞、镉，也是典型的致癌毒物	—	—

表 4-14 证据权重法分析砷致男性生殖系统损害的 MOA

演化的 Bradford Hill 准则	支持的数据	不一致的数据	缺失的数据
生物学合理性	砷可与 GR 结合； 砷可引起睾酮等性激素水平的下降； 砷影响生精上皮和性腺正常功能	—	砷与其他调控激素合成受体的结合数据，如 PPARα
关键事件的重要性	性激素对生精过程及精子质量的维持发挥重要作用； 氧化应激影响生精上皮线粒体功能； 抑制激素关键合成酶功能	—	—

续表 4-14

演化的 Bradford Hill 准则	支持的数据	不一致的数据	缺失的数据
关键事件之间经验观察的一致性	动物实验中观察到 LH、FSH、睾酮激素合成酶及激素水平的下降,性腺与睾丸脏器系数下降; 氧化应激导致的生精上皮损伤	—	生精上皮损伤与凋亡机制关联数据;砷的雌激素效应与生殖毒性的关联数据
不同物种间的一致性	砷暴露下,在人和动物中均观察到精子质量的下降	—	人群样本规模较小,资料缺乏
类比性	其他重金属,如铅、汞、锰、镉,也是典型的神经毒物	—	—

表 4-15 证据权重法分析砷致心血管系统损害的 MOA

演化的 Bradford Hill 准则	支持的数据	不一致的数据	缺失的数据
生物学合理性	氧化应激等导致内皮功能紊乱	—	—
关键事件的重要性	慢性炎症、脂质过氧化及血管扩张剂分泌降低导致的内皮功能紊乱是许多心血管疾病的病理基础	—	—
关键事件之间经验观察的一致性	通过慢性炎症、脂质过氧化及血管扩张剂分泌降低可引起血管内皮功能紊乱	—	—
不同物种间的一致性	人、动物中均观察到砷暴露引起心血管疾病发生	人群数据中,只有较高浓度(>100 μg/L)才观测到明显的关联	低剂量暴露关联
类比性	其他重金属,如铅、镉,也与心血管疾病相关联	—	—

4.4 应用拓扑学局部网络算法基于 CTD 和 AOP Wiki 数据开展 AOP 生物信息学分析

我们基于比较毒理学基因组数据库(CTD)和 AOP 维基数据库(AOP Wiki)表型联合分析法提出构建化学物 AOP 初步策略:主要应用拓扑学局部网络算法对化学物-表型(chemical-phenotype)、表型-疾病(phenotype-diseases)关联显著性进行分析,筛选出关键事件和有害效应结局;联合 AOP Wiki 和 CTD 分析的关键表型数据,通过

GOID 标识符，实现 CTD 表型与 AOP Wiki 中关键事件的匹配；基于匹配信息及表型显著性对 AOP 进行加权富集，建立反映化学物－表型－疾病一系列生物过程的 AOP；利用 AOP Wiki 对分子起始事件进行推断；综合利用文献对关键事件的关系进行推断和证实。该方法成功用于砷致雄性生殖损伤 AOP 构建（图 4-15）。

利用 CTD 进行 chemical-phenotype interactions 分析，结果发现 977 篇实验研究中涉及 823 个表型（phenotype），排除 360 篇异常组织中观察到的表型研究外，最终砷可导致 699 个表型（图 4-16）。进一步通过 CTD "phenotype-disease inference data" 分析，获得与 5 种男性生殖障碍疾病相关的 655 交叉表型。然后，通过 GO ID 将筛选出的砷和与男性生殖疾病相关的交叉表型作为组成 AOP 的潜在关键事件。

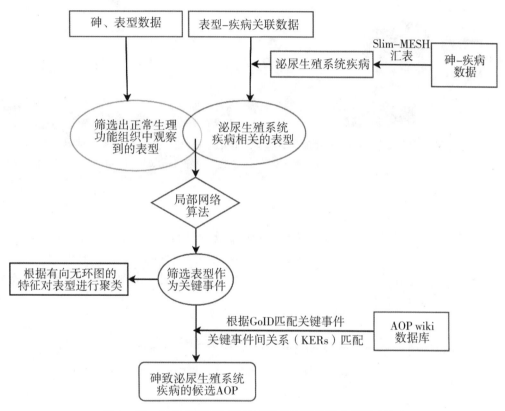

图 4-15 基于 CTD 和 AOP Wiki 的表型关联分析策略构建

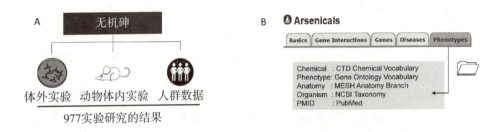
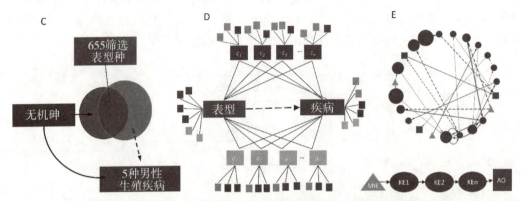

图 4-16 基于 CTD 数据库和 AOP Wiki 构建砷致雄性生殖损伤 AOP 流程

A. 基于 CTD 数据库进行化学物-表型数据提取；B. 相关表型信息的提取和标准化；C. 基于 CTD 数据进行疾病与表型的关联推断和提取；D. 化学物-基因-表型-疾病网络的构建，提取关键的表型；E. 集成 AOP Wiki 数据库建立可信的 AOP。

应用局部网络拓扑算法对表型-疾病关联显著性进行计算，根据"inference score"利用 R 软件包"pheatmap"构建了 655 个砷诱导表型与疾病的关联图，其中 655 个表型与 5 个雄性生殖损伤终点具有良好的关联，且 5 个雄性生殖损伤终点发病过程具有相似的关键事件（表型）（图 4-17）。

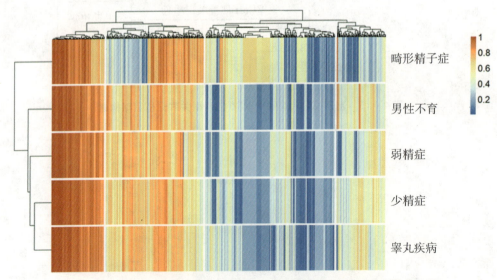

图 4-17 基于 655 个砷诱导的表型与 5 个雄性生殖损伤终点的聚类热图

我们对差异显著性排名前10%的表型（39个表型）及涉及信号通路进行了聚类分析，发现这39个表型与雄性生殖能力关键事件包括 ROS、睾酮合成、精子发生、精子运动等信号通路有关，而且与一些关键的细胞功能调控包括细胞凋亡、p38MAPK 信号通路调控、谷胱甘肽氧化酶活性等调控高度相关（图4-18）。表明相关表型选择作为雄性生殖损伤发生的关键事件是可行的。

通过 GOID 标识符，实现 CTD 表型与 AOP Wiki 中关键事件的匹配。并基于匹配信息及表型显著性对 AOP 进行加权富集。CTD 数据库中 655 个砷诱导表型从 AOP Wiki 中富集 16 条关键 AOP，从而获得 MIE、KEs 等信息。其中，关键事件覆盖率（coverage rate）高于0.4的5条 AOPs 包括2个子图集，一个通过 ROS 介导的生殖细胞凋亡，另一个聚焦于睾酮代谢途径（图4-19），详细见表4-16。

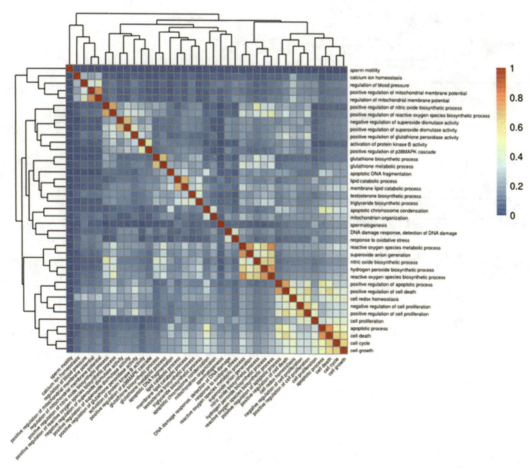

图4-18 显著性排名前10的39个表型相关性分析热图

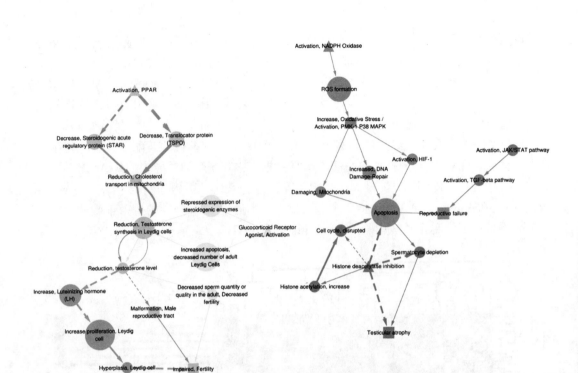

图 4-19 覆盖率高于 0.4 的 5 条 AOPs 网络图

表 4-16 关键 AOPs 信息

AOP ID	AOP 名称	MIE	富集重合率	AOP 得分
Aop: 51	PPARα 激活导致成年雄性大鼠不育	PPARα 激活	0.50	789.44
Aop: 64	GR 介导的间质细胞功能紊乱致男性生育力下降	GR 激动剂,受体激活	0.43	749.26
Aop: 207	NADPH 氧化酶和 P38 MAPK 通路激活导致秀丽隐杆线虫不育	NADPH 氧化酶活化	0.50	649.01
Aop: 70	成熟间质细胞蛋白组学改变调控其功能	睾丸间质细胞固醇合成下降,蛋白组改变	0.60	571.96
Aop: 71	糖皮质激素对成熟睾丸间质细胞功能的调节	通过肾上腺皮质酮→糖质激素上升激活睾丸间质细胞活动	0.40	364.39

5 应用 MOA/AOP 框架进行经口暴露砷风险评估

5.1 国际上最新关于经口暴露砷限值、法律规范、数据库

（1）2015年6月25日欧盟委员会（EU）2015/1006号法规，对（EC）1881/2006号法规（OJ L161，26.6.2015）中食品中无机砷的最高限量进行了修订，并于2016年1月1日开始实施新的法律，为婴儿设定了更严格的标准，将以大米为基础的婴幼儿产品中无机砷含量标准设定为每千克食品中无机砷含量为100 μg。

（2）2016年4月15日欧盟委员（EU）2016/582号委员会条例，对（EC）333/2007号条例中涉及无机砷、铅和多环芳烃的分析及某些性能标准的分析进行了修订。

（3）USEPA 和美国农业部（United States Department of Agriculture，USDA）创建食品商品摄入量数据库（food commodity intake database，FCID），该数据库提供了美国 NHANES 专门报告的每种食品100 g 中包含的每种单独食品成分的数量，以及包括尿总砷（U-tAs）和尿二甲基砷酸（U-DMA）在内的生物标志物数据。

（4）美国环境保护局（2001）国家一级饮用水法规、世界卫生组织 IPCS（2001）《砷和砷化合物》环境健康标准、欧盟委员会规定饮用水中无机砷暴露限值为10 μg/L。

（5）加拿大卫生部2017年将包装苹果汁产品中可接受的砷浓度指南降低到 WHO 限值的1/10，引发了对世界各地生产的其他食品和饮料产品的质疑。

（6）WHO，Arsenic，Fact sheet，https：//www.who.int/news-room/fact-sheets/detail/arsenic。

5.2 中国最新关于经口暴露砷限值、法律规范、数据库

（1）国家卫生和计划生育委员会、国家食品药品监督管理总局2017年3月17日发布 GB 2762—2017《食品安全国家标准 食品中污染物限量》（2017年9月17日实施）。

（2）国家卫生和计划生育委员会2015年9月21日发布 GB 5009.11—2014《食品安全国家标准食品中总砷和无机砷的测定》（2016年3月2日实施）。

（3）卫生部和国家标准化管理委员会2006年12月29日发布 GB 5749—2006《生活饮用水卫生标准》（2007年7月1日实施）。

（4）国家卫生和计划生育委员会2015年9月21日发布 GB 5009.76—2014《食品安全国家标准食品添加剂中砷的测定》（2016年3月2日实施）。

（5）国家卫生和计划生育委员会2016年10月19日发布 GB 31604.38—2016《食品安全国家标准 食品接触材料及制品砷的测定和迁移量的测定》（2017年4月19日实施）。

5.3 可能提供信息的网站

（1）中华人民共和国国家卫生健康委员会：http：//www.nhc.gov.cn/。

（2）国家食品安全风险评估中心：https：//www.cfsa.net.cn/Article/Standard.aspx。

（3）食品安全国家标准数据检索平台：https：//sppt.cfsa.net.cn：8086/db。

（4）根据我国国家卫生和计划生育委员会与国家食品药品监督管理总局 2017 年 3 月发布的 GB 2762—2017《食品安全国家标准 食品中污染物限量》，开发建立了相应的数据库（http：//db.foodmate.net/2762/），可在网络上方便快捷查询相关食品的限量要求。

（5）欧盟的食品污染物 Foodlaw-Reading：http：//www.reading.ac.uk/foodlaw/contaminants.htm。

（6）世界卫生组织食品污染监测合作中心（中国）：http：//apps.who.int/whocc/Detail.aspx? cc_ref = CHN - 24&cc_ref = chn-24&。

（7）中国参与全球环境监测计划/食品污染监测与评估规划（GEMS/Food）的国家中心（NGCs）：http：//www.who.int/foodsafety/chem/GEMS_institutions.pdf。

（8）USEPA：https：//www.epa.gov/。

6 总结

本章主要综述了环境和膳食中砷的存在形式、健康效应、检测技术，并在 TT21C 框架下基于 MOA/AOP 的风险评估方法，结合中国人群膳食砷暴露监测数据及暴露限值，总结了砷 MOA 中一些关键事件和毒性通路。我国人群膳食砷暴露风险评估需要关注和加强的方面包括：①膳食中不同形态砷的提取和检测方法的改进、推广，以及相关国家标准中检测限值的制定。②最新研究表明，砷的代谢转化具有典型的个体易感性，不同地域人群砷的暴露途径和暴露来源具有较大差异，砷毒性作用机制在不同组织器官也有较大差异，在后续的基于 MOA/AOP 风险评估时予以考虑。③关于砷 MOA/AOP 风险评估方法，还需要在技术水平上提高，包括完善的 PBPK 模型，合理的计算模型，快速、高通量的检测技术等；同时推进基于人源细胞系的毒性作用和关键信号通路解析，提供直接的实验证据，才能建立科学合理的 MOA/AOP 风险评估模型。

参考文献

[1] GARELICK H, JONES H, DYBOWSKA A, et al. Arsenic pollution sources [J]. Reviews of environmental contamination and toxicology，2008（197）：17 - 60.

[2] REGALDO L, GUTIERREZ M F, RENO U, et al. Water and sediment quality assessment in the Colastiné-Corralito stream system（Santa Fe, Argentina）：impact of industry and

agriculture on aquatic ecosystems [J]. Environmental science and pollution research, 2018, 25 (7): 6951-6968.

[3] EL-BAHNASAWY M M, MOHAMMAD AEL-H, MORSY T A. Arsenic pesticides and environmental pollution: exposure, poisoning, hazards and recommendations [J]. Journal of the egyptian society of parasitology, 2013, 43 (2): 493-508.

[4] SHI Y L, CHEN W Q, WU S L, et al. Anthropogenic cycles of arsenic in China's mainland: 1990—2010 [J]. Environmental science & technology, 2017, 51 (3): 1670-1678.

[5] DRAHOTA P, FILIPPI M. Secondary arsenic minerals in the environment: a review [J]. Environment international, 2009 (35): 1243-1255.

[6] ABRAITIS P K, PATTRICK R A D, VAUGHAN D J. Variations in the compositional, textural and electrical properties of natural pyrite: a review [J]. International journal of mineral processing, 2004, 74 (1-4): 41-59.

[7] TABELIN C B, IGARASHI T, TAMOTO S, et al. The roles of pyrite and calcite in the mobilization of arsenic and lead from hydrothermally altered rocks excavated in Hokkaido, Japan [J]. Journal of geochemical exploration, 2012 (119-120): 17-31.

[8] NORDSTROM D K, ALPERS C N, PTACEK C J et al. Negative pH and extremely acidic mine waters from Iron Mountain California [J]. Environmental science & technology, 2000 (34): 254-258.

[9] SMEDLEY P L, KINNIBURGH D G. A review of the source, behavior, and distribution of arsenic in natural waters [J]. Applied geochemistry, 2002 (17): 517-568.

[10] BOYLE R W, JOHASSON I R. The geochemistry of As and its use as an indicator element in geochemical prospecting [J]. Journal of geochemical exploration, 1973 (2): 251-296.

[11] TABELIN C B, SASAKI R, IGARASHI T, et al. Simultaneous leaching of arsenite, arsenate, selenite, and selenate, and their migration in tunnel-excavated sedimentary rocks: I. Column experiments under intermittent and unsaturated flow [J]. Chemosphere, 2017 (186): 558-569.

[12] TAMOTO S, TABELIN C B, IGARASHI T, et al. Short and long term release mechanisms of arsenic, selenium and boron from tunnel-excavated sedimen-tary rock under in situ conditions [J]. Journal of contaminant hydrology, 2015 (175-176): 60-71.

[13] TATSUHARA T, ARIMA T, IGARASHI T, et al. Combined neutralization-adsorption system for the disposal of hydrothermally altered excavated rock producing acidic leachate with hazardous elements [J]. Engineering geology, 2012 (139-140): 76-84.

[14] VONGPHUTHONE B, KOBAYASHI M, IGARASHI T. Factors affecting arsenic content of unconsolidated sediments and its mobilization in the Ishikari Plain, Hokkaido, Japan [J]. Environmental earth sciences, 2017 (76), 645.

[15] TABELIN C B, IGARASHI T, VILLACORTE-TABELIN M, et al. Arsenic, selenium, boron, lead, cadmium, copper, and zinc in naturally contaminated rocks: a review of

[16] MATSCHULLAT J. Arsenic in the geosphere-a review [J]. Science of the total environment, 2000, 249 (1-3): 297-312.

[17] HONMA T, OHBA H, KANEKO-KADOKURA A, et al. Optimal soil Eh, pH, and water management for simultaneously minimizing arsenic and cadmium concentrations in rice grains [J]. Environmental science & technology, 2016, 50 (8): 4178-4185.

[18] 李典友. 土壤中砷的含量、迁移转化及其生物效应 [J]. 皖西学院学报, 1996 (1): 66-73.

[19] 沈东升, 何增耀, 吴方正. 砷在土壤中的有效性及其价态转化 [J]. 农业环境保护, 1992 (5): 206-208.

[20] DUKER A A, CARRANZA E J, HALE M. Arsenic geochemistry and health [J]. Environment international, 2005, 31 (5): 631-641.

[21] RHINE E D, GARCIA-DOMINGUEZ E, PHELPS C D, et al. Environmental microbes can speciate and cycle arsenic [J]. Environmental science & technology, 2005, 39 (24): 9569-73.

[22] WALSH P R, DUCE R A, FASCHING J L. Considerations of the enrichment, sources, and flux of arsenic in the troposphere [J]. Journal of geophysical research, 1979 (84): 1719-1726.

[23] WAI K M, WU S, LI X, et al. Global atmospheric transport and source-receptor relationships for arsenic [J]. Environmental science & technology, 2016, 50 (7): 3714-3720.

[24] SMEDLEY P L, EDMUNDS W M. Redox patterns and trace-element behavior in the East Midlands Triassic Sandstone Aquifer, U.K [J]. Groundwater, 2002, 40 (1): 44-58.

[25] MADIGAN B A, TUROCZY N, STAGNITTI F. Speciation of arsenic in a large endoheric lake [J]. Bulletin of environmental contamination and toxicology, 2005, 75 (6): 1107-1114.

[26] RAHMAN M A, HASEGAWA H, LIM R P. Bioaccumulation, biotransformation and trophic transfer of arsenic in the aquatic food chain [J]. Environment research, 2012 (116): 118-135.

[27] HASEGAWA H, RAHMAN M A, KITAHARA K, et al. Seasonal changes of arsenic speciation in lake waters in relation to eutrophication [J]. Science of the total environment, 2010, 408 (7): 1684-1690.

[28] TANG Z, CHEN Y, CHEN F, et al. OsPTR7 (OsNPF8.1), a putative peptide transporter in rice, is involved in dimethylarsenate accumulation in rice grain [J]. Plant and cell physiology, 2017, 58 (5): 904-913.

[29] ALLEVATO E, STAZI S R, MARABOTTINI R, et al. Mechanisms of arsenic assimilation by plants and countermeasures to attenuate its accumulation in crops other than rice [J]. Ecotoxicology and environmental safety, 2019 (185): 109701.

[30] FRANCESCONI K A, EDMONDS J S. Arsenic and marine organisms [J]. Advances in inorganic chemistry, 1996 (44): 147-189.

[31] MANZOOR R, ZHANG T, ZHANG X, et al. Single and combined metal contamination in coastal environments in China: current status and potential ecological risk evaluation [J]. Environmental science and pollution research, 2018, 25 (2): 1044-1054.

[32] BENCKO V, YAN LI FOONG F. The history of arsenical pesticides and health risks related to the use of agent blue [J]. Annals of agricultural and environmental medicine, 2017, 24 (2): 312-316.

[33] MCBRIDE M B. Arsenic and lead uptake by vegetable crops grown on historically contaminated orchard soils [J]. Applied and environmental soil science, 2013 (2013): 283472.

[34] PALTSEVA A, CHENG Z, DEEB M, et al. Accumulation of arsenic and lead in garden-grown vegetables: factors and mitigation strategies [J]. Science of the total environment, 2018 (640-641): 273-283.

[35] LIU J, ZHENG B, APOSHIAN H V, et al. Chronic arsenic poisoning from burning high-arsenic-containing coal in Guizhou, China [J]. Environmental health perspectives, 2002, 110 (2): 119-122.

[36] ZHANG A, FENG H, YANG G, et al. Unventilated indoor coal-fired stoves in Guizhou province, China: cellular and genetic damage in villagers exposed to arsenic in food and air [J]. Environmental health perspectives, 2007 (115) (4): 653-658.

[37] JACKSON L S. Chemical food safety issues in the United States: past, present, and future [J]. Journal of agricultural and food chemistry, 2009, 57 (18): 8161-8170.

[38] ADAMSE P, VAN DER FELS-KLERX H J I, DE JONG J, et al. Cadmium, lead, mercury and arsenic in animal feed and feed materials-trend analysis of monitoring results [J]. Food Additives and Contaminants Part A-Chemistry Analysis Control Exposure & Risk Assessment, 2017, 34 (8): 1298-1311.

[39] DATTA B K, BHAR M K, PATRA P H, et al. Effect of environmental exposure of arsenic on cattle and poultry in nadia district, west bengal, India [J]. International Journal of Toxicology, 2012, 19 (1): 59-62.

[40] HU Y, CHENG H, TAO S, et al. China's Ban on Phenylarsonic Feed Additives, A Major Step toward Reducing the Human and Ecosystem Health Risk from Arsenic [J]. Environmental Science &Technology, 2019, 53 (21): 12177-12187.

[41] PARK S J, CHOI J C, PARK S R, et al. Migration of lead and arsenic from food contact paper into a food simulant and assessment of their consumer exposure safety [J]. Food Additives and Contaminants Part A-Chemistry Analysis Control Exposure & Risk Assessment, 2018, 35 (12): 2493-2501.

[42] YOKOI K, KONOMI A. Toxicity of so-called edible hijiki seaweed (Sargassum fusiforme) containing inorganic arsenic [J]. Regulatory Toxicology and Pharmacology,

2012, 63 (2): 291-297.

[43] DAVIS M A, SIGNES-PASTOR A J, ARGOS M, et al. Assessment of human dietary exposure to arsenic through rice [J]. Science of the Total Environment, 2017 (586): 1237-1244.

[44] GENG A, WANG X, WU L, et al. Arsenic accumulation and speciation in rice grown in arsanilic acid-elevated paddy soil [J]. Ecotoxicology and Environmental Safety, 2017 (137): 172-178.

[45] MEHARG A A, WILLIAMS P N, ADOMAKO E, et al. Geographical variation in total and inorganic arsenic content of polished (white) rice [J]. Environmental Science &Technology, 2009, 43 (5): 1612-1617.

[46] LI G, SUN G X, WILLIAMS P N, et al. Inorganic arsenic in Chinese food and its cancer risk [J]. Environment International, 2011, 37 (7): 1219-1225.

[47] ADOMAKO E E, WILLIAMS P N, DEACON C, et al. Inorganic arsenic and trace elements in Ghanaian grain staples [J]. Environmental Pollution, 2011, 159 (10): 2435-2442.

[48] HUGHES M F, DEVESA V, ADAIR B M, et al. Tissue dosimetry, metabolism and excretion of pentavalent and trivalent dimethylated arsenic in mice after oral administration [J]. Toxicology and Applied Pharmacology, 2008, 227 (1): 26-35.

[49] ISLAM S, RAHMAN M M, DUAN L, et al. Variation in arsenic bioavailability in rice genotypes using swine model: an animal study [J]. Science of the total environment, 2017, 599-600: 324-331.

[50] CALATAYUD M, GIMENO J, VÉLEZ D, et al. Characterization of the intestinal absorption of arsenate, monomethylarsonic acid, and dimethylarsinic acid using the Caco-2 cell line [J]. Chemical research in toxicology, 2010, 23 (3): 547-556.

[51] VILLA-BELLOSTA R, SORRIBAS V. Arsenate transport by sodium/phosphate cotransporter type IIb [J]. Toxicology and applied pharmacology, 2010, 247 (1): 36-40.

[52] SUñER MA, DEVESA V, MUNOZ O, et al. Application of column switching in high-performance liquid chromatography with on-line thermo-oxidation and detection by HG-AAS and HG-AFS for the analysis of organoarsenical species in seafood samples [J]. Journal of analytical atomic spectrometry, 2001, 16 (4): 390-397.

[53] HUGHES M F, KENYON E M, EDWARDS B C, et al. Accumulation and metabolism of arsenic in mice after repeated oral administration of arsenate [J]. Toxicology and applied pharmacology, 2003, 191 (3): 202-210.

[54] CARMIGNANI M, BOSCOLO P, IANNACCONE A. Effects of chronic exposure to arsenate on the cardiovascular function of rats [J]. British Journal of Industrial Medicine, 1983, 40 (3): 280-284.

[55] NEIGER R D, OSWEILER G D. Arsenic concentrations in tissues and body fluids of dogs on chronic low-level dietary sodium arsenite [J]. Journal of veterinary diagnostic investigation, 1992, 4 (3): 334-7.

[56] STYBLO M, DEL RAZO L M, VEGA L, et al. Comparative toxicity of trivalent and pentavalent inorganic and methylated arsenicals in rat and human cells [J]. Archives of toxicology, 2000, 74 (6): 289-299.

[57] SATTAR A, XIE S, HAFEEZ M A, et al. Metabolism and toxicity of arsenicals in mammals [J]. Environmental toxicology and pharmacology, 2016 (48): 214-224.

[58] THOMAS D J, STYBLO M, LIN S. The cellular metabolism and systemic toxicity of arsenic [J]. Toxicology and applied pharmacology, 2001, 176 (2): 127-144.

[59] VAHTER M, CONCHA G. Role of metabolism in arsenic toxicity [J]. Pharmacology & toxicology, 2001, 89 (1): 1-5.

[60] FAN C, LIU G, LONG Y, et al. Thiolation in arsenic metabolism: a chemical perspective [J]. Metallomics, 2018, 10 (10): 1368-1382.

[61] PETRICK J S, AYALA-FIERRO F, CULLEN W R, et al. Monomethylarsonous acid [MMA (III)] is more toxic than arsenite in Chang human hepatocytes [J]. Toxicology and applied pharmacology, 2000, 163 (2): 203-207.

[62] GREGUS Z, GYURASICS A, CSANAKY I. Biliary and urinary excretion of inorganic arsenic: monomethylarsonous acid as a major biliary metabolite in rats [J]. Toxicological sciences, 2000, 56 (1): 18-25.

[63] VAHTER M. Mechanisms of arsenic biotransformation [J]. Toxicology, 2002 (181-182): 211-217.

[64] MINATEL B C, SAGE A P, ANDERSON C, et al. Environmental arsenic exposure: from genetic susceptibility to pathogenesis [J]. Environment international, 2018 (112): 183-197.

[65] AGUSA T, IWATA H, FUJIHARA J, et al. Genetic polymorphisms in AS3MT and arsenic metabolism in residents of the Red River Delta, Vietnam [J]. Toxicology and applied pharmacology, 2009. 236 (2): 131-141.

[66] CHUNG J S, KALMAN D A, MOORE L E, et al. Family correlations of arsenic methylation patterns in children and parents exposed to high concentrations of arsenic in drinking water [J]. Environmental health perspectives, 2002, 110 (7): 729-733.

[67] VALENZUELA OL, DROBNÁ Z, HERNÁNDEZ-CASTELLANOS E, et al. Association of AS3MT polymorphisms and the risk of premalignant arsenic skin lesions [J]. Toxicology and applied pharmacology, 2009, 239 (2): 200-207.

[68] WHITBREAD A K, TETLOW N, EYRE H J, et al. Characterization of the human Omega class glutathione transferase genes and associated polymorphisms [J]. Pharmacogenetics, 2003, 13 (3): 131-144.

[69] SCHLäWICKE ENGSTRöM K, BROBERG K, CONCHA G, et al. Genetic polymorphisms influencing arsenic metabolism: evidence from Argentina [J]. Environmental health perspectives, 2007, 115 (4): 599-605.

[70] DROBNÁ Z, WATERS S B, DEVESA V, et al. Metabolism and toxicity of arsenic in

human urothelial cells expressing rat arsenic (+3 oxidation state) -methyltransferase [J]. Toxicology and applied pharmacology, 2005, 207 (2): 147 – 159.

[71] SCHMUCK E M, BOARD P G, WHITBREAD A K, et al. Characterization of the monomethylarsonate reductase and dehydroascorbate reductase activities of omega class glutathione transferase variants: implications for arsenic metabolism and the age-at-onset of Alzheimer's and Parkinson's diseases [J]. Pharmacogenet genomics, 2005, 15 (7): 493 – 501.

[72] ZAKHARYAN R A, SAMPAYO-REYES A, HEALY S M, et al. Human monomethylarsonic acid [MMA (V)] reductase is a member of the glutathione-S-transferase superfamily [J]. Chemical research in toxicology, 2001, 14 (8): 1051 – 1057.

[73] 付松波, 吴杰, 陈峰, 孙殿军. 中国 16 个人群砷甲基转移酶 AS3MT 基因 5′-UTR 区 VNTR 多态性研究 [J]. 中国地方病学杂志, 2008, 27 (2): 141 – 144.

[74] FU S, WU J, LI Y, et al. Urinary arsenic metabolism in a Western Chinese population exposed to high-dose inorganic arsenic in drinking water: influence of ethnicity and genetic polymorphisms [J]. Toxicology and applied pharmacology, 2014, 274 (1): 117 – 123.

[75] HERNÁNDEZ A AND MARCOS R. Genetic variations associated with interindividual sensitivity in theresponse to arsenic exposure [J]. Pharmacogenomics, 2008, 9 (8): 1113 – 1132.

[76] YANG J Y, YAN L, ZHANG M. et al. Associations between the polymorphisms of GSTT1, GSTM1 and methylation of arsenic in the residents exposed to low-level arsenic in drinking water in China [J]. Journal of human genetics, 2015, 60 (7): 387 – 394.

[77] 谢惠芳, 吴顺华, 郑玉建. GSTT1 及 GSTM1 基因多态性与饮水型砷中毒关系 [J]. 中国公共卫生, 2012, 28 (11): 1421 – 1424.

[78] WU M M, CHIOU H Y, CHEN C L et al., Association of heme oxygenase-1 GT-repeat polymorphism with blood pressure phenotypes and its relevance to future cardiovascular mortality risk: an observation based on arsenic-exposed individuals [J]. Atherosclerosis, 2011, 219 (2): 704 – 708.

[79] WU M M, CHIOU H Y, LEE T C, et al. GT-repeat polymorphism in the heme oxygenase-1 gene promoter and the risk of carotid atherosclerosis related to arsenic exposure [J]. Journal of biomedical science, 2010, 17 (1): 70.

[80] WOOD R D, MITCHELL M, SGOUROS J, et al. Human DNA repair genes [J]. Science, 2001, 291 (5507): 1284 – 1289.

[81] FROSINA G. Commentary DNA base excision repair defects in human pathologies [J]. Free radical research, 2004, 38 (10): 1037 – 1054.

[82] FAITA F, CORI L, BIANCHI F, et al. Arsenic-induced genotoxicity and genetic susceptibility to arsenic-related pathologies [J]. International journal of environmental research and public health, 2013, 10 (4): 1527 – 1546.

[83] HERNÁNDEZ A, MARCOS R. Genetic variations associated with interindividual sensitivity in

the response to arsenic exposure [J]. Pharmacogenomics, 2008, 9 (8): 1113-1132.

[84] DE CHAUDHURI S, MAHATA J, DAS J K, et al. Association of specific p53 polymorphisms with keratosis in individuals exposed to arsenic through drinking water in West Bengal, India [J]. Mutation research/fundamental and molecular mechanisms of mutagenesis, 2006, 601 (1): 102-112.

[85] HUANG C Y, SU C T, CHU J S, et al. The polymorphisms of P53 codon 72 and MDM2 SNP309 and renal cell carcinoma risk in a low arsenic exposure area [J]. Toxicology and applied pharmacology, 2011, 257 (3): 349-355.

[86] BANERJEE N, NANDY S, KEARNS J K, et al. Polymorphisms in the TNF-α and IL10 gene promoters and risk of arsenic-induced skin lesions and other nondermatological health effects [J]. Toxicological sciences, 2011, 121 (1): 132-139.

[87] MANDAL B K, SUZUKI K T. Arsenic round the world: a review [J]. Talanta, 2002, 58 (1): 201-235.

[88] PILSNER J R, LIU X, AHSAN H, et al. Folate deficiency, hyperhomocysteinemia, low urinary creatinine, and hypomethylation of leukocyte DNA are risk factors for arsenic-induced skin lesions [J]. Environmental health perspectives, 2009, 117 (2): 254-260.

[89] CHUNG C J, HUANG C Y, PU Y S, et al. The effect of cigarette smoke and arsenic exposure on urothelial carcinoma risk is modified by glutathione S-transferase M1 gene null genotype [J]. Toxicology and applied pharmacology, 2013, 266 (2): 254-259.

[90] DEB D, BISWAS A, GHOSE A, et al. Nutritional deficiency and arsenical manifestations: a perspective study in an arsenic-endemic region of West Bengal, India [J]. Public health nutrition, 2013, 16 (9): 1644-1655.

[91] GAMBLE M V, LIU X, SLAVKOVICH V, et al. Folic acid supple-mentation lowers blood arsenic [J]. American journal of clinical nutrition, 2007, 86, 1202-1209.

[92] HECK J E, NIEVES J W, CHEN Y, et al. Dietary intake of methionine, cysteine, and protein and urinary arsenic excretion in Bangladesh [J]. Environmental health perspectives, 2009, 117 (1): 99-104.

[93] STEINMAUS C, CARRIGAN K, KALMAN D, et al. Dietary intake and arsenic methylation in a U. S. population [J]. Environmental health perspectives, 2005, 113 (9): 1153-1159.

[94] CLEMENTE MJ, DEVESA V, VÉLEZ D. Dietary strategies to reduce the bioaccessibility of arsenic from food matrices [J]. Journal of agricultural and food chemistry, 2016, 64 (4): 923-931.

[95] RAPOSO J C, OLAZÁBAL M A, MADARIAGA J M. Complexation and precipitation of arsenate and iron species in sodium perchlorate solutions at 25℃ [J]. Journal of solution chemistry, 2006, 35 (1): 79-94.

[96] WANG Y H, YEH S D, WU M M, et al. Comparing the joint effect of arsenic exposure, cigarette smoking and risk genotypes of vascular endothelial growth factor on upperurinary

tract urothelial carcinoma and bladder cancer [J]. Journal of hazardous materials, 2013 (262): 1139 – 1146.

[97] SUN B F, WANG Q Q, YU Z J, et al. Exercise prevents memory impairment induced by arsenic exposure in mice: implication of hippocampal BDNF and CREB [J]. PLoS One, 2015, 10 (9): e0137810.

[98] HUMAN MICROBIOME PROJECT CONSORTIUM. Structure, function and diversity of the healthy human microbiome [J]. Nature, 2012, 486 (7402): 207 – 214.

[99] CHI L, GAO B, TU P, et al. Individual susceptibility to arsenic-induced diseases: the role of host genetics, nutritional status, and the gut microbiome [J]. Mamm genome, 2018, 29 (1 – 2): 63 – 79.

[100] ECKBURG P B, BIK E M, BERNSTEIN C N, et al. Diversity of the human intestinal microbial flora [J]. science, 2005, 308 (5728): 1635 – 1638.

[101] NICHOLSON J K, HOLMES E, KINROSS J, et al. Host-gut microbiota metabolic interactions [J]. Science, 2012, 336 (6086): 1262 – 1267.

[102] RUBIN S S, ALAVA P, ZEKKER I, et al. Arsenic thiolation and the role of sulfate-reducing bacteria from the human intestinal tract [J]. Environmental health perspectives, 2014, 122 (8): 817 – 822.

[103] CHI L, BIAN X, GAO B, et al. The effects of an environmentally relevant level of arsenic on the gut microbiome and its functional metagenome [J]. Toxicological sciences, 2017, 160 (2): 193 – 204.

[104] RUBY M V, DAVIS A, SCHOOF R, et al. Estimation of lead and arsenic bioavailability using a physiologically based extraction test [J]. Environmental science & technology, 1996, 30 (2): 422 – 430.

[105] CHI L, XUE J, TU P, et al. Gut microbiome disruption altered the biotransformation and liver toxicity of arsenic in mice [J]. Archives of toxicology, 2019, 93 (1): 25 – 35.

[106] CHEN H, YOSHIDA K, WANIBUCHI H, et al. Methylation and demethylation of dimethylarsinic acid in rats following chronic oral exposure [J]. Applied organometallic chemistry, 1996, 10 (9): 741 – 745.

[107] KUBACHKA K, KOHAN M C, CONKLIN S D, et al. In vitro biotransformation of dimethylarsinic acid and trimethylarsine oxide by anaerobic microflora of mouse cecum analyzed by HPLc-ICP – MS and HPLc-ESI-MS [J]. Journal of analytical atomic spectrometry, 2009, 24 (8): 1062 – 1068.

[108] KURODA K, YOSHIDA K, YOSHIMURA M, et al. Microbial metabolite of dimethylarsinic acid is highly toxic and genotoxic [J]. Toxicology and applied pharmacology, 2004, 198 (3): 345 – 353.

[109] PINYAYEV T S, KOHAN M J, HERBIN-DAVIS K, et al. Preabsorptive metabolism of sodium arsenate by anaerobic microbiota of mouse cecum forms a variety of methylated and

thiolated arsenicals [J]. Chemical research in toxicology, 2011, 24 (4): 475-477.

[110] ROWLAND I R, DAVIES M J. In vitro metabolism of inorganic arsenic by the gastro-intestinal microflora of the rat [J]. Journal of applied toxicology, 1981, 1 (5): 278-283.

[111] GUERRA A, ETIENNE-MESMIN L, LIVRELLI V, et al. Relevance and challenges in modeling human gastric and small intestinal digestion [J]. Trends in biotechnology, 2012, 30 (11): 591-600.

[112] RAJILIĆ-STOJANOVIĆ M, MAATHUIS A, HEILIG H G, et al. Evaluating the microbial diversity of an *in vitro* model of the human large intestine by phylogenetic microarray analysis [J]. Microbiology, 2010, 156 (11): 3270-3281.

[113] FALONY G, JOOSSENS M, VIEIRA-SILVA S, et al. Population-level analysis of gut microbiome variation [J]. Science, 2016, 352 (6285): 560-564.

[114] PALMA-LARA I, MARTÍNEZ-CASTILLO M, QUINTANA-PÉREZ J C, et al. Arsenic exposure: a public health problem leading to several cancers [J]. Regulatory toxicology and pharmacology, 2020 (110): 104539.

[115] MANDAL B K, SUZUKI K T. Arsenic round the world: a review [J]. Talanta, 2002, 58 (1): 201-235.

[116] MUNDEY M K, ROY M, ROY S, et al. Antioxidant potential of ocimum sanctum in arsenic induced nervous tissue damage [J]. Brazilian journal of veterinary pathology, 2013 (6): 95-101.

[117] SANCHEZ-PENA LC, PETROSYAN P, MORALES M, et al. Arsenic species, AS3MT amount, and AS3MT gene expression in different brain regions of mouse exposed to arsenite [J]. Environmental research, 2010 (110), 428-434.

[118] VAHIDNIA A, VAN DER VOET G, DE WOLFF F. Arsenic neurotoxicity-a review [J]. Human & experimental toxicology, 2007, 26 (10): 823-832.

[119] KANNAN G M, TRIPATHI N, DUBE S N, et al. Toxic effects of arsenic (Ⅲ) on some hematopoietic and central nervous system variables in rats and guinea pigs [J]. Clinical toxicology, 2001, 39 (7): 675-682.

[120] Rodrıguez V M, Carrizales L, Mendoza M S, et al. Effects of sodium arsenite exposure on development and behavior in the rat [J]. Neurotoxicology and teratology, 2002, 24 (6): 743-750.

[121] RODR ÍGUEZ VM, JIMÉNEZ-CAPDEVILLE M E, GIORDANO M. The effects of arsenic exposure on the nervous system [J]. Toxicology letters, 2003, 145 (1): 1-18.

[122] MATHEW L, VALE A, ADCOCK J E. Arsenical peripheral neuropathy [J]. Practical neurology, 2010, 10 (1): 34-38.

[123] BARTOLOMÉ B, CÓRDOBA S, NIETO S, et al. Acute arsenic poisoning: clinical and histopathological features [J]. British journal of dermatology, 1999, 141 (6): 1106-1109.

[124] O'BRYANT S E, EDWARDS M, MENON C V, et al. Long-term low-level arsenic exposure is associated with poorer neuropsychological functioning: a Project FRONTIER

study [J]. International journal of environmental research and public health, 2011, 8 (3): 861-874.

[125] RAHMAN M M, NG J C, NAIDU R. Chronic exposure of arsenic via drinking water and its adverse health impacts on humans [J]. Environmental geochemistry and health, 2009, 31 (Suppl. 1): 189-200.

[126] MAZUMDER D N, DAS GUPTA J, SANTRA A, et al. Chronic arsenic toxicity in west Bengal-the worst calamity in the world [J]. Journal of the indian medical association, 1998, 96 (1): 4-7.

[127] GUO J X, HU L, YAND P Z, et al. Chronic arsenic poisoning in drinking water in Inner Mongolia and its associated health effects [J]. Journal of environmental science and health. Part A, toxic/hazardous substances & environmental engineering, 2007, 42 (12): 1853-1858.

[128] AHSAN H, PERRIN M, RAHMAN A, et al. Associations between drinking water and urinary arsenic levels and skin lesions in Bangladesh [J]. Journal of occupational and environmental medicine, 2000, 42 (12): 1195-1201.

[129] LINDBERG A L, RAHMAN M, PERSSON L A, et al. The risk of arsenic induced skin lesions in Bangladeshi men and women is affected by arsenic metabolism and the age at first exposure [J]. Toxicology and applied pharmacology, 2008, 230 (1): 9-16.

[130] RATNAIKE R N. Acute and chronic arsenic toxicity [J]. Postgraduate medical journal, 2003, 79 (933): 391-396.

[131] AMSTER E, TIWARY A, SCHENKER M B. Case report: potential arsenic toxicosis secondary to herbal kelp supplement [J]. Environmental health perspectives, 2007, 115 (4): 606-608.

[132] MCCARTY K M, HANH H T, KIM K W. Arsenic geochemistry and human health in South East Asia [J]. Reviews on environmental health, 2011, 26 (1): 71-78.

[133] ABHYANKAR LN, JONES MR, GUALLAR E, et al. Arsenic exposure and hypertension: a systematic review [J]. Environmental health perspectives, 2012, 120 (4): 494-500.

[134] CHANG C C, HO S C, TSAI S S, et al. Ischemic heart disease mortality reduction in an arseniasis-endemic area in southwestern Taiwan after a switch in the tap-water supply system [J]. Journal of toxicology and environmental health-part a-current issues, 2004, 67 (17): 1353-1361.

[135] CHEN Y, GRAZIANO J H, PARVEZ F, et al. Arsenic exposure from drinking water and mortality from cardiovascular disease in Bangladesh: prospective cohort study [J]. British medical journal, 2011 (342): d2431.

[136] WANG C H, HSIAO C K, CHEN C L, et al. A review of the epidemiologic literature on the role of environmental arsenic exposure and cardiovascular diseases [J]. Toxicology and applied pharmacology, 2007, 222 (3): 315-326.

[137] RAHMAN M M, NG J C, NAIDU R. Chronic exposure of arsenic via drinking water and its adverse health impacts on humans [J]. Environmental geochemistry and health, 2009, 31, Suppl. 1: 189 – 200.

[138] TSENG C H, CHONG C K, TSENG C P. Long-term arsenic exposure and ischemic heart disease in arseniasis-hyperendemic villages in Taiwan [J]. Toxicology letters. 2003, 137 (1 – 2): 15 – 21.

[139] CHEN Y, KARAGAS M R. Arsenic and cardiovascular disease: new evidence from the United States [J]. Annals of internal medicine, 2013, 159 (10): 713 – 714.

[140] CHIOU H Y, HUANG W I, SU C L, et al. Dose-response relationship between prevalence of cerebrovascular disease and ingested inorganic arsenic [J]. Stroke, 1997, 28 (9): 1717 – 1723.

[141] SIMEONOVA P P, LUSTER M I. Arsenic and atherosclerosis [J]. Toxicology and applied pharmacology, 2004, 198 (3): 444 – 449.

[142] WANG C H, JENG J S, YIP P K, et al. Biological gradient between long-term arsenic exposure and carotid atherosclerosis [J]. Circulation, 2002, 105 (15): 1804 – 1809.

[143] SIMEONOVA P P, HULDERMAN T, HARKI D, et al. Arsenic exposure accelerates atherogenesis in apolipoprotein E (– / –) mice [J]. Environmental health perspectives, 2003, 111 (14): 1744 – 1748.

[144] BENOWITZ N L. Cardiotoxicity in the workplace [J]. Occupational medicine, 1992, 7 (3): 465 – 478.

[145] MANNA P, SINHA M, SIL P C. Arsenic-induced oxidative myocardial injury: protective role of arjunolic acid [J]. Archives of toxicology, 2008, 82 (3): 137 – 149.

[146] CHEN C J, HSUEH Y M, LAI M S, et al. Increased prevalence of hypertension and long-term arsenic exposure [J]. Hypertension, 1995, 25 (1): 53 – 60.

[147] RAHMAN M, TONDEL M, AHMAD S A, et al. 1999. Hypertension and arsenic exposure in Bangladesh [J]. Hypertension, 33 (1): 74 – 78.

[148] YANG H T, CHOU H J, HAN B C, et al. Lifelong inorganic arsenic compounds consumption affected blood pressure in rats [J]. Food and chemical toxicology, 2007, 45 (12): 2479 – 2487.

[149] LI X, LI B, XI S, et al. Prolonged environmental exposure of arsenic through drinking water on the risk of hypertension and type 2 diabetes [J]. Environmental science and pollution research, 2013, 20 (11): 8151 – 8161.

[150] ISLAM MR, KHAN I, ATTIA J, et al. Association between hypertension and chronic arsenic exposure in drinking water: a cross-sectional study in Bangladesh [J]. International journal of environmental research and public health, 2012, 9 (12): 4522 – 4536.

[151] JONES M R, TELLEZ-PLAZA M, SHARRETT A R, et al. Urine arsenic and hypertension in U. S. adults: the 2003 – 2008 NHANES [J]. Epidemiology, 2011, 22 (2): 153 – 161.

[152] ABIR T, RAHMAN B, D'ESTE C, et al. The association between chronic arsenic exposure and hypertension: a meta-analysis [J]. Journal of toxicology (2012), 2012: 198793.

[153] TSENG C H, CHONG C K, TSENG C P, et al. Long-term arsenic exposure and ischemic heart disease in arseniasis-hyperendemic villages in Taiwan [J]. Toxicology letters, 2003, 137 (1-2): 15-21.

[154] ZHANG Y, POST W S, DALAL D, et al. QT-interval duration and mortality rate: results from the Third National Health and Nutrition Examination Survey [J]. Archives of internal medicine, 2011, 171 (19): 1727-1733.

[155] CHEN Y, KARAGAS M R. Arsenic and cardiovascular disease: new evidence from the United States [J]. Annals of internal medicine, 2013 (10): 159, 713-714.

[156] MORDUKHOVICH I, WRIGHT R O, AMARASIRIWARDENA C, et al. Association between low-level environmental arsenic exposure and QT interval duration in a general population study [J]. American journal of epidemiology, 2009, 170 (6): 739-746.

[157] MUMFORD J L, WU K, XIA Y, et al. Chronic arsenic exposure and cardiac repolarization abnormalities with QT interval prolongation in a population-based study [J]. Environmental health perspectives, 2007, 115 (5): 690-694.

[158] MOON K A, ZHANG Y, GUALLAR E, et al. Association of low-moderate urine arsenic and QT interval: cross-sectional and longitudinal evidence from the strong heart study [J]. Environmental pollution, 2018, 240: 894-902.

[159] HALL A H. Chronic arsenic poisoning [J]. Toxicology letters, 2002, 128 (1-3): 69-72.

[160] PAKULSKA D, CZERCZAK S. Hazardous effects of arsine: a short review [J]. International journal of occupational medicine and environmental health, 2006, 19 (1): 36-44.

[161] LU M, WANG H, LI X F, et al. Evidence of hemoglobin binding to arsenic as a basis for the accumulation of arsenic in rat blood [J]. Chemical research in toxicology, 2004, 17 (12): 1733-1742.

[162] BISWAS D, BANERJEE M, SEN G, et al. Mechanism of erythrocyte death in human population exposed to arsenic through drinking water [J]. Toxicology and applied pharmacology, 2008, 230 (1): 57-66.

[163] WINSKI S L, CARTER D E. Arsenate toxicity in human erythrocytes: characterization of morphologic changes and determination of the mechanism of damage [J]. Journal of toxicology and environmental health-part A-current issues, 1998, 53 (5): 345-355.

[164] HECK J E, CHEN Y, GRANN V R, et al. Arsenic exposure and anemia in Bangladesh: a population-based study [J]. Journal of occupational and environmental medicine, 2008, 50 (1): 80-87.

[165] VIGEH M, YOKOYAMA K, MATSUKAWA T, et al. The relation of maternal blood ar-

senic to anemia during pregnancy [J]. Women health, 2015, 55 (1): 42 -57.
[166] ZHANG J, MU X, XU W, et al. Exposure to arsenic via drinking water induces 5-hydroxymethylcytosine alteration in rat [J]. Science of the total environment, 2014 (497 -498): 618 -625.
[167] SZYMAŃSKA-CHABOWSKA A, ANTONOWICZ-JUCHNIEWICZ J, ANDRZEJAK R. Some aspects of arsenic toxicity and carcinogenicity in living organism with special regard to its influence on cardiovascular system, blood and bone marrow [J]. International journal of occupational medicine and environmental health, 2002, 15 (2): 101 -116.
[168] SOUZA A C F, MARCHESI S C, DOMINGUES DE ALMEIDA LIMA G, et al. Effects of sodium arsenite and arsenate in testicular histomorphometry and antioxidants enzymes activities in rats [J]. Biological trace element research, 2016, 171 (2): 354 -362.
[169] JANA K, JANA S, SAMANTA P K. Effects of chronic exposure to sodium arsenite on hypothalamo-pituitary-testicular activities in adult rats: possible an estrogenic mode of action [J]. Reproductive biology and endocrinology, 2006 (4): 9.
[170] SANGHAMITRA S, HAZRA J, UPADHYAY S N, et al. Arsenic induced toxicity on testicular tissue of mice [J]. Indian journal of physiology and pharmacology, 2008, 52 (1): 84 -90.
[171] DA SILVA R F, BORGES C D S, DE ALMEIDA LAMAS C, et al. Arsenic trioxide exposure impairs testicular morphology in adult male mice and consequent fetus viability [J]. Journal of toxicology and environmental health-part a-current issues, 2017, 80 (19 -21): 1166 -1179.
[172] PANT N, KUMAR R, MURTHY R C, et al. Male reproductive effect of arsenic in mice [J]. Biometals, 2001, 14 (2): 113 -117.
[173] ZUBAIR M, AHMAD M, JAMIL H, et al. Toxic effects of arsenic on semen and hormonal profile and their amelioration with vitamin E in Teddy goat bucks [J]. Andrologia, 2016, 48 (10:) 1220 -1228.
[174] ALI M, KHAN S A, DUBEY P, et al. Impact of arsenic on testosterone synthesis pathway and sperm production in mice [J]. Innovative journal of medical and health science, 2013 (3): 185 -189.
[175] PANT N, MURTHY R, SRIVASTAVA S. Male reproductive toxicity of sodium arsenite in mice [J]. Human & experimental toxicology, 2004, 23 (8): 399 -403.
[176] YU C W, LIAO V H C. Transgenerational reproductive effects of arsenite are associated with H3K4 dimethylation and SPR-5 downregulation in *Caenorhabditis elegans* [J]. Environmental science & technology, 2016, 50 (19): 10673 -10681.
[177] REDDY M V B, SUDHEER S D, SASIKALA P, et al. Effect of transplacental and lactational exposure to arsenic on male reproduction in mice [J]. Journal of reproduction and infertility, 2011, 2 (3): 41 -45.
[178] PALACIOS J, ROMAN D, CIFUENTES F. Exposure to low level of arsenic and lead in

drinking water from Antofagasta city induces gender differences in glucose homeostasis in rats [J]. Biological trace element Research, 2012, 148 (2): 224 -231.

[179] PATEL H V, KALIA K. Role of hepatic and pancreatic oxidative stress in arsenic induced diabetic condition in Wistar rats [J]. Journal of environmental biology, 2013, 34 (2): 231 -236.

[180] PAUL D S, HERNANDEZ-ZAVALA A, WALTON F S et al. Examination of the effects of arsenic on glucose homeostasis in cell culture and animal studies: development of a mouse model for arsenic-induced diabetes [J]. Toxicology and applied pharmacology, 2007, 222 (3): 305 -314.

[181] PAUL D S, WALTON F S, SAUNDERS R J, et al. Characterization of the impaired glucose homeostasis produced in C57BL/6 mice by chronic exposure to arsenic and high-fat diet [J]. Environmental health perspectives, 2011, 119 (8): 1104 -1109.

[182] DAVILA-ESQUEDA M E, MORALES J M, JIMENEZ-CAPDEVILLE M E, et al. Low-level subchronic arsenic exposure from prenatal developmental stages to adult life results in an impaired glucose homeostasis [J]. Environmental and clinical endocrinology & diabetes, 2011, 119 (10): 613 -617.

[183] STATES J C, SINGH A V, KNUDSEN T B, et al. Prenatal arsenic exposure alters gene expression in the adult liver to a proinflammatory state contributing to accelerated atherosclerosis [J]. PLoS one, 2012, 7 (6): e38713.

[184] WALTON F S, HARMON A W, PAUL D S, et al. Inhibition of insulin-dependent glucose uptake by trivalent arsenicals: possible mechanism of arsenic-induced diabetes [J]. Toxicology and applied pharmacology, 2004, 198 (3): 424 -433.

[185] WATANABE T, HIRANO S. Metabolism of arsenic and its toxicological relevance [J]. Archives of toxicology, 2013, 87 (6): 969 -979.

[186] KAPAJ S, PETERSON H, LIBER K, et al. Human health effects from chronic arsenic poisoning-a review [J]. Journal of environmental science and health, part a toxic/hazardous substances and environmental engineering, 2006, 41 (10): 2399 -2428.

[187] JOMOVA K, JENISOVA Z, FESZTEROVA M. Arsenic: toxicity, oxidative stress and human disease [J]. Journal of applied toxicology, 2011, 31 (2): 95 -107.

[188] VANTROYEN B, HEILIER J F, MEULEMANS A, et al. Survival after a lethal dose of arsenic trioxide [J]. Journal of toxicology clinical toxicology, 2004, 42 (6): 889 -895.

[189] DAS N, PAUL S, CHATTERJEE D, et al. Arsenic exposure through drinking water increases the risk of liver and cardiovascular diseases in the population of West Bengal, India [J]. BMC public health, 2012 (12): 639.

[190] GUHA MAZUMDER D, DASGUPTA U B. Chronic arsenic toxicity: studies in West Bengal, India [J]. Kaohsiung journal of medical sciences, 2011, 27 (9): 360 -70.

[191] LIU J, ZHENG B, APOSHIAN H V, et al. Chronic arsenic poisoning from burning high-arsenic-containing coal in Guizhou, China [J]. Journal of the peripheral nervous

system, 2002, 110 (2): 119-122.

[192] COHEN S M, GOODMAN J I, KLAUNIG J E, et al. Response to druweand burgoon, 2016 letter to the editor in archives of toxicology [J]. Archives of toxicology, 2017, 91 (2): 999-1000.

[193] COHEN S M, ARNOLD L L, BECK B D, et al. Evaluation of the carcinogenicity of inorganic arsenic [J]. Critical review in toxicology, 2013, 43 (9): 711-752.

[194] HUGHES M F, BECK B D, CHEN Y, et al. Arsenic exposure and toxicology: a historical perspective [J]. Toxicological sciences, 2011, 123 (2): 305-332.

[195] MALONEY M E. Arsenic in dermatology [J]. Dermatologic surgery, 1996 (22): 301-304.

[196] UDENSI K U, COHLY H H P, GRAHAM-EVANS B E, et al. Aberrantly expressed genes in HaCaT keratinocytes chronically exposed to arsenic trioxide [J]. Biomark insights, 2011 (6): 7-16.

[197]] MAYER J E, GOLDMAN R H. Arsenic and skin cancer in the USA: the cur-rent evidence regarding arsenic-contaminated drinking water [J]. International journal of dermatology, 2016, 55 (11), e585-e591.

[198] NAUJOKAS M F, ANDERSON B, AHSAN H, et al. The broad scope of health effects from chronic arsenic exposure: update on a worldwide public health problem. Environ [J]. Health perspectives, 2013, 121 (3): 295-302.

[199] HAQUE R, MAZUMDER D N, SAMANTA S, et al. Arsenic in drinking water and skin lesions: dose-response data from West Bengal, India [J]. Epidemiology, 2003, 14 (2): 174-182.

[200] LEONARDI G, VAHTER M, CLEMENS F, et al. Inorganic arsenic and basal cell carcinoma in areas of Hungary, Romania, and Slovakia: a case-control study [J]. Environmental health perspectives, 2012, 120 (5): 721-726.

[201] HUBAUX R, BECKER-SANTOS D D, ENFIELD K S, et al. Molecular features in arsenic-induced lung tumors [J]. Molecular cancer, 2013 (12): 20.

[202] ENTERLINE P E, DAY R, MARSH G M. Cancers related to exposure to arsenic at a copper smelter [J]. Occupational and environmental medicine, 1995, 52 (1): 28-32.

[203] TSENG CH. Arsenic exposure and diabetes mellitus in the United States [J]. Journal of the american medical association, 2008, 300 (23): 2728-2729.

[204] CHEN C L, HSU L I, CHIOU H Y, et al. Ingested arsenic, cigarette smoking, and lung cancer risk: a follow-up study in arseniasis-endemic areas in Taiwan [J]. Journal of the american medical association, 2004, 292 (24): 2984-2990.

[205] FERRECCIO C, GONZALEZ C, MILOSAVJLEVIC V, et al. Lung cancer and arsenic concentrations in drinking water in Chile [J]. Epidemiology, 2000, 11 (6): 673-679.

[206] STEINMAUS C, FERRECCIO C, ACEVEDO J, et al. Increased lung andbladder cancer incidence in adults after in utero and early-life arsenic exposure [J]. Cancer epide-

miology biomarkers & prevention, 2014, 23 (8): 1529-1538.

[207] SMITH A H, MARSHALL G, LIAW J, et al. Mortality in young adults following in utero and childhood exposure to arsenic in drinking water [J]. Environmental health perspectives, 2012, 120 (11): 1527-1531.

[208] FERDOSI H, DISSEN E K, AFARI-DWAMENA N A, et al. Arsenic in drinking water and lung cancer mortality in the United States: an analysis based on US counties and 30 Years of observation (1950—1979) [J]. Journal of environmental and public health, 2016 (2016): 1602929.

[209] GUO H R. Arsenic level in drinking water and mortality of lung cancer (Taiwan) [J]. Cancer causes & control, 2004, 15 (2): 171-177.

[210] LAMM S H, FERDOSI H, DISSEN E K, et al. A systematic review and meta-regression analysis of lung cancer risk and inorganic arsenic in drinking water [J]. International journal of environmental research and public health, 2015, 12 (12): 15498-15515.

[211] EFREMENKO A, SEAGRAVE J C, CLEWELL H J, et al. Evaluation of gene expression changes inhuman primary lung epithelial cells following 24-hr exposures to inorganic arsenic and its methylated metabolites and to arsenic trioxide [J]. Environmental and molecular mutagenesis, 2015, 56 (5), 477-490.

[212] LYNCH H N, ZU K, KENNEDY E M, et al. Quantitative assessment of lung and bladder cancer risk and oral exposure to inorganic arsenic: meta-regression analyses of epidemiological data [J]. Environment international, 2017 (106), 178-206.

[213] D'IPPOLITI DD, SANTELLI E, DESARIOETA M. Arsenic in drinking water and mortality for cancer and chronic diseases in Central Italy, 1990—2010 [J]. PLos one, 2015, 10 (9): e0138182.

[214] IARC WORKING GROUP ON THE EVALUATION OF CARCINOGENIC RISKS TO HUMANS. Betel-quid and areca-nut chewing andsome areca-nut derived nitrosamines [J]. IARC monographs on the evaluation of carcinogenic risks to humans, 2004 (85): 1-334.

[215] IARC WORKING GROUP ON THE EVALUATION OF CARCINOGENIC RISKS TO HUMANS. Some drinkingwater disinfectants and contaminants, including arsenic. Monographs on chloramine, chloral and chloral hydrate, dichloroacetic acid, trichloroacetic acid and 3-chloro-4-(dichloromethyl)-5-hydroxy-2(5H)-furanone [J]. IARC monographs on the evaluation of carcinogenic risks to humans, 2004 (84): 269-477.

[216] MELIKE J R, SLOTNICK M J, AVRUSKIN G A, et al. Lifetime exposure to arsenic in drinking water and bladder cancer: a population-based case-control study in Michigan, USA [J]. Cancer causes & control, 2010, 21 (5): 745-757.

[217] BARIS D, WADDELL R, BEANE FREEMAN L E, et al. Elevated bladder cancer innorthern New England: the role of drinking water and arsenic [J]. Journal of the national cancer institute, 2016, 108 (9), pii: djw099.

[218] CHIOU H Y, CHIOU S T, HSU Y H, et al. Incidence of transitional cell car-cinoma and arsenic in drinking water: a follow-up study of 8,102 residents in an arseniasis-endemic area in North-Eastern Taiwan [J]. American journal of epidemiology, 2001 (153): 411-418.

[219] SCHOEN A, BECK B, SHARMA R, et al. Arsenic toxicity at low doses: epidemiological and mode of action considerations [J]. Toxicology and applied pharmacology, 2004, 198 (3): 253-267.

[220] LAMM S H, ENGEL A, KRUSE M B, et al. Arsenic in drinking water and bladder cancer mortality in the United States: an analysis based on 133 U.S. counties and 30 years of observation [J]. Journal of occupational and environmental medicine, 2004, 46 (3): 298-306.

[221] MELIKER J R, WAHL R L, CAMERON L L, et al. Arsenic in drinking water and cerebrovascular disease, diabetes mellitus, and kidney disease in Michigan: a standardized mortality ratio analysis [J]. Environmental health, 2007 (6): 4.

[222] GENTRY P R, MCDONALD T B, SULLIVAN D E. et al. Analysis of genomic dose-response information on arsenic to inform key events in a mode of action for carcinogenicity [J]. Environmental and molecular mutagenesis, 2010, 51 (1): 1-14.

[223] MENDEZ, Jr. W M, EFTIM S, COHEN J, et al. Relationships between arsenic concentrations in drinking water and lung and bladder cancer incidence in U.S. counties [J]. Journal of exposure science & environmental epidemiology, 2017, 27 (3): 235-243.

[224] YOSHIDA T H, YAMAUCHI H, SUN G F. Chronic health effects in people exposed to arsenic via drinking water: dose-response relationships in review [J]. Toxicology and applied pharmacology, 2004, 198 (3): 89-98.

[225] ALBORES A, CEBRIAN M E, GARCIA-VARGAS G G, et al. Enhanced arsenite-induced hepatic morphological and biochemical changes in phenobarbital-pretreated rats [J]. Toxicologic pathology, 1996 (24): 172-180.

[226] INTERNATIONAL AGENCY FOR RESEARCH ON CANCER. Some drinking water disinfectants and contaminants, including arsenic [J]. IARC monographs on the evaluation of carcinogenic risks to humans, 2004 (84): 1-477.

[227] CHEN C J, CHUANG Y C, LIN T M, et al. Malignant neoplasms among residents of a blackfoot disease-endemic area in Taiwan: high-arsenic artesian well water and cancers [J]. Cancer research, 1985 (45): 5895-5899.

[228] WANG W, CHENG S, ZHANG D. Association of inorganic arsenic exposure with liver cancer mortality: a meta-analysis [J]. Environment research, 2014 (135): 120-125.

[229] LIU J, WAALKES M P. Liver is a target of arsenic carcinogenesis [J]. Toxicological sciences, 2008, 105 (1): 24-32.

[230] LIAW J, MARSHALL G, YUAN Y, et al. Increased childhood liver cancer mortality and arsenic in drinking water in northern Chile [J]. Cancer epidemiology biomarkers &

prevention, 2008, 17 (8): 1982 – 1987.

[231] CUI X, LI S, SHRAIM A, et al. Subchronic exposure to arsenic through drinking water alters expression of cancer-related genes in rat liver [J]. Toxicologic pathology, 2004, 32 (1): 64 – 72.

[232] BENBRAHIM-TALLAA L, WAALKES M P. Inorganic arsenic and human prostate cancer. Environ [J]. Health perspectives, 2008, 116 (2): 158 – 164.

[233] GARCIA-ESQUINAS E, POLLAN M, UMANS J G, et al. Arsenic exposure and cancer mortality in a US-based prospective cohort: the strong heart study [J]. Cancer epidemiology biomarkers & prevention, 2013, 22 (11): 1944 – 1953.

[234] ROH T, LYNCH C F, WEYER P, et al. Low-level arsenic exposure from drinking water is associated with prostate cancer in Iowa [J]. Environmental research, 2017 (159): 338 – 343.

[235] BULKA C M, JONES R M, TURYK M E, et al. Arsenic in drinking water and prostate cancer in Illinois counties: an ecologic study [J]. Environmental research, 2016 (148): 450 – 456.

[236] ESCUDERO-LOURDES C. Toxicity mechanisms of arsenic that are shared with neurodegenerative diseases and cognitive impairment: role of oxidative stress and inflammatory responses [J]. Neurotoxicology, 2016 (53): 223 – 235.

[237] NAVAS-ACIEN A, POLLAN M, GUSTAVSSON P, et al. Occupation exposure to chemicals and risk of gliomas and meningiomas in Sweden [J]. American journal of industrial medicine, 2002, 42 (3): 214 – 227.

[238] OBEROI S, DEVLEESSCHAUWER B, GIBB H J, et al. Global burden of cancer and coronary heart disease resulting from dietary exposure to arsenic, 2015 [J]. Environment research, 2019 (171): 185 – 192.

[239] 张秋秋, 潘申龄, 刘伟, 等. 我国重点城市饮用水中砷累积风险评价 [J]. 环境科学, 2017 (5): 1835 – 1841.

[240] YAñEZ L M, ALFARO J A, BOVI MITRE G. Absorption of arsenic from soil and water by two chard (Beta vulgaris L.) varieties: a potential risk to human health [J]. Journal of environmental management, 2018 (218): 23 – 30.

[241] SPOGNARDI S, BRAVO I, BENI C, et al. Arsenic accumulation in edible vegetables and health risk reduction by groundwater treatment using an adsorption process [J]. Environmental science and pollution research international, 2019, 26 (31): 32505 – 32516.

[242] 环境保护部, 国土资源部. 全国土壤污染状况调查公报 [J]. 中国环保产业, 2014 (5): 10 – 11.

[243] 陈能场, 郑煜基, 何晓峰, 等. 《全国土壤污染状况调查公报》探析 [J]. 农业环境科学学报, 2017 (9): 1689 – 1692.

[244] ZHOU Y, NIU L, LIU K, et al. Arsenic in agricultural soils across China: Distribution

pattern, accumulation trend, influencing factors, and risk assessment [J]. Science of the total environment, 2018 (616 – 617): 156 – 163.

[245] HUANG S S, LIAO Q L, HUA M, et al. Survey of heavy metal pollution and assessment of agricultural soil in Yangzhong district, jiangsu province, China [J]. Chemosphere, 2007, 67 (11): 2148 – 2155.

[246] GONG Y, QU Y, YANG S, et al. Status of arsenic accumulation in agricultural soils across China (1985 – 2016) [J]. Environmental research, 2020 (186): 109525.

[247] TÓTH G, HERMANN T, SZATMÁRI G, et al. Maps of heavy metals in the soils of the European Union and proposed priority areas for detailed assessment [J]. Science of the total environment, 2016 (565): 1054 – 1062.

[248] GAO Q, LI Y, CHENG Q, et al. Analysis and assessment of the nutrients, biochemical indexes and heavy metals in the Three Gorges Reservoir, China, from 2008 to 2013 [J]. Water Resources, 2016 (92): 262 – 274.

[249] ZHAO X, LI T Y, ZHANG T T, et al. Distribution and health risk assessment of dissolved heavy metals in the Three Gorges Reservoir, China (section in the main urban area of Chongqing [J]. Environmental science and pollution research international, 2017, 24 (3): 2697 – 2710.

[250] CAO X, LU Y, WANG C, et al. Hydrogeochemistry and quality of surface water and groundwater in the drinking water source area of an urbanizing region [J]. Ecotoxicology and environmental safety, 2019 (186): 109628.

[251] ADAMS W J, DE FOREST D K, TEAR L M, et al. Long-term monitoring of arsenic, copper, selenium, and other elements in Great Salt Lake (Utah, USA) surface water, brine shrimp, and brine flies [J]. Environmental monitoring and assessment, 2015, 187 (3): 118.

[252] KELEPERTSIS A, ALEXAKIS D, SKORDAS K, et al. Arsenic, antimony and other toxic elements in the drinking water of Eastern Thessaly in Greece and its possible effects on human health [J]. Environmental geology, 2006 (50): 76 – 84.

[253] KATSOYIANNIS I A, HUG S J, AMMANN A, et al. Arsenic speciation and uranium concentrations in drinking water wells in Northern Greece: correlations with redox indicative parameters and implications for groundwater treatment [J]. Science of the total environment, 2007, 383 (1 – 3): 128 – 140.

[254] CARRARO A, FABBRI P, GIARETTA A, et al. Arsenic anomalies in shallow Venetian Plain (Northeast Italy) groundwater [J]. Environmental earth sciences, 2013 (70): 3067 – 3084.

[255] JESSEN S, LARSEN F, BENDER K C, et al. Sorption and desorption of arsenic to ferrihydrite in a sand filter [J]. Environmental science & technology, 2005, 39 (20): 8045 – 8051.

[256] BELFAST: ENVIRONMENT AND HERITAGE SERVICE. Regional groundwater moni-

toring network, Northern Ireland: review of 2004 monitoring data [R]. 2006.

[257] BOšNJAK M U, CAPAK K, JAZBEC A, et al. Hydrochemical characterization of arsenic contaminated alluvial aquifers in Eastern Croatia using multivariate statistical techniques and arsenic risk assessment [J]. Science of the total environment, 2012 (420): 100-110.

[258] ROWLAND H A, OMOREGIE E O, MILLOT R, et al. Geochemistry and arsenic behaviour in groundwater resources of the Pannonian Basin (Hungary and Romania) [J]. Applied geochemistry, 2011, 26 (1): 1-17.

[259] FRENGSTAD B, SKREDE A K M, BANKS D, et al. The chemistry of Norwegian groundwater: Ⅲ. The distribution of trace elements in 476 crystalline bedrock groundwaters, as analysed by ICP-MS techniques [J]. Science of the total environment, 2000, 246 (1): 21-40.

[260] MCGRORY E R, BROWN C, BARGARY N, et al. Arsenic contamination of drinking water in Ireland: a spatial analysis of occurrence and potential risk [J]. Science of the total environment, 2017 (579): 1863-1875.

[261] TIAN H, WANG Y, XUE Z, et al. Atmospheric emissions estimation of Hg, As, and Se from coal-fired power plants in China, 2007 [J]. Science of the total environment, 2011, 409 (16): 3078-3081.

[262] 蒲朝文, 熊祥忠, 封雷, 等. 燃煤污染型氟中毒病区砷含量监测结果分析 [J]. 中国地方病学杂志, 2002 (3): 216-217.

[263] 马利英, 董泽琴, 吴可嘉, 等. 贵州农村地区室内空气质量及细颗粒物污染特征 [J]. 中国环境监测, 2015 (1): 28-34.

[264] 何公理, 曹守仁. 砷在大气可吸入颗粒物中的分布 [J]. 环境与健康杂志, 1989 (5): 5-8.

[265] 胡颖, 侯聪. 中国部分城市大气颗粒物中重金属分布规律 [J]. 黑龙江科技信息, 2012 (33): 52-52.

[266] 北京环境诱变剂学会. 北京采暖季大气 PM2.5 中致癌重金属组分差异研究报告 [R]. 2016.

[267] MAO X, HU X, WANG Y, et al. Temporal trend of arsenic in outdoor air PM (2.5) in Wuhan, China, in 2015—2017 and the personal inhalation of PM-bound arsenic: implications for human exposure [J]. Environmental science and pollution research international, 2020, 27 (17): 21654-21665.

[268] GARCÍA-ALEIX J R, DELGADO-SABORIT J M, VERDÚ-MARTÍN G, et al. Trends in arsenic levels in PM_{10} and PM 2.5 aerosol fractions in an industrialized area [J]. Environmental science and pollution research, 2014, 21 (1): 695-703.

[269] 李筱薇, 高俊全, 王永芳, 等. 2000 年中国总膳食研究——膳食砷摄入量. 卫生研究, 2006, 35 (1): 63-66.

[270] 吴永宁. 食品中化学危害暴露组与毒理学测试新技术中国技术路线图科学通报,

2013, 58 (26): 2651-2656.

[271] WEI J, GAO J, CEN K. Levels of eight heavy metals and health risk assessment considering food consumption by China's residents based on the 5th China total diet study [J]. Science of the total environment, 2019 (689): 1141-1148.

[272] 丁春光, 潘亚娟, 张爱华, 等. 中国八省份一般人群血和尿液中砷水平及影响因素调查 [J]. 中华预防医学杂志, 2014 (2): 97-101.

[273] 秦文华, 王国荣, 罗晓, 等. 河南省非职业接触人群尿砷参考值 [J]. 卫生研究, 1998 (5): 299-301.

[274] 田昊渊, 张云江, 郑晓梅, 等. 辽宁省一般人群全血和尿液中砷水平分布的研究 [J]. 环境与健康杂志, 2015 (12): 1083-1086.

[275] 张璇, 崔骁勇, 柴团耀, 等. 湖北地区120名健康在校儿童尿肌酐及尿砷测定分析 [J]. 中国预防医学杂志, 2015 (8): 586-590.

[276] 孙殿军, 于光前, 孙贵范. 地方性砷中毒诊断图谱 [M]. 北京: 人民卫生出版社, 2016.

[277] 包莹, 李俊骏, 李悦, 等. 依据2005—2014年全国饮水型砷中毒病区尿砷数据分析人群尿砷安全指导值 [J]. 中华地方病学杂志, 2018 (5): 370-374.

[278] SAOUDI A, ZEGHNOUN A, BIDONDO M L, et al. Urinary arsenic levels in the French adult population: the French National Nutrition and Health Study, 2006—2007 [J]. Science of the total environment, 2012, 433: 206-215.

[279] U. S. DEPARTMENT OF HEALTH AND HUMAN SERVICES, CENTERS FOR DISEASE CONTROL AND PREVENTION. Fourth national report on human exposure to environmental chemicals [R]. 2013.

[280] LEE J W, LEE C K, MOON C S, et al. Korea national survey for environmental pollutants in the human body 2008: heavy metals in the blood or urine of the Korean population [J]. International journal of hygiene and environmental health, 2012, 215 (4): 449-57.

[281] SARAVANABHAVAN G, WERRY K, WALKER M, et al. Human biomonitoring reference values for metals and trace elements in blood and urine derived from the Canadian Health Measures Survey 2007—2013 [J]. International journal of hygiene and environmental health, 2017, 220 (2 Pt A): 189-200.

[282] LI J, CEN D, HUANG D, et al. Detection and analysis of 12 heavy metals in blood and hair sample from a general population of Pearl River Delta area [J]. Cell biochemistry and biophysics, 2014, 70 (3): 1663-1669.

[283] ZENG H L, LI H, LU J, et al. Assessment of 12 metals and metalloids in blood of general populations living in wuhan of china by ICP-MS [J]. Biological trace element research, 2019, 189 (2): 344-353.

[284] NISSE C, TAGNE-FOTSO R, HOWSAM M, et al. Blood and urinary levels of metals and metalloids in the general adult population of Northern France: the IMEPOGE

study, 2008—2010 [J]. International journal of hygiene and environmental health, 2017, 220 (2 Pt B): 341-363.

[285] HEITLAND P, KöSTER H D. Biomonitoring of 37 trace elements in blood samples from inhabitants of northern Germany by ICP-MS [J]. Journal of trace elements in medicine and biology, 2006, 20 (4): 253-262.

[286] NUNES J A, BATISTA B L, RODRIGUES J L, et al. A simple method based on ICP-MS for estimation of background levels of arsenic, cadmium, copper, manganese, nickel, lead, and selenium in blood of the Brazilian population [J]. J journal of toxicology and environmental health-part a-current issues, 2010, 73 (13-14): 878-887.

[287] KIM H J, LIM H S, LEE K R, et al. Determination of trace metal levels in the general population of Korea [J]. International journal of environmental research and public health, 2017, 14 (7): 702.

[288] 林琳, 沈敏, 马栋. 生物样本中的砷形态分析研究进展 [J]. 中国司法鉴定, 2016 (3): 72-78.

[289] NGUYEN M H, PHAM T D, NGUYEN T L, et al. Speciation analysis of arsenic compounds by HPLc-ICP-MS: application for human serum and urine [J]. Journal of analytical methods in chemistry, 2018 (2018): 9462019.

[290] 林琳, 张素静, 徐渭聪, 等. 血液和尿液中砷形态化合物的 HPLC-ICP-MS 分析 [J]. 法医学杂志, 2018 (1): 37-43.

[291] CHAJDUK E, POLKOWSKA-MOTRENKO H. The use of HPLc-NAA and HPLc-ICP-MS for the speciation of As in infant food [J]. Food chemistry, 2019 (292): 129-133.

[292] HAGIWARA K, KOIKE Y, AIZAWA M, et al. On-site quantitation of arsenic in drinking water by disk solid-phase extraction/mobile X-ray fluorescence spectrometry [J]. Talanta, 2015 (144): 788-792.

[293] HAGIWARA K, KOIKE Y, AIZAWA M, et al. On-site determination of arsenic, selenium, and chromium (VI) in drinking water using a solid-phase extraction disk/handheld X-ray fluorescence spectrometer [J]. Analytical sciences, 2018, 34 (11): 1309-1315.

[294] SIDDIQUI M F, KHAN Z A, JEON H, et al. SPE based soil processing and aptasensor integrated detection system for rapid on site screening of arsenic contamination in soil [J]. Ecotoxicology and environmental safety, 2020 (196): 110559.

[295] 牛喜英, 吴敬敬, 葛广波, 等. 基于生理药代动力学模型在药物评价中的应用进展 [J]. 中国药理学与毒理学杂志, 2015, 29 (6): 993-1000.

[296] MANN S, DROZ P O, V AHTER. A physiologically based pharmacokinetic model for arsenic exposure. II. Validation and application in humans [J]. Toxicology and Applied Pharmacology, 1996 (140): 471-486.

[297] YU D H. A physiologically based pharmacokinetic model of inorganic arsenic [J]. Regulatory toxicology and pharmacology, 1999, 29 (2 Pt 1): 128-141.

[298] GENTRY P R, COVINGTON T R, MANN S, et al. Physiologically based pharmacokinetic modeling of arsenic in the mouse [J]. Journal of toxicology and environmental health-part A-current issues, 2004, 67 (1): 43 – 71.

[299] EL-MASRI H A, KENYON E M. Development of a human physiologically based pharmacokinetic (PBPK) model for inorganic arsenic and its mono-and di-methylated metabolites [J]. Journal of pharmacokinetics and pharmacodynamics, 2008, 35 (1): 31 – 68.

[300] EL-MASRI H A, HONG T, HENNING C, et al. Evaluation of a physiologically based pharmacokinetic (PBPK) model for inorganic arsenic exposure using data from two diverse human populations [J]. Environmental health perspectives, 2018, 126 (7): 077004.

[301] LIAO C M, LIN T L, CHEN S C. A weibull-PBPK model for assessing risk of arsenic-induced skin lesions in children [J]. Science of the total environment, 2008, 392 (2 – 3): 203 – 217.

[302] DEDE E, TINDALL M J, CHERRIE J W, et al. Physiologically-based pharmacokinetic and toxicokinetic models for estimating human exposure to five toxic elements through oral ingestion [J]. Environmental toxicology and pharmacology, 2018 (57): 104 – 114.

[303] DONG Z, LIU C, LIU Y, et al. Using publicly available data, a physiologically-based pharmacokinetic model and Bayesian simulation to improve arsenic non-cancer dose-response [J]. Environment international, 2016 (92 – 93): 239 – 46.

[304] NAMGUNG U, XIA Z. Arsenic induces apoptosis in rat cerebellar neurons via activation of JNK3 and p38 MAP kinases [J]. Toxicology and applied pharmacology, 2001, 174 (2): 130 – 138.

[305] ZHU X X, YAO X F, JIANG L P et al. Sodiumarsenite induces ROS-dependent autophagic cell death in pancreatic beta-cells [J]. Food and chemical toxicology, 2014 (70): 144 – 150.

[306] LU T H, SU C C, CHEN Y W, et al. Arsenic induces pancreatic beta-cell apoptosis via the oxidative stress-regulated mitochondria-dependent and endoplasmic reticulum stress-triggered signaling pathways [J]. Toxicology letters, 2011, 201 (1): 15 – 26.

[307] PAN X, JIANG L, ZHONG L et al. Arsenic induces apoptosis by the lysosomal-mitochondrial pathway in INS-1 cells [J]. Environmental toxicology, 2016, 31 (2): 133 – 141.

[308] YANG B, FU J, ZHENG H, et al. Deficiency in the nuclear factor E2-related factor 2 renders pancreatic beta-cells vulnerable to arsenic-induced cell damage [J]. Toxicology and applied pharmacology, 2012, 264 (3): 315 – 323.

[309] PAUL D S, DEVESA V, HERNANDEZ-ZAVALA A, et al. Environmental arsenic as a disruptor of insulin signaling [J]. Metal ions in biological systems, 2008 (10): 1 – 7.

[310] PADMAJA D S, PRATHEESHKUMAR P, SON Y O, et al. Arsenic induces insulin resistance in mouse adipocytes and myotubes via oxidative stress-regulated mitochondrial Sirt3-FOXO3a signaling pathway [J]. Toxicological sciences, 2015, 146 (2): 290 – 300.

[311] HAMNN I, PETROLL K, HOU X, et al. Acute and longterm effects of arsenite in HepG2 cells: modulation of insulin signaling [J]. Biometals, 2014, 27 (2): 317 – 332.

[312] CHAKRABORTY D, MUKHERJEE A, SIKDAR S, et al. [6]-Gingerol isolated from ginger attenuates sodium arsenite induced oxidative stress and plays a corrective role in improving insulin signaling in mice [J]. Toxicology letters, 2012, 210 (1): 34 – 43.

[313] DIAZ-VILLASENOR A, SANCHEZ-SOTO M C, CEBRIAN M E, et al. Sodium arsenite impairs insulin secretion and transcription in pancreatic beta-cells [J]. Toxicology and applied pharmacology, 2006, 214 (1): 30 – 34.

[314] DOUILLET C, CURRIER J, SAUNDERS J, et al. Methylated trivalent arsenicals are potent inhibitors of glucose stimulated insulin secretion by murine pancreatic islets [J]. Toxicology and applied pharmacology, 2013, 267 (1): 11 – 15.

[315] DIAZ-VILLASENOR A, BURNS A L, SALAZAR A M, et al. Arsenite reduces insulin secretion in rat pancreatic beta-cells by decreasing the calcium-dependent calpain-10 proteolysis of SNAP-25 [J]. Toxicology and applied pharmacology, 2008, 231 (3): 291 – 299.

[316] FU J, WOODS C G, YEHUDA-SHNAIDMAN E, et al. Low-level arsenic impairs glucose-stimulated insulin secretion in pancreatic beta cells: involvement of cellular adaptive response to oxidative stress [J]. Environmental health perspectives, 2010, 118 (6): 864 – 870.

[317] LIU S, GUO X, WU B, et al. Arsenic induces diabetic effects through beta-cell dysfunction and increased gluconeogenesis in mice [J]. Scientific reports, 2014 (4): 6894.

[318] HUANG C F, YANG C Y, CHAN D C, et al. Arsenic exposure and glucose intolerance/insulin resistance in estrogen-deficient female mice [J]. Environmental health perspectives, 2015, 123 (11): 1138 – 1144.

[319] CHEN J W, WANG S L, WANG Y H, et al. Arsenic methylation, GSTO1 polymorphisms, and metabolic syndrome in an arseniasis endemic area of southwestern Taiwan [J]. Chemosphere, 2012, 88 (4): 432 – 438.

[320] DROBNA Z, DEL RAZO L M, GARCIA-VARGAS G G, et al. Environmental exposure to arsenic, AS3MT polymorphism and prevalence of diabetes in Mexico [J]. Journal of exposure science and environmental epidemiology, 2013, 23 (2): 151 – 155.

[321] KUO CC, HOWARD B V, UMANS J G, et al. Arsenic exposure, arsenic metabolism, and incident diabetes in the strong heart study [J]. Diabetes care, 2015, 38 (4):

620-627.

[322] DIAZ-VILLASENOR A, CRUZ L, CEBRIAN A, et al. Arsenic exposure and calpain-10 polymorphisms impair the function of pancreatic beta-cells in humans: a pilot study of risk factors for T2DM [J]. PLoS one, 2013, 8 (1): e51642.

[323] PAN W C, KILE M L, SEOW W J, et al. Genetic susceptible locus in NOTCH2 interacts with arsenic in drinking water on risk of type 2 diabetes [J]. PLoS one, 2013, 8 (8): e70792.

[324] MICHAILIDI C, HAYASHI M, DATTA S, et al. Involvement of epigenetics and EMT-related miRNA in arsenic-induced neoplastic transformation and their potential clinical use [J]. Cancer prevention research, 2015, 8 (3): 208-221.

[325] BAILEY K A, FRY R C. Arsenic-associated changes to the epigenome: what are the functional consequences? [J]. Current environmental health reports, 2014, 1 (1): 22-34.

[326] BAILEY K A, WU M C, WARD W O, et al. Arsenic and the epigenome: interindividual differences in arsenic metabolism related to distinct patterns of DNA methylation [J]. Journal of biochemical and molecular toxicology, 2013, 27 (2): 106-115.

[327] RAGER J E, BAILEY K A, SMEESTER L, et al. Prenatal arsenic exposure and the epigenome: altered microRNAs associated with innate and adaptive immune signaling in newborn cord blood [J]. Environmental and molecular mutagenesis, 2014, 55 (3): 196-208.

[328] REN X, GAILE D P, GONG Z, et al. Arsenic responsive microRNAs in vivo and their potential involvement in arsenic-induced oxidative stress [J]. Toxicology and applied pharmacology, 2015, 283 (3): 198-209.

[329] HUANG C F, CHEN Y W, YANG C Y, et al. Arsenic and diabetes: current perspectives [J]. Kaohsiung journal of medical sciences, 2011, 27 (9): 402-410.

[330] MARTIN E M, STYBLO M, FRY R C. Genetic and epigenetic mechanisms underlying arsenic-associated diabetes mellitus: a perspective of the current evidence [J]. Epigenomics, 2017, 9 (5): 701-710.

[331] RENU K, MADHYASTHA H, MADHYASTHA R, et al. Review on molecular and biochemical insights of arsenic-mediated male reproductive toxicity [J]. Life sciences, 2018, 212: 37-58.

[332] SARKAR M, CHAUDHURI G R, CHATTOPADHYAY A, et al. Effect of sodium arsenite on spermatogenesis, plasma gonadotrophins and testosterone in rats [J]. Asian journal of andrology, 2003, 5 (1): 27-32.

[333] PANT N, MURTHY R C, SRIVASTAVA S. The male reproductive toxicity of sodium arsenite in mice [J]. Human & experimental toxicology, 2004 (23), 399-403.

[334] CHINOY N J, TEWARI D. JHALA D D. Fluoride and/or arsenic toxicity in mice testis with formation of giant cells and subsequent recovery by some antidotes [J]. Fluoride,

2004, 37 (3): 172-184.

[335] UCKUN F M, LIU X P, D'CRUZ O J. Human sperm immobilizing activity of aminophenyl arsenic acid and its N-substituted quinazoline, pyrimidine, and purine derivatives: protective effect of glutathione [J]. Reproductive toxicology, 2002, 16 (1): 57-64.

[336] KIM Y J, KIM J M. Arsenic toxicity in male reproduction and development [J]. Developmental and reproductive biology, 2015, 19 (4): 167-180.

[337] SAMADDER A, DAS J, DAS S, et al. Dihydroxy-isosteviol methyl ester of *Pulsatilla nigricans* extract reduces arsenic-induced DNA damage in testis cells of male mice: its toxicity, drug-DNA interaction and signaling cascades [J]. Journal of chinese integrative medicine, 2012, 10 (12): 1433-1442.

[338] KIM Y J, CHUNG J Y, LEE S G, et al. Arsenic trioxide-induced apoptosis in TM4 sertoli cells: the potential involvement of p21 expression and p53 phosphorylation [J]. Toxicology, 2011, 285 (3): 142-151.

[339] RAMOS-TREVINO J, BASSOL M S, HERNÁNDEZ-IBARRA J A, et al. Toxic effect of cadmium, lead, and arsenic on the Sertoli cell: mechanisms of damage involved [J]. DNA and cell biology, 2018, 37 (7): 600-608.

[340] HUANG Y C, YU H S, CHAI C Y. Proteins in the ERK pathway are affected by arsenic-treated cells [J]. Toxicology research, 2015 (4): 1545-1554.

[341] TSAI C H, YANG M H, HUNG A C, et al. Identification of Id1 as a downstream effector for arsenic-promoted angiogenesis via PI3K/Akt, NF-κB and NOS signaling [J]. Toxicology research (Camb), 2015, 5 (1): 151-159.

[342] HUANG Q, LUO L, ALAMDAR A, et al. Integrated proteomics and metabolomics analysis of rat testis: mechanism of arsenic-induced male reproductive toxicity [J]. Scientific reports, 2016 (6): 32518.

[343] NAYERNIA K, ADHAM I M, BURKHARDT-GöTTGES E, et al. Asthenozoospermia in mice with targeted deletion of the sperm mitochondrion-associated cysteine-rich protein (Smcp) gene [J]. Molecular and cellular biology, 2002, 22 (9): 3046-3052.

[344] SUZUKI T, TSUKAMOTO I. Arsenite induces apoptosis in hepatocytes through an enhancement of the activation of Jun N-terminal kinase and p38 mitogen-activated protein kinase caused by partial hepatectomy [J]. Toxicology letters, 2006, 165 (3): 257-264.

[345] BASHIR S, SHARMA Y, IRSHAD M, et al. Arsenic induced apoptosis in rat liver following repeated 60 days exposure [J]. Toxicology, 2006, 217 (1): 63-70.

[346] KOKILAVANI V, DEVI M A, SIVARAJAN K, et al. Combined efficacies of DL-alpha-lipoic acid and meso 2, 3 dimercaptosuccinic acid against arsenic induced toxicity in antioxidant systems of rats [J]. Toxicology letters, 2005, 160 (1): 1-7.

[347] UDENSI U K, TACKETT A J, BYRUM S, et al. Proteomics-based identification of differentially abundant proteins from human keratinocytes exposed to arsenic trioxide [J]. Journal of proteomics & bioinformatics, 2014, 7 (7): 166-178.

[348] GONSEBATT M E, VEGA L, SALAZAR A M, et al. Cytogenetic effects in human exposure to arsenic [J]. Mutation research, 1997, 386 (3): 219 – 228.

[349] PATLOLLA A K, TCHOUNWOU P B. Cytogenetic evaluation of arsenic trioxide toxicity in Sprague-Dawley rats [J]. Mutation research, 2005, 587 (1 – 2): 126 – 133.

[350] KLEIN C B, LESZCZYNSKA J, HICKEY C, et al. Further evidence against a direct genotoxic mode of action for arsenic-induced cancer [J]. Toxicology and applied pharmacology, 2007, 222 (3): 289 – 297.

[351] MAHATA J, BASU A, GHOSHAL S, et al. Chromosomalaberrations and sister chromatid exchanges in individuals exposed to arsenic through drinking water in West Bengal, India [J]. Mutation research, 2003, 534 (1 – 2): 133 – 143.

[352] TIAN D, MA H, FENG Z, et al. Analyses of micronuclei in exfoliated epithelial cells from individuals chronically exposed to arsenic via drinking water in inner Mongolia, China [J]. Journal of toxicology and environmental health, 2001, 64 (6): 473 – 484.

[353] KESARI V P, KUMAR A, KHAN P K. Genotoxic potential of arsenic at its reference dose [J]. Ecotoxicology and environmental safety, 2012, 80: 126 – 131.

[354] XIE H, HUANG S, MARTIN S, et al. Arsenic is cytotoxic and genotoxic to primary human lung cells [J]. Mutation research-genetic toxicology and environmental mutagenesis, 2014, 760: 33 – 41.

[355] KLEIN C B, LESZCZYNSKA J, HICKEY C, et al. Further evidence against a direct genotoxic mode of action for arsenic-induced cancer [J]. Toxicology and applied pharmacology, 2007, 222 (3): 289 – 297.

[356] BANERJEE M, SARMA N, BISWAS R, et al. DNA repair deficiency leads to susceptibility to develop arsenic-induced premalignant skin lesions [J]. International journal of cancer, 2008, 123 (2): 283 – 287.

[357] SINHA D, ROY M. Antagonistic role of tea against sodiumarsenite-induced oxidative DNA damage and inhibition of DNA repair in Swiss albino mice [J]. Journal of environmental pathology toxicology and oncology, 2011, 30 (4): 311 – 322.

[358] HOSSAIN M B, VAHTER M, CONCHA G, et al. Environmental arsenic exposure and DNA methylation of the tumor suppressor gene p16 and the DNA repair geneMLH1: effect of arsenic metabolism and genotype [J]. Metallomics, 2012, 4 (11): 1167 – 1175.

[359] CLEWELL H J, THOMAS R S, KENYON E M, et al. Concentration-and time dependent genomic changes in the mouse urinary bladder following exposure to arsenate in drinking water for up to twelve weeks [J]. Toxicological sciences, 2011, 123 (2): 421 – 432.

[360] MUENYI C S, LJUNGMAN M, STATES J C. Arsenic Disruption of DNA Damage Responses-Potential Role in Carcinogenesis and Chemotherapy [J]. Biomolecules, 2015, 5 (4): 2184 – 2193.

[361] BJORKLUND G, AASETH J, CHIRUMBOLO S, et al. Effects of arsenic toxicity be-

yond epigenetic modifications [J]. Environmental geochemistry and health, 2017, 40 (3): 955-965.

[362] BARAJAS-OLMOS FM, ORTIZ-SÁNCHEZ E, IMAZ-ROSSHANDLER I, et al. Analysis of the dynamic aberrant landscape of DNA methylation and gene expression during arsenic-induced cell transformation [J]. Gene, 2019, 711: 143941.

[363] LI L, BI Z, WADGAONKAR P, et al. Metabolic and epigenetic reprogramming in the arsenic-induced cancer stem cells [J]. Seminars in cancer biology, 2019 (57): 10-18.

[364] REICHARD J F, SCHNEKENBURGER M, PUGA A. Long term low-dose arsenic exposure induces loss of DNA methylation [J]. Biochemical and biophysical research communications, 2007, 352 (1): 188-192.

[365] OKOJI R S, YU R C, MARONPOT R R, et al. Sodium arsenite administration via drinking water increases genome-wide and Haras DNA hypomethylation in methyl-deficient C57BL/6J mice [J]. Carcinogenesis, 2002, 23 (5): 777-785.

[366] UTHUS E O, DAVIS C. Dietary arsenic affects dimethylhydrazine-induced aberrant crypt formation and hepatic global DNA methylation and DNA methyltransferase activity in rats [J]. Biological trace element research, 2005, 103 (2): 133-145.

[367] MIAO Z, WU L, LU M, et al. Analysis of the transcriptional regulation of cancer-related genes by aberrant DNA methylation of the cis-regulation sites in the promoter region during hepatocyte carcinogenesis caused by arsenic [J]. Oncotarget, 2015, 6 (25): 21493-21506.

[368] LU G, XU H, CHANG D, et al. Arsenic exposure is associated with DNA hypermethylation of the tumor suppressor gene p16 [J]. Journal of occupational medicine and toxicology, 2014, 9 (1): 42.

[369] CHANDA S, DASGUPTA U B, GUHAMAZUMDER D, et al. DNA hypermethylation of promoter of gene p53 and p16 in arsenic-exposed people with and without malignancy [J]. Toxicological sciences, 2006, 89 (2): 431-437.

[370] JENSEN T J, NOVAK P, EBLIN K E, et al. Epigenetic remodeling during arsenical-induced malignant transformation [J]. Carcinogenesis, 2008, 29 (8): 1500-1508.

[371] ZHOU X, SUN H, ELLEN T P, et al. Arsenite alters global histone H3 methylation [J]. Carcinogenesis, 2008, 29 (9): 1831-1836.

[372] LI J, GOROSPE M, BARNES J, et al. Tumor promoter arsenite stimulates histone H3 phosphoacetylation of proto-oncogenes c-fos and c-jun chromatin in human diploid fibroblasts [J]. Journal of biological chemistry, 2003, 278 (15): 13183-13191.

[373] RAY P D, HUANG B W, TSUJI Y. Coordinated regulation of Nrf2 and histone H3 serine 10 phosphorylation in arsenite-activated transcription of the human hemeoxygenase-1 gene [J]. Biochimica et biophysica acta, 2015, 1849 (10): 1277-1288.

[374] AL-ERYANI L, WAIGEL S, TYAGI A, et al. Differentially expressed mRNA targets of

differentially expressed miRNA spredict changes in the TP53 Axis and carcinogenesis related pathways in human keratinocytes chronically exposed to arsenic [J]. Toxicological sciences, 2018, 162 (2): 645-654.

[375] STURCHIO E, COLOMBO T, BOCCIA P, et al. Arsenic exposure triggers a shift in microRNA expression [J]. Science of the total environment, 2014 (472): 672-680.

[376] CHEN C, JIANG X, GU S, et al. MicroRNA-155 regulatesarsenite-induced malignant transformation by targeting Nrf2-mediated oxidative damage in human bronchial epithelial cells [J]. Toxicology letters, 2017 (278): 38-47.

[377] CHEN G, MAO J, ZHAO J, et al. Arsenic trioxide mediates HAPI microglia inflammatory response and the secretion of inflammatory cytokine IL-6 via Akt/NF-kappaB signaling pathway [J]. Regulatory toxicology pharmacology, 2016 (81): 480-488.

[378] STUECKLE T A, LU Y, DAVIS M E, et al. Chronic occupational exposure to arsenic induces carcinogenic gene signaling networks and neoplastic transformation in human lung epithelial cells [J]. Toxicology and applied pharmacology, 2012, 261 (2): 204-216.

[379] LIU J, CHEN B, LU Y, et al. JNK-dependent Stat3 phosphorylation contributes toAkt activation in response to arsenic exposure [J]. Toxicological sciences, 2012, 129 (2): 363-371.

[380] WANG F, LIU S, XI S, et al. Arsenic induces the expressions of angiogenesis-related factors through PI3K and MAPK pathways in SVHUc-1 human uroepithelial cells [J]. Toxicology letters, 2013, 222 (3): 303-311.

[381] COHEN S M, CHOWDHURY A, ARNOLD L L. Inorganic arsenic: a non-genotoxic carcinogen [J]. Journal of ENVIRONMENTAL Sciences, 2016 (49): 28-37.

[382] TCHOUNWOU P B, PATLOLLA A K, CENTENO J A. Carcinogenic and systemic health effects associated with arsenic exposure-a critical review [J]. Toxicologic pathology, 2003, 31 (6): 575-588.

[383] HAQUE R, CHAUDHARY A, SADAF N. Immunomodulatory role of arsenic in regulatory T cells [J]. Endocrine metabolic & immune disorders-drug targets, 2017, 17 (3): 176-181.

[384] SRIVASTAVA R K, LI C, CHAUDHARY S C, et al. Unfolded protein response (UPR) signaling regulates arsenic trioxide-mediated macrophage innate immune function disruption [J]. Toxicology and applied pharmacology, 2013, 272 (3): 879-887.

[385] PRASAD P, SINHA D. Low-level arsenic causes chronic inflammation and suppresses expression of phagocytic receptors [J]. Environmental science and pollution research international, 2017, 24 (12): 11708-11721.

[386] TCHOUNWOU P B, YEDJOU C G, UDENSI U K, et al. State of the science review of the health effects of inorganic arsenic: perspectives for future research [J]. Environmetal toxicology, 2019, 34 (2): 188-202.

[387] USEPA. Guidelines for carcinogen risk assessment [S]. 2005.

[388] Guidance document on developing and accessing adverse outcome pathways [S]. 2013.

[389] VILLENEUVE D L, CRUMP D, GARCIA-REYERO N, et al. Adverse outcome pathway (AOP) development Ⅰ: Strategies and principles [J]. Toxicological sciences, 2014, 142 (2): 312-320.

[390] VAHTER M. What are the chemical forms of arsenic in urine, and what can they tell us about exposure? [J]. Clinical chemistry, 1994, 40 (5): 679-680.

[391] TOKAR EJ, DIWAN BA, WARD J M, et al. Carcinogenic effects of "whole-life" exposure to inorganic arsenic in CD1 mice [J]. Toxicological sciences, 2011, 119 (1): 73-83.

[392] MATOUšEK T, CURRIER JM, TROJÁNKOVÁ N, et al. Selective hydride generation-cryotrapping-ICP-MS for arsenic speciation analysis at picogram levels: analysis of river and sea water reference materials and human bladder epithelial cells [J]. Journal of analytical atomic spectrometry, 2013, 28 (9): 1456-1465.

[393] WEN W, CHE W, LU L, et al. Increased damage of exon 5 of p53 gene in workers from an arsenic plant [J]. Mutation research, 2008, 643 (1-2): 36-40.

[394] CLEWELL H J, THOMAS R S, GENTRY P R, et al. Research toward the development of a biologically based dose response assessment for inorganic arsenic carcinogenicity: a progress report [J]. Toxicology and applied pharmacology, 2007, 222 (3): 388-398.

[395] KITCHIN K T. Recent advances in arsenic carcinogenesis: modes of action, animal model systems, and methylated arsenic metabolites [J]. Toxicology and applied pharmacology, 2001, 172 (3): 249-261.

[396] KITCHIN K T, CONOLLY R. Arsenic-induced carcinogenesis-oxidative stress as a possible mode of action and future research needs for more biologically based risk assessment [J]. Chemical Research in Toxicology, 2010, 23 (2): 327-335.

[397] CLEWELL H J, YAGER J W, GREENE T B, et al. Application of the adverse outcome pathway (AOP) approach to inform mode of action (MOA): a case study with inorganic arsenic [J]. Journal of toxicology and environmental health-part a-current issues, 2018, 81 (18): 893-912.

[398] KITCHIN K T. Recent advances in arsenic carcinogenesis: modes of action, animal model systems, and methylated arsenic metabolites [J]. Toxicology and applied pharmacology, 2001, 172 (3): 249-261.

[399] KITCHIN KT, WALLACE K. Arsenite binding to synthetic peptides based on the Zn finger region and the estrogen binding region of the human estrogen receptor-alpha [J]. Toxicology and applied pharmacology, 2005, 206 (1): 66-72.

[400] WANG X J, SUN Z, CHEN W, et al. Activation of Nrf2 by arsenite and monomethylarsonous acid is independent of Keap1-C151: enhanced Keap1-Cul3 interaction [J]. Toxicology and Applied Pharmacology, 2008, 230 (3): 383-389.

[401] YAGER J W, GENTRY P R, THOMAS R S, et al. Evaluation of gene expression chan-

ges in human primary uroepithelial cells following 24-hr exposures to inorganic arsenic and its methylated metabolites [J]. Environmental and molecular mutagenesis, 2013, 54 (2): 82-98.

[402] WALTER I, SCHWERDTLE T, THUY C, et al. Impact of arsenite and its methylated metabolites on PARP-1 activity, PARP-1 gene expression and poly (ADP-Ribsoyl) ation in cultured human cells [J]. DNA Repair (Amst), 2007, 6 (1): 61-70.

[403] ROSSMAN T G, UDDIN A N, BURNS F J, et al. Arsenite cocarcinogenesis: an animal model derived from genetic toxicology studies [J]. Environmental health perspectives, 2002, 110: 749-52.

[404] CLEWELL H J, THOMAS R S, KENYON E M, et al. Concentration-and time-dependent genomic changes in the mouse urinary bladder following exposure to arsenate in drinking water for up to 12 weeks [J]. Toxicological sciences, 2011, 123 (2): 421-432.

[405] KLIGERMAN A D, TENNANT A H. Insights into the carcinogenic mode of action of arsenic [J]. Toxicology and applied pharmacology, 2007, 222 (3): 281-288.

[406] LOPEZ S, MIYASHITA Y, SIMONS S S, Jr. Structurally based, selective interaction of arsenite with steroid receptors [J]. Journal of biological chemistry, 1990, 265 (27): 16039-16042.

[407] SIMONS SS J R, CHAKRABORTI P K, CAVANAUGH A H. Arsenite and cadmium (Ⅱ) as probes of glucocorticoid receptor structure and function [J]. Journal of biological chemistry, 1990, 265 (4): 1938-1945.

[408] KALTREIDER R C, DAVIS A M, LARIVIERE J P, et al. Arsenic alters the function of the glucocorticoid receptor as a transcription factor [J]. Environmental health perspectives, 2001, 109 (3): 245-251.

[409] CALDWELL K E, LABRECQUE M T, SOLOMON B R, et al. Prenatal arsenic exposure alters the programming of the glucocorticoid signaling system during embryonic development [J]. Neurotoxicology and teratology, 2015, 47: 66-79.

[410] AHIR B K, SANDERS A P, RAGER J E, et al. Systems biology and birth defects prevention: Blockade of the glucocorticoid receptor prevents arsenic-induced birth defects [J]. Environ. Health Perspect. 2013, 121 (3): 332-338.

[411] MU Y F, CHEN Y H, CHANG M M, et al. Arsenic compounds induce apoptosis through caspase pathway activation in MA-10 leydig tumor cells [J]. Oncology letters, 2019, (1): 944-954.

[412] GAO H B, TONG M H, HU Y Q, et al. Glucocorticoid induces apoptosis in rat Leydig cells [J]. Endocrinology, 2002, 143 (1): 130-138.

[413] ALAMDAR A, TIAN M, HUANG Q, et al. Enhanced histone H3K9 tri-methylation suppresses steroidogenesis in rat testis chronically exposed to arsenic [J]. Ecotoxicology and environmental safety, 2019, 170: 513-520.

[414] CHIOU T J, CHU S T, TZENG W F, et al. Arsenic trioxide impairs spermatogenesis

via reducing gene expression levels in testosterone synthesis pathway [J]. Chemical research in toxicology, 2008, 21 (8): 1562 – 1569.

[415] CHINOY N J, TEWARI K, JHALA D D. Fluoride and/or arsenic toxicity in mice testis with formation of giant cells and subsequent recovery by some antidotes [J]. Fluoride, 2004, 37 (3): 172 – 184.

[416] HUANG Q, LUO L, ALAMDAR A, et al. Integrated proteomics and metabolomics analysis of rat testis: Mechanism of arsenic-induced male reproductive toxicity [J]. Scientific reports, 2016 (6): 32518.

[417] HSIEH F I, HWANG T S, HSIEH Y C, et al. Risk of erectile dysfunction induced by arsenic exposure through well water consumption in Taiwan [J]. Environmental health perspectives, 2008, 116 (4): 532 – 536.

[418] GUO P, PI H, XU S, et al. Melatonin improves mitochondrial function by promoting mt1/sirt1/pgc-1 alpha-dependent mitochondrial biogenesis in cadmium-induced hepatotoxicity in vitro [J]. Toxicological sciences, 142, 182 – 195.

[419] SARKAR M, CHAUDHURI G R, CHATTOPADHYAY A, et al. Effect of sodiumarsenite on spermatogenesis, plasma gonadotrophins and testosterone in rats [J]. Asian journal of andrology, 2003, 5 (1): 27 – 31.

[420] MOMENI HR, ORYAN S, ESKANDARI N. Effect of vitamin E on sperm number and testis histopathology of sodium arsenite-treated rats [J]. Reproductive biology, 2012, 12 (2): 171 – 81.

[421] HAN Y, LIANG C, MANTHARI R K, et al. Arsenic influences spermatogenesis by disorganizing the elongation of spermatids in adult male mice [J]. Chemosphere, 2020, 238: 124650.

[422] SHEN H, XU W, ZHANG J, et al. Urinary metabolic biomarkers link oxidative stress indicators associated with general arsenic exposure to male infertility in ahan chinese population [J]. Environmental science & technology, 2013, 47 (15): 8843 – 8851.

[423] WANG Y X, SUN Y, HUANG Z, et al. Associations of urinary metal levels with serum hormones, spermatozoa apoptosis and sperm DNA damage in a Chinese population [J]. Environment international, 2016 (94): 177 – 188.

[424] BURGESS JL, KURZIUS-SPENCER M, POPLIN G S, et al. Environmental arsenic exposure, selenium and sputum alpha-1 antitrypsin [J]. Journal of exposure science and environmental epidemiology, 2014 (24): 150 – 55.

[425] PESOLA G R, PARVEZ F P, CHEN Y, et al. Arsenic exposure from drinking water and dyspnoea risk in Araihazar, Bangladesh: a population-based study [J]. European respiratory journal, 2012, 39 (5): 1076 – 1083.

[426] JOSYULA A B, POPLIN G S, KURZIUS-SPENCER M, et al. Environmental arsenic exposure and sputum metalloproteinase concentrations [J]. Environment research, 2006, 102 (3): 283 – 290.

[427] XUE P, HOU Y, ZHANG Q, et al. Prolonged inorganic arsenite exposure suppresses insulin-stimulated AKT S473 phosphorylation and glucose uptake in 3T3-L1 adipocytes: involvement of the adaptive antioxidant response [J]. Biochemical and biophysical research communications, 2011, 407 (2): 360 – 365.

[428] WASSERMAN G A, LIU X, LOIACONO N J, et al. A cross- sectional study of well water arsenic and child IQ in Maine schoolchildren [J]. Environmental health, 2014, 13 (1): 23.

[429] AHMED S, AHSAN K B, KIPPLER M, et al. In utero arsenic exposure is associated with impaired thymic function in newborns possibly via oxidative stress and apoptosis [J]. Toxicological sciences, 2012, 129 (2): 305 – 314.

[430] AHMED S, MAHABBATE K S, REKHA R S, et al. Arsenic-associated oxidative stress, inflammation, and immune disruption in human placenta and cord blood [J]. Environmental health perspectives, 2011, 119 (2): 258 – 264.

[431] YADAV R S, SHUKLA R K, SANKHWAR M L, et al. Neuroprotective effect of curcumin in arsenic-induced neurotoxicity in rats [J]. Neurotoxicology, 2010, 31 (5): 533 – 539.

[432] FELIX K, MANNA SK, WISE K, et al. Low levels of arsenite activates nuclear factor-kappaB and activator protein-1 in immortalized mesencephalic cells [J]. Journal of biochemical and molecular toxicology, 2005, 19 (2): 67 – 77.

[433] MEEK M, PALERMO C, BACHMAN A, et al. Mode of action human relevance (species concordance) framework: Evolution of the Bradford Hill considerations and comparative analysis of weight of evidence [J]. Journal of applied toxicology, 2014, 34 (6): 595 – 606.

第五章 镉

1 引言

镉是一种环境毒物,具有很高的土壤-植物迁移率,因此镉通过食物链暴露成为一个被广泛关注的社会健康问题。JECFA为保障人群健康制定了膳食中镉的可耐受摄入量和尿镉阈值。FAO/WHO设立的可耐受每月摄入量为25 μg/kg体重(即70 kg成人可耐受每日摄入量为58 μg),尿镉阈值为5.24 μg/g肌酐。在世界范围内成人镉摄入调查数据表明,总膳食研究(TDS)评估其摄入量为8~25 μg/d,而尿镉数据则提示其实际暴露水平高于30 μg/d。这提示我们,相比从TDS中评估镉的摄入量,尿镉能更准确地反映人体的累积镉暴露及身体负荷。虽然研究中的人群摄入量数据和尿镉水平都低于FAO/WHO的摄入指南所规定的限值,但是也有研究显示这种镉负荷水平也可能引起不同组织器官发生病理改变,导致明显的机体多器官病理损伤。因此,基于当前的膳食镉摄入量和尿镉的水平均可能会低估镉的健康损伤效应,不能准确地识别现有安全限值下的潜在健康风险,且镉的毒性靶器官及毒性作用具有多样性,以往以慢性肾病为效应设定的安全限值不一定安全。生理药代动力学模型(PBPK)可以揭示机体不同组织器官对镉蓄积的差异,将外暴露水平与内暴露剂量更好地联系起来,以便准确地预测机体的真实暴露水平。此外,深入探讨镉毒性效应的分子机制,阐明镉的毒作用模式/有害结局路径(MOA/AOP),定量识别能反映早期效应的生物标志,并以此为基础,结合PBPK模型将有助于制定更为严格的膳食镉摄入指南。

2 镉的理化特性

镉(cadmium,Cd)位于元素周期表的第五周期ⅡB族,原子序数为48,相对原子质量为112.4,CAS号7440-43-9,是一种微带蓝色的银白色金属,质软,耐磨,延展性较好。镉在土壤、岩石和水中含量很少,主要存在于铅矿、锌矿、磷矿和磷酸盐肥料中[1]。镉作为一种常见的重金属污染源，长期暴露会导致肿瘤发生、心血管疾病、肺功能损害、生殖系统功能障碍、以肾小管功能障碍为主的泌尿系统损害等，从而影响人们的身体健康。据国内外研究发现，镉诱导的机体毒性可能与 DNA 损伤、过量的 ROS 产生和蛋白质降解等机制有关。

镉毒性测试以往主要是依靠动物实验，存在周期长、耗费大、结果外推的不确定性等不足。同时，也不符合国际毒理学界所倡导的动物实验"3R"原则。因此，美国国家研究委员会（NRC）于 2007 年提出了《21 世纪毒性测试：愿景与策略》研究报告，强调基于人的生物学，优先采用人源性细胞系开展毒性通路研究的策略，将毒性通路与机体和暴露途径联系起来。这也促进了对镉毒性通路和镉暴露风险评价的研究，但在进一步开展镉污染风险评价时，由于镉对多系统、多器官的作用，我们仍需要考虑：①合适的体外细胞模型选择和构建；②毒性通路扰动与效应/反应之间的关系；③体外细胞模型结果外推至整体的剂量－反应关系；④发展毒性通路检测及计算毒理学等方法技术。

为了解当前非职业暴露人群镉的暴露水平，本章通过文献检索，主要阐述内容包括：①收集镉环境介质的监测数据，初步评估各国环境中镉暴露的水平；②全面描述镉的毒效应谱及毒作用机制；③分析食品、生物样本中镉的检测方法，并基于流行病学调查结果分析不同的尿镉、血镉水平与相关的疾病结局之间的关系；④探讨镉的毒代动力学模型对镉暴露水平估计的应用，现有证据下的镉的毒作用模式或有害结局通路，以及基于证据权重的方法对其进行评价；⑤总结当前膳食镉的相关安全限值并讨论其合理性。

2.1 镉在环境及食品中的存在形式

镉是一种广泛存在于自然界的微量元素，环境中镉主要在火山爆发及岩石风化等过程中产生，影响环境中镉的本底值。工业革命以来，由于工业生产能力提高及生产规模不断增大，人类向环境中排放的含镉废弃物越来越多，垃圾的焚烧也会产生镉而污染环境。由人类活动引起的土壤镉污染具有严重的生态环境效应，通过生物富集作用使得人群的镉暴露风险增加，严重危害人体健康[2]。

镉在环境中以多种形态存在。马玲等采用改进的 Tessier 连续提取法对武汉地区的土壤样品中镉的形态进行了分析，结果表明土壤中镉主要以离子交换态形式存在，总的形态分布顺序依次为离子交换态（包含水溶态）＞碳酸盐结合态＞铁锰氧化物结合态＞腐殖酸结合态＞残渣态＞强有机结合态，说明土壤中镉较活泼，易于迁移转化，对植物的可给性大，是环境中的重要污染元素[3]。

离子交换态为非专性吸附态，是金属离子通过静电引力和热运动等平衡作用，吸附在黏土、腐殖质等其他成分上，这部分金属离子活性较大，在自然界中易于迁移转化，能够较好地被植物吸收，因此对环境影响较大。离子交换态镉在各类土壤中的含量较大，为 14.93%～41.82%，其中潮土中的平均含量为 22.49%，黄棕壤中的平均含量为 27.54%，污泥中的平均含量为 31.34%，表积物中的平均含量为 19.60%。离子交换态镉含量高说明金属离子镉在土壤中的活性较大，对环境影响严重，是重要的污染元素。

碳酸盐结合态镉这一形态的离子以碳酸盐沉淀的形式存在于土壤中，当土壤条件改变如酸度增加时，会重新释放进入环境中，是潜在的影响因素，土壤 pH 升高有利于镉的固化，减少对环境的影响。碳酸盐结合态镉在土壤中的含量为 $10.08\% \sim 30.87\%$，其中潮土中的平均含量为 21.14%，黄棕壤中的平均含量为 17.40%，污泥中的平均含量为 26.09%，表积物中的平均含量为 22.70%。黄棕壤土为酸性土壤，所以其中的镉含量相对低一些；空气中由于 CO_2 的存在，与废气中的镉形成碳酸盐沉淀而沉积下来，所以表积物中的碳酸盐结合态镉含量比其他几个态要高。有机结合态分为腐殖酸结合态和强有机结合态[4]，也有称为松结合有机态和紧结合有机态[5-6]。与土壤腐殖酸中小分子有机酸结合的金属离子，其性质较活泼，当土壤环境如酸度、氧化还原性改变时，其中的镉会重新释放，进入环境中，引起污染；而与有机质中芳构化程度高的大分子量组分如胡敏酸结合的金属离子则相对较稳定，能起到固定土壤中镉的作用[7]。不同的文献[8]报道对土壤施加有机肥以改善土壤中镉对植物的影响，其所得结论各不相同，其原因可能是与土壤的性质及有机肥的组分有关，腐殖酸结合态的镉对生物的有效性较大，只有强有机结合态镉才能被固化，减小对植物的影响。潮土和黄棕壤因含有较多的有机质，所以其中有机结合态镉含量相对高些。土壤中铁锰氧化物广泛地分布于土壤中，高活性的铁锰氧化物有较大的表面积，它们对金属离子有很强的结合力，将金属离子吸附或共沉淀于其中。残渣态金属离子一般存在于硅酸盐、黏土、原生矿物、次生矿物的晶格中，性质稳定，固定于土壤中，不易迁移释放，对生物的有效性很小。土壤中残渣态镉的含量较低，尤其是污泥中的残渣态镉含量平均只占全量的 5% 左右，说明外源镉在土壤中是以较活泼的形式存在，对生物的作用较大，所以有毒元素镉对环境的影响很大。

由于生活条件及工作环境的差异，不同地区人群的镉暴露主要途径存在差异。人群镉暴露主要来源于镉污染的环境（大气、水、土壤等）、膳食及吸烟等途径。无论是镉污染区还是非镉污染区，膳食摄入是人群镉暴露的主要来源[9-12]。林程程[2]等对广东省江门地区进行的镉风险评估结果显示，普通人群镉暴露的主要来源是膳食摄入（占 99.94%），大气和饮用水镉暴露所占比例极小，分别为 0.05% 和 0.01%。镉、铅和汞等重金属无法进行生物降解，故能在环境中持久存在[13]。镉曾在防腐剂、颜料和电池等工业生产中被广泛应用，尽管全球范围内镉相关的工业生产已被逐步淘汰，但是却很难从这些工业产品中对镉进行回收，这导致过去工业活动产生的镉随着农业生产分散到环境中，尤其是沉积在土壤中[14]。此外，由于镉具有很高的土壤-植物迁移率[13]，导致镉通过食物链暴露成为一个备受关注的社会问题。

在食品中，镉以唯一价态 +2 价存在。由于镉的有机化合物很不稳定，自然界中不存在有机镉化合物，但在哺乳动物、禽类和鱼类等食品中的镉多数是与蛋白质分子呈结合态的。在蔬菜中，镉的存在形式为有机态、乙醇态、水提态及残渣态四种，最主要的存在形式为有机态。不同食物含镉量存在差异，且由于自然环境的影响，同一种类食物种植在不同地区其镉含量也往往存在较大差别。2003—2007 年，一项涉及欧盟 20 个成员国对 140 000 份不同种类的食品调查结果显示，海藻、鱼类和海产品、巧克力等几类食品中的镉含量最高，虽然总体上仅有少量食物（<5%）的镉含量超标，但是有 20% 以上的块根芹、马肉、鱼类、双壳类软体动物（除了牡蛎和头足类）超过 WHO 规定的

食物中镉含量允许水平（其允许水平分别为 0.2 mg/kg、0.2 mg/kg、0.1 mg/kg、1.0 mg/kg）[15]。2000 年进行的中国总膳食研究（TDS）结果[16]显示，水产类和肉类中镉含量较高，分别为 0.86 mg/kg 和 0.42 mg/kg。在国内不同省（自治区、直辖市）进行的食物中镉含量调查[17-19]显示，不同地区的食物中的镉含量差别较大。覃志英等对广西 2002—2003 年市售食品进行的镉含量调查发现，动物肾脏类食物的镉含量均值为 1.9 mg/kg，镉超标率为 100%，最高超标倍数为 88.9 倍，螺类海产品镉含量均值为 1.1 mg/kg，超标率达 92.8%，蟹类镉含量均值为 0.44 mg/kg，超标率为 66.7%；邓峰等于 2000—2005 年对广东进行的食物中污染物的动态监测结果显示，猪肾、虾蛄、干食用菌和海产贝类中镉含量较高，镉平均含量分别为 3.130 mg/kg、1.950 mg/kg、0.877 mg/kg、0.546 mg/kg。由于不同地区环境中镉含量的差异及不同种类植物的镉富集能力不同，使得不同食物的镉含量存在差异，同时由于调查过程中所调查的食物种类不同及进行食物分类的标准不同，都可能使得不同地区镉含量较高的食物种类存在差异。

2.1.1 常见的镉污染来源

2.1.1.1 我国环境介质中的镉监测数据

镉能持久存在于环境介质中，且能通过土壤-植物迁移进入食物链，人类通过饮食、饮水及呼吸均可摄入镉。植物对金属离子的吸收、运输、储存有其对应的机制，金属的吸收和运输通过细胞膜上的转运蛋白来进行，并且植物有着敏感的机制，使细胞内土壤中重金属的有效态与植物生长过程密切相关[20]。植物对金属的吸收方式有以下两种：①通过根系分泌物螯合重金属。例如，根系分泌物的羧基具有酸性，与重金属结合是一种潜在的增加重金属有效性的途径[21-22]。②利用金属的流动性。金属离子先通过植物根毛细胞膜上的通道进入，再通过细胞膜的选择通透性以共质体途径进入植物根的表皮细胞[23-24]。植物根系吸收重金属后向木质部运输。大多数的金属离子都是进入到木质部，少数金属离子进入到韧皮部。Zhao 等[25]研究表明，镉超累积植物天蓝遏蓝菜（thlaspi caerulescens）根细胞质膜上有高选择性的镉转运系统，对镉吸收性较强。植物体对重金属转运还会受外部环境的影响。如 Salt 等[26]报道，有机酸参与印度芥菜木质部中镉的运输，根系分泌的有机酸也参与了部分植物对镉的吸收、运输。影响植物对重金属镉的吸收有以下六个因素：①植物的种类。植物对重金属的选择性吸收与植物种类的特性有关，根据不同物种对重金属的选择吸收和累积生物量的不同，来判断是否可以作为该种重金属的超累积植物。②植物生长条件。不同生长环境和种植条件会影响植物对重金属的吸收，如 pH、施用肥料品种、添加螯合剂的不同，都会影响植物对重金属的吸收。③植物根系。植物根系能吸收各种重金属元素，并能进行存储和代谢，还能通过改变根系粗细和长短来适应重金属胁迫[27]。植物根系分泌物能够活化土壤中的某些重金属，从而增加植物的吸收。④环境因素。植物对重金属的吸收会随着土壤温度、水分、光照等的变化而改变。⑤重金属的有效性。不同土壤的 pH、Eh（土壤氧化还原电位）、植物根系分泌物、土壤的有机质含量等因素都会影响重金属的有效性，从而使植物可以选择性地吸收不同形态的重金属。⑥重金属离子间的相互影响。不同种重金属离子间存在相互竞争的附着位点，这会改变植物对重金属离子的吸收能力，当某一离子浓度过高时，植物对其他离子的选择性吸收将产生影响[28]。能够累积和运输镉的植物主要具备以下三个特点：①植物根系具有较强的耐镉能力和吸收能力；②根系吸收镉后通过蒸腾作用能够有效地运输到植物的地上部；③叶片能对镉区隔化，将大多数的 Cd^{2+} 储存在液泡中[29]。细胞膜上有运输重金属离子的转运蛋白及高亲和力结合位点[30,31]。为了让植物更多地吸收重金属，达到植物修复效果，研究者须清楚地理解重金属的运输受哪些基因调控。张玉秀等研究表明，土壤微环境会使植物对 Cd^{2+} 的吸收产生影响；植物根细胞壁会选择性吸收、吸附和固定土壤中的 Cd^{2+}，其中大部分 Cd^{2+} 被截留在细胞壁中，其余的则通过主动运输或协助扩散等方式透过细胞膜进入根细胞中；部分 Cd^{2+} 在根细胞液泡中积累，部分通过木质部运输到地上部分；茎叶部的大部分 Cd^{2+} 则通过络合作用被固定在液泡中，仅少量在细胞壁和细胞质中被截留[32]。与植物累积运输镉相关的基因有以下四类：①锌铁调控蛋白（ZRT，IRT-like protein，简称 ZIP）家族的基因。当植物对 Fe 离子的吸收供不应求时，植物就会吸收更多的 Cd^{2+}[33-34]。Eide 等对拟南芥的研究发现，当缺少 Fe 时，植物转运蛋白 ZIP 家族有关运输的基因 AtIRT1 会优先吸收 Fe^{2+} 到根表皮，同时运输 Mn^{2+}、Zn^{2+}、Cd^{2+} 等二价态金属离子[35]。另有报道称，ZIP 家族的许多成员都参与了上述 4 种离子的运输[36]。②阳离子扩散促进剂（cationdiffusion facilitaor，CDF）家族蛋白的基因。CDF 是另一类转运运输蛋白的催化剂，其主要作用是促进 Zn^{2+} 的运输；另外，对 Co^{2+}、Fe^{2+}、Cd^{2+}、Ni^{2+}、Mn^{2+} 的运输也起到了一定的作用[37-38]。③天然抗性相关巨噬细胞蛋白（natural resistance-associated macrophage protein 1，NRAMP1）的基因。NRAMP1 基因在拟南芥中与 Fe^{2+}、Mn^{2+}、Cd^{2+} 的运输有关[39-40]。④CPX 型重金属 ATP 酶（Cpx-type heavy metal ATPases）的基因。已证实大量有机体内有该基因，且该基因也是铜、锌、镉、铅等重金属横跨细胞膜运输必不可少的调控基因[41]。镉被植物吸收后，大部分富集在根部，少量迁移到地上部，通常镉在植物体内积累的含量从大到小的顺序是根＞茎＞叶＞子实。有报道，印度芥菜在镉浓度为 0.1 mg/L 的溶液中时，在地上部植株干质量中镉的浓度达 110 mg/kg，而在根浓度干质量中镉的浓度达 670 mg/kg。这主要是因为镉在印度芥菜根系中能快速地螯合，形成 $Cd-S_4$ 的混合物，达到镉的累积效果。在印度芥菜根系中镉的运输主要靠木质部，而在植株地上部镉的运输则是靠植物的蒸腾作用[42]。这表明印度芥菜具有在根部截留重金属的能力，从而避免较高浓度的重金属进入地上部分，产生更为严重的生理毒害作用。现对土壤中镉污染修复的研究较多，但中国人摄入镉的最大来源仍然是谷类、蔬菜类，故对土壤–植物迁移的研究仍任重道远。

2.1.1.2 水环境中镉的监测数据

我国《地表水环境质量标准》（GB 3838—2002）规定，地表水中镉含量的最大限值不得超过 0.01 mg/L；《生活饮用水卫生标准检验方法》（GB-T5750—2006）规定饮用水中镉的浓度限值为 0.005 mg/L。一项太湖水质重金属污染的调查显示，在冬季、春季、夏季和秋季，太湖梅梁湾地表水镉的平均浓度分别为 0.74 μg/L、0.13 μg/L、0.24 μg/L 和 0.14 μg/L，均未超出国家标准限值[43]。Yan 等[44]的研究调查显示，广西柳江水源中镉的含量为 0.007 μg/L，在国家标准限值以内。青海湖流域的主要河流下游水体中的镉含量平均值为 1.13 μg/L[45]，符合我国地表水环境质量标准中Ⅱ类水质要求。

2.1.1.3 大气颗粒物中镉监测数据

根据我国《环境空气质量标准》(GB 3095—2012),空气中镉的年平均浓度限值参考值为 0.005 μg/m³。1 项调查[46]显示,包头市采暖季和非采暖季空气总悬浮颗粒物中镉的含量均未超过 5 ng/m³,分别为 1.68 ng/m³ 和 0.59 ng/m³。邵瑞华等[47]对珠三角地区空气 $PM_{2.5}$ 中的镉含量进行检测后发现,夏季各检测点的 $PM_{2.5}$ 中镉含量均低于 5 ng/m³,而冬季珠三角地区 $PM_{2.5}$ 中的平均镉含量为 5.14 ng/m³;其中,肇庆市空气中镉含量超标最严重,为 12.1 ng/m³,存在较大的潜在生态危害。针对上海市虹口区的 1 项调查研究[48]显示,2015 年 3 月至 2016 年 12 月春、夏、秋、冬四季的 $PM_{2.5}$ 中平均镉含量分别为 0.94 ng/m³、0.67 ng/m³、1.06 ng/m³、2.22 ng/m³,均未超过 5 ng/m³。

2.1.1.4 土壤中镉的监测数据

根据我国《土壤环境质量农用地土壤污染风险管控标准(试行)》(GB 15618—2018),镉的农用地土壤污染风险筛选值见表 5-1。蓝海等的研究[49]发现,2014—2018 年四川省广汉市土壤中镉含量为 0.12~1.10 mg/kg,平均含量为 0.49 mg/kg,41% 的农用地土壤镉含量超过风险筛选值,存在土壤生态环境风险。刘松等[50]测得贵州省六盘水农用地土壤镉含量为 0.04~0.86 mg/kg,平均含量为 0.26 mg/kg,具有低度生态风险。梁捷等[51]对海南省农产品主产区土壤的重金属含量进行检测,83 个采样点的镉含量平均值为 0.15 mg/kg,范围为 0~1.63 mg/kg,有 20.93% 的采样点超过《土培环境质量农用地土壤污染风险管控标准(试行)》(GB 15618—2018)的风险筛选值。

表 5-1　农用地土壤污染风险筛选值　　　　　单位:mg/kg

污染物项目		pH≤5.5	5.5 < pH≤6.5	6.5 < pH≤7.5	pH > 7.5
镉	水田	0.3	0.4	0.6	0.8
	其他	0.3	0.3	0.3	0.6

2.1.1.5 镉在各类食品中所占比重

《国家中长期科学和技术发展规划纲要(2006—2020 年)》的公共安全领域在食品安全与检验检疫优先主题中将食品安全风险、溯源预警和标准制定作为重要内容。粮食重金属污染已经再次成为我国食品安全的热点问题。

FAO/WHO 食品安全标准规划项目即国际食品法典委员会(CAC)将稻米镉限量确定为 0.4 mg/kg,并被日本和中国台湾采纳;而澳大利亚的限量为 0.1 ng/kg;欧盟、韩国、新加坡的为 0.2 mg/kg。我国于 1994 年颁布实施的 GB 15201—94《食品中镉限量卫生标准》确定的稻米镉限量为 0.2 mg/kg;于 2005 年颁布的 GB 2762—2005《食品污染物限量》确定的稻米镉限量仍维持 0.2 mg/kg,与欧盟、韩国、新加坡一致,在通过世界贸易组织卫生与植物卫生措施(WTO/SPS)协定通报后于 2006 年实施。

自从 JECFA 第 61 次会议确定镉的暂定每周可耐受摄入量(provisional tolerable weekly intake,PTWI)为每周 7 μg/kg 体重后,接连又有一些关于环境暴露后尿中有与镉相关的生物标志物的流行病学报告。同时,通过基于大量文献报道的 Meta 分析也得出了尿中有镉与 β_2 微球蛋白排泄物的剂量反应关系。由于镉在人体肾脏中的半衰期为

15年，暴露45～60年后仍然稳定存在，所以那些针对50岁以上的受试者所得到的尿中镉与β_2微球蛋白排泄物的数据，能够为评估提供更好的依据。有研究发现，50岁以上的受试者的尿镉排出低于分界点至5.24 μg/g肌酐（可信区间为4.97～5.57 μg/g肌酐）时，不会引起尿β_2微球蛋白排出的增加。高于这一区间的尿镉排出将引起β_2微球蛋白排出的急剧升高。使用毒代动力学一室模型可以得到与分界点-尿镉排出达到5.24 μg/g肌酐相关联的膳食镉的暴露量。在人群水平下，其低端即第五百分位数的膳食暴露量估计为每月0.8 μg/kg体重或者每月25 μg/kg体重。JECFA专家委员会意识到镉在人体内的半衰期很长，鼓励在评估镉的膳食暴露对于健康的影响时，应该至少以1个月为最小单位。因此，2010年JECFA第73次会议取消了之前镉的PTWI，认定镉的长期终生暴露对人群健康的危害更值得关注，因此改为镉的每月可耐受摄入量（provisional tolerable monthly intake，PTMI），并降低为每月25 μg/kg体重。

将第五次中国TDS中20个省（自治区、直辖市）的单个样品进行检测，发现南方各省（自治区、直辖市）食物中的镉含量明显高于北方各省（自治区、直辖市）。其中，花生、动物内脏和水产类食品中的镉含量较高。但是绝大多数食品中的镉含量均低于食品安全国家标准中的镉限量卫生标准。第五次中国TDS镉摄入的膳食来源中排名在前五的分别是谷类（65.40%）、蔬菜类（18.00%）、豆类（5.92%）、水产类（4.70%）、薯类（3.40%）。各省（自治区、直辖市）膳食镉的主要食物来源分别是：黑龙江省是豆类（68.63%）、蔬菜类（16.21%）、谷类（5.60%）；辽宁省是水产类（81.57%）、蔬菜类（10.12%）、肉类（3.62%）；河北省是水产类（64.33%）、豆类（25.60%）、蔬菜类（10.06%）；北京市是蔬菜类（85.41%）、豆类（8.41%）、水产类（3.94%）；吉林省是蔬菜类（49.64%）、豆类（33.40%）、谷类（7.03%）；陕西省是蔬菜类（58.35%）、谷类（17.74%）、肉类（10.27%）、豆类（10.18%）；河南省是水产类（65.71%）、肉类（17.63%）、蔬菜类（8.41%）；宁夏回族自治区是蔬菜类（54.16%）、豆类（11.98%）、谷类（9.83%）；内蒙古自治区是蔬菜类（74.13%）、豆类（14.53%）、水产类（11.24%）；青海省是蔬菜类（48.41%）、豆类（43.65%）、水产类（7.37%）；上海市是蔬菜类（60.97%）、水产类（24.97%）、豆类（7.08%）；福建省是水产类（94.87%）、谷类（2.97%）豆类（1.87%）；江西省是蔬菜类（58.42%）、谷类（26.32%）、豆类（9.25%）；江苏省是豆类（33.71%）、蔬菜类（25.10%）、谷类（16.30%）；浙江省是蔬菜类（78.89%）、水产类（8.70%）、谷类（5.21%）；湖北省是蔬菜类（59.83%）、豆类（19.55%）、谷类（10.61%）；四川省是谷类（34.01%）、豆类（24.27%）、蔬菜类（21.81%）；广西壮族自治区是蔬菜类（78.80%）、水产类（9.85%）、豆类（9.62%）；湖南省是蔬菜类（52.38%）、豆类（17.16%）、水产类（15.05%）；广东省是蔬菜类（60.03%）、水产类（28.35%）、谷类（3.56%）。综上可见，我国膳食镉的主要食物来源仍以植物性的食物如谷类、蔬菜、薯类和豆类为主，但水产类食物来源的镉占比加大。

2.2 健康效应相关信息

2.2.1 镉经口 ADME 过程

机体缺乏镉的主动排泄机制,因此镉在组织器官沉积后只有少量排出体外,大部分镉可在组织器官中稳定存在长达数年。日本的 1 项研究[52]表明,镉在肾脏中的平均半衰期为 14 年;而瑞典的研究[53]报道显示镉的半衰期可长达 45 年。Satarug 等[54]结合以往的研究,推测镉在肾脏中的含量约为 50 μg/g 肾皮质湿重时是避免肾功能异常的最大耐受水平,这似乎明显低于以往的估计水平(180～200 μg/g 肾皮质湿重),这提示基于 180～200 μg/g 肾皮质湿重水平所确定的当前的尿镉限值(5.24 μg/g 肌酐)存在潜在的健康风险。

职业性接触主要经呼吸道吸入,吸收率为 10%～40%;非职业性接触主要经消化道吸入,吸收率为 5%。当体内钙及维生素 D 缺乏时,机体对镉的吸收率增加。镉被吸收入血液后,有 50%～90% 的存在于红细胞中,部分与血红蛋白结合,部分与金属硫蛋白结合。镉进入人体后,分布于全身各个器官,有 1/3～1/2 的蓄积于肝和肾。镉及其化合物通过消化道进入人体的吸收率与个体差异、进入途径、镉的化学形态、环境温度和镉气溶胶颗粒的大小等因素有很大的关系。镉是一种有毒元素,在体内的蓄积性很强,主要蓄积在肾脏和肝脏,约占总蓄积量的 50%。镉在体内的蓄积量随着年龄的增大而增加,50 岁左右时达到最高值,以后逐步降低,50 岁左右的正常人体内含镉量约为 30 mg。各国正常人镉总蓄积量不完全一致,美国和欧洲为 15 mg,日本为 40～80 mg。

无论镉以何种途径进入体内,大部分都通过粪便排出,仅有一小部分经肾脏由尿排出。尿镉和血镉的含量可反映人体对镉的吸收和蓄积程度,所以尿镉和血镉可作为生物监测指标。血液中的镉约 95% 在红细胞内与血红蛋白相结合,血镉主要反映近期接触情况。职业接触镉后,血镉上升较快,停止接触后,血镉迅速下降。接触 1～2 个月后,血镉浓度可反映当时的接触情况,由于镉在体内有蓄积作用,停止接触后血镉仍不会降至接触前的水平。血镉的生物半衰期为 2～3 个月。尿镉主要反映体内镉负荷量、肾镉含量和近期接触量,当接触较高浓度镉或长时间接触使体内结合部位饱和时,则尿镉反映体内负荷量和近期接触量;当肾小管功能异常时,尿镉常显著增高。因此,尿镉含量既与肾皮质镉含量有关,又与长期接触镉后肾功能异常有关。尿镉不仅可用作长期接触镉的生物监测指标,也可用作慢性镉中毒的诊断指标。我国与美国政府工业卫生师协会(American Conference of Government Industrial Hygienists,ACGIH)规定尿镉的生物接触限值均为 5.24 μmol/mol 肌酐(5.24 μg/g 肌酐)。

2.2.2 人群经口暴露镉易感性影响因素

近年来,我国镉污染事件时有发生。在镉污染健康风险评价中,不同年龄、性别人群的镉负荷水平及可接受阈值水平的评估是环境流行病学的研究重点。张洁莹等[55]在广东省某镉重度污染的农村地区展开现场调查,以 50 岁为界限分为高低 2 个年龄组采集尿样开展研究。研究表明,高低两个年龄组人群的尿镉水平并无统计学差异($P >$

0.05），但高年龄组人群尿 β_2-MG 水平显著高于低年龄组人群（$P<0.05$）。可能是经过长期的镉暴露，高年龄组人群尿镉水平已处于稳定状态，但长期的镉负荷已经造成了一定的肾功能损害，从而引起高年龄组人群尿 β_2-MG 水平显著升高。人群尿 β_2-MG 的 P_{75} 大于 1 000 μg/g 肌酐，表明该地区超过 25% 的人群尿 β_2-MG 已超过现有标准限值，他们可能已经受到了早期镉致健康损害，从而出现尿 β_2-MG 释放量增加的症状。另外，尿 NAG、尿 β_2-MG 不随年龄发生线性变化，而随尿镉水平的增加呈线性变化。这表明尿 β_2-MG、尿 NAG 可以作为镉污染健康风险评价中的效应指标，可以较为有效地评价镉致肾功能损害的状况。此外，赵焕虎等[56]的调查研究也同样得到尿 β_2-MG 较为灵敏的结果。曾艳艺等[57]提出，镉引发的早期肾功能病变为肾小管功能紊乱，会引起尿 β_2-MG 含量的增加，并且尿 β_2-MG 是最常用的生物标记物。而我国《职业性镉中毒诊断标准》也优先以尿 β_2-MG 作为慢性轻度镉中毒的诊断指标。因此，在镉污染健康风险评价中，尿 β_2-MG 可能比尿 NAG 更为敏感，可灵敏地反应镉污染导致的肾功能损害，是确定尿液中镉含量阈值水平更可靠的基础依据。但须做进一步研究，尿 NAG 是否可以作为慢性镉中毒的补充诊断指标。在进行尿镉基准剂量评估时发现，2 个效应指标计算结果均显示，高年龄组人群的尿镉 BMDL 值小于低年龄组人群，表明在长期的镉暴露状况下，高年龄组人群的尿镉可接受阈值水平要低于低年龄组人群。其可能的原因是高年龄组人群尿 NAG、尿 β_2-MG 的释放量更容易受尿镉水平影响，他们面临着较高的肾功能损害风险，更易受到镉污染健康损害，应该采取措施加以干预、保护。此外，有研究显示镉摄入可促进钙离子释放。毛伟平[58]等对镉诱导胞内钙稳态失调的机制进行研究，发现镉引发细胞凋亡的可能机制如下：镉引起 HEK293 细胞胞内 IP3R 活化，动员胞内的钙库释放钙离子，胞内钙库钙离子的释放又引起了胞外钙离子的内流。增多的 Ca^{2+} 活化了一些钙离子依赖性的与凋亡相关的蛋白酶如钙调磷酸酶，这些蛋白酶的活化直接或间接地导致了细胞凋亡的发生。对钙有特殊要求或是缺乏的人群对镉污染更加敏感。

2.2.3 经口暴露镉靶器官及毒性效应

2.2.3.1 肾脏毒性

慢性镉毒作用的主要器官是肾脏，主要部位是肾小球和肾小管，表现为肾小球滤过负荷增加，肾小管重吸收功能受损。肾功能异常是低浓度镉暴露时最早出现的不良效应。进入血液的镉，先与红细胞中的金属硫蛋白（MT）结合进入肝脏蓄积，然后到达肾脏再次蓄积。肝脏和肾脏是体内存镉的两大器官，两者所含的镉约占体内镉总量的 60%[59]，其余分布于肺、胰、甲状腺、睾丸、毛发等处。人体吸收的镉主要通过肾脏经尿排出，由于镉的排出速度很慢，在体内可以对多个组织和器官造成损害。血中 β_2-MG 的升高可反映肾小球滤过功能受损或滤过负荷增加；而尿中 β_2-MG 增高则提示肾小管重吸收功能受损或滤过负荷增加。通常肾小球滤过功能下降表现为血 β_2-MG 升高，尿 β_2-MG 正常，急、慢性肾炎，肾功能衰竭等。而对急慢性肾衰竭患者诊断后发现，尿 β_2-MG 升高明显，最高时可达 40 mg/L，当高水平的尿 β_2-MG 出现时，除了肾小球的滤过负荷增加外，肾小管也遭受了严重损害。肾小管重吸收功能受损表现为血 β_2-MG 正常、尿 β_2-MG 升高，常见于慢性镉中毒、范科尼综合征及肾移植排斥反应等[60-61]。经肾小球滤过的 β_2-MG，有 99% 为近端肾小管重吸收，并在此被全部分解成氨基酸，

故尿液中 β_2-MG 的测定是诊断肾小管灵敏度的特异性试验[62]。NAG 由肾近曲小管上皮细胞分泌,肾小球也有少量分布。肾小球滤过功能正常时,血中 NAG 因分子量大而不能经肾小球滤过。当尿 NAG 活性明显升高时,提示肾脏受到了实质性损伤,此时,细胞病变,使胞内溶酶体释放,加之肾小球滤过膜受损,蛋白质率过滤上升,使得溶酶体酶激活,使尿中 NAG 的排出量也上升。研究发现,患病组尿中 NAG 水平显著高于对照组[63],与动物模型研究结果相符[64],提示尿中 NAG 水平升高可作为判定早期肾小管功能改变的敏感指标。肾脏是镉对人体造成慢性损伤的主要靶器官,尿镉是反映体内镉负荷水平的重要指标,尿镉的增高也是尿 NAG、尿 β_2-MG 两个肾损伤指标增高的前提之一。当肾小管吸收功能障碍时,β_2-MG 在尿中排泄量将增高,故 NAG、Uβ_2-MG 等指标的浓度变化在一定程度上可以灵敏地反应肾损伤的程度。因此,以镉为暴露指标,以 UNAG、Uβ_2-MG 为镉对肾损伤的效应指标,明确镉暴露指标与肾损伤效应指标之间是否存在明显的相关性,对进一步了解镉污染区人群的健康状况具有重要意义。

2.2.3.2 生殖毒性

镉对雄性生育系统具有毒性作用,可引起睾丸及附属组织形态结构的改变,睾丸生精功能障碍及睾丸和附性腺内分泌功能紊乱。不少研究发现,动物经镉盐处理后,早期主要发生睾丸和附睾头部的血管形态学变化,然后才导致曲精细管和附睾管等发生明显的损害。组织学观察发现,镉污染后即可见毛细血管血流变缓甚至停滞、间质水肿、生殖上皮发生退变,随后出现广泛的组织坏死。睾丸组织严重损伤还表现在精原细胞和支持细胞及其线粒体变形萎缩,精子头体积和表面积缩小,顶体结构明显收缩。陈龙等[65]发现,慢性镉负荷大鼠睾丸组织中的镉含量极明显上升,锌含量稍有下降,睾丸精子头计数和每日精子生成量下降,碱性磷酸酶(Alkaline phosphatase,ALP)、乳酸脱氢酶同工酶(LDH-X)活性明显降低,提示慢性镉负荷在睾丸组织中逐步蓄积引起睾丸一些酶活性改变、精子生成减少及睾丸内分泌功能低下,影响雄性生育力。镉对女性生殖系统的影响被认为是影响人类生育的重要因素,已受到普遍关注。长期给予大鼠一定剂量镉负荷可引起大鼠子宫和卵巢的小血管壁变厚,卵巢萎缩、坏死,组织学观察间质细胞增生几乎充满全卵巢,或在增生的间质细胞之间充有大小不等团块的间质腺,间质细胞之间有大量闭锁的原始卵泡和少量闭锁的生长卵泡;同时有黄体退变及卵巢纤维样改变、静脉血管充血。美国国立卫生研究院(National Institutes of Health,NIH)的雌小鼠皮下注射一定剂量氯化镉后,初级和次级卵母细胞出现明显的病理学变化,如细胞核核膜严重扩展,核基质电子密度增加,核仁凝聚成团,胞浆线粒体肿胀、嵴模糊、断裂甚至消失,高尔基复合体和内质网严重扩张与肿胀。大鼠镉负荷还可影响正常卵细胞的生长发育,使闭锁卵泡的构成比显著升高。镉对女性月经周期、妊娠过程、妊娠结局和子代均有影响,接触镉的女工的月经周期明显紊乱[66]。镉能干扰母体内锌的水平、影响胎盘的正常结构和功能、改变卵黄囊的功能及诱导强化损伤,长期低浓度镉的慢性接触可对中枢神经系统造成明显的损害,导致胎儿去甲肾上腺素、5-羟色胺、乙酰胆碱水平下降,使胎儿生长迟缓,影响智力。

2.2.3.3 肝毒性

肝脏也是镉蓄积的主要器官之一,镉负荷后肝脏的结构和功能均会受到损害。有研究显示，小鼠镉染毒（2.5 mg/kg 体重）后，肝脏中镉含量在染毒后的不同时间均明显升高，其含量有明显的时间-效应关系。蒋英子等对急性镉染毒 7 天的大鼠剖检发现，大鼠肝脏粘连、颜色苍白、腹水严重，显示镉造成了肝脏严重损伤[67]。慢性镉中毒实验发现小鼠肝细胞核和线粒体均明显缩小，进一步证实了镉引起了肝脏组织结构的破坏。一些研究表明，镉负荷使 AST、ALT、LDH 活性升高，说明镉负荷引起了肝脏功能的异常[68]。此外，镉对大鼠肝细胞凋亡也具有一定的诱导作用[69]。

2.2.3.4 骨毒性

在肾功能损害后可继发钙、磷、维生素 D 及胶原等的代谢异常，进而产生更严重的健康效应——对骨的影响。最为典型的"痛痛病"患者大多为妇女，先期表现为腰、手、脚等关节疼痛；持续几年后，全身各部位都会发生骨痛现象，行动困难；到后期，骨骼软化、萎缩，四肢弯曲、脊柱变形、骨质松脆，就连咳嗽都能引起骨折。钙是骨生成的主要组成元素，也是激活钙相关激素所必需的第二信使。镉能与钙竞争结合位点，从而取代骨经磷灰石结晶中的钙，使钙吸收量降低[70]。低浓度的镉（0.050～0.050 mmol/L CdCl$_2$）可通过竞争性抑制而取代钙在小肠中的转运位点，而高浓度的镉（0.5～1.0 mmol/L CdCl$_2$）则可通过非竞争性机制抑制钙的吸收[71-72]。对钙代谢的影响表现为尿钙排泄增加、肠钙吸收减少和骨细胞钙化。人群的肾脏重吸收功能受损，也可致钙、磷排泄量增加，骨髓中的钙、磷逐渐释放[73]。随着机体镉负荷的增加，肠道对钙的吸收率不断下降，钙的排出量不断增加，从而引起机体出现低钙，可致人群骨密度（bone mineral density, BMD）下降，引起骨质疏松和骨折等骨骼疾病。高钙尿的出现提示机体可能出现钙亏状态，这是肾功能障碍之后骨骼将出现病理性改变的前驱征候。镉属于细胞原浆毒性物质，能够抑制生物体内各种含巯基酶的活性，使组织代谢发生障碍。血浆钙、甲状旁腺激素（parathyroid hormone, PTH）、二羟基胆钙化醇［1,25-(OH)$_2$D$_3$］及降钙素是机体内维持钙平衡的四种控制因素，其中二羟基胆钙化醇和 PTH 可促进肾近曲小管和肠道对钙的吸收[74]。循环中的维生素 D 代谢产物 25-羟维生素在远曲肾小管细胞线粒体分泌 1α-羟化酶，该酶可参与二羟基胆钙化醇合成，1α-羟化酶需激活。二羟基胆钙化醇是维生素 D 的活性代谢产物，能有效刺激肠钙、骨钙的吸收。镉通过干扰活性维生素 D 代谢，降低肾 1α-羟化酶的活性，在肾细胞中干扰 PTH 对此酶的激活，从而导致二羟基胆钙化醇的活化障碍，维生素 D 水平下降，间接引起肾损伤及钙吸收紊乱，进而导致小肠对钙、磷的吸收减少[75]。在含有不同浓度镉的溶液中培育鸡的肾细胞线粒体，测试各组二羟基胆钙化醇的转化率，显示有明显的剂量效应关系：未加镉组，二羟基胆钙化醇的转化率为 65%；加入 125 μmol/L 镉组，在相同时间内的转化率仅为 2.3%[76]。由此可见，由镉作用导致的肾损伤表现为血清二羟基胆钙化醇含量降低、PTH 水平上升、维生素 D 水平下降，且此效应在妇女中更显著，由此也可解释镉引起肾损伤存在性别差异。

镉作为一种内分泌干扰剂，可对钙化所必需的正常胶原结构产生干扰。约 90% 的骨组织的有机质成分是 I 型胶原，该胶原蛋白呈螺旋形，连接分子 N-、C-末端，加强骨组织的韧性，形成基本结构。胶原代谢受损的表现是尿中脯氨酸和羟脯氨酸排出增加[77]，对"痛痛病"患者尿样检测显示尿中脯氨酸和羟脯氨酸排出增加。赖氨酸氧化酶可催化胶原合成，体内外实验均证实镉可抑制该酶的活性，从而导致胶原合成受抑制，而水溶性胶原量增加，在赖氨酸氧化酶受抑制及水溶性胶原增加的情况下，可致尿中脯氨酸和羟脯氨酸排出增加。骨吸收过程中，钙、磷及胶原代谢物均释放到细胞外液中，其中一种胶原代谢物是Ⅰ型胶原交联N-末端顶端肽（NTx），NTx由肾脏分泌后通过尿液排出体外，故尿液中NTx的浓度也可作为骨吸收活性的标志物。镉还可直接作用于蛋白激酶C（PKC），干扰钙及胶原的代谢；另外，镉可通过干扰Ca^{2+}代谢，间接激活PKC，最终抑制胶原合成[78]。总之，镉可通过作用于钙信使系统，干扰钙及胶原的代谢，引起骨代谢的紊乱[79]。

镉还可以直接作用于成骨细胞抑制骨形成，并且刺激破骨细胞促进骨细胞凋亡[80]。成骨细胞可以分泌大量的骨胶原、骨基质及许多细胞因子和酶类，启动骨的形成。在骨重建中，成骨细胞的作用是生成类骨质并促进类骨质矿化，修补被破骨细胞吸收形成的骨陷窝；成骨细胞分泌的细胞因子可抑制破骨细胞活性，在骨组织代谢，如生长发育、损伤修复、骨代谢平衡与骨量的维持中都起着重要作用。此外，低剂量镉能够刺激破骨细胞的形成，诱导并促进RAW264.7细胞（单核巨噬细胞）向破骨细胞分化，引起骨细胞凋亡。在低剂量镉作用后，破骨细胞分化相关因子如RANK、Traf6、Fra等的表达量显著增加[81]。

2.2.3.5 其他

进入机体的镉还可对呼吸系统、消化系统、免疫系统及神经系统等造成损伤。空气中的CdO和$CdCl_2$随着空气进入呼吸系统，含镉颗粒从初级嗅觉神经元运输并且积累于其嗅球末端，一部分被吸入的镉积累于肺，在吸入镉后的4～10 h即出现呼吸道刺激的症状，如呼吸困难、咽喉干痛等，此外还会出现关节酸痛、头晕发热等与流感相似的症状，严重者可致肺炎、肺水肿，甚至肺癌。我国西南某矿区肺癌发病率较高，经研究发现该地区患者肺部的镉含量显著高于正常人群。尽管肺上皮组织可以有效阻断毒性分子和重金属，镉却能够穿越肺泡细胞进入血液，进入全身各个器官。镉通过二价金属载体DMT1被消化道上皮细胞吸收。消化道的质子-金属阳离子共转运蛋白体（DMT1/SLC11A2）参与镉在消化系统的运输和吸收。过表达DMT1可强烈促进镉的吸收，机体在缺铁、钙及维生素D的情况下也可促进镉的吸收。有研究显示，孕妇的肠道细胞高表达DMT1，以及怀孕后期的缺铁会加剧镉吸收，使得孕妇成为镉毒害的高危险人群[82]。

2.2.4 经口暴露镉全球、中国公共卫生人群流行病学研究及疾病负担

无论是镉污染区还是非镉污染区，非职业接触人群主要通过膳食途径摄入镉，此类人群长时间低剂量的镉暴露所引起的健康危害往往不易被发现，因此，农业土壤和农作物中镉浓度更应受到重视。据文献报道，通过估算居民食物消费量及检测各类食物中镉含量，1997—1998年澳大利亚居民每日通过膳食摄入镉7～9 μg[83]，欧洲居民每日膳食镉摄入为10～30 μg[84]。2010年，PAO/WHO提出将PTMI调整为25 μg/kg体重[85]。若以标准体重为60 kg的成人计算，每月镉摄入量最高不能超过1 500 μg。欧洲非镉污染区居民每月膳食镉平均摄入量为5～15 μg/kg体重，占PTMI的20%～60%。21世纪

初,中国营养调查研究[86]显示,中国非污染区一般人群镉的平均膳食摄入量均处于较安全的水平,单位体重摄入量最高的2～7岁儿童组也仅为每周镉耐受摄入量的67%;但不同地区人群膳食镉暴露差异较大,如沿海的福建省,除老年人群外,其他性别年龄组人群镉摄入量均已超过PTWI。与其他国家人群的镉摄入量比较表明,中国各年龄组人群的镉摄入量高于欧美发达国家,与中国1992年的TDS相比,镉摄入量有随时间增加的趋势。我国镉污染区的有关人群膳食调查结果不多。柯长茂[87]在1985年报道贵州铅锌矿周边居民平均每日膳食镉摄入为370 μg。2009年贵州赫章调查[88]显示,停止开采后某铅锌矿一般居民平均每日膳食镉摄入为90～100 μg。我国南方某镉污染区居民60年来镉累计摄入量约为3 g,平均每月摄镉量约为4 000 μg,高达PTMI的266.7%[89]。日本"痛痛病"地区膳食暴露最高时期曾达到PTMI的12倍。可见,中国镉污染区居民膳食镉摄入虽不及日本高污染地区,但已经显著高于允许限值,镉污染区居民健康风险远远高于非镉污染区居民,也反映了20世纪90年代后我国镉污染未得到有效控制。

2.2.4.1 镉暴露与肾小管的临床效应

肾小管细胞中富含线粒体,且细胞稳定的维持高度依赖自噬系统[90],而线粒体对重金属毒物如镉敏感[91-92]。因此,镉暴露的毒性效应最常报道为肾小管损伤功能障碍,表现为尿中NAG、溶菌酶、总蛋白质、白蛋白、β_2-MG、α_1-微球蛋白(α_1-microglobulin,α_1-MG)和肾损伤分子1(kidney injury molecule-1,KIM-1)的增加[93-96],大量的研究一致发现这些肾小管损伤生物标志物水平与尿镉水平之间具有较强的相关性。然而,也有一些研究表明尿镉水平与某些肾小管损伤生物标志物水平之间无相关性。Callan等[96]在1项50～83岁(平均59.6岁)的澳大利亚妇女人群研究中报告尿镉水平(0.065～1.030 μg/g肌酐)与尿KIM-1无相关关系。在Wallin等[95]的研究中,低水平镉暴露人群的尿β_2-MG水平与尿镉水平无相关性。此外,他们发现尿α_1-MG水平与肾镉(由活体供者肾活检提供)、尿镉、血镉水平均呈正相关关系,但KIM-1、RBP仅与尿镉水平相关,表明尿α_1-MG作为肾脏毒性生物标志物可能更敏感。因此,对镉的毒性的评估应该基于可靠的生物标志物才能得出明确的结论。

多项研究发现,肾小管损伤是造成肾脏和心血管的不良预后的危险因素之一。日本的1项前瞻性研究[97]发现,轻度肾小管功能障碍(尿β_2-MG≥300 μg/g肌酐)在随访观察的5年里可迅速恶化发展为肾功能障碍,并且更轻程度肾小管功能障碍(尿β_2-MG≥140 μg/g肌酐)与高血压的患病风险密切相关[98-99]。泰国的一项横断面研究[99]也报道了镉暴露后的肾小管功能障碍与高血压发生发展的关系。这些发现强调了镉相关的肾小管功能障碍的临床意义,以及肾脏尤其是肾小管在血压控制中有不可或缺的作用,但是确切的致病机制尚未阐明[100]。多项研究对镉暴露引起的高血压进行了风险评估。1项关于美国印第安人的研究[101]表明,校正了年龄、性别、地域、BMI、吸烟与否以及肾小球滤过率(estimated glomerular filtration rate,eGFR)的影响后,相比尿镉水平低于0.62 μg/g肌酐的低镉暴露者,尿镉水平大于1.45 μg/g肌酐的高镉暴露者的高血压患病风险有增加趋势。美国1999—2006年NHANES数据显示,在高加索及墨西哥女性中,当血镉浓度≥0.4 μg/L 时,高血压的患病风险增加[102]。韩国女性的血镉浓度为 0.73~1.57 μg/L 时,也与高血压的患病风险增加密切相关[103]。Chen 等[104]在对中国人群血镉浓度与高血压风险的评估中,将可作为引起高血压患病风险的血镉浓度的基准剂量水平估计为 1.0~1.7 μg/L。

2.2.4.2 镉暴露与慢性肾脏疾病

慢性肾脏疾病(chronic kidney disease, CKD)的临床定义是 eGFR <60 mL/(min·1.73 m²)或尿白蛋白/肌酐>30 mg/g 肌酐[105]。1999—2006 年 NHANES 中的一组成年人群数据分析显示,尿镉水平>1 μg/g 肌酐与肾损伤(OR = 1.45;95% CI = 1.10, 1.82)和 CKD(OR = 1.48;95% CI = 1.01, 2.17)密切相关[106]。1999—2006 年 NHANES 中的另一项分析[107]显示,当以血镉水平作为镉暴露标志时,血镉浓度 ≥0.6 μg/L 与肾损伤(OR = 1.92;95% CI = 1.53, 2.43)、低 GFR(OR = 1.32;95% CI = 1.04, 1.68)和 CKD(OR = 2.91;95% CI = 1.76, 2.43)相关。1999—2006 年 NHANES 中 2 组尿镉和血镉数据均表明了镉暴露与 CKD 患病风险之间的关系。此外,2007—2012 年 NHANES 中的人群(≥20 岁)数据[108]显示,镉暴露(平均尿镉水平为 0.35 μg/g 肌酐,平均血镉水平为 0.51 μg/L)与低 GFR 相关。根据 2011—2012 年 NHANES 的成人数据[109],当血镉浓度>0.53 μg/L 时,低 GFR(OR = 2.21;95% CI = 1.09, 4.50)和蛋白尿(OR = 2.04;95% CI = 1.13, 3.69)的风险将会增加 2 倍。1 项中国人群(n = 8 429)的调查[110]同样表明,累积镉摄入可增加 CKD 的患病风险(OR = 4.05;95% CI = 2.91, 5.60)。韩国人群调查[111]同样发现镉暴露与 CKD 之间的关联,并报道女性血镉水平与 GFR 呈负相关关系。在 Kim 等[112]的研究中,韩国成年高血压(OR = 1.52;95% CI = 1.05, 2.19)及糖尿病患者(OR = 1.92;95% CI = 1.14, 3.25)的血镉水平与 CKD 的患病风险显著相关,表明镉暴露可增加 CKD 发生发展的风险,尤其是在高血压和糖尿病患者中。另外,1 项对平均血镉浓度为 0.34 μg/L 的瑞典女性人群(n = 590)的研究[113]发现,相比于未患糖尿病的妇女,糖尿病患者镉暴露后肾脏损伤的风险会大大增加。

2.2.4.3 镉暴露与骨骼脱矿质及骨质疏松

肾小管损伤使重吸收功能障碍,可增加尿钙的流失,长期钙流失会导致骨骼脱矿质,而骨骼脱矿质是骨骼脆性增加的一个已知的危险因素。瑞典一组关于肾移植捐赠者的研究[114]中,按肾镉浓度的中位数(12.9 μg/g)将研究对象分成 3 组(≥12.9 μg/g, = 12.9 μg/g, <12.9 μg/g),与低肾镉组(平均肾镉浓度为 7.3 μg/g)相比,高肾镉组(平均肾镉含量为 23 μg/g)的尿钙排泄量显著增加,而尿钙流失增加与骨吸收密切相关[115]。1988—1994 年 NHANES 数据[116]显示,当尿镉浓度≥0.5 μg/g 肌酐时,骨质疏松的患病风险增加(OR = 1.43;95% CI = 1.02, 2.00)。澳大利亚一项针对女性人群(平均年龄 59.6 岁,50~83 岁)全身脊柱、髋关节和股骨颈的骨密度评估的研究[96]发现,低剂量镉暴露(尿镉浓度中位数为 0.26 μg/g 肌酐,范围在 <0.065 μg/g 肌酐至 1.030 μg/g 肌酐)与骨骼脱矿质相关。此外,尿镉水平与骨吸收标志物吡啶交联呈正相关。在 1 项瑞典老年男性人群的队列研究[117]中发现,低镉暴露水平下的尿镉水平

（尿镉均数为 0.33 μg/g 肌酐，中位数为 0.26 μg/g 肌酐，0.01～6.98 μg/g 肌酐）与全身骨密度及全髋、股骨颈、股骨粗隆和腰椎的矿物质密度呈负相关关系。这些研究对象（n=936，70.5～81.0岁）在2002—2004年进入队列，在2009年和2013年对其进行随访发现，发生骨质疏松性骨折的 HR 分别是 1.4 μg Cd/g 肌酐和 1.3 μg Cd/g 肌酐；而在非吸烟者中，骨质疏松性骨折的 HR 增加到 5.9 μg Cd/g 肌酐和 4.8 μg Cd/g 肌酐；即使将 eGFR 因素并入风险函数模型后，骨折的风险仍然存在。这项对瑞典男性人群的研究表明，镉暴露后骨骼脱矿质和骨折风险可独立于肾脏毒性的发生，即使通过饮食和吸烟摄入相对较低的镉，也会增加老年男性低骨密度和骨质疏松性骨折的风险[118]。

2.2.4.4 镉暴露与心血管疾病

美国 NHANES 多次人群调查数据显示，镉暴露与心血管疾病的患病和死亡风险密切相关。1999—2004 年 NHANES 数据提示，尿镉浓度≥0.69 μg/g 肌酐与男性患外周动脉疾病（peripheral arterial disease，PAD）的风险（OR=4.90；95% CI=1.55，15.54）增加有关，但与女性 PAD 的患病风险（OR=0.56；95% CI=0.18，1.71）无关。对性别差异的进一步研究表明，非吸烟女性的 PAD 患病率和血镉浓度剂量关系呈"U"形，当血镉浓度＜0.3 μg/L 时，镉暴露对 PAD 的患病率有影响，因此，女性血管对镉暴露似乎更加敏感[119]。2003—2012 年 NHANES 的一项人群（n=12 511，45～79 岁）调查[120]发现，心肌梗死和/或脑卒中的发病率为 8.5%，最高三分位数的血镉水平与最低三分位数相比可增加心肌梗死（PR=1.54；95% CI=1.08，3.80）和脑卒中（PR=2.16；95% CI=1.17，4.00）的发病风险。相同的效应在吸烟者和非吸烟者中同样可以观察到，非吸烟者中心肌梗死和/或脑卒中的发病风险 PR 为 1.54（95% CI=1.09，2.18），吸烟者中 PR 为 1.57（95% CI=1.11，2.23）。1999—2004 年 NHANES 的随访调查发现，第 80 百分位的尿镉（0.57 μg/g 肌酐）和血镉浓度（0.80 μg/L）与第 20 百分位相应的浓度（尿镉 0.14 μg/g 肌酐，血镉 0.22 μg/L）相比，尿镉、血镉浓度对心血管疾病的死亡风险比 HR 分别为 1.74（95% CI=1.07，2.83）、1.69（95% CI=1.03，2.77）。据预测，当尿镉水平从 0.57 μg/g 肌酐降至 0.14 μg/g 肌酐，将会减少 8.8% 的总死亡率和 9.2% 的心血管疾病死亡率；当血镉浓度从 0.80 μg/L 降至 0.22 μg/L，可以减少 7% 的总死亡率和 7.5% 的心血管疾病死亡率[121]。1988—1994 年 NHANES 中的人群（≥40 岁）心电图数据[122]显示，高尿镉水平与异常 T 波（即室性心律失常的亚临床标记）风险相关。

除美国外，1 项对 64 岁瑞典女性人群（n=489）的随访调查[123]显示，高尿镉水平（0.46～2.06 μg/g 肌酐）与未来 5 年 PAD 的发生发展有关（OR=2.5；95% CI=1.1，5.8）；同样，高血镉水平（0.44～4.07 μg/L）也与未来 5 年 PAD 的发生发展密切相关（OR=3.7；95% CI=1.05，13.3）。此外，根据 Framingham 风险评分对瑞典女性进行分析，增加镉暴露水平将会增加冠状动脉事件的发生风险[124]。1 项对 12 个研究（美国 8 个，比利时、韩国、日本和瑞典各 1 个）进行的系统综述和 Meta 分析的数据显示，尿镉和血镉反映的镉暴露水平，可能与患冠心病风险的增加有关（RR=1.30；95% CI=1.12，1.52）[125]。最近的 1 项比利时的人群（n=179，平均年龄为 39.1 岁）前瞻性研究[126]表明,镉暴露是导致左心室功能失调的一个危险因素,而左心室功能失调一直被认为是心脏衰竭的早期症状。瑞典1项为期17年的队列研究[127]同样证实了镉暴露对心脏病发作的影响($n=478$,46～67岁,无心力衰竭或心房纤颤史),在这个队列中,男性平均血镉浓度为 0.24 μg/L(0.02～5.07 μg/L),女性为 0.27 μg/L(0.03～4.8 μg/L);在对年龄、吸烟、饮酒等常规危险因素和高敏 C 反应蛋白(C-reactive protein,CRP)、高密度脂蛋白等生物标志物进行校正后,高血镉水平(第四个四分位数)相比于低血镉水平(第一个四分位数),心力衰竭的发病率显著增加($HR=1.95$;$95\% CI=1.02, 3.71$)。在这个瑞典队列研究[128]的另一份报告中,与低血镉水平(中位数为 0.13 μg/L)相比,高血镉水平(中位数为 0.99 μg/L)的血镉浓度与急性冠状动脉事件($HR=1.8$;$95\% CI=1.2, 2.7$)和脑卒中($HR=1.9$;$95\% CI=1.3, 2.9$)的发生率有关。血镉浓度在全球范围内都可能是心血管疾病的一个重要危险因素,因为瑞典成年人第 75 百分位血镉水平(0.50～5.10 μg/L,平均值和中位数的分别为 1.20 μg/L 和 0.99 μg/L)与其他国家人群血镉水平一致。然而,也有与之结论相反的研究,如在瑞典一项为期 12 年的随访调查[129]中($n=33 333$,女性),根据膳食评估得出的膳食镉摄入量的估计,并未发现镉暴露对心血管疾病、心肌梗死或脑卒中的发病风险有任何影响。

2.2.4.5 **镉暴露与眼部疾病**

与年龄相关的视网膜黄斑退行性病变(age-related macular degeneration,AMD)是 55 岁以上人群失明的主要原因,在美国和韩国的人群研究中,已经观察到镉暴露和 AMD 风险之间存在关联。2005—2008 年 NHANES 中 5 390 名参与者的 AMD 患病率调查显示,40～59 岁组为 2.8%,而 >60 岁组增加到 13.4%。与低血镉水平(0.14～0.25 μg/L)人群相比,高血镉水平(≥0.66 μg/L)人群与 AMD 患病风险的增加相关($OR=1.56$;$95\% CI=1.02, 2.40$)。此外,非西班牙裔白人对镉暴露 AMD 患病风险格外敏感,低尿镉水平(≥0.35 μg/g 肌酐)就与较高的 AMD 患病风险密切相关($OR=3.31$;$95\% CI=1.37, 8.01$)[130]。韩国 2008—2012 年 NHANES 人群调查($n=4 933$,>40 岁)数据[131]显示,与低血镉水平(<0.79 μg/L)人群相比,高血镉水平(≥1.80 μg/L)男性人群与 AMD 患病风险的增加相关($OR=2.11$;$95\% CI=1.11, 4.02$)。同样,另 1 项韩国 2008—2011 年 NHANES 人群调查($n=3 865$,≥40 岁)数据[132]显示,与低血镉组相比,高血镉组与 AMD 患病风险的增加相关($OR=1.92$;$95\% CI=1.08, 3.39$)。但是,这些镉暴露和 AMD 患病风险相关的数据,并没有提示有明显的镉暴露阈值。

2.2.4.6 **镉暴露与神经发育和神经退行性疾病**

多项对美国 NHANES 的调查数据分析表明,镉暴露与儿童和成人的神经系统功能减退相关。美国 1999—2004 年 NHANES 数据[133]表明,镉暴露与儿童学习障碍($OR=3.21$;$95\% CI=1.43, 7.17$)和接受特殊教育($OR=3.00$;$95\% CI=1.12, 8.01$)相关。1988—1994 年 NHANES 人群($n=5 572$,20～59 岁)调查数据[134]显示,尿镉水平每增加 1 μg/L,与 1.93%($95\% CI=-0.05, -3.81$)注意力/感知等神经系统认知

功能的减退相关。此外，2005—2010 年 NHANES 人群调查（$n = 15\ 140$，≥18 岁）数据[135]显示，血镉浓度与抑郁症发病风险的增加呈正相关（$PR = 1.48$；$95\%\ CI = 1.16$，1.90）。在 2007—2010 年 NHANES 一个稍小规模的人群研究[136]（$n = 2\ 892$，$20\sim39$ 岁）中报道，血镉水平 ≥ 0.54 μg/L 与抑郁症状相关（非吸烟者 $OR = 2.91$；$95\%\ CI = 1.12$，7.58；吸烟者 $OR = 2.68$；$95\%\ CI = 1.13$，6.42）。在 1999—2004 年 NHANES 的人群（$n = 4\ 060$，≥60 岁）随访研究[137]中发现，与低血镉水平组（<0.3 μg/L）相比，高血镉浓度组（>0.6 μg/L）与阿尔茨海默病的死亡相关（$HR = 3.83$；$95\%\ CI = 1.39$，10.59）。

2.2.4.7 镉暴露和听力和前庭系统损害

多项 NHANES 调查数据[138]分析显示，镉暴露与听力损失和前庭系统功能损失有关。在 1999—2004 年的 NHANES 中，3 698 名参与者（$20\sim69$ 岁）接受了听力损失测试，听力损失定义为任一耳的纯音平均值（pure-tone averages, PTA）>25 分贝；与最低五分位数血镉水平（$0.10\sim0.20$ μg/L）相比，最高五分位数血镉水平（$0.80\sim8.50$ μg/L）与 PTA 上升 13.8%（$95\%\ CI = 4.6\%$，23.8%）相关。同样，在 2005—2008 年 NHANES 的青少年（$12\sim19$ 岁）数据[139]中观察到，镉暴露对听力损失风险增加的影响，与尿镉水平最低四分位数相比（0.04 μg/g 肌酐）相比，尿镉水平最高四分位数（>0.15 μg/g 肌酐）与低频听力损失风险的增加相关（$OR = 3.08$；$95\%\ CI = 1.02$，9.25）。在 1999—2004 年 NHANES 的人群研究[140]中（$n = 5\ 574$，年龄 ≥ 40 岁）发现，当血镉浓度为 $0.9\sim7.4$ μg/L 时，与平衡控制受损（$OR = 1.27$；$95\%\ CI = 1.01$，1.60）相关，这表明镉暴露可能对前庭系统具有潜在影响。

2.2.4.8 镉暴露与肝脏及系统炎症

1988—1994 年 NHANES 的数据[141]提示，镉暴露对肝脏的损伤作用存在性别差异，其中尿镉水平 >0.83 μg/g 肌酐与女性肝脏炎症相关，而尿镉水平 >0.65 μg/g 肌酐则与男性的非酒精性脂肪性肝病（non-alcoholic fatty liver disease, NAFLD）和非酒精性肝炎（non-alcoholic steatohepatitis, NASH）相关[141]。1988—1994 年 NHANES 的数据[142]显示，成人尿镉水平的增加与血清 γ-谷氨酰转移酶（γ-glutamyl transferase, GGT）水平的增加相关，而血清 GGT 是肝功能障碍的生物标志物。另一项 1988—1994 年 NHANES 的人群研究[143]（$40\sim79$ 岁）表明，尿镉水平与血清 CRP 和纤维蛋白原之间存在剂量-反应关系，而 CRP 和纤维蛋白原是已知的炎症标志物，因此，镉暴露的增加可能会促进炎症反应。此外，在 2003—2010 年 NHANES 的数据[144]显示，高尿镉水平与血清中 CRP、GGT、ALP 升高相关，与低尿镉水平相比分别升高 47.5%、8.8% 和 3.7%。在一组女性人群（$18\sim44$ 岁）研究[145]中，血镉浓度升高 2 倍（血镉浓度中位数 0.3 μg/L，四分位数范围为 $0.19\sim0.43$ μg/L）可使血清胆红素减少 4.9%。由于胆红素是一种内源性抗氧化剂[146]，因此血清胆红素水平的降低提示镉暴露后体内氧化应激水平升高。1999—2002 年 NHANES 的数据[147]显示，镉暴露与白细胞端粒缩短、氧化应激和衰老相关。另 1 项报道[148]提示，白细胞端粒长度与血清 CRP（炎症标志物）水平、机体活动和躯干脂肪呈负相关关系。以上关于白细胞端粒缩短与镉暴露、躯干脂肪、血清 CPR 相关性的结果提示我们，镉暴露和/或肥胖（高躯干脂肪）可引起机体慢性炎症。

2.2.4.9 镉暴露与肺脏、免疫系统和内分泌系统

阻塞性肺疾病是镉暴露的另一种常见不良结局，其诊断标准是 1 s 内用力呼出气量（FEV1）与用力肺活量（FVC）之间的比率 < 0.7。Rokadia 和 Agarwal[149]报道，2007—2010 年 NHANES 中的人群研究（$n = 9\ 575$，≥20 岁）发现阻塞性肺病的患病率是 12.5%，同时观察到阻塞性肺病患者的平均血镉水平高于对照组（0.51 μg/L vs 0.33 μg/L）。校正吸烟对肺功能的部分影响后，风险评估发现血镉水平≥0.73 μg/L 与阻塞性肺病相关（$OR = 2.52$；95% $CI = 1.36$，4.65）。同样，2008—2011 年 NHANES 的韩国人群研究（$n = 3\ 622$）数据[150]显示，高血镉水平与阻塞性肺病之间存在关联，然而，关联性效应只在男性中存在，并未在女性中观察到。

1999—2012 年 NHANES 的大型人群研究（$n > 17\ 000$，≥3 岁）数据[151]中，Krueger 等人观察到血镉浓度 > 0.606 μg/L 与乙肝病毒（hepatitis B virus，HBV）感染（$OR = 1.72$；95% $CI = 1.32$，2.25）及幽门螺杆菌（helicobacter pylori，HP）感染（$OR = 1.5$；95% $CI = 1.2$，1.7）密切相关，这提示镉暴露水平升高与慢性传染病的易感性增加有关。

有文献研究[152]表明，镉暴露对内分泌系统存在潜在的影响。2005—2010 年 NHANES 一项非吸烟者人群横断面研究表明，当尿镉水平超过 1.4 μg/g 肌酐时，将会增加早期糖尿病的患病风险。同样，1 项中国的人群研究[153]（$n = 5\ 544$）发现镉暴露与早期糖尿病患病风险具有剂量-反应关系。此外，美国 NHANES 数据提示镉暴露还可影响甲状腺激素的分泌及脑垂体的功能。2007—2008 年 NHANES 的 1 项人群研究[154]（$n = 1587$，年龄中位数为 45 岁）发现，血镉浓度 > 0.6 μg/L 和尿镉浓度 > 0.4 μg/g 肌酐时与促甲状腺激素分泌减少相关，而尿镉水平与总三碘甲状腺原氨酸和游离三碘甲状腺原氨酸的增加相关。2007—2010 年 NHANES 的人群调查数据[155]（$n = 6\ 231$，≥20 岁）显示，参与者的平均血镉浓度为 0.55 μg/L（0.14～8.81 μg/L），基于这项研究，Luo 等[155]观察到镉暴露后对内分泌系统影响的性别差异。在男性中，血镉水平与血清中三碘甲状腺原氨酸和甲状腺球蛋白的水平相关；而在女性中，血镉水平与血清甲状腺球蛋白和游离甲状腺素或四碘甲状腺原氨酸的水平相关。同样，在另一项 2007—2008 年 NHANES 的研究[156]中发现，成人人群（$n = 4\ 409$）尿镉水平（几何均值 = 0.25 μg/g 肌酐）与血清中的甲状腺球蛋白、总四碘甲状腺原氨酸、总三碘甲状腺原氨酸和游离三碘甲状腺原氨酸水平呈正相关；然而，在青少年人群中（$n = 1\ 109$，12～19 岁），血镉水平和尿镉水平与血清甲状腺激素或甲状腺球蛋白水平之间没有关联。因此，镉暴露对甲状腺激素和促甲状腺激素（由脑垂体释放）水平的影响仍需要进一步研究。然而，镉的这种内分泌效应可能在一定程度上解释了镉暴露与 BMI 的关系。美国、加拿大、中国和韩国的人群调查均发现血镉或尿镉水平与肥胖和 BMI 呈负相关关系。美国 NHANES 1999—2002 年数据[157]显示，尿镉水平与中心性肥胖呈负相关。美国 2003—2010 年 NHANES 数据[158]显示，血镉水平与 BMI 呈负相关关系。2007—2011 年加拿大

健康调查数据[159]显示，低血镉水平和低尿镉水平的非吸烟者人群，其BMI反而更高。中国的1项研究发现，尿镉水平≥2.95 μg/g肌酐与超低体重风险相关[153]。Son等[160]观察到韩国男性（40～70岁）人群其血镉水平（平均血镉水平为1.7 μg/L，平均尿镉水平为2.13 μg/g肌酐）与BMI呈负相关。这些数据揭示了镉暴露增加可能与调节体重的内分泌系统功能障碍有关。

2.2.4.10 镉暴露与总死亡率和癌症死亡率

日本和美国的研究显示镉暴露与死亡风险相关。日本1项对2个无明显镉污染地区人群进行为期19年的随访研究[161]（$n=2\,204$）发现，尿镉浓度≥2.919 μg/g肌酐与男性总死亡率相关（$HR=1.50$；95% $CI=1.11$，2.02），当尿镉浓度≥3.943 μg/g肌酐时，与女性总死亡率相关（$HR=1.50$；95% $CI=1.08$，2.09）。同样，尽管美国人群镉暴露水平明显低于日本，但美国人群的镉暴露也与死亡相关。1988—1994年NHANES的1项为期14.6年的随访研究（$n=12\,732$）发现，女性尿镉水平≥0.83 μg/g肌酐及男性尿镉水平≥0.65 μg/g肌酐与非恶性肝病死亡风险的增加相关（$HR=3.42$；95% $CI=1.12$，10.47）。1988—1994年NHANES的1项为期13.4年的随访研究[162]（男性7 455人，女性8 218人）发现，男性尿镉水平≥0.58 μg/g肌酐与肺癌死亡风险的增加相关（$HR=3.22$；95% $CI=1.26$，8.25）。此外，尿镉水平增加2倍，男性和女性的癌症死亡风险比分别为1.26（95% $CI=1.07$，1.48）和1.21（95% $CI=1.04$，1.42）[163]。1999—2004年NHANES的1项大型随访研究[164]（2.8年，$n=22\,076$）发现，取对数后的尿镉和血清镉浓度每增加1个标准差，死亡的风险分别增加1.6倍和1.4倍（尿镉$HR=1.6$；95% $CI=1.3$，2.0；血清镉$HR=1.4$；95% $CI=1.2$，1.6）。

3 经口暴露镉人群暴露评估及检测技术

3.1 国际上和中国食品中镉监测数据

镉在农产品中的测量水平存在较大的差异，与植物品种、土壤类型、生长条件和耕种方法等密切相关[165-167]。某些植物种类（如菠菜、莴苣、大豆和花生）和滤食性动物（如牡蛎和扇贝）可富集大量的镉而并不呈现出明显的生物毒性，被称为镉超级富集器。此外，动物内脏中的镉含量明显高于肌肉，因此频繁食用牡蛎及动物内脏会导致机体镉的高负荷[168-169]。一般人群大量食用的食物，如主食（大米、土豆和小麦）、蔬菜（莴苣、菠菜）和谷类作物可能是膳食中更为常见的镉来源。据法国TDS报告的不同食物的镉含量情况，甲壳类和软体动物的镉含量最高（0.167 mg/kg），依次是动物内脏（0.053 mg/kg）、甜味和咸味饼干（0.030 mg/kg）、燕麦条和巧克力（0.029 mg/kg）[170]。澳大利亚TDS数据与瑞典和法国基本一致，土豆和小麦等主食分别占膳食镉来源的46.7%和16.3%，其他膳食镉来源于可可（12.5%）、肉类（7.3%）、蔬菜

(4.4%)、花生（3.1%）和软体和甲壳类动物（4.8%）[1]。智利[171]、日本[172]、塞尔维亚[173]、西班牙[174]、越南[175]等国的膳食调查结果均显示，大米、面包、土豆、谷物等当地主食是该地区膳食镉的主要来源，占40%以上，越南膳食镉则90%以上来自大米。中国最新TDS报告显示，镉最大的来源仍然是谷类（65.4%），其次是蔬菜类（18.0%），这与中国的饮食结构相关。

2017—2019年，重庆市开州区对食品中镉含量监测数据进行分析[176]，共检测15类250件样品，镉检测结果范围 < 0.001～9.382 mg/kg，共检出112件，检出率为44.8%，13件不合格，不合格率为5.2%，所有种类食品中均检出镉。其中，茄果类蔬菜共40件，检出16件，检出率40.0%，2件不合格，不合格率5.0%；大米共5件，检出5件，检出率100%，1件不合格，不合格率20.0%；小麦粉共5件，检出5件，检出100%，1件不合格，不合格率20.0%；干辣椒共20件，检出9件，检出率45.0%，1件不合格，不合格率5.0%；干食用菌共12件，检出12件，检出率100%，8件不合格，不合格率66.7%；其余食品均合格。

大米是我国的主要粮食之一。大米镉超标现象在许多国家和地区都存在。从表5-2可见大米镉含量平均水平很高的国家有日本、印度、斯里兰卡、孟加拉等国，标超比例也相当高。从文献资料可查，日本土壤平均镉含量是中国土壤的3～4倍，超标大米镉含量为310～910 μg/kg。镉在人体中的积累主要在肾脏内，日本人平均肾脏中镉含量比其他国家高2倍。从平均水平看，中国、韩国、泰国、印度尼西亚、菲律宾，以及欧美地区大米镉含量明显较低，但泰国也有局部地区的大米超标（表5-2）。中国地域大，大米镉含量有北低南高趋向，华南局部地区存在超标情况，但占全国的比例是很低的，因此中国大米镉标准定得比FAO/WHO和许多国家高。在解决大米镉超标问题上，日本采用特定试剂淋洗土壤的方法，可使大米镉含量降低3倍。但淋洗土壤的方法成本高，同时它的负面影响也难以评估。因此，最好不要在土壤镉含量高的地段种大米。中国耕地面积按人口平均虽不多，但当前仍然有许多土壤镉含量很低的良田，由于劳动力成本高而没有种大米，而在种树、种草和作房地产开发。因此我国完全可以通过调整土地利用来解决这一问题。注意合理的饮食结构也可以防止人体内镉超标。WHO确定人体摄食镉量的限值为每周7 μg/kg体重，对60 kg平均体重的人来说，每天吃300 g镉含量为200 μg/kg的大米是不超标的。然而如果一次吃了500 g蚝等贝类食品，贝类食品虽本身可能镉含量并不超标（< 2 000 μg/kg），但已超过了人体摄食镉量的限值[177]。综上所述，由于地域、当地的生产情况不同，世界各地的食品镉污染情况不一。TDS是研究膳食中污染情况的数据重要来源，可以让我们了解不同地区的污染趋势、防控重点，起一定的指导作用，但是也有其局限性，如调查面不全、不能揭示污染链。而要遏制镉对食品的污染，除了阻断迁移链，还要深入研究其迁移机制，从根本上解决污染或富集问题。

表5-2 世界主要产粮国家大米中镉含量平均值和超标大米范围[177]

地区	镉含量/(μg/kg)	样品数	地区	镉含量/(μg/kg)	样品数	地区	镉含量/(μg/kg)	样品数
中国大陆	15.54	218	孟加拉国	99	260	意大利	33.92	15
中国台湾	39.55	104	伊朗	350~540	60	法国	17.41	5
印尼	21.77	24	印度	78	58	芬兰	25.8	2
日本	55.70	788	斯里兰卡	81	75	加拿大	29.02	4
日本（超标大米）	310~910	111	印度尼西亚	6	14	哥伦比亚	133.20	22
韩国	15.7	181	尼泊尔	50	15	美国	7.43	20
泰国	15.04	13	菲律宾	20.14	26	澳大利亚	2.67	8
泰国（超标大米）	270~589	11	马来西亚	27.74	97	南非	15.82	6
			西班牙	0.85	3			

3.2 膳食镉摄入量评估方法

对于非职业镉暴露的一般人群，除吸烟外，从膳食中摄入镉是机体镉负荷的主要来源[178]，膳食中镉的摄入量估计将有助于评估一般人群的膳食镉暴露水平。FAO/WHO将当前镉暴露的可耐受量设定为每月25 μg/kg 体重（70 kg 体重的人每天58 μg）[179]，镉摄入量超过此安全限值则可能带来健康风险。为评估膳食镉暴露水平，各个国家对该国人群膳食镉摄入量进行了评估。膳食镉摄入量评估的方法包括 TDS、重复饮食、膳食评估和反向剂量测定法。其中，TDS 是由美国食品和药物管理局、澳大利亚和新西兰食品标准和欧洲食品安全局等食品权威机构管理执行的一个食品安全监测项目，被称为"市场购物篮调查"，其主要内容为定量检测超市和零售商店食品样本中的各种食品添加剂、农药残留物、污染物质和营养物质等[165]。

以下归纳了部分国家人群膳食中镉的摄入估计量及其采用的评估方法。瑞典 TDS 估计74 kg 成人平均膳食镉摄入量为10.6 μg/d，40%~50%的膳食镉来源于主食（土豆和小麦），而高暴露人群（镉摄入量在人群 P_{95} 以上）膳食镉摄入量为23 μg/d，额外的镉摄入源于海鲜（贝类）和菠菜[180]。

盛产牡蛎的加拿大不列颠哥伦比亚省的居民食用较多的牡蛎，其膳食镉摄入量高达24.8 μg/d[181]。

法国第二次 TDS（2007—2009 年）显示平均膳食镉摄入量为11.2 μg/d，高暴露人群膳食镉摄入量为18.9 μg/d[182]，对于普通人群其膳食镉的来源35%来自面包产品，另外26%来自土豆等产品，而高暴露人群额外的膳食镉摄入来源于软体和甲壳类动物。然而，法国第二次 TDS 调查的膳食镉暴露水平比第一次 TDS（2000—2004 年）[170,182]高出4倍，并且尚未报道法国人群饮食习惯是否改变。

智利TDS评估平均膳食镉摄入量为18.12 μg/d，47%的膳食镉来源于面包、谷物和土豆，另外还有20%的膳食镉来源于智利膳食中的非酒精类饮料[171]。

西班牙TDS评估女性平均膳食镉摄入量为12.03 μg/d，男性为14.53 μg/d，主要的膳食镉来源于谷物和鱼贝类，占膳食镉来源的61.8%[174]。然而通过重复饮食法对200个复合饮食样本的镉含量进行分析，得到更高的人群膳食镉摄入量（49.5 μg/d）[183]。

塞尔维亚TDS评估平均膳食镉摄入量为11.51 μg/d，其中53.7%的膳食镉来源于白面包，其他膳食镉来源于糖（16%）、土豆（9%）、小麦粉（4.8%）和香肠（4.2%），据报道，红辣椒中镉含量最高（0.118 mg/kg）[173]。

美国最新的膳食评估研究[162]发现美国居民平均膳食镉摄入量为10.9 μg/d（中位数为10.3 μg/d），范围在0.02～59.40 μg/d。

日本1项调查[184]（1991—1997年）表明，女性的平均膳食镉摄入量为25.5 μg/d，最高可达51.3 μg/d，其中40%的膳食镉来源于大米。最近1项关于618名日本女性人群（平均年龄为53.8岁）的研究[185]估计其平均膳食镉摄入量为26.4 μg/d，且在这项研究中受试者（非吸烟的女性）的尿镉排泄水平与膳食镉摄入量存在显著相关性（Spearman等级相关系数为0.52）。由于日本人口饮食文化比较均一，故在这项研究中可观察到膳食镉摄入量与尿镉水平均有良好的相关性。另外1项大型的日本人群调查[186]评估平均膳食摄入量为26.5 μg/d，但未报道尿镉数据。

越南膳食[175]中镉有93.0%～95.0%来源于主食大米，剩下的2.4%～4.0%来源于空心菜。在一个低镉暴露的村庄里，村民每天摄入约426 g的熟米饭，大米的平均镉含量为0.076 mg/kg 干米重（0.030～0.160 mg/kg 干米重），其女性膳食镉摄入量为29 μg/d，男性为33 μg/d。而在一个高镉暴露的村庄，村民每天摄入约461 g的熟米饭，大米的平均镉含量为0.31 mg/kg 干米重（0.034～0.830 mg/kg 干米重），其女性膳食镉摄入量为109 μg/d，男性为122 μg/d，超出了FAO/WHO所设立的可耐受摄入量。

虽然TDS被用来估计膳食镉摄入量，并且能合理衡量每种食物对总膳食中镉摄入的贡献，但是值得注意的是，正如大多数污染物污染食物的过程是不可预测的，镉在食物中的分布也是有差异性的，因此TDS往往会低估食品中的镉含量。此外，TDS数据没有考虑饮食习惯差异性的影响；同样，TDS也没有分析不同人群身体状况对镉吸收、负荷及由此产生的毒性作用的影响。TDS可应用于健康风险管理中，如制定各种食物中镉的最大允许浓度（maximum permitted concentration，MPC）。TDS分析了每种食物在总膳食中镉摄入量的相对贡献，因此镉的MPC的设立应在可行范围内尽可能低。目前，FAO/WHO将大米镉的MPC设为0.4 mg/kg 干米重[187]。但在越南的研究[175]中，大米的平均镉含量为0.31 mg/kg 干米重的镉高暴露地区，男性和女性的膳食镉摄入量均远超过FAO/WHO所设立的可耐受摄入量，因此，大米中镉的MPC值应比当前设定的0.4 mg/kg 干米重更低，建议应低于0.31 mg/kg 干米重。此外，Nogawa等[188]报道了食用镉含量为0.27 mg/kg 干米重的大米会增加妇女"痛痛病"的患病风险，这一结果也支持了应当制定更为严格的大米镉MPC。

虽然在少数饮食文化均一的人群中观察到了膳食镉与尿镉之间的相关性，但是近年来的研究发现，膳食镉摄入量评估与暴露标志物尿镉之间缺乏良好的相关性，因此，以膳食镉摄入量作为镉暴露指标的这一做法备受质疑。1项关于1 764名绝经后丹麦女性的研究中，评估膳食镉摄入量为14 μg/d（P_5~P_{95}为8~22 μg/d），其膳食镉的主要来源为绿色蔬菜和豆类产品。但进一步的研究[189-190]发现，参与者的膳食镉摄入量与尿镉水平相关性较弱，即使在非吸烟者中膳食镉与尿镉的相关性依然很弱。同样，美国FDA TDS（2006—2011年）估算的膳食镉摄入量与2011—2012年美国NHANES的1项关于美国亚裔的调查的血镉水平数据无相关性[191]。这可能是由于美国饮食构成与饮食习惯具有较大的差异性，使得估计的膳食镉摄入量与镉暴露指标（尿镉和血镉）之间无相关性。Adams的1项研究[162,192]报道膳食中镉含量可相差超过1 000倍，揭示了饮食的异质性问题。同样，从女性健康计划的12 476名参与者中挑选1 002名女性的数据[193]进一步分析发现，膳食镉摄入量和尿镉水平之间的相关性很弱。这组美国女性人群的平均年龄为63.4岁，平均尿镉浓度为0.62 μg/g肌酐（0.001 4~6.790 0 μg/g肌酐），平均膳食镉摄入量为10.40 μg/d（1.74~31.60 μg/d）。综上可知，膳食中镉摄入量评估与可靠的暴露生物标志物之间缺乏实质性相关性，意味着仅根据膳食评估得到的膳食镉摄入量的研究数据，无法真实反映人群的镉暴露水平。

3.3 人群血液、尿液样本中镉的监测数据

血镉能反映机体近期的镉暴露情况，而尿镉可以反映机体长期镉暴露的情况，因此常被用作镉暴露的生物标志[106,194]。尿镉和血镉的含量可以反映人体对镉的吸收和蓄积程度，所以尿镉和血镉可作为生物监测指标。血液中的镉约有95%在红细胞内与血红蛋白相结合，血镉主要反映近期的接触情况。职业接触镉后，血镉上升较快，停止接触后，血镉迅速下降。接触1~2个月后，血镉浓度可反映当时的接触情况，由于镉在体内有蓄积作用，停止接触后血镉仍不会降至接触前的水平。尿镉主要反映体内镉负荷量、肾镉含量和近期接触量，当接触较高浓度镉或长时间持续接触使体内结合部位饱和时，尿镉反映体内负荷量和近期接触量；当肾小管功能异常时，尿镉常显著增高。因此，尿镉含量既与肾皮质镉含量有关，又与长期接触镉后肾功能异常有关。尿镉不仅可用作长期接触镉的生物监测指标，也可用作慢性镉中毒的诊断指标。我国与美国ACGIH规定的尿镉生物接触限值均为5.24 μmol/mol肌酐（5.24 μg/g肌酐）。下面就不同地域人群的血镉和尿镉的检测水平做简单的归纳。

3.3.1 亚洲和澳大利亚

日本的1项研究[195]报告显示，低镉暴露区女性人群（平均年龄为62岁）的平均尿镉浓度为3.03 μg/g肌酐，范围为1.04~16.70 μg/g肌酐。泰国低镉暴露的非吸烟女性人群（平均年龄为36.9岁）的平均尿镉浓度为0.65 μg/g肌酐[178]。中国人群的尿镉水平差异很大，与人群所处的地域有关，低镉暴露区上海居民的平均尿镉浓度为1.24 μg/g肌酐，范围为0.02~7.23 μg/g肌酐；而高镉暴露区贵州居民的平均尿镉浓度达

6.08 μg/g 肌酐,范围为 0.05~57.30 μg/g 肌酐[196]。韩国非吸烟者的平均尿镉浓度为 1.03 μg/g 肌酐(标准差 2.30 μg/g 肌酐)[197]。孟加拉国所检测的人群样本(平均年龄为 62 岁)中男性的平均尿镉浓度为 0.88 μg/g 肌酐(标准差 2.3 μg/g 肌酐),女性为 1.1 μg/g 肌酐(标准差 4.4 μg/g 肌酐)[198]。澳大利亚的 1 项关于非吸烟孕妇(平均年龄为 32 岁)的人群调查[199]显示,其样本平均尿镉浓度为 0.78 μg/g 肌酐,范围为 0.16~4.65 μg/g 肌酐;然而,另一项针对更年长的非吸烟女性(平均年龄为 60 岁)人群的研究发现其尿镉水平相对更低[<(0.065~1.030) μg/g 肌酐][96]。由于尿镉能反映人体长期的镉负荷情况,尿镉水平在年长人群中更低的这种趋势,反映了相比于过去几十年,近年来人群通过膳食摄入镉的负担有所加重。

3.3.2 美洲和欧洲

在加拿大的 1 项人群(年龄为 20~75 岁)研究[200]中,非吸烟者、已戒烟人群及当前吸烟者的平均尿镉水平分别为 0.35 μg/g、0.50 μg/g、0.58 μg/g 肌酐,相对应的平均血镉水平分别为 0.21 μg/g、0.33 μg/g、1.64 μg/L。同时,这项调查指出,男性和女性高血镉水平与机体低铁状态(血清铁素蛋白 <30 μg/L)有关。美国 1999—2010 年 NHANES 记载的 20~85 岁非吸烟者中,男性的平均尿镉水平为 0.18 μg/L,女性为 0.30 μg/L;相应地,男性的平均血镉水平为 0.24 μg/L,女性为 0.31 μg/L[192]。另 1 项来自美国的研究[201]指出,美国 20~44 岁(平均 33 岁)非吸烟者女性的平均血镉浓度为 0.29 μg/L(最高为 2.8 μg/L)。而位于美国纽约长岛的居民,由于摄入较多的海产品,其平均血镉浓度达 0.46 μg/L,范围为 0.04~2.02 μg/L[202]。在 1 项关于巴西里约布兰科献血者血液中部分金属离子含量的调查中,根据调查对象血镉浓度的第 95 百分位数(P_{95})的 95% CI 上限值,Freire 等[203]将该地区男性血镉浓度参考值定为 0.87 μg/L,女性为 0.90 μg/L,而吸烟者和非吸烟者的血镉浓度参考值分别为 0.65 μg/L 和 2.66 μg/L。在 1 项巴西圣保罗居民的调查研究[204]中,男性的血镉浓度的参考值被定为 0.6 μg/L,女性为 0.5 μg/L。海产品摄入量较多的挪威居民其血镉浓度的中位数为 0.45 μg/L(P_{95} = 1.8 μg/L)[168]。西班牙 1 项人群调查[205]显示其尿镉浓度的中位数为 0.25 μg/g 肌酐(P_{95} = 0.71 μg/g 肌酐)。意大利一项对于献血者的研究[206]发现,男性的平均血镉浓度为 0.49 μg/L(P_{95} = 1.87 μg/L),女性为 0.58 μg/L(P_{95} = 1.80 μg/L)。瑞典一项关于肾移植捐赠者的研究中发现男性平均尿镉浓度为 0.23 μg/g 肌酐,血镉浓度为 0.46 μg/L,肾镉含量为 12.5 μg/g 肾重,女性平均尿镉、血镉浓度和肾镉含量分别为 0.34 μg/g 肌酐、0.54 μg/L、17.1 μg/g 肾重[95]。瑞典研究[207]表明,尿镉水平会随着年龄增长而增加[118,207],女性的血镉水平高于男性。另外 1 项关于瑞典老年男性(平均年龄 75.3 岁,70.5~81.0 岁)的调查显示其平均尿镉水平为 0.33 μg/g 肌酐,范围为 0.01~6.98 μg/g 肌酐[118]。

多项研究均显示,尿镉水平与血镉水平具有显著的相关性[207-209],均是用来评估镉暴露水平的生物标志物。在上述不同国家人群的研究中,不同年龄、性别人群中镉的暴露水平存在差异。由于镉的半衰期长,易在体内蓄积,因此年龄对尿镉水平有影响[210-211]；血镉浓度在女性中高于男性，这可能是由于女性的体内铁储存量往往低于男性，而铁储存量会影响镉的吸收[210,212]；此外，吸烟、镉污染地区等因素均对尿镉水平有影响。因此，对于不同国家的尿镉、血镉数据不能直接做比较，若要使其有可比性，需要分别报告不同性别、吸烟与非吸烟及各年龄组人群的尿镉、血镉数据。

以尿镉和血镉作为生物标志物的一般人群镉暴露流行病学研究，评估了生物样本中的镉浓度与各种靶器官毒性效应之间的因果关系。由于尿镉和血镉具有显著的相关性，故在某一尿镉水平观察到的毒作用效应，在相应的血镉水平也能观察到。与各脏器不良反应相关的尿镉水平，大约比 FAO/WHO 设定的尿镉阈限值水平（5.24 μg/g 肌酐）低10倍，约为0.524 μg/g 肌酐。需要关注的是，根据美国疾控中心第四次全国报告显示，美国有相当一部分人（超过10%）有镉暴露的毒性风险，美国普通人群尿镉 P_{50}、P_{75}、P_{90}、P_{95} 分别是 0.210 μg/g、0.208 μg/g、0.412 μg/g、0.678 μg/g、0.949 μg/g 肌酐，相应的血镉水平分别是 0.304 μg/L、0.300 μg/L、0.500 μg/L、1.10 μg/L、1.60 μg/L[213]。

3.4 不同环境介质中存在的镉的检测技术

灵敏、准确的检测方法对于环境样本和生物样本的镉监测数据十分重要，尤其是对镉含量较低的检测样本。对样本进行镉含量检测前，需要对不同的样本进行消解，去除样本中的杂质和干扰物质对检测结果的影响，同时也是对检测仪器的保护。经前处理后的样本方可以上样检测。

针对食品中重金属镉的检测来讲，为了能够全面提高检测效率，需要注重多样化检测方法的运用，避免重金属镉超标而危害人体健康。而且在我国社会经济与科技的支撑下，当前检测技术的种类与水平正在不断提升，可为食品检测工作提供有力帮助。现阶段比较常见的检测技术为原子吸收光谱法、原子荧光光谱法、紫外分光光谱法等相关方法。下面就镉的检测方法及过程做归纳汇总。

3.4.1 样品前处理技术

样品前处理工作是食品检测的关键环节，对检测结果的影响相对较大。食品中镉的检测，通常用湿式消解法与灰化法对样品进行前处理。分散液液微萃取法也是当前食品检测中较为先进的技术，主要借助微量萃取机与分散剂进行处理，为后期的检测提供帮助。

（1）酸溶法。酸溶法不会因溶样而引入除氢离子以外的其他阳离子，对器皿腐蚀小，分解温度低，操作相对简单。镉极易被酸溶解出来，凤海元等[214]研究结果表明，盐酸∶硝酸（3∶1）混合液即可将土壤中的镉完全溶解出来，若只需测定生态地球化学评价样品中的镉，或测定镉、砷、汞等重金属，可以选择盐酸∶硝酸（3∶1）混合液溶矿，操作快速、简单、安全系数高。在溶液加热蒸干条件下，氢氟酸能够使试样中的硅以 SiF_4 形式挥发，高沸点的高氯酸能够赶尽残留的氢氟酸，溶样更彻底。刘建军等[215]在电热板上采用 HNO_3-HF-$HCLO_4$ 体系消解农产品地土壤样品，其镉的测定具有很高的精密度和准确度，能够满足土壤环境监测分析的要求。HCL-HNO$_3$-HF-HCLO$_4$体系在消解样品的应用中最广泛，同时能够将绝大部分其他元素溶解出来。闵广全[216]采用HCl-HNO$_3$-HF-HClO$_4$体系消解农产品地土壤样品，镉的回收率达到了98.1%。多种混酸消解样品易造成试剂浪费，同时会将溶液中的锡溶解出来，若锡含量较高，用ICP-MS检测镉时会受到严重干扰，盐酸：硝酸（3：1）混合液很难溶解出样品中的SnO，更有利于镉的检测。

（2）密闭消解法。密闭消解是在密封的容器中用酸分解试样，由于压力增加，提高了酸的沸点，增强了酸的分解能力。其优点是酸用量减少了许多，易挥发组分可以定量地保留在溶液中，溶样温度也相对较低；缺点是溶样器价格较高，操作相对烦琐及溶样完成后溶液还需进一步处理。谢锋等在密封消解罐中用HNO$_3$-HF消解茶园土壤样品，只需在160 ℃烘箱中进行，操作过程简单、安全可靠，无须实验人员看管。

（3）微波消解法。微波消解通常使用1 450 MHz的工作频率，试样和溶剂之间能够更好地接触和反应，同时，与试样接触的酸产生的热能所造成的热对流会搅动并清除试样表面易溶解的表面层，使试样与酸接触界面不断更新，加速了试样的分解。微波消解法同时拥有密闭消解法的优缺点，而微波消解后溶液更透彻，消解更彻底，效果更好。何杰等在微波消解罐中选用HNO$_3$-HCl-HF体系消解烟田土壤后测定镉，此方法准确度高，数据可靠，且操作简便、快速。

3.4.2 食品中镉的测定方法

（1）原子吸收光谱法。这种方法是运用共振辐射吸收确定重金属镉的含量。原子吸收光谱法的灵敏度较高，而且检测结果的准确度符合检测要求，具备广阔的使用范围。

（2）原子荧光光谱法。其应用到食品中重金属镉的检测当中时，需要将待测元素的原子蒸汽设定在特定的频率范围内，并利用辐射能形成的荧光发射强度实现对元素含量的测定，而且原子荧光光谱法的灵敏度高、选择性强，对检测样片的需求量相对较低，同时具有抗干扰能力，是当前食品中重金属镉的检测中较为常见的检测方法。

（3）紫外分光光谱法。紫外分光光谱法主要利用被检测物质对紫外可见光的选择性吸收进行分析，而且这种检测方法在实际使用过程中具有一定的便捷性，检测的速度相对较快，能够有效地应用到大米及谷类食品的检测中，检测结果的准确性较高，同时成本相对较低。

3.4.3 环境水体中镉的检测方法

（1）分光光度法。李永盼等[217]研究了以罗丹明B作为显色剂与Zn(Ⅱ)的显色反应，在盐酸溶液中，Zn(Ⅱ)、KSCN和罗丹明B按照一定比例形成稳定的配合物，在最佳吸收波长为620 nm处，Zn(Ⅱ)在0~0.5 mg/L质量浓度范围内适用朗伯-比尔定律。李善忠等[218]合成了一种新型酚类显色剂，该化合物与Cd(Ⅱ)显色效果好、反应灵敏，显色剂与Cd(Ⅱ)可以形成10^{9}数量级的稳定配合物，该反应在测定地表水和废水中取得了很好的测试结果，在565 nm波长下，加入pH=9.9适量缓冲溶液，当Cd(Ⅱ)

质量浓度为 0.1~1.0 mg/L，吸光度与 Cd(Ⅱ)的质量浓度成正比，遵循朗伯-比尔定律，曲线相关系数可以达到 0.999 4，表观摩尔吸光系数为 4.68×10^4 L/(mol·cm)。张轶楠等[219]使用铬天青 S ($C_{23}H_{13}Cl_2Na_3O_5S$)，它与 Pb(Ⅱ)可形成稳定配合物，发生显色反应，在 0.5 mol/L 的硝酸环境中，该铅络合物在 584 nm 波长下有最佳吸光度，Pb(Ⅱ)在质量浓度为 0~0.8 mg/L 时契合朗伯-比尔定律，曲线相关系数可以达到 0.999 5。

（2）电化学分析方法应用。李光华等[220]创造了一种优化后的铜离子选择性电极，灵敏度非常高，该电极用席夫碱作为电极内膜，在含有许多干扰阳离子的情况下能够对铜离子表现出良好的选择性识别，该方法检测下限可以达到 5.2×10^{-6} mol/L。王倩文等[221]基于痕量电位分析原理，改善电极填充液，发明了一种新式的镉离子选择性电极，在 1.0×10^{-4} mol/L 的镉浓度内显示出非常好的电位响应，检出限可达 5.9×10^{-9} mol/L。王营章[222]用极谱催化波法测定生活饮用水中 Pb(Ⅱ)，该方法在 5 min 内即可完成对水中 Pb(Ⅱ)的准确测定，灵敏度非常高，最低检测浓度为 1.9×10^{-8} mol/L。周艳飞等[223]用铋膜电极代替传统电极，用脉冲阳极溶出伏安法同时检测样品中 Pb(Ⅱ)、Cd(Ⅱ)和 Zn(Ⅱ)，结果和石墨炉原子吸收法一致。杨海波等[224]通过自制工作电极，电极的主要构成是银纳米柔性材料，测定水中的 Cu(Ⅱ)，采用溶出伏安法来测定，该方法最佳优化条件为：以酒石酸-酒石酸钠为缓冲溶液，pH 4.8 为最佳，响应时间为 600 s，最佳电位为 -0.6 V。测定水体中 Cu(Ⅱ)加标回收率为 95%~102%，低、中、高三种浓度 10 次平行样相对标准偏差为 0.2%~3.6%，检出限为 9.3×10^{-5} mg/L。

（3）原子吸收光谱法（AAS）。AAS 是根据被测元素的原子蒸气吸收相应原子光谱的一种定量分析元素浓度的方法。AAS 分析元素具有高效、快速、干扰小、灵敏度高、准确度高的特点。

火焰原子吸收光谱法（FAAS）是指被测样品进入仪器火焰中，使其原子化，相应元素原子吸收特征谱线发出的能量、吸光度和样品中元素浓度成正比。张青等[225]利用氢氧化镁沉淀剂去富集水体中的铅和镉，并且尽量使水体呈碱性，这样能让元素最大可能的富集。标准溶液质量浓度范围分别是 0~0.2 mg/L、0~0.4 mg/L，铅、镉曲线相关系数达到 0.999 8、0.998 9。试样加标回收率分别为 97.8%~106.5%、93.0%~100.7%，他们还探究了水中钾、钙、钠、镁等元素对铅、镉测定的干扰问题。

石墨炉原子吸收光谱法（GFAAS）能够检测河水中痕量和超痕量元素，其进样方式是试样经进样系统注入石墨炉中，再经过干燥、灰化、原子化等升温程序使其他杂质基体蒸发掉，同时使铜、锌、铅、镉等化合物成为基态原子，基态原子对空心阴极灯发射的特征谱线产生选择性吸收，在选定的最佳条件下，测定元素的吸光度。刘欢欢等[226]用 GFAAS 法测试了水中铜、镉、铅的质量浓度，对 3 种元素设置最佳仪器参数，标准曲线浓度点由仪器自动稀释，相关系数均大于 0.999，取铜、镉、铅的国家标准物质测量 6 次，测试仪器精密度和准确度，结果显示 RSD 为 2.1%~3.5%，标样的平均浓度在保证值范围内。

（4）电感耦合等离子体发射光谱法（ICP-AES）。ICP-AES 也是测试重金属的常用仪器。当氩气进入等离子体火炬时,在高温火炬中电离并发生链式反应,使更多的氩原子电离,最后形成各种形态的混合气体即等离子体。试样气溶胶进入等离子体,不同元素的原子在高温等离子体中发射出特征谱线,特征光谱的强弱与试样元素的浓度有关,所以 ICP-AES 可定量检测试样中各元素的含量。ICP-AES 能够测定 70 多种元素,其优点是测样速度快、仪器稳定性能好、线性范围广、测定元素多且抗基体干扰能力强。陈建斌等[227]用 IRIS/AP-ICPAES 法检测了地表水中的 Cu、Zn、Pb、Cd 等多种元素。采用相应试剂来富集地表水中的重金属,并探讨了 Ca、Mg、Fe、Al 四种元素对被测元素的干扰,通过多次对比分析,优化出最好的仪器工作条件,Cu、Zn、Pb、Cd 的 RSD 为 0.52%~1.56%,加标回收率为 92.0%~103.1%。周丽等[228]通过硝酸电热板消解水样,测定 Cu、Zn、Pb、Cd、Cr、Ni 元素,通过测定 20 次实验室空白试样,取 3 倍标准偏差得到检出限范围为 0.000 3~0.000 9 mg/L,标准溶液质量浓度范围为 0.2~2.0 mg/L,相关系数为 0.999 945~0.999 979,测试标准溶液 11 次获得精密度和准确度,RSD 范围为 0.40%~0.84%,测量值与真实值误差在 3%之内,并且与原子吸收光谱法进行了比较,发现 ICP-AES 灵敏度、准确度高,可以快速、高效并同时测量多种元素。

(5) 电感耦合等离子体质谱法 (ICP-MS)。ICP-MS 使用的电离源是感应耦合等离子体 (ICP),其炬管由三层石英管组成,炬管最外面绕有高压负载线圈,用来产生强磁场,等离子体点火后产生高温环境。待测气溶胶进入 ICP,在 ICP 高温环境下电离,其样品中的各种元素离子通过 ICP-MS 的采样通道,进入高真空的质谱仪中,经过质量筛选器的筛选,具有质荷比 (m/z) 的离子被检测出来,其浓度和响应信号成正比。ICP-MS 可以对 80 多种重金属元素进行定量分析,其灵敏度高、抗干扰能力强,适用于复杂环境基体下痕量元素的检测。金志明等[229]用 ICP-MS 法测试了内蒙古巴旗地表水中包含 Cu、Zn、Pb、Cd 等十几种元素,选用在线加入内标方式,校正仪器信号漂移,元素 Ge 作为 Cu、Zn 的内标,元素 In 作为 Cd 的内标,元素 Ir 作为 Pb 的内标,其标准曲线的相关系数均在 0.999 0 以上,检出限为 0.02~0.34 μg/L,选择低、中、高三种试样浓度测试,每个试样连续测定 6 次,各元素的 RSD 为 0.3%~3.8%,精密度良好。选择国家有证标准物质测试其准确度,每种元素分别测定 6 次,取其平均值,相对误差范围为 0.00%~2.66%,准确度也符合相关标准。东明[230]用 ICP-MS 法测试水体中包含铜在内 10 种重金属元素游离态和总量的对比,配制 0~100.0 μg/L 的 6 个标准曲线点,相关系数在 0.999 7 以上,结果发现总量比游离态多出部分占总量测定值的 6.09%~100.00%。

3.4.4 环境土壤中镉的检测方法

(1) AAS。AAS 是生态地球化学评价样品中镉分析检测应用最早的方法之一,根据被测元素原子化方式的不同,主要有 FAAS 和 GFAAS 两种,其主要特点是快速、准确、低成本。

FAAS 具有较高的灵敏度、相对费用很低、易实现在线分析等优点,在早期的重金属分析中应用最广泛。其主要缺点是检出限较高，一般为 g/kg 级别，对于镉含量较低的样品，难以实现直接测定。原子捕集技术是一种在火焰中浓缩待测原子的预富集技术，能提供极高的镉原子浓度供原子吸收光谱法测定，因而能够显著提高火焰原子吸收光谱法的灵敏度。与溶剂萃取或离子交换等常规预富集方法相比，原子捕集技术的突出优点在于不必加入化学试剂，避免了化学前处理或化学预浓缩操作中的污染或损失，已开始被应用于原子吸收光谱中。程志臣等[231]将原子捕集管固定于升降架上，管受火焰加热，管温急剧上升，使捕集在管子外表面的镉原子迅速蒸发和原子化，即利用原子捕集产生一个强的吸收信号，将仪器灵敏度提高了 112 倍，测定值的相对标准偏差（ESD）为 4.3%，实现了用 FAAS 法测定环境土壤中的痕量镉。

GFAAS 是利用高温石墨管使样品完全蒸发充分原子化，再测量其吸光度，其主要优点是具有较高且可控制的温度，原子化效率高，绝对灵敏度比火焰原子吸收光谱法高几个数量级。但此法分析精密度比火焰原子吸收光谱法差，有时存在严重的记忆效应，背景干扰较大，需要做背景校正。尤伟等[232]在测定镉时加入 $(NH_4)_2HPO_4$ 作为基体改进剂，测定了某冶炼厂周边生态地球化学样中的镉，方法的检出限（3 s/k）为 4.2 pg，测定值的相对标准偏差为 2.1，加标回收率为 94.8%～98.2%。近年来，固体进样是石墨炉原子吸收光谱法分析领域发展较快的技术。徐子优[233]采用固体直接进样代替了烦冗的固体样品前处理过程，结合使用持久化学改进剂测定了环境土壤样品中镉，方法的检出限（3s/k）为 2.66pg，测定下限为 8.87pg，RSD<10%。

（2）蒸气发生 – 无色散原子荧光光谱法（vaporgeneration-non-dispersive-atomic fluorescence spectrometry, VG-ND-AFS）。VG-ND-AFS 具有仪器结构简单、灵敏度高、气相干扰少、分析成本低、线性范围宽等特点，因此得以成功商品化并被广泛应用。样品经消解后，镉直接生成气态原子，被载气带出并被光源激发，其原子荧光光谱线也落在日盲范围内，进行原子荧光测定。但 AFS 检测器对于镉蒸气所激发的荧光并不灵敏，致使荧光信号偏弱，尤其是低含量镉的测定结果会偏低，检出限较高。李金莲等建立了硼氢化钠 – 1,10 二氮杂菲 – 钴（Ⅱ）体系，发现 1,10 二氮杂菲 – 钴（Ⅱ）能够显著提高镉的荧光强度，且信号稳定，方法的检出限（3 s/k）为 0.014 μg/L，线性范围在 50 μg/L 以内，相关系数为 0.997 1，用该法测定了水系沉积物标准样品中镉，RSD≤3.2%，取得了满意结果。各种增敏剂体系虽然有很高的发生效率，但 Cu^{2+}、Ni^{2+}、Pb^{2+}、Zn^{2+} 等离子会对镉的蒸气发生产生严重干扰。李中玺等[234]用 D201 阴离子交换树脂富集样品中的痕量镉，有效消除了待测溶液中的 Cu^{2+}、Ni^{2+}、Pb^{2+}、Zn^{2+} 等离子，从而使 VG-ND-AFS 可用于复杂基体样品中痕量镉的测定，方法的检出限（3s/k）为 3 μg/kg，RSD（$n=11$）为 1.9%，用该法对国家一级标准物质中的镉进行了测定，结果与认定值无显著性差异。

（3）电化学分析法。电化学分析法是建立在物质溶液中的电化学性质基础上的一类仪器分析方法，具有仪器成本低、检测速率快、便于操作、易于实现自动化、重现性好等优点，被广泛应用于生态地球化学评价样品分析中。王志强等[235]以主要农产品及其产地环境中重要的土壤作为研究对象，利用石墨烯修饰层能够较大地提高电极的比表面积及表面电子传输率,聚合物修饰层能够提高传感器的阳离子交换能力和抗干扰能力,结合高灵敏、低毒的锡膜,制备了对镉离子显示出良好的检测灵敏性的电化学传感器。在最优检测条件下,传感器的线性范围为 $1.0 \sim 70.0$ μg/L,检出限(10s/k)为 0.05 μg/L。

(4) ICP-AES。ICP-AES 以 ICP 为激发光源,利用物质在被外能激发后所产生的原子发射光谱来进行分析的方法。其最主要的优点是具有高抗干扰能力,很大程度上克服了严重的基体效应,且不用内标法或加入添加剂,动态线性范围达 $4 \sim 6$ 个数量级,可进行多元素分析,一般相对灵敏度为 10^{-6},分析准确度和精密度较高。但在样品基体复杂或仪器分辨率不够时,则会产生一定的光谱干扰,使得分析线背景降低,从而使检出限和测定下限变高,甚至造成分析谱线不可用,需要进行光谱校正。胡德新等[236]测定了矿产品堆场土壤中的镉,表明了镉易被生物吸收和累积,为受污染土壤治理提供了科学依据,各形态镉测定方法的检出限(10s/k)为 $0.026 \sim 0.147$ mg/kg,RSD 为 $0.41\% \sim 7.31\%$,回收率为 $84.5\% \sim 102.9\%$。

(5) ICP-MS。近年来随着仪器分析的迅速发展,ICP-MS 迅速发展成一种应用广泛且受到高度重视的分析技术。它是以 ICP 为离子源,以质谱计进行检测镉的分析技术。其灵敏度高、检出限低、线性范围宽且可进行多元素同时测定,具有极佳的痕量、超痕量分析能力,尤其适合分析低含量的镉。王心伟[237]等研究了锡、锆对镉的质谱干扰,选择了干扰相对简单的 ^{114}Cd 作为测定同位素,测定了绿色环境评价样品中的镉,样品处理过程简单,分析速率快且结果准确可靠,此方法的检出限(10 s/k)为 0.02 mg/kg,RSD($n=12$)为 0.81。若待测溶液中锡含量较高,同位素 ^{114}Sn 会干扰 ^{114}Cd 的准确测定,需对锡进行分离。陈成祥等[238]利用同位素稀释法具有内标法的优点,将 ICP-MS 同位素稀释法应用到镉的测定上,通过天然镉标准溶液对质量歧视进行了校正,并优化了同位素稀释剂的加入量,将此方法的检出限(3 s/k)降低至 0.000 3 mg/kg。

(6) X 射线荧光光谱法(XRF)。XRF 是由物质中的镉产生的特征辐射,通过测量和分析试样产生的 X 射线荧光的波长与计数值,即可获知镉的定量信息。该方法具有快速、简便、精密度高、准确度高和非破坏性测定等优点,作为一种有效监测和研究生态地球化学土壤中重金属污染的原位分析和评价方法,在环境监测与治理中得到了广泛的应用;其缺点是检出限不够低。张思冲等[239]研究了典型的城市湿地沉积物中重金属污染,利用 X 射线荧光光谱法测定镉,RSD<5%,方法操作简便,无需对固体样品进行消化处理。

(7) 其他分析方法。除上述测定方法之外,还有其他一些测定方法,如中子活化分析法,但仪器昂贵,需要特殊的辐射防护设施,且分析周期较长,一般实验室都不拥有这种仪器。

3.4.5 生物样品中镉的测定

目前测定尿和血中镉的方法较多,如萃取 - 火焰原子吸收光谱法、氢化物原子吸收光谱法、GFAAS、ICP-AES、ICP-MS 等。目前最常用的方法是 GPAAS。其原理是，试液注入石墨炉原子化器中进行原子化，产生的基态原子蒸气吸收由空心阴极灯辐射出的特征谱线，在一定条件下，其吸光度值与溶液中被测元素的浓度成正比，据此定量。本法镉的检出限为 0.13 μg/L。由于尿样组分既复杂又不恒定，故常在尿液中加入集体改进剂。镉测定中集体改进剂为 2% 磷酸氢二铵溶液（含 1% 硝酸）。也有同时测定尿铅、镉的报道，选用的改进剂为氯化钯胶体溶液。血样的基体复杂，基体干扰严重，需要较高的灰化温度才能消除。但镉的沸点较低，高灰化温度会造成镉的损失。采用氯化钯与硝酸镁作基体改进剂使灰化温度提高从而降低基体干扰。

4 应用 MOA/AOP 框架揭示经口暴露镉毒作用机制

4.1 毒代动力学研究

4.1.1 经口暴露镉的 PBPK 模型及其应用

PBPK 模型可以根据生理学、生物化学和解剖学等来预测化学物在人体内的吸收、分布、代谢、排泄过程，PBPK 模型由对应于人体不同组织器官的隔室组成，各隔室通过血液系统相连[240]。通过 PBPK 模型可以预测镉在相应靶器官中的暴露水平，相比于通过单室毒代动力学模型计算的结果，PBPK 模型考虑了不同组织器官吸收、排泄率的差异，更接近人体实际暴露情况。

当前建立的镉毒物动力学模型已被应用于描述决定肾脏镉积累和体内镉负荷的各种因素之间的数学关系，包括膳食镉摄入水平、胃肠吸收和系统吸收率、组织分布、半衰期、排泄率和消除率等。以下简要讨论现有的镉毒代动力学模型在基于反向剂量学原理下进行风险评估参数推导中的应用。

4.1.1.1 Kjellström 和 Nordberg 模型

1978 年，Kjellström 和 Nordberg[241] 提出了一个适用于镉的 PBPK 模型（图 5-1），此模型是包括吸入和经口摄入 2 个暴露途径下镉代谢的八室动力学模型，涉及镉在肺、小肠、3 个血室（血浆、血细胞、金属硫蛋白）、肾脏、肝脏和其他组织等 8 个室之间代谢流动，以及粪便和尿液 2 条排泄途径。该模型假设镉经皮暴露和随后通过皮肤的吸收可以忽略不计。

对于吸入暴露，该模型考虑了不同大小的颗粒在鼻咽、气管支气管和呼吸道肺泡区域的不同沉积模式。该模型认为质量中位数空气动力学直径（mass median aerodynamic diameter，MMAD）为 5 μm 的颗粒（即含镉尘埃）主要沉积在鼻咽部（75%），在肺泡部（20%）和气管支气管部（5%）沉积较少。该模型认为 50% 的 0.05 μm MMAD 颗粒（即香烟烟雾）沉积在肺泡腔内，10% 沉积在气管支气管腔内，在鼻咽腔内无沉积，

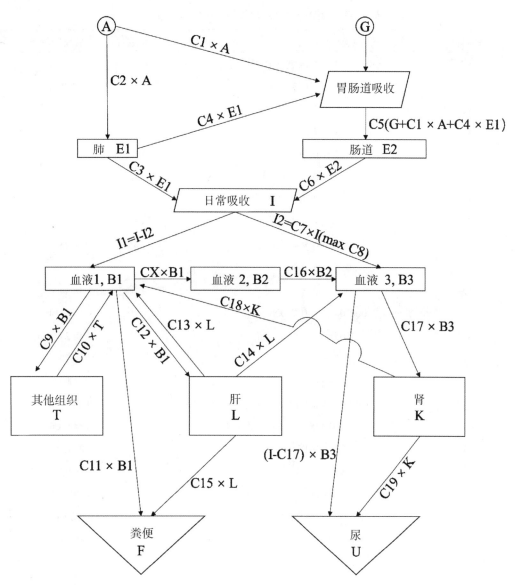

图 5-1　Nordberg-Kjellström 模型示意[241]

A. 香烟烟雾或工厂粉尘中的镉含量；B1. 血浆中的镉含量；B2. 红细胞中的镉含量；B3. 血液中与金属硫蛋白结合的镉含量；C1～C21. 各环节对应的系数；E1. 经肺吸收的外源性镉含量；E2. 经肠道吸收的外源性镉含量；F. 经粪便排泄的镉含量；G. 经胃肠道摄入的镉含量；I. 体内日常镉吸收总量；K. 肾脏中的镉含量；L. 肝脏中的镉含量；T. 其他组织中的镉含量；U. 经尿液排泄的镉含量。

其余的量被呼出。对于最初沉积于鼻咽和气管支气管腔室的所有颗粒，一部分会在黏液纤毛摆动下进入口腔腔室吸收，一部分会被排出体外并返回环境中。模型的假定系数值和可用生理参数如表 5-3 所示。

表5-3 模型的假定系数值和可用生理参数[241]

系数	初始假定范围	单位[a]	拟合经验数据后的值
C1	0.1~0.2（香烟烟雾）	—	0.1
	0.4~0.9（工厂粉尘）	—	0.7
C2	0.4~0.6（香烟烟雾）	—	0.4
	0.1~0.3（工厂粉尘）	—	0.13
C3	0.01~0.30	/天	0.05
C4	0.1×C3=0.001~0.030	/天	0.005
C5	0.03~0.10	—	0.048
C6	0.05	/天	0.05
C7	0.2~0.4	—	0.25
C8	0.5~5.0	μg	1
C9	0.4~0.8	—	0.44
C10	0.000 04~0.002 00	/天	0.000 14
C11	0.05~0.50	—	0.27
C12	0.1~0.4	—	0.25
C13	0~0.000 1	/天	0.000 03
C14	0.000 1~0.000 3	/天	0.000 16
C15	0~0.000 1	/天	0.000 05
C16	0.004~0.015	/天	0.012
C17[b]	0.80~0.98	—	0.95
C18	0~0.001	/天	0.000 01
C19[c]	0.000 05~0.000 20	/天	0.000 14
CX	0.01~0.05	—	0.04
C20	0.05~0.50	—	0.1
C21	0~0.000 002	/天	0.0 000 011

注：a. 空白意味着该系数是一个无量纲的比值；b. C17从30岁到80岁下降33%；c. C19从30岁开始随着C21逐年增加。

就经口暴露途径而言，镉可通过受镉污染的食物或水进入胃肠道，或通过黏液纤毛/气管支气管的运动从呼吸道进入消化道。通过各种暴露途径后，镉进入任一个血液隔室(B)（图5-2）。B1为血浆室，镉可能与其中的成分（即白蛋白和其他有机成分）结合；B2为红细胞室，代表镉在红细胞中的蓄积；B3则表示血液中镉与金属硫蛋白的结合，但此模型尚未考虑镉暴露后诱导合成的金属硫蛋白。镉通过血液分布到肝脏、肾脏或"其他组织"（肌肉）这些主要的蓄积部位，最后通过粪便或尿液排泄。该模型认

续表 5-3

为镉在隔室间的转运遵循一次函数，并受浓度梯度驱动。

Nordberg-Kjellström 模型假设肾脏和肝脏是镉的两个主要的蓄积部位，并假设肾脏镉含量占身体总负荷的 1/3。该模型还考虑了镉在其他组织（肌肉）隔室中的蓄积。该模型认为镉在人体肝脏的半衰期为 4~19 年，在肾脏的半衰期为 6~38 年。对于"其他组织"（肌肉）隔室，镉的半衰期为 9~47 年。Nordberg-Kjellström 模型解释了肾小管上皮细胞的丢失导致肾小管重吸收能力的下降，从而导致镉从肾小管排泄增加，以及从肾小管回渗到血液中的镉增加。肾小管上皮细胞丢失从理论上解释了肾脏镉半衰期的变化范围较大。该模型假设从肾脏到血液的转运不随年龄的增长而发生变化，并且经尿液排泄的镉在 30 岁后呈线性增加。Nordberg-Kjellström 模型是用来自瑞典和日本的几组独立的人群数据来验证的。Friberg 等[242]的数据集估计，每天吸 20 支香烟会导致每天吸入 2~4 μg/d 的镉，假设吸烟者从 20 岁开始吸烟且每天从食物中摄入的镉为 16 μg/d。基于 Friberg 等的数据，通过模型预测的肾脏中的镉浓度与 Elinder 等人研究中观察到的数据一致；然而，与从 Elinder 研究中观察到的数据相比，模型对肝脏镉的预测值高于期望值。模型预测的尿镉的排泄（50 岁人群为 0.84 μg/24 h）与观察数据（0.56~0.80 μg/24 h）吻合良好。该模型预测瑞典吸烟者血液中的镉含量为 2 ng/g，与实际的 1.6 ng/g 相比吻合较好。

该模型还通过日本一般人群暴露的数据进行了验证，研究对象是居住在东京的 45 岁日本居民，日本非污染地区的日均镉摄入量被认为是 40 μg。研究对象被认为是吸烟者，从 20 岁开始平均每天抽 24 支烟。根据这些暴露条件，模型预测镉在肾脏、肝脏和"其他组织"（肌肉）的蓄积量分别为 48 μg/g、3.2 μg/g、0.18 μg/g；血镉、尿镉的预测值分别为 3.4 μg/g 和 1.3 μg/24 h（假设每天尿量为 1 L，其值为 1.3 μg/L）。这与实际观测肾脏、肝脏和"其他组织"（肌肉）的蓄积量分别为 65 μg/g、3.4 μg/g、0.2 μg/g，以及血镉、尿镉的实际观测值分别为 4.5 μg/g、1.1 μg/L 吻合良好。

另一项对日本高镉暴露人群的研究[243]显示，尿液中的镉含量与他们日常饮食中大米的高镉含量有关。食用镉含量为 0.04 μg/g 大米（240 μg/d）的受试者尿中镉含量为 7 μg/L；食用镉含量为 1.1 μg/g 大米（660 μg/d）的受试者，其尿液观察值为 14 μg/L。在对镉含量的大米的日平均消费量做出一定假设后，并假设平均产尿量为 1 L/d，该模型计算出尿镉水平为 4.8 μg/L 和 15.5 μg/L，与观察值非常接近。

除了对吸烟和食物中镉暴露的数据进行验证外，该模型还在空气中高镉暴露的瑞典电池厂工人中进行了验证。该人群的空气中的镉暴露水平被认为是 50 μg/m³，全血镉浓度为 10~50 ng/g，且血镉水平与暴露时长无关，尿镉水平随暴露年限增加而增加。将该人群的暴露条件输入模型，计算出的血液、尿液、肝脏和肾脏中的镉含量与观察值基本一致。然而，基于现有暴露水平的观测值进行的模型预测可能不准确，因为有长期暴露史的工人很可能在过去经历了较高的暴露水平，从而使数据偏倚，导致模型预测不准确。在另一项关于打磨镀镉物品的瑞典工人的暴露研究[242]中，对其尿液和血液中的镉含量进行了检测,这组数据中的职业人群暴露高浓度镉的时间小于 2 年。当这个暴露数据集被输入到模型中,模型并不能充分预测这些工人的血液和尿液水平。

基于上述模型验证,Nordberg-Kjellström 模型已被证明能够充分地预测低剂量经口暴露和吸入暴露的人群体液及组织中的镉浓度。然而,该模型难以充分预测高浓度镉暴露人群体液和组织中的镉浓度,特别是通过吸入暴露高浓度镉的人群。因此,该模型不适用于由低剂量暴露向高剂量暴露的外推。尽管 Nordberg-Kjellström 模型有其局限性,但它基于人类数据对镉的毒性代谢动力学做了最全面的描述,是镉的风险评估中最常用的模型。

此模型预测,以先前 FAO/WHO 设立的可耐受膳食镉摄入量,即每日从膳食摄入镉 1 μg/kg 体重(70 kg 成人每天摄入量为 70 μg)[244],50 年后肾镉浓度将积累达 50 μg/g 肾皮质湿重,根据此模型预测的肾脏镉浓度低于 FAO/WHO 设立的临界肾脏镉浓度为 180～200 μg/g 肾皮质湿重,因此,推测 FAO/WHO 所设立的临界肾脏镉浓度和肾毒性阈值可能偏高。但此模型未考虑不同性别和机体营养状况对镉吸收造成的差异。

4.1.1.2 对 Kjellström 和 Nordberg 模型的改进

由于 Kjellström 和 Nordberg 模型并未将性别差异和年龄对组织生长的影响纳入模型,因此无法准确反映特定年龄、性别的人群镉在体内的暴露水平;此外,Kjellström 和 Nordberg 模型采用了线性方程来描述镉在各隔室之间的转运,这与实际非线性剂量反应关系不一致。

为了突破原模型的上述局限,Choudhury 等[245]和 Diamon 等[246]对 Kjellström 和 Nordberg 模型进行了如下的改进:①将描述镉在隔室间转移的线性方程调整为微分方程。②考虑到器官质量随年龄的增长变化及在男性和女性之间这种增长变化的差异,模型采用了增长算法计算不同性别特定年龄人群组织中的镉负荷。③预测肾皮质中镉的浓度 (μg/g) 为 1.5k/kw,k 代表肾脏镉负荷 (μg),kw 代表肾脏湿重 (g)。④根据瘦体重调整尿肌酐排泄率 (mg 肌酐/d)。⑤模拟了不同的年龄分层人群膳食和饮水中的镉摄入。⑥模拟了不同年龄层对土壤中镉的摄入率(岁,g/d):0～1,0.1;1～4,0.15;5～7,0.1;8～12,0.75;13～70,0.05。⑦男性的镉吸收率为 5%,女性为 10%。Choudhury 等[244]利用镉膳食暴露模型对美国无相关职业暴露史的非吸烟人群的膳食镉摄入水平进行了评估,并采用改良的 Kjellström 和 Nordberg 模型对该人群体内的镉负荷及尿镉水平进行预测,尿镉预测值与人群的观测值一致。模型预测男性平均镉肾脏负荷和肾皮质浓度峰值为 3.5 mg 和 15 μg/g 湿皮质重,女性分别为 5.1 mg 和 29 μg/g 湿皮质重。女性肾皮质镉含量的预测峰值水平较高,女性的尿镉水平的实际观察值和模型预测值也均高于男性,这些差异表明女性的镉毒性风险也高于男性。这些预测的肾脏镉负荷峰值和肾皮质镉浓度峰值相当于实际肾脏负荷峰值的 60%(8～11 mg),而要达到肾脏负荷峰值水平则需要按 42 μg/d 的膳食镉摄入量进行摄入。用该模型预测的膳食镉摄入量高于通过膳食评估方法获得的膳食摄入量 10.4 μg/d (1.74～31.60 μg/d)[247]。

Fransson 等[53]用以生理学为基础的镉的毒性代谢动力学模型和马尔可夫链蒙特卡罗

分析，来计算每日从膳食中摄取的镉含量和肾脏镉的半衰期。在这项研究中，通过平行测量 82 位健康个体的血液、血浆、肾皮质和 24 h 尿排泄中镉水平，重新估计了 Kjellström 和 Nordberg 模型中最敏感的参数并且测试了性别和血清铁蛋白对镉全身摄取的影响。基于此模型计算所得男性和女性的膳食镉摄入量分别为 0.005 2 μg/kg 体重和 0.007 3 μg/kg 体重（比男性高 40%），相对应的全身吸收率分别为 1.7%～2.5% 和 2.4%～3.5%。计算所得的吸收率均比 Kjellström 和 Nordberg 模型预测的低 5%。此外，通过此模型计算出的镉在肾脏中的排泄率提示肾脏中镉的半衰期为 45 年。肾脏对镉的吸收率较低但保留时间较长，表明 Kjellström 和 Nordberg 模型仍需进一步改善。

Ruiz 等[248-249]将 PBPK 原理与 Choudhury[244]、Diamon[245]等后期修订的 Kjellström 和 Nordberg[250]镉毒代动力学模型相结合，建立了镉毒代动力学的计算机模拟模型。这个基于 PBPK 的模型，能够高度模拟 NHANES Ⅲ 中纳入美国膳食镉摄入数据的非吸烟人群所测量的尿镉水平[251]。Satarug 等[252]已证实该模拟模型适用性强，可用于预测泰国曼谷（低暴露组）和美索特区（高暴露组）人群的尿镉水平和镉摄入吸收率。在低暴露组中的非吸烟男性（20～59 岁），预测的膳食镉摄入水平为 50～56 μg/d，非吸烟女性为 21～27 μg/d。相比之下，泰国低暴露组预测的女性膳食中镉暴露数据与日本女性从重复饮食样本中测得的镉摄入量的几何均值分别为 24.7 μg/d 和 35.7 μg/d 相符[252-254]。同样，在高暴露组中，男性的预测膳食镉摄入水平为 188～224 μg/d，女性为 99～113 μg/d，与在日本镉污染地区的膳食镉暴露预测值（＞200 μg/d）相一致[255]。相比于 Kjellström 和 Nordberg 模型、Fransson 模型和 Choudhury 等人的模型，这一模型考虑了年龄、性别、营养状况（尤其是身体铁储存状况、锌状况）和暴露途径等可能造成镉暴露个体差异的因素，将血镉和尿镉水平等生物监测数据转换为膳食镉摄入量的数据。

无论是 Choudhury 等和 Diamon 等的模型还是 Ruiz 等和 Satarug 等后续对这些模型的运用，都是基于 Kjellström 和 Nordberg 模型进行的改造。而 3 项用于对原始模型进行校准的单独研究，第一项从 292 例尸检病例中获得了肾皮质、肝脏和胰腺中的镉水平[256]，第二项涉及 132 名个体的尿中镉排泄量[257]，以及第三项涉及 80 个体的粪便中镉的排泄量[258]，均未利用血液或血浆中的镉水平数据。

4.2 毒效学研究

镉作为一种蓄积性毒物，可能主要通过氧化应激、细胞凋亡、影响信号转导等机制发挥作用。例如，镉与疏基有较高的亲和力，易与谷胱甘肽等抗氧化剂以及某些蛋白质的疏基结合，消耗体内的抗氧化剂，导致氧自由基的蓄积[259]。另外，镉能竞争某些酶中的二价金属辅基，如镉替代铜锌超氧化物歧化酶（CuZn-superoxide dismutase，CuZn-SOD）中的锌离子、铜离子，影响 SOD 的活性，进而影响机体对活性氧的清除速率，加重机体的氧化应激[260]。

此外，镉还能通过下调 Bcl-2 的表达、上调 Bax 的表达，激活 Caspase-3 蛋白，促进细胞凋亡[261]；还可以通过激活相关的凋亡信号通路促进凋亡相关基因的表达[262-263]；由于与钙离子的理化相似性，镉还能影响钙离子稳态，导致细胞内钙超载和线粒体膜电位改变，进而促进细胞凋亡[264]。

影响细胞内信号转导也是镉的主要作用机制之一。镉能通过激活丝裂原活化蛋白激酶（MAPK）、蛋白激酶 C（PKC）、Wnt-β catenin、JNK 等信号通路，调控细胞的增殖、凋亡、氧化应激等过程[265-268]。

MOA 和 AOP 的提出为毒作用机制研究和化学品的危险度评定提供了新的思路。MOA 的提出最初是用作致癌物的风险评估，但 MOA 在化学物非致癌效应的评估中也可发挥重要作用，有助于对化学物非致癌效应定量表征[269]。MOA 是一系列由证据权重支持的与毒性效应有关的关键事件（KE），这些关键事件是可测量的、存在因果联系的、对触发不良结局十分必要的[270-271]。AOP 由 MIE、KE、关键事件关系（key event relationship，KER）和 AO 构成，涉及分子层次、细胞层次、组织器官层次、个体层次到人群层次的效应，KER 是上、下游的关键事件之间的生物学因果联系。AOP 是 MOA 在不同生物组织层次的扩展，可以在机制研究的基础上对个体和人群的不良结局做出预测[270,272-273]。

4.2.1 镉诱导肾小管功能障碍毒性 MOA

肾脏被认为是长期镉暴露的主要靶器官，而肾小管则被认为是镉诱导肾损伤的主要靶点，这已经在实验动物和人群数据中得到了证实。体内实验发现，长期低剂量经口暴露后，镉最先引起肾脏的损害[274]，随着暴露时间和剂量的增加出现肾脏的功能和结构损害，这种损害最早发生在近端小管，引起近端小管的变性、萎缩，并影响肾小管的重吸收功能；随着暴露时间的延长，可进一步出现肾小管以外部位的结构改变[275]。大量人群流行病学研究表明，镉暴露与肾小管功能障碍显著相关[276-278]。在此，对经口暴露镉诱导的肾小管功能障碍的 MOA 进行讨论。

经口摄入的镉被胃肠道吸收后大部分与血液中的白蛋白结合进入肝脏，镉与白蛋白形成的复合物被肝脏分解，继而与肝脏合成的金属硫蛋白（metallothionein，MT）结合形成 Cd-MT 复合物，Cd-MT 随后被转移至肾脏[279]，该低分子量复合物在肾小球过滤并被 S1 段和 S2 段的肾小管上皮细胞吸收[280-281]。外源性的 Cd-MT 在肾小管上皮细胞中很快被溶酶体降解[282]，Cd^{2+} 被释放至胞质并诱导合成新的 MT，并以 Cd-MT 的形式长期稳定地蓄积在肾脏中。然而，Cd-MT 似乎并不是诱导肾毒性的罪魁祸首，镉与 MT 的螯合被广泛认为是镉的解毒机制[283]。实验证明，皮下注射 $CdCl_2$ 10 周后 MT 敲除小鼠肾脏中镉的蓄积量虽不及野生型小鼠的 1/10，但 MT 敲除小鼠对镉诱导的肾损伤更敏感，其对镉的最大耐受剂量仅为野生型的 1/8[284]。类似地，在经口暴露 $CdCl_2$ 6 个月后 MT 敲除小鼠肾脏的镉蓄积量仅为野生小鼠的 1/5，但镉暴露更容易引起 MT 敲除小鼠的肾损伤[285]。

镉主要以 Cd^{2+} 形式损害近端小管上皮细胞，镉对近端小管的毒作用与肾小管对镉的吸收密切相关。肾小管对镉的吸收主要分为两个部分：Cd-MT 在 S1 和 S2 段的小管上皮细胞的管腔侧膜经 megalin 受体介导的内吞进入细胞；管腔中的 Cd^{2+} 在锌转运蛋白 ZIP8、ZIP14 和二价金属转运蛋白 DMT1 的作用下被 S3 段的肾小管上皮细胞吸收，ZIP8、ZIP14 和 DMT1 均被报道在肾脏中主要分布于肾小管 S3 段[286-288]。由于肾脏从头合成 MT 的能力有限[289]，且外源性 Cd-MT 的降解速率大于新 MT 的合成速率[290]，导致 Cd^{2+} 与 MT 的结合达到饱和或新合成的 MT 尚且来不及与胞质中的 Cd^{2+} 结合而导致胞质中游离的 Cd^{2+} 诱导肾小管上皮细胞的细胞毒性最终造成肾小管上皮细胞凋亡、坏死[291]。

然而，镉诱导肾小管损伤的机制尚未被阐明。基于现有文献报道，镉经口暴露诱导的肾小管损伤涉及的关键事件有氧化应激损伤、DNA 损伤、细胞周期阻滞、细胞死亡等，可能的毒作用模式（图 5-2）是镉被肾小管吸收（KE1）后，未被 MT 结合的 Cd^{2+} 与抗氧化酶分子中的巯基结合，直接影响抗氧化酶的活性；抑或 Cd^{2+} 与锌离子竞争肾小管上皮细胞膜上的转运蛋白，导致细胞内锌离子水平降低和 CuZn-SOD 水平降低；此外，由于 Cd^{2+} 与二价锌、铜、锰具有相似的生化特性，从而替换 CuZn-SOD 和 Mn-SOD 上相应的金属辅因子，继而影响 SOD 的活性，损伤细胞内的抗氧化系统（KE2），抗氧化系统的损伤导致细胞内产生的 ROS 不能被及时清除，细胞内蓄积的 ROS 攻击 DNA，导致 DNA 损伤（KE3）。为阻止损伤 DNA 随着细胞周期复制，在 p53 相关的细胞周期信号通路的调控下，DNA 损伤的细胞有丝分裂进程受阻，出现细胞周期阻滞，DNA 损伤程度较高时，启动细胞的凋亡（KE4）。肾小管上皮细胞的凋亡最终导致肾小管重吸收障碍（AO），出现蛋白尿、多尿、糖尿、氨基酸尿等病理性改变。

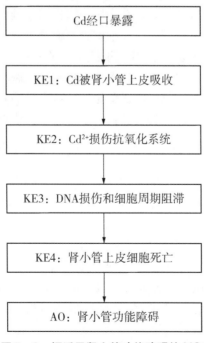

图 5-2　镉诱导肾小管功能障碍的 MOA

抗氧化防御系统的损伤被认为是镉诱导肾毒性的重要事件。许多研究表明，长期镉暴露的动物肾脏中抗氧化酶水平和活性下降。Casalino 等[292]报道，在 10 天和 30 天内，通过饮用水暴露镉（250 mg/L）可导致大鼠肾脏总超氧化物歧化酶（SOD）活性、SOD 亚型 CuZn-SOD 和 Mn-SOD 及过氧化氢酶（catalase，CAT）水平的显著降低。经口暴露 5 mg/kg 体重 $CdCl_2$ 4 周后也观察到大鼠肾 SOD、谷胱甘肽过氧化物酶（glutathione peroxidase，GPx）、谷胱甘肽还原酶（glutathione reductase，GR）、CAT 等抗氧化酶的减少[293]。其他暴露途径亦可引起类似的效果：腹腔注射 $CdCl_2$（6.5 mg/kg 体重）5 天及皮下注射 Cd（1.2 mg Cd/kg 体重）5 次/周，持续 9 周后导致肾 SOD、CAT、GR 和 GPx 活性的显著降低[294-295]。这些发现可以解释为 Cd 与酶的直接相互作用，即 Cd 与—SH 基团结合，或从酶活性位点置换 Zn、Cu 等金属辅因子，而 GPx 活性的降低可能是由于 GPx 与金属硫蛋白对丝氨酸的竞争[296-297]。Cd^{2+} 进入肾小管上皮细胞后，与富含巯基的谷胱甘肽或抗氧化酶结合，替代 Fe^{2+} 等还原性金属，间接导致细胞内自由基的蓄积；还可作用于线粒体呼吸电子传递链，诱导细胞内氧化应激[298]。

体外实验表明，镉可以诱导大鼠肾小管上皮细胞发生 DNA 损伤和 G0/G1 细胞周期阻滞，并且 DNA 损伤程度呈现剂量和时间依赖性[299-300]。用 $CdCl_2$ 处理后，在人成纤维细胞中也观察到了 G2 细胞周期阻滞[301-302]。细胞周期阻滞是 DNA 损伤的指标，可能是细胞周期蛋白激酶抑制剂（p27 和 p21）上调的结果，通过抑制细胞周期蛋白依赖性激酶来阻止细胞周期进程[303]。镉影响许多细胞内蛋白质的功能，因此它可以抑制 DNA 合成，并且呈剂量和时间依赖性地诱导 DNA 损伤。通过代替 p53 蛋白锌指结构域的锌，镉可导致 DNA 修复错误从而导致 DNA 损伤的积累，增加患癌症的风险[301,304]。

大量证据表明，Cd^{2+} 在体外[305-306]和体内[307-311]诱导的肾小管细胞死亡会破坏正常的肾功能，并引起范科尼综合征，并伴有多尿、蛋白尿、糖尿、氨基酸尿和血尿。Cd^{2+} 诱导的细胞死亡类型因浓度、暴露时间和细胞类型而异。一般来说，急性暴露于高浓度的 Cd^{2+}（>50 μM）会导致坏死，而暴露于低浓度的 Cd^{2+}，凋亡占细胞死亡的主导地位。镉在肾细胞中诱导凋亡的主要通路如下：①内质网应激和钙离子释放介导的内质网凋亡通路；②镉直接和间接激活线粒体，诱导线粒体介导的 caspase 依赖和/或不依赖的凋亡通路；③Ube2d 基因家族表达抑制与 p53 过度积累诱导的 p53 依赖的凋亡通路[312]。

4.3 运用证据权重法评价镉诱导肾小管功能障碍 MOA

MOA 和 AOP 的证据是否充足可信，需要借助演化的 Bradford Hill 准则来评价，即关键事件的生物学合理性、必要性和经验观察的一致性。生物学合理性需要考虑上下游的 KE 之间在结构或者功能上是否符合已有的生物学知识。必要性则需考虑如果上游 KE 被阻止，下游 KE 和/或 AO 是否被阻止。经验观察的一致性则需要考虑：①是否有经验证据支持上游 KE 所导致的下游 KE 的变化；②上游 KE 是否发生在下游 KE 之前或者引发上游 KE 的剂量是否低于下游 KE；③在物种间、不同压力源间的一致性[313]。

基于上述标准，对此前总结的镉不同系统毒性作用的 MOA 进行分析、评价（表5-4）。

表5-4 基于证据权重法分析镉诱导肾小管功能障碍的MOA

关键事件	证据类型	生物学合理性	必要性	经验证据支持	物种间一致性	化学物类比
KE1	支持	进入细胞是镉诱导细胞毒性的前提	敲除离子转运蛋白后，细胞内 Cd^{2+} 浓度下降，肾小管损伤减轻[314]	肾脏是慢性镉暴露的主要蓄积部位，尤其是近端小管部位[287,315,316]；进入肾小管细胞的镉的浓度随着镉暴露剂量增加而增加；镉诱导的肾小管损伤与细胞内 Cd^{2+} 浓度呈剂量反应关系[317]	动物和人体均能摄入镉，且产生相似的毒性作用	
	不支持	—	—	—	—	—
	缺失	—	—	—	—	—
KE2	支持	镉与—SH具有高亲和力，可以直接与抗氧化酶的巯基团结合而影响酶的活性[318]	抗氧化剂可减轻镉暴露诱导的大鼠肾小管细胞凋亡[319]和肾损伤[320]	动物实验中镉暴露与氧化应激反应存在剂量反应关系，氧化损伤后，出现肾小管上皮肿胀等肾病理改变[297]	不同动物体内均能观察到镉诱导的氧化应激	—
	不支持	—	—	—	—	—
	缺失	—	—	氧化应激可以引起细胞死亡，但轻微的氧化应激可刺激抗氧化系统对氧化损伤的保护作用。难以确定造成氧化与抗氧化失衡的临界剂量	—	—

续表 5-4

关键事件	证据类型	生物学合理性	必要性	经验证据支持	物种间一致性	化学物类比
KE3	支持	ROS 可通过引起单链或双链断裂，DNA-蛋白质交联和碱基的修饰来诱导 DNA 损伤[321]	—	p53 失活的肾小管细胞在镉处理后 1~3 h 出现 ROS 峰值，1~6 h 出现 DNA 损伤，6 h 出现 G2/M 期阻滞[322]；镉可诱导大鼠体内 DNA 的氧化损伤[323]；在大鼠肾小管上皮细胞系和原代肾小管上皮细胞中均观察到镉诱导的 DNA 损伤和细胞周期阻滞[299]	—	—
	不支持	—	—	—	—	—
	缺失	—	—	缺乏镉诱导肾小管损伤中 ROS 与 DNA 损伤和细胞周期阻滞的因果关系的证据	—	—
KE4	支持	DNA 损伤诱导细胞周期阻滞以修复 DNA 损伤，然而，DNA 修复失败会导致细胞凋亡[324-325]	—	镉在体外诱导 HK-2 细胞凋亡、坏死[326]；镉可诱导大鼠肾小管上皮细胞凋亡[327]	—	—
	不支持	—	—	—	—	—
	缺失	—	—	缺乏镉诱导 DNA 损伤、细胞周期阻滞与肾小管上皮细胞死亡的因果关系证据	—	—

续表 5-4

关键事件	证据类型	生物学合理性	必要性	经验证据支持	物种间一致性	化学物类比
KE5	支持	—	—	大量研究表明，急、慢性镉暴露均可诱导肾小管损伤，主要表现为肾小管变性、萎缩、坏死等，从而导致肾小管重吸收功能障碍[274-275]	小鼠、大鼠等啮齿动物体内均可出现镉暴露（急、慢性，经口、皮下注射、静脉注射等）诱导的肾小管损伤；人群流行病学研究也观察到镉暴露与肾小管损伤间的关联[276-278]	砷、锰、铅等金属，类金属亦可诱导大鼠肾小管病理改变[328]
	不支持	—	—	—	—	—
	缺失	—	—	—	—	—

5 当前镉经口暴露的安全限值及相关网站

FAO/WHO 为镉建立了安全摄入量指南，即镉的临时可耐受周摄入量（PTWI）。以往的标准为镉的 PTWI 为每人每周 400～500 μg，或 50 年每天摄入量为 140～260 μg，或是终生摄入量为 2 000 mg[244]。随后镉的 PTWI 修订为每周 7 μg/kg 体重（即每天 1 μg/kg 体重，或 70 kg 成人每天摄入量为 70 μg）[244]。当前的指南设定镉的容许摄入量为每月 25 μg/kg 体重（即每天 0.83 μg/kg 体重，或 70 kg 成人每天摄入量为 58 μg），且规定尿镉阈值为 5.24 μg/g 肌酐[179]。FAO/WHO 镉的容许摄入量是根据单室毒性动力学模型所设定的，且与人群膳食镉摄入的第 5 百分位数的下限相对应，而尿镉阈值则是基于肾脏的临界浓度，为 180～200 μg/g 肾湿重[244]。EFSA 根据镉对肾脏的影响，设定其可耐受摄入量为每周 2.5 μg/kg 体重（即 70 kg 成人每天摄入量为 25 μg），尿阈值为 1 μg/g 肌酐。

FAO/WHO 设定镉的终生可耐受摄入量为 2 000 mg，然而，最近的风险分析表明，当终生累积镉摄入量超过 1 300 mg 即可明显增加肾脏疾病及骨骼损伤（"痛痛病"）发生发展的风险[329]。大量流行病学研究发现镉的毒性靶器官及毒性作用具有多样性，因此反对其可耐受摄入量的设定只考虑肾毒性这一因素。此外，在非肾脏损伤水平之下镉暴露剂量，似乎也可增加癌症的发病风险，表明肾脏可能不是对镉的慢性毒性作用最敏感的器官，因此，风险评估不应该仅仅基于镉对肾脏的影响。

我国《食品安全国家标准食品中污染物限量》（GB 2762—2017）对各类食品中的镉含量进行了限制，其中，糙米、大米的限量指标为 0.2 mg/kg，新鲜蔬菜、水果及其制品的限量为 0.05 mg/kg，肉及肉制品限量 0.1 mg/kg，包装饮用水限量 0.005 mg/kg。

相关网站：

食品安全标准与监测评估司：http://www.nhc.gov.cn/sps/s7891/201704/b83ad058ff544ee39dea811264878981.shtml。

联合国粮农组织：http://www.fao.org/home/en/。

美国环境保护署：https://cfpub.epa.gov/ncea/iris2/chemicalLanding.cfm?substance_nmbr=141。

欧洲食品安全管理局：https://www.efsa.europa.eu/。

世界卫生组织：https://www.who.int/ipcs/assessment/public_health/cadmium_recent/en/。

美国疾控中心：https://www.cdc.gov/biomonitoring/Cadmium_BiomonitoringSummary.html。

6　结论与展望

膳食中镉的风险评估需综合考虑膳食镉摄入量和/或尿镉阈值水平，以防膳食镉摄入过量。通过膳食评估，各国成年人群的平均膳食镉摄入量估计值均在 FAO/WHO 设立的可耐受摄入量指标范围内（58 μg/d），且各国人群尿镉第 95 百分位数要远低于设定的毒性阈值（5.24 μg/g 肌酐）。然而，具有代表性的美国人群调查数据显示，低于 1 μg/g 肌酐的尿镉水平就与骨质疏松、肝脏炎症、听力损失及心脏病、AMD 等疾病的发生发展，以及乳腺癌和肺癌死亡风险的增加相关，因此需重新评估镉的毒性阈值水平。此外，不少研究提出，由于饮食习惯的差异，膳食镉摄入估计量与生物标志物尿镉的相关性很弱，因此，不建议使用估计的膳食镉摄入量数据进行健康风险评估，除非这些给定人群的膳食镉摄入估计量数据与更可靠的暴露生物标志物之间具有良好的相关性。而血镉水平与尿镉水平则呈现着较好的相关性，因此血镉水平在风险评估中具有一定的价值，尤其是对老年人、高血压、糖尿病患者等可能伴有肾功能不全的人群的健康风险评估，这些人群的尿镉水平可能不能准确反映体内镉负荷水平。根据有代表性的美国人群调查数据显示,当血镉含量低于 1 μg/L 时,与 CKD、高血压、心脏病、AMD、抑郁症、阻塞性肺病、听力障碍等疾病的发生发展,HBV 和 HP 的感染率上升,以及阿尔茨海默病死亡率的增加密切相关,因此,需要制定更为严格的饮食摄入指南,采取相应措施避免粮食作物和食物链的镉污染,以减少人群膳食镉的暴露。由于镉在环境中具有无生物降解作用、污染持久、土壤-植物转移率高等特点,因此需要长期治理环境(土壤、空气和水)中的镉。同时,在农业生产中,应注意绿叶蔬菜如菠菜和生菜等镉超级蓄积器,这些农作物应严格种植在镉含量低的土壤上。(表 5-5 至表 5-9)

表 5-5　各国膳食镉摄入量估计

国家	方法	估计平均膳食摄入量/(μg/d)
丹麦	总膳食研究	男性:16 μg/d ($P_5 \sim P_{95}$:9~25); 来源:全麦谷物(34%),马铃薯(23%),蔬菜(不含马铃薯)(13%),精制谷物(15%),肉类(红肉、家禽和加工肉类),鱼类、水果和乳制品(6.3%)
丹麦	总膳食研究	女性:14 μg/d ($P_5 \sim P_{95}$:8~22); 来源:叶类蔬菜和大豆类产品
法国	总膳食研究	平均水平消费者:11.2 μg/d; 高水平消费者:18.9 μg/d; 来源:面包产品(35%)、土豆产品(26%); 镉含量:软体动物和甲壳类动物(0.167 mg/kg)、内脏(0.053 mg/kg)、甜味和咸味饼干(0.030 mg/kg)、谷物棒和巧克力(0.029 mg/kg)
瑞典	总膳食研究	平均水平消费者:10.6 μg/d; 来源:土豆和小麦(40%~50%);
瑞典	总膳食研究	高水平消费者:23 μg/d; 来源:海鲜和菠菜
智利	总膳食研究	平均水平消费者:18.12 μg/d; 来源:面包(4.88 μg)、非酒精饮料(3.78 μg)、谷物(1.98 μg)、马铃薯(1.6 μg)、蔬菜(1.5 μg)、牛奶(1 μg)、乳制品(0.9 μg)、鱼和海鲜(0.57 μg)
西班牙	总膳食研究	男性:14.8 μg/d; 女性:12.03 μg/d; 来源(女性):谷类(4.56 μg)、鱼类和贝类(2.87 μg)、根茎类植物(1.13 μg)、蔬菜(1.01 μg)、肉类(0.75 μg)、乳制品产品(0.55 μg)、牛奶(0.51 μg)、脂肪和油(0.25 μg)

续表 5-5

国家	方法	估计平均膳食摄入量/（μg/d）
塞尔维亚	总膳食研究	平均水平消费者：11.51 μg/d； 来源：面包（6.187 μg）、糖（1.88 μg）、马铃薯（1.049 μg）、小麦粉（0.055 2 μg）、香肠（0.448 μg）、苹果（0.128 μg）、饼干（0.126 μg）、牛奶（0.160 μg）、巧克力（0.080 μg）、洋葱（0.075 μg）
美国	膳食评估	女性：10.4 μg/d；区间：1.74～31.6 μg/d
加拿大	膳食评估	牡蛎种植者：24.8 μg/d； 来源：加拿大不列颠哥伦比亚省的牡蛎
日本	重复饮食	女性（1991—1997 年）：平均 25.5 μg/d，最高 51.3 μg/d
日本	膳食评估	女性（平均年龄 53.8 岁）：26.4 μg/d
越南	膳食评估	低暴露组：女性 29 μg/d，男性 33 μg/d； 来源：大米（93%）、水菠菜（4%）
越南	膳食评估	高暴露组：女性 109 μg/d，男性 122 μg/d； 来源：大米（97%）、水菠菜（2.4%）
泰国	反向剂量测定（基于尿镉水平）	低暴露组：女性 21～27 μg/d，男性 50～56 μg/d； 高暴露组：女性 99～113 μg/d，男性 188～224 μg/d； 低暴露组和高暴露组年龄均为 20～59 岁

注：P_5 为第 5 百分位数；P_{95} 为第 95 百分位数；a. 膳食中镉摄入量的估算基于摄食问卷调查，食物镉含量来自数据调查或现有数据库。

表 5-6 亚洲和澳大利亚人群的血液和尿液样本中的镉含量

人口	血镉/（μg/L）	尿镉	
		μg/g 肌酐	μg/L
日本，女性 $n=1\ 200$，年龄 40～79 岁，稻农； 对照组：$n=222$，平均年龄：62 岁； 高暴露组：$n=355$，平均年龄：59 岁； 高暴露组：$n=623$，平均年龄：58 岁	AM（区间）： 2.15（0.76～6.90）； 3.81（0.55～13.10）； 3.47（0.74～31.20）	AM（区间）： 3.03（1.04～16.70）； 4.38（0.51～13.10）； 6.24（0.35～29.70）	—

续表 5-6

人口	血镉/(μg/L)	尿镉	
		μg/g 肌酐	μg/L
泰国，男性 $n=3\,220$，女性 $n=3\,926$； 低暴露组（曼谷）： 男性 $n=199$，平均年龄 32.9 岁，59.3% 非吸烟者； 女性 $n=200$，平均年龄 36.9 岁，非吸烟者； 高暴露组（美索）： 男性 $n=3\,021$，平均年龄 47.7 岁，27.2% 非吸烟者； 女性 $n=3\,716$，平均年龄 46.4 岁，77.2% 非吸烟者	—	*GM*（*SD*）： 0.40（0.46）； 0.50（0.46）； 1.65（2.40）； 2.10（2.91）	—
中国常熟市，男性 $n=445$，女性 $n=451$，年龄 3~89 岁；男性，38% 非吸烟者，平均年龄 48 岁；女性，98% 非吸烟者，平均年龄 49 岁	*AM*（区间）： 1.34（0.38~2.88）； 0.49（0.31~0.92）	*AM*（区间）： 0.38（0.21~0.65）； 0.42（0.23~0.70）	*AM*（区间）： 0.41（0.23~0.67）； 0.33（0.18~0.60）
中国，男性和女性 $n=6\,232$，年龄 3~89 岁； 上海，$n=1\,346$，平均年龄 54 岁； 湖北，$n=1\,828$ 年，平均年龄 55 岁； 辽宁，$n=1\,635$，平均年龄 52 岁； 贵州，$n=1\,423$，平均年龄 54 岁	—	*GM*（区间）： 1.24（0.02~7.23）； 4.69（0.17~42.00）； 3.62（0.06~37.60）； 6.08（0.05~57.30）	—
韩国，成年人 $n=643$； 男性非吸烟者 $n=69$； 女性非吸烟者 $n=379$	*GM*（*SD*）： 0.84（1.87）； 1.26（1.77）	*GM*（*SD*）： 0.67（2.01）； 1.03（2.30）	—
韩国，$n=5\,919$，年龄 ≥ 20 岁； 男性 $n=2\,957$；女性 $n=2\,962$	*GM*（*IQR*）： 0.80（0.62~1.33）； 1.17（0.73~1.57）	—	—

续表 5-6

人口	血镉/（μg/L）	尿镉	
		μg/g 肌酐	μg/L
孟加拉国，$n=710$； 男性，$n=174$，年龄 30～50 岁（中位数 39 岁）； 女性，$n=255$，年龄 30～50 岁（中位数 39 岁）； 男性，$n=129$，年龄 51～88 岁（中位数 62 岁）； 女性，$n=152$，年龄 51～88 岁（中位数 62 岁）	—	—	中位数（P_{95}）： 0.66 [1.9]； 0.81 [3.1]； 0.88 [2.3]； 1.10 [4.4]
澳大利亚，非吸烟者、怀孕女性 $n=173$，年龄 19～44 岁，平均年龄 32 岁	中位数（区间）： 0.38（0.10～2.57）	中位数（区间）： 0.78（0.16～4.65）	中位数（区间）： 0.66（0.12～2.77）
澳大利亚，女性 $n=77$，非吸烟者，50～83 岁，平均年龄 60 岁	区间： <0.220～4.08	区间： <0.065～1.030	区间： <0.065～0.990

注：GM 为几何平均值；区间 = 最小 - 最大值；SD 为标准偏差；AM 为算术平均值；IQR 为四分位数范围；P_{95} 为第 95 百分位数。

表 5-7　美洲和欧洲人群的血液和尿液样本中的镉含量

人口	血镉/（μg/L）	尿镉	
		μg/g 肌酐	μg/L
加拿大，健康调查，女性和男性，年龄 20～79 岁； 非吸烟者 $n=3\ 369$； 已戒烟者 $n=2\ 080$； 吸烟者 $n=1\ 608$	GM： 0.21； 0.33； 1.64	GM： 0.35； 0.50； 0.58	GM： 0.33； 0.44； 0.59
美国，女性 $n=3\ 121$，年龄 20～44 岁； 非吸烟者 $n=1\ 954$； 吸烟者 $n=790$	GM（最大值）： 0.29（2.8）； 0.88（8.5）	—	—
美国，非吸烟者，年龄 20～85 岁； 男性 $n=1\ 866$； 女性 $n=2\ 944$	GM： 0.24； 0.31	—	GM： 0.18； 0.30

续表 5-7

人口	血镉/（μg/L）	尿镉	
		μg/g 肌酐	μg/L
美国，高海鲜摄入者，男性和女性 $n=252$，平均年龄 47 岁	平均值（区间）： 0.46（0.04～2.02）	—	—
巴西，圣保罗居民，年龄≥20～70 岁； 男性 $n=263$； 女性 $n=406$	参考值： 0.6； 0.5	—	—
巴西，里约布兰科，$n=1\,183$（男性 890 人，女性 293 人），献血者，年龄 18～65 岁； 非吸烟者； 吸烟者	参考值： 0.65； 2.66	—	—
挪威，高海鲜消费者，男性和女性 $n=187$	中位数（P_{95}）： 0.45（1.80）	中位数（P_{95}）： 0.16（0.62）	中位数（P_{95}）： 0.18（0.69）
西班牙，参考组 $n=165$，男性 35 人，女性 130 人，年龄 23～66 岁	—	GM（P_{95}）： 0.25（0.71）	—
西班牙，双相情感障碍患者和对照，平均年龄 49.4 岁； 患者 $n=25$（男性 10 人，女性 15 人）； 对照 $n=29$（年龄与性别匹配）	中位数（IQR）： 0.39（0.10～1.15）； 0.10（0.10～0.17）	中位数（IQR）： 0.25（0.16～0.57）； 0.11（0.10～0.19）	—
意大利，$n=243$，年龄 18～90 岁； 男性非吸烟者，$n=34$； 男性吸烟者，$n=100$； 女性非吸烟者，$n=109$； 女性吸烟者，$n=48$	平均值（SD）： 0.26（0.08）； 0.46（0.21）； 0.31（0.15）； 0.47（0.22）	—	—
意大利，$n=215$，献血者，年龄 18～89 岁； 男性 $n=111$； 女性 $n=104$	GM（P_{95}）： 0.49（1.87）； 0.59（1.80）	—	—

续表 5-7

人口	血镉/（μg/L）	尿镉	
		μg/g 肌酐	μg/L
瑞典，n = 109，肾移植供体，24~70 岁；男性 n = 49，平均肾镉含量 12.5 μg/g（湿重）；女性 n = 60，平均肾镉含量 17.1 μg/g（湿重）	平均值（区间）：0.46（0.02~2.30）；0.54（0.02~2.90）	平均值（区间）：0.23（0.04~0.80）；0.34（0.09~1.12）	—
瑞典 n = 273；男性 n = 128，平均年龄 52.5 岁；女性 n = 145，平均年龄 48.2 岁	中位数（P_{95}）：0.17（0.85）；0.22（1.20）	中位数（P_{95}）：0.12（0.48）；0.20（0.75）	—
瑞典，男性 n = 936，70.5~81 岁，平均年龄 75.3 岁	—	中位数（区间）：0.33（0.01~6.98）	—

注：GM 为几何平均值；区间 = 最小 - 最大值；SD 为标准偏差；IQR 为四分位数范围；参考值为第 95 百分位数的 95% CI 上限；P_{95} 为第 95 百分位数。

表 5-8 镉毒性和以尿镉为暴露指标的风险评估

目标	数据库	风险评估
肾脏	NHANES 1990—2006 年，n = 5 426，年龄≥20 岁	尿镉水平≥1 μg/L 则认为与肾损伤[a]（OR = 1.41；95% CI = 1.10~1.82）和 CKD[b]（OR = 1.48；95% CI = 1.01~2.17）相关
骨	NHANES 1988—1994 年，1999—2004 年，女性，n = 4 258，年龄≥50 岁	尿镉水平≥0.5 μg/g 肌酐则认为与骨质疏松症相关（OR = 1.43；95% CI = 1.02~2.00）
肝脏	NHANES 1988—1994 年，n = 12 732，年龄≥20 岁	女性尿镉水平≥0.83 μg/g 肌酐与肝脏炎症相关（OR = 1.26；95% CI = 1.01~1.57）；男性尿镉水平≥0.65 μg/g 肌酐与肝脏炎症相关（OR = 2.21；95% CI = 1.64~3.00）
脑	NHANES 1988—1994 年，n = 5 572，年龄 20~59 岁	尿镉水平每增加 1 μg/L，则注意力/感知域相关的认知功能减少 1.93%（95% CI = 0.05~3.81）
肺	NHANES 1988—1994 年，n = 7 455，平均随访 13.4 年	尿镉水平≥0.58 μg/g 肌酐与男性肺癌导致的死亡相关（HR = 3.22；95% CI = 1.26~8.25）

续表 5-8

目标	数据库	风险评估
脑	NHANES 1999—2004 年，n = 2 183，年龄 6～15 岁	尿镉 0.18～14.94 μg/g 肌酐与学习障碍（OR = 3.21；95% CI = 1.43～7.17）和特殊教育（OR = 3.00；95% CI = 1.12～8.0）相关
乳房	NHANES 1999—2008 年，92 例，2 884 例对照	尿镉水平≥0.37 μg/g 肌酐与乳腺癌相关（OR = 2.50；95% CI = 1.11～5.63）
动脉	NHANES 1999—2004 年，n = 5 456，年龄≥40 岁	尿镉水平≥0.69 μg/g 肌酐与男性 PAD[c] 相关（OR = 4.90；95% CI = 1.55～15.54）
心脏	NHANES 1999—2004 年，n = 8 989，平均随访 4.8 年	尿镉水平≥0.57 μg/g 肌酐与缺血性心脏病导致的死亡相关（HR = 2.53；95% CI = 1.54～4.16）
胰腺	NHANES 2005—2010 年，n = 2 398，年龄≥40 岁	非吸烟者尿镉水平>1.4 μg/g 肌酐会增加患早期糖尿病的风险
眼睛	NHANES 2005—2008 年，n = 5 390，年龄≥40 岁	非西班牙裔白人中，尿镉水平≥0.35 μg/L 与 AMD[d] 相关（OR = 3.31；95% CI = 1.37～8.01）
听觉系统	NHANES 2005—2008 年，n = 878，年龄 12～19 岁	尿镉水平>0.15 μg/g 肌酐与低频听力损失相关（OR = 3.08；95% CI = 1.02～9.25）

注：具有代表性的美国一般人群尿镉水平的 GM、P_{50}、P_{75}、P_{90}、P_{95} 数值分别为 0.210、0.208、0.412、0.678、0.949 μg/g 肌酐。a. 尿白蛋白与肌酐比≥30 mg/g 肌酐；b. 估计肾小球滤过率（eGFR）<60 mL/（min·1.73 m²）；c. 外周动脉疾病；d. 年龄依赖的黄斑变性。

表 5-9　镉毒性和以血镉为暴露指标的风险评估

目标	数据库	风险评估
肾脏	NHANES 1999—2006 年，n = 14 778，年龄≥20 岁	血镉水平≥0.6 μg/L 与肾损伤[a]（OR = 1.92, 95% CI = 1.53～2.43）、低 GFR[b]（OR = 1.32, 95% CI = 1.04～1.68）和 CKD（OR = 2.91, 95% CI = 1.76～4.81）相关
肾脏	NHANES 2011—2012 年，n = 1 545，年龄≥20 岁	血镉水平>0.53 μg/L 与肾损伤（OR = 2.04, 95% CI = 1.13～3.69）和低 GFR（OR = 2.21, 95% CI = 1.09～4.50）相关
肾脏	NHANES 1999—2006 年，n = 16 222，年龄≥20 岁	血镉水平≥0.4 μg/L 与白人女性（OR = 1.54, 95% CI = 1.08～2.19）和墨西哥裔美国女性（OR = 2.38, 95% CI = 1.28～4.40）发生高血压相关
脑	NHANES 1999—2004 年，n = 4 060，年龄≥60 岁，随访至 2011 年 12 月 31 日	血镉水平>0.6 μg/L 与阿尔茨海默病导致的死亡相关（HR = 3.83, 95% CI = 1.39～10.59）

续表 5-9

目标	数据库	风险评估
脑	NHANES 2007—2010 年，$n = 2\,892$，年龄 20~39 岁	血镉水平≥0.54 μg/L 与非吸烟者（$OR = 2.91$，95% $CI = 1.12 \sim 7.58$）和吸烟者（$OR = 2.69$，95% $CI = 1.13 \sim 6.42$）产生抑郁症状相关
心脏	NHANES 2003—2012 年，$n = 12\,511$，年龄 45~79 岁	血镉水平 > 0.49 μg/L 与非吸烟者患心肌梗死风险相关（$PR = 1.54$，95% $CI = 1.09 \sim 2.18$）
免疫系统	NHANES 1999—2012 年，年龄≥3 岁，HP 感染者 $n = 18\,425$，HBV 感染者 $n = 17\,389$	血镉水平 > 0.606 μg/L 与 HBV 感染（$OR = 1.72$，95% $CI = 1.32 \sim 2.25$）和 HP 感染（$OR = 1.5$，95% $CI = 1.2 \sim 1.7$）相关
听觉系统	NHANES 1999—2004 年，$n = 3\,698$，年龄 20~69 岁	血镉水平为 0.80~8.50 μg/L，纯音阈值增加 13.8%（95% $CI = 4.6\% \sim 23.8\%$）
前庭系统	NHANES 1999—2004 年，$n = 5\,574$，年龄≥40 岁	血镉水平为 0.9~7.4 μg/L 与平衡控制受损相关（$OR = 1.27$，95% $CI = 1.01 \sim 1.60$）
眼睛	NHANES 2005—2008 年，$n = 5\,390$，年龄≥40 岁	与血镉水平 0.14~0.25 μg/L 相比，血镉水平≥0.66 μg/L 与 AMD^e 相关（$OR = 1.56$，95% $CI = 1.02 \sim 2.40$）
肺	NHANES 2007—2010 年，$n = 9\,575$，年龄≥20 岁	血镉水平≥0.735 μg/L 将增加患阻塞性肺部疾病的风险^f（$OR = 2.52$，95% $CI = 1.36 \sim 4.65$）
甲状腺	NHANES 2007—2008 年，$n = 1\,587$，年龄中位数 45 岁	血镉水平 > 0.6 μg/L、尿镉水平 > 0.4 μg/L 与甲状腺刺激素减少有关

注：具有代表性的美国一般人群尿镉水平的 GM、P_{50}、P_{75}、P_{90}、P_{95} 数值分别为：0.210、0.208、0.412、0.678、0.949 μg/L。a. 尿白蛋白与肌酐比≥30 mg/g 肌酐；b. 估计肾小球滤过率（eGFR）< 60 mL/min · 1.73 m²；c. 幽门螺杆菌；d. 乙型肝炎病毒；e. 年龄依赖的黄斑变性；f. 1 s 内用力呼气量与用力肺活量的比值 < 0.7。

参考文献

[1] SATARUG S, BAKER J R, URBENJAPOL S, et al. A global perspective on cadmium pollution and toxicity in non-occupationally exposed population [J]. Toxicology letters, 2003, 137 (1): 65-83.

[2] 林程程, 王桂安, 黄琼, 等. 非职业人群膳食镉暴露评估研究进展 [J]. 中国食品卫生杂志, 2014, 26 (6): 624-627.

[3] 马玲, 刘文长, 查立新, 等. 土壤样品中镉的形态分析研究 [J]. 安徽地质, 2010, 20 (4): 273-276.

[4] 刘文长, 马玲, 刘洪青, 等. 生态地球化学土壤样品元素形态分析方法研究 [J]. 岩矿测试, 2005, (3): 181-188.

[5] 华珞, 白铃玉, 韦东普, 等. 有机肥-镉-锌交互作用对土壤镉锌形态和小麦生长的影响 [J]. 中国环境科学, 2002, (4): 59-63.

[6] 韩春梅,王林山,巩宗强,等.土壤中重金属形态分析及其环境学意义[J].生态学杂志,2005,(12):1499-1502.

[7] 余贵芬,蒋新,孙磊,等.有机物质对土壤镉有效性的影响研究综述[J].生态学报,2002,(5):770-776.

[8] 陈晓.镉致骨毒效应及预后[D].上海:复旦大学,2010.

[9] NOGAWA K, KOBAYASHI E, OKUBO Y, et al. Environmental cadmium exposure, adverse effects and preventive measures in Japan [J]. Biometals, 2004, 17 (5).

[10] 金泰廙,雷立健,常秀丽.镉接触健康效应危险度评价[J].中华劳动卫生职业病杂志,2006,(1):1-2.

[11] LEI L, SARAH C, MATTHEW H, et al. Human CYP2A13 and CYP2F1 mediate naphthalene toxicity in the lung and nasal mucosa of CYP2A13/2F1-humanized mice [J]. Environmental health perspectives, 2017, 125 (6): 1-10.

[12] SHARMA A. Evaluation of certain food additives and contaminants [J]. Indian journal of medical research, 2018, 148 (2): 1-75.

[13] LAMB D T, KADER M, MING H, et al. Predicting plant uptake of cadmium: validated with long-term contaminated soils [J]. Ecotoxicology, 2016, 25 (8): 1563-1574.

[14] JÄRUP L. Hazards of heavy metal contamination [J]. British medical bulletin, 2003 (68): 167-182.

[15] P B J, LUISA O, HOON C J, et al. Divalent metal transporter 1 in lead and cadmium transport [J]. Annals of the New York academy of sciences, 2004, 1012 (1): 142-152.

[16] LIU P, ZHANG Y, SU J, et al. Maximum cadmium limits establishment strategy based on the dietary exposure estimation: an example from Chinese populations and subgroups [J]. Environmental science and pollution research, 2018, 25 (19): 18762-18771.

[17] 高俊全,李筱薇,赵京玲.2000年中国总膳食研究——膳食铅、镉摄入量[J].卫生研究,2006,(6):750-754.

[18] 覃志英,唐振柱,吴祖军,等.广西2002—2003年部分食品镉含量监测及分析[J].微量元素与健康研究,2006(2):26-28.

[19] 邓峰,梁春穗,黄伟雄,等.2000——2005年广东省食品化学污染物网络监测与危害分析[J].中国食品卫生杂志,2007(1):1-9.

[20] 沈向红,汤筠,应英,等.浙江省部分食品中铅镉污染水平研究[J].中国食品卫生杂志,2006(5):413-417.

[21] 董姗燕.表面活性剂与螯合剂强化植物修复镉污染土壤的研究[D].重庆:西南农业大学,2003.

[22] MISRA V, TIWARI A, SHUKLA B, et al. Effects of soil amendments on the bioavailability of heavy metals from zinc mine tailings [J]. Environmental monitoring and assessment, 2009 (155): 1-4.

[23] LUKAS H, SUSAN T, RAINER S, et al. Column extraction of heavy metals from soils

using the biodegradable chelating agent EDDS [J]. Environmental science & technology, 2005, 39 (17): 6819-6824.

[24] 王晓娟, 王文斌, 杨龙, 等. 重金属镉 (Cd) 在植物体内的转运途径及其调控机制 [J]. 生态学报, 2015, 35 (23): 7921-9.

[25] 赵艳玲, 张长波, 刘仲齐. 植物根系细胞抑制镉转运过程的研究进展 [J]. 农业资源与环境学报, 2016, 33 (3): 209-213.

[26] ZHAO F J, HAMON R E, LOMBI E, et al. Characteristics of cadmium uptake in two contrasting ecotypes of the hyperaccumulator Thlaspi caerulescens [J]. Journal of experimental botany, 2002 (53): 535-543.

[27] SALT D E, WAGNER G J. Cadmium transport across tonoplast of vesicles from oat roots. Evidence for a Cd^{2+}/H^+ antiport activity [J]. The Journal of biological chemistry, 1993, 268 (17): 12297-12302.

[28] MERKL N, SCHULTZE-KRAFT R, INFANTE C. Phytoremediation in the tropics-influence of heavy crude oil on root morphological characteristics of graminoids [J]. Environmental Pollution, 2005, 138 (1): 86-91.

[29] 郝玉娇, 朱启红. 植物富集重金属的影响因素研究 [J]. 重庆文理学院学报 (自然科学版), 2010, 29 (4): 45-47.

[30] THOMINE S B, WANG R, WARD J M, et al. Cadmium and iron transport by members of a plant metal transporter family in Arabidopsis with homology to Nramp genes [J]. Proceedings of the National Academy of Sciences, 2000, 97 (9): 4991-4996.

[31] 宋榕洁, 唐艳葵, 陈玲, 等. 超富集植物对镉、砷的累积特性及耐性机制研究进展 [J]. 江苏农业科学, 2015, 43 (6): 6-10.

[32] AKEN B V. Transgenic plants for enhanced phytoremediation of toxic explosives [J]. Current opinion in biotechnology, 2009, 20 (2): 231-236.

[33] COLANGELO E P, GUERINOT M L. Put the metal to the petal: metal uptake and transport throughout plants [J]. Current opinion in plant biology, 2006, 9 (3): 322-330.

[34] 张玉秀, 于飞, 张媛雅, 等. 植物对重金属镉的吸收转运和累积机制 [J]. 中国生态农业学报, 2008 (5): 1317-1321.

[35] ZHENG L, YING Y, WANG L, et al. Identification of a novel iron regulated basic helix-loop-helix protein involved in Fe homeostasis in Oryza sativa [J]. BMC plant biology, 2010, 10 (1): 1661-1669.

[36] PENCE N S, LARSEN P B, EBBS S D, et al. The molecular physiology of heavy metal transport in the Zn/Cd hyperaccumulator Thlaspi caerulescens [J]. Proceedings of the National Academy of Sciences of the United States of America, 2000, 97 (9): 4956-4960.

[37] GRAHAM, ROBIN D, et al. Trace element uptake and distribution in plants [J]. The Journal of nutrition, 2003, 133 (5 Suppl 1): 1502S-1505S.

[38] MONTANINI B, BLAUDEZ D, JEANDROZ S, et al. Phylogenetic and functional analysis of the Cation Diffusion Facilitator (CDF) family: improved signature and predic-

tion of substrate specificity [J]. BMC genomics, 2007, 8 (1): 107-126.

[39] CURIE C, ALONSO J M, JEAN, et al. Involvement of NRAMP1 from Arabidopsis thaliana in iron transport [J]. Biochemical journal, 2000, 347 (3): 749-755.

[40] HASAN S S, ZHEN L, MIAH M G, et al. Impact of land use change on ecosystem services: A review [J]. Environmental development, 2020, 141 (3): 439-461.

[41] WILLIAMS L E, PITTMAN J K, HALL J L. Emerging mechanisms for heavy metal transport in plants [J]. BBA-Biomembranes, 2000, 1465 (1): 104-126.

[42] SALT D E, PRINCE R C, PICKERING I J, et al. Mechanisms of Cadmium Mobility and Accumulation in Indian Mustard [J]. Plant Physiology, 1995, 109 (4): 1427-1433.

[43] RAJESHKUMAR S, LIU Y, ZHANG X, et al. Studies on seasonal pollution of heavy metals in water, sediment, fish and oyster from the Meiliang Bay of Taihu Lake in China [J]. Chemosphere, 2018 (191): 626-638.

[44] YAN M, NIE H, WANG W, et al. Occurrence and toxicological risk assessment of polycyclic aromatic hydrocarbons and heavy metals in drinking water resources of southern China [J]. International journal of environmental research, 2018, 15 (7): 14-22.

[45] 李少华, 王学全, 高琪, 等. 青海湖流域河流生态系统重金属污染特征与风险评价 [J]. 环境科学研究, 2016, 29 (9): 1288-1296.

[46] 李培. 包头市环境空气 TSP 中重金属污染状况分析 [J]. 环境与发展, 2015, 27 (6): 64-67.

[47] 邵瑞华, 苏晨曦, 范芳, 等. 珠三角地区环境空气 PM2.5 中重金属生态风险评估 [J]. 环境科学与技术, 2019, 42 (S1): 273-279.

[48] 许艳丹, 王静, 凌利民, 等. 上海市虹口区大气 PM2.5 污染及重金属含量特征分析 [J]. 上海预防医学, 2019, 31 (5): 417-420.

[49] 蓝海, 尹伟. 2014-2018 年四川省广汉市农用地土壤中铬、铅、镉含量监测结果分析 [J]. 寄生虫病与感染性疾病, 2019, 17 (3): 173-176.

[50] 刘松, 周富强, 黄凤红, 等. 贵州六盘水农用土壤重金属含量状况及潜在生态风险评价 [J]. 贵州农业科学, 2019, 47 (7): 143-147.

[51] 梁捷, 孙宏飞, 葛成军, 等. 海南省主要农作物主产区土壤重金属含量分布及其健康风险评价 [J]. 热带作物学报, 2019, 40 (11): 2285-2293.

[52] SUWAZONO Y, KIDO T, NAKAGAWA H, et al. Biological half-life of cadmium in the urine of inhabitants after cessation of cadmium exposure [J]. Biomarkers, 2009, 14 (2): 77-81.

[53] FRANSSON M N, BARREGARD L, SALLSTEN G, et al. Physiologically-based toxicokinetic model for cadmium using markov-chain monte carlo analysis of concentrations in blood, urine, and kidney cortex from living kidney donors [J]. Toxicological sciences, 2014, 141 (2): 365-376.

[54] SATARUG S, HASWELL-ELKINS M R, MOORE M R. Safe levels of cadmium intake

to prevent renal toxicity in human subjects [J]. British journal of nutrition, 2000, 84 (6): 791-802.

[55] 张洁莹, 柯屾, 成喜雨, 等. 广东省某地区不同年龄段人群镉负荷水平研究 [J]. 环境卫生学杂志, 2015, 5 (1): 39-43.

[56] 赵焕虎, 王齐, 陈建伟, 等. 基准剂量在镉性肾损伤健康风险评价中的应用研究 [J]. 现代预防医学, 2009, 36 (6): 1038-1040.

[57] 曾艳艺, 赖子尼, 许玉艳. JECFA 对食品中镉的风险评估研究进展 [J]. 中国渔业质量与标准, 2013, 3 (2): 11-17.

[58] 刘宣宣, 王文倩, 毛伟平. 镉诱导 HEK293 细胞自噬和凋亡 [J]. 中国药理学与毒理学杂志, 2016, 30 (5): 569-575.

[59] JÄRUP L, ÅKESSON A. Current status of cadmium as an environmental health problem [J]. Toxicology and applied pharmacology, 2009, 238 (3): 201-208.

[60] DEHNE M, HARTMANN B, KATZER C, et al. Early diagnosis of acute kidney injury [J]. Open Medicine, 2010, 5 (5): 756-766.

[61] RHEEDER P, NEL L, MEEUWES F, et al. Beta-2 microglobulin as a predictor of peripheral arterial disease in diabetes: the effect of estimated glomerular filtration [J]. Journal of endocrinology, metabolism and diabetes of South Africa, 2012, 17 (3): 1396-1403.

[62] KAWAMURA J H Y, YOSHIDA O. Reabsorption of beta 2-microglobulin in the kidney during interferon-induced beta 2-microglobulin overproduction [J]. Nihon jinzo gakkai shi, 1985, 27 (2): 165-174.

[63] 李朝霞, 罗敏琪, 王潭枫, 等. 早期肾病患者尿 NAG 和 β_2-MG 测定的临床意义 [J]. 广东医学, 2008 (8): 1373-1374.

[64] SABBISETTI V S, KAZUMI I, CHANG W, et al. Novel assays for detection of urinary KIM-1 in mouse models of kidney injury [J]. Toxicological sciences: an official journal of the Society of Toxicology, 2013, 131 (1): 13-25.

[65] 陈龙, 任文华, 朱善良, 等. 慢性镉负荷雄性大鼠的睾丸及生殖内分泌功能活动 [J]. 生理学报, 2002 (3): 258-262.

[66] 李煌元, 吴思英. 镉的雌性性腺生殖毒性研究现状 [J]. 中国公共卫生, 2002 (3): 127-129.

[67] 蒋英子, 陈龙, 高伟, 等. 镉暴露大鼠血中白细胞介素-2 和皮质醇水平及白细胞免疫功能的变化 [J]. 环境与健康杂志, 2002 (5): 364-366.

[68] 陈敏, 谢吉民, 程晓农, 等. 镉对小鼠肝脏的毒作用机理探讨 [J]. 江苏大学学报 (医学版), 2002 (4): 4-6.

[69] 王波. 低剂量镉对肝脏组织远期影响的实验研究 [D]. 长春: 吉林大学, 2012.

[70] WALLIN M, SALLSTEN G, FABRICIUS-LAGGING E, et al. Kidney cadmium levels and associations with urinary calcium and bone mineral density: a cross-sectional study in Sweden [J]. Environmental health, 2013, 12 (1): 12-22.

[71] 杨小芳. 镉钙交叉作用对钙调素依赖体系的影响 [J]. 国外医学卫生学分册, 1994 (2): 71-74.

[72] AZZOUZ B, LAUGIER-CASTELLAN D, SANCHEZ-PENA P, et al. Calcium channel blocker exposure and psoriasis risk: pharmacovigilance investigation and literature data [J]. Therapies, 2020, 76 (1): 5-11.

[73] NAMBUNMEE K, HONDA R, NISHIJO M, et al. Bone resorption acceleration and calcium reabsorption impairment in a Thai population with high cadmium exposure [J]. Toxicology mechanisms and methods, 2010, 20 (1): 7-13.

[74] ADIILE R C, DON S, COLLINS K. Reciprocal enhancement of uptake and toxicity of cadmium and calcium in rainbow trout (Oncorhynchus mykiss) liver mitochondria [J]. Aquatic toxicology (Amsterdam, Netherlands), 2010, 96 (4): 319-327.

[75] MILGRAM S, CARRIÈRE M, THIEBAULT C, et al. Cell-metal interactions: a comparison of natural uranium to other common metals in renal cells and bone osteoblasts [J]. Nuclear inst and methods in physics research, B, 2007, 260 (1): 1-13.

[76] KHANNA R N, GUPTA G S D, ANAND M. Influence of cadmium on the storage and metabolism of HCH in rats [J]. Toxicological & environmental chemistry, 1999, 71 (3): 4-19.

[77] BHATTACHARYYA M H. Cadmium osteotoxicity in experimental animals: mechanisms and relationship to human exposures [J]. Toxicology and applied pharmacology, 2009, 238 (3): 258-265.

[78] LONG G J. The effect of cadmium on cytosolic free calcium, protein kinase C, and collagen synthesis in rat osteosarcoma (ROS 17/2.8) cells [J]. Toxicology and applied pharmacology, 1997, 143 (1): 189-195.

[79] BODO M, BALLONI S, LUMARE E, et al. Effects of sub-toxic Cadmium concentrations on bone gene expression program: results of an in vitro study [J]. Toxicology in vitro, 2010, 24 (6): 1670-1680.

[80] RYU D Y, LEE S J, PARK D W, et al. Dietary iron regulates intestinal cadmium absorption through iron transporters in rats [J]. Toxicology letters, 2004, 152 (1): 19-25.

[81] LEAZER T M, LIU Y, KLAASSEN C D. Cadmium Absorption and Its Relationship to Divalent Metal Transporter-1 in the Pregnant Rat [J]. Toxicology and applied pharmacology, 2002, 185 (1): 18-24.

[82] AGNETA A, MARIKA B, ANDREJS S, et al. Cadmium exposure in pregnancy and lactation in relation to iron status [J]. American journal of public health, 2002, 92 (2): 284-287.

[83] SATARUG S, BAKER J R, REILLY P E B, et al. Cadmium levels in the lung, liver, kidney cortex, and urine samples from australians without occupational exposure to metals [J]. Archives of environmental health: an international journal, 2010, 57 (1): 69-77.

[84] Nitrite as undesirable substances in animal feed-scientific opinion of the panel on contaminants in the food chain [J]. EFSA Journal, 2009, 7 (4): 10-17.

[85] Environmental geosciences; reports on environmental geosciences from university of arizona provide new insights (a dietary assessment tool to estimate arsenic and cadmium exposures from locally grown foods) [J]. Food weekly news, 2020, 42 (7): 2121-2135.

[86] 张磊, 高俊全, 李筱薇. 2000年中国总膳食研究--不同性别年龄组人群膳食镉摄入量 [J]. 卫生研究, 2008 (3): 338-342.

[87] 柯长茂, 李先机. 露天铅锌矿环境中镉对人体健康影响的调查研究 [J]. 环境与健康杂志, 1985 (5): 9-11, 8.

[88] 张文丽, 韩京秀, 孙嘉龙, 等. 重金属污染区人群镉暴露水平的估算 [J]. 卫生研究, 2013, 42 (4): 625-631, 97.

[89] 张文丽, 李秋娟, 史丽娟, 等. 中国南方某镉污染区人群膳食镉摄入调查 [J]. 卫生研究, 2009, 38 (5): 552-554, 7.

[90] HAVASI A, DONG Z. Autophagy and tubular cell death in the kidney [J]. Seminars in nephrology, 2016, 36 (3): 174-188.

[91] GOBE G, CRANE D. Mitochondria, reactive oxygen species and cadmium toxicity in the kidney [J]. Toxicology letters, 2010, 198 (1): 49-55.

[92] FUJIWARA Y, LEE J Y, TOKUMOTO M, et al. Cadmium renal toxicity via apoptotic pathways [J]. Biological and pharmaceutical bulletin, 2012, 35 (11): 1892-1897.

[93] HONDA R, SWADDIWUDHIPONG W, NISHIJO M, et al. Cadmium induced renal dysfunction among residents of rice farming area downstream from a zinc-mineralized belt in Thailand [J]. Toxicology letters, 2010, 198 (1): 26-32.

[94] HU J, LI M, HAN T X, et al. Benchmark dose estimation for cadmium-induced renal tubular damage among environmental cadmium-exposed women aged 35～54 years in two counties of China [J]. PLoS One, 2014, 9 (12): e115794.

[95] WALLIN M, SALLSTEN G, LUNDH T, et al. Low-level cadmium exposure and effects on kidney function [J]. Occupational and environmental medicine, 2014, 71 (12): 848-854.

[96] CALLAN A C, DEVINE A, QI L, et al. Investigation of the relationship between low environmental exposure to metals and bone mineral density, bone resorption and renal function [J]. International journal of hygiene and environmental health, 2015, 218 (5): 444-451.

[97] KUDO K, KONTA T, MASHIMA Y, et al. The association between renal tubular damage and rapid renal deterioration in the Japanese population: The Takahata study [J]. Clinical and experimental nephrology, 2011, 15 (2): 235-241.

[98] MASHIMA Y, KONTA T, KUDO K, et al. Increases in urinary albumin and beta2-microglobulin are independently associated with blood pressure in the Japanese general population: the takahata study [J]. Hypertension research, 2011, 34 (7): 831-835.

[99] SATARUG S, NISHIJO M, UJJIN P, et al. Cadmium-induced nephropathy in the development of high blood pressure [J]. Toxicology letters, 2005, 157 (1): 57-68.

[100] SATARUG S, VESEY D A, GOBE G C. Kidney cadmium toxicity, diabetes and high blood pressure: the perfect storm [J]. Tohoku journal of experimental medicine, 2017, 241 (1): 65-87.

[101] FRANCESCHINI N, FRY R C, BALAKRISHNAN P, et al. Cadmium body burden and increased blood pressure in middle-aged American Indians: the strong heart study [J]. Journal of human hypertension, 2017, 31 (3): 225-230.

[102] SCINICARIELLO F, ABADIN H G, EDWARD MURRAY H. Association of low-level blood lead and blood pressure in NHANES 1999—2006 [J]. Environmental research, 2011, 111 (8): 1249-1257.

[103] LEE B K, KIM Y. Association of blood cadmium with hypertension in the Korean general population: analysis of the 2008—2010 Korean national health and nutrition examination survey data [J]. American journal of industrial medicine, 2012, 55 (11): 1060-1067.

[104] CHEN X, WANG Z, ZHU G, et al. Benchmark dose estimation of cadmium reference level for hypertension in a Chinese population [J]. Environmental toxicology and pharmacology, 2015, 39 (1): 208-212.

[105] KIDNEY F. K/doqi clinical practice guidelines for chronic kidney disease: evaluation, classification, and stratification [J]. American journal of kidney diseases, 2002 (39): S1-S266.

[106] FERRARO P M, COSTANZI S, NATICCHIA A, et al. Low level exposure to cadmium increases the risk of chronic kidney disease: analysis of the NHANES 1999—2006 [J]. BMC public health, 2010 (10): 304.

[107] NAVAS A, TELLEZ M, GUALLAR E, et al. Blood cadmium and lead and chronic kidney disease in US adults: a joint analysis [J]. American journal of epidemiology, 2009, 170 (9): 1156-1164.

[108] BUSER M C, INGBER S Z, RAINES N, et al. Urinary and blood cadmium and lead and kidney function: NHANES 2007—2012 [J]. International journal of hygiene and environmental health, 2016, 219 (3): 261-267.

[109] LIN Y S, HO W C, CAFFREY J L, et al. Low serum zinc is associated with elevated risk of cadmium nephrotoxicity [J]. Environmental research, 2014 (134): 33-38.

[110] SHI Z, TAYLOR A W, RILEY M, et al. Association between dietary patterns, cadmium intake and chronic kidney disease among adults [J]. Clinical nutrition, 2018, 37 (1): 276-284.

[111] HWANGBO Y, WEAVER V M, TELLEZ-PLAZA M, et al. Blood cadmium and estimated glomerular filtration rate in Korean adults [J]. Environmental health perspectives, 2011, 119 (12): 1800-1805.

[112] KIM N H, HYUN Y Y, LEE K B, et al. Environmental heavy metal exposure and chronic kidney disease in the general population [J]. Journal of Korean medical science, 2015, 30 (3): 272-277.

[113] BARREGARD L, BERGSTRÖM G, FAGERBERG B. Cadmium, type 2 diabetes, and kidney damage in a cohort of middle-aged women [J]. Environmental research, 2014 (135): 311-316.

[114] WALLIN M, SALLSTEN G, FABRICIUS E, et al. Kidney cadmium levels and associations with urinary calcium and bone mineral density: a cross-sectional study in Sweden [J]. Environmental health: a global access science Source, 2013, 12 (1): 1-9.

[115] NAMBUNMEE K, HONDA R, NISHIJO M, et al. Bone resorption acceleration and calcium reabsorption impairment in a Thai population with high cadmium exposure [J]. Toxicology mechanisms and methods, 2010, 20 (1): 7-13.

[116] GALLAGHER C M, KOVACH J S, MELIKER J R. Urinary cadmium and osteoporosis in U.S. women ≥ 50 years of age: NHANES 1988—1994 and 1999—2004 [J]. Environmental health perspectives, 2008, 116 (10): 1338-1343.

[117] BURM E, HA M, KWON H J. Association between blood cadmium level and bone mineral density reduction modified by renal function in young and middle-aged men [J]. Journal of trace elements in medicine and biology, 2015 (32): 60-65.

[118] WALLIN M, BARREGARD L, SALLSTEN G, et al. Low-Level cadmium exposure is associated with decreased bone mineral density and increased risk of incident fractures in elderly men: the MrOS Sweden study [J]. Journal of bone and mineral research, 2016, 31 (4): 732-741.

[119] TELLEZ M, NAVAS A, CRAINICEANU C M, et al. Cadmium and peripheral arterial disease: gender differences in the 1999—2004 US national health and nutrition examination survey [J]. American journal of epidemiology, 2010, 172 (6): 671-681.

[120] HECHT E M, ARHEART K L, LEE D J, et al. Interrelation of cadmium, smoking, and cardiovascular disease (from the National Health and Nutrition Examination Survey) [J]. American journal of cardiology, 2016, 118 (2): 204-209.

[121] TELLEZ M, NAVAS A, MENKE A, et al. Cadmium exposure and all-cause and cardiovascular mortality in the U.S. general population [J]. Environmental health perspectives, 2012, 120 (7): 1017-1022.

[122] FARAMAWI M F, LIU Y, CAFFREY J L, et al. The association between urinary cadmium and frontal T wave axis deviation in the US adults [J]. International journal of hygiene and environmental health, 2012, 215 (3): 406-410.

[123] FAGERBERG B, BERGSTRÖM G, BORéN J, et al. Cadmium exposure, intercellular adhesion molecule-1 and peripheral artery disease: a cohort and an experimental study [J]. BMJ open, 2013, 3 (3): e002489.

[124] OLSéN L, LIND P M, LIND L. Gender differences for associations between circulating levels of metals and coronary risk in the elderly [J]. International journal of hygiene and environmental health, 2012, 215 (3): 411-417.

[125] TELLEZ M, JONES M R, DOMINGUEZ A, et al. Cadmium exposure and clinical cardiovascular disease: a systematic review topical collection on nutrition [J]. Current atherosclerosis reports, 2013, 15 (10): 213-245.

[126] YANG W Y, ZHANG Z Y, THIJS L, et al. Left ventricular structure and function in relation to environmental exposure to lead and cadmium [J]. Journal of the american heart association, 2017, 6 (2): e004692.

[127] BORNÉ Y, BARREGARD L, PERSSON M, et al. Cadmium exposure and incidence of heart failure and atrial fibrillation: a population-based prospective cohort study [J]. BMJ open, 2015, 5 (6): e007366.

[128] BARREGARD L, SALLSTEN G, FAGERBERG B, et al. Blood cadmium levels and incident cardiovascular events during follow-up in a population-based cohort of swedish adults: the malmÖ diet and cancer study [J]. Environmental health perspectives, 2016, 124 (5): 594-600.

[129] JULIN B, BERGKVIST C, WOLK A, et al. Cadmium in diet and risk of cardiovascular disease in women [J]. Epidemiology, 2013, 24 (6): 880-885.

[130] WU E W, SCHAUMBERG D A, PARK S K. Environmental cadmium and lead exposures and age-related macular degeneration in U. S. adults: The National Health and Nutrition Examination Survey 2005 to 2008 [J]. Environmental research, 2014 (133): 178-184.

[131] KIM E C, CHO E, JEE D. Association between blood cadmium level and age-related macular degeneration in a representative Korean population [J]. Investigative ophthalmology and visual science, 2014, 55 (9): 5702-5710.

[132] KIM M H, ZHAO D, CHO J, et al. Cadmium exposure and age-related macular degeneration [J]. Journal of exposure science & environmental epidemiology, 2016, 26 (2): 214-218.

[133] CIESIELSKI T, WEUVE J, BELLINGER D C, et al. Cadmium exposure and neurodevelopmental outcomes in U. S. children [J]. Environmental health perspectives, 2012, 120 (5): 758-763.

[134] CIESIELSKI T, BELLINGER D C, SCHWARTZ J, et al. Associations between cadmium exposure and neurocognitive test scores in a cross-sectional study of US adults [J]. Environmental health: a global access science source, 2013, 12 (1): 131-142.

[135] BERK M, WILLIAMS L J, ANDREAZZA A C, et al. Pop, heavy metal and the blues: secondary analysis of persistent organic pollutants (POP), heavy metals and depressive symptoms in the NHANES National Epidemiological Survey [J]. BMJ open, 2014, 4 (7): e005142.

[136] SCINICARIELLO F, BUSER M C. Blood cadmium and depressive symptoms in young adults (aged 20~39 years) [J]. Psychological medicine, 2015, 45 (4): 807-815.

[137] MIN J Y, MIN K B. Blood cadmium levels and Alzheimer's disease mortality risk in older US adults [J]. Environmental health, 2016, 15 (1): 69.

[138] CHOI Y H, HU H, MUKHERJEE B, et al. Environmental cadmium and lead exposures and hearing loss in U. S. adults: the National Health and Nutrition Examination Survey, 1999 to 2004 [J]. Environmental health perspectives, 2012, 120 (11): 1544-1550.

[139] SHARGORODSKY J, CURHAN S G, HENDERSON E, et al. Heavy metals exposure and hearing loss in US adolescents [J]. Archives of otolaryngology-head and neck surgery, 2011, 137 (12): 1183-1189.

[140] MIN K B, LEE K J, PARK J B, et al. Lead and cadmium levels and balance and vestibular dysfunction among adult participants in the National Health and Nutrition Examination Survey (NHANES) 1999—2004 [J]. Environmental health perspectives, 2012, 120 (3): 413-417.

[141] HYDER O, CHUNG M, COSGROVE D, et al. Cadmium Exposure and Liver Disease among US Adults [J]. Journal of gastrointestinal surgery, 2013, 17 (7): 1265-1273.

[142] LEE D H, LIM J S, SONG K, et al. Graded associations of blood lead and urinary cadmium concentrations with oxidative-stress-related markers in the U. S. population: results from the third National Health and Nutrition Examination Survey [J]. Environmental health perspectives, 2006, 114 (3): 350-354.

[143] LIN Y S, RATHOD D, HO W C, et al. Cadmium exposure is associated with elevated blood c-reactive protein and fibrinogen in the U. S. population: the third National Health and Nutrition Examination Survey (NHANES III, 1988—1994) [J]. Annals of epidemiology, 2009, 19 (8): 592-596.

[144] COLACINO J A, ARTHUR A E, FERGUSON K K, et al. Dietary antioxidant and anti-inflammatory intake modifies the effect of cadmium exposure on markers of systemic inflammation and oxidative stress [J]. Environmental research, 2014 (131): 6-12.

[145] POLLACK A Z, MUMFORD S L, MENDOLA P, et al. Kidney biomarkers associated with blood lead, mercury, and cadmium in premenopausal women: a prospective cohort study [J]. Journal of toxicol environmental health: part A, 2015, 78 (2): 119-131.

[146] STOCKER R, YAMAMOTO Y, MCDONAGH A F. Bilirubin is an antioxidant of possible physiological importance [J]. Science, 1987, 235 (4792): 1043-1046.

[147] ZOTA A R, NEEDHAM B L, BLACKBURN E H, et al. Associations of cadmium and lead exposure with leukocyte telomere length: findings from National Health and Nutrition Examination Survey, 1999—2002 [J]. American journal of epidemiology, 2015, 181 (2): 127-136.

[148] PATEL C J, MANRAI A K, CORONA E, et al. Systematic correlation of environmental exposure and physiological and self-reported behaviour factors with leukocyte telomere length [J]. International journal of epidemiology, 2017, 46 (1): 44-56.

[149] ROKADIA H K, AGARWAL S. Serum heavy metals and obstructive lung disease results from the national health and nutrition examination survey [J]. Chest, 2013, 143 (2): 388-397.

[150] OH C M, OH I H, LEE J K, et al. Blood cadmium levels are associated with a decline in lung function in males [J]. Environmental research, 2014 (132): 119-125.

[151] KRUEGER W S, WADE T J. Elevated blood lead and cadmium levels associated with chronic infections among non-smokers in a cross-sectional analysis of NHANES data [J]. Environmental health: a global access science source, 2016, 15 (1): 1-13.

[152] WALLIA A, ALLEN N B, BADON S, et al. Association between urinary cadmium levels and prediabetes in the NHANES 2005—2010 population [J]. International journal of hygiene and environmental health, 2014, 217 (8): 854-860.

[153] NIE X, WANG N, CHEN Y, et al. Blood cadmium in Chinese adults and its relationships with diabetes and obesity [J]. Environmental science and pollution research international, 2016, 23 (18): 18714-18723.

[154] YORITA CHRISTENSEN K L. Metals in blood and urine, and thyroid function among adults in the United States 2007—2008 [Z]. 2013: 624-632. 10.1016/j.ijheh.2012.08.005.

[155] LUO J, HENDRYX M. Relationship between blood cadmium, lead, and serum thyroid measures in US adults-The National Health and Nutrition Examination Survey (NHANES) 2007—2010 [J]. International journal of environmental health research, 2014, 24 (2): 125-136.

[156] CHEN A, KIM S S, CHUNG E, et al. Thyroid hormones in relation to lead, mercury, and cadmium exposure in the national health and nutrition examination survey, 2007—2008 [J]. Environmental health perspectives, 2013, 121 (2): 181-186.

[157] PADILLA M A, ELOBEID M, RUDEN D M, et al. An examination of the association of selected toxic metals with total and central obesity indices: NHANES 1999—2002 [J]. International journal of environmental research and public health, 2010, 7 (9): 3332-3347.

[158] JAIN R B. Effect of pregnancy on the levels of blood cadmium, lead, and mercury for females aged 17～39 years old: Data from national health and nutrition examination survey 2003—2010 [J]. Journal of toxicology and environmental health-part a: current issues, 2013, 76 (1): 58-69.

[159] GARNER R, LEVALLOIS P. Cadmium levels and sources of exposure among Canadian adults [J]. Health reports, 2016, 27 (2): 10-18.

[160] SON H S, KIM S G, SUH B S, et al. Association of cadmium with diabetes in mid-

dle-aged residents of abandoned metal mines: The first health effect surveillance for residents in abandoned metal mines [J]. Annals of occupational and environmental medicine, 2015, 27 (1): 20.

[161] SUWAZONO Y, NOGAWA K, MORIKAWA Y, et al. All-cause mortality increased by environmental cadmium exposure in the Japanese general population in cadmium non-polluted areas [J]. Journal of applied toxicology, 2015, 35 (7): 817–823.

[162] ADAMS S V, NEWCOMB P A, WHITE E. Dietary cadmium and risk of invasive postmenopausal breast cancer in the VITAL cohort [J]. Cancer causes control, 2012, 23 (6): 845–854.

[163] ADAMS S V, PASSARELLI M N, NEWCOMB P A. Cadmium exposure and cancer mortality in the Third National Health and Nutrition Examination Survey cohort [J]. Occupational and environmental medicine, 2012, 69 (2): 153–156.

[164] PATEL C J, REHKOPF D H, LEPPERT J T, et al. Systematic evaluation of environmental and behavioural factors associated with all-cause mortality in the united states national health and nutrition examination survey [J]. International journal of epidemiology, 2013, 42 (6): 1795–1810.

[165] CALLAN A, HINWOOD A, DEVINE A. Metals in commonly eaten groceries in Western Australia: a market basket survey and dietary assessment [J]. Food additives & contaminants: part A, 2014, 31 (12): 1968–1981.

[166] RAHMAN M A, RAHMAN M M, REICHMAN S M, et al. Heavy metals in Australian grown and imported rice and vegetables on sale in Australia: health hazard [J]. Ecotoxicology and environmental safety, 2014 (100): 53–60.

[167] DZIUBANEK G, PIEKUT A, RUSIN M, et al. Contamination of food crops grown on soils with elevated heavy metals content [J]. Ecotoxicology and environmental safety, 2015 (118): 183–189.

[168] BIRGISDOTTIR B E, KNUTSEN H K, HAUGEN M, et al. Essential and toxic element concentrations in blood and urine and their associations with diet: results from a Norwegian population study including high-consumers of seafood and game [J]. Science of the total environment, 2013 (463–464): 836–44.

[169] GUAN S, PALERMO T, MELIKER J. Seafood intake and blood cadmium in a cohort of adult avid seafood consumers [J]. International journal of hygiene and environmental health, 2015, 218 (1): 147–152.

[170] LEBLANC J C, GUÉRIN T, NOËL L, et al. Dietary exposure estimates of 18 elements from the 1st French Total Diet Study [J]. Food additives and contaminants, 2005, 22 (7): 624–641.

[171] MUÑOZ O, ZAMORANO P, GARCIA O, et al. Arsenic, cadmium, mercury, sodium, and potassium concentrations in common foods and estimated daily intake of the population in Valdivia (Chile) using a total diet study [J]. Food and chemical toxicol-

ogy, 2017 (109): 1125-1134.

[172] WATANABE T, ZHANG Z W, MOON C S, et al. Cadmium exposure of women in general populations in Japan during 1991—1997 compared with 1977—1981 [J]. International archives of occupational and environmental health, 2000, 73 (1): 26-34.

[173] ŠKRBIĆ B, ŽIVANČEV J, MRMOŠ N. Concentrations of arsenic, cadmium and lead in selected foodstuffs from Serbian market basket: Estimated intake by the population from the Serbia [J]. Food and chemical toxicology, 2013 (58): 440-448.

[174] LLOBET J M, FALCÓ G, CASAS C, et al. Concentrations of arsenic, cadmium, mercury, and lead in common foods and estimated daily intake by children, adolescents, adults, and seniors of Catalonia, Spain [J]. Journal of agricultural and food chemistry, 2003, 51 (3): 838-842.

[175] MINH N D, HOUGH R L, THUY L T, et al. Assessing dietary exposure to cadmium in a metal recycling community in Vietnam: age and gender aspects [J]. Science of the total environment, 2012 (416): 164-171.

[176] 周亮, 向往, 陈思睿. 2017—2019 年开州区市售食品中铅、镉、砷、汞监测结果分析 [J]. 检验检疫学刊, 2020, 30 (3): 65-68.

[177] 朱炳泉. 世界大米镉含量和超标情况 [J]. 矿物岩石地球化学通报, 2015, 34 (6): 1089.

[178] SATARUG S, SWADDIWUDHIPONG W, RUANGYUTTIKARN W, et al. Modeling cadmium exposures in low-and high-exposure areas in Thailand [J]. Environmental health perspect, 2013, 121 (5): 531-536.

[179] FAO/WHO. SUMMARY AND CONCLUSIONS [Z]. JOINT FAO/WHO EXPERT COMMITTEE ON FOOD ADDITIVES Seventy-third meeting. Geneva, Switzerland; WHO Technical Report Series, 2010.

[180] SAND S, BECKER W. Assessment of dietary cadmium exposure in Sweden and population health concern including scenario analysis [J]. Food and chemical toxicology, 2012, 50 (3-4): 536-544.

[181] COPES R, CLARK N A, RIDEOUT K, et al. Uptake of cadmium from Pacific oysters (Crassostrea gigas) in British Columbia oyster growers [J]. Environmental research, 2008, 107 (2): 160-169.

[182] ARNICH N, SIROT V, RIVIèRE G, et al. Dietary exposure to trace elements and health risk assessment in the 2nd French Total Diet Study [J]. Food and chemical toxicology, 2012, 50 (7): 2432-2449.

[183] DOMINGO J L, PERELLó G, GINé BORDONABA J. Dietary intake of metals by the population of Tarragona County (Catalonia, Spain): results from a duplicate diet study [J]. Biological trace element research, 2012, 146 (3): 420-425.

[184] WATANABE T, ZHANG Z W, MOON C S, et al. Cadmium exposure of women in general populations in Japan during 1991—1997 compared with 1977—1981 [J]. In-

ternational archives of occupational and environmental health, 2000, 73（1）: 26 – 34.

［185］ITOH H, IWASAKI M, SAWADA N, et al. Dietary cadmium intake and breast cancer risk in Japanese women: a case-control study［J］. International journal of hygiene and environmental health, 2014, 217（1）: 70 – 77.

［186］SAWADA N, IWASAKI M, INOUE M, et al. Long-term dietary cadmium intake and cancer incidence［J］. Epidemiology, 2012, 23（3）: 368 – 376.

［187］FAO/WHO. Codex Alimentarius: CXS 193 – 1995, general standard for contaminants and toxins in food and feed［S］. 2014.

［188］NOGAWA K, SAKURAI M, ISHIZAKI M, et al. Threshold limit values of the cadmium concentration in rice in the development of itai-itai disease using benchmark dose analysis［J］. Journal of applied toxicology, 2017, 37（8）: 962 – 966.

［189］ERIKSEN K T, HALKJÆR J, SØRENSEN M, et al. Dietary cadmium intake and risk of breast, endometrial and ovarian cancer in Danish postmenopausal women: a prospective cohort study［J］. PLoS one, 2014, 9（6）: e100815.

［190］VACCHI-SUZZI C, ERIKSEN K T, LEVINE K, et al. Dietary intake estimates and urinary cadmium levels in danish postmenopausal women［J］. PLoS one, 2015, 10（9）: e0138784.

［191］AWATA H, LINDER S, MITCHELL L E, et al. Association of dietary intake and biomarker levels of arsenic, cadmium, lead, and mercury among Asian populations in the United States: NHANES 2011—2012［J］. Environmental Health Perspectives, 2017, 125（3）: 314 – 323.

［192］ADAMS S V, NEWCOMB P A. Cadmium blood and urine concentrations as measures of exposure: NHANES 1999—2010［J］. Journal of exposure science and environmental epidemiology, 2014, 24（2）: 163 – 170.

［193］QURAISHI S M, ADAMS S V, SHAFER M, et al. Urinary cadmium and estimated dietary cadmium in the women's health initiative［J］. Journal of exposure science and environmental epidemiology, 2016, 26（3）: 303 – 308.

［194］CHEN X, ZHU G, JIN T, et al. Bone mineral density is related with previous renal dysfunction caused by cadmium exposure［J］. Environmental toxicology and pharmacology, 2011, 32（1）: 46 – 53.

［195］HORIGUCHI H, OGUMA E, SASAKI S, et al. Age-relevant renal effects of cadmium exposure through consumption of home-harvested rice in female Japanese farmers［J］. Environment international, 2013（56）: 1 – 9.

［196］KE S, CHENG X Y, LI H, et al. Body burden of cadmium and its related factors: a large-scale survey in China［J］. Science of the total environment, 2015（511）: 649 – 654.

［197］HUANG M, CHOI S J, KIM D W, et al. Evaluation of factors associated with cadmium exposure and kidney function in the general population [J]. Environmental toxicology, 2013, 28 (10): 563-570.

[198] BERGLUND M, LINDBERG A L, RAHMAN M, et al. Gender and age differences in mixed metal exposure and urinary excretion [J]. Environmental research, 2011, 111 (8): 1271-1279.

[199] HINWOOD A L, CALLAN A C, RAMALINGAM M, et al. Cadmium, lead and mercury exposure in non smoking pregnant women [J]. Environmental research, 2013 (126): 118-124.

[200] GARNER R, LEVALLOIS P. Cadmium levels and sources of exposure among Canadian adults [J]. Health report, 2016, 27 (2): 10-18.

[201] MIJAL R S, HOLZMAN C B. Blood cadmium levels in women of childbearing age vary by race/ethnicity [J]. Environmental research, 2010, 110 (5): 505-512.

[202] GUAN S, PALERMO T, MELIKER J. Seafood intake and blood cadmium in a cohort of adult avid seafood consumers [J]. International journal of hygiene and environmental health, 2015, 218 (1): 147-152.

[203] FREIRE C, KOIFMAN R J, FUJIMOTO D, et al. Reference values of cadmium, arsenic and manganese in blood and factors associated with exposure levels among adult population of Rio Branco, Acre, Brazil [J]. Chemosphere, 2015 (128): 70-78.

[204] KIRA C S, SAKUMA A M, DE CAPITANI E M, et al. Associated factors for higher lead and cadmium blood levels, and reference values derived from general population of São Paulo, Brazil [J]. Science of the total environment, 2016, 543 (Pt A): 628-635.

[205] GONZáLEZ-ESTECHA M, TRASOBARES E M, TAJIMA K, et al. Trace elements in bipolar disorder [J]. Journal of trace elements in medicine and biology, 2011, 25 (Suppl 1): S78-83.

[206] FORTE G, MADEDDU R, TOLU P, et al. Reference intervals for blood Cd and Pb in the general population of Sardinia (Italy) [J]. International journal of hygiene and environmental health, 2011, 214 (2): 102-109.

[207] BJERMO H, SAND S, NALSEN C, et al. Lead, mercury, and cadmium in blood and their relation to diet among Swedish adults [J]. Food and chemical toxicology, 2013, 57: 161-169.

[208] SUN H, WANG D, ZHOU Z, et al. Association of cadmium in urine and blood with age in a general population with low environmental exposure [J]. Chemosphere, 2016 (156): 392-397.

[209] SHIMBO S, ZHANG Z W, MOON C S, et al. Correlation between urine and blood concentrations, and dietary intake of cadmium and lead among women in the general population of Japan [J]. International archives of occupational and environmental health, 2000, 73 (3): 163-170.

[210] OLSSON I M, BENSRYD I, LUNDH T, et al. Cadmium in blood and urine – impact of sex, age, dietary intake, iron status, and former smoking – association of renal effects [J]. Environmental health perspectives, 2002, 110 (12): 1185-1190.

[211] WENNBERG M, LUNDH T, BERGDAHL I A, et al. Time trends in burdens of cadmium, lead, and mercury in the population of northern Sweden [J]. Environmental research, 2006, 100 (3): 330-338.

[212] VAHTER M, AKESSON A, LIDéN C, et al. Gender differences in the disposition and toxicity of metals [J]. Environmental Research, 2007, 104 (1): 85-95.

[213] CRINNION W J. The CDC fourth national report on human exposure to environmental chemicals: What it tells us about our toxic burden and how it assists environmental medicine physicians [J]. Alternative medicine review, 2010, 15 (2): 101-108.

[214] 凤海元, 黄勤, 吴忠忠, 等. 生态地球化学评价样品中镉的测定方法及其形态分析研究进展 [J]. 理化检验（化学分册）, 2017, 53 (9): 1103-1108.

[215] 刘建军, 王玉功, 倪能, 等. 电感耦合等离子体质谱（ICP-MS）法测定农产品地土壤中铅、镉、铬消解方法的改进 [J]. 中国无机分析化学, 2016, 6 (1): 10-13.

[216] 闵广全. 电感耦合等离子体质谱法测定农产品产地土壤中重金属元素 [J]. 化学与黏合, 2014, 36 (3): 228-230.

[217] 李永盼, 耿芳. 分光光度法测定环境水中的微量锌 [J]. 能源与节能, 2012, (11): 60-62.

[218] 李善忠, 姚成. MQAPC 与 Fe(Ⅱ) 的分光光度研究 [J]. 连云港化工高等专科学校学报, 2000, 13 (3): 3.

[219] 张轶楠, 翟庆洲, 胡伟华, 等. 铬天青 S 分光光度法测定铅 [J]. 湿法冶金, 2016, 35 (1): 80-82.

[220] 李光华, 丁国华. 一种新的席夫碱敏感膜 Cu(Ⅱ) 离子选择电极 [J]. 化学通报, 2011, 74 (9): 853-856.

[221] 王倩文, 于顺洋, 梁荣宁, 等. 低检出限聚合物膜镉离子选择性电极的研制及应用 [J]. 分析试验室, 2011, 30 (10): 34-37.

[222] 王营章. 饮用水中铅的催化极谱分析方法研究 [J]. 山东科技大学学报（自然科学版）, 2008, (3): 98-101.

[223] ZHOU Y, YANG Y, LIU G, et al. Adsorption mechanism of cadmium on microplastics and their desorption behavior in sediment and gut environments: the roles of water pH, lead ions, natural organic matter and phenanthrene [J]. Water research, 2020, 184 (1): 116-209

[224] 杨海波, 周文慧, 甄雪, 等. 银纳米线柔性电极的制备及电化学方法测定水中微量铜离子 [J]. 分析化学, 2018, 46 (3): 446-453.

[225] 张青, 李业军. 原子吸收分光光度法测定水中的重金属铅和镉 [J]. 当代化工, 2015, 44 (5): 1188-1190.

[226] 刘欢欢, 靳丹萍, 赵杰. 石墨炉原子吸收光谱法测定无锡地下水中的铅·镉·铜·铍[J]. 安徽农业科学, 2017, 45 (6): 58-60.

[227] 陈建斌, 游宗保, 许斌. IRIS/AP-ICP-AES法同时测定地表水中的Cu、Pb、Zn、Mn和Cd[J]. 光谱实验室, 2002 (3): 367-370.

[228] 周丽, 马艾丽, 李大伟. ICP-OES测定电镀废水中铜、锌、铅、铬、镉、镍[J]. 广东化工, 2016, 43 (16): 186, 76.

[229] 金志明, 于贵森. ICP-MS法测定地下水及地表水中的11种金属元素[J]. 中国环境管理干部学院学报, 2017, 27 (6): 87-90.

[230] 东明. ICP-MS法测定不同类型水体可滤态与总量结果比对分析[J]. 环境与可持续发展, 2015, 40 (4): 222-224.

[231] 程志臣, 申守乾, 刘风莲, 等. 原子吸收光谱在石化领域的应用[J]. 石油化工环境保护, 2002 (4): 49-53, 5.

[232] 尤伟, 姚慧芳, 胡向阳. 石墨炉-原子吸收光谱法测定某冶炼厂周边土壤、粮食、蔬菜中的镉[J]. 光谱实验室, 2013, 30 (3): 1112-115.

[233] 徐子优. 固体直接进样-石墨炉原子吸收光谱法测定土壤中镉元素[J]. 中国无机分析化学, 2013, 3 (3): 8-12.

[234] 李中玺, 周丽萍. 断续流动在线分离富集-蒸气发生原子荧光光谱法测定复杂环境样品中痕量镉[J]. 岩矿测试, 2006 (3): 233-238.

[235] 王志强, 苏静. 石墨炉原子吸收光谱法测定绞股蓝中的重金属含量[J]. 化工管理, 2018 (15): 72-73.

[236] 胡德新, 武素茹, 刘跃勇, 等. 改进BCR法-电感耦合等离子体发射光谱法测定矿产品堆场土壤中镉砷铅的化学形态[J]. 岩矿测试, 2014, 33 (3): 369-373.

[237] 王心伟, 杨刚. 绿色食品环境评价样品中的镉、铬、铜、铅、砷——电感耦合等离子体质谱法测定[J]. 安徽农学通报(上半月刊), 2009, 15 (3): 65-66.

[238] 陈成祥, 庄峙厦, 刘海波, 等. 同位素稀释电感耦合等离子体质谱测定环境和生物样品中的镉[J]. 分析试验室, 2006 (9): 44-48.

[239] 张思冲, 周晓聪, 张丽娟, 等. X射线荧光光谱法测定重金属元素的实验研究[J]. 实验技术与管理, 2009, 26 (11): 20-23, 34.

[240] ZHUANG X, LU C. PBPK modeling and simulation in drug research and development [J]. Acta pharmaceutica sinica B, 2016, 6 (5): 430-440.

[241] KJELLSTROM T, NORDBERG G F. A kinetic model of cadmium metabolism in the human being [J]. Environmental research, 1978, 16 (1-3): 248-269.

[242] Friberg L. Cadmium in the Environment [M]. 2nd ed. CRC Press, 1971.

[243] WAFANABE H. A Study of health effect indices in populations in cadmium-polluted areas [R]. Japan. Assoc, 1973.

[244] Evaluation of certain food additives and contaminants. Forty-first report of the Joint FAO/WHO Expert Committee on Food Additives [J]. World Health Organization tech-

nical report series, 1993 (837): 1-53.

[245] CHOUDHURY H, HARVEY T, THAYER W C, et al. Urinary cadmium elimination as a biomarker of exposure for evaluating a cadmium dietary exposure-Biokinetics model [J]. Journal of toxicology and environmental health-part A, 2001, 63 (5): 321-350.

[246] DIAMOND G L, THAYER W C, CHOUDHURY H. Pharmacokinetics/pharmacodynamics (PK/PD) modeling of risks of kidney toxicity from exposure to cadmium: Estimates of dietary risks in the U.S. population [J]. Journal of toxicology and environmental health-Part A, 2003, 66 (22): 2141-2164.

[247] QURAISHI S M, ADAMS S V, SHAFER M, et al. Urinary cadmium and estimated dietary cadmium in the Women's Health Initiative [J]. Journal of exposure science & environmental epidemiology, 2016, 26 (3): 303-308.

[248] RUIZ P, FOWLER B A, OSTERLOH J D, et al. Physiologically based pharmacokinetic (PBPK) tool kit for environmental pollutants-metals [J]. SAR and QSAR in environmental research, 2010, 21 (7): 603-618.

[249] RUIZ P, RAY M, FISHER J, et al. Development of a human Physiologically Based Pharmacokinetic (PBPK) toolkit for environmental pollutants [J]. International journal of molecular sciences, 2011, 12 (11): 7469-7480.

[250] TORD KJELLSTRÖM G F N. A kinetic model of cadmium metabolism in the human being [J]. Environmental research, 1978 (16): 248-269.

[251] RUIZ P, MUMTAZ M, OSTERLOH J, et al. Interpreting NHANES biomonitoring data, cadmium [J]. Toxicology letters, 2010, 198 (1): 44-48.

[252] SATARUG S, SWADDIWUDHIPONG W, RUANGYUTTIKARN W, et al. Modeling cadmium exposures in low-and high-exposure areas in Thailand [J]. Environmental health perspectives, 2013, 121 (5): 531-536.

[253] IKEDA M, ZHANG Z W, SHIMBO S, et al. Urban population exposure to lead and cadmium in east and south-east Asia [J]. Science of the total environment, 2000, 249 (1-3): 373-384.

[254] SHIMBO S, ZHANG Z W, MOON C S, et al. Correlation between urine and blood concentrations, and dietary intake of cadmium and lead among women in the general population of Japan [J]. International archives of occupational and environmental health, 2000, 73 (3): 163-170.

[255] IWATA K, SAITO H, MORIYAMA M, et al. Renal tubular function after reduction of environmental cadmium exposure: A ten-year follow-up [J]. Archives of environmental health, 1993, 48 (3): 157-163.

[256] ELINDER C G, LIND B, KJELLSTRÖM T, et al. Cadmium in kidney cortex, liver, and pancreas from Swedish autopsies. Estimation of biological half time in kidney cortex, considering calorie intake and smoking habits [J]. Archives of environmental health, 1976, 31 (6): 292-302.

[257] ELINDER C G, KJELLSTRÖM T, LINNMAN L, et al. Urinary excretion of cadmium and zinc among persons from Sweden [J]. Environmental research, 1978, 15 (3): 473-484.

[258] KJELLSTRÖM T, BORG K, LIND B. Cadmium in feces as an estimator of daily cadmium intake in Sweden [J]. Environmental research, 1978, 15 (2): 242-251.

[259] RANI A, KUMAR A, LAL A, et al. Cellular mechanisms of cadmium-induced toxicity: a review [J]. International journal of environmental health research, 2014, 24 (4): 378-399.

[260] PILLAI A, GUPTA S. Antioxidant enzyme activity and lipid peroxidation in liver of female rats co-exposed to lead and cadmium: effects of vitamin E and Mn^{2+} [J]. Free radical research, 2005, 39 (7): 707-712.

[261] NNA V U, UJAH G A, MOHAMED M, et al. Cadmium chloride-induced testicular toxicity in male wistar rats; prophylactic effect of quercetin, and assessment of testicular recovery following cadmium chloride withdrawal [J]. Biomed pharmacother, 2017, 94: 109-123.

[262] WANG S, REN X, HU X, et al. Cadmium-induced apoptosis through reactive oxygen species-mediated mitochondrial oxidative stress and the JNK signaling pathway in TM3 cells, a model of mouse Leydig cells [J]. Toxicology and applied pharmacology, 2019 (368): 37-48.

[263] YUAN Y, ZHANG Y, ZHAO S, et al. Cadmium-induced apoptosis in neuronal cells is mediated by Fas/FasL-mediated mitochondrial apoptotic signaling pathway [J]. Scientific reports, 2018, 8 (1): 88-137.

[264] ZHOU X, HAO W, SHI H, et al. Calcium homeostasis disruption-a bridge connecting cadmium-induced apoptosis, autophagy and tumorigenesis [J]. Oncology research and treatment, 2015, 38 (6): 311-315.

[265] HUFF M O, TODD S L, SMITH A L, et al. Arsenite and Cadmium Activate MAPK/ERK via Membrane Estrogen Receptors and G-Protein Coupled Estrogen Receptor Signaling in Human Lung Adenocarcinoma Cells [J]. Toxicological sciences, 2016, 152 (1): 62-71.

[266] CHAKRABORTY P K, LEE W K, MOLITOR M, et al. Cadmium induces Wnt signaling to upregulate proliferation and survival genes in sub-confluent kidney proximal tubule cells [J]. Molecular Cancer, 2010 (9): 102.

[267] ARBON K S, CHRISTENSEN C M, HARVEY W A, et al. Cadmium exposure activates the ERK signaling pathway leading to altered osteoblast gene expression and apoptotic death in Saos-2 cells [J]. Food and Chemical Toxicology, 2012, 50 (2): 198-205.

[268] CHEN X, XU Y, CHENG Z, et al. Low-dose cadmium activates the JNK signaling pathway in human renal podocytes [J]. International journal of molecular medicine, 2018, 41 (4): 2359-2365.

[269] CLEWELL H J, YAGER J W, GREENE T B, et al. Application of the adverse outcome pathway (AOP) approach to inform mode of action (MOA): A case study with inorganic arsenic [J]. Journal of toxicology and environmental health A, 2018, 81 (18): 893-912.

[270] 黄河海, 肖勇梅. 毒作用模式和有害结局路径的关系及其在风险评估中的应用 [J]. 中华预防医学杂志, 2020, 54 (2): 219-223.

[271] 邢秀梅, 张世鑫, 陈雯. 毒作用模式在环境化学物危险度评价中的研究进展 [J]. 环境与健康杂志, 2010, 27 (10): 926-929.

[272] VINKEN M, KNAPEN D, VERGAUWEN L, et al. Adverse outcome pathways: a concise introduction for toxicologists [J]. Archives of toxicology, 2017, 91 (11): 3697-3707.

[273] KANG D S, YANG J H, KIM H S, et al. Application of the Adverse Outcome Pathway Framework to Risk Assessment for Predicting Carcinogenicity of Chemicals [J]. Journal of cancer prevention, 2018, 23 (3): 126-133.

[274] CHWELATIUK E, WLOSTOWSKI T, KRASOWSKA A, et al. The effect of orally administered melatonin on tissue accumulation and toxicity of cadmium in mice [J]. Journal of trace elements in medicine and biology, 2006, 19 (4): 259-265.

[275] BRZOSKA M M, KAMINSKI M, SUPERNAK-BOBKO D, et al. Changes in the structure and function of the kidney of rats chronically exposed to cadmium. I. Biochemical and histopathological studies [J]. Archives of toxicology, 2003, 77 (6): 344-352.

[276] SHI Z, TAYLOR A W, RILEY M, et al. Association between dietary patterns, cadmium intake and chronic kidney disease among adults [J]. Clinical nutrition, 2018, 37 (1): 276-284.

[277] SATARUG S, GARRETT S H, SENS M A, et al. Cadmium, environmental exposure, and health outcomes [J]. Environmental health perspectives, 2010, 118 (2): 182-190.

[278] AKESSON A, LUNDH T, VAHTER M, et al. Tubular and glomerular kidney effects in Swedish women with low environmental cadmium exposure [J]. Environmental Health Perspectives, 2005, 113 (11): 1627-1631.

[279] CHAN H M, ZHU L F, ZHONG R, et al. Nephrotoxicity in rats following liver transplantation from cadmium-exposed rats [J]. Toxicology and applied pharmacology, 1993, 123 (1): 89-96.

[280] NORDBERG G F, JIN T, NORDBERG M. Subcellular targets of cadmium nephrotoxicity: cadmium binding to renal membrane proteins in animals with or without protective metallothionein synthesis [J]. Environmental health perspectives, 1994, 102 (Suppl 3): 191-194.

[281] DORIAN C, GATTONE V H, 2ND, KLAASSEN C D. Accumulation and degradation

of the protein moiety of cadmium-metallothionein (CdMT) in the mouse kidney [J]. Toxicology and applied pharmacology, 1992, 117 (2): 242-248.

[282] KLAASSEN C D, LIU J, CHOUDHURI S. Metallothionein: an intracellular protein to protect against cadmium toxicity [J]. Annual review of pharmacology and toxicology, 1999 (39): 267-294.

[283] KLAASSEN C D, LIU J, DIWAN B A. Metallothionein protection of cadmium toxicity [J]. Toxicology and applied pharmacology, 2009, 238 (3): 215-220.

[284] LIU J, LIU Y, HABEEBU S S, et al. Susceptibility of MT-null mice to chronic CdCl2-induced nephrotoxicity indicates that renal injury is not mediated by the CdMT complex [J]. Toxicological sciences, 1998, 46 (1): 197-203.

[285] LIU Y, LIU J, HABEEBU S M, et al. Metallothionein-Ⅰ/Ⅱ null mice are sensitive to chronic oral cadmium-induced nephrotoxicity [J]. Toxicological sciences, 2000, 57 (1): 167-176.

[286] FUJISHIRO H, YANO Y, TAKADA Y, et al. Roles of ZIP8, ZIP14, and DMT1 in transport of cadmium and manganese in mouse kidney proximal tubule cells [J]. Metallomics, 2012, 4 (7): 700-708.

[287] FUJISHIRO H, HAMAO S, ISAWA M, et al. Segment-specific and direction-dependent transport of cadmium and manganese in immortalized S1, S2, and S3 cells derived from mouse kidney proximal tubules [J]. Toxicological sciences, 2019, 44 (9): 611-619.

[288] YANG H, SHU Y. Cadmium transporters in the kidney and cadmium-induced nephrotoxicity [J]. International journal of molecular sciences, 2015, 16 (1): 1484-1494.

[289] GOYER R A, MILLER C R, ZHU S-Y, et al. Non-metallothionein-bound cadmium in the pathogenesis of cadmium nephrotoxicity in the rat [J]. Toxicology and applied pharmacology, 1989, 101 (2): 232-244.

[290] DORIAN C, GATTONE V H, KLAASEN C D. Renal cadmium deposition and injury as a result of accumulation of cadmium-metallothionein (CdMT) by the proximal convoluted tubules - a light microscopic autoradiography study with 109CdMT [J]. Toxicology and applied pharmacology, 1992, 114 (2): 173-181.

[291] YAN H, CARTER C E, XU C, et al. Cadmium-induced apoptosis in the urogenital organs of the male rat and its suppression by chelation [J]. Jourral of toxicol environ health, 1997, 52 (2): 149-168.

[292] CASALINO E, CALZARETTI G, SBLANO C, et al. Molecular inhibitory mechanisms of antioxidant enzymes in rat liver and kidney by cadmium [J]. Toxicology, 2002, 179 (1-2): 37-50.

[293] RENUGADEVI J, PRABU S M. Quercetin protects against oxidative stress-related renal dysfunction by cadmium in rats [J]. Experimental and toxicologic pathology, 2010, 62 (5): 471-481.

[294] DKHIL M A, AL-QURAISHY S, DIAB M M, et al. The potential protective role of *Physalis peruviana* L. fruit in cadmium-induced hepatotoxicity and nephrotoxicity [J]. Food and chemical toxicology, 2014 (74): 98-106.

[295] MORALES A I, VICENTE-SANCHEZ C, SANDOVAL J M, et al. Protective effect of quercetin on experimental chronic cadmium nephrotoxicity in rats is based on its antioxidant properties [J]. Food and chemical toxicology, 2006, 44 (12): 2092-1100.

[296] OGNJANOVIC B I, MARKOVIC S D, PAVLOVIC S Z, et al. Effect of chronic cadmium exposure on antioxidant defense system in some tissues of rats: protective effect of selenium [J]. Physiological research, 2008, 57 (3): 403-411.

[297] RENUGADEVI J, PRABU S M. Naringenin protects against cadmium-induced oxidative renal dysfunction in rats [J]. Toxicology, 2009, 256 (1-2): 128-134.

[298] NAIR A R, DEGHESELLE O, SMEETS K, et al. Cadmium-Induced Pathologies: Where Is the Oxidative Balance Lost (or Not)? [J]. International journal of molecular sciences, 2013, 14 (3): 6116-6143.

[299] CHEN S, LUO T, YU Q, et al. Isoorientin plays an important role in alleviating Cadmium-induced DNA damage and G0/G1 cell cycle arrest [J]. Ecotoxicological and environmental safety, 2020 (187): 109851.

[300] LUO T, YU Q, ZOU H, et al. Role of poly (ADP-ribose) polymerase-1 in cadmium-induced cellular DNA damage and cell cycle arrest in rat renal tubular epithelial cell line NRK-52E [J]. Environmental pollution, 2020 (261): 114149.

[301] CAO F, ZHOU T, SIMPSON D, et al. p53-Dependent but ATM-independent inhibition of DNA synthesis and G2 arrest in cadmium-treated human fibroblasts [J]. Toxicology and applied pharmacology, 2007, 218 (2): 174-185.

[302] DALLY H, HARTWIG A. Induction and repair inhibition of oxidative DNA damage by nickel (II) and cadmium (II) in mammalian cells [J]. Carcinogenesis, 1997, 18 (5): 1021-1026.

[303] AIMOLA P, CARMIGNANI M, VOLPE A R, et al. Cadmium induces p53-dependent apoptosis in human prostate epithelial cells [J]. PLoS one, 2012, 7 (3): e33647.

[304] JIANHUA Z, LIAN X, SHUANLAI Z, et al. DNA lesion and Hprt mutant frequency in rat lymphocytes and V79 Chinese hamster lung cells exposed to cadmium [J]. Journal of occupational health, 2006, 48 (2): 93-99.

[305] LEE W K, BORK U, GHOLAMREZAEI F, et al. Cd^{2+}-induced cytochrome c release in apoptotic proximal tubule cells: role of mitochondrial permeability transition pore and Ca^{2+} uniporter [J]. The american journal of physiology-renal physiology, 2005, 288 (1): F27-39.

[306] MAO W P, YE J L, GUAN Z B, et al. Cadmium induces apoptosis in human embryonic kidney (HEK) 293 cells by caspase-dependent and-independent pathways acting

on mitochondria [J]. Toxicology in vitro, 2007, 21 (3): 343-354.

[307] BETON D C, ANDREWS G S, DAVIES H J, et al. Acute cadmium fume poisoning. Five cases with one death from renal necrosis [J]. British journal of industrial medicine, 1966, 23 (4): 292-301.

[308] MATSUURA K, TAKASUGI M, KUNIFUJI Y, et al. Morphological effects of cadmium on proximal tubular cells in rats [J]. Biological trace element research, 1991, 31 (2): 171-182.

[309] LIU J, HABEEBU S S, LIU Y, et al. Acute CdMT injection is not a good model to study chronic Cd nephropathy: comparison of chronic $CdCl_2$ and CdMT exposure with acute CdMT injection in rats [J]. Toxicology and applied pharmacology, 1998, 153 (1): 48-58.

[310] TANIMOTO A, HAMADA T, HIGASHI K, et al. Distribution of cadmium and metallothionein in $CdCl_2$-exposed rat kidney: relationship with apoptosis and regeneration [J]. Pathology international, 1999, 49 (2): 125-132.

[311] AOYAGI T, HAYAKAWA K, MIYAJI K, et al. Cadmium nephrotoxicity and evacuation from the body in a rat modeled subchronic intoxication [J]. International Brazlian journal of urology, 2003, 10 (6): 332-338.

[312] FUJIWARA Y, LEE J Y, TOKUMOTO M, et al. Cadmium renal toxicity via apoptotic pathways [J]. Biological and pharmaceutical bulletin, 2012, 35 (11): 1892-1897.

[313] BECKER R A, ANKLEY G T, EDWARDS S W, et al. Increasing scientific confidence in adverse outcome pathways: application of tailored bradford-hill considerations for evaluating weight of evidence [J]. Regulatory toxicology and pharmacology, 2015, 72 (3): 514-537.

[314] MARTIN P, BOULUKOS K E, POGGI M C, et al. Long-term extracellular signal-related kinase activation following cadmium intoxication is negatively regulated by a protein kinase C-dependent pathway affecting cadmium transport [J]. FEBS journal, 2009, 276 (6): 1667-1679.

[315] SATARUG S, MOORE M R. Adverse health effects of chronic exposure to low-level cadmium in foodstuffs and cigarette smoke [J]. Environmental health perspectives, 2004, 112 (10): 1099-1103.

[316] SATARUG S, BAKER J R, URBENJAPOL S, et al. A global perspective on cadmium pollution and toxicity in non-occupationally exposed population [J]. Toxicology letters, 2003, 137 (1-2): 65-83.

[317] SWIERGOSZ-KOWALEWSKA R. Cadmium distribution and toxicity in tissues of small rodents [J]. Microscopy research and technique, 2001, 55 (3): 208-222.

[318] SHAIKH Z A, VU T T, ZAMAN K. Oxidative stress as a mechanism of chronic cadmium-induced hepatotoxicity and renal toxicity and protection by antioxidants [J]. Toxicology and applied pharmacology, 1999, 154 (3): 256-263.

［319］ WANG L, WANG H, LI J, et al. Simultaneous effects of lead and cadmium on primary cultures of rat proximal tubular cells: interaction of apoptosis and oxidative stress ［J］. Archives of environmental contamination and toxicology, 2011, 61 (3): 500 –511.

［320］ WONGMEKIAT O, PEERAPANYASUT W, KOBROOB A. Catechin supplementation prevents kidney damage in rats repeatedly exposed to cadmium through mitochondrial protection ［J］. Naunyn schmiedebergs archives pharmacology, 2018, 391 (4): 385 –394.

［321］ VALKO M, RHODES C J, MONCOL J, et al. Free radicals, metals and antioxidants in oxidative stress-induced cancer ［J］. Chemico-biological interactions, 2006, 160 (1): 1 –40.

［322］ BORK U, LEE W K, KUCHLER A, et al. Cadmium-induced DNA damage triggers G (2) /M arrest via chk1/2 and cdc2 in p53-deficient kidney proximal tubule cells ［J］. American journal of physiology-renal physiology, 2010, 298 (2): F255 –265.

［323］ GALAZYN-SIDORCZUK M, BRZOSKA M M, JURCZUK M, et al. Oxidative damage to proteins and DNA in rats exposed to cadmium and/or ethanol ［J］. Chemico-biological interactions, 2009, 180 (1): 31 –38.

［324］ O'REILLY M A. DNA damage and cell cycle checkpoints in hyperoxic lung injury: braking to facilitate repair ［J］. American journal of physiology. lung cellular and molecular physiology, 2001, 281 (2): L291 –305.

［325］ CHEN J. The cell-cycle arrest and apoptotic functions of p53 in tumor initiation and progression ［J］. Cold spring harbor perspectives in medicine, 2016, 6 (3): a026104.

［326］ FUJIKI K, INAMURA H, SUGAYA T, et al. Blockade of ALK4/5 signaling suppresses cadmium-and erastin-induced cell death in renal proximal tubular epithelial cells via distinct signaling mechanisms ［J］. Cell death and Differentiation, 2019, 26 (11): 2371 –2385.

［327］ LUO T, ZHANG H, YU Q, et al. ERK1/2 MAPK promotes autophagy to suppress ER stress-mediated apoptosis induced by cadmium in rat proximal tubular cells ［J］. Toxicology in vitro, 2018, 52: 60 –69.

［328］ RIAZ M A, NISA Z U, MEHMOOD A, et al. Metal-induced nephrotoxicity to diabetic and non-diabetic Wistar rats ［J］. Environmental science and pollution research international, 2019, 26 (30): 31111 –31118.

［329］ KUBO K, NOGAWA K, KIDO T, et al. Estimation of benchmark dose of lifetime cadmium intake for adverse renal effects using hybrid approach in inhabitants of an environmentally exposed river basin in japan ［J］. Risk analysis : an official publication of the society for risk analysis, 2017, 37 (1): 20 –26.

第六章 铬及六价铬

1 引言

铬广泛分布于自然环境中,铬价态繁多,常见的价态是+3价[Cr(Ⅲ)]、+6价[Cr(Ⅵ)]。Cr(Ⅲ)被认为是人体必需微量元素,主要参与糖脂代谢,常作为营养补充剂添加进食品。美国医学研究所(Institute of Medicine,IOM)提出在青少年和成年人群中Cr(Ⅲ)的适宜摄入量为20~45 μg/d[1],但目前没有足够证据表明在健康人群中有与铬摄入有关的有益作用[2]。Cr(Ⅵ)已被国际癌症研究机构(IARC)列为1A类致癌物,目前,经呼吸道暴露Cr(Ⅵ)毒作用机制研究较多,但是,长期经口暴露Cr(Ⅵ)引起不良健康结局仍未有定论。动物实验发现经口暴露Cr(Ⅵ)可诱导小鼠小肠肿瘤和大鼠口腔肿瘤发生,人群研究仅发现短期经口暴露高浓度Cr(Ⅵ)可引起胃肠刺激症状、溃疡甚至贫血,长期低剂量暴露增加消化道肿瘤发病风险的证据力度不足。多数研究认为Cr(Ⅵ)引起健康损害的机制主要是通过Cr(Ⅵ)还原过程生成活性氧(reactive oxygen species,ROS)产生氧化应激及还原过程形成Cr-DNA加合物产生遗传毒性。目前,美国经口暴露Cr(Ⅵ)的安全限值是根据1958年大鼠长期高剂量饮水暴露毒性测试结果获得的,其暴露浓度范围远高于人体实际可能接触最高剂量,不能模拟大多数人群处于长期低剂量铬暴露的状态,因此,经口暴露铬的安全限值亟待更新。同时,在TOX21项目提出和推进的背景下,在以往风险评价的基础上提出新的评价体系用于重金属或其他化学物经口暴露的风险评估是当前面临的巨大挑战。本章通过对Cr(Ⅵ)的理化特性、人群经口暴露水平评估及整合MOA框架揭示其毒作用机制的研究成果进行综述,通过数据挖掘和生物信息学等方法对发表数据进一步分析,以及基于MOA框架结合PBPK模型进行风险评估的研究成果进行综述,为经口暴露低剂量Cr(Ⅵ)的风险评估奠定基础。

2 铬的理化特性

铬（chromium，Cr）是一种过渡金属元素，原子序数24，位于周期表第ⅥA族，相对原子质量51.996 1，CAS号7440-47-3。铬呈银灰色，具有金属光泽，没有特殊的气味和味道，硬度大，20℃下密度为7.14 g/cm³，不溶于水，但溶于强酸强碱，熔沸点高。

铬广泛分布于自然界中（岩石、土壤、动物、植物、水、火山灰和空气中均能检测到），铬有9种价态（-2至+6），Cr(Ⅲ)和Cr(Ⅵ)是环境中最常见的两种价态，呈游离态的铬极其罕见。Cr(Ⅲ)和Cr(Ⅵ)在自然界中的分布取决于环境的氧化还原电位、酸碱性、氧化性和/或还原性物质的存在、氧化还原反应动力学、不溶性Cr(Ⅲ)盐和总铬浓度等因素[3]。目前，环境中70%以上的铬来源于人类活动，如金属冶炼、皮革制造、纸浆厂及造纸厂的废水、热电站的排放物等。铬及其盐类化合物常被用于颜料、油漆的生产、杀菌剂的生产、铬合金制造、镀铬和防腐控制等。另外，部分铬也以Cr(Ⅲ)的形式存在于岩石和土壤中，通过风化和侵蚀过程进入地下水中。Cr(Ⅲ)被认为是环境氧化还原条件下热力动力学最稳定的价态，易与各种配体（如氧、氮或硫原子等）形成六配位八面体复合物。Cr(Ⅲ)通常不溶于水，在土壤中也很少移动。而Cr(Ⅵ)不具有热力动力学稳定性，作为一种强氧化剂，以含氧四面体形式存在，如氧化铬（CrO_3）、铬酰氯（CrO_2Cl_2）和铬酸根离子（CrO_4^{2-}）等，易溶于水，在土壤中易移动，生物利用度很高[4]。自然界中铬有3种稳定存在的同位素，分别是^{52}Cr、^{53}Cr和^{54}Cr，其中以^{52}Cr的丰度最高，可达83.789%。

2.1 铬在环境及食品中的存在形式

铬的价态及配体决定其应用，Cr(Ⅲ)多用于营养补充剂，是人体必需微量元素，参与组成葡萄糖耐量因子（glucose tolerance factor，GTF），在调节机体碳水化合物、脂肪和蛋白质代谢中起到潜在的重要作用。临床试验证实，摄入Cr(Ⅲ)可以增强糖尿病患者的糖耐受[5]。Cr(Ⅵ)多见于工业生产，如冶金工业和皮革鞣制，也常用于生产染料、杀菌剂、木材防腐剂。

2.1.1 环境中常见污染来源

环境中铬的来源分为自然原因和人类活动两类，大气中的铬来源于自然原因和人类活动两种来源的排放，土壤和水中的铬均来源于人类活动，Cr(Ⅲ)和Cr(Ⅵ)两种价态在不同的pH条件及氧化剂或还原剂存在的条件下可以相互转化。由于原子质量数较大，铬及其化合物无法在空气中长时间漂浮存在，通常会缓慢沉降到水和土壤中，其性质稳定，大多数经沉降后进入土壤后，可被植物吸收、动物摄入从而进入食物链。

2.1.1.1 水中的铬

地表水和地下含水层中铬的基底值受区域地理条件、矿物风化过程、沉积物沉淀速度和降水模式的共同影响[4]。未经污染的地表水和海水中总铬的平均浓度非常低,低于 1 μg/L。而工业排放能增加水中总铬含量,从而增加人群暴露风险。在产生含铬废物的工厂周围地区,地下水中铬的含量可能很高,Lin 等[6]汇总了中国 1990—2009 年的铬人为排放情况,排放到水中的总铬量可达 1.34×10^4 t,其中金属加工和皮革鞣制是其中最重要的铬的工业来源。铬的水污染最严重的省份有广东、江苏、山东和浙江,这 4 个省份占近 50% 的排放总量。另外,辽宁省锦州市铁合金厂含铬废水大量排放,导致周边地区井水中 Cr(Ⅵ) 浓度高达 20 mg/L。

据各国环境流行病学调查统计,自然界未经污染水体和饮用水中总铬浓度均非常低,无污染水体的铬含量为 1～10 μg/L,雨水中的含量为 0.2～1.0 μg/L。美国河流中铬含量低于 30 μg/L(平均总铬浓度为 10 μg/L),湖泊水中铬含量不超过 5 μg/L[7],海水中铬含量平均浓度为 0.3 μg/L[8,9]。美国饮用水中铬浓度是 0.2～2.0 μg/L[10],加拿大饮用水中铬浓度为 0.03～10.00 μg/L,绝大多数的检测样本浓度低于检出限值[4]。

2.1.1.2 空气中的铬

铬及其化合物无法在空气中长时间漂浮,因此空气中的铬浓度往往很低。在非工业地区,空气铬浓度一般不超过 10 ng/m³。据报道,2009—2010 年,英国城市和农村地区空气中铬浓度为 0.7～5.0 ng/m³,荷兰的空气铬浓度为 2～5 ng/m³。美国空气中铬的中位浓度小于 20 ng/m³。相对而言,工业地区的空气铬浓度可能较高[6]。1990—2009 年,中国全国排放至空气的铬总量为 1.92×10^5 吨,空气铬污染最严重的省份是河北、山东、广东、浙江和山西,其中煤炭和石油燃烧是两大重要污染来源,每年因煤炭和石油燃烧而排放至空气中的铬最多可超 1 000 吨。

室内和室外空气中铬含量也存在一定的差异,通常情况下室内的铬含量明显低于室外。当室内有高浓度香烟烟雾且通风不良时,室内空气铬浓度可以达到室外浓度的 10～400 倍,最高可达 1 000 ng/m³[3]。另外,汽车排放的尾气中也含有大量 Cr(Ⅲ) 和 Cr(Ⅵ) 的细颗粒物,能引起人群低水平吸入暴露,同时增加了地表水中铬的含量[2]。

2.1.1.3 土壤中的铬

土壤中铬本底值取决于形成土壤的岩石成分,工业活动可增加附近土壤中铬水平,在未污染的土壤中,Cr(Ⅲ) 是铬的主要价态[11],而 Cr(Ⅵ) 仅占土壤中总铬的 1%。加拿大土壤铬背景平均浓度为 (13～78) mg/kg,在木材防腐处理厂附近的土壤中含量可高达 200～1 760 mg/kg。

对于中国土壤中总铬含量的调查,Li 等[12]基于监测站点实测数据及既往论文数据,总结全国农用地的总铬浓度为 1.48～820.24 mg/kg,分别有 4.31% 和 0.12% 的监测数据超过了风险筛选值(150 mg/kg)和风险管制值(800 mg/kg)(GB 15618—2018)。按照地区分布,铬浓度从高至低排列依次是:西南地区、西北地区、东部地区、南部地区、东北地区、中原地区、北方地区。另外,2011—2016 年农用地铬蓄积率显著降低,这可能是由于产业结构改革和工业废物限制排放的政策影响。肥料的使用和铬浓度呈现线性关系,说明氮磷钾肥是农用地铬的重要来源。研究还显示,超过 83.4% 的监测地未受到铬污染，铬污染地则多与采矿和电镀工业有关。

2.1.2 经口暴露途径

虽然目前缺乏铬相关经口暴露慢性毒性的研究，但已有动物实验结果表明长期经口暴露Cr(Ⅵ)会导致小鼠小肠肿瘤和大鼠口腔肿瘤的发生，由此引发的食品安全问题逐渐进入公众视野。

大多数非职业人群长期处于低水平铬暴露状态，除了经皮肤和呼吸道途径进入机体的含量，消化道暴露成为其主要暴露途径。居住在排放Cr(Ⅵ)工厂附近的人群可能会因吞咽空气中含有铬的颗粒或摄入被污染的饮用水而引起经口暴露。电镀、皮革鞣制和纺织工业污水及铬酸盐生产过程中产生的固体废物内含有大量铬，处置不当将成为经口暴露的潜在污染来源。

2.1.3 食品摄入铬比重及其在各类食品中所占比重

食品中铬来源于原材料使用到加工运输等多个环节，因此食品中铬含量从外包装、原料及食品添加剂中差异较大，多以 μg/kg 为单位比较不同食品中铬的含量。面包谷物类、牛奶、茶、乳制品、蔬菜、肉类中铬含量在 <10～1 300 μg/kg，其中，肉类、鱼类、水果和蔬菜的铬含量最高，新鲜蔬菜水果比罐装或冷冻的铬含量低。茶、蜂蜜、牛奶等液体的铬含量不超过 20 μg/kg（奶粉最高可达 75 μg/kg）。这些检测结果受地理位置、人类活动影响较大。

2.2 健康效应相关信息

2.2.1 铬经口 ADME 过程

2.2.1.1 吸收

相比于经呼吸道暴露途径，经口暴露铬的吸收量较少。铬在消化道中的吸收效率与铬的价态、存在形式和水溶性、胃酸 pH 和胃内容物含量等因素均相关。已有研究表明，由于Cr(Ⅵ)的结构与 SO_4^{2-} 相似，可以通过小肠上皮细胞肠腔侧表面 SO_4^{2-}/PO_4^{3-} 阴离子转运蛋白转运吸收入血[13]，而 Cr(Ⅲ)易与胞外水分子结合形成较大分子结构，仅能通过被动扩散或胞吞作用摄取，因此Cr(Ⅵ)吸收率比 Cr(Ⅲ)高。Kerger 等[14]招募 4 组人群志愿者，通过饮用含铬的水，比较Cr(Ⅵ)和 Cr(Ⅲ)的吸收情况，结果显示 Cr(Ⅵ)的吸收率可达 6.9%，而 Cr(Ⅲ)仅为 0.13%～0.60%。这与 WHO 早前研究，Cr(Ⅲ)经口暴露的吸收率低于 2%，Cr(Ⅵ)为 7% 左右，是相一致的[15]。有机铬化合物比无机铬化合物吸收率高。可溶性铬比不溶性铬的吸收率高。另外，铬的吸收也受机体营养状态的影响，限制饮食可促进其在肠道中的吸收。

经口暴露的Cr(Ⅵ)在被肠道吸收前主要经过口腔唾液还原、胃内还原、胃肠转运及小肠吸收四个过程。含Cr(Ⅵ)的食物或水摄入后，通过口腔、食管到达胃部，在胃内低 pH 及还原物质存在的条件下，大部分Cr(Ⅵ)被还原为 Cr(Ⅲ)。根据低剂量暴露条件下的体内生物利用度估计值和体外胃内还原率估计值，仅有 10%～20% 的Cr(Ⅵ)未被胃酸还原进入小肠[16]。餐后（胃液 pH = 2.0）情况下，1 min 内可以还原Cr(Ⅵ)总量的 70%，30 min 内还原量可达到 98%。胃内还原过程主要受胃排空时间、胃酸 pH

值、胃内还原当量等因素的影响，成年人每日还原解毒Cr(Ⅵ)最大量为 80 mg/d[17]，存在浓度依赖和容量限制关系。当待还原的Cr(Ⅵ)超过胃内还原当量或胃排空时间过短时，更高比例未被还原的Cr(Ⅵ)可被小肠吸收入血。Cr(Ⅵ)的还原能力在空腹（胃内较低pH环境）显著高于餐后（胃内较高pH环境），且差异具有统计学意义。同时，对比经口摄入和十二指肠直接注射两种暴露途径下Cr(Ⅵ)在十二指肠中的吸收情况，发现十二指肠直接注射后Cr(Ⅵ)的吸收率（约10%）显著高于经口摄入的吸收率（约1.2%），表明胃内还原过程是影响经口暴露Cr(Ⅵ)在十二指肠中吸收的关键因素。

未被还原的Cr(Ⅵ)转运至小肠，进一步被还原，同时被上皮细胞吸收被上皮细胞吸收，吸收量随着内容物中铬浓度递减而降低，进入细胞内进一步还原为Cr(Ⅲ)[18]。胞内Cr(Ⅲ)和未还原的Cr(Ⅵ)可被转运入血，随着血流到达全身各组织脏器。

2.2.1.2 分布

吸收入血后铬的分布取决于铬的价态。Cr(Ⅵ)如铬酸盐，由于其结构与SO_4^{2-}、PO_4^{3-}类似，易通过细胞膜的阴离子交换载体途径进入细胞，而Cr(Ⅲ)只能通过胞吞作用进入细胞，吸收效率较低。经胃肠道吸收入血后，Cr(Ⅵ)可进入红细胞，Cr(Ⅲ)由于多与血浆中如血红蛋白等物质结合，仅在血浆中可检出。Cr(Ⅵ)在血液中可被少量还原（还原效率显著低于胞内），也可被红细胞摄取后与胞内谷胱甘肽（glutathione，GSH）或血红蛋白还原为Cr(Ⅲ)[19-20]，并与血红蛋白或其他低分子量蛋白形成稳定复合物[21]，随着红细胞的更新而缓慢丢失，半衰期约30天。而Cr(Ⅲ)直接与转铁蛋白结合，不能穿过细胞膜。

通常情况下，经口暴露Cr(Ⅵ)在经历胃内还原、胞内还原后形成的Cr(Ⅲ)与转铁蛋白结合，可通过全身血液循环以Cr(Ⅲ)广泛分布于全身组织和脏器中，经口暴露高剂量Cr(Ⅵ)时，也可见少量Cr(Ⅵ)分布于多个脏器中。美国国家毒理学计划（US National Toxicology Program，NTP）2年饮水染毒实验[22]发现，红细胞、血浆和组织器官内的总铬浓度与摄入Cr(Ⅵ)浓度呈剂量和时间依赖性。另外，有研究[23]表明，Cr(Ⅵ)还可以穿过血脑屏障以及胎盘屏障。人体铬浓度最高的部位依次是肾脏、脾脏和肝脏，骨骼也是重要的储存库，在铬的慢性暴露中可能起到重要作用。

2.2.1.3 代谢

Cr(Ⅵ)进入细胞后，在细胞内代谢过程实际为代谢活化过程。Cr(Ⅵ)也可通过细胞膜上的SO_4^{2-}/PO_4^{3-}转运蛋白进入胞内，与细胞内还原物质（如小分子蛋白：抗坏血酸、GSH、胱氨酸；可溶性蛋白：血红素、谷胱甘肽还原酶；微粒体蛋白：NADPH-细胞色素P450还原酶、细胞色素P450转运系统等）发生还原反应，可被直接还原为Cr(Ⅲ)，也可还原生成瞬态中间体Cr(Ⅴ)、Cr(Ⅳ)，再还原为Cr(Ⅲ)，消耗还原物质，破坏胞内氧化还原稳态。同时生成高反应性的羟自由基及Cr-DNA加合物[16]，从而诱导遗传毒性和细胞毒性的产生。Cr(Ⅵ)进入胞内后，可在细胞质、内质网、线粒体、细胞核等位置发生还原，而胞内还原发生位置的差异会直接影响Cr(Ⅵ)的毒性效应[24]（图6-1）。当还原部位与DNA距离较远时，加之还原过程中产生的活性氧（ROS）被附近的亲核物质、抗氧化剂等配体结合，削弱其亲核力[25]。与之相反，当胞内还原发生在DNA附近区域时，Cr(Ⅵ)产生的瞬态中间体Cr(Ⅴ)、Cr(Ⅳ)和ROS

可以与其他细胞成分（如蛋白质和 DNA）反应，形成稳定加合物，从而产生遗传毒性。但是将还原生成的 Cr（Ⅲ）氧化为 Cr（Ⅵ）这一过程仅在能产生过氧化物 Mn（Ⅲ/Ⅳ）的细菌中发生，在人体内该反应不能发生。因此，细胞摄入的 Cr（Ⅵ）在细胞内代谢活化后，以 Cr（Ⅲ）的形式停留在细胞内，继续发挥毒性作用，引起细胞氧化应激和凋亡的发生。

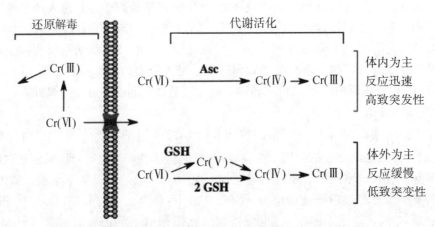

图 6-1　体内、体外细胞内 Cr（Ⅵ）还原过程及其影响因素[26]

2.2.1.4　排泄

经口暴露 Cr（Ⅲ）及 Cr（Ⅵ），最终吸收进入机体的铬均以 Cr（Ⅲ）形式通过尿液排出体外[27]，也可经乳汁、头发、指甲、胎盘少量排泄，而未吸收的铬主要通过粪便排出体外。

已有研究利用口服铬的放射性同位素来研究铬的排泄情况，Cr（Ⅲ）的半衰期约为 10 h[28]，Cr（Ⅵ）平均半衰期为 39 h[29]。收集 24 h 尿液和 6 天的粪便进行放射性铬含量及种类分析，粪便中 Cr（Ⅲ）及 Cr（Ⅵ）含量分别是口服剂量的 99.6% 和 89.4%，尿液中 Cr（Ⅲ）和 Cr（Ⅵ）含量分别是口服剂量的 0.5% 和 2.1%[30]。关于职业人群研究发现，7 天内可以排泄吸收 Cr（Ⅵ）的 40%，15～30 天内可以排泄 50%，其余 10% 在 5 年内被排出[2]。细胞中铬含量随着经口暴露剂量的增加而增加，并出现半衰期延长的现象，但由于已有研究对象少，个体差异较大，暂无法得出暴露剂量与半衰期之间的量化关系[15]。

2.2.2　人群经口暴露铬易感性影响因素

经口暴露 Cr（Ⅵ）引起小肠上皮损伤的程度取决于 Cr（Ⅵ）在胃内的还原情况，该过程主要影响因素有三个：胃内还原能力、还原率及胃排空时间。Kirman 等[31-32]通过体外模拟胃内还原过程并利用同位素稀释质谱法追踪 Cr（Ⅵ）价态转化建立 Cr（Ⅵ）还原速率随时间及起始剂量之间的关系，胃内还原过程可人为分为快速还原、慢速还原和极慢速还原三个阶段。快速还原阶段胃内快速还原反应物质（抗坏血酸、GSH）浓度较高，还原速率仅与 Cr（Ⅵ）浓度有关，还原过程迅速，但还原能力有限；慢速还原阶段反应速率较快速还原阶段稍慢，还原速率取决于 Cr（Ⅵ）浓度和胃内还原物质浓度；在极慢速还原阶段中还原能力接近无限，但还原速率十分缓慢[33-34]。机体胃酸状态、胃容量（空腹、进食及饱腹状态）、饮食习惯及药物使用等均能影响胃内还原过程，影响上述三个还原阶段的发生和反应速率。患有萎缩性胃炎患者、使用质子抑制剂（proton pump inhibitors，PPI）药物人群、老人及婴幼儿等人群，其胃酸分泌较少且胃内pH较高，为Cr(Ⅵ)经口暴露的敏感人群，该人群对Cr(Ⅵ)还原能力较成年人群差，应当予以重视。

另外，研究表明，骨骼膝关节和髋关节置换术患者由于人工关节会缓慢释放铬，血液、血清、尿液和其他组织和器官中铬含量可升高，从而直接增加人体内暴露剂量[35-37]。

2.2.3 经口暴露铬靶器官及毒性效应

基于目前已有人群及动物研究结果表明，经口暴露Cr(Ⅵ)的主要靶器官是小肠。根据暴露水平及暴露频率产生不同的生物效应，经口暴露Cr(Ⅵ)引起的毒性效应可划分为急性毒性、亚慢性和慢性毒性、遗传毒性、致癌活性生殖发育毒性几大类。

2.2.3.1 急性毒性

经口暴露Cr(Ⅲ)的急性毒性与Cr(Ⅲ)存在形式的水溶性大小密切相关。小鼠经口暴露硝酸铬的LD_{50}为180~422 mg Cr(Ⅲ)/kg；大鼠经口暴露磷酸铬LD_{50}为140 mg Cr(Ⅲ)/kg，小鼠的为390 mg Cr(Ⅲ)/kg；对于水溶性更弱的醋酸铬，小鼠经口暴露LD_{50}可以达到2 365 mg Cr(Ⅲ)/kg。

由于大部分含Cr(Ⅵ)化合物水溶性较大且易进入细胞，因此经口暴露Cr(Ⅵ)的急性毒性相对较大。雄性大鼠经口暴露重铬酸钾、重铬酸钠、重铬酸铵和铬酸钠等含Cr(Ⅵ)化合物的LD_{50}为23~28 mg Cr(Ⅵ)/kg；经口暴露三氧化铬LD_{50}为27~59 mg Cr(Ⅲ)/kg。急性经口暴露Cr(Ⅵ)后，动物实验中可观测到活动不足、流泪、腹泻、肺脏充血和胃肠道黏膜损伤等急性损伤效应指标，氧化应激、细胞凋亡和肝脏毒性等效应指标亦有部分报道[4]。

2.2.3.2 亚慢性、慢性毒性

NTP的2年大鼠与小鼠饮水染毒实验和Thompson等的大鼠与小鼠90天饮水染毒实验（F344大鼠，B6C3F1、BALB/c和C57BL/6小鼠）均证实了经口饮水暴露Cr(Ⅵ)存在亚慢性、慢性毒性，作用靶器官主要为小肠。小鼠亚慢性经口饮水暴露Cr(Ⅵ)在22 mg/L的剂量及以上可以观察到明显体重减轻在NTP 2007年的饮水染毒实验中，在更高剂量下进行为期4~30周的饮水染毒，小鼠和大鼠均可以观察到体重明显减轻[38-43]。

根据NTP的实验结果，染毒结束后，在小鼠、大鼠的十二指肠和空肠均可观测到病变，而且病变的发生率和严重程度与Cr(Ⅵ)暴露量具有剂量-反应关系。大鼠十二指肠出现最敏感的病变包括十二指肠的绒毛细胞凋亡、增生和组织细胞浸润，小鼠小肠部位病变除了上述与大鼠一致的十二指肠绒毛细胞凋亡、增生、组织细胞浸润等病变，还可观测到小鼠特有的十二指肠和空肠部位绒毛细胞质空泡化。根据染毒剂量和病理改变情况，Cr(Ⅵ)导致非肿瘤性病变的$LOAEL$分别是2.9 mg Cr(Ⅵ)/(kg·d)（大鼠）和2.6~4.6 mg Cr(Ⅵ)/(kg·d)（小鼠）。除了上述小肠部位的病理改变外，部分大鼠在经口饮水暴露22 mg/L Cr(Ⅵ)染毒条件下出现肝、胰淋巴结组织细胞浸润，

350 mg/L Cr(Ⅵ)出现腺胃、骨髓等损伤；而在44 mg/L Cr(Ⅵ)饮水染毒的条件下，部分小鼠肠系膜淋巴结可观测到组织细胞浸润。Thompson 等[44]的90天饮水染毒实验从进行组织转录组学的角度，针对性地研究了经口暴露Cr(Ⅵ)致大、小鼠消化道损伤，同时观测到F344大鼠口腔黏膜损伤情况（图6-2）。

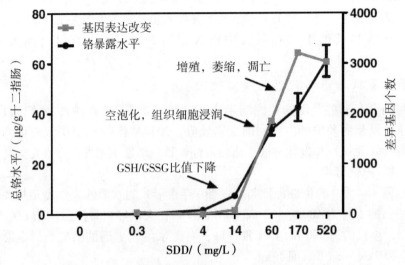

图6-2 病理改变与染毒剂量、时间关系示意[45]

另外，NTP关于Cr(Ⅵ)的饮食研究报告了短期Cr(Ⅵ)暴露的肝脏和血液学毒性，在高剂量暴露条件下可能诱导骨髓/红系细胞改变［表现在平均红细胞体积（MCV）和平均红细胞血红蛋白（MCH）的降低］和肝脏病变（表现在肝脏细胞胞质空泡化）[22]。

2.2.3.3 遗传毒性

关于Cr(Ⅲ)和Cr(Ⅵ)遗传毒性的研究较多，体内实验主要针对吸入性途径暴露，体外实验主要是Cr(Ⅲ)和Cr(Ⅵ)作用于人源呼吸道相关细胞系[46-47]。由于Cr(Ⅵ)的遗传毒性受众多因素影响，包括到达靶细胞的Cr(Ⅵ)量和与DNA结合的Cr(Ⅵ)量等，因此，Cr(Ⅵ)的遗传毒性评价需要谨慎。

Cr(Ⅲ)是否存在遗传毒性仍存在争议[25]，有研究[48]表明，Cr(Ⅲ)吸入暴露可以增加外周血淋巴细胞微核率及DNA-蛋白质分子交联的发生率，但可能存在其他化学物与Cr(Ⅲ)相互作用促进Cr(Ⅲ)吸收相关[25,49]。而对于经口暴露Cr(Ⅵ)的遗传毒性，研究认为Cr(Ⅵ)在体内还原过程中生成的中间体能与还原物质（如抗坏血酸、GSH等）、蛋白、DNA形成复合物，该复合物能被错配修复蛋白错误识别并加工引起DNA双链断裂导致遗传毒性。由于体外实验中抗坏血酸的活性较体内实验中低，85%以上的体外实验能获得Cr(Ⅵ)遗传毒性的阳性结果，而体内实验仅有约40%的研究能获得遗传毒性的阳性结果[25]。这也提示，在研究Cr(Ⅵ)遗传毒性时，从体外向体内外推时，需要慎重考虑经口暴露与Cr(Ⅵ)直接作用于细胞毒性之间外推的不确定性。

2.2.3.4 致癌作用

以2010年NTP的2年饮水染毒实验为代表的动物实验和部分人群研究均证明经口暴露Cr(Ⅵ)可导致大、小鼠小肠肿瘤的发生，具有一定的致癌风险。但是，目前尚无足够证据表明长期经口暴露 Cr(Ⅲ)的致癌作用。

在 180 mg/L Cr(Ⅵ)饮水暴露染毒条件下，大鼠口腔黏膜鳞状细胞癌、口腔黏膜或舌部鳞状细胞癌或乳头瘤的发病率升高。小鼠十二指肠和空肠部位良性/恶性肿瘤的发病率与染毒剂量之间具有剂量反应关系，其中，十二指肠肿瘤发病率最高[50]。但由于上述研究结果是基于高剂量长期饮水染毒得出的，后续研究进行为期 9 个月至 1 年的 5～25 mg/L Cr(Ⅵ)低剂量饮水染毒实验并未观察到肿瘤形成及组织器官病理改变[51-52]。考虑到物种间差异及高剂量外推人群低剂量暴露的不确定性、铬暴露缺乏的特征病理改变以及实验研究设计本身存在的诸多限制，导致当前经口暴露安全限值仍存在争议，有待进一步研究。

在毒性测试的染毒剂量范围内，目前关于 Cr(Ⅲ)经口暴露相关毒性和致癌性资料较少，可能与经口暴露 Cr(Ⅲ)的吸收率低有关[53]。

2.2.3.5 生殖毒性和发育毒性

经口暴露 Cr(Ⅵ)的生殖毒性研究报道较多，实验对象多为灵长类动物、啮齿类动物等。对雄性猕猴进行 180 天 Cr(Ⅵ)饮水染毒实验[54]，得出 Cr(Ⅵ)引起生殖毒性的 LOAEL 是 2.1 mg/(kg·d)，观察到的生殖毒性效应包括附睾的组织病理学改变、睾丸质量降低、精子数量减小（25%）、精子活动性降低等。对家兔进行 70 天重铬酸钾灌胃染毒研究[55-56]得出了接近的 LOAEL[2.6 mg/(kg·d)]，毒性效应包括血浆睾酮降低（20.8%）、精子数量减少（18%）、总活动精子减少（34%）和死精比例增加（24%）。同时，在啮齿动物中也可观察到生殖系统功能损害，雄性大鼠的 LOAEL 为 20～45 mg/(kg·d)，雌性小鼠 LOAEL 为 46～120 mg/(kg·d)，表现为胚胎吸收增加、着床前/后丢失增加、胎盘质量减少、成熟卵泡数量减少，以及不同成熟阶段卵泡数目减少等[22,57]。同时，Soudani 等[58-59]研究发现大鼠亲代妊娠期和哺乳期饮水暴露高剂量 [245 mg/L 或 9.2 mg/(kg·d)] Cr(Ⅵ)可导致子代体重降低、骨骼生长发育迟缓、卵巢发育障碍、类固醇和垂体激素合成障碍、青春期后移等。少部分经口暴露 Cr(Ⅲ)生殖毒性研究显示其对精子生成具有毒性作用，但是证据仍不充分。

2.2.4 经口暴露 Cr(Ⅵ)全球、中国公共卫生人群流行病学研究及疾病负担

现有关于经口暴露 Cr(Ⅵ)对人体的毒性效应影响因素的研究主要关注于胃酸条件、饮食习惯、饮水频率、外源药物摄入等因素改变对胃内还原过程的影响。另外，职业暴露 Cr(Ⅵ)作为暴露 Cr(Ⅵ)的重要途径之一，已有大部分针对职业人群的流行病学研究共同提供了经口暴露 Cr(Ⅵ)人群流行病学研究数据，揭示了经口暴露 Cr(Ⅵ)带来的疾病负担。

Cr 相关致死性事件大部分由急性 Cr(Ⅵ)暴露引起。摄入 1g Cr(Ⅵ)即可致死，儿童和成人的致死剂量为 4.1～357.0 mg/kg。急性 Cr(Ⅵ)中毒症状包括胃肠道、呼吸道、肝脏和肾脏损伤，以及严重低血容量所致的心血管衰竭、脂肪变性，均与摄入铬酸盐的

量存在显著的剂量 – 反应关系[46];而在低于 4 mg/d 的 Cr(Ⅵ)剂量摄入情况下,未观察到明显的临床改变和健康损伤效应[60]。

已有部分回顾性流行病学研究环境水平 Cr(Ⅵ)暴露与人类肿瘤发生风险增加之间的关系,但是由于研究类型与数据及研究设计上的局限,无法确定个体实际暴露水平,分析和结果可能存在偏倚,目前仍未有足够强有力证据表明长期低剂量饮水暴露 Cr(Ⅵ)导致人体组织损伤、致癌效应之间的因果关系。Neri 等发现在土壤受到铬和其他重金属污染的区域,口腔癌患者的平均血铬浓度 [(0.795 ± 0.260) μg/L] 比非癌症居民 [(0.440 ± 0.392) μg/L] 高出约 2 倍[54,61]。张建东等[53]和 Beaumont 等[59]通过对锦州铁合金厂周边地区的铬污染情况进行调查研究,发现以含 Cr(Ⅵ)浓度达 20 mg/L 地下水作为生活饮用水来源的村民出现口角糜烂、腹泻、腹痛、消化不良、呕吐等症状,以及白细胞计数、中性粒细胞中幼稚型细胞偏高等指征,该地区居民全肿瘤死亡率、胃癌死亡率和肺癌死亡率均高于当地平均水平。同时,已有生态学研究[62]对希腊 Oinofita 工业污染区人群肿瘤死亡情况进行调查,发现该地区人群的全因标准化死亡率 (standardized mortality ratios, SMR)、全肿瘤 SMR、原发性肝癌 SMR、女性肺癌、肾癌及其他泌尿生殖器官 SMRs 均显著高于其他地区人群。但是,Kerger 等[63]对锦州地区流行病学调查原始数据进行二次评估后,并未发现铬污染地区和未污染地区的全肿瘤死亡率、胃癌死亡率、肺癌死亡率的差异具有统计学意义。

Xu 等[64]采用环境监测、问卷调查和血样采集方法,检测地下水、空气和土壤中 Cr 浓度和反映氧化应激水平和 DNA 损伤指标如 MDA、GSH-Px、SOD、CAT 和 8-OHdG。但是机体氧化应激水平和 DNA 损伤程度多与经口暴露 Cr(Ⅵ)浓度相关,已有研究指出,经口饮水暴露剂量低于 0.5 mg/L Cr(Ⅵ)及总铬浓度低于 0.9 mg/L 时尚未观察到明显的健康损伤效应[65-66]。

Cr 化合物的吸入、经口和皮肤混合暴露可能导致某些个体的过敏反应;而 Cr(Ⅵ)经口暴露会促进敏感人群的皮肤炎症。目前暂未见研究报道经口暴露 Cr(Ⅲ)引起的血液毒性、神经系统毒性[15]。

3 经口暴露 Cr(Ⅵ)人群暴露评估及检测技术

3.1 国际上和中国食品中 Cr(Ⅵ)监测数据

食品是人群经口暴露 Cr(Ⅵ)的主要来源之一,而不同类型的食品总铬含量存在较大的差异。近些年来,关于食品、饮水中铬含量的调查日益增多,其中肉类、乳制品、面包和茶作为经口暴露铬的主要来源而被广泛研究[1]。但是,目前各国标准中仅对食品中总铬含量做出限制，尚未对Cr(Ⅵ)含量做出一定的规范。根据《中国食品安全国家标准（GB 2762—2017）》中对总铬的限值规范，生乳、调制乳等乳饮品总铬含量应低于0.2 mg/kg，新鲜蔬菜应低于0.5 mg/kg，其余谷物类、肉制品、水产、豆类及其制品应低于0.5 mg/kg。目前，对中国各地区食品、饮用水中总铬或Cr(Ⅵ)含量检测的研究较少，仅有部分关于广州地区、武汉地区的超市和肉菜市场中各类食品、兽用饲料中总铬含量检测结果（表6-1）[67-68]。美国EPA对食品中总铬含量亦有明确规定，但是尚未对Cr(Ⅵ)含量限值制订规范。基于美国EPA显示数据及近几年文献报道数据，表6-2和表6-3对食品中总铬和Cr(Ⅵ)含量进行了汇总。

表6-1 广州地区、武汉地区食品中总铬和Cr(Ⅵ)含量部分检测结果

地区名称	样品名称	含量范围/（mg/kg）
武汉地区	粮谷类	2.00 ± 0.83
	豆类、坚果类	2.78 ± 0.44
	根茎类	1.50 ± 0.39
	蔬菜类	1.11 ± 0.52
	水果类	0.86 ± 0.48
	肉类	316.51 ± 135.62
	蛋类	1.68 ± 0.50
	奶类	0.64 ± 0.21
广州地区	汤料	1.25 ± 0.34
	果酱	1.49 ± 0.21
	胶质糖果	0.86 ± 0.37
	果冻	0.92 ± 0.32
	口香糖	0.68 ± 0.24
	脆皮香肠	0.94 ± 0.13
	牛肉丸	1.97 ± 0.58
	猪肉丸	1.83 ± 0.45
	果汁	0.72 ± 0.24
	酸奶	1.32 ± 0.43
	捞面	0.71 ± 0.51
	水饺	1.95 ± 0.34

表6-2　多种美国食品中总铬含量

样本	平均浓度/（μg/kg）
新鲜蔬菜	30～140
冷冻蔬菜	230
罐头蔬菜	230
新鲜水果	90～190
加工类水果	510
乳制品	100
鸡蛋	60～520
鱼（整条）	50～80
鱼（可食用部分）	<100～160
肉类及鱼类	110～230
海鲜产品	120～470
谷类及麦片	40～220
精制糖	<20

表6-3　多种美国食品中Cr(VI)浓度总结[69]

食品种类	Cr(VI)浓度
牛奶及乳制品	
超高温灭菌乳	0.15～1.20 μg/L
牛奶	0.61～1.44 μg/L
奶粉	<10～75 μg/kg
乳制品、面粉、巧克力、水果、肉类、鱼类、蛋类、饮料	低于检出限
真菌	
蘑菇	<0.0085～0.5800 mg/kg
豆类	
红豆	低于检出限
面包谷物类食品	
面包	白面包＜5.40～18.80 μg/kg，整块面包＜5.60～19.70 μg/kg
全麦面包、早餐麦片	41.0～470.4 μg/kg
饮料	
茶叶	低于检出限
红茶、绿茶、草药茶	0.025～1.750 mg/kg（溶出部分）
茶叶、混合茶叶	3.39～4.41 μg/L

续表 6-3

食品种类	Cr(Ⅵ)浓度
印度茶混合	低于检出限
其他	
烟草、茄子	低于检出限
醋	(3.30 ± 0.11) μg/L
可食用动物油（牛、鱼）	低于检出限
植物	0.09 ~ 0.59 mg/kg
鱼类、白乳酪、牛肉、红茶、熟小麦	低于检出限
苹果、西芹、小麦、西葫芦、椴梓	低于检出限

3.2 国际上和中国人群经口内暴露水平检测生物标志物和监测数据

由于消化道对 Cr(Ⅲ) 吸收率很低，大多数 Cr(Ⅲ) 随粪便排出体外，生物样本中铬含量仅轻微增加，目前常用的检测铬暴露的生物标志物包括尿铬、血铬、发铬等[70]。进入体内的 Cr(Ⅲ) 代谢迅速，半衰期为 10 ~ 40 h[14]，以半衰期为 40 h 计算，暴露后 7 天内 95% 摄入的 Cr(Ⅲ) 可排出人体，从而使体内 Cr(Ⅲ) 含量水平恢复日常水平[71]。因此，血铬以及尿铬水平只能反映近期 Cr(Ⅲ) 暴露情况。相比之下，Cr(Ⅵ) 在血液中的保留时间更长，Cr(Ⅵ) 在机体中代谢半衰期为 25 ~ 35 天，Cr(Ⅵ) 入血后易进入红细胞，因此红细胞内的铬含量能更敏感地反映人体 Cr(Ⅵ) 暴露水平[72]；尿铬含量能较好反映近 1 ~ 2 天的 Cr(Ⅵ) 暴露情况[70]。但是上述指标均仅能反应人群暴露总铬水平，尚不能明确检测区分 Cr(Ⅲ) 和 Cr(Ⅵ) 实际内暴露水平。人体血液、尿液、头发、指甲等生物样本中可以检测到少量 Cr(Ⅲ)，血铬为 0.01 ~ 0.17 μg/L[73]，尿铬为 0.24 ~ 18.00 μg/L[74]，发铬为 0.234 mg/kg[75]，但是无法区分 Cr(Ⅲ) 的来源。根据基于已有人群流行病学数据，中国一般人群体内血铬平均水平为 1.19 μg/L，尿铬平均水平为 0.53 μg/L[76]。已有研究根据美国人群膳食调查和环境、食品中铬含量的监测，估算普通人群每天经呼吸道摄入量低于 0.2 ~ 0.6 μg，经饮水每日摄入量低于 4 μg，美国一般人群日常饮食铬摄入总量范围为 25 ~ 224 μg，平均摄入 76 μg，尚未超出 WHO 设定的铬饮食推荐量。但是目前我国缺乏相关监测数据，较难估算人群日常暴露范围。铬进入机体后造成的组织脏器损伤缺少特异性，目前缺乏科学可靠的生物标志物来评价毒性效应水平。

3.3 不同环境介质中铬含量的检测技术

1998 年，ISO 制定了两种检测水中总铬含量的技术规范方法：火焰原子吸收光谱法和电热雾化原子吸收光谱法。测定生物或环境样本等不同环境介质中铬浓度技术迅速发展，已有可用于定量总铬含量及区分 Cr(Ⅲ) 和 Cr(Ⅵ) 的检测技术，正逐步应用于饮用水、土壤、食品等多种环境介质中铬含量的检测中。

3.3.1 环境、食品样品前处理方法

环境、食品中总铬和Cr(Ⅵ)稳定存在依赖恰当的保存方法或脱氯步骤。美国 EPA 指出，在样本经过硝酸酸化后浑浊度大于 1 NTU 时，样本需要进行硝酸消解；同时，美国第三非管制污染物监管规则（The Third Unregulated Contaminant Monitoring Rule，UCMR3）规定了总铬、Cr(Ⅵ)检测的特别要求，UCMR3 规定所有样本检测总铬和Cr(Ⅵ)含量时，均需通过硝酸温和加热（即热消化）来溶解样本，并保存在2%硝酸中。

但是，进行 Cr(Ⅵ)含量测定时，为保持 Cr(Ⅵ)存在形态，避免价态转换，美国 EPA 提出要求样本应保存在 pH 8.0 以上的含氯缓冲液中[77]。但是在测定样品中的总铬过程中，可能会受到样品中铁离子的影响，从而使样品中可溶性铬吸附至氢氧化铁固体颗粒或与氢氧化铁晶体结合，使得测定结果不准确。在这种情况下，仅进行过滤和酸化过程不能达到回收总铬的目的，因此，在前处理进行加入羟胺或利用微波辅助酸消化以增加回收总铬的量[78]。

3.3.2 不同环境介质中总铬含量的检测方法

样本中总铬含量主要包含了其中溶解和悬浮组分中 Cr(Ⅲ)和Cr(Ⅵ)及其余处于过渡价态的铬离子的总浓度，目前已有的检测方法主要是通过测定总可回收的铬量对样本中总铬含量进行定量分析。

对于样本中溶解铬的检测，溶解铬经过滤后用硝酸调节 pH 至 2.0 以下后可进行测定或保存。而测定溶解和悬浮部分的总铬时，样品无须过滤，只需硝酸酸化使悬浮部分溶解。

在样本进行酸化消解后，主要使用电感耦合等离子体–原子发射光谱法（ICP-AES）、电感耦合等离子体–质谱法（ICP-MS）或石墨炉原子吸收光谱法（GFAA）对样品的总铬含量进行分析（表6–4）[79]。

表6–4 美国 EPA 对不同环境介质中总铬含量的检测方法及检出限规范[79]

方法名称	检出限/(μg/L)	参考资料	机构/年份
轴向观测电感耦合等离子体原子发射光谱法	0.2	Method 200.5 Rev. 4.2	EPA，2003b
电感耦合等离子体原子发射光谱法	4	Method 200.7 Rev. 4.4	EPA，1994a
电感耦合等离子体质谱	0.08～0.20	Method 200.8 Rev. 5.4	EPA，1994b
石墨炉式原子吸收光谱法	0.1	Method 200.9 Rev. 2.2	EPA，1994c
电热原子吸收光谱	0.1	SM 3113B	APHA 等，1992、1995、2005、2012
电感耦合等离子体原子发射光谱法	7	SM 3120B	APHA 等，1992、1995、1998、2005、2012

3.3.3 不同环境介质中Cr(Ⅵ)含量的检测方法

由于Cr(Ⅲ)和Cr(Ⅵ)可以相互转化,检测结果的准确性不仅取决于检测方法的检出限,更加取决于样品前处理的质量及样品中氧化剂或还原剂的存在情况。因此,在检测Cr(Ⅵ)含量的情况下,样本前处理方法和质量控制显得至关重要。EPA规定进行Cr(Ⅵ)含量检测的样品须保存在硫酸铵/氨水缓冲液或碳酸钠/碳酸氢钠/硫酸铵固体配制成pH>8的缓冲液中,并在14天之内及时进行检测。

根据环境监测数据,各国各地区饮用水中的Cr(Ⅵ)含量均为痕量,且较少出现超出限值的情况。因此,目前美国EPA规定应用离子色谱结合柱后衍生和紫外可见检测法或ICP-MS法测定饮用水中痕量Cr(Ⅵ)。该方法基于EPA Method 218.6进行改进,利用离子色谱系统的两套不同洗脱液(硫酸铵/氨水、碳酸钠/碳酸氢钠)进行检测,对Cr(Ⅵ)检出限为0.004 4~0.015 0 μg/L。

除了上述EPA规定的检测方法,其余检测样品中的Cr(Ⅵ)的方法还包括二苯碳酰二肼(diphenyl carbazide,DPC)比色法、在线高效液相色谱-电感耦合等离子质谱联用(HPLC-ICP-MS)及X线成像技术。上述技术对检测的组织或环境样本均有一定的限制,可应用于不同领域的研究中(表6-5)。

表6-5 现有的不同样品中Cr(Ⅵ)的检测方法及应用情况

检测方法	适用介质	检测范围	优点	限制
二苯碳酰二肼显色法(EPA Method 7196A & 7199;中国GB7467—87)	饮用水、地表水及工业废水	0.04~5.00 mg/L	操作简便、成本较低	敏感性不佳,检出范围为0.5~50.0 mg/L,需在酸性溶液下进行检测,导致Cr(Ⅵ)还原为Cr(Ⅲ)
在线高效液相色谱-电感耦合等离子质谱联用(EPA Method 6800 & 3060)	饮用水、地表水、工业废水、血浆样本、胃酸样本、食品添加剂、食品包装材料	0.19~200.00 μg/L Cr(Ⅵ)检出限为0.02 μg/L;Cr(Ⅲ)检出限为0.05 μg/L	可选择合适的流速以控制ICP-MS信噪比;联用价态同位素稀释法定量追踪Cr价态区分及价态转换;灵敏度高	昂贵(商业化同位素、阴离子交换柱及其保养等);价态同位素稀释法技术尚未成熟应用于生物样本

续表6-5

检测方法	适用介质	检测范围	优点	限制
基于X线成像技术：X线荧光光谱、X线吸收光谱、X线吸收近边结构联用显微镜	多用于生物组织细胞样本、环境中固态样本（如土壤、矿物质、底泥、颗粒物等）	Cr(Ⅵ)检出限为3 μg/L	不破坏生物组织本身结构，联用激光消融ICP-MS可定位Cr价态分布和组成	仅半定量，存在X线对组织、细胞穿透能力有差异

3.4 目前已有的Cr(Ⅵ)暴露限值及法律规范

目前已有关于经口暴露Cr(Ⅵ)的暴露限值和规范主要由美国EPA提出，经口暴露Cr参考剂量（reference dose，RfD）是基于1958年为期一年的大鼠饮水高剂量Cr(Ⅵ)染毒实验未观测到有害效应NOAEL，即Cr(Ⅵ)为0.003 mg/(kg·d)，Cr(Ⅲ)为1.5 mg/(kg·d)；饮用水中总Cr参考剂量0.1 mg/L。但是该标准提出时间较早，采用的染毒剂量较高，尚不能真实反映人群实际暴露剂量范围可能面临的风险，亟待更新和修正。而在中国，暂时无国家标准对饮用水中或其他环境介质中Cr(Ⅵ)含量限值做出的规范，已有法律法规仅针对总铬含量限值进行规范，因此在中国进行经口暴露Cr(Ⅵ)限值规范的制定，具有较重大的现实意义。目前美国和中国正在使用的总铬和Cr(Ⅵ)含量限值标准见表6-6。

表6-6 饮用水中Cr暴露限值及法律规范

检测值及标准	美国	中国
饮用水污染情况	0.001 mg/L（美国EPA，平均浓度，2017）	0.002 mg/L（广东CDC，广东省，2012）
饮用水Cr(Ⅵ)浓度标准	0.10 mg/L（美国EPA，MCL，1991）	0.05 mg/L［中国《生活饮用水标准（GB 5749—2006）》，2006］
每日经口摄入Cr(Ⅵ)剂量	0.003 mg/(kg·d)（美国EPA，RfD，1998）	0.050 mg/(kg·d)（WHO & 中国预防医学科学院建议值，2002）

注：MCL，maximum concentration level，最大浓度限值。

4 应用MOA/AOP框架揭示经口暴露Cr(Ⅵ)毒作用机制

基于MOA/AOP框架对经口暴露Cr(Ⅵ)毒作用机制进行研究主要包括两个方面：一

方面，经口暴露Cr(Ⅵ)进入人体后的毒代动力学研究，利用已有实验数据结合PBPK模型和计算毒理学模拟等方法探索Cr(Ⅵ)进入人体的ADME过程及对其毒性的影响作用；另一方面，建立并完善已有经口暴露Cr(Ⅵ)导致人体不良健康结局的MOA或AOPs，揭示Cr(Ⅵ)到达作用靶器官因分子相互作用致机体不良健康结局发生的关键分子事件，识别早期分子标志物。

4.1 毒代动力学研究

4.1.1 经口暴露Cr(Ⅵ)的PBPK模型建立流程

基于已有的生理学、生物化学、解剖学等知识，模拟机体循环系统的血液流向将各组织或器官相互联结，遵循质量平衡（mass balance）原理建立Cr(Ⅵ)的PBPK模型，可定量描述经口暴露Cr(Ⅵ)吸收、分布、代谢、排泄等关键生化过程。生理药效动力学（physiologically based pharmacodynamics，PBPD）模型通过数学模型描述经口暴露Cr(Ⅵ)剂量与组织改变之间的关系，以及最终导致的不良生物效应。目前，PBPK/PBPD模型日益成熟，能较精确地预测一或多种化学物质暴露后到达靶组织的潜在毒性浓度，从而建立剂量-反应关系定量描述生物有效剂量与毒性终点之间的关系，达到风险评估的目的。在高剂量向低剂量及物种间外推时，通过PBPK/PBPD模型获得RfD值相比于利用不确定性系数获得的参考值更有意义。

建立化学物PBPK模型分为以下四个步骤，即模型表示、模型参数化、模型模拟、模型验证。以经口暴露Cr(Ⅵ)为例，特定化学物PBPK模型需要对化学物质的特定物化参数、物种特异性生理及生物参数进行估计，而后将获得的参数用一组微分方程或代数方程来表示，描述该药代动力学过程。通过求解微分方程和代数方程，对组织剂量进行预测，结合计算机算法进行模型验证并评价模型的不确定性及敏感性。尽管PBPK模型具有使用房室结构和数学表达式较大程度简化了生物系统的复杂性的优势，但是要对化学物质的ADME过程进行充分描述，由于许多生物过程无法通过实验获得准确数据，简化过程会增加不确定性。因此，除了反复考察模型所依赖生物背景的准确性，恰当的模型验证方法及评价体系对于获得合理可靠的PBPK模型也相当重要。

4.1.2 现有的经口暴露Cr(Ⅵ)的PBPK模型

20世纪90年代开始，随着对Cr(Ⅵ)进行的动物及人体暴露实验数据日渐丰富，已有表征Cr(Ⅵ)在机体ADME过程的多个PBPK模型陆续被开发和应用。如O'Flaherty于1993、1996[80]、2001[81]年开发的PBPK模型；以及目前常用于风险评估中的C. R. Kirman于2012[31]、2013[32]和2017年[82]开发的经口暴露PBPK模型。以下重点介绍C. R. Kirman团队于2012、2013和2017年开发的经口暴露Cr(Ⅵ)的PBPK模型及其在风险评估中的应用（图6-3）。

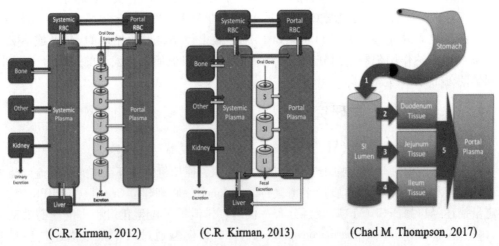

图6-3　2012、2013和2017年经口暴露Cr(Ⅵ)的PBPK模型示意

4.1.2.1　经口暴露Cr(Ⅵ)的大、小鼠PBPK模型(C. R. Kirman, 2012)及人PBPK模型(C. R. Kirman, 2013)

C. R. Kirman于2012、2013年建立的PBPK模型是由多个腔室构成,包括口腔黏膜、胃肠道腔室、前胃/胃、小肠、血液、肝、肾、骨和其余组织。2008年NTP公布的研究结果表明,长期暴露于含有高浓度Cr(Ⅵ)的饮用水会导致小鼠小肠肿瘤发生。因此,在风险评估中,在啮齿动物和人类上消化道中Cr(Ⅵ)的毒代动力学(toxico kinetics,TK)过程在评估内暴露剂量时起到了重要的作用。

2012年,C. R. Kirman等为了建立啮齿动物模型,通过收集动物胃液进行离体实验获得的Cr(Ⅵ)还原数据,并对胃腔进行单独建模,拟合模型提示啮齿动物胃液中Cr(Ⅵ)还原过程为pH依赖的二阶动力学过程。组织中总铬含量随时间变化的数据来源于大、小鼠饮水暴露0.1~180.0 mg/L Cr(Ⅵ)7天及90天组织样本定量检测结果[83],而组织中Cr(Ⅲ)和Cr(Ⅵ)含量随时间变化的数据则来源于NTP公布的2年饮水暴露实验结果[22,50]。在模型验证阶段使用了大鼠和小鼠饮用水暴露重铬酸钾21天的数据集[22]。模型建立后,通过调整模型参数赋值(改变浮动为±5%)进行敏感性分析,确定对模型贡献度排名前10的参数,纳入最终模型。该模型在一定程度上能够较好地描述经口暴露Cr(Ⅵ)的TK过程,模型预测约90%的大鼠数据点和80%的小鼠数据点在可接受误差范围内。预测结果提示:①铬在肠组织中的分布存在物种差异,小鼠小肠组织中Cr(Ⅵ)浓度明显高于大鼠,这与小鼠小肠肿瘤的发生风险较高相一致。②铬在肠组织中的浓度为十二指肠>空肠>回肠,这与在小鼠小肠不同部位观察到的肿瘤发生率一致。③基于红细胞与血浆中铬比值提示只有当饮水暴露Cr(Ⅵ)剂量大于60 mg/L时,Cr(Ⅵ)才能进入啮齿动物门脉系统参与血液循环。然而该比值存在一定局限性,在Cr(Ⅲ)暴露及低剂量Cr(Ⅵ)暴露时该比值小于1,高剂量Cr(Ⅵ)暴露时比值大于1。

C. R. Kirman等于2013年建立的人PBPK模型是在啮齿动物模型基础上开发的,研究人员参照啮齿动物模型的建立方法,收集人体禁食状态的胃液样本对Cr(Ⅵ)还原过程进行体外模拟，建模表征该过程，并收集已发表文献中总铬在人体组织、排泄物中的TK数据，使用Finley等[84-85]的数据集进行模型验证。通过每次调整模型参数值（改变浮动为±5%）进行灵敏度分析以筛选出敏感参数纳入最终模型。但受限于人体胃液样本的单一性、人体饮水暴露频次和习惯的多样性及胃肠消化道的复杂性，该模型对人体实际经口饮水暴露Cr(Ⅵ)的预测效能仍然受到限制。

加拿大EPA在2016年发布的《加拿大饮用水指南》中应用了该模型进行风险评估[4]。基于大多数人群饮用水频次和习惯，对饮水暴露时机提出了以下3种假设：①每天三餐期间有3次暴露事件（进食状态），三餐之间有3次暴露事件（禁食状态）；②6次暴露事件均发生在进食状态；③6次暴露事件均发生在禁食状态，而这个假设基于当前证据提示对机体而言暴露风险最大。另外，基于动物不良结局估算人体暴露风险需要适当的外推方法。针对Cr(Ⅵ)而言，常用的外推方法有两种，即基于物种间幽门通量（指每天流经胃幽门端的总铬量与小肠腔内容积的比值）或小肠通量（指每天进入小肠上皮中的总铬与小肠腔内容积的比值）相等的这一假设将内暴露剂量进行物种间外推[86]。由于幽门通量主要受到胃机械性蠕动、胃液还原的影响，外推过程中所受不确定因素影响较小，因此，幽门通量在物种间外推可信度更高。实际运用中，基于两者外推获得的人体等效暴露剂量（human equivalent dose，HED）并无明显差别。

该模型用于Cr(Ⅵ)风险评估中不确定性的主要来源有以下几点：①该模型未考虑Cr(Ⅵ)在小肠组织中的毒性作用，如增生、绒毛结构改变。②Cr(Ⅵ)在胃液中的还原过程除了还原物质本身的作用，也要充分考虑胃液中其他组分的共同作用。③由于缺乏人体胃肠道组织对Cr(Ⅵ)还原能力的相关数据，用在红细胞中Cr(Ⅵ)的还原数据来替代其合理性有待考究。④基于有限数据进行简化的过程中，胃还原过程被建模为单个集中池，但是并不能全面地反映多种还原剂可能具有不同的还原速率和还原能力。⑤胃液pH依赖的Cr(Ⅵ)还原过程表征仅来源于单一混合样本结果，缺乏可信度，外推至特殊人群（如婴幼儿、老人、质子泵抑制剂使用人群）的暴露风险时其不确定性将大大增加。

4.1.2.2 经口暴露Cr(Ⅵ)的大、小鼠及人PBPK模型（C. R. Kirman，2017）

Schlosser与Sass等2014、2015年的模型[87-88]着重解决先前模型中的后两个问题，在C. R. Kirman 2013年的模型中加入了对pH依赖的胃还原过程机制性的描述，假设了在不同pH状态下的电离平衡差异会影响消化液中Cr(Ⅵ)的相对丰度，且还原速率常数不随消化液稀释而发生改变。该模型中胃还原过程并非单个集中池，而由三个通用池来代替（第一池为初始池，反应快，还原物消耗迅速，还原能力易达到饱和；第二池反应速率减慢，还原物耗竭慢；第三池反应十分缓慢，还原能力无饱和状态），从而描述多种还原剂（如抗坏血酸、NADH和GSH）的作用以反映胃肠道还原过程的多样性[23,89]。利用Schlosser及Sass建立的模型预测可知，大鼠和小鼠胃液对Cr(Ⅵ)的还原能力会大幅下降但不会完全丧失；在拟合人体数据时，由于纳入pH的影响而重新优化单池模型参数，拟合度显著提高。虽然Schlosser及Sass建立的模型提高了原来模型的预测效能，但C. R. Kirman于2012、2013年开发的模型预测低剂量暴露时的结果在可接受的误差范围内，因此目前美国EPA及加拿大卫生部（Health Canada）仍沿用基于C. R. Kirman模型得出的结果提出的健康指导值。此外，两个模型预测的 HED 均在同一数量级内，但是 C. R. Kirman 模型在 pH 值为 2.5 时预测结果更保守，而 Schlosser 及 Sass 模型在 pH 值为 5 时预测结果更保守。

2017 年，C. R. Kirman 在 Schlosser 与 Sass 的 2014、2015 年模型的基础上进一步优化以更好地反映经口暴露后胃肠道内的毒代动力学过程。优化主要体现在以下几点：①还原模型分别描述了禁食及进食状态下 Cr(Ⅵ) 转变为 Cr(Ⅲ) 的 pH 依赖性还原过程；②饮水暴露模式优化，充分表征暴露频次对内剂量的影响；③优化模型参数以表征 Cr(Ⅵ) 在潜在的敏感人群（婴幼儿、老人、质子泵抑制剂使用者）中的 TK 过程。该模型通过对造成种间差异及不确定性来源的关键因素造模，为表征 Cr(Ⅵ) 在体内的 TK 过程提供强有力的依据。

4.1.3 整合机制学和毒代动力学信息推导 Cr(Ⅵ) 经口推荐剂量（RfD）和暴露边界值（MOE）

目前，美国 EPA 基于 1958 年大鼠饮水暴露 Cr(Ⅵ) 实验中获得的 NOAEL［即低于 25 mg/L Cr(Ⅵ) 无可见有害作用］建立铬的口服 RfD 为 0.003 mg/(kg·d)，并对这一标准的可信度评定为"低"等级。2008 年 NTP 公布的大、小鼠长期饮水暴露实验结果提示当饮用水中 Cr(Ⅵ) 浓度高于 30 mg/L 时，对小鼠具有致癌效应。为了评估现有的 RfD 是否对健康有保护作用，可从以下三个步骤进行探究：①使用基于啮齿动物 PBPK 模型将经口暴露剂量转换至对应的内暴露剂量，建立外暴露-内暴露联系。②基于动物不同阶段损伤的毒性数据建立内暴露剂量与不同效应终点的剂量-反应关系并建立基准剂量（benchmark dose，BMD）模型以估算 $BMDL_5$ 或 $BMDL_{10}$ 作为物种外推的起点（point of departure，POD）。③基于幽门通量或小肠通量在物种间的一致性进行物种外推，并利用人 PBPK 模型来估计正常人群或敏感人群达到相同的内暴露剂量时每日接触的外暴露剂量［mg/(kg·d)］[90]。Cr(Ⅵ) 诱导小鼠肠肿瘤作用机制的研究更支持肠损伤和肠上皮慢性弥漫性增生存在阈值[91]。因此，建立的模型可参考肠上皮弥漫性增生（或其他非癌症结局）发病率的数据来获得 RfD 值，从而获得比较可信、安全的 RfD 值用于风险管理。

EFSA 提出针对具有遗传毒性和致癌性的物质进行风险描述可采用暴露边界值（margin of exposure，MOE）法，将动物不良结局（如肿瘤发生）作为效应终点建立 *BMD* 模型，获得 $BMDL_{10}$ 与人体实际每天暴露接触量均值（Exposure）或 95% 上限的比值，即 $MOE = BMDL_{10(动物)}/Exposure_{(人)}$。对于 Cr(Ⅵ) 进行 MOE 分析，以大鼠口腔肿瘤作为效应终点获得的 $BMDL_{10(动物)}$ 最小，即 3.5 mg/(kg·d)。由于我国缺少饮用水中 Cr(Ⅵ) 监测数据，尚不能利用该方法对国人进行 MOE 分析。相对来说，美国 EPA 于 2017 年公布的饮用水调查数据提示，美国人群饮水暴露 Cr(Ⅵ) 的均值及 95% 上限分别为 0.001 mg/L 和 0.003 mg/L，根据美国人体暴露手册进行估算：80 kg 的健康成年人日均摄水量约为 2.5L，则美国人体日均暴露量为 $(3.1 \times 10^{-5} \sim 9.4 \times 10^{-5})$ mg/kg[92]。从而计算 *MOE* 值分别大于 100 000 和 30 000[93]，这提示对饮用水经口暴露 Cr(Ⅵ) 导致的健康风险无须过度关注。

4.2 毒效学研究

根据美国 EPA 的定义，MOA 是指以某种物质与细胞相互作用为起始事件，随后出现一系列功能上、解剖上的改变，最终导致肿瘤形成的一系列关键分子事件或过程[94]。因此，MOA 主要应用于 IARC 等机构对致癌物的致癌风险评估，常见致癌 MOA 包括致突变、抑制细胞死亡、细胞毒性伴修复性细胞增殖和免疫抑制等。应用 MOA 对经口暴露Cr(Ⅵ)致小肠肿瘤的过程进行描述可识别其可能作用的关键事件、敏感人群，同时确定 MOA 可为对长期低剂量经口暴露Cr(Ⅵ)的致癌风险外推提供有效工具[94]。在 NTP 2008 年的 2 年饮水染毒实验中，经口暴露饮水来源 20～180 mg/L Cr(Ⅵ)时可观测到小肠肿瘤、弥漫性小肠上皮增生等不良结局发生，并且呈现剂量-反应关系；部分人群流行病学研究发现短期经口暴露高浓度Cr(Ⅵ)可引起胃肠刺激症状、溃疡甚至贫血，长期低剂量暴露Cr(Ⅵ)会增加患消化道肿瘤的风险，但是证据力度不足。因此，目前认为经口暴露Cr(Ⅵ)导致的不良结局是小肠肿瘤发生。根据下文指出的 MIE 和 KE1 可知，经口暴露Cr(Ⅵ)到达靶器官小肠后，对组织细胞造成的损伤可能来自两个过程：① Cr(Ⅵ)与细胞内还原物质反应为Cr(Ⅳ)、Cr(Ⅴ)、Cr(Ⅲ)的过程中产生大量 ROS，导致细胞膜脂质过氧化、诱导细胞凋亡，表现为细胞毒性。② Cr(Ⅵ)、Cr(Ⅲ)与 DNA 发生共价结合，生成 DNA 加合物，诱导 DNA 双联交联断裂、DNA-蛋白质交联，或诱导基因突变，表现为遗传毒性[95]。因此，基于现有的体外细胞实验、动物实验及人群数据结果，根据早期 KEs 是否引起关键基因突变（如原癌基因 K-ras）[96]，现有的经口暴露Cr(Ⅵ)导致小肠肿瘤的 MOA 主要分为致突变和细胞毒性伴修复性细胞增殖这两类，但是这两类之间仍存在争议，下面将对细胞毒性 MOA 及遗传毒性 MOA 分别综述。

以下综述经口暴露Cr(Ⅵ)导致小肠肿瘤的 MOA 及其对应的 MIE、KEs、KER 和 AO，并利用 Bradford/Hill 原则（B/H 原则）评价现有证据的可信性，为后续完善 MOA 证据链条提供理论基础。

4.2.1 细胞毒性 MOA

经口暴露Cr(Ⅵ)导致小肠肿瘤细胞毒性 MOA 见图 6-4。

图 6-4　经口暴露Cr(Ⅵ)导致小肠肿瘤细胞毒性 MOA 示意

4.2.1.1　MIE：超出消化液还原能力的Cr(Ⅵ)被吸收进入小肠上皮细胞

（1）pre-MIE：部分Cr(Ⅵ)未被胃酸还原为 Cr(Ⅲ)。

结合Cr(Ⅵ)的理化特性及 ADME 过程，仅有Cr(Ⅵ)可通过小肠绒毛上皮细胞的硫酸根/磷酸根（SO_4^{2-}/PO_4^{3-}）离子通道，被动运输进入细胞内发挥毒性作用，在酸性条件下容易与还原物质发生氧化还原反应从而被还原为 Cr(Ⅲ)；而 Cr(Ⅲ)一般与大分子（如蛋白质、氨基酸）形成大分子复合物，仅不到 1% Cr(Ⅲ)通过被动扩散或胞吞进入细胞[97]。因此，能够进入细胞并且发挥毒性作用的Cr(Ⅵ)的量是影响Cr(Ⅵ)导致细胞毒性效应的关键因素。但是，由于胃酸产生量及其中还原物质（如抗坏血酸、GSH、亚铁离子等）的含量远高于日常经口摄入的食品、饮用水的量，食品、饮用水中Cr(Ⅵ)在经过口腔唾液，上消化道胃液、小肠液的作用后，80%～90%的Cr(Ⅵ)在胃酸中快速还原为Cr(Ⅲ)，其余未被还原的Cr(Ⅵ)可被肠道中分泌的半胱氨酸还原或被肠道菌群利用代谢，经口摄入Cr(Ⅵ)在肠道中吸收率少于0.4%～2.5%，肠上皮细胞吸收的Cr(Ⅲ)被结肠中肠道菌群代谢随粪便排出，达到胃酸还原解毒的目的。

但是，唾液、胃酸对Cr(Ⅵ)的还原解毒能力存在饱和现象，而且这种饱和现象在不同种属动物之间存在差异。NTP在对大小鼠2年经口饮水染毒Cr(Ⅵ)的实验中首次总结F344/N雄性大鼠和B6C3F1雌性小鼠腺胃组织中总铬含量分别于染毒14.3 mg/L重铬酸钠（SDD）[约为5 mg/L Cr(Ⅵ)]及57.3 mg/L SDD[约为20 mg/L Cr(Ⅵ)]剂量下出现显著上升，但是大小鼠饮水染毒Cr(Ⅵ)剂量和腺胃组织中总铬含量所呈现的剂量反应关系不完全一致[22,50]。Thompson等在90天Cr(Ⅵ)饮水染毒B6C3F1小鼠实验中发现，分别仅在高于60 mg/L SDD和14 mg/L SDD[约为20.94 mg/L和4.89 mg/L Cr(Ⅵ)]的浓度下持续染毒90天后，口腔黏膜组织和十二指肠组织、空肠组织中可检出总铬含量显著上升，并且组织中总铬含量呈现剂量-反应关系[98]。同时，该研究团队收集人群胃酸样本，构建Cr(Ⅵ)在人群胃酸中还原的数学模型，发现在单室模型中，胃酸还原Cr(Ⅵ)最大能力约为16 mg/L[23]。在上述研究中，低于唾液、胃酸等消化液饱和能力浓度的Cr(Ⅵ)尚未能观测到组织中铬显著增加。这些结果证明了唾液、胃酸等在经口摄入一定量Cr(Ⅵ)后还原能力达到饱和，超过唾液、胃酸还原能力的Cr(Ⅵ)才可在组织中蓄积且被检出。因此，Cr(Ⅵ)能否被小肠上皮细胞吸收进入细胞内及在细胞内发挥毒性作用，Cr(Ⅵ)的量是触发经口摄入Cr(Ⅵ)导致小肠肿瘤MOA的MIE的重要前提条件。

（2）Cr(Ⅵ)被吸收进入小肠上皮细胞。

根据上文所述，经口摄入饮用水或食物Cr(Ⅵ)主要以重铬酸根（$Cr_2O_7^{2-}$）形式存在，在人体唾液、胃酸、小肠液的环境下，Cr(Ⅵ)存在以下的形式转换：经过唾液、胃酸等消化过程后，Thompson等[99]指出在胃酸的酸性条件下（pH<3）Cr(Ⅵ)以H_2CrO_4的形式存在，进入肠道后（pH上升至6～7），Cr(Ⅵ)以CrO_4^{2-}的形式存在，结构上与细胞所需的SO_4^{2-}结构相近，且CrO_4^{2-}在磷脂膜和水相之间的分配系数也与SO_4^{2-}相近，因此Cr(Ⅵ)被吸收进入小肠上皮细胞主要通过竞争SO_4^{2-}/PO_4^{3-}离子通道这一方式。

在哺乳动物中，SO_4^{2-}/PO_4^{3-}离子通道以可溶性载体（soluble carrier，SLC）家族为主。已有研究[100]表明，Cr(Ⅵ)进入啮齿类小肠上皮组织的量受到*SLC4A*表达的调节，分布在啮齿类动物如大鼠、小鼠小肠组织中Cr(Ⅵ)膜转运SLC亚型主要为SLC4A1、SLC4A2，其中SLC4A2蛋白在小肠组织中表达比SLC4A1高。同时，Sara等[101]验证了Cr(Ⅵ)进入细胞可诱导SO_4^{2-}转运蛋白的表达，这一现象在酵母菌及其他需硫细菌中尤为重要，当大量Cr(Ⅵ)进入细胞后，在硫缺乏的情况下，具有SO_4^{2-}选择性的转运蛋白被诱导表达，细胞中SO_4^{2-}浓度增加，Cr(Ⅵ)浓度相对减少，毒性减弱。另外，种属动物、人类之间Cr(Ⅵ)通过小肠上皮细胞的SLC分型、分布密度及转运能力均不同，相较于啮齿类动物，人类转运Cr（Ⅵ）的SLC亚型为SLC13A1、SLC26A1、SLC26A2等，其中SLC13A1转运Cr（Ⅵ）能力受到pH影响较大，在小肠组织中分布较少[83]。结合已有的动物研究和人群研究，经口同等剂量Cr（Ⅵ）染毒后，小鼠小肠肿瘤发生率高于大鼠，且发生肿瘤所需时间短于大鼠，人群流行病学暂无有力证据证明长期低剂量经口暴露于Cr（Ⅵ）可增加胃癌、小肠肿瘤的风险。

在Thompson团队的研究中，染毒90天饮水染毒Cr（Ⅵ）处理小鼠后，只有在超过14 mg/L SDD（4.89 mg/L）Cr（Ⅵ）浓度下才可导致十二指肠组织中显著上升，低于该染毒浓度则无法检出显著的组织总铬含量上升；而超过60 mg/L SDD（20.94 mg/L）Cr（Ⅵ）浓度染毒后可引起小鼠十二指肠组织病理性改变（如空泡样变、组织细胞浸润等），低于上述浓度染毒也尚未能观测到明显病理性改变，表明在未有足够量Cr（Ⅵ）被吸收进入小肠上皮细胞时，尚不能认为可引起潜在的基因表达改变及组织病理损伤。

总的来说，进入小肠上皮细胞的Cr（Ⅵ），实际是以Cr（Ⅲ）的价态在细胞内发挥潜在遗传毒性和细胞毒性。因此，结合人体正常生理消化过程和Cr（Ⅵ）的理化特性、潜在毒性，要引起小肠肿瘤这一不良健康结局，需要满足以下两个先决条件：① 到达靶器官小肠的形式为Cr（Ⅵ）才可被小肠上皮细胞吸收［即pre-MIE：部分Cr（Ⅵ）未被胃酸还原为Cr（Ⅲ）］。② Cr（Ⅵ）进入小肠上皮细胞后被还原为Cr（Ⅲ）［即MIE：Cr（Ⅵ）被吸收进入小肠上皮细胞］。而条件②又以①为先决条件，因此，Cr（Ⅵ）被小肠上皮细胞吸收是始发经口暴露Cr（Ⅵ）导致小肠肿瘤MOA的关键分子事件，即MIE。

4.2.1.2　KE1：Cr（Ⅵ）在细胞内被还原成Cr（Ⅲ）

已有动物实验和体外实验证明，Cr（Ⅵ）进入细胞后，通过快速被还原为Cr（Ⅲ）发挥毒性作用。Cr（Ⅵ）进入细胞后，体内细胞中含有的还原物质（如抗坏血酸、GSH、半胱氨酸等）含量相较于进入小肠上皮细胞的Cr（Ⅵ）要高得多，在体内的状态下Cr（Ⅵ）进入细胞后被快速还原为Cr（Ⅴ）、Cr（Ⅳ）等中间体和终产物，即游离的Cr（Ⅲ），在还原的过程中产生过氧化物、超氧阴离子，羟基自由基、巯基自由基和活性氧ROS等，在该过程中消耗大量细胞内抗氧化剂，从而引起细胞内氧化剂和抗氧化剂失衡。根据Cr（Ⅲ）和Cr（Ⅵ）的生物学活性，Cr（Ⅵ）生物学活性较弱，不易与生物大分子发生交互作用；而Cr（Ⅲ）生物学活性较强，易与蛋白质、DNA等生物大分子共价结合形成加合物。

对分别饮水暴露Cr（Ⅲ）（以吡啶甲酸铬形式存在）与Cr（Ⅵ）（以SDD形式存在）180天的B6C3F1雌性小鼠的肝脏组织检测发现，Cr（Ⅵ）暴露小鼠肝脏组织中铬含量远高于Cr（Ⅲ）暴露小鼠肝脏组织（约为25倍以上）的，证明组织中可检出的中铬基本可认为均来自Cr（Ⅵ）。

已有大量研究表明，在大鼠肺、肝和肾组织中测得体内组织细胞中抗坏血酸、GSH含量基本一致，为$1 \sim 3$ μmol/L，Cr（Ⅵ）还原是通过多种还原物质共同作用完成的[57,65]。Zhitkovich等[18]发现体外培养细胞系中抗坏血酸含量显著小于体内组织细胞中抗坏血酸含量。Reynolds等[66,102]亦证明用Cr（Ⅵ）处理体外细胞后，在处理3 h和24 h后细胞内的Cr（Ⅲ）含量分别上升了10倍和100倍，呈现时间-效应关系。且目前已有的基于生物样本Cr（Ⅵ）检测的探针进一步证明，只有未被还原的Cr（Ⅵ）可进入细胞、被快速还原，并在细胞中有蓄积现象。由于细胞内 Cr(Ⅲ) 与细胞内 DNA、转铁蛋白等大分子结合，仅能通过胞吐的形式运出细胞，相当于有生物学活性的 Cr(Ⅲ) 被"捕获"蓄积在细胞中，在细胞中发挥持续的毒作用。因此，进入细胞后的 Cr(Ⅵ) 被还原为 Cr(Ⅲ) 为经口暴露 Cr(Ⅵ) 导致小肠肿瘤的 KE 之一。但是目前大部分实验数据来自体外培养细胞数据，其内含还原物质的量、活性与人体组织细胞存在差异，而人体在体或原代小肠组织细胞较难以获得，无法对 Cr(Ⅵ) 在人体细胞中的转化率及转化效率做出准确的推算。

4.2.1.3　KE2：小肠绒毛上皮细胞毒性（细胞毒性 MOA）

与其他重金属（如铅、镉等）类似，Cr(Ⅵ) 进入细胞后被还原成 Cr(Ⅳ)、Cr(Ⅴ) 等中间价态的过程中，参与 Fenton 反应形成大量 ROS 聚集在细胞中，与细胞内的抗氧化剂 GSH、半胱氨酸等形成硫基自由基从而消耗细胞内抗氧化剂，引起细胞氧化应激。由于经口暴露 Cr(Ⅵ) 靶器官是小肠，根据小肠肠腔及小肠上皮的解剖、功能特点，小肠绒毛上皮是 Cr(Ⅵ) 到达肠腔后首先接触的细胞类型，同时也发挥了小肠的吸收功能。长期、低剂量经口暴露 Cr(Ⅵ) 可引起靶细胞内持续的氧化应激，即诱导小肠绒毛上皮细胞的持续氧化应激，引起小肠上皮细胞膜脂质过氧化、潜在的细胞 DNA 损伤，诱导细胞凋亡，发挥细胞毒性作用。

Thompson 团队在 2010—2018 年进行的体外人结肠癌细胞 Caco-2 模型和动物的 Cr(Ⅵ) 染毒实验中均发现，在 Cr(Ⅵ) 处理后，细胞内 GSH/GSSG 比例和 GSH 含量显著下降，ROS 产生量显著上升，如在 B6C3F1 小鼠 7 天和 90 天饮水染毒实验中发现，在饮水染毒 14 mg/L SDD［4.89 mg/L Cr(Ⅵ)］后十二指肠组织 GSH/GSSG 比例均显著下降，饮水染毒 60 mg/L SDD（约为 20.94 mg/L）后十二指肠组织 GSH 含量显著下降，呈剂量-反应关系。但是同一剂量 Cr(Ⅵ) 染毒 90 天后十二指肠组织抗氧化剂含量较 7 天染毒并未严重下降，因此时间-效应关系不明显[10]。Jin 等[103]亦在 0.012 5～6.656 0 mg/L Cr(Ⅵ) 暴露下的小鼠小肠平滑肌细胞发现 ROS、NO 含量和 GSSG/GSH 比例随 Cr(Ⅵ) 剂量增加而上升。Kim 等用膳食暴露水平的 Cr(Ⅵ) 处理石头鱼 2 周和 4 周后，发现幼年石头鱼肝脏组织中超氧化物歧化酶（SOD）分别在 240 mg/kg 和 120 mg/kg 处理浓度下呈现显著上升的趋势，呈现时间-效应关系和剂量-反应关系。同时已有大量体外实验研究发现，用重铬酸钾、SDD、铬酸钾等体外处理人支气管上皮细胞 16-HBE、胃癌细胞 SGC-7901 细胞后，检测到细胞中 ROS 含量显著上升，呈剂量-反应关系[104]。类比经呼吸道吸入 Cr(Ⅵ) 明确导致肺癌的机制，氧化应激在其中亦参与重要过程，可诱导形成肿瘤慢性炎症环境，经口暴露 Cr(Ⅵ) 可引起小肠绒毛上皮不同程度的氧化应激，在长期低剂量暴露导致小肠肿瘤发生中可能存在作用。

过量产生的 ROS 可能与多种不同细胞损伤相关，包括氧化损伤、细胞周期停滞和细胞凋亡。Thompson 团队在 2011 年对 F334 大鼠和 B6C3F1 小鼠十二指肠组织进行转录组学分析发现，在短期染毒（7 天）早期扰动的细胞信号转导通路为细胞应激及损伤（包括 EIF2 信号转导通路、p38 MAPK 信号通路、HIF1α 信号通路等），重复剂量染毒（90 天）早期扰动的通路主要为细胞应激及损伤、细胞凋亡相关通路（包括维 A 酸介导凋亡通路、死亡受体信号转导通路）[105]；亦有体外实验证据表明，Cr(Ⅵ) 可通过激活

PI3K-Akt 信号转导通路诱导内质网应激和线粒体功能紊乱；同时可潜在引起相关细胞因子释放并且招募炎症细胞在小肠组织中聚集。

总结上述实验研究证据，Cr(Ⅵ)进入细胞后可引起细胞长期氧化应激，可能引起细胞凋亡和慢性炎症，表现为细胞毒性。长期、低剂量经口暴露Cr(Ⅵ)作用于小肠绒毛上皮细胞，细胞毒性作用主要表现为小肠绒毛上皮萎缩、变短和融合，早期病理表现为细胞空泡化、坏死。但是目前人群流行病学研究的资料仍欠缺，主要经口暴露Cr(Ⅵ)导致小肠绒毛上皮细胞细胞毒性实验证据来自NTP和Thompson研究团队的大鼠和小鼠饮水染毒实验。动物实验表明饮水暴露Cr(Ⅵ)2年后，大鼠、小鼠均可出现小肠上皮组织和肝脏组织细胞空泡化及组织炎症细胞浸润，小肠上皮组织绒毛细胞质空泡化发生率最高的是十二指肠肠段，且在同一染毒剂量下小鼠病理改变比大鼠严重。特别地，根据NTP 2年饮水染毒和Thompson团队2011年的经口饮水染毒Cr(Ⅵ)B6C3F1小鼠实验结果，细胞质内空泡化均是可最早观测到的小肠绒毛上皮细胞组织结构病理改变，因此可认为其是经口饮水染毒Cr(Ⅵ)最敏感的效应终点。一方面，随着暴露时间延长（分别是7天、90天、2年），可观测到十二指肠组织细胞质内空泡化的浓度逐渐降低，在这一系列动物实验中分别为170、60和14.3 mg/L SDD［即约为59.5 mg/L、20.94 mg/L和4.99 mg/L Cr(Ⅵ)］；另一方面，在同一暴露时间下，随着Cr(Ⅵ)剂量增加，十二指肠组织上皮绒毛组织细胞质内空泡化发生率也逐渐增加，呈现剂量-反应关系。而在高剂量染毒的情况下（>60 mg/L SDD），小肠绒毛萎缩发生率也逐渐升高，表明长期经口暴露Cr(Ⅵ)可引起细胞氧化应激，同时可见随着暴露时间增加，细胞毒性效应得到累加，从而出现小肠绒毛上皮空泡化和萎缩（表6-7）。上皮绒毛细胞长期处于氧化应激状态。

表6-7 经口暴露90天饮水Cr(Ⅵ)（以SDD为存在形式）各个终点效应出现情况

终点效应	SDD/（mg/L）					
	0.3	4	14	60	170	520
组织铬	—	—	↑	↑	↑	↑
GSH/GSSG	—	—	↓	↓	↓	↓
空泡化	—	—	—	↑	↑	↑
萎缩或凋亡	—	—	—	—	↑	↑
隐窝细胞增殖	—	—	—	—	↑	↑

Thompson等在其系列研究和NTP 2008年饮水染毒实验中仅发现小鼠小肠组织（包括十二指肠、空肠、回肠）中出现明显的组织细胞浸润情况，但是对应全身及局部的细胞因子和细胞趋化因子暂未检测到显著差异，因此暂时无法确证小肠组织是否存在慢性炎症刺激的效应。

大鼠、小鼠十二指肠组织中表达显著差异基因仅在十二指肠中铬含量≥10 mg/kg存在剂量-反应关系，物种之间一致性较强，因此可以证明经口暴露Cr(Ⅵ)导致十二指肠损伤并且存在剂量阈值效应。另一方面，在每个饮水染毒剂量下，小鼠十二指肠组织显著差异表达基因均较大鼠多，结合早期病理改变和最终不良结局发生情况，仅在饮水最高剂量 520 mg/L SDD［约为 181.48 mg/L Cr（Ⅵ）］连续染毒 2 年后，才可导致小鼠小肠肿瘤发生，在大鼠暂无直接证据表明可导致小肠肿瘤发生，提示可能不同种属动物之间对经口暴露 Cr（Ⅵ）导致小肠损伤敏感性不同。

4.2.1.4　KE3：小肠隐窝弥散性增生

从 2 年饮水暴露 Cr（Ⅵ）小鼠染毒实验病理表型结果中可发现，随着 Cr（Ⅵ）经口染毒剂量增加和染毒时间延长，小肠组织病理表现为小肠隐窝弥散性增生。长期暴露于 Cr（Ⅵ）导致小肠绒毛上皮细胞内持续氧化应激，诱导细胞凋亡通路被持续激活，加速小肠绒毛上皮细胞凋亡。但是由于小肠绒毛上皮部位细胞是高度分化的细胞，无增殖更新能力，因此在受到持续刺激后，小肠绒毛上皮病理表现为萎缩、变短，而靠近小肠基底隐窝部位具有干细胞性的细胞代偿性加速增殖，从而导致小肠隐窝弥散性增生。

Thompson 团队后续利用 X 线荧光光谱显微镜［X-ray fluorescence（spectro）microscopy，μ-XRF］分别对低剂量（模拟环境实际暴露剂量，如小于 1.4 mg/L）、中剂量（即未见明显效应，如小于 59.5 mg/L）和高剂量（即出现不良结局效应剂量，如 181.48 mg/L）Cr（Ⅵ）经口饮水染毒 90 天后小鼠的十二指肠组织中总铬含量进行定量，结合 HE 染色病理结果可发现，在高剂量染毒（181.48 mg/L）Cr（Ⅵ）染毒后，其主要吸收部位集中于小肠上皮绒毛部位，隐窝部位细胞吸收 Cr（Ⅵ）的量仅为小肠上皮绒毛部位的 1/10，但十二指肠隐窝出现弥散性增生，表现为隐窝部位面积增加、小肠上皮增生[106]。对应十二指肠组织差异表达基因数目，在该染毒浓度差异表达基因数目最多，主要涉及细胞生长、增殖和发育通路（包括 EIF2 信号转导通路、eIF4 及 p70S6K 信号通路、Cdc42 信号通路等），呈剂量-反应关系。亦可发现在高浓度范围 Cr（Ⅵ）处理体外培养人源细胞株，可显著扰动与细胞转录调节相关通路的关键基因表达（如 p53、CAT、CTNNB1）[107]。

由于小肠上皮弥散性增生这一病理变化仅在经口饮水染毒 Cr（Ⅵ）中、高剂量条件下 B6C3F1 小鼠的十二指肠组织中可观测到，而人群中小肠组织较难获得，且目前已有的体外细胞实验大多基于 2D 细胞培养模型，较难获得体内动物实验中小肠上皮不同部位细胞之间的基因表达差异和相互作用变化，因此数据缺口仍然较大[108]。

4.2.1.5　KE4：小肠上皮隐窝细胞 DNA 修饰和突变（细胞毒性 MOA）

目前关于经口暴露 Cr（Ⅵ）导致小肠肿瘤的 MOA 假说之一认为，由于长期暴露 Cr（Ⅵ）引起的小肠上皮绒毛细胞加速凋亡和绒毛萎缩，导致小肠上皮隐窝部位细胞代偿性增生加速，从而导致小肠上皮细胞基因组不稳定，发生 DNA 修饰和突变的频率增加。

目前对于 Cr（Ⅵ）染毒体外细胞后引起的 DNA 修饰研究较多、证据较明确的方面主要是 DNA 表观修饰，其中包括 DNA 甲基化、组蛋白修饰和 miRNA 表达改变。已有大量职业暴露人群流行病学和体外细胞实验研究表明，暴露于高剂量 Cr（Ⅵ）后可引起体外细胞染色体或基因微卫星不稳定性（microsatellite instability，MSI），如在经呼吸道暴露铬酸盐导致的肺癌患者肺癌组织活检中可发现细胞 MSI 发生率增加，其中参与基因错配修复的 *MLH1* 基因表达降低或沉默，可能与细胞内发生 DNA 修饰相关。因此，Paul

等[109]提出在进行Cr(Ⅵ)风险评估过程中,应整合其相关表观遗传学数据进入MOA中。ToxStrategies通过GEO公共数据库总结了5项Cr(Ⅵ)暴露职业人群和体外细胞研究相关的转录组学数据,发现2个关键基因即 *MLH1* 和 *RAD51* 表达下调,并在 *MLH1* 基因启动子区域和 *RAD51* 基因CpG岛检测到高甲基化现象,指示可能存在DNA损伤、错配修复功能的抑制。这一结论在日本德岛县和山东省铬酸盐职业暴露人群肺癌肿瘤组织和外周血红细胞样本中亦得到验证,即 *hMLH1* 基因、*TP16* 基因启动子区高甲基化,表达下调[110]。但A549体外实验证据表明,Cr(Ⅵ)染毒处理人肺癌细胞A549细胞全基因组低甲基化,同时测得 *TP16* 基因 mRNA 水平对Cr(Ⅵ)处理存在响应,但未观测到启动子区域甲基化程度发生改变。同时,体外实验中A549细胞暴露于Cr(Ⅵ)后可引起组蛋白H3K9me2、H3K4me3修饰,进而下调 *MLH1* 基因表达,并存在剂量-反应关系。另外,Cr(Ⅵ)暴露导致职业人群肺癌的研究中发现Cr(Ⅵ)暴露与miR-146a、miR-143负相关,但是涉及miRNA表达的研究相对于DNA甲基化和组蛋白修饰的研究少,证据强度不足[111,112]。

根据美国EPA收录于Tox21数据库中可能涉及致癌MOA的关键毒性通路包括 *DNMT1*、*DNMT3*、*SET1*、*MLL1* 等25条通路,美国EPA提出以组蛋白修饰为代表的DNA修饰改变可作为潜在Cr(Ⅵ)暴露的标志物,可作为致癌MOA的潜在KE[112]。尽管上述人群、体内和体外研究中均揭示了Cr(Ⅵ)暴露可潜在引起小肠上皮隐窝部位细胞代偿性加速增生,基因组不稳定性和DNA修饰发生率增加,前后两者之间可能存在因果关系,但是无法排除在小肠隐窝部位细胞代偿性加速增生过程中是否伴随DNA修饰发生。根据现有的证据,较完善的Cr(Ⅵ)暴露致癌MOA仅含肺癌MOA,证据涉及动物实验、肺癌人群和体外实验,但基本都是间接证据,仅可用于类比,证据强度不足。

4.2.1.6　AO:小肠肿瘤发生

已有大量流行病学研究、体内和体外研究证明,长期经呼吸道吸入Cr(Ⅵ)可明确导致肺癌发生,因此IARC亦将Cr(Ⅵ)列入Ⅰ类致癌物中。相似地,经口暴露于Cr(Ⅵ)可引起潜在的小肠上皮细胞基因组不稳定性,DNA修饰和突变的频率增加,根据已有NTP 2年大鼠与小鼠经口饮水暴露Cr(Ⅵ)实验结果,可观测到小鼠消化道肿瘤(尤其是小肠肿瘤)这一不良结局的发生率显著上升。

但是小肠肿瘤发生作为长期经口暴露Cr(Ⅵ)的AO,此AO仅在B6C3F1小鼠长期饮水染毒Cr(Ⅵ)实验中被观测到。Thompson团队对NTP 2年饮水实验数据进行整理后指出,饮水暴露Cr(Ⅵ)致小肠肿瘤发生率仅在180 mg/L Cr(Ⅵ)剂量(最高染毒剂量)条件下显著升高,与暴露的Cr(Ⅵ)均呈剂量-反应关系。同时,小肠肿瘤的发生率在不同肠段也存在显著差异,从十二指肠至空肠(即小肠近端肠段至远端肠段),小肠肿瘤发生率逐渐下降,无明显性别差异。而在Thompson团队参照NTP 2年饮水Cr(Ⅵ)暴露实验设计的7天和90天短期染毒和重复剂量染毒实验中,尽管未观测到小鼠小肠肿瘤发生,但同一时间点下随饮水染毒Cr(Ⅵ)剂量升高,小肠上皮绒毛细胞空泡化、绒毛萎缩及隐窝部位细胞增生发生率增高。随着染毒时间延长,小肠上皮绒毛细胞空泡化、绒毛萎缩及隐窝部位细胞增生发生剂量逐渐降低。因此,Thompson团队观测的结果在时序性、发生剂量上与上文提到的MIE和KEs均有较好的一致性,可初步在

B6C3F1小鼠上论证其因果关系。

而经口饮水暴露Cr(Ⅵ)导致的小肠肿瘤的病理分型主要有腺癌和鳞癌两种,研究人员对腺癌、鳞癌进行BMD_{10}和BML_{10}建模分析,得出腺癌和鳞癌的$BMDL_{10}$分别为13.2 mg/L和28.1 mg/L SDD,因此可推断经口暴露Cr(Ⅵ)导致小肠肿瘤可能是从腺癌逐渐发展为鳞癌的病理过程,但是已有研究尚无有力证据证明这一病理变化过程的可信度和结果的可重复性。

但是在该项研究中,F344/N大鼠仅观测到口腔肿瘤发生率升高[可能由于暴露于高剂量Cr(Ⅵ)引起局部炎症及氧化损伤],未观测到小肠肿瘤[50]。同时,人群流行病学解释经口饮水暴露Cr(Ⅵ)与消化道严重不良结局关系的研究主要集中于Cr(Ⅵ)废水意外泄露导致水源重度污染的地区。例如,在辽宁地区工厂泄露Cr(Ⅵ)污水污染严重地区(>0.5 mg/L),人群胃癌发病风险较对照地区显著升高;在印度,暴露于高浓度(约20 mg/L)Cr(Ⅵ)可增加各地人群消化道、口腔的并发症,但是人群流行病学研究背景、混杂因素不同导致可比性有差异。因此Thompson团队对经口饮水暴露Cr(Ⅵ)导致人群胃癌的流行病学研究进行Meta分析,排除偏倚大的研究及综合考虑职业暴露的混杂因素,总结出人群长期低剂量经口暴露Cr(Ⅵ)引起胃癌的风险不大[113]。因此,小肠肿瘤发生这一AO虽然已在NTP和ToxStrategies两个团队的动物实验中得到证实,但是否适用于人群低剂量长期经口暴露Cr(Ⅵ)仍存在种属外推和剂量外推的不确定性。

4.2.2 遗传毒性MOA

经口暴露Cr(Ⅵ)导致小肠肿瘤遗传毒性MOA见图6-5。

图6-5 经口暴露Cr(Ⅵ)导致小肠肿瘤遗传毒性MOA示意

基于现有的体外细胞实验、动物实验及人群数据结果,根据KE引起的关键基因突变(如原癌基因K-ras)是否出现在细胞毒性前且遗传毒性是否具有特异性,现有的经口暴露Cr(Ⅵ)导致小肠肿瘤的MOA分为遗传毒性和细胞毒性伴修复性细胞增殖这两类,但是两类之间仍存在争议。目前遗传毒性MOA相关实验和人群证据相对较少,与细胞毒性MOA的差异主要存在于KE2和KE3。

(1) MIE:超出消化液还原能力的Cr(Ⅵ)被吸收进入小肠上皮细胞。

(2) KE1:Cr(Ⅵ)在细胞内被还原成Cr(Ⅲ)。

(3) KE2:Cr(Ⅵ)胞内还原生成的Cr(Ⅲ)与DNA形成加合物。

Cr(Ⅵ)还原过程产生的Cr(Ⅲ)及部分中间过渡价态的铬[包括Cr(Ⅵ)和Cr(Ⅴ)],可与细胞核中DNA形成Cr-DNA加合物,从而导致在细胞毒性未发生的情况下出现DNA双链断裂,表现为遗传毒性[114]。Thompson团队亦在体外培养细胞模型Caco-2中观测到在3 mmol/L Cr(Ⅵ)处理细胞后,Caco-2细胞的核面积显著增加,表明该浓度Cr(Ⅵ)使细胞生长周期被阻滞,但暂不能证明伴或不伴有DNA损伤,同时细胞内8-OHdG和γ-H2AX在细胞毒性剂量(≥1 μmol/L)Cr(Ⅵ)暴露6 h后均存在上升的趋势，并且存在剂量-反应和时间-效应关系；但是在低于细胞毒性剂量时并未能观测到氧化性 DNA 损伤，表明在体外实验数据的基础上，Cr（Ⅵ）暴露可在先于细胞毒性的基础上引起细胞早期 DNA 损伤。由于体外实验中细胞内抗坏血酸、GSH 等还原物质的活性远低于动物或人体内组织细胞中的还原物质活性，因此，仅用体外实验结果进行毒性评估可能低估或高估经口暴露 Cr（Ⅵ）对组织细胞的遗传毒性。

（4）KE3：小肠上皮细胞 DNA 突变。

由于 Cr（Ⅵ）被还原成 Cr（Ⅲ）后，Cr（Ⅲ）与细胞 DNA 形成 Cr-DNA 加合物可引起细胞 DNA 双链断裂，在 DNA 双链断裂修复的过程中可能引起小肠肿瘤、结肠肿瘤的基因热门位点出现突变。作为Ⅰ类致癌物，既往大量研究已发现 Cr（Ⅵ）进入细胞具有遗传毒性。其中，美国 EPA 于 2005 年总结 1987 年以来已发表文献及 IARC 发表的关于 Cr（Ⅵ）体外 Ames 实验遗传活性表（genetic activity profile，GAP）及动物实验数据，发现 Cr（Ⅵ）体外可诱导鼠伤寒沙门菌及 E. coli 大肠埃希菌发生点突变，约 40 mg/kg SDD 单次注射小鼠腹腔可显著提高小鼠骨髓、肝脏的微核率[95]。而在经口暴露 Cr（Ⅵ）引起小肠肿瘤相关的遗传毒性研究方面，Thompson 团队通过应用 Big Blue® TgF344 大鼠进行转基因啮齿类动物体内突变试验，对其通过饮水暴露 180 mg/L Cr（Ⅵ）28 天后，观测其口腔、十二指肠组织中 cⅡ基因的突变频数（mutant frequency，MF），发现 MF 均未显著升高，从一定程度上指示了致突变作用可能不是长期经口暴露 Cr（Ⅵ）导致大鼠消化道肿瘤发生的早期事件[115]。但是，同时该团队也基于 F344 非转基因大鼠的 7 天和 90 天饮水染毒实验对其口腔、十二指肠组织进行了转录组学分析，并未发现显著差异表达基因，结合 NTP 2 年经口饮水染毒 Cr（Ⅵ）实验结果，导致这种较小差异存在的原因可能是对于经口暴露 Cr（Ⅵ），F344 大鼠不是敏感的种属。由于消化道肿瘤（如小肠肿瘤、结肠肿瘤）的发生多伴或不伴有 K-ras、p53 基因点突变，已有转录组学数据未见 Kras 基因突变及表达改变，间接证明了遗传毒性在经口暴露 Cr（Ⅵ）早期可能较少出现[45]；但目前与 B6C3F1 小鼠相关的致突变研究仍然具有数据缺口，尚未有直接遗传毒性证据证明在 B6C3F1 小鼠中不存在早期遗传毒性。

（5）KE4：小肠细胞增殖加快。

（6）AO：小肠肿瘤发生。

4.3 运用证据权重法评价经口暴露 Cr（Ⅵ）诱导小肠肿瘤 MOA

MOA 通过整合已有的研究数据及结果形成 MIE、KEs、AO 模块，识别疾病发生早期关键事件，评估对长期低剂量经口暴露 Cr（Ⅵ）的致癌风险及其外推。MOA 要应用于评估人类化学物风险中，WHO 的国际化学品安全项目（International Programme on Chemical Safety，WHO/IPCS）和国际生命科学机构风险研究机构（International Life Sciences Institute Risk Sciences Institute，ILSI-RS）提出，一方面，MOA 中各环节发生的顺序和因果关系需要得到验证以确定 MOA 的可信性；另一方面，MOA 中各关键事件是否与人类暴露、风险存在相关性需要得到验证。为评价经口饮水暴露 Cr（Ⅵ）导致小鼠小肠肿瘤 MOA，整合已有研究证据用于风险评估，提高评估和决策过程中的透明度，需根据 WHO/IPCS 提出的 MOA/人类关联性框架（human relevance framework，HRF）

(MOA/HRF 框架），运用证据权重法（weight of evidence，WOE）及人类关联性框架（human relevance framework，HRF）对已有证据的证据强度和外推性进行评估[116-117]。

4.3.1 WOE

根据 2009 年 WHO 的定义，WOE 是指将已有用于风险评估的所有证据进行评价和权衡的过程[3]，但在 EFSA 应用 WOE 进行风险评估指南中，指出尚未有统一标准的 WOE 实践方法，因此也为评估 MOA 尤其是动物 MOA 外推至人类风险评估带来一定瓶颈。根据世界经济合作与发展组织（Organization of Economics and Developments，OECD）制定的 AOP 指南，目前适用于 MOA 和 AOP 进行 WOE 评估的方法主要是 Meek 等提出的应用改良 Bradford Hill 原则（主要论证 KEs 之间的因果关系），对 MIE、KEs、AO 进行高、中、低证据强度划分，属于定性或半定量规则[118]。MOA/AOP 框架于人类化学物风险评估中的应用范围越来越广，可解决现有数据库中数据形式不一的问题，增加 MOA 框架评估的透明性和客观性，定量 WOE、贝叶斯网络模型分析等，但是由于缺乏客观的评分标准，接受度不如 Bradford Hill 原则广，因此下面以改良 Bradford Hill 原则为主进行阐述[119]。

Bradford Hill 原则最早应用于流行病学中因果关系分析中，改良 Bradford Hill 原则目前广泛应用于评价 MOA/AOP 中 KEs 的证据强度及因果关系。其中，采用改良 Bradford Hill 原则对 MOA 中的 KEs 进行评价，WOE 按照重要性排序，主要分为以下几点：

（1）生物学一致性（或称生物学合理性）：指 KEs 中涉及的生物学过程与现有的生物学知识是否一致。

（2）经验学证据支持（不同指南中这一点中可能有不同的表达）。① KEs 的重要性：指上一环节 KE 未发生时下一环节 KE（或 AO）不能发生。② KEs 剂量-反应关系。③ KEs 之间的时效关系：指 MIE 开始到 AO 发生的时间顺序是否与 MOA 中一致。④ KEs 发生率一致性：指 MOA 下一环节 KE 的发生率应比上一环节 KE 低。

（3）物种间一致性。

（4）可类比性：指化学物风险评估结果可外推至其他类似结构化学物的可类比性。

4.3.2 HRF

由于大部分 MOA 数据来源于动物，在有充足的数据进行 MOA 评价后，需评估动物数据来源 MOA 是否与人类化学物暴露风险相关，因此需将人体解剖、生理和生化变异、暴露表征等信息系统性整合后进行 HRF 评价。HRF 评价主要包括下列三个方面：①建立的动物 MOA 的证据权重是否充分？②动物 MOA 的关键事件在人类是否具有合理性？③根据毒代动力学和毒效动力学因素判断动物 MOA 中的关键事件在人类中是否具有合理性？

应用 WOE/HRF 框架进行 WOE 和 HRF 评价的基本流程如图 6-6 所示。

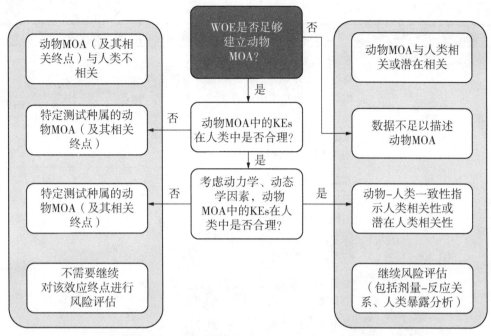

图 6-6 应用 WOE/HRF 框架进行 WOE 和 HRF 评价的基本流程[120]

4.3.3 用 WOE/HRF 对经口暴露 Cr(Ⅵ) 导致小鼠小肠肿瘤发生 MOA 进行评价

4.3.3.1 细胞毒性 MOA

各个环节的 KEs 及其已有研究证据、思路已于上文有所描述,根据已有体内、体外实验数据及人群流行病学数据,利用 WOE/HRF 总结证据强度评估如表 6-8 所示。

表 6-8 对经口暴露 Cr(Ⅵ) 细胞毒性 MOA 进行证据强度评估

改进 Bradford Hill 原则			支持数据	不支持数据	缺失数据	评价
1. 生物学一致性(生物学合理性)			持续细胞毒性及细胞代偿增生导致细胞基因不稳定性增加为化学物致癌常见的 MOA	—	—	高
2. 经验学证据支持	2. 经验学证据支持	① KEs 重要性	在胃酸、肠液中无还原物质存在的情况下 Cr(Ⅵ) 大部分均未被还原,该处理后胃酸、肠液染毒引起细胞内总铬含量和细胞毒性增加(本课题组未发表数据)	—	缺乏抑制 Cr(Ⅵ) 还原、吸收减缓组织中总铬含量改变数据;缺乏人群胃酸中还原物质的种类和基底值	

续表 6-8

改进 Bradford Hill 原则		支持数据	不支持数据	缺失数据	评价
2. 经验学证据支持	② KEs 剂量-反应关系	在高于 5 mg/L Cr(Ⅵ)浓度下持续染毒 90 天后,十二指肠组织、空肠组织中可检出总铬含量显著上升,低于该浓度的 Cr(Ⅵ)尚未观测到小鼠组织中铬显著增加	NTP 2 年经口饮水 Cr(Ⅵ)实验	—	中
		在低于 20 mg/L Cr(Ⅵ)浓度下持续染毒 90 天,十二指肠组织、空肠组织中未观测到如空泡样变、组织细胞浸润等明显病理性改变	—	—	高
		小鼠十二指肠组织细胞内 GSH/GSSG 比例下降、ROS 含量上升;细胞空泡化、坏死,小肠绒毛上皮萎缩、变短和融合等发生的剂量均低于发生小肠肿瘤的 Cr(Ⅵ)剂量(约 200 mg/L)	—	—	高
		Cr(Ⅵ)饮水染毒 7 天后,最高剂量组 Cr(Ⅵ)染毒后小肠组织差异表达基因个数显著多于较低剂量组	60 mg/L Cr(Ⅵ)经口饮水染毒小鼠十二指肠组织中总 Cr 含量呈剂量-反应关系,但差异表达基因个数较其他低剂量组少	—	中
	③ KEs 之间的时效关系	NTP 2 年饮水染毒实验发生小肠肿瘤仅在 2 年染毒周期的最高剂量组 [200 mg/L Cr(Ⅵ)] 可观测到;同一剂量 Thompson 团队 7 天、90 天饮水染毒实验可观测到小肠上皮绒毛上皮空泡化、坏死、绒毛萎缩,但未观测到小肠肿瘤发生	—	缺乏差异表达基因与表型、病理变化结果的关联性研究数据	中

续表 6-8

改进 Bradford Hill 原则	支持数据	不支持数据	缺失数据	评价
2. 经验学证据支持 ④ KEs 发生率一致性	在同一 Cr(Ⅵ)染毒剂量及时间条件下,小肠绒毛上皮发生空泡化、萎缩的发生率高于绒毛上皮细胞凋亡、隐窝增生的发生率;AO 小肠肿瘤的发生率远低于上述病理改变,仅在 200 mg/L Cr(Ⅵ)染毒剂量下染毒 2 年发生	—	—	高
3. 物种一致性	B6C3F1 小鼠高剂量经口 Cr(Ⅵ)饮水暴露 2 年可引起小肠肿瘤;在人群急性意外泄露经口饮水摄入高剂量 Cr(Ⅵ)可提高该地区消化道肿瘤风险	染毒损伤小肠上皮绒毛细胞后,仅 B6C3F1 小鼠出现了小肠隐窝部位细胞弥散性增生,大鼠并未观测到该结果	小鼠在暴露于人类实际暴露相关剂量下 2 年小肠组织 Cr(Ⅵ)分布和不良结局之间关系	中
4. 可类比性	—	—	与 Cr(Ⅵ)相类似具有强氧化性金属长期暴露致消化道肿瘤的相关结局	中

综合来说,经口暴露 Cr(Ⅵ)导致小鼠小肠肿瘤发生的细胞毒性 MOA 整体证据强度为中等至高,但是经口暴露 Cr(Ⅵ)后引起细胞层面的基因突变在小肠肿瘤发生的过程中是否发生于细胞凋亡之前仍需体内、体外实验进行论证。

4.3.3.2 遗传毒性 MOA

利用 WOE/HRF 总结证据强度评估如表 6-9 所示。

表6-9　对经口暴露Cr(Ⅵ)遗传毒性MOA进行证据强度评估

改进Bradford Hill原则		支持数据	不支持数据	缺失数据	证据强度评价
1. 生物学一致性（生物学合理性）		遗传毒性在化学物介导的致癌毒性中有重要作用，遗传毒性MOA是化学物致癌的较为完善MOA	—	—	高
2. 经验学证据支持	① KEs重要性	在胃酸、肠液中无还原物质存在的情况下，Cr(Ⅵ)大部分均未被还原，处理后胃酸、肠液染毒引起细胞内总铬含量增加（本课题组未发表数据）	—	缺乏抑制Cr(Ⅵ)还原、吸收减缓组织中总铬含量改变的数据；缺乏人群胃酸中还原物质的种类和基底值	中
		在高于5 mg/L Cr(Ⅵ)浓度下持续染毒90天后，十二指肠组织、空肠组织中可检出总铬含量显著上升，低于该浓度的Cr(Ⅵ)尚未能观测到小鼠组织中铬显著增加	NTP 2年经口饮水Cr(Ⅵ)实验暂未发现小鼠十二指肠、空肠组织在Cr(Ⅵ)暴露后与对照组有显著差异	—	中
		在Cr(Ⅵ)染毒后，染毒A549细胞出现*MLH*1基因高甲基化等表观遗传修饰及少量p53基因点突变	动物实验中，小鼠在最高剂量Cr(Ⅵ)饮水染毒后收集的十二指肠组织转录组学数据并未识别到消化道肿瘤相关K-ras基因改变	小鼠Cr(Ⅵ)饮水染毒实验中十二指肠组织、口腔组织仍缺致突变频数（MF）数据	中

续表 6-9

改进 Bradford Hill 原则		支持数据	不支持数据	缺失数据	证据强度评价
2. 经验学证据支持			—	暂缺随剂量升高引起基因突变频数增加的数据	中
	② KEs 剂量-反应关系		180 mg/L 高剂量 Cr(Ⅵ)小鼠饮水染毒后，检测小肠隐窝细胞 γ-H2AX 未见显著升高	—	低
	③ KEs 之间的时效关系		—	缺乏差异表达基因与表型、病理变化结果的关联性研究数据	低
	④ KEs 发生率一致性	在同一 Cr(Ⅵ)染毒剂量及时间条件下，AO 小肠肿瘤的发生率远低于病理改变，仅在 200 mg/L Cr(Ⅵ)染毒剂量下染毒 2 年发生	—	缺乏早期基因突变与后期病理变化、不良健康结局发生的关联性研究数据	中
3. 物种一致性		B6C3F1 小鼠高剂量经口 Cr(Ⅵ)饮水暴露 2 年可引起小肠肿瘤；在人群急性意外泄露经口饮水摄入高剂量 Cr(Ⅵ)可提高该地区消化道肿瘤风险	—	小鼠在暴露于人类实际暴露相关剂量下 2 年小肠组织 Cr(Ⅵ)分布和不良结局之间关系	中

续表6-9

改进 Bradford Hill 原则	支持数据	不支持数据	缺失数据	证据强度评价
4. 可类比性	—	—	与Cr(Ⅵ)相类似具有强氧化性，金属长期暴露致消化道肿瘤的相关结局	中

因此，基于已有证据进行 WOE 评价，上述 WOE 评价经口暴露Cr(Ⅵ)致小鼠小肠肿瘤的 MOA 的整体证据强度为中等至高，初步证明了已有研究数据基础基本满足建立动物 MOA 这一条件。同时，根据上文中提到的 MOA 早期 KEs 主要包括超出消化液还原能力的Cr(Ⅵ)被吸收进入小肠上皮细胞、Cr(Ⅵ)在细胞内被还原为Cr(Ⅲ)、小肠绒毛上皮毒性，其中小肠绒毛上皮毒性主要来源于Cr(Ⅵ)进入细胞后还原为Cr(Ⅲ)产生的 ROS 在细胞内积聚和 DNA 加合物形成这两条途径。尽管在人群研究中证明 KEs 的证据强度不高，但是参照Cr(Ⅵ)在体外细胞系如人肺癌细胞 A549、人结肠癌细胞 HCT116 等体外实验中可发现，Cr(Ⅵ)被吸收进入细胞后可扰动细胞内 Nrf2 相关通路（主要表现为细胞毒性）及 p53、ATM 和凋亡通路（主要表现为遗传毒性），因此目前已有的 2 个 MOA 从生物学可行性来说应用于人类是可行的。

综合考虑上文中提到的 TK 和 TD 这两个因素后，再次对目前已有的 MOA 进行 HRF 分析。在解剖上，大、小鼠的胃部由前胃及腺胃组成，前胃主要用于储存食物，腺胃具有分泌功能，可分泌消化液，胃部体积较小，消化能力差；同时小鼠体内可合成抗坏血酸等还原物质分泌至胃酸中。而人类解剖结构上，胃部分泌胃酸能力强，但是只能通过膳食摄入不能自行合成所需的还原物质如抗坏血酸等，因此在Cr(Ⅵ)胃酸还原过程中可能存在一定的差异，从而影响后续Cr(Ⅵ)在小肠阶段吸收的量及分布、代谢。而毒效学相关的研究，尽管在大小鼠可证明经口暴露Cr(Ⅵ)可能导致小肠肿瘤或口腔肿瘤的发生，但是在人体中仍未能获及足量的人体小肠组织以供证明其实际在人体小肠中的毒作用。而经口暴露Cr(Ⅵ)后，Cr(Ⅵ)随着摄入的食物或饮用水进入胃部，在胃酸 pH 条件和还原物质作用下，Cr(Ⅵ)被还原成Cr(Ⅲ)，未被还原的Cr(Ⅵ)经过小肠上皮细胞吸收进入细胞，这一过程在大鼠、小鼠与人类中是基本一致的，表明长期饮水暴露Cr(Ⅵ)引起小鼠小肠肿瘤发生的 MOA 是与人类有相关性的。

虽然目前对于人体经口暴露Cr(Ⅵ)的不良健康结局在人源细胞系或普通人群流行病学数据中仍未有定论，Suh 等[114]对多个职业人群流行病研究进行 Meta 分析后得出，Cr(Ⅵ)暴露与胃癌发生的 OR 值为 1.08（95% CI = 0.96~1.21），暂未观测到显著的统计学意义，因此暂不能认为Cr(Ⅵ)经口暴露或职业暴露与小肠肿瘤、胃癌等消化道肿瘤发生存在剂量-反应或时间-效应关系。同时，在已有剂量-反应关系的大鼠与小鼠饮水Cr(Ⅵ)暴露实验中，随着饮水染毒Cr(Ⅵ)剂量改变，逐步出现 GSH/GSSG 比例下降、绒毛上皮细胞空泡化、萎缩、隐窝上皮细胞增生等病理改变，但是可观测到 GSH/GSSG 比例下降这一改变的最低暴露剂量为 60 mg/L Cr（Ⅵ），暴露周期为 2 年。虽然这一暴露剂量仍然远高于各国环境中实测浓度（如中国东北地区女儿河流域地下水总铬浓度为 0.002 mg/L）及饮用水 Cr（Ⅵ）限值［美国 EPA 制定为 0.10 mg/L Cr（Ⅵ）］，但是人群中经口暴露 Cr（Ⅵ）途径较大鼠与小鼠复杂，包括暴露于经口食品包装添加剂、被污染的食品、环境空气中含 Cr（Ⅵ）颗粒少量吞咽、职业与日常混合暴露等情况。对经口暴露 Cr（Ⅵ）导致小肠肿瘤的 MOA 进行 HRF 分析仍需考虑以上因素，并且结合已有的和近期的人群或体外人源类器官等替代毒理学方法，进一步对 MOA 进行基于 WOE/HRF 框架的评估，以更好地为法律、法规的制定提供科学基础。

4.4 经口饮水暴露 Cr（Ⅵ）致小鼠小肠肿瘤相关生物信息学分析

根据目前 MOA 已有的研究证据，为了能够更好地从早期 KEs 角度阐述经口饮水暴露 Cr（Ⅵ）致小肠肿瘤的发生机制，寻找潜在的生物分子标志物，拟进行生物信息学分析。目前，大部分关于 Cr（Ⅵ）暴露的生物信息学分析均未区分经口或经呼吸道的暴露途径，得出的结论主要来自经呼吸道暴露的数据，因此，对进行经口暴露 Cr（Ⅵ）针对性不够强。下面通过利用对比毒性数据库（Comparative Toxicological Database，CTD）获取经过专家同行评议后的文献数据，结合 DAVID、京都基因与基因组百科全书（Kyoto Encyclopedia of Genes and Genomes，KEGG）及整合性通路分析（ingenuity pathway analysis software，IPA）进行生物信息学分析，以获得经口暴露 Cr（Ⅵ）早期 KEs 中可作为潜在的生物标志物的分子及其涉及的信号转导通路。

4.4.1 文献筛查策略

在 CTD 中利用"Batch Query"功能模块，分别搜索 chromium hexavalent ion（CAS 18540-29-9），potassium chromate（Ⅵ）（CAS 7789-00-6）和 sodium bichromate/sodium dichromate（CAS 10588-01-9），选择"chemical-gene interaction"功能模块检测。截至 2019 年 10 月，在 CTD 中共检索得到 140 篇文献。由于经口暴露 Cr（Ⅵ）相关研究较少，并为保证获得可提供与经口暴露 Cr（Ⅵ）的相关文献，制定了相对应的纳入和排除标准进行搜索（图 6-7），纳入和排除标准分别为：

（1）纳入标准：① 明确靶细胞（对象）、染毒剂量、染毒周期；② 明确效应终点（基因表达改变、转录调节、蛋白质结构活性等）。

（2）排除标准：① 综述类文章；② 研究对象种属或细胞来源不为人类、小鼠、大鼠；③ 模拟吸入 Cr（Ⅵ）导致肺肿瘤相关体外细胞实验（包括 BEAS-2B 细胞、A549 细胞等）；④ 体内暴露途径为职业暴露、气管滴注、静式/动式吸入、腹腔注射、静脉注射途径；⑤ 语言为非英文类文献。

根据纳入和排除标准，获得文献共 86 篇，可分为体内、体外实验两部分，体外实验文献有 37 篇，体内实验文献有 49 篇。

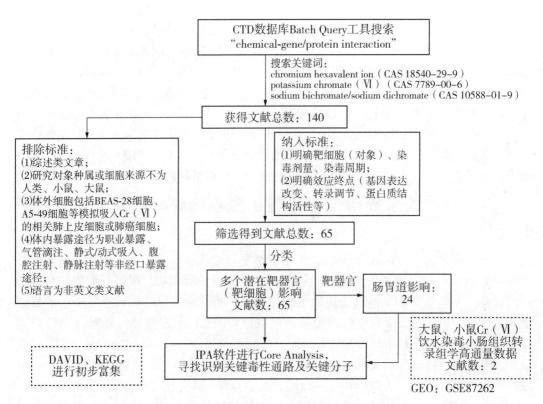

图 6-7 CTD 数据库中 Cr(VI) 毒性文献检索策略

4.4.2 文献筛选结果

4.4.2.1 筛选后文献概况总结

根据上述文献筛选流程后，人群体内数据由于大部分来源于受 Cr(VI) 污染地区人群流行病学研究，人群流行病获得的样本检测数据有限，同时经口暴露 Cr(VI)，尤其是低剂量长期经口暴露 Cr(VI) 所导致的不良结局仍未明确，因此在进行生物信息学分析关键分子信号通路及潜在生物分子标志物时将人群数据排除。排除人群体内数据后，可用于关键分子信号通路和生物标志物的筛查的文献总结如表 6-10 所示。

表 6-10 筛选后文献（$n=65$）发表年份、实验对象、染毒概况

实验分类	种属	细胞种类/动物品系	年份	染毒剂量
in vitro	Homo Sapiens	人外周血单核细胞 PBMC、人外周血淋巴细胞、人成淋巴细胞 TK6、人组织细胞淋巴瘤细胞 U937、人肝脏肿瘤细胞 L02、HepG2、人结肠细胞 CRL-1807、人结肠癌细胞 HCT116 和结肠腺癌细胞 DLD1、人肾小管上皮细胞 HK-2、人急性淋巴母细胞性白血病细胞、人 FA-A 细胞、人脐静脉内皮细胞、人乳腺癌细胞 MDA-MB-435	1994、1995、2000、2002、2003、2005、2008、2010、2012、2018	0、1、2、3、6、7、8、16、20、32、50、100、128、200、400、512、600、1 000 μmol/L

续表 6-10

实验分类	种属	细胞种类/动物品系	年份	染毒剂量
in vitro	Mus musculus	小鼠肝癌细胞 Hepa1、Hepa 1c1c7、小鼠单核巨噬细胞 J744A.1、小鼠胚胎成纤维细胞 MEF	2003、2004、2007、2012、2014	0、0.05、0.1、0.25、0.3、0.5、1 μmol/L
in vitro	Rattus norvegicus	大鼠肝癌细胞 H4 II E、大鼠卵巢颗粒细胞	1996、1997、2008、2011	0.275、1、10、50、200 μmol/L
in vivo	Mus musculus	B6C3F1 小鼠、Swiss 小鼠、C57BL/6J 小鼠、C57BL/6NTac 小鼠	2000、2002、2006、2007、2011、2012、2013、2015、2016、2017	0、0.1、1、4、15、20、50、60、100、180、700 mg/L
in vivo	Rattus norvegicus	Fischer 大鼠、Wistar 大鼠	2007、2008、2010、2012、2013、2017	0、0.1、1、4、15、20、50、60、100、180、700 mg/L

从表 6-10 可见,大部分与经口暴露 Cr(VI)（除去经呼吸道暴露途径）相关的研究发表年份较早（多发布于 2010 年之前），并且 Cr(VI) 染毒剂量远高于人群实际暴露环境 Cr(VI) 浓度 [根据我国《生活饮用水标准（GB5749—2006）》显示,饮用水 Cr(VI) 限值为 0.05 mg/L]。因此,目前关于低剂量长期经口暴露 Cr(VI) 仍然有所欠缺,外推至人体数据仍然存在较大缺口。

4.4.2.2 根据研究靶器官/靶细胞对文献进行分类

根据上述 MOA 提供的内容,经口饮水暴露低剂量 Cr(VI) 可导致小鼠小肠肿瘤发生,因此,为识别参与 MOA 早期 KE 的关键分子通路和生物分子标志物,我们对获得的文献研究的靶器官/靶细胞分为全身各器官（除呼吸道外）及胃肠道,并且对以往研究涉及扰动的基因个数进行总结,如表 6-11 所示。

表 6-11 既往已有研究中涉及经口暴露 Cr(VI) 扰动基因个数统计

器官组织/细胞	种属	≥1 个研究差异表达基因数量	≥2 个研究差异表达基因数量	≥3 个研究差异表达基因数量
所有（除呼吸系统外）潜在靶器官（含胃肠道）	Homo Sapiens	178	12	5
	Mus musculus	364	98	11
	Rattus norvegicus	621	33	1

续表6-11

器官组织/细胞	种属	≥1个研究差异表达基因数量	≥2个研究差异表达基因数量	≥3个研究差异表达基因数量
胃肠道	*Homo Sapiens*	3	1	1
	Mus musculus	275	9	0
	Rattus norvegicus	275	8	1

从上述总结可知，在排除了经呼吸道吸入Cr(Ⅵ)的文献后，无论在除呼吸道外全身各脏器/相关细胞或胃肠道及相关细胞中，在不少于3篇研究文献中出现的扰动基因个数均少于20个，在胃肠道中仅不多于1个，多为 *TP*53 及其上下游的信号转导分子，与细胞增殖、周期停滞、凋亡及DNA损伤修复相关，这一结果亦与上述细胞毒性MOA一致。但是，尽管 *TP*53 及其上下游的信号转导分子在不少于3篇研究文献中均有阐述，由于可获得的数据较少，且数据来源文献质量、表示形式参差不一，目前转录组学数据仅有Thompson等团队的大鼠、小鼠十二指肠组织、口腔黏膜组织这两份，而人群研究中尚未进行转录组学数据测序的研究。因此，在设置纳入标准时，未将基因出现的文献数作为纳入标准，仅将同一基因出现的文献数在富集分析时作为参考。

根据上述经口摄入Cr(Ⅵ)的ADME过程及美国NTP 2008年2年经口饮水Cr(Ⅵ)染毒实验结果，暂无充分证据证明经口饮水摄入Cr(Ⅵ)对除胃肠道组织以外器官组织引起不良效应结局，因此将胃肠道（主要是十二指肠）作为靶器官进行生物信息学分析。

4.4.2.3 经口饮水暴露Cr(Ⅵ)生物信息学分析结果

根据上述文献筛选过程，收集公共数据库中提供的经口暴露Cr(Ⅵ)后扰动的基因数据，将基因数据分别导入DAVID、KEGG和IPA软件数据库进行通路富集分析，识别扰动基因参与的生物学过程、信号转导通路，从而为可潜在用于关键分子信号通路和生物标志物的筛查提供线索。

（1）DAVID、KEGG生物信息学分析结果（表6-12）。

表6-12 DAVID、KEGG生物信息学分析结果

富集项目	分类	（除呼吸系统外）潜在靶器官	胃肠道
Gene Ontology-Biological Procedure	共同过程	损伤反应、细胞应激反应、炎症反应、DNA损伤激活物响应、DNA损伤、抵御效应、稳态进程	—
	不同过程	调节凋亡通路，调节程序性细胞死亡	DNA代谢进程，对无机物质的响应

续表6-12

富集项目	分类	（除呼吸系统外）潜在靶器官	胃肠道
KEGG Pathways	共同通路	谷胱甘肽代谢、碱基切除修复、错配修复、CYP450家族代谢外源化学物、药物代谢、细胞周期、抗原处理及呈递过程	
	不同通路	核酸剪切修复 癌症通路 小细胞肺癌相关通路	核糖体相关通路 ABC转运体通路 哮喘相关通路

从上述结果中可得出，在研究经口暴露Cr（Ⅵ）对全身或胃肠道靶器官/靶细胞主要扰动基因涉及细胞应激、氧化损伤和DNA损伤、细胞代谢、细胞稳态等生物学进程，涉及共同通路与外源化学物代谢、细胞周期、DNA损伤修复等有关，这与上述提到的细胞毒性MOA是相符的。

（2）IPA生物信息学分析结果。

为进一步探讨人群、大鼠、小鼠种属之间差异基因富集到的信号通路及其与疾病结局的相关性，对同一种属内多次出现的重复基因进行删除后，我们将人群、小鼠、大鼠胃肠道器官/细胞相关的转录组学分别输入IPA软件中进行分析，各种属通路富集分析结果如表6-13至表6-15所示。

表6-13 利用IPA软件进行人群差异基因信号通路富集

经典通路富集	P	差异基因数占通路总基因数比例
Nrf2介导氧化应激反应	1.32E-58	60/191
外源化学物代谢信号通路	1.20E-17	33/288
芳香烃受体信号通路	8.14E-14	21/143
LPS/IL-1介导RXR功能抑制	2.14E-13	25/224
SPINK1胰腺肿瘤通路	1.68E-12	14/60
GADD45信号通路	1.12E-11	9/19
EIF2信号通路	5.20E-09	25/225
上游调控因子		
地塞米松	1.44E-37	
TP53	1.51E-36	
TNF	8.60E-36	—
LY294002	1.28E-35	
NFE2L2	6.16E-34	
疾病与生物等功能		
疾病及功能障碍	—	—
免疫反应		

续表 6-13

经典通路富集	P	差异基因数占通路总基因数比例
体损伤及畸形		
肿瘤		
肿瘤形态学		
肾及泌尿系统疾病		
分子及细胞功能		
细胞死亡与存活		
细胞周期		
基因表达	—	—
细胞功能及维持		
自由基清除		
生理系统发育及功能		
机体存活		
机体发育		
组织形态		
连接性组织功能发育		
组织发育		
关键生物网络		
蛋白质合成、RNA 损伤及修复、RNA 转录后修饰		
细胞成分、细胞功能及维持、机体损伤及畸形		
心血管系统发育及功能、内分泌系统功能障碍、胃肠道疾病	—	—
细胞组成、细胞功能及维持、翻译后修饰		
细胞周期、DNA 复制、重结合和修复、细胞死亡及存活		
关键毒性通路		
Nrf2 介导氧化应激反应	1.53E-54	62/241
肾坏死/细胞死亡	3.61E-25	55/569
氧化应激	3.01E-21	20/57
外源化学物代谢信号通路	6.08E-16	34/350
芳香烃受体信号通路	9.47E-14	22/161

表6-14 利用IPA软件进行小鼠差异基因信号通路富集

经典通路富集	P	差异基因数占通路总基因数比例
EIF2 信号通路	3.00E-6	78/206
Nrf2 介导氧化应激反应	1.37E-30	67/181
eIF4 和 p70S6K 信号通路调节	2.25E-13	40/149
mTOR 信号通路	9.44E-10	41/199
外源化学物代谢通路	2.49E-08	46/264
芳香烃受体信号通路		
胆固醇生物合成通路		
tRNA 补充		
细胞周期	—	—
卵巢癌信号通路		
HIF1α 信号通路		
抗原呈递通路		
上游调控因子		
TP53	3.32E-20	
RRP1B	2.95E-17	
EGFR	2.07E-15	
NFE2L2	1.60E-13	
ADRB	1.32E-12	
疾病与生物学功能		
疾病及功能障碍		
肿瘤		
机体损伤及畸形		
肿瘤形态学		
造血系统疾病		
免疫系统疾病		
分子及细胞功能	—	—
细胞死亡与存活		
蛋白质合成		
细胞周期		
细胞功能及维持		
DNA 复制、重结合及修复		
生理系统发育及功能		

续表 6-14

经典通路富集	P	差异基因数占通路总基因数比例
造血系统发育及功能		
组织形态		
胚胎发育	—	—
机体发育		
机体存活		
关键生物网络		
RNA 损伤及修复,蛋白质合成,肿瘤		
细胞死亡及存活,蛋白质合成,DNA 复制,重结合及修复		
DNA 复制,重结合及修复,内分泌系统缺陷,器官形态	—	—
氨基酸代谢,小分子生化,细胞死亡及存活		
RNA 转录后修饰,细胞功能及维持,小分子生化		
关键毒性通路		
Nrf2 介导氧化应激反应	7.66E-27	70/223
氧化应激	4.07E-13	23/53
肾脏坏死/细胞死亡	7.84E-13	89/553
肝脏坏死/细胞死亡	6.82E-09	53/314
心肌坏死/细胞死亡	7.00E-09	50/288

表 6-15 利用 IPA 软件进行大鼠差异基因信号通路富集

经典通路富集	P	差异基因数占通数总基因数的比例
SPINK1 胰腺癌信号通路	1.46E-12	12/51
EIF2 信号通路	8.94E-10	17/201
GADD45 信号通路	2.25E-09	7/19
Nrf2 介导氧化应激反应	9.42E-08	14/182
p38 MAPK 信号通路	1.50E-07	11/109
芳香烃受体信号通路	1.79E-07	12/136
上游调控因子		
TNF	6.50E-14	
MYC	1.86E-08	—
NF-κB(复合体)	3.47E-06	
Fcer1	5.56E-06	
VCAN	1.72E-05	

续表 6-15

经典通路富集	P	差异基因数占通数总基因数的比例
疾病与生物学功能		
疾病及功能障碍		
神经系统疾病		
机体损伤及畸形		
骨骼及肌肉疾病		
内分泌系统疾病		
胃肠道疾病		
分子及细胞功能	—	—
细胞死亡与存活		
分子转运		
细胞发育		
细胞生长及增殖		
脂质代谢		
生理系统发育及功能		
组织形态		
造血系统发育及功能		
头发皮肤发育及功能		
神经系统发育及功能		
组织发育		
关键生物网络		
细胞迁移、造血系统发育及功能、免疫细胞趋化		
细胞周期、细胞死亡及存、神经系统疾病	—	—
细胞形态学、碳水化合物代谢、分子转运		
机体发育、碳水化合物代谢、脂质代谢		
关键氧化通路		
肾脏坏死/细胞死亡	1.52E-15	35/534
肝脏增殖	2.38E-10	19/238
肝脏纤维化增加	9.63E-10	13/106
Nrf2 介导氧化应激反应	2.98E-08	16/223
肝脏坏死/细胞死亡	8.12E-08	18/305

按照 $-\log P$ 从大到小进行排序，可发现在大鼠、小鼠和人类胃肠道与除呼吸系统外所有潜在靶器官之间共同扰动的通路为 Nrf2 介导氧化应激反应通路、外源化学物代谢信号通路、芳香烃受体信号通路、EIF2 信号通路，前三条通路与上文中阐述的

Cr(Ⅵ)氧化应激毒作用机制和经口暴露Cr(Ⅵ)致小肠肿瘤的 MOA 描述的早期 KEs 是一致的,有一定的可信度,但目前暂未发现与遗传毒性相关证据。而 EIF2 通路与细胞增殖相关,主要的上游调节子都包含了 NFE2L2,该转录因子可调节包含抗氧化反应的启动子的基因,从而编码参与损伤和炎症反应的蛋白,也是与 Cr(Ⅵ)已知的毒性机制相关。同时,Rager 等[106]通过对 Tox21 和 ToxCast 公共数据库进行 Cr(Ⅵ)相关的体外实验数据进行分析,发现 EIF2 信号通路在 Cr(Ⅵ)经呼吸道吸入明确导致肺癌的过程中也起到了一定的作用,进一步提示了 EIF2 信号通路及其上游调节子 NFE2L2 可能为经口暴露 Cr(Ⅵ)的关键分子通路和分子事件,以供识别数据缺口,后续进行体内、体外实验验证。

但是,目前生物信息学分析结果仍有一定局限性,主要体现在以下几个方面:①大部分动物实验转录组学及基因表达数据来自高于环境暴露剂量的体内实验研究,在高剂量暴露的条件下可能扰动的通路及其带来的不良健康结局与低剂量长期暴露相比可能存在较大差异。②人类种属相关的数据来自以人源肿瘤细胞系为对象的体外实验,从中得到扰动的通路和关键基因可能与人体正常细胞有较大的差异,同时在人群流行病学研究中暂无相关强有力证据支持长期低剂量 Cr(Ⅵ)暴露提高胃肠道肿瘤患病风险这一结论。③目前可用于生物信息学的转录组学和基因表达数据的文章发表年份较为久远(最新的为 2013 年)。④从公共数据库(如 CTD、IPA、GEO 等数据库)中获得的数据质量一般,相关高通量转录组学测序数据较少,可提供判断基因表达、调节趋势的数据较少,存在一定的数据缺口。

5 应用 MOA/AOP 框架进行经口暴露Cr(Ⅵ)风险评估

应用 MOA/AOP 框架进行经口暴露Cr(Ⅵ)风险评估,在这个过程中剂量-反应关系在危害识别中具有重要作用。应用于风险评估的剂量-反应关系曲线应具备以下条件:曲线所涵盖的低剂量范围应在 BMD 附近,剂量组要尽可能多、剂量范围广且样本量足够大,才能完整地描述暴露-反应关系曲线的形状,通过减少 POD(即化学物诱发动物产生关键毒性效应的临界剂量或阈值)和低剂量外推的不确定性从而增加相关暴露-反应指标[如吸入单位风险(inhalation unit risk,IUR)或参考浓度(reference concentration,RfC)]的准确性。目前,EPA 使用两步法进行剂量-反应评估,该方法将分析实验观察范围内的剂量反应数据与推断较低水平环境参考剂量下的暴露反应进行区分。首先,在能观察反应的剂量范围内,使用剂量-反应模型,以便获取更多的数据集纳入分析,完善模型以帮助我们获得接近观察范围较低水平暴露的 POD;其次基于获得的 POD 进行环境中低剂量暴露水平的风险评估。

剂量-反应评估中,如果有足够的数据确定 MOA 中关键分子事件顺序并对关键分子事件相关的参数定量时,则考虑构建 PBPK 模型。PBPK 模型能较全面地解释反应中所涉及的生物过程，反映 MOA 中关键分子事件的顺序，并揭示体内剂量-反应之间的非线性关系，实现剂量-反应评估。如果数据量不够以至于不能建立 PBPK 模型时，可使用经验模型［如 EPA 基准剂量软件（EPA Benchmark Dose Software：http：//www.epa.gov/bmds/）里的相关模型］来拟合观察范围内的数据。无论选择哪种模型，均可估算出 POD 用于后续分析和外推的起点。

低剂量线性外推致癌风险适用于具有直接诱变活性的化学物质或实验数据表明 POD 附近存在线性的化学物质，针对这类物质可利用 POD 计算经口斜率因子（oral slope factor, OSF）或 IUR 对人类致癌风险进行估计。即使数据不足以建立 MOA 时，也默认使用低剂量线性外推法。当数据足以确定一个或多个 MOAs，且该 MOAs 符合低剂量非线性时，低剂量外推可利用 POD 计算暴露限值 RfD 或 RfC 进行非线性外推致癌风险。当前 EPA 针对 Cr（Ⅵ）致癌评估采用 OSF 和 IUR 进行线性外推。对于经口暴露致癌风险评估，EPA 提出线性和非线性方法均可使用。非致癌效应非线性外推常用暴露限值进行推导。当确定 MOA 的数据充足并可以得出 MOA 在低剂量下呈非线性的结论时，这种方法也可用于致癌风险外推，这种情况下，暴露限值的计算不是基于肿瘤发生率而是基于 MOA 中肿瘤形成所必需的关键分子事件。

目前，研究证据倾向于支持经口暴露 Cr（Ⅵ）引起小肠肿瘤发生 MOA 是一个慢性非致癌过程，即胃酸还原能力饱和后，未被还原的 Cr（Ⅵ）进入小肠，被小肠上皮细胞摄取吸收进而胞内还原引起小肠绒毛细胞毒性，基底隐窝细胞代偿性增生使得小肠细胞自发性突变被保留，从而导致肿瘤发生。该过程涉及肠损伤和慢性再生性增生的阈值机制，基于早期关键事件小肠上皮弥漫性增生的发病率来推导 RfD 比较合理。因此，在经口暴露 Cr（Ⅵ）风险评估及修订暴露限值时，可使用基于啮齿动物的 PBPK 模型来估计与对应组织损伤的内暴露剂量，将获得的内暴露剂量及对应的组织损伤进行基准剂量建模并计算 POD，结合基于人体 PBPK 模型估算健康/敏感人群产生相同内暴露剂量时经口暴露剂量，该剂量即为人体等效剂量（Human equivalent dose，HED）。鉴于经口暴露 Cr（Ⅵ）MOA 为慢性非致癌过程，且在低剂量外推时呈非线性，获得经口暴露 Cr（Ⅵ）的 RfD 值为 0.003 mg/（kg·d），相比之前的 RfD 值无明显区别，但制定过程中涉及的生物数据量大，且利用 PBPK 模型及基准剂量建模，可信度大大提高。

6 总结

综上所述，铬作为一种广泛存在于自然界的重金属，为人类生活提供诸多便利，同时，不可靠的风险评估及监管措施无疑对人类健康造成严重影响。科学家们已对铬的毒性作用开展了深入研究，明确了该毒物的 ADME 过程，认为其发挥生物毒性的机制主要有以下两点：Cr（Ⅵ）进入胞内与胞内还原物质反应被还原为 Cr（Ⅲ）或者铬的中间价态［如 Cr（Ⅵ）、Cr（Ⅴ）］，一方面该还原过程生成 ROS 引起氧化应激，诱导细胞凋亡；另一方面铬中间价态能与 DNA 形成加合物导致染色体断裂发挥遗传毒性。且 Cr(Ⅵ) 的毒性与暴露途径密切相关，经呼吸道暴露 Cr(Ⅵ) 已被 IARC 列为确切的人类致癌物，而经口暴露 Cr(Ⅵ) 研究相对不足。已有动物实验表明长期经口暴露 Cr(Ⅵ) 会诱导小鼠小肠肿瘤和大鼠口腔肿瘤；部分人群流行病学研究发现短期经口暴露高浓度 Cr(Ⅵ) 可引起胃肠刺激症状、溃疡甚至贫血，长期低剂量暴露 Cr(Ⅵ) 会增加患消化道肿瘤的风险，但证据力度不足。目前，美国 EPA 提出的铬的 RfD 是基于 1958 年大鼠饮水高剂量 Cr(Ⅵ) 染毒实验引起消化道肿瘤这一不良结局效应终点的 NOAEL，存在物种和剂量外推的不确定性，不能真实地反映人群长期处于低剂量铬暴露的风险从而发挥保护大部分人群健康的作用。在 2007 年 NRC 提出的《21 世纪毒性测试：愿景与策略》基于 AOP 框架进行风险评估的背景下，经口暴露 Cr(Ⅵ) 的安全限值亟待更新。

基于前期大数据及生物信息学分析，了解到体内消化过程对经口摄入 Cr(Ⅵ) 乃至其他重金属的生物可及性和利用度的影响是不可忽视的。因此，本章试图构建体外模型模拟 Cr(Ⅵ) 在人体胃肠内的转化及吸收，对其中关键步骤及因子进行把控，并以毒性通路紊乱和毒性关键分子为研究对象，建立食品中 Cr(Ⅵ) 与不良结局的剂量–反应关系，达到预测食品中 Cr(Ⅵ) 毒性效应的目的，同时，为优化经口暴露低剂量重金属 PBPK 模型进行低剂量推算奠定基础，为建立毒作用模式及 AOP 提供依据。

参考文献

[1] TRUMBO P, YATE A A, SCHLICKER S, et al. Dietary reference intakes: vitamin A, vitamin K, arsenic, boron, chromium, copper, iodine, iron, manganese, molybdenum, nickel, silicon, vanadium, and zinc [J]. Journal of the american dietetic association, 2001, 101 (3): 294-301.

[2] EUROPEN FOOD SAFETY AUTHORITY. EFSA NDA panel (EFSA panel on dietetic products, nutrition and allergies) scientific opinion on dietary reference values for chromium [J]. the EFSA journal, 2014, 12 (10): 3845.

[3] WORLD HEALTH ORGANIZATION. Guidelines for drinking-water quality: fourth edition incorporating the first addendum [R]. 2017.

[4] CANADA HEALTH. Chromium in drinking water [S]. 2015.

[5] TERPILOWSKA S, SIWICKI A K. Interactions between chromium (Ⅲ) and iron (Ⅲ), molybdenum (Ⅲ) or nickel (Ⅱ): cytotoxicity, genotoxicity and mutagenicity studies [J]. Chemosphere, 2018 (201): 780-789.

[6] CHENG H, ZHOU T, LI Q, et al. Anthropogenic chromium emissions in china from 1990 to 2009 [J]. PLoS one, 2014, 9 (2): e87753.

[7] BORG H. Trace metals and water chemistry of forest lakes in northern Sweden [J]. Water research, 1987, 21 (1): 65-72.

[8] U. S. EPA. Toxicological review of hexavalent chromium [R]. 1998.

[9] CARY EE. CHAPTER 3-Chromium in air, soil and natural waters [M]. Topics in environmental health, biological and environmental aspects of chromium. elsevier, 1982, 49-64.

[10] MOFFAT I, MARTINOVA N, SEIDEL C, et al. Hexavalent Chromium in Drinking Water [J]. Journal-American water works association, 2018, 110 (5): E22 – E35.

[11] BORAH P, SINGH P, RANGAN L, et al. Mobility, bioavailability and ecological risk assessment of cadmium and chromium in soils contaminated by paper mill wastes [J]. Groundwater for sustainable development, 2018 (6): 189 – 199.

[12] LI X, ZHANG J, MA J, et al. Status of chromium accumulation in agricultural soils across China (1989—2016) [J]. Chemosphere, 2020 (256): 127036.

[13] ZHITKOVICH A. Importance of chromium-DNA adducts in mutagenicity and toxicity of chromium (Ⅵ) [J]. Chemical research in toxicology, 2005, 18 (1): 3 – 11.

[14] KERGER B D, PAUSTENBACH D J, CORBETT G E, et al. Absorption and elimination of trivalent and hexavalent chromium in humans following ingestion of a bolus dose in drinking water [J]. Toxicology and applied pharmacology, 1996, 141 (1): 145 – 158.

[15] WILBUR S, ABADIN H, FAY M, et al. Toxicological Profile for Chromium [M]. Atlanta (GA): Agency for Toxic Substances and Disease Registry (US), 2012.

[16] ZHITKOVICH A. Chromium in drinking water: sources, metabolism, and cancer risks [J]. Chemical research in toxicology, 2011, 24 (10): 1617 – 1629.

[17] DE FLORA S, CAMOIRANO A, BAGNASCO M, et al. Estimates of the chromium (Ⅵ) reducing capacity in human body compartments as a mechanism for attenuating its potential toxicity and carcinogenicity [J]. Carcinogenesis, 1997, 18 (3): 531 – 537.

[18] ZHITKOVICH A. Chromium in drinking water: sources, metabolism, and cancer risks [J]. Chemical research in toxicology, 2011, 24 (10): 1617 – 1629.

[19] WIEGAND H J, OTTENWäLDER H, BOLT H M. The reduction of chromium (Ⅵ) to chromium (Ⅲ) by glutathione: an intracellular redox pathway in the metabolism of the carcinogen chromate [J]. Toxicology, 1984, 33 (3 – 4): 341 – 348.

[20] KORALLUS U, HARZDORF C, LEWALTER J. Experimental bases for ascorbic acid therapy of poisoning byhexavalent chromium compounds [J]. International archives of occupational and environmental health, 1984, 53 (3): 247 – 256.

[21] GRAY S J, STERLING K. The tagging of red cells and plasma proteins with radioactive chromium [J]. Journal of clinical investigation, 1950, 29 (12): 1604 – 1613.

[22] BUCHER J R. NTP technical report on the toxicity studies of NTP technical report on the toxicity studies of sodium dichromate dihydrate [R]. 2007.

[23] PROCTOR D M, SUH M, AYLWARD L L, et al. Hexavalent chromium reduction kinetics in rodent stomach contents [J]. Chemosphere, 2012, 89 (5): 487 – 493.

[24] BIANCHI V, LEVIS A G. Review of genetic effects and mechanisms of action of chromium compounds [J]. Science of the total environment, 1988, 71 (3): 351 – 355.

[25] DE FLORA S. Threshold mechanisms and site specificity in chromium (Ⅵ) carcinogenesis [J]. Carcinogenesis, 2000, 21 (4): 533 – 541.

[26] ZHITKOVICH A. Chromium in drinking water: sources, metabolism, and cancer risks [J]. Chemical research in toxicology, 2011, 24 (10): 1617-1629.

[27] SUZUKI Y, HOMMA K, MINAMI M. Distribution of chromium in rats exposed to hexavalent chromium and trivalent chromium aerosols [J]. Industrial health, 1984, 22 (4): 261-277.

[28] KERGER B D, PAUSTENBACH D J, CORBETT G E, et al. Absorption and elimination of trivalent and hexavalent chromium in humans following ingestion of a bolus dose in drinking water [J]. Toxicology and applied pharmacology, 1996, 141 (1): 145-158.

[29] KERGER B D, FINLEY B L, CORBETT G E, et al. Ingestion of chromium (VI) in drinking water by human volunteers: absorption, distribution, and excretion of single and repeated doses [J]. Journal of toxicology and environmental health, 1997, 50 (1): 67-95.

[30] DONALDSON R M, JR., BARRERAS R F. Intestinal absorption of trace quantities of chromium [J]. Journal of laboratory and clinical medicine, 1966, 68 (3): 484-493.

[31] KIRMAN C R, HAYS S M, AYLWARD L L, et al. Physiologically based pharmacokinetic model for rats and mice orally exposed to chromium [J]. Chemico-biological interactions, 2012, 200 (1): 45-64.

[32] KIRMAN C R, AYLWARD L L, SUH M, et al. Physiologically based pharmacokinetic model for humans orally exposed to chromium [J]. Chemico-biological interactions, 2013, 204 (1): 13-27.

[33] DE FLORA S, CAMOIRANO A, MICALE R T, et al. Reduction of hexavalent chromium by fasted and fed human gastric fluid. I. Chemical reduction and mitigation of mutagenicity [J]. Toxicology and applied pharmacology, 2016, 1 (306): 113-119.

[34] KIRMAN C R, SUH M, HAYS S M, et al. Reduction of hexavalent chromium by fasted and fed human gastric fluid. II. Ex vivo gastric reduction modeling [J]. Toxicology and applied pharmacology. 2016, 1 (306): 120-133.

[35] COLEMAN R F, HERRINGTON J, SCALES J T. Concentration of wear products in hair, blood, and urine after total hip replacement [J]. British medical journal, 1973, 1 (5852): 527-529.

[36] MICHEL R, LöER F, NOLTE M, et al. Neutron activation analysis of human tissues, organs and body fluids to describe the interaction of orthopaedic implants made of cobalt-chromium alloy with the patients organisms [J]. Journal of radioanalytical & nuclear chemistry, 1987, 113 (1): 83-95.

[37] SUNDERMAN F W, HOPFER S M, SWIFT T, et al. Cobalt, chromium, and nickel concentrations in body fluids of patients with porous-coated knee or hip prostheses [J]. Journal of orthopaedic research, 1989, 7 (3): 307-315.

[38] BATAINEH H, AL-HAMOOD M H, ELBETIEHA A, et al. Effect of long-term ingestion

of chromium compounds on aggression, sex behavior and fertility in adult male rat [J]. Drug and chemical toxicology, 1997, 20 (3): 133 – 149.

[39] ELBETIEHA A, AL-HAMOOD M H. Long-term exposure of male and female mice to trivalent and hexavalent chromium compounds: effect on fertility [J]. Toxicology, 1997, 116 (1 – 3): 39 – 47.

[40] DE FLORA S, ILTCHEVA M, BALANSKY R M. Oral chromium (Ⅵ) does not affect the frequency of micronuclei in hematopoietic cells of adult mice and of transplacentally exposed fetuses [J]. Mutation research, 2006, 610 (1): 38 – 47.

[41] QUINTEROS F A, POLIANDRI A H, MACHIAVELLI L I, et al. In vivo and in vitro effects of chromium Ⅵ on anterior pituitary hormone release and cell viability [J]. Toxicology and applied pharmacology, 2007, 218 (1): 79 – 87.

[42] THOMPSON C M, PROCTOR D M, HAWS L C, et al. Investigation of the mode of action underlying the tumorigenic response induced in B6C3F1 mice exposed orally to hexavalent chromium [J]. Toxicological sciences, 2011, 123 (1): 58 – 70.

[43] THOMPSON C M, PROCTOR D M, SUH M, et al. Comparison of the effects of hexavalent chromium in the alimentary canal of F344 rats and B6C3F1 mice following exposure in drinking water: implications for carcinogenic modes of action [J]. Toxicological sciences, 2012, 125 (1): 79 – 90.

[44] THOMPSON C M, KIRMAN C R, PROCTOR D M, et al. A chronic oral reference dose for hexavalent chromium – induced intestinal cancer [J]. Journal of applied toxicology, 2014, 34 (5): 525 – 536.

[45] KOPEC A K, THOMPSON C M, KIM S, et al. Comparative toxicogenomic analysis of oral Cr (Ⅵ) exposure effects in rat and mouse small intestinal epithelia [J]. Toxicology and applied pharmacology, 2012, 262 (2): 124 – 138.

[46] WILBUR S, ABADIN H, FAY M, et al. Toxicological profile for chromium [M]. Atlanta (GA): Agency for Toxic Substances and Disease Registry (US), 2012.

[47] ELBETIEHA A, AL-HAMOOD M H. Long-term exposure of male and female mice to trivalent and hexavalent chromium compounds: effect on fertility [J]. Toxicology, 1997, 116 (1 – 3): 39 – 47.

[48] MEDEIROS M G, RODRIGUES A S, BATORÉU M C, et al. Elevated levels of DNA-protein crosslinks and micronuclei in peripheral lymphocytes of tannery workers exposed to trivalent chromium [J]. Mutagenesis, 2003, 18 (1): 19 – 24.

[49] IVANKOVIC S, PREUSSMAN R. Absence of toxic and carcinogenic effects after administration of high doses of chromic oxide pigment in subacute and long-term feeding experiments in rats [J]. Food cosmetics toxicology, 1975, 13 (3): 347 – 351.

[50] NATIONAL INSTITUTES OF HEALTH SERVICE. NTP technical report on the toxicology and carcinogenesis studies of sodium dichromate dihydrate in F344/N rats and B6C3F1

mice [R]. 2008.

[51] DE FLORA S, ILTCHEVA M, BALANSKY R M. Oral chromium (Ⅵ) does not affect the frequency of micronuclei in hematopoietic cells of adult mice and of transplacentally exposed fetuses [J]. Mutation research, 2006, 610 (1-2): 38-47.

[52] MACKENZIE R D, BYERRUM R U, DECKER C F, et al. Chronic toxicity studies. Ⅱ. Hexavalent and trivalent chromium administered in drinking water to rats [J]. AMA archives of industrial health, 1958, 18 (3): 232-234.

[53] 张建东, 李希林. 锦州的铬污染调查研究 [J]. 中华预防医学杂志, 1987 (5): 262-264.

[54] SCHROEDER H A, BALASSA J J, VINTON W H, Jr. Chromium, cadmium and lead in rats: effects on life span, tumors and tissue levels [J]. Journal of nutrition, 1965 (86): 51-66.

[55] MCCARROLL N, KESHAVA N, CHEN J, et al. An evaluation of the mode of action framework for mutagenic carcinogens case study Ⅱ: chromium (Ⅵ) [J]. Environmental and molecular mutagenesis, 2009, 51 (2): 89-111.

[56] YOUSEF M I, EL-DEMERDASH F M, KAMIL K I, et al. Ameliorating effect of folic acid on chromium (Ⅵ)-induced changes in reproductive performance and seminal plasma biochemistry in male rabbits [J]. Reproductive toxicology, 2006, 21 (3): 322-328.

[57] DE FLORA S, D'AGOSTINI F, BALANSKY R, et al. Lack of genotoxic effects in hematopoietic and gastrointestinal cells of mice receiving chromium (Ⅵ) with the drinking water [J]. Mutation research, 2007, 659 (1-2): 60-67.

[58] SAMUEL J B, STANLEY J A, ROOPHA D P, et al. Lactational hexavalent chromium exposure-induced oxidative stress in rat uterus is associated with delayed puberty and impaired gonadotropin levels [J]. Human & experimental toxicology, 2011, 30 (2): 91-101.

[59] BANU S K, SAMUEL J B, AROSH J A, et al. Lactational exposure to hexavalent chromium delays puberty by impairing ovarian development, steroidogenesis and pituitary hormone synthesis in developing Wistar rats [J]. Toxicology and applied pharmacology, 2008, 232 (2): 180-189.

[60] URBANO A M, FERREIRA L M, ALPOIM M C. Molecular and cellular mechanisms of hexavalent chromium-induced lung cancer: an updated perspective [J]. Current drug metabolism, 2012, 13 (3): 284-305.

[61] NERI R, GONZÁLEZ CORTÉS A, QUIÑONES A. ossible injury to the health of an open community from chromium salts in the environment. Ⅳ. Study on the population of Lecheria-San Francisco Chilpan [J]. Salud publica de mexico, 1982, 24 (1): 25-32.

[62] LINOS A, PETRALIAS A, CHRISTOPHI C A, et al. Oral ingestion of hexavalent chromium through drinking water and cancer mortality in an industrial area of Greece—an ecological study [J]. Environmental health, 2011, 10 (1): 50.

［63］KERGER B D, BUTLER W J, PAUSTENBACH D J, et al. Cancer mortality in chinese populations surrounding an alloy plant with chromium smelting operations［J］. Journal of toxicology and environmental health: part A, 2009, 72 (5): 329-344.

［64］XU J, ZHAO M, PEI L, et al. Oxidative stress and DNA damage in a long-term hexavalent chromium-exposed population in North China: a cross-sectional study［J］. BMJ open, 2018, 8 (6): e21470.

［65］STOUT M D, HERBERT R A, KISSLING G E, et al. Hexavalent chromium is carcinogenic to F344/N rats and B6C3F1 mice after chronic oral exposure［J］. Environmental health perspectives, 2009, 117 (5): 716-722.

［66］ARULDHAS M M, SUBRAMANIAN S, SEKHAR P, et al. In vivo spermatotoxic effect of chromium as reflected in the epididymal epithelial principal cells, basal cells, and intraepithelial macrophages of a nonhuman primate (Macaca radiata Geoffroy)［J］. Fertility and sterility, 2006, 86 (4 Suppl): 1097-1105.

［67］王晓波, 李建国, 赵春香, 等. 广州市售食品总铬和六价铬的含量分析［J］. 食品研究与开发, 2014 (22): 86-89.

［68］TAO C, WEI X, ZHANG B, et al. Heavy Metal Content in Feedstuffs and Feeds in Hubei Province, China［J］. Journal of food protection, 2020, 83 (5): 762-766.

［69］HAMILTON E M, YOUNG S D, BAILEY E H, et al. Chromium speciation in foodstuffs: A review［J］. Food chemistry, 2018 (250): 105-112.

［70］DG B. Chromium［J］. Journal of toxicology-clinical toxicology, 1999, 37 (2): 173-194.

［71］PAUSTENBACH D J, HAYS S M, BRIEN B A, et al. Observation of steady state in blood and urine following human ingestion of hexavalent chromium in drinking water［J］. Journal of toxicology and environmental health, 1996, 49 (5): 453-461.

［72］LUKANOVA A, TONIOLO P, ZHITKOVICH A, et al. Occupational exposure to Cr(Ⅵ): comparison between chromium levels in lymphocytes, erythrocytes, and urine［J］. International Archives of occupational and environmental health, 1996, 69 (1): 39-44.

［73］SUNDERMAN F W, Jr., HOPFER S M, SWIFT T, et al. Cobalt, chromium, and nickel concentrations in body fluids of patients with porous-coated knee or hip prostheses［J］. Journal of orthopaedic research, 1989, 7 (3): 307-315.

［74］IYENGAR V, WOITTIEZ J. Trace elements in human clinical specimens: evaluation of literature data to identify reference values［J］. Clinical chemistry, 1988, 34 (3): 474-481.

［75］TAKAGI Y, MATSUDA S, IMAI S, et al. Trace elements in human hair: an international comparison［J］. Bulletin of environmental contamination and toxicology, 1986, 36 (6): 793-800.

[76] 丁春光, 潘亚娟, 张爱华, 等. 2009—2010 年我国一般人群全血和尿液中铬水平分布 [J]. 中华预防医学杂志, 2012, 46 (8): 679-682.

[77] US EPA. ALKALINE DIGESTION FOR HEXAVALENT CHROMIUM [S]. 1996.

[78] LEŚNIEWSKA B, GODLEWSKA-ŻYŁKIEWICZ B. Speciation of chromium in alkaline soil extracts by an ion-pair reversed phase HPLc-ICP MS method [J]. Molecules, 2019, 24 (6): 1172.

[79] PECHANCOVÁ R, PLUHÁČEK T, MILDE D. Recent advances in chromium speciation in biological samples [J]. Spectrochimica acta part B, 2019 (152): 109-122.

[80] O'FLAHERTY E J. A physiologically based model of chromium kinetics in the rat [J]. Toxicology and applied pharmacology, 1996, 138 (1): 54-64.

[81] O'FLAHERTY E J, KERGER B D, HAYS S M, et al. A physiologically based model for the ingestion of chromium (III) and chromium (VI) by humans [J]. Toxicological sciences, 2001, 60 (2): 196-213.

[82] KIRMAN C R, SUH M, PROCTOR D M, et al. Improved physiologically based pharmacokinetic model for oral exposures to chromium in mice, rats, and humans to address temporal variation and sensitive populations [J]. Toxicology and applied pharmacology, 2017, 325: 9-17.

[83] THOMPSON C M, PROCTOR D M, HAWS L C, et al. [J]. Toxicological sciences, 2011, 123 (1): 58-70.

[84] KERGER B D, FINLEY B L, CORBETT G E, et al. Ingestion of chromium (VI) in drinking water by human volunteers: absorption, distribution, and excretion of single and repeated doses [J]. Journal of toxicology and environmental health, 1997, 50 (1): 67-95.

[85] FINLEY B L, KERGER B D, KATONA M W, et al. Human ingestion of chromium (VI) in drinking water: pharmacokinetics following repeated exposure [J]. Toxicology and applied pharmacology, 1997, 142 (1): 151-159.

[86] THOMPSON C M, KIRMAN C R, PROCTOR D M, et al. A chronic oral reference dose for hexavalent chromium-induced intestinal cancer [J]. Journal of applied toxicology, 2014, 34 (5): 525-536.

[87] SCHLOSSER P M, SASSO A F. A revised model of ex-vivo reduction of hexavalent chromium in human and rodent gastric juices [J]. Toxicology and applied pharmacology, 2014, 280 (2): 352-361.

[88] SASSO A F, SCHLOSSER P M. An evaluation of in vivo models for toxicokinetics of hexavalent chromium in the stomach [J]. Toxicology and applied pharmacology, 2015, 287 (3): 293-298.

[89] DE FLORA S, CAMOIRANO A, MICALE R T, et al. Reduction of hexavalent chromium by fasted and fed human gastric fluid. I. Chemical reduction and mitigation of mutage-

nicity [J]. Toxicology and applied pharmacology, 2016, 306: 113-119.

[90] THOMPSON C M, KIRMAN C R, HAYS S M, et al. Integration of mechanistic and pharmacokinetic information to derive oral reference dose and margin-of-exposure values for hexavalent chromium [J]. Journal of applied toxicology, 2018, 38 (3): 351-365.

[91] HANEY J. Consideration of non-linear, non-threshold and threshold approaches for assessing the carcinogenicity of oral exposure to hexavalent chromium [J]. Regulator toxicology and pharmacology, 2015, 73 (3): 834-852.

[92] US EPA. Recommended use of body weight3/4 as the default method in derivation of the oral reference dose [S]. 2010.

[93] US EPA. Framework for determining a mutagenic mode of action for carcinogenicity: using EPA's 2005 cancer guidelines and supplemental guidance for assessing susceptibility from early-life exposure to carcinogens [S]. 2005.

[94] THOMPSON C M, PROCTOR D M, SUH M, et al. Assessment of the mode of action underlying development of rodent small intestinal tumors following oral exposure to hexavalent chromium and relevance to humans [J]. Critical reviews in toxicology, 2013, 43 (3): 244-274.

[95] THOMPSON C M, HAWS L C, HARRIS M A, et al. Application of the U.S. EPA mode of action framework for purposes of guiding future research: a case study involving the oral carcinogenicity of hexavalent chromium [J]. Toxicological sciences, 2011, 119 (1): 20-40.

[96] SAZAKLI E, VILLANUEVA C M, KOGEVINAS M, et al. Chromium in drinking water: association with biomarkers of exposure and effect [J]. International journal of environmental research and public health, 2014, 11 (10): 10125-10145.

[97] THOMPSON C M, SUH M, PROCTOR D M, et al. Ten factors for considering the mode of action of Cr (Ⅵ)-induced gastrointestinal tumors in rodents [J]. Mutation research, 2017, 823: 45-57.

[98] CHANG Y N, JAUMANN E A, REICHEL K, et al. Structural basis for functional interactions in dimers of SLC26 transporters [J]. Nature Communication, 2019, 10 (1): 2032.

[99] MARKOVICH D. Physiological roles and regulation of mammalian sulfate transporters [J]. Physiological reviews, 2001, 81 (4): 1499-1533.

[100] LI H, CHEN Q, LI S, et al. Effect of Cr (Ⅵ) exposure on sperm quality: human and animal studies [J]. The annals of occupational hygiene, 2001, 45 (7): 505-511.

[101] JIN L F, WANG Y Y, ZHANG Z D, et al. Cytotoxicity and genome-wide microarray analysis of intestinal smooth muscle cells in response to hexavalent chromium induction [J]. Dongwuxue yanjiu, 2013, 34 (E3): E93-E100.

[102] MOREDA-PIÑEIRO J, MOREDA-PIÑEIRO A, ROMARÍS-HORTAS V, et al. In-vivo

and in-vitro testing to assess the bioaccessibility and the bioavailability of arsenic, selenium and mercury species in food samples [J]. Trac trends in analytical Chemistry, 2011, 30 (2): 324 – 345.

[103] RAGER J E, SUH M, CHAPPELL G A, et al. Review of transcriptomic responses to hexavalent chromium exposure in lung cells supports a role of epigenetic mediators in carcinogenesis [J]. Toxicology letters, 2019 (305): 40 – 50.

[104] THOMPSON C M, WOLF J C, ELBEKAI R H, et al. Duodenal crypt health following exposure to Cr (Ⅵ): Micronucleus scoring, γ-H2AX immunostaining, and synchrotron X-ray fluorescence microscopy [J]. Mutation research genetic toxicology and environmental mutagenesis, 2015, 789 – 790: 61 – 66.

[105] SÉBY F, VACCHINA V. Critical assessment of hexavalent chromium species from different solid environmental, industrial and food matrices [J]. Trac trends in analytical chemistry, 2018 (104): 54 – 68.

[106] LECHANTEUR A, ALMEIDA A, SARMENTO B. Elucidation of the impact of cell culture conditions of Caco-2 cell monolayer on barrier integrity and intestinal permeability [J]. European journal of pharmaceutics and biopharmaceutics, 2017 (119): 137 – 141.

[107] WISE S S, WISE J P. Chromium and genomic stability [J]. Mutation research, 2012, 733 (1 – 2): 78 – 82.

[108] CRUZAN G, BUS J S, ANDERSEN M E, et al. Based on an analysis of mode of action, styrene-induced mouse lung tumors are not a human cancer concern [J]. Regulatory toxicology and pharmacology, 2018 (95): 17 – 28.

[109] SASAKI J C, ALLEMANG A, BRYCE S M, et al. Application of the adverse outcome pathway framework to genotoxic modes of action [J]. Environmental and molecular mutagenesis, 2020, 61 (1): 114 – 134.

[110] PARFETT CL, DESAULNIERS D. A Tox21 approach to altered epigenetic landscapes: assessing epigenetic toxicity pathways leading to altered gene expression and oncogenic transformation in vitro [J]. International journal of molecular sciences, 2017, 18 (6): 1179.

[111] SUH M, WIKOFF D, LIPWORTH L, et al. Hexavalent chromium and stomach cancer: a systematic review and meta-analysis [J]. Critical reviews in toxicology, 2019, 49 (2): 140 – 159.

[112] BRÜCK S, STROHMEIER J, BUSCH D, et al. Caco-2 cells-expression, regulation and function of drug transporters compared with human jejunal tissue [J]. Biopharmaceutics & drug disposition, 2017, 38 (2): 115 – 126.

[113] THOMPSON C M, YOUNG R R, DINESDURAGE H, et al. Assessment of the mutagenic potential of hexavalent chromium in the duodenum of big blue® rats [J]. Toxicology and applied pharmacology, 2017 (330): 48 – 52.

[114] ELLIS-HUTCHINGS R G, RASOULPOUR R J, TERRY C, et al. Human relevance framework evaluation of a novel rat developmental toxicity mode of action induced by sulfoxaflor [J]. Critical reviews in toxicology, 2014, 44 (Suppl 2): 45-62.

[115] DEKANT W, BRIDGES J, SCIALLI A R. A quantitative weight of evidence assessment of confidence in modes-of-action and their human relevance [J]. Regulatory toxicology and pharmacology, 2017 (90): 51-71.

[116] BECKER R A, ANKLEY G T, EDWARDS S W, et al. Increasing scientific confidence in adverse outcome pathways: application of tailored bradford-hill considerations for evaluating weight of evidence [J]. Regulatory toxicology and pharmacology, 2015, 72 (3): 514-537.

[117] FAY K A, VILLENEUVE D L, LALONE C A, et al. Practical approaches to adverse outcome pathway (aop) development and weight of evidence evaluation as illustrated by ecotoxicological case studies [J]. Environmental toxicology and chemistry, 2017, 36 (6): 1429-1449.

[118] MEEK M E, PALERMO C M, BACHMAN A N, et al. Mode of action human relevance (species concordance) framework: Evolution of the Bradford Hill considerations and comparative analysis of weight of evidence [J]. Journal of applied toxicology, 2014, 34 (6): 595-606.